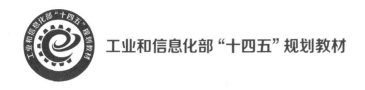

工业和信息化部"十四五"规划教材

弹药概论

主 编 ◎ 王在成
副主编 ◎ 李 明　姜春兰　毛 亮

INTRODUCTION TO AMMUNITION

北京理工大学出版社
BEIJING INSTITUTE OF TECHNOLOGY PRESS

内容简介

本书结合国内外弹药技术发展及应用,以弹药共性基本知识为基础,主要介绍炮射主用弹药、火箭弹、航空炸弹、导弹及弹药战斗部、集束弹药、智能弹药等各类常规弹药的构造组成、结构特点、作用原理、主要性能、技术发展,以及弹药的研制方法和主要性能试验。本书立足中国实践,紧跟国际弹药技术前沿,融入弹药领域新技术成果,结合典型弹药型号案例,构建从基本知识、基本原理到装备研制及应用的知识体系。

本书可作为兵器类、航空航天类或相关学科专业的本科生教材或研究生教学参考书,同时也可作为从事弹药设计、生产、使用、维修和靶场试验等相关技术及管理人员的参考资料。

版权专有　侵权必究

图书在版编目(CIP)数据

弹药概论 / 王在成主编. -- 北京:北京理工大学出版社,2024.6.

ISBN 978-7-5763-4118-8

Ⅰ. TJ41

中国国家版本馆 CIP 数据核字第 2024U817M4 号

责任编辑:多海鹏　　**文案编辑**:多海鹏
责任校对:周瑞红　　**责任印制**:李志强

出版发行 / 北京理工大学出版社有限责任公司
社　　址 / 北京市丰台区四合庄路 6 号
邮　　编 / 100070
电　　话 / (010)68944439(学术售后服务热线)
网　　址 / http://www.bitpress.com.cn

版 印 次 / 2024 年 6 月第 1 版第 1 次印刷
印　　刷 / 廊坊市印艺阁数字科技有限公司
开　　本 / 787 mm × 1092 mm　1/16
印　　张 / 30
字　　数 / 704 千字
定　　价 / 126.00 元

图书出现印装质量问题,请拨打售后服务热线,负责调换

前言

弹药是武器的核心，是武器完成打击和摧毁能力的关键。弹药是武器装备发展中最活跃的领域，光、电、磁、信息、新材料、微电子、计算机等技术在弹药领域的应用，促进了弹道修正弹、末敏弹、巡飞弹、制导炸弹、自寻的末制导弹、广域值守弹、仿生弹等系列新型弹药的发展，弹药技术和装备应用有了质的飞跃，丰富了弹药领域的理论和技术内涵，系列新型弹药在构造组成、功能与性能、作用原理等方面均有较大发展。现代弹药正向着射程远、精度高、威力大、功能多、效能好的方向发展。然而，由于现代战争形态、作战概念、战场目标、作战需求不断发展，网络、信息、速度、体系、集群等因素成为新时代战争的制胜关键，对弹药技术发展不断提出新的要求，不断促进新思想、新模式、新材料、新技术、新原理、新工艺等在弹药中的应用。目前，常规弹药的数字化、信息化、智能化、集群化和低成本、高效能成为新增发展方向。

弹药是一个涉及学科门类多、基础理论与工程应用结合紧密、综合性强的技术领域。弹药领域理论与技术的创新和突破，是引领和推动先进武器系统发展的基础。系统了解和掌握不同类型常规弹药的结构、性能与作用原理是兵器类学科相关科学研究、装备研制、装备管理与应用等人员的必备基础。以新时代中国特色社会主义思想为指导，在人才培养过程中落实国家科教兴国战略，全面提高人才自主培养质量，为新时代加快建设教育强国、科技强国、人才强国提供支撑，是全面贯彻党的教育方针、落实立德树人根本任务的根本保障。本书是结合学科发展和新时代弹药领域人才培养需求编写而成的，全书以主要常规弹药为主线，吸纳国内外先进弹药技术发展成果，论述了各类主要常规弹药的结构组成、作用原理、技术性能、弹药构造与技术性能的关联及制约关系，构建以弹种为骨架、技术性能与发展应用相关联的弹药系统知识体系。全书共分11章，第1章为弹药基本知识，概要介绍了弹药与目标、内弹道、外弹道、引信、火工品和火炸药的相关基本知识；第2~10章分别讲述了榴弹、穿甲弹、破甲弹、迫击炮弹、火箭弹、导弹及弹药战斗部、航空炸弹、集束弹药、智能弹药的结构、原理及应用，第11章讲述了弹药研制与试验的基本知识。

本书由王在成任主编，李明、姜春兰、毛亮任副主编，全书由王在成统稿。此外，徐文雨、金震昊、何政、马滋浩、魏宇彪、胡中天、贾翱翔、胡永亮等参与书稿校对、图表绘制等工作，付出了辛勤劳动。

在编写本书的过程中借鉴与参考了国内外有关教材及资料，参考和引用了国内外专家、学者、科研及工程技术人员的相关研究成果，引用了国内外相关数据库与媒体中的部分内容和图片，谨在此对原作者及相关人员表示最诚挚的谢意！

感谢北京理工大学出版社和各位编辑为本书出版所付出的辛勤劳动！

由于水平有限，书中难免存在尚不成熟或值得商榷的内容，敬请专家、学者和读者批评指正。

编　者

目 录
CONTENTS

第1章　弹药基本知识 ··· 001
　1.1　概述 ··· 001
　1.2　弹药的一般组成与分类 ··· 002
　　　1.2.1　弹药的一般组成 ··· 002
　　　1.2.2　弹药的分类 ··· 003
　1.3　战场典型目标 ··· 006
　　　1.3.1　典型目标类型 ·· 006
　　　1.3.2　目标探测与识别 ··· 009
　1.4　弹药对目标的毁伤作用 ··· 010
　1.5　内弹道基础知识 ·· 015
　　　1.5.1　火炮发射的内弹道过程 ·· 015
　　　1.5.2　内弹道研究内容及任务 ·· 017
　1.6　外弹道基础知识 ·· 018
　　　1.6.1　空气阻力 ·· 018
　　　1.6.2　弹丸上空气动力与力矩 ·· 023
　　　1.6.3　弹丸飞行稳定性 ··· 024
　　　1.6.4　射表基本知识 ·· 026
　1.7　引信基础知识 ··· 027
　　　1.7.1　引信概述 ·· 027
　　　1.7.2　引信的功能 ··· 029
　　　1.7.3　引信的基本组成 ··· 030
　　　1.7.4　引信的作用过程 ··· 033
　1.8　火工品基础知识 ·· 034
　　　1.8.1　火工品的用途及特点 ··· 034

      1.8.2 火工品的分类 035
      1.8.3 常用火工品 036
      1.8.4 弹药中的爆炸序列 046
   1.9 火药应用技术 049
      1.9.1 发射药应用技术 050
      1.9.2 推进剂应用技术 052
   1.10 炸药应用技术 056
      1.10.1 炸药的分类 056
      1.10.2 炸药的性能要求 059
      1.10.3 炸药装药 060
   1.11 对弹药的基本要求 062
      1.11.1 射程 062
      1.11.2 威力 063
      1.11.3 精度 063
      1.11.4 安全性 064
      1.11.5 长储性 064
      1.11.6 经济性 064

第2章 榴弹 066
   2.1 榴弹的分类 066
      2.1.1 按作用机理划分 066
      2.1.2 按对付的目标划分 067
      2.1.3 按弹丸稳定方式划分 067
   2.2 榴弹基本结构 067
      2.2.1 榴弹的组成 067
      2.2.2 旋转稳定榴弹 071
      2.2.3 尾翼稳定榴弹 075
   2.3 榴弹的毁伤作用 077
      2.3.1 杀伤作用 077
      2.3.2 侵彻作用 079
      2.3.3 爆炸作用 079
   2.4 榴弹增程技术 081
      2.4.1 炮弹增程技术概述 081
      2.4.2 提高初速增程 081
      2.4.3 减阻增程 083
      2.4.4 添质加能增程 086
      2.4.5 滑翔增程 091
      2.4.6 复合增程 091

2.5　防空高炮榴弹 ·· 095
　　2.5.1　高射炮榴弹 ··· 095
　　2.5.2　AHEAD 弹 ·· 097
2.6　榴弹的发展趋势 ·· 100

第 3 章　穿甲弹 ·· 103

3.1　穿甲弹发展概述 ·· 103
3.2　装甲目标防护技术 ··· 104
　　3.2.1　直接防护 ··· 104
　　3.2.2　间接防护 ··· 106
　　3.2.3　主动防护 ··· 106
3.3　穿甲效应 ·· 107
　　3.3.1　穿甲作用 ··· 107
　　3.3.2　穿甲弹对靶板的破坏 ··· 107
　　3.3.3　弹道极限与剩余速度 ··· 110
　　3.3.4　穿甲作用的影响因素 ··· 111
　　3.3.5　穿甲弹的战术性能要求 ·· 112
3.4　适口径普通穿甲弹 ··· 114
　　3.4.1　尖头穿甲弹 ··· 114
　　3.4.2　钝头穿甲弹 ··· 115
　　3.4.3　被帽穿甲弹 ··· 116
　　3.4.4　半穿甲弹 ··· 117
3.5　次口径穿甲弹 ··· 118
3.6　脱壳穿甲弹 ·· 120
　　3.6.1　旋转稳定脱壳穿甲弹 ··· 122
　　3.6.2　尾翼稳定脱壳穿甲弹 ··· 123
3.7　典型杆式穿甲弹 ·· 128
　　3.7.1　钨合金杆式穿甲弹 ··· 128
　　3.7.2　贫铀弹 ·· 131
3.8　新型穿甲弹 ·· 135
　　3.8.1　易碎穿甲弹 ··· 135
　　3.8.2　横向效应增强弹 ·· 137
3.9　穿甲弹的发展趋势 ··· 140

第 4 章　破甲弹 ·· 143

4.1　聚能效应及作用原理 ··· 143
　　4.1.1　聚能效应 ··· 143
　　4.1.2　聚能射流的形成 ·· 145

       4.1.3 聚能侵彻体的类型 … 146
       4.1.4 聚能毁伤机理 … 148
    4.2 聚能装药结构及侵彻威力 … 150
       4.2.1 聚能装药结构 … 150
       4.2.2 破甲威力的影响因素 … 152
    4.3 爆炸成型弹丸及应用 … 164
       4.3.1 爆炸成型弹丸的特点 … 164
       4.3.2 爆炸成型弹丸的类型 … 166
       4.3.3 爆炸成型弹丸性能影响因素 … 168
       4.3.4 爆炸成型弹丸应用 … 172
    4.4 破甲弹药结构及应用 … 173
       4.4.1 尾翼稳定破甲弹 … 174
       4.4.2 旋转稳定破甲弹 … 179
       4.4.3 火箭增程破甲弹 … 181
    4.5 破甲弹的发展 … 182

第5章 迫击炮弹 … 185

5.1 概述 … 185
5.2 尾翼稳定迫击炮弹构造 … 185
   5.2.1 迫击炮弹的结构尺寸 … 186
   5.2.2 迫击炮弹的结构与作用 … 186
5.3 迫击炮弹的发射装药 … 191
   5.3.1 基本装药 … 192
   5.3.2 辅助装药 … 193
5.4 典型尾翼稳定迫击炮弹 … 195
   5.4.1 M374式81 mm迫击炮弹 … 195
   5.4.2 81 mm迫击炮杀伤榴弹 … 196
   5.4.3 120 mm迫击炮火箭增程杀伤爆破弹 … 196
   5.4.4 120 mm迫榴炮预制破片弹 … 197
5.5 旋转稳定的迫击炮弹 … 198
   5.5.1 美106.7 mm化学迫击炮弹 … 198
   5.5.2 50 mm掷弹筒榴弹 … 199
5.6 制导迫击炮弹 … 199
   5.6.1 制导迫击炮弹的总体及相关技术 … 200
   5.6.2 制导迫击炮弹的典型特征 … 200
5.7 迫击炮弹的发展 … 201
   5.7.1 增大射程,扩大火力控制范围 … 201
   5.7.2 提高威力、发展多弹种提升多目标打击能力 … 202

  5.7.3 应用复合增程和制导技术，实现远程精确打击 ·················· 202
  5.7.4 采用近炸或多用途引信提高毁伤效能 ························ 202

第6章 火箭弹 ··· 203

 6.1 火箭武器基本知识 ·· 203
  6.1.1 火箭武器的发展 ·· 203
  6.1.2 火箭武器性能特点和分类 ···································· 204
  6.1.3 火箭弹的结构组成 ·· 206
  6.1.4 火箭弹的推进原理与散布控制 ································ 208
 6.2 野战火箭弹 ·· 210
  6.2.1 火箭武器系统组成 ·· 210
  6.2.2 涡轮式火箭弹 ·· 210
  6.2.3 尾翼式火箭弹 ·· 215
 6.3 反坦克火箭弹 ·· 222
  6.3.1 反坦克火箭筒概述 ·· 222
  6.3.2 反坦克火箭弹 ·· 223
  6.3.3 M72 反坦克火箭弹 ·· 224
  6.3.4 89 式 80 mm 单兵反坦克火箭弹 ······························ 225
 6.4 航空火箭弹 ·· 228
  6.4.1 57-1 型航空杀伤爆破火箭弹 ································ 228
  6.4.2 90-1 型航空杀伤爆破火箭弹 ································ 229
  6.4.3 俄罗斯 122 mm 航空火箭弹 ·································· 229
  6.4.4 美 70 mm 航空火箭弹 ······································ 231
 6.5 制导火箭弹 ·· 232
  6.5.1 制导火箭弹的特点 ·· 232
  6.5.2 俄 300 mm 简易制导火箭弹 ·································· 233
  6.5.3 美国 227 mm 制导火箭弹 ···································· 234
  6.5.4 国内典型制导火箭弹 ·· 236
 6.6 火箭弹的发展趋势 ·· 237

第7章 导弹及弹药战斗部 ··· 239

 7.1 导弹和导弹武器系统 ·· 239
  7.1.1 导弹的组成 ·· 239
  7.1.2 导弹的分类 ·· 242
  7.1.3 导弹武器系统 ·· 244
 7.2 制导系统 ·· 246
  7.2.1 制导系统的组成与分类 ······································ 246
  7.2.2 控制系统 ·· 247

7.3 杀伤战斗部 ··· 249
7.3.1 破片式杀伤战斗部 ·· 249
7.3.2 连续杆式战斗部 ··· 256
7.3.3 离散杆式战斗部 ··· 258
7.3.4 定向杀伤战斗部 ··· 260
7.3.5 聚焦杀伤战斗部 ··· 264
7.4 侵爆战斗部 ··· 265
7.4.1 侵爆战斗部概述 ··· 265
7.4.2 反舰侵爆战斗部 ··· 266
7.4.3 反硬目标侵爆战斗部 ·· 267
7.5 聚能装药战斗部 ·· 271
7.5.1 单聚能装药战斗部 ·· 271
7.5.2 多聚能装药战斗部 ·· 273
7.5.3 多模战斗部 ··· 275
7.6 串联战斗部 ··· 276
7.6.1 串联破甲战斗部 ··· 277
7.6.2 反硬目标串联战斗部 ·· 280
7.6.3 三级串联战斗部 ··· 285
7.7 新型/质毁伤战斗部 ·· 286
7.7.1 活性毁伤增强杀伤战斗部 ··· 286
7.7.2 活性毁伤增强聚能战斗部 ··· 289
7.7.3 活性毁伤增强侵彻战斗部 ··· 291
7.7.4 威力可调战斗部 ··· 295
7.8 弹药战斗部高效毁伤技术发展 ··· 297

第8章 航空炸弹 ··· 299

8.1 航空炸弹概述 ··· 299
8.1.1 航空炸弹的地位与作用 ·· 299
8.1.2 对航空炸弹的要求 ·· 299
8.2 航空炸弹的组成与分类 ··· 301
8.2.1 航空炸弹的结构组成 ·· 301
8.2.2 航空炸弹的分类 ··· 304
8.3 普通航空炸弹 ··· 305
8.3.1 航空爆破炸弹 ··· 305
8.3.2 航空杀伤炸弹 ··· 314
8.3.3 航空反跑道炸弹 ··· 317
8.3.4 MK系列通用航空炸弹 ·· 321
8.4 燃料空气炸弹 ··· 322

  8.4.1 燃料空气弹药概述 ·· 323
  8.4.2 燃料空气弹药分类 ·· 324
  8.4.3 典型的燃料空气炸弹 ·· 328
 8.5 制导航空炸弹 ··· 333
  8.5.1 制导航空炸弹概述 ·· 333
  8.5.2 电视制导航空炸弹 ·· 334
  8.5.3 激光制导航空炸弹 ·· 335
  8.5.4 联合直接攻击弹药（JDAM）······································ 339
  8.5.5 小直径炸弹 ··· 341
 8.6 航空炸弹的发展 ··· 346
  8.6.1 增大攻击距离，实现防区外投放 ···································· 346
  8.6.2 提高制导精度及适应性，实现全天候高精度打击 ······················· 346
  8.6.3 发展灵巧子弹药，加强对集群装甲目标的精确打击能力 ·················· 347
  8.6.4 大力发展反硬目标炸弹 ·· 347
  8.6.5 最大程度发挥有效载荷的毁伤作用 ·································· 347

第9章 集束弹药 ··· 348

 9.1 集束弹药概述 ··· 348
  9.1.1 集束弹药的定义 ·· 348
  9.1.2 集束弹药的特点 ·· 348
  9.1.3 母弹开舱与子弹药抛射 ·· 349
 9.2 炮射子母弹 ··· 352
  9.2.1 炮射子母弹结构及作用原理 ······································· 352
  9.2.2 杀伤子母弹 ··· 354
  9.2.3 反装甲杀伤子母弹 ·· 355
 9.3 航空集束弹药 ··· 359
  9.3.1 航空集束弹药概述 ·· 359
  9.3.2 航空子母炸弹 ··· 360
 9.4 子母式战斗部 ··· 364
  9.4.1 子母式战斗部结构及作用原理 ····································· 364
  9.4.2 子弹药抛射系统 ·· 366
 9.5 机载布撒器 ··· 369
  9.5.1 机载布撒器的分类 ·· 369
  9.5.2 机载布撒器的组成与结构 ··· 373
  9.5.3 机载布撒器的典型作用过程 ······································· 377
  9.5.4 机载布撒器子弹药 ·· 377
  9.5.5 机载布撒器的发展趋势 ·· 381

第 10 章　智能弹药 ································ 384

10.1　末敏弹 ································ 384
10.1.1　末敏弹概述 ···················· 384
10.1.2　末敏弹的构造与作用 ········ 386
10.1.3　典型末敏弹 ···················· 391

10.2　弹道修正弹 ···························· 396
10.2.1　弹道修正弹的构造及作用 ··· 396
10.2.2　弹道修正弹的作用原理 ······ 402
10.2.3　弹道修正方式 ·················· 403

10.3　末制导炮弹 ···························· 405
10.3.1　末制导炮弹概述 ··············· 405
10.3.2　末制导炮弹结构与组成 ······ 405
10.3.3　末制导炮弹的工作方式 ······ 407
10.3.4　典型的末制导炮弹 ············ 409

10.4　巡飞弹 ································ 413
10.4.1　巡飞弹概述 ···················· 413
10.4.2　巡飞弹结构与应用 ············ 415
10.4.3　典型巡飞弹 ···················· 418

10.5　网络化弹药系统 ······················ 420
10.5.1　网络化弹药系统的组成 ······ 420
10.5.2　地面网络化弹药系统作用过程 ··· 422
10.5.3　典型的网络化弹药系统 ······ 423

10.6　智能集群弹药 ························ 426
10.6.1　集群弹药简述 ·················· 426
10.6.2　集群弹药影响因素 ············ 427
10.6.3　集群弹药技术发展与验证 ··· 427

第 11 章　弹药研制与试验 ······················ 429

11.1　弹药工程研制的过程 ················ 429
11.1.1　战术技术要求 ·················· 429
11.1.2　弹药的研制过程 ··············· 430

11.2　弹药设计技术和方法 ················ 431
11.2.1　经验设计法 ···················· 432
11.2.2　半经验设计法 ·················· 432
11.2.3　数值仿真辅助设计法 ········ 432
11.2.4　专家系统辅助设计法 ········ 433

11.3　弹药数值仿真方法 ···················· 434

11.3.1	有限元仿真基本原理	434
11.3.2	有限元仿真基本过程	435
11.3.3	前处理软件	435
11.3.4	常用有限元仿真软件及仿真范例	437

11.4 弹药试验类型与特点 439
    11.4.1 弹药试验的类型与目的 439
    11.4.2 弹药试验的特点与要求 441
    11.4.3 试验的基本程序 442

11.5 常用弹药试验 443
    11.5.1 杀伤效应试验 443
    11.5.2 爆破威力试验 449
    11.5.3 穿甲效应试验 449
    11.5.4 破甲试验 451

参考文献 459

第 1 章

弹药基本知识

1.1 概述

在人类社会发展过程中，战争与武器始终是紧密联系在一起的，弹药是武器的核心组成部分。弹药借助武器（或运载工具）发射或投送至目标区域，在目标区域预定位置解体、爆炸或发生其他作用，从而毁伤目标，完成具体的战斗使命。

弹药一般是指含有金属或非金属壳体，装有火药、炸药或其他装填物，能对目标起毁伤作用或完成其他作战任务（如电子对抗、信息采集、心理战、照明等）的一次性使用军械物品。具体而言，弹药包括枪弹、炮弹、手榴弹、枪榴弹、火箭弹、航空炸弹、导弹、鱼雷、水雷、深水炸弹、地雷、爆破筒、发烟罐、爆炸药包等。此外，用于非军事目标的礼炮弹、警用弹、增雨弹以及采掘、狩猎、射击运动的用弹等，也属于弹药的范畴。将火药、炸药制品、引信、火工品等部件及与其配套的零部件（装置）等，按照一定的传火序列、传爆序列组合在一起，组成具有满足规定战术或战略任务功能的有机整体，称为弹药系统。

冷兵器时代用于防身或进攻的投石、弹子、箭等可算是射弹的最早形式，它们利用人力、畜力、机械动力等方式投射，利用本身的动能击打目标。中国在 9 世纪初发明了黑火药，10 世纪用于军事，作为武器中的传火药、发射药及燃烧、爆炸装药，在武器发展史上起着划时代的作用。

在 19 世纪末至 20 世纪初，先后发明了无烟火药、硝化棉、苦味酸、梯恩梯等猛炸药，并应用于军事，成为弹药发展历史上的一个里程碑。无烟火药使火炮的射程大幅增加，猛炸药替代黑火药使弹丸的爆炸威力大大提高。

第二次世界大战结束后，电子技术、光电子技术、火箭技术和新材料等高新技术的发展成为弹药发展的强大动力。制导弹药，特别是 20 世纪 70 年代以来各种精确制导弹药的迅速发展及在局部战争中的成功应用，是这个时期弹药发展的一个显著特点。

高新技术条件下的现代战争为武器弹药的发展带来了新的机遇和挑战。由于新毁伤原理、新作用方式及先进的光电技术、计算机技术等高新技术在弹药上的应用，弹药的系统性不断加强，结构更为复杂，作用方式和毁伤能力呈现多样性，使弹药技术相应地也进入了新的发展时期，其在灵巧弹药技术、爆炸成型弹丸技术、燃料空气弹药技术、制导航空炸弹技术、高能炸药装药技术、增程技术、导弹战斗部定向杀伤技术、防空反导弹药技术、引战配合技术、弹道修正技术、软杀伤理论与技术以及新概念弹药等方面都有较大突破，它们也是今后弹药技术研究的重点，弹药将向轻型机动、灵巧化、智能化、远射程和高效毁伤的方向发展。

1.2 弹药的一般组成与分类

1.2.1 弹药的一般组成

弹药是由发射装置或运载工具投送到目标上发挥作用的，其组成和结构应满足发射性能、运动性能、终点效应、安全性和可靠性等诸多方面的综合要求。从结构上看，现代弹药通常是由多个零部件组成、具备一种或多种功能的综合体。按照功能划分，弹药通常由战斗部、引信、投射部、稳定部和导引部等部分组成，这些功能部分有的是由多个零部件共同组成，有的是由单个部件组成。不是所有弹药都具备全部的功能模块，有些弹药的一个结构模块或部件可承担多种功能，如炮弹弹丸壳体作为战斗部的一部分，兼有盛装装填物、形成毁伤元、连接弹丸各部分和用于发射导引等功能。不同类型弹药的具体结构形式有较大的差异。

1. 战斗部

战斗部是弹药毁伤目标或完成既定作战任务的核心部分。某些弹药仅由战斗部单独构成，例如部分地雷、水雷等。战斗部通常由壳体和装填物组成。壳体容纳装填物并连接引信，使战斗部组成一个整体结构，大多数情况下也是形成毁伤元的基体。装填物通常是毁伤目标的能源物质、战剂或其他物品。常用的装填物有炸药、烟火药、生物战剂、化学战剂、核装药等。弹药通过装填物的自身特性或反应，产生或释放各种毁伤元（如冲击波、破片、射流、电磁脉冲、高能粒子束、热辐射、核辐射等），并利用各种毁伤元的机械、热、声、光、化学、生物、电磁、核等效应来毁伤目标或达到其他战术目的。

根据对目标作用和战术技术要求的不同，不同类型战斗部的结构和作用机理呈现不同特点。

（1）爆破战斗部一般采用相对较薄的壳体，装药量较大，主要利用炸药爆炸产生的高温、高压、高速膨胀的爆轰产物的直接作用或爆炸冲击波毁伤各类目标。

（2）杀伤战斗部通常具有厚度适中的金属壳体，内装炸药及其他金属杀伤元件，通过爆炸后形成的高速破片杀伤有生力量、车辆、飞机或其他技术装备。

（3）动能侵彻战斗部通常采用实心的或装少量炸药的高强度、高断面比重的弹体，主要利用其动能击穿各类装甲目标，然后靠冲击波、破片或燃烧等作用毁伤目标，常用结构类型有实心式和装药式两种。

（4）破甲战斗部具有带药型罩的聚能装药结构，利用聚能效应产生的高速金属射流或爆炸成型弹丸，侵彻各类装甲目标并造成破坏效应。

（5）特种弹战斗部壳体较薄，内部空间用于装填发烟剂、照明剂、燃烧剂、宣传品等，以达到特定作用的目的。

（6）子母弹战斗部一般也采用较薄壳体，母弹弹体内装有抛射系统和子弹药等，到达目标区域后，按照预定程序抛出子弹药，由子弹药毁伤较大区域内的目标。

2. 引信

引信是一种保障弹药平时安全、感受环境和目标信息、完成保险状态与待发状态转换并适时控制战斗部动作发挥最大毁伤效能的装置。战斗部中全部爆炸品，从引信中的雷管（火帽）直至弹体中的炸药装药，按感度递减而输出能量递增的顺序配置，组成传爆序列，保证弹药的安全性和可靠性。

3. 投射部

投射部是弹药系统中提供投射动力的装置，其作用是将弹药或战斗部按照一定速度射向预定目标处或其附近，提供毁伤目标的基本条件。

投射部的作用原理和结构类型与武器的发射方式紧密相关：

（1）身管武器发射的射击式弹药的投射部由发射药、药筒或药包、辅助元件等组成，弹药发射后，投射部的残留部分从发射装置中退出，不随弹丸飞行。

（2）火箭弹、鱼雷、导弹等弹药的投射部，由装有推进剂的发动机形成独立的推进系统，发动机与战斗部或弹体连接在一起，工作停止前持续提供飞行动力。

（3）某些弹药没有单独的投射部，依靠人力投掷、工具运载或埋设，如地雷、水雷、航空炸弹、手榴弹等。

4. 导引部

导引部是弹药系统中导引和控制射弹正确飞行运动的部分。

对于无控弹药，其作用是使射弹尽可能沿着事先确定好的理想弹道飞向目标，实现对射弹的正确导引。炮弹的导引部主要是在弹体表面做成上下定心凸起或定心舵形式的定心部；无控火箭弹则做成导向块或定位器的形式与发射器相契合。

对于制导弹药，简称制导部，它可能是弹上自带的一套完整制导系统，也可能与弹外制导设备联合组成制导系统。导弹的制导部通常由目标探测装置、信息处理装置和执行装置3个主要部分组成。根据导弹类型的不同，相应的制导方式也不同，常用的有自主制导、寻的制导、遥控制导和复合制导。

5. 稳定部

弹药在发射和飞行中，由于各种随机因素的干扰和空气阻力的不均衡作用，导致弹药飞行状态产生各种非理想性变化，使其飞行轨迹偏离理想弹道，形成散布，降低命中率，影响作战效能。稳定部是保证战斗部能够抵抗干扰，以正确姿态稳定飞行直至接触目标的部分。典型的稳定部结构有：赋予战斗部高速旋转的装置，如炮弹的弹带，或某些弹上的涡轮装置；使战斗部空气阻力中心移于质心之后的尾翼装置；旋转装置和尾翼装置的组合。有的弹药不具有稳定装置，如普通枪弹和某些小口径炮弹。

1.2.2 弹药的分类

目前，各个国家已经装备的和正在发展的弹药的种类繁多，其投放方式、作用原理、组成及结构也各不相同，为了便于学习、研究、管理和使用，通常从不同角度将弹药进行分类。弹药分类方法很多，常用的有以下几种。

1. 按用途划分

根据弹药用途可分为主用弹药、特种弹药、辅助弹药。随着新型弹药的出现，这种划分的界限有时也会逐渐模糊。

（1）主用弹药：用于直接毁伤敌方有生力量或摧毁各种目标的弹药，如各种爆破弹、杀伤弹、穿甲弹、破甲弹和子母弹等。

（2）特种弹药：用于完成某些特殊战斗任务、通常不直接摧毁目标的弹药，如照明弹、烟幕弹、宣传弹、曳光弹、信号弹、诱饵弹、电视侦察弹等。该类弹药与主用弹药的区别是，其本身通常不直接参与对目标的毁伤。随着现代战争的发展，特种弹药的类型也在不断增加。

(3) 辅助弹药：用于靶场试验、部队训练和院校教学等用途的弹药，如演习弹、教练弹、配重弹、摘火弹等。

2. 按装填物类型划分

按装填物类型可将弹药分为常规弹药、化学（毒剂）弹药、生物（细菌）弹药和核弹药。

(1) 常规弹药：战斗部内装有非生、化、核填料的弹药总称，以火炸药、烟火剂、子弹或破片等杀伤元素，以及其他特种物质（如照明剂、干扰箔条、碳纤维丝等）为装填物。

(2) 化学弹药：战斗部内装填化学战剂（又称毒剂），专门用于杀伤有生目标的弹药。化学战剂可装填在炮弹、火箭弹、航空炸弹和导弹战斗部中，战剂借助爆炸、加热或其他手段，形成弥散性液滴、蒸汽或气溶胶等，黏附于地面、水中或悬浮于空气中，经人体接触染毒、致病或死亡。

(3) 生物弹药：战斗部内装填生物战剂，如致病微生物毒素或其他生物活性物质，用以杀伤人、畜，破坏农作物，并能引发疾病大规模传播。

(4) 核弹药：战斗部内装有核装料，引爆后能自持进行原子核裂变或聚变反应，瞬时释放巨大能量，如原子弹、氢弹、中子弹等。

生、化、核弹药由于威力大，杀伤区域广阔，而且污染环境，故属于"大规模杀伤性武器"，国际社会先后签订了一系列国际公约，限制这类弹药的试验、扩散和使用。本书主要论述常规弹药。

3. 按飞行稳定方式划分

按照飞行稳定方式不同，弹药可分为旋转稳定式弹药和尾翼稳定式弹药。

(1) 旋转稳定式：依靠火炮膛线或者其他作用方式使弹丸高速旋转来保持弹丸飞行稳定。这与陀螺稳定的原理相同，高速旋转的物体有保持旋转轴线不变的特性，在外力作用下，沿外力矩矢量的方向产生进动而不翻倒。大多数的榴弹、穿甲弹均采用这种稳定方式。旋转稳定式弹丸长径比不能太大。

(2) 尾翼稳定式：通过在弹丸尾部设置尾翼稳定装置，以使空气动力作用中心（压力中心）后移至弹丸质心之后的某一距离处，来保持弹丸飞行稳定。

4. 按投射运载方式划分

按投射运载方式可将弹药分为射击式弹药、自推式弹药、投掷式弹药和布设式弹药。

1) 射击式弹药

射击式弹药是指利用各种身管武器膛管内火药燃气压力获得较高初速度，经膛管导向向外发射的弹药，包括各种炮弹和枪弹。榴弹发射器配用的弹药也属于射击式弹药。炮弹、枪弹具有初速大、射击精度较高、经济性好等特点，是战场上应用最广泛的弹药，适用于各军兵种。

炮弹是指口径在 20 mm（含 20 mm）以上，利用火炮将其发射出去，飞抵命中目标的弹药，主要用于压制敌方火力，杀伤有生力量，摧毁工事，毁伤坦克、飞机、舰艇和其他技术装备。枪弹是指口径小于 20 mm、从枪膛内发射的弹药，多用于步兵，主要用于对付人员及薄装甲目标，普通枪弹弹头多是实心的。

2) 自推式弹药

自推式弹药是指依靠所处平台本身所带的推进系统产生的推力作用，经过全弹道（或部分弹道）的自主飞行后命中目标的弹药，包括火箭弹、导弹、鱼雷等。这类弹药靠自身推进系统推进，以一定初始射角从发射装置发射后，不断加速至一定速度，全弹道自主飞行或经部分弹道自主飞行后进入惯性自由飞行阶段。由于发射时过载低、发射装置对弹药的限制因素少，使自推式弹药具有各种结构形式，易于实现制导和远程投射，具有广泛的战略战术用途。自推式弹药的推进系统可以是火箭发动机、喷气发动机或者电力驱动的螺旋桨（适合水下推进）。

3）投掷式弹药

投掷式弹药是指依靠人力或其他装置，以一定的初速度度（一般较小）离开投掷平台，在重力、气动力或水动力的作用下，在空气或水中沿着一定的弹道无动力运动的弹药。根据初始投掷位置的不同，又可分为地面投掷、航空投掷和水面—水下投掷等类型。各类手榴弹、航空炸弹和深水炸弹是典型的投掷式弹药。

4）布设式弹药

布设式弹药是指预先设定在一定区域（地域、空域或海域），等待目标接近或通过，在适当时空触发以毁伤、阻碍或干扰目标的弹药。其通过空投、炮射、火箭撒布或人工等方式布（埋）设于要道、港口、海域等预定地区，待目标通过时，引信感觉目标信息或经遥控起爆，阻碍并毁伤步兵、坦克或水面、水下舰艇等。具有干扰、侦察、监视等作用的布设式弹药，可适时完成一些特定的任务。有的布设式弹药在布设之后，可待机发射子弹药，对付预期目标。典型的布设式弹药包括地雷、水雷及一些干扰、侦察、监视弹等。

（1）地雷是撒布或浅埋于地表待机作用的弹药。防步兵地雷还可是通过反跳装置，在距离地面 $0.5\sim2$ m 的高度空炸，增大杀伤效果。内装聚能装药的反坦克地雷，能击穿坦克底甲、侧甲或顶甲，还可杀伤乘员及炸毁履带。

（2）水雷是布设于水中待机作用的弹药，有自由漂浮于水面的漂雷、沉底水雷以及借助雷索悬浮在一定深度的锚雷。其上安装触发引信或近炸引信，近炸引信通过感受舰艇通过时一定强度的磁场、音响及水压场等而作用。某些水雷中还装有定次器和延时器，达到预期的目标通过次数或通过时间后才会爆发，起到迷惑敌人、干扰扫雷的作用。

5. 按控制程度划分

根据对弹药的控制程度可将其分为无控弹药、制导弹药和阶段控制弹药。

（1）无控弹药：整个飞行弹道上无探测、识别、控制和导引能力的弹药。普通的炮弹、火箭弹、炸弹都属于这一类。

（2）制导弹药：在外弹道上具有探测、识别、控制、导引跟踪能力，并精确命中目标的弹药，如反坦克导弹、空空导弹、空地导弹等各种精确制导弹药。

（3）阶段控制弹药：有一些弹药介于上述两类弹药之间，它们在外弹道的某弹道段上或目标区具有一定的控制、探测、识别、导引能力，如弹道修正弹药、传感器引爆子弹药、末制导炮弹等，是无控弹药提高精度的一个发展方向。

6. 按弹药配属的军种划分

按配属于军兵种的不同，弹药可分为以下几类。

（1）炮兵弹药：配备于炮兵的弹药，主要包括用于地面火炮系统的炮弹、地面火箭弹和导弹等。

（2）航空弹药：配备于空军的弹药，主要包括航空炸弹、航空炮弹、航空导弹、航空火箭弹、航空鱼雷和航空水雷等。

（3）海军弹药：配备于海军的弹药，主要包括用于舰载火炮、岸基火炮的炮弹以及舰射或潜射导弹、鱼雷、水雷及深水炸弹等。

(4) 轻武器弹药：配备于单兵或班组的弹药，主要包括各种枪弹、手榴弹、肩射火箭弹或导弹等。

(5) 工程战斗器材：主要包括地雷、炸药包、扫雷弹药、点火器材等。

7. 按弹药口径划分

按弹药口径的分类方式主要用于身管武器发射的弹药，可分为以下几种。

(1) 小口径：地面炮为 20~70 mm；高射炮为 20~60 mm；舰载炮为 20~76 mm。

(2) 中口径：地面炮为 70~152 mm；高射炮为 60~100 mm；舰载炮为 76~130 mm。

(3) 大口径：地面炮为大于 152 mm；高射炮为大于 100 mm；舰载炮为大于 130 mm。

8. 按弹丸与药筒（药包）的装配关系划分

按弹丸与药筒（药包）的装配关系分类，弹药可分为定装式弹药、药筒分装式弹药和药包分装式弹药。

(1) 定装式弹药：弹丸和药筒结合为一个整体，射击时一起装入膛内，因此发射速度较快，容易实现装填自动化。这类弹药口径一般不大于 105 mm。

(2) 药筒分装式弹药：弹丸和药筒分体，发射时先装弹丸，再装填药筒，因此发射速度较慢，但是可以根据需要调整药筒内的发射药量。这类弹药口径通常大于 122 mm。

(3) 药包分装式弹药：弹丸、药包和点火器具分 3 次装填，没有药筒，依靠炮闩来密闭火药气体。一般在岸炮、舰炮上采用此类弹药，弹药口径大，射速较慢。

9. 按弹丸与火炮口径关系划分

(1) 适口径弹：弹径与火炮口径相同的弹药，大多数炮弹属于此类弹药。

(2) 次口径弹：弹径小于火炮口径的弹药，脱壳穿甲弹、枣核弹属于此类弹药。

(3) 超口径弹：弹径大于火炮口径的弹药，战斗部露于炮口之外，以提高威力，如反坦克火箭筒发射的超口径破甲弹、某些迫击炮发射的长弹等。

10. 按发射的装填方式和使用的火炮划分

(1) 后膛装填式弹药：弹药从火炮炮尾部装填，关闭炮闩后发射。

(2) 前膛装填式弹药：弹药从炮口装入膛内，靠重力下滑击发，大多数迫击炮弹属于此类。

(3) 无后坐力炮弹或无后坐力炮发射的火箭增程弹。

1.3 战场典型目标

1.3.1 典型目标类型

在战场上，目标与弹药通过弹药终点效应体现为对立和统一的两个方面，弹药技术的发展与其对付的目标特性变化密切相关。弹药以毁伤与破坏目标为目的，而目标以防御、对抗、欺骗和干扰等为目的，不同的目标具有各自不同的特性（几何、结构、材料、防护能力、运动速度、信号特征等）。目标的多样性决定了弹药的多样性。弹药毁伤效率的提高，迫使目标抗弹性能不断改善；而目标的发展与新型目标的出现，又反过来促进弹药的不断发展与新型弹药的产生。弹药要实现其高效毁伤目的，就需要对既定目标的类型、几何特性、结构特性、毁伤特性（毁伤模式、毁伤元的选择等）等进行针对性的研究。

现代及未来战场上的目标不断发展、纷繁多样，分类方式也有很多种。一般来说，按照目标数量构成及组合形式不同，可分为单个目标和集群目标；根据地位和作用不同，可分为战略目标和战术目标；按照目标的防御能力不同，可分为"软"目标和"硬"目标；按目标的大小及其相对位置不同，可分为点目标、线目标和面目标；按照目标的运动性能不同，可分为固定目标、机动目标、低速目标和高速目标等；按照目标所存在或活动的空间位置不同，可分为太空（大气层外）目标、空中（大气层内）目标、地面目标、地下目标、水面目标和水下目标等。不同类型的目标，其所处环境、功能、大小与结构防护能力、机动性等各不相同。下面介绍几种典型目标。

1. 人员目标

人员为有生力量，其自身的防护能力极差，属于软目标。人员在战场上的主要功能是操作和使用武器与装备，完成特定的战斗任务。人员在战场上要么处于直接暴露状态，要么处于各种掩体或车辆、飞机的舱体内。弹药产生的破片、冲击波、热辐射、核辐射、生物化学战剂、化学毒剂等毁伤元，均可使人员伤亡。尽管它们损伤人体的方式不同，但最终目的都在于使人丧失行使预定职能的能力。

对于常规炮弹，其破片致伤是对付人员最有效的手段。一般认为具有 78 J 动能的破片即可使人员遭到杀伤。冲击波对人员致伤主要取决于超压，当超压达到 0.02~0.03 MPa 时，会引起轻微挫伤；当超压大于 0.1 MPa 时，可使人员严重受伤致死。另外，常规弹药的热辐射对人员的伤害也是有限的，而且大部分伤害是由爆炸引起的环境火灾所致。

2. 地面和地下固定目标

地面和地下固定目标是现代战场上的主要目标类型，通常是位于地面和地下的各种建筑物，包括各种野战工事、永备工事、掩蔽所、指挥所、火力阵地、雷达站、弹药库、军事基地、港口、机场、桥梁、发电厂、地面指挥通信中心（例如：军事指挥中心、通信大楼、军事办公大楼）、战略导弹发射井、地下防护工程（例如：深层地下指挥所、地下通信工程）等。

地面和地下固定目标有确定的位置，不具有运动速度和机动性，一般采用消极防护，如隐蔽、伪装等措施；目标尺寸范围很大，结构形式及建造材料多样，坚固程度及防护性能不等，一般采用钢筋混凝土或钢板制成，并设有盖层，有的还深埋于地下十几米，抗弹能力强；对纵深战略目标都有防空部队和地面部队保护。

爆炸冲击以及火焰等是对付这类目标最主要的破坏手段。对于地面目标，可以通过弹丸在目标近处爆炸，利用爆轰产物的直接作用和空气冲击波的作用来毁伤目标；对于地下或浅埋结构，由于其抗空气冲击波能力较强，此时可采用地下或内部爆炸所形成的冲击波给予毁伤；对于某些易燃性建筑物，亦可采用纵火的方式达到毁伤目的。

3. 地面机动目标

用于陆上作战的各种坦克、装甲车辆、自行火炮、军用车辆和铁路运输车辆等是典型的地面机动目标。按有无装甲防护分为装甲车辆和无装甲车辆。装甲车辆泛指各种军用履带式战斗车辆、轮式战斗车辆和辅助车辆，其中装甲车辆、自行火炮和坦克是现代战争中应用越来越广泛的陆上机动作战平台。

装甲车辆是协同主战坦克作战的主要战斗及辅助车辆，主要包括步兵战车、装甲输送车、装甲指挥车、装甲救护车、装甲扫雷车、装甲补给车、装甲侦察车等多种细分类型。步兵战车是装甲车辆中最主要的车辆，其配置数量往往多于坦克。

坦克是搭载大口径火炮、以直射为主、全装甲、有炮塔的履带式战斗车辆，是一种集强大直射火力、坚固防护（装甲厚、装甲面积大、抗弹能力强）和高度越野机动性于一身的装甲战斗车辆。现代坦克的突出特点之一是自身具有坚固防护，现代坦克防护技术可分为主动防护和被动防护两类。被动防护是指借助装甲的抗弹能力来防御反坦克弹药的攻击；主动防护是指在弹药未碰击装甲前将其摧毁或者削弱其效能，使其达不到预期毁伤的目的。常用的装甲类型主要有均质装甲、复合装甲（含间隙装甲）、反应装甲和贫铀装甲。

现代坦克的正面对动能弹的防护能力可达 700 mm 以上，越野速度可达 60~70 km/h，最大行程为 500 km。它是现代地面战争中的主要突击作战平台，主要用于与敌方坦克和其他装甲车辆作战，也可用于压制、消灭反坦克武器，摧毁野战工事，歼灭有生力量。

20 世纪 80 年代以来，随着高新军事科学技术的发展，一方面增强了坦克的综合防护性能，另一方面也改变了传统的反坦克武器装备。反装甲武器对装甲车辆毁伤的研究主要集中在反装甲武器对装甲车辆上各种装甲目标的毁伤能力研究上。

反装甲武器是指以击穿坦克和装甲车辆目标为目的的武器总称，通常也称为反坦克武器。具体来讲，反装甲武器包括航空兵器、地面炮兵压制兵器、反坦克导弹、坦克炮、迫击炮、无坐力炮、火箭筒、地雷等。目前，反装甲武器已经逐步发展成为空地结合、前沿和纵深相结合、射程梯次配置的立体反坦克武器系统。这个系统具有以下两个基本特点：

（1）针对装甲车辆形成正面、侧面、顶部和底部在内的三维空间反坦克火力网。
（2）反坦克武器弹药呈现多兵种、多样化和智能化。

高新技术条件下的反装甲手段已经具有大纵深、立体化、全方位和多手段的特点，可对坦克实施"远、中、近"大面积的纵深打击。

4. 空中目标

现代战争中，空中目标多种多样，广义的空中目标分为大气层外目标和大气层内目标，而狭义的空中目标仅包括各种类型飞机和来袭弹药，如各种歼击机、强击机、轰炸机、运输机、预警机、加油机、直升机、无人机、空地导弹、弹道导弹等。空中目标的特点：目标尺寸较小、运动速度较高、机动性好，部分目标还具有一定的装甲防护和反攻击能力，如武装直升机、对地攻击机等。

飞机为典型的空中活动目标，分为战斗用机（包括轰炸机、歼击机、强击机等）和非战斗用机（包括侦察机、运输机）两大类。这类目标的航速高、机动性好、飞行高度高，且有一定的防护能力。战斗机还装备各种攻击性武器。另外，空中飞机作为目标亦有其脆弱性，由于飞机结构紧凑，设计载荷条件限制严格，使得飞机结构的抗毁伤能力较低，小口径动能弹丸，或杀爆弹通过直接命中或内部爆炸作用可使其毁伤；大、中口径杀爆弹或导弹战斗部在目标附近爆炸形成的破片和冲击波也可使其毁伤。

战术导弹主要用于打击敌方战役战术纵深内集结的部队、坦克、飞机、舰船、雷达、指挥所、机场、港口、铁路枢纽和桥梁等目标，主要特点是系统复杂、运动速度高，但防护能力不强，且携带有战斗部、推进剂等易燃易爆舱段，在冲击波、破片等毁伤元素作用下容易出现导弹结构毁伤或关键部件毁伤，从而不能完成既定战斗任务。如果易燃易爆舱段被破片击中，可能引起燃烧或爆炸，导致导弹出现灾难性毁伤。

5. 水中目标

水中目标主要指海面上的各种作战舰艇、各种运输补给舰艇、水下潜艇、无人潜航器等，可笼统分为水面舰艇、潜艇和其他3类目标。

水面舰艇按其作战方式和吨位可分为航空母舰、巡洋舰、驱逐舰、护卫舰、鱼雷艇、猎雷艇、两栖作战舰艇、高速作战舰艇等。除了上述这些战斗舰艇外，还包括大量的勤务舰船（又称辅助舰船），如各种运输船、修理船、油船、淡水补给船、测量船、卫生船、防护救生船、训练船等。

潜艇按其动力源可分为核动力潜艇和常规动力潜艇两种；按其作战方式又可分为战略型潜艇和攻击型潜艇。

在海上用于防御敌方进攻的水面障碍物（如水雷）、开发石油的钻井平台等目标统称为其他目标。

舰船目标的主要特点是具有较强的火力防护能力，体积大，甲板较厚，内部为多舱室结构，要害部位大。如航空母舰储备几十架舰载机、2 000~10 000 t 舰载机弹药、7 000~8 000 t 舰用燃油，这些都是薄弱处，即使是机动性很强的现代舰艇，在外暴露的电子设备（如雷达）、武器系统等也是它们的要害。

第二次世界大战的大量海战经验表明，仅靠被动式的防御难以抵御现代弹药的毁伤。这些经验引起了战后舰艇设计者的注意，故采用轻装甲、快速、轻便、机动性强的攻击性舰艇模式，在防御的模式上体现了主动性，如发展了预警、隐身、干扰、电子对抗和反导、反鱼雷等技术。现代舰艇都在不断加强损害管制能力，在结构设计上考虑舱段的密封性和不透水性，为了保持舰船的不沉性和平衡，还考虑采取为受害的舱段强制进水的措施。此外，在船舷和船底层还有灌水和燃油的特殊舱室，作为减弱战斗部爆破作用的缓震器。

半穿甲战斗部侵入舱室内部爆炸可使其毁伤，或者爆破战斗部在舰船目标附近接触或非接触爆炸，使船体形成较大的破口，可导致舰船沉没。

舰艇遭受武器命中后，弹药对舰艇有以下形式的破坏：

（1）接触爆炸（在舰体上层建筑或舱室内爆炸）：爆炸直接引起的破损，爆轰产物的高温毁伤设备；高速破片、爆炸冲击波、振动对设备和人员的损伤，以及爆炸引起的火灾；弹药舱的爆炸等二次效应。

（2）非接触爆炸（鱼雷和深水炸弹等水下爆炸）：主要是强烈的冲击波和气泡脉动导致的舰体、设备的破坏和人员伤亡。

1.3.2 目标探测与识别

现代战争目标种类繁多，实现对目标的准确探测和识别是解决高效打击与毁伤的必要条件，目标特性是目标探测与识别的基础。目标特性包括目标本身的固有属性（如质量、体积、运动参数等）以及目标、环境、物理场（包括电磁场、声场等）相互作用所表现的特有样式。广义的目标特性还包括目标的易损特性。

目标探测与识别是一门综合多学科的应用技术，它的主要目的是采用非接触的方法探测固定或移动的目标，通过识别技术，完成对受控对象的控制任务。目标探测是对不能直接观察的事物或现象用仪器（装置）进行考察和测量，或者说是一个对固定或移动目标进行测量，并对测量信号进行处理，从而获得相关信息的过程。其中目标既可能是实际目标（比如弹药的攻击对象），也可能是参考物。目标识别是利用信息处理机系统对探测器获取的目标数据进行处理，从而实现目标类别、属性、运动特征等判别的过程。其中识别的具体内涵可根据目标识别的程度分为以下5个层次：

（1）检测。将目标从场景中分离出来。

（2）分类。确定目标的种类，如人员、车辆、舰船、飞机等。

（3）识别。确定目标的类型，如普通车辆、坦克等。

（4）身份确认。确认目标的型号。

（5）特性描述。确认目标类别的变体或支持个体识别中更精细的技术分析。

近十几年来，随着光电、通信、计算机和传感器等高新技术的迅猛发展，目标探测与识别技术发生了日新月异的变化，在军事斗争的需求牵引下，毫米波探测、激光定距探测、主被动声探测、磁探测、地震动探测等都有了极大的技术进步，提高了战场信息获取的实时性及其深度和广度，使军队有可能随时掌握战术态势，准确确定目标位置，有效指挥部队和作战平台，迅速实施精确打击，从而大幅提高军队的作战能力和战场生存能力。

制导弹药需探测与识别目标和弹药相对位置、目标运动参数以及弹药自身运动参数等，因此制导弹药在外弹道上具有探测、识别、导引能力，能准确攻击目标或大幅提高对目标的命中精度。无控弹药同样存在目标探测与识别问题。战斗部到达预定位置以后，需要及时引爆战斗部装药，才能有效摧毁目标。现代弹药为了达到最佳作用效能，需要通过引信实时判断弹体本身或弹目相对位置，甚至对目标进行识别。引信目标探测与识别是指引信通过对固定或移动目标进行非接触测量（测量的信号包含距离、位置、方位角或高度信息等），然后由测量到的信号经过设计的识别方法正确地给出相关信息，为引信的起爆控制策略提供输入参数。

1.4 弹药对目标的毁伤作用

毁伤是弹药与目标相互作用的过程，弹药对目标的毁伤是通过弹道终点处弹药能量的释放、转化和传递实现的，并利用弹药形成的各种毁伤元通过施加机械、化学或热效应等方式对目标造成毁伤和破坏。不同的目标具有不同的结构、材料和功能特性，形成不同的易损性，因此必须根据目标的抗毁伤特性选择相应的毁伤模式才能对其进行有效毁伤。弹药对目标的毁伤与破坏通常有多种作用模式，包括装药的爆破毁伤、破片杀伤、穿甲毁伤、侵彻毁伤、破甲毁伤、燃烧作用、特种毁伤、软毁伤等。

1. 爆炸毁伤

爆炸毁伤作用的实质为炸药爆炸后高温、高压、高速的爆轰产物膨胀做功的作用，炸药爆炸的巨大能量部分或全部作用于目标，从而可以实现较好的毁伤效果。爆炸毁伤主要体现于爆轰产物的直接破坏作用和冲击波的破坏作用两个方面。

1）爆轰产物的直接破坏作用

爆轰产物的直接破坏作用，即弹药直接接触目标爆炸，或在目标内部狭小封闭的空间内爆炸，爆轰产物的巨大冲量直接作用在目标上，使目标毁伤。由于爆轰产物在膨胀过程中压力下降很快，所以这个破坏作用的区域很小，该区域的大小与炸药性质和炸药量有关，可以根据爆轰理论来计算炸药爆轰完毕瞬间爆轰产物的压力、密度、温度及质点运动速度等参量。

2) 冲击波的破坏作用

弹药在空气、水、土壤等介质中爆炸，介质将受到爆轰产物的强烈冲击。由于爆轰产物具有高压、高温和高密度的特性，故当其作用于周围介质时，使其密度、压力或温度突跃，在介质内引起扰动而产生冲击波（人们把这种扰动称为波。波的名称随介质而异，通常在水和空气中形成的波称为冲击波，在固体介质中形成的波称为应力波），目标在一定超压和冲量的冲击波作用下被毁伤。冲击波的作用距离比爆轰产物直接作用的距离要大。

弹药在水中爆炸与在空气中爆炸具有明显差别，除了产生比在空气中爆炸更强的冲击波外，还会形成气泡脉动及振荡冲击效应。爆轰产物在液态水中形成气泡，由于水的密度大、惯性大，气泡第二次膨胀开始时产生的脉动压力具有与冲击波相当的冲量和有效的毁伤作用。气泡脉动会引起水介质的往复运动，称为脉动水流，对水中目标具有振荡冲击效应。此外，如果气泡附近有障碍物，会因为气泡脉动产生穿越气泡中心并指向障碍物的聚合水流，也具有较强的毁伤破坏作用。

2. 破片杀伤

对于人员、雷达、飞机、车辆等目标，由于没有厚重的装甲，故其防护性能较差，通常采用具有一定动能的金属块、杆条等毁伤元即可侵彻甚至穿透目标，从而实现对目标的损伤与破坏作用。

破片杀伤作用是指带壳体或预制破片的弹药爆炸时形成的高速破片对目标的毁伤效应。破片命中各类目标后会对目标形成击穿、引燃和引爆等破坏作用，击穿作用对各类目标都起作用，而引燃和引爆作用仅仅对有可燃物和爆炸物的目标起作用。破片杀伤作用的大小取决于破片特性及分布规律、目标性质以及弹药与目标的遭遇条件。破片的分布规律包括弹药爆炸时所形成破片的质量分布（不同质量范围内的破片数量）、速度分布（沿弹药轴线不同位置处破片的初速度）、破片形状及破片的空间分布（在不同空间位置上的破片密度），而这些特性主要取决于弹体材料的性质、弹药结构、炸药性能以及炸药装填系数等参量。为了在不同作战条件下对不同目标（人员、军械等）起到毁伤作用，需要不同质量、不同速度的破片和不同的破片分布密度。

弹药的射击条件包括射击的方法（着发射击、跳弹射击和空炸射击）、弹着点的土壤硬度、引信装定和引信性能。当引信装定为瞬发状态进行着发射击时，弹药撞击目标后立即爆炸，此时破片的毁伤面积是由落角（弹道切线与落点的水平面的夹角）、落速、土壤硬度和引信性能决定的。落角小时，部分破片进入土壤或向上飞散而影响杀伤作用，随着落角的增大，杀伤作用提高；引信作用时间越短，杀伤作用越大；弹药侵入地内越深，则杀伤作用下降越快。当进行跳弹射击（通常落角小于20°，引信装定为延期状态）时，弹药碰击目标后会跳飞至目标上空爆炸。当跳弹射击和空炸射击的空炸高度适合时，杀伤作用有明显提高。

3. 穿甲毁伤

对于坦克装甲这类厚实、坚硬的目标，破片和杆条之类毁伤元的动能还远不能实现对厚装甲的穿透破坏，需要比动能更大的毁伤元才能实现贯穿。

穿甲效应是指弹丸凭借自身的动能撞击目标而引起的破坏作用。如果目标是装甲和非装甲车辆、飞机、舰船、导弹等有坚硬外壳的武器装备，则毁伤元撞击这些目标引起的侵彻和破坏作用通常称为穿甲效应。在穿透装甲后，通常可以利用弹丸或弹、靶破片的直接撞击作用，或由其引燃、引爆所产生的二次效应，或弹丸穿透装甲后的爆炸作用，毁伤目标内部的仪器设备和有生力量。

穿甲弹可分为普通穿甲弹和杆式穿甲弹。普通穿甲弹指的是长径比 l/d 小于 5（l 为弹丸长度，d 为弹丸直径）的穿甲弹，弹头部为卵形或钝头（带被帽）；有的普通穿甲弹在内部装有少量炸药（采用弹底引信）。普通穿甲弹的弹体通常是由特殊热处理的合金钢制成，其头部坚硬，碰击装甲时能承受较大的应力而不被破坏；弹体的硬度低于头部，确保弹体通过靶板时不脆断。杆式穿甲弹（简称杆式弹）指的是长径比大于 10 的穿甲弹，如尾翼稳定脱壳穿甲弹。杆式弹弹芯一般由高密度材料制成，例如，钨合金或贫铀合金，密度为 $17\sim19\ g/cm^3$，长径比为 $10\sim35$，速度为 $1.5\sim1.8\ km/s$。由于杆式弹的弹形较好，故其千米速度降仅为 $45\sim80\ m/s$。但这些弹芯的抗压强度仅为 $2.0\ GPa$ 左右，它们在撞击和侵彻装甲靶板过程中会出现侵蚀现象。

4. 侵彻毁伤

弹丸或战斗部除了对装甲目标进行穿甲破坏外，对岩土、混凝土介质或复合介质的侵彻毁伤也是其重要的作用方式之一。例如，对榴弹而言，其对目标的主要作用是杀伤作用和爆炸作用等，若需要榴弹能够毁伤土木和混凝土工事，则一般都希望其侵入土木和混凝土内部一定深度爆炸，才能有效地发挥其破坏效果。但弹丸对不同材料的侵彻效应与材料的物理和力学性质有关，不同类型的材料，因其毁伤机理或破坏形式不同，弹丸侵彻后出现的现象也不尽相同，因而研究侵彻现象的方法也有所区别。金属材料是晶体结构，其性质基本是均匀、各向同性的；混凝土是多相复合材料，骨料也不均匀；土壤是多相组合材料，往往呈疏松与颗粒状，是各向异性和不均匀的。

1）弹丸（战斗部）对岩土的侵彻

岩土材料包括湿黏土、水和沙石等。土是一种天然产物，由无数个大小不同的土粒混合而成，呈颗粒状。自然界中的土颗粒相差很大，特别是土的组成与结构比较复杂，种类很多，不同土介质的物理力学性质千差万别，绝大多数土介质具有较大的不均匀性和各相异性。土的抗压性能远比抗拉、抗剪的能力大得多。在冲击载荷作用下，土介质的动力响应与加载速度、土的湿度及组成等密切相关。因此，研究土在动载荷作用下的动力响应问题十分复杂，需要解决出现的各种特殊工程实际问题。

当弹丸撞击到土介质时，前方的介质受到很大的冲击，其颗粒间的联系被破坏，向四周排开，并沿一定路线运动，造成介质表面鼓起，且周围土介质的密度发生变化，这是与金属介质相区别的地方。因介质的惯性作用，侵彻孔径大于弹丸直径，弹速越高越明显。一般弹丸侵彻土介质时的侵彻阻力较低，主要原因是土介质的强度低，同时可压缩性也是一个主要因素。

2）弹丸（战斗部）对混凝土的侵彻

当弹丸（战斗部）撞击混凝土靶板时，在弹—靶界面处产生应力波，并向弹—靶内传播，由于碰撞点处的压力很高，远远超出靶板的极限抗压强度，故弹—靶接触部分材料呈粉末状破坏。当弹丸头部进入靶体时，混凝土内部将产生剪切应力，混凝土的抗拉强度和抗剪强度远低于抗压强度，致使大块混凝土从靶板表面脱落形成入口漏斗坑。随着弹丸侵彻深度的增加，弹丸与靶材的接触面积增大，剪切应力相应减小，并小于混凝土的抗剪强度，无法破坏大块的混凝土，此时，包围在弹丸头部的混凝土材料碎成较小的颗粒并被排到弹丸四周，形成侵彻通道，弹丸的动能主要消耗在这个过程中。对于有限厚的混凝土靶，当应力波传递到靶板背面时，应力波反射形成拉伸波，如果拉伸波的强度大于混凝土靶的抗拉强度，则靶板背面也会出现大块混凝土剥落，形成出口漏斗坑，这种出口界面效应可以使弹丸的侵彻深度增加，即使弹丸不能贯穿靶板，也会造成靶板背面材料崩落。如果弹丸速度很大或混凝土厚度较薄，则会出现入口漏斗坑和出口漏斗坑直接连接起来，产生"先贯穿后侵彻"的现象。

如果弹丸在侵彻混凝土材料过程中保持刚性，则可以采用刚性弹丸在金属材料中的侵彻模型来计算，其结果具有较好的准确性。但是，由于混凝土材料在受压和受拉时的屈服应力值不同，因而与金属材料相比，在材料的模型上存在着差异。而对于土壤等不均匀、各向异性的材料，材料特性差异很大，需要在对材料的本构关系进行深入研究的基础上才能对弹靶的相互作用关系进行分析。

5. 破甲毁伤

破甲作用是利用空心装药的聚能效应，在弹药爆炸后药型罩形成高速射流，利用射流对目标的穿透和后效作用来造成毁伤，其可以对付各种装甲和坚固工事。空心装药破甲弹（简称破甲弹）是另一种反装甲及硬目标的有效弹种。

破甲弹弹药爆炸后，金属射流的速度很高。例如，采用适当结构的紫铜药型罩形成的射流，头部速度一般在 8 000 m/s 以上，它的动能很大，射流依靠这种动能可侵彻与穿透厚装甲。当射流与靶板碰撞时，在碰撞点周围形成了一个高温、高压、高应变率的区域，在这种情况下靶板材料的强度可以忽略不计。根据药型罩结构与材质、装药结构的不同，破甲弹对钢质装甲的穿深可为装药直径的 1~10 倍。破甲弹药的突出特点和优势是可不依赖弹药的速度和动能，对发射条件和武器平台没有过高要求，使用范围广，应用方式灵活，可广泛应用于高效毁伤厚装甲、混凝土等坚固目标。

6. 燃烧作用

弹药燃烧作用是指燃烧弹等弹药通过纵火对目标造成毁伤的作用。其中，目标通常指可燃的木质或塑料材料与结构物、建筑物、油料库、弹药库、地表面的易燃覆盖层和带有可燃物的装备等；纵火包括引燃和火焰蔓延两个过程。不同种类的燃烧弹，其火种温度不同，通常为 1 100~3 300 K，可以引燃燃点为几十至数百摄氏度的干木材和汽油等可燃物。燃烧弹纵火的效果与燃烧弹爆炸后火种的数量、分布密度、燃烧温度、火焰大小、持续时间以及目标的物理性质（燃点、湿度、温度等）和堆放条件等因素有关。火种通过高温作用有时也能直接毁伤目标。目前弹药燃烧采用的燃烧剂主要有金属燃烧剂、油基纵火剂和烟火纵火剂等。

7. 特种毁伤

传统的特种毁伤武器对目标造成的毁伤多为软毁伤，随着科技的飞速发展，衍生出了可直接摧毁目标、具有硬毁伤能力的特种武器（弹药），这类武器可以直接毁伤目标，产生与常规武器（弹药）一样的效果，甚至获得更高的作战效能。这里着重介绍可对目标造成硬毁伤的电磁脉冲武器和高能激光武器的毁伤方式。

1）电磁脉冲效应

电磁脉冲武器是通过定向辐射天线向目标辐射高功率电磁脉冲，以干扰甚至毁伤目标内部的敏感电子设备的一种新概念武器。电磁脉冲（Electro-Magnetic Pulse，EMP）效应的特点是产生周期短（几百纳秒）、强度高的电磁脉冲或微波，电磁脉冲以渐弱强度从脉冲源向外传播，其效应相当于电磁冲击波。这种脉冲会产生强大的电磁场，特别是在武器爆炸点附近，该电磁场能够在裸露的电导体（电线或印制电路板上裸露的导电槽等）上产生高达几千伏的瞬时电压，对大量电气和电子设备造成不可挽回的破坏，特别是对计算机、无线电或雷达接收机等设备具有很强的破坏能力，且难以修复。

随着电子设备的不断发展和完善，电路元件各种载荷的工作电压和功率降低了，而破坏这些装备，使其不能正常工作所需要外部作用能量的水平也降低了。计算机、电子和电气设备、雷达和电子战装备、卫星、UHF、VHF、HF 和低频段通信设备，以及电视设备等都容易受到电磁脉冲效应的毁坏。与常规非核武器的毁伤性能相比，电磁脉冲武器应用于对抗自动化指挥、通信、侦察、导航、监控系统和高精度武器等方面是极其有效且非常经济的方法。这种武器对瞄准精度要求不高，能杀伤多个目标，杀伤效率极高，具有全天候作战能力，是隐身武器装备的克星，可以以较小的力量解决高效作战问题，将使防御目标免遭制导武器打击所付出的代价大幅度降低（达 1 个数量级）。

电子设备的半导体器件在电磁脉冲的作用下表现出多种失效模式，几乎器件的每一部分都有可能失效。在电磁脉冲的作用下，常见半导体器件所表现出的失效模式主要有以下几种：高压击穿、器件烧毁、微波加温、电涌冲击和瞬间干扰等。

2）高能激光效应

激光是利用物质受激辐射原理和光放大过程产生出来的一种具有高亮度、高方向性、好的单色性和相干性的光。在军事领域，激光既可用作武器辅助系统，也可用作直接杀伤性武器。激光作为直接杀伤性武器，主要包括两方面的应用：一方面是用激光摧毁对方的大型武器装备，如导弹、飞机、坦克和舰船等；另一方面是用激光将敌方战斗人员的眼睛致盲或使光敏传感器失效。前者属于高能激光武器系统，激光功率可达兆瓦级甚至更高；后者属于低能激光武器系统，激光功率只有毫瓦级。

从目前的发展情况来看，高能激光武器的主要攻击目标为战术导弹、卫星等。战术导弹通常具有精确制导能力，能快速、低空飞行，会对战场上的重要装备、设施及人员构成较大威胁。在现有的防空作战中，防空导弹和高炮是比较常见的防御手段，但是它们构成的火力网难以做到紧凑而严密，各自的防区之间也有间隙。而高能激光武器的部署将使这一火力网更加严密，组成多层次的综合防御系统，并使拦截来袭目标的能力显著提高，真正起到防空、反导的作用。

激光武器的破坏杀伤效果与激光强度、波长等激光武器本身的因素，以及目标的材料性质、环境参数以及激光与目标作用的距离和时间有关。

激光致盲对光电传感器的损伤机理主要有热模型、缺陷模型、电子雪崩模型、自聚焦模型、多光子电离模型和强光饱和模型等理论模型。这些毁伤机理会造成器件工作波长移动、局部缺陷伤害、雪崩击穿、破坏效应、材料的介电常数发生变化，从而最终导致器件不能正常工作。

高能激光武器毁伤目标主要依靠热烧蚀破坏效应、激波破坏效应和辐射破坏效应。例如，在飞机或坦克的油箱上烧一个洞可以引起油箱爆炸，烧断"保险"装置可以导致炸弹和导弹提前爆炸或再也不会爆炸，破坏控制或制导系统可以使导弹落到远离目标的地方等。

8. 软毁伤

随着现代高新技术战争的目的及目标的变化，弹药对目标的毁伤模式及程度要求也在变化，如对人员从要求"致死"到"致伤"，对车辆从"毁伤"到"功能失效"等，毁伤学已从传统毁伤学的"硬毁伤"发展到新毁伤学的"软毁伤"，这就要求探索新的毁伤机理，根据要求建立新的毁伤准则，以指导与促进新弹药与新防护技术的发展。

软毁伤效应是指毁伤元对敌方的人员及各种武器装备和器材不直接发挥作用，仅对其功能起干扰、削弱、失效、陷于瘫痪等作用。软毁伤效应主要有干扰毁伤效应、诱骗效应和失能效应。

干扰毁伤效应是指通过有源或无源弹丸产生的各种干扰源，对敌方的通信、电子设备和光学探测器等起到干扰和毁伤作用，其中主要干扰包括通信干扰、电磁脉冲干扰、箔条干扰、强光干扰、次声干扰、烟雾干扰、水声干扰等。

诱骗效应是指用欺骗等方式使敌方人员或探测器无法获取信息或获取错误的信息，以假乱真，无法判读真假目标。其主要有红外诱骗、假目标诱骗等。

失能效应是指毁伤元使敌方武器装置或设施失去部分或全部功能。失能效应主要有非致命效应、高效润滑失能效应、高黏结失能效应、高阻燃失能效应、碳纤维失能效应等。

1.5　内弹道基础知识

1.5.1　火炮发射的内弹道过程

内弹道学是研究弹丸在膛内运动规律及其伴随射击现象的一门学科。火炮内弹道过程概括地说就是利用火药在身管中燃烧所产生的高温高压气体膨胀做功，推动弹丸沿身管运动的过程。传统火炮武器是一种利用火药在身管中燃烧所产生的高温高压气体膨胀做功将弹丸抛射出身管的发射装置，其中身管为工作机，火药为能源，而弹丸是做功的对象，三者即构成了所谓的内弹道系统。在内弹道过程中，身管中的火药通过燃烧将蕴涵在火药中的化学能转变为热能，弹后空间中的热气急剧膨胀驱动弹丸在身管内高速前进。不同阶段的内弹道过程如图1.1所示。

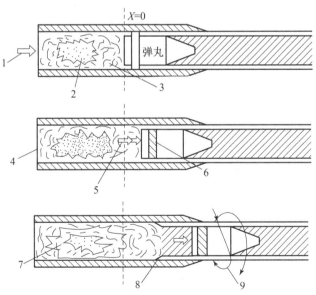

图1.1　不同阶段的内弹道过程

1—击针击发引燃火药；2—燃气生成；3—药室内压力和热量急速递增；4—压力 15~80 MPa；5—弹丸开始运动；
6—弹带被刻槽，挤进压力导致弹后压力增加；7—高压导致火药燃速增加；
8—弹速增加，弹后空间容积增加；9—膛线强迫弹丸旋转

在发射过程中，身管为弹丸运动提供支撑和导向的作用。身管的后端装有炮闩，它的作用是通过闩体的开启和关闭进行闭锁炮膛，以保证身管的封闭状态。此外，闩体中还装有击发机构，以便弹药装填后进行击发。身管中炮闩前方安装药包或药筒的空间称为药室。药室前端直径逐渐缩小的锥形部分称为坡膛。从坡膛最小端面开始直到炮口的部分内径保持不变。根据发射弹丸的飞行稳定方式不同，炮膛结构也完全不同，对于发射旋转稳定弹丸的火炮，在身管的炮膛内壁刻有与炮膛轴线成角度的若干条螺旋形沟槽的膛线，用以导引弹丸做旋转运动。对于炮膛内没有膛线的火炮，在弹丸挤进和运动过程中，它的受力与线膛炮的情况有所不同。

根据变化过程的主要特征不同，火炮发射的内弹道过程可以分为点火传火过程、挤进过程、弹丸在膛内运动过程和后效作用过程，这4个过程不是相互独立，而是相互作用甚至相互重叠的。

击发是内弹道过程的开始。通常利用机械方式（或用电、光）作用于底火（或火帽），使底火药着火，产生火焰穿过底火盖而引燃火药床中的点火药，使点火药燃烧产生高温高压的燃气和灼热的固体微粒，并通过对流换热的方式，将靠近点火源的发射药首先点燃，然后点火药和发射药的混合燃气逐层地点燃整个火药床，这就是内弹道过程开始阶段的点火和传火过程。

在完成点、传火过程之后，随着火药的燃烧，产生了大量的高温高压燃气，推动弹丸运动。弹丸开始启动瞬间的压力称为启动压力。弹丸启动后，因弹带的直径略大于炮膛内阴线的直径，弹带必须逐渐挤进膛线。当弹带全部挤进时，弹带已被膛线刻成沟槽并与膛线紧密吻合，此时相应的燃气压力称为挤进压力。这个过程也称为挤进过程。

弹带全部挤入膛线后，弹后空间的火药固体仍在继续燃烧而不断补充高温燃气，高温高压气体的急速膨胀做功，使火炮以及身管膛内产生了多种形式的复杂运动，这包括弹丸的直线运动和旋转运动（对于线膛身管）、弹带与膛线之间的摩擦、正在燃烧的药粒和燃气的运动、火炮后坐部分的后坐运动、火药气体与身管及身管与外界的热交换、身管的弹性振动等，所有这些运动既同时发生又相互影响，形成了复杂的射击现象。

对于身管膛内不同现象的相互制约和相互作用，形成了膛内燃气压力变化的特性。其中，火药燃气生成速率和由于弹丸运动而形成的弹后空间增加的速率，是决定这种变化的两个主要因素。前者的增加使压力上升，后者的增加使压力下降，而压力的变化又反过来影响火药的燃烧和弹丸的运动。在开始阶段，燃气生成速率的因素超过弹后空间增长的因素，压力曲线将不断上升。当这两种相反效应达到平衡时，膛内达到最大压力 P_m，而后随弹丸速度不断地增大，弹后空间增大的因素超过燃气生成速率的因素，膛内压力开始下降。当火药全部燃完时，膛压曲线随弹丸运动速度的增加而不断下降，直至弹丸射出炮口，完成整个内弹道过程。这时的燃气压力称为炮口压力 P_g，弹丸速度称为炮口速度。

最大膛压 P_m 是一个十分重要的弹道数据，会直接影响火炮、弹丸和引信的设计、制造与使用，且对身管强度、弹体强度、引信工作可靠性、弹丸内炸药应力值以及整个武器的机动性能都有直接影响。因此，在鉴定或检验火炮火力系统的性能时，一般都要测定 P_m 的数值。在现代火炮中，除迫击炮和无后坐炮的 P_m 值较低外，一般火炮的 P_m 为 250~350 MPa，有些高膛压火炮其 P_m 值已超过 500 MPa。

后效时期是指从弹丸底部离开膛口瞬间起，到火药燃气压力降到使膛口保持临界断面（即膛口断面气流速度等于该截面的当地声速）的极限值时为止。后效期火药燃气压力急剧下降。

后效期开始,燃气从炮口喷出,燃气速度大于弹丸的运动速度,继续作用于弹丸底部,推动弹丸加速前进,直到燃气对弹丸的推力和空气对弹丸的阻力相平衡时为止,此时,弹丸的加速度为零,在炮口前弹丸的速度增至最大值 v_{max} 之后,燃气不断向四周扩散,其压力与速度大幅度下降,同时弹丸已远离炮口,燃气不能再对弹丸起推动作用。可是,在整个后效期中,膛内火药燃气压力自始至终对炮身作用,使其加速后坐,直到膛内压力降到约 0.18 MPa 为止。显然,这段作用时间是较长的。图 1.2 中绘出了发射过程中各时期的燃气压力、弹丸速度随时间变化的一般规律,图中 T_1 和 T 分别代表后效期内火药燃气对弹丸作用和对炮身作用的时间。

初速度 v_0 是为了简化问题而定义的一个虚拟速度,它并非弹丸质心在枪炮口的真实速度 v_s。弹丸在后效期末达到最大速度 v_m,此后效期内弹速的真实变化曲线大致如图 1.3 中实线上升段所示。由于目前对后效期内弹丸运动的规律研究不够,尚难对此时期的弹速进行准确计算,因而在实用中假设弹丸一出枪炮口即仅受重力和空气阻力作用,为了修正此假设所产生的误差,采用一虚拟速度即初速度 v_0,这个 v_0 必须满足的条件是:当仅考虑重力和空气阻力对弹丸运动的影响而不考虑后效期内火药气体对弹丸的作用时,在后效期终了瞬间的弹速必须与该瞬时的真实弹速 v_m 相等。

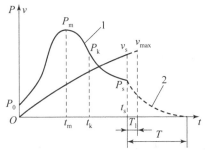

图 1.2 各时期膛压、速度与时间曲线
1—膛内时期(实线);2—后效时期(虚线)

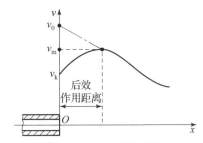

图 1.3 初速度示意图

最大压力和初速是火炮内弹道的两个重要弹道参量,内弹道的主要参量是火炮武器系统性能好坏的重要评价依据,是武器系统性能评价指标体系的重要组成部分,内弹道问题解决的好坏将直接影响到武器的射击性能。内弹道学是火炮设计的理论基础,在武器弹药系统设计中起协调作用。火炮武器弹药系统的设计包括火炮、弹丸、引信、药筒、底火及发射装药等的设计,在具体的实践当中,它们之间往往会发生各种矛盾。例如,在内弹道设计中最大压力的确定,它不仅影响到火炮的内弹道性能,而且还直接影响到火炮、弹丸、引信和装药等设计的问题。最大压力选择是否适当将影响到武器弹药系统设计的全局。因此,可通过内弹道的优化设计将武器弹药系统之间的矛盾协调起来,在总体上实现武器弹药系统良好的弹道性能。

1.5.2 内弹道研究内容及任务

火炮射击时,从击发开始到弹丸出炮口所经历的全过程称为内弹道过程。内弹道过程经历的时间很短暂,一般只有几毫秒到十几毫秒,即膛内在很短的时间内发生复杂的物理、化学、传热及机械现象,膛内各种相互作用和能量转换具有瞬态特征,是一个非平衡态不可逆过程。从流体力学的观点来看,膛内射击现象又属于一个带化学反应的非定常多相流体力学问题。

根据内弹道过程中所发生的各种现象的物理实质，内弹道学所要研究的内容可归纳为以下几个方面：

（1）有关点火药和火药的热化学性质、燃烧机理以及点火、传火的规律；
（2）有关火药燃烧及燃气生成的规律；
（3）有关枪炮膛内火药燃气和火药颗粒的多维多相流动及其相间输运现象；
（4）有关膛内压力波的产生机理、影响因素及抑制技术；
（5）有关弹带挤进膛线的受力变形现象，弹丸以及炮身的运动规律；
（6）有关膛内能量转换及传递的热力学现象和燃气与膛壁之间的热传导现象。

在这些现象研究的基础上，建立起反映内弹道过程中物理化学实质的内弹道数学模型和相应方程。根据内弹道理论和实践的要求，内弹道学研究的主要任务有弹道计算、弹道设计和装药设计三个方面。

截至目前已发展了经典内弹道理论、内弹道势平衡理论和现代内弹道理论等。为了解决内弹道问题，必须对膛内射击现象进行深入研究，这包括点火、传火规律，火药的燃烧规律，燃气生成规律，压力变化规律，温度变化规律，火药燃气和颗粒的流动规律，弹丸的运动规律，身管及后坐部分的运动规律，膛内能量转换及传递的热力学规律，燃气与膛壁之间的热传导规律等，这些规律的研究涉及化学、燃烧学、流体力学、热力学、固体力学和多体动力学等学科及复杂的跨学科知识。

1.6　外弹道基础知识

外弹道是研究弹丸在空中的运动规律及有关问题的科学。在飞行过程中，由于受到发射条件、大气条件以及弹丸本身各方面因素的干扰，弹丸除了按照一定的基本规律运动外，还会产生一些扰动运动。这些扰动因素有系统的，也有随机的。系统的扰动因素使弹道产生系统的偏差，这类偏差可以通过计算进行修正，使射击精度得到提高。随机的扰动因素使弹道产生随机的偏差，也就是造成散布，这是无法修正的，但可以通过研究散布的起因及其影响因素来设法减小散布，所以外弹道学对于提高射击精度起着重要的作用。

外弹道学分为质点弹道学和刚体弹道学。所谓质点弹道学就是在一定假设下，略去对弹丸运动影响较小的一些力和全部力矩，把弹丸当成一个质点，研究其在重力、空气阻力和火箭推力作用下的运动规律。质点弹道学的作用在于研究在此简化条件下的弹道计算问题，分析影响弹道的诸因素，并初步分析形成散布和产生射击误差的原因。

所谓刚体弹道学，就是考虑弹丸所受的一切力和力矩，把弹丸当作刚体，研究其围绕质心的运动（亦称角运动）及其对质心运动的影响。刚体弹道学的作用在于解释飞行中出现的各种复杂现象，研究稳定飞行的条件，寻找形成散布的机理及减小散布的途径，获得精确的计算弹道。

1.6.1　空气阻力

1. 空气阻力的组成

当弹丸与空气之间存在相对运动时，空气对弹丸的作用力即空气阻力。空气阻力由摩擦阻力、涡流阻力及超声速时的波动阻力组成。

1）摩擦阻力

摩擦阻力是由于空气的黏性造成的。根据黏附条件，弹丸在空气中飞行时，其表面黏附着一薄层空气伴随弹丸一起运动，外面与这层空气相邻的一层空气因为黏性作用也被带动，但比黏附在弹丸表面上的一层空气速度低，被带动的、速度较小的这一层空气，又因黏性作用带动其更外一层空气，以此类推，逐层往外带动，速度逐渐减小，直至有一个不能被带动的空气层存在，在此层之外，空气就与弹丸运动无关，好像空气是没有黏性的理想气体一样形成对称的扰流流过，如图1.4（a）所示。接近弹丸表面，受空气黏性影响的实际是很薄的一层空气，这一层通常叫作附面层或边界层，由于弹丸速度较高，故边界层通常都是混合边界层，只在接近弹头很小的区域内为层流边界层，后面就转化为湍流边界层，如图1.4（b）所示。在飞行过程中弹丸表面的附面层不断形成，即沿途的、接近弹丸表面的一薄层空气不断被带动，消耗着弹丸的动能，使弹丸减速，与此相应的阻力，就是摩擦阻力。

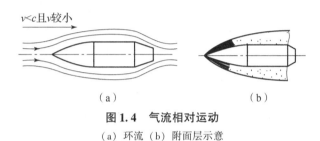

图 1.4 气流相对运动
(a) 环流 (b) 附面层示意

摩擦阻力的大小与空气密度、弹丸速度、弹丸特征面积等因素有关。此外，摩擦阻力还与弹丸表面粗糙度有关，表面粗糙可使摩擦阻力增加到 2~3 倍。在亚声速时，弹丸的摩擦阻力占总阻力的 35%~40%，超声速时占比则大幅降低（10%左右）。对于中等速度（即 500 m/s 左右）的现有制式弹而言，在总的空气阻力中，一般摩擦阻力占 6%~10%。

弹丸表面加工应有一定的表面粗糙度要求，实践中，常用弹丸表面涂漆的方法来改善表面粗糙度，其目的之一就是减小摩擦阻力，这样可以使射程增加 0.5%~2.0%。但由于在总阻力中摩擦阻力占的比例较小，故对弹丸表面粗糙度的要求一般不是很高。须注意的是，对于同一种弹丸而言，应力求各弹丸的表面粗糙度基本一致，否则，也将影响射程误差。

(2) 涡流阻力

当增大弹丸与空气之间的相对速度 v 至一定程度且 v 小于声速 c 时，附面层空气从弹头流向弹尾的过程中，根据流体力学连续方程 $\rho S v = $ 常数（S 为流体的流管横断面积）和伯努利方程 $\rho v^2/2 + p = $ 常数，由于弹丸截面的变化和速度的影响，会出现附面层中流体的流动被阻滞，甚至附面层不再贴近弹丸表面流动而与弹丸表面分离的现象，气流明显地不环绕弹丸表面流动，在弹丸底部形成接近真空的低压区，周围压力较高的气体则向低压区填补，导致弹底附近出现杂乱无章的旋涡，如图1.5所示。因此，除摩擦阻力外，伴随涡流的出现又产生了涡流阻力。

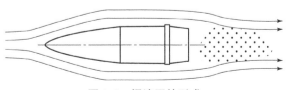

图 1.5 涡流区的形成

试验发现,涡流区压力远小于弹头附近气流中的压力,弹头与弹尾的压力差,即构成所谓的涡流阻力。影响此阻力的主要因素是弹丸截面变化情况、弹尾部形状、弹丸与气流之间相对运动速度的大小和方向以及弹丸底部是否排气等。根据弹丸稳定性等设计要求,弹尾做成收缩形状可减小涡流的影响。

涡流阻力通常又称为底阻。对于亚声速弹丸,底阻占总阻力的 60%~65%;对于超声速弹丸,底阻占总阻力的 15%~30%;对于中等速度飞行的弹丸,底阻占总阻力的 40%~50%。因此,设法减小底阻来实现弹丸增程具有实际意义。另外,增大底部涡流区内气体压力也是一种减小底阻的方法。

3) 波动阻力

当弹丸与空气之间的相对运动速度 v 大于声速 c 时,会在弹头部以及弹身其他部位产生激波,激波的形成会大量消耗能量,它相应形成的阻力就是波动阻力,或称激波阻力。

在气体中弱扰动是以声速向外传播的,当弹丸以超声速在空气中运动时,在弹头部及弹的其他部位就会形成一个圆锥形的受扰动区域,而其圆锥形的包络面则是空气受扰动与未受扰动的分界面,其上有扰动的叠加作用,形成了压力、密度和温度的突变,这就是超声速气流中特有的激波现象。图 1.6 展示了超声速弹丸飞行中所形成的弹道波。

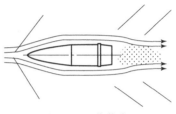

图 1.6 弹道波

当弹丸超声速飞行时,沿弹头表面以及弹带、弹尾等任何凸凹不平处,在其附近各条流线的每一点上,气流方向被迫向外转折,每点成为一个点扰源均各产生一个马赫波(由微弱扰动波重叠而成),由此无数个马赫波重叠的结果即为激波,在弹头部的称为弹头波,而弹带及弹尾部位的则分别称为弹带波及弹尾波,总称为弹道波。弹尾波形成的原因:流线进入弹尾部的低压区是向内转折,后因距弹尾较远处压力加大又向外转折,形成气流绕内钝角转折,因而形成了激波。在弹道波出现处会形成空气的强烈压缩,带来了空气压力、密度和温度的强烈变化。激波总是强烈压缩,它的形成会大量消耗能量,它相应形成的阻力就是波动阻力。超声速弹丸的波动阻力约占空气总阻力的 60%。

当弹头较钝时,在弹前可能出现正激波与斜激波组成的分离波,这时消耗弹丸的动能将更大。减小波阻的办法是尽量使弹头部长,弹顶平面应适当减小,弹表面应平滑无凸起,弹头应低平,发射后无毛刺和翻边。图 1.7 给出了头部形状与激波强弱的关系。波动阻力的大小主要取决于弹头部的形状和长度:弹头越钝扰动越强,消耗的动能越多,前后压差大;弹头越锐扰动越弱,产生的激波越弱。因此,一般超声速弹丸头部都设计得比较尖。

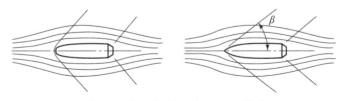

图 1.7 头部形状与激波强弱的关系

弹丸在亚声速飞行时,涡流阻力占总阻力的大部分,此时,为了减小阻力,应尽量将弹丸尾部设计成流线形,以减小涡阻,比如亚声速的迫击炮弹就是这样。弹丸初速在中等速度以上时，一方面，由于在一定的时间内弹丸超声速飞行，故应将弹丸设计成锐长一些，以减小波阻；另一方面，由于弹丸出炮口后弹速不断变化，可能在大部分时间内以亚声速或跨声速飞行，故应注意减小涡流阻力。考虑到上述两方面及其他有关要求，常将弹尾部做成截锥形（一般称为船尾型）。对于某些初速度的制式榴弹，锐化头部时弹头半顶角一般不大于20°，以避免出现波阻较大的分离波；而船尾角一般以 6°~9° 时产生涡流阻力最小。这些角度范围在空气动力学中均有其理论或试验依据。

对于某些弹丸，如近程穿甲弹等，几乎在全弹道上均以超声速飞行，波阻在总阻力中起决定性的作用，一般不考虑减小底阻的问题，而将弹尾部做成圆柱形。

2. 空气阻力的一般表达式

根据量纲分析理论及试验研究得知，空气阻力一般表达式为

$$R_x = \frac{\rho v^2}{2} S C_{x0}\left(\frac{v}{c}\right) \tag{1.1}$$

式中，R_x——空气阻力，也称迎面阻力或切向阻力（N），其指向与弹丸质心速度矢量 v 共线、反向，起减速作用；

ρ——空气的密度（kg/m^3）；

S——弹丸特征面积（m^2），$S = \pi d^2 / 4$，d 一般可取弹丸的最大直径；

c——弹丸所在处的声速；

$C_{x0}(v/C)$——阻力系数，量纲为1，在一定速度范围内近似为 Ma (v/c) 的函数，脚标"0"表示攻角 $\delta = 0°$ 的情况。

严格而言，空气阻力系数也是雷诺数 Re 的函数，试验研究表明，当 $Ma > 0.6$ 时，雷诺数 Re 的影响较小，主要由马赫数 Ma 决定。基于空气动力学发展，对于不同形状的弹丸，结合一定的试验条件，可以对空气阻力系数进行比较准确的计算。图1.8给出了几种不同类型弹丸的阻力系数与马赫数之间的关系曲线。

3. 阻力定律及弹形系数

由大量试验发现，对于形状相差不大的弹丸Ⅰ及Ⅱ，它们各自的阻力系数曲线彼此之间存在图1.9及式（1.2）所示的特性。

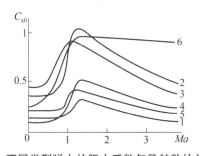

图1.8 不同类型弹丸的阻力系数与马赫数的关系曲线

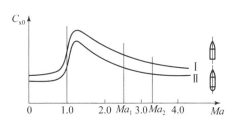

图1.9 阻力定律 $C_{x0} - Ma$ 曲线示意图

$$\frac{C_{x0}^{\mathrm{I}}(Ma_1)}{C_{x0}^{\mathrm{II}}(Ma_1)} \approx \frac{C_{x0}^{\mathrm{I}}(Ma_2)}{C_{x0}^{\mathrm{II}}(Ma_2)} \approx 常数 \tag{1.2}$$

式中，上角"Ⅰ"及"Ⅱ"分别表示对应于弹丸Ⅰ及Ⅱ，下角"0"仍表示攻角 $\delta = 0°$。

式（1.2）说明，形状相差不大的两个弹丸，它们在 Ma 数相同且 $\delta = 0°$ 时的阻力系数比

值近似等于常数。

如果取定某个标准弹,精确地测出 $\delta=0°$ 时的阻力系数曲线,则也可用一组标准弹测出它们平均的 $C_{x0} \sim Ma$ 曲线,此种标准弹的阻力系数与 Ma 的关系称为阻力定律,记为 $C_{xON}(Ma)$。目前我国常用的是 43 年阻力定律,即 $C_{xON43}(Ma)$,它用的标准弹为旋转式弹丸,其弧形弹头部长为 $h_r = (3.0 \sim 3.5)d$,如图 1.10 所示。

有了阻力定律,对于与标准弹形状相近的某待测弹,就只需用少量试验测出任一马赫数 Ma_1 处的 $C_{x0}(Ma_1)$ 值,然后用简便的计算法即可得出该待测弹的阻力系数曲线。

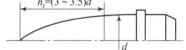

图 1.10 43 年阻力定律的弹形示意图

$$\frac{C_{x0}(Ma_1)}{C_{xON}(Ma_1)} = i \text{(常数)} \tag{1.3}$$

在(1.3)式中,i 为弹形系数,其定义为:某待测弹相对于某标准弹的弹形系数,是该待测弹与该标准弹在相同马赫数且 $\delta=0°$ 时阻力系数的比值。i 值反映了弹形差异引起阻力系数差异并引起的阻力差异。由于待测弹的 i 值必是相对一定的标准弹而言,所以,i 值的大小与待测弹形状和标准弹形状(或阻力定律)均有关。在一定的 Ma 数下,一定的弹丸只有一个阻力系数值,但由于所取阻力定律不同,故有不同的 i 值。在实际应用中,曾出现不同的阻力定律,我国还采用过西亚切阻力定律,其标准弹仍为旋转式弹丸,但 $h_r = (1.2 \sim 1.5)d$。

i 是反映弹形特征的重要参数,它的取值大小标志着枪炮及弹丸的设计质量。比如,i 值过大说明弹丸所受空气阻力大,要求枪炮具有较高的初速度才能使弹丸飞行到给定的距离,而初速度过大则对弹、炮、枪的设计均可能产生不利因素;i 值过小,则在一定条件下必须使弹丸设计得锐长一些,这对旋转弹的飞行稳定性可能不利,或使炸药装药量减小而降低威力。在具体设计中,必须针对设计任务,对弹丸结构及气动外形等进行全面、深入的反复研究,才能得出合适的 i 值。

4. 弹道系数

在各种力的作用下,弹丸和火箭弹在空气中的质心运动轨迹即为弹道(见图 1.11)。在图 1.11 中,oa 段是火箭发动机继续工作的一段,称为主动段,而 asc 一段称为被动段。

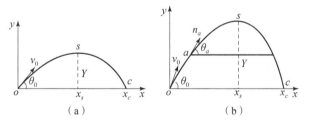

图 1.11 外弹道示意图

(a) 炮弹弹丸弹道;(b) 火箭弹弹道

为方便起见,常用脚注"o""s""c"和"a"分别表示射出点、顶点、落点和主动段终点的弹道诸元,采用英文大写字母表示主要弹道诸元,如 X 表示全射程,Y 表示最大弹道高等。

对质心运动研究表明,弹丸的外弹道诸元由所谓弹道系数 C、初速度 v_0 和射角 θ_0 所决定。对射程而言，可以写出以下函数关系：
$$X = X(c, v_0, \theta_0) \tag{1.4}$$
其中初速度和射角对射程（或弹道诸元）的影响是显而易见的。在此只对弹道系数的影响作一说明。

阻力对质心速度大小和方向的影响是通过阻力的加速度 a_x 来体现的，即
$$a_x = \frac{R_x}{m} = \frac{S}{m} \frac{\rho v^2}{2} C_{x0}(M) \tag{1.5}$$

将阻力系数 $C_{x0}(Ma)$ 以标准弹阻力系数乘弹形系数的形式表示，并注意到 $S = \pi d^2/4$，得
$$a_x = \left(\frac{id^2}{m} \times 10^3\right)\left(\frac{\rho}{\rho_{0N}}\right)\left[\frac{\pi}{8}\rho_{0N} \times 10^{-3} v^2 C_{x0N}(Ma)\right] \tag{1.6}$$

式中，第一个组合表示弹丸本身特征（形状、尺寸和重量）对运动影响的部分，称为弹道系数，用 C 表示，即
$$C = \frac{id^2}{m} \times 10^3 \tag{1.7}$$

式中，i——弹形系数，对于确定的弹丸可视为常数；

d——弹丸直径；

m——弹丸质量。

分析式（1.7）可知，弹道系数反映了弹丸保持运动速度的能力。弹道系数大，说明做惯性运动的弹丸容易失去其速度；弹道系数小，则说明弹丸保持其速度的能力强。弹丸质量 m 与弹丸的体积相关，即有 $m \propto d^3$（kg/dm³），若引入弹丸质量系数（或称弹丸相对质量），则
$$C_m = \frac{m}{d^3} \tag{1.8}$$

则式（1.7）可写为
$$C = \frac{i}{C_m d} \tag{1.9}$$

不同种类的弹丸，其质量系数不同，但对于相似的同类弹丸，其质量系数将在不大的范围内变化。可见，形状相似的同类弹丸，其弹道系数与弹径成反比，即弹径越大，弹道系数越小，因而空气阻力的影响也小。

1.6.2 弹丸上空气动力与力矩

弹丸在膛内运动过程中，弹轴与炮膛轴线并不完全重合，这是由弹炮间隙、弹丸的质量偏心误差以及炮膛磨损等因素造成的。当弹丸出炮口时，后效期火药燃气对弹丸的作用也是不均匀的，因而使弹丸轴线 ζ 与速度矢量 v（即弹道切线）不重合，它们之间的夹角称为攻角 δ（章动角），如图 1.12 所示。

当弹轴与速度矢量不重合（即攻角 $\delta \neq 0°$）时，弹丸由于迎气流的面积变大，故空气的阻滞作用加强，尤其是在超声速时弹头波不对称，迎气流面的激波较背气流面的强烈。在这种情况下，不论是亚声速还是超声速，总阻力均显著加大，空气对弹丸作用力的合力 $\boldsymbol{R}$ 也不再与弹丸轴线 ζ 与速度矢量 v 共线、反向，$\boldsymbol{R}$ 的作用点即压力中心（或称阻心 P），对旋转弹及尾翼弹丸，则分别在弹顶与质心之间及弹尾与质心之间，$\boldsymbol{R}$ 的指向不与 ζ 和 v 平行，

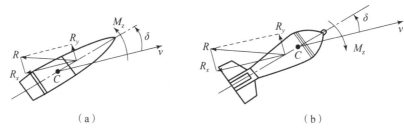

图 1.12 作用于弹丸上的空气动力
(a) 旋转弹；(b) 尾翼弹

而是以速度矢量 v 为准向弹顶一方偏离，如图 1.12 所示。这一方面使 R 在沿速度矢量 v 的方向及垂直于 v 的方向分别产生了分量，即切向阻力 R_x 和升力 R_y；另一方面 R 对质心产生了力矩（称为静力矩）M_z。除此之外，由于弹丸绕极轴（即弹轴）和绕赤道轴（即过质心且垂直于弹轴的某一轴）转动等原因，又产生了极阻尼力矩 M_{xz}、赤道阻尼力矩 M_{yz}、马格努斯力 R_z 和马格努斯力矩 M_y 等空气动力和力矩。M_z 使弹轴 ζ 绕质心 m 远离 v 而翻转，称 M_z 为翻转力矩。R_x 称为迎面阻力；R_y 改变 v 的方向，称为升力。翻转力矩 M_z 的作用方向和升力 R_y 的方向都是指向使 δ 增大的方向，M_z 和 R_y 在数值上也都随 δ 的增大而增加。

对火箭弹来说，除上述力和力矩外，在火箭发动机工作的一段弹道（主动段）上还将受到推力和推力矩的作用。

1.6.3 弹丸飞行稳定性

实际弹丸的飞行总是偏离理想弹道的，这主要有两方面的原因：一方面是火炮射击时地形、气象、初速等与标准不同；另一方面则是由于弹丸的起始扰动，即弹轴不与速度矢量线完全重合，致使章动角不为零。在火炮设计及使用中，人们总是力图减少它们的影响以提高射击精度，因而对于前者的研究属于修正理论的范畴，对于后者的研究则属于飞行稳定性理论的范畴。目前，保证弹丸飞行稳定的方法有两种，即旋转稳定（即陀螺稳定）和尾翼稳定。

1) 旋转稳定

图 1.13 所示为无尾翼弹的飞行状态，这种弹的主要空气动力在头部，故总空气动力 R 的作用中心 P 在质心之前，这时的力矩 M_z 有使弹轴远离速度矢量方向、攻角增大的趋势，如不采取措施，弹丸就会因为攻角增大而翻跟头，造成飞行不稳定，故称力矩 M_z 为翻转力矩，这种弹称为静不稳定弹。使静不稳定弹飞行稳定的方法是令其绕弹轴高速旋转（如线膛炮发射的弹丸或涡轮火箭弹），在一定的力矩条件下，只要转

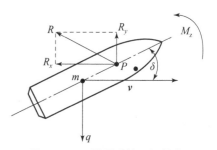

图 1.13 无尾翼弹的飞行状态

速高于某个范围，弹轴将不会因为翻转力矩的作用而翻转，而是围绕某一个平均位置旋转（进动）与摆动（章动），这就是陀螺稳定性，从而利用陀螺的定向性保证弹头向前稳定飞行。

根据理论力学的知识可知，当旋转稳定的陀螺在地面上处于倾斜状态时，相对于其地面

支撑点，它受到重力力矩的作用，该力矩倾向于使之倒下，但是由于刚体的回转效应，陀螺不会因为重力力矩而倾倒，反而会绕垂直于地面的一个轴线进动，这就是陀螺稳定性原理，如图 1.14 所示。飞行中旋转的弹丸就是使用了这个原理，由于其自身旋转，在气动力矩的作用下，弹丸并不会发生翻转，而是绕其速度方向进动（事实上是摆线进动）。在这个过程中，其攻角将一直发生变化，虽不能减小到 0°，但是却可以保持在一个较小的范围内，从而使得弹丸具有飞行稳定性，这也称为弹丸的陀螺稳定性，如图 1.15 所示。

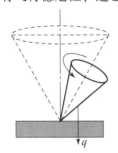
图 1.14 陀螺稳定原理

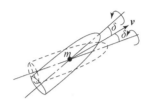
图 1.15 旋转稳定弹丸陀螺稳定原理

此外，在实际中，弹道是弯曲的，即速度矢量线由向上逐渐向下转动。为保证弹轴沿全弹道都与速度矢量线重合或接近重合，转速又不能太高，以保证弹轴以小于最大允许动力平衡角跟随弹道切线向下转动的特性，称为追随稳定性，如图 1.16 所示。对于尾翼弹，凡是静态稳定的必具有追随稳定性；对于旋转弹，陀螺稳定性是追随稳定性的必要条件，当弹丸旋转角速度适当时，能够自然满足追随稳定性。

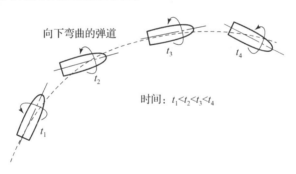
图 1.16 旋转弹丸的追随稳定性示意图

2）尾翼稳定

如图 1.17 所示，由于尾翼部分空气动力大，使弹丸的压力中心移至弹丸质心之后。此时，空气动力对弹丸产生的力矩 M_z 有使弹轴向速度矢量方向靠拢及迫使攻角不断减小的趋势，从而起到稳定作用，称为稳定力矩，这种弹称为静稳定弹。通常通过尾翼、压力中心和质心距离的合理设计，即可实现弹丸的稳定飞行。根据实践可知，当尾翼弹的压力中心与质心的距离与全长的比值

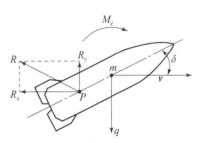
图 1.17 尾翼稳定性原理

为 10%～15% 时，就能保证它具有良好的静态稳定性。当弹丸遇上由攻角引起的扰动时，该力矩会阻止攻角的增大，迫使弹丸绕弹道切线做往返摆动，这是尾翼弹丸飞行稳定的必要条

件。为使弹丸在全弹道上稳定飞行，还要求这种摆动迅速衰减，而且在曲线段具有追随稳定性；对于微旋尾翼弹，还要求弹丸具有良好的动态稳定性。

在弹丸和火箭弹设计中，究竟采用哪种稳定方式好呢？一般来说，旋转稳定弹丸在结构上要比尾翼稳定弹丸简单，其精度也会高些，且造价较低。因而，如无其他不利的原因，均以采用旋转稳定为宜。但是，在以下情况下却常常采用尾翼稳定方式。

（1）尾翼稳定弹丸比旋转稳定弹丸具有较大的长径比。只要其长度不超过勤务处理（储存、维修和装填等）的限制，为了比相应旋转稳定弹丸具有较大的炸药装填容积，尾翼稳定弹丸长径比可尽量增加。

（2）弹丸的威力或其他终点效应因弹丸的旋转而降低时，如空心装药破甲弹就是这种情况。

（3）弹丸的战斗使命要求在大射角下进行射击时，这是因为旋转稳定弹丸在射角大至65°左右将使稳定性严重变坏，其精度将急剧下降，而尾翼稳定弹丸却不会出现这种情况。

（4）弹丸可以设计成由滑膛炮发射时。

在弹道上，具有静态稳定性的尾翼弹或具有陀螺稳定性和追随稳定性的旋转弹，其弹轴相对弹道切线的摆动虽是周期性的，但因条件的不同，其摆动幅值可能是逐渐衰减或逐渐增大。显然摆动幅值逐渐增大是不希望的，它必然导致密集度变坏；摆动幅值沿弹道衰减的弹称为具有动态稳定性的弹。

因此，弹丸在飞行中弹头始终向前，弹丸轴线与弹道切线的夹角（章动角）沿全弹道始终小于某一定的极限值，这样的弹丸就是通常所说的飞行稳定性良好的弹丸。飞行稳定性良好的弹丸，尾翼弹必须是静态稳定的，而旋转弹必须是同时具有陀螺和追随稳定性的。不管是尾翼弹还是旋转弹，起始摆动幅值均不应超过某个极限，而且沿全弹道必须是动态稳定的。

研究弹丸飞行稳定性理论的目的在于研究影响射击精度的因素，并在设计中尽可能提高火炮的射击精度。在外弹道学中，涉及旋转稳定弹的部分称为旋转理论，涉及尾翼稳定弹的部分称为摆动理论。

1.6.4 射表基本知识

1. 射表的作用与用途

外弹道学知识的应用是多方面的。一种武器从诞生到装备部队使用有许多环节，其中包括论证、设计、研制、生产、监造、靶场试验、编制射表、部队使用和维护修理等方面，每个环节都与外弹道学有不同程度的联系，都需用到外弹道学知识。

要想提高武器的射击精度，除了要研制出性能良好的武器，使其射弹散布尽可能小外，还必须编制出高精度的射表。这两方面任务的完成都与外弹道学有密切的关系。

射表是指挥射击所必需的基本文件。当目标位置及气象条件等为已知时，利用射表即可得知命中目标所需的射角和射向。射表中还包含其他一些指挥射击所需的基础数据。射表精确与否将直接影响射击效果，特别是在现代战争对炮兵提出首发命中要求的情况下，提高射表精度并正确使用射表具有更加重要的意义。

射表也是设计指挥仪和火控系统设计的依据。因为指挥仪和火控计算机是以射表的数据为基础设计出来的，没有精确的射表，就不可能有良好的设计。对于指挥仪和火控计算机的设计人员，不但需要了解射表的内容及其正确含义，而且为了更方便、合理地处理射表数据，对射表编拟方法及其所需的原始数据也应有所了解。

2. 射表的编拟

影响弹道的因素很多，包括火炮、弹药以及气象等各方面的因素。在炮兵射击时这些因素又是变化的，这给编拟射表造成了困难。为此必须规定一定的标准射击条件作为编表的依据，当射击时的实际条件与标准条件不一致时，再根据其差别大小进行修正。标准射击条件包括标准气象条件和标准弹道条件，此外还有标准地球和地形条件。

射表的主要内容包括基本诸元和修正诸元两大部分，此外还包含一些射击指挥时所需的其他内容。基本诸元即在标准射击条件下射程与仰角的关系，修正诸元是指将实际射击条件与标准条件不一致时计算出的修正量编制成表，修正诸元提供了射击距离与横风、纵风、气温、气压、初速、药温、弹重等变化引起的射击距离的改变量和横偏改变量的关系。射表中还包含一些射击中所需的数据，包括飞行时间、落角、落速、散布、最大弹道高和偏流。射表的格式不是一成不变的，确定射表格式的原则应该是计算准确、使用方便。

如果完全靠射击试验来编拟射表不仅需要消耗过多的弹药，而且由于无法进行各方面条件的修正，射表误差也必然很大。外弹道学为射表编拟奠定了理论基础。外弹道学中建立了各种质点弹道方程和更精确的刚体弹道方程，这些都为计算射表创造了有利条件，但是完全靠理论计算还不能编出精确的射表。其原因一方面是数学模型还不够精确，在建立运动方程时曾做了一些假设；另外，即便使用精确的数学模型，由于原始数据不够精确，也会造成很大的射表误差。例如，对于初速等于 500 m/s，最大射程为 11 500 m 的弹道，如果阻力系的误差为 5%，就能产生 250 m 的射程误差；当初速增大一倍时，上述阻力系数误差引起的射程误差就能达到 800 m。

单纯靠试验或理论计算都不可能编出精确的射表，故射表编拟一般都采用理论计算与射击试验相结合的办法，即采用调整某些原始数据的办法使计算结果与试验结果相一致。这项工作在射表编拟中称为"符合计算"，被调整的原始数据称为符合系数，或符合参数。采取这一步骤的目的是修正某些不够精确的原始数据，同时对由于数学模型的不完善所造成的误差进行补偿。符合计算的方法可以有多种，选取更合理的符合方法是改善射表编拟方法和提高射表精度的重要环节。

1.7 引信基础知识

1.7.1 引信概述

现代武器系统在实战对抗中的功能主要经历五个环节，即发现、运载推进、命中、毁伤和毁伤效果判定。引信是弹药武器系统的重要组成部分，通常认为引信属于武器终端威力系统，是一种"引爆装置"，其技术使命仅限于毁伤环节。随着武器系统性能的提高和高新技术的应用，引信系统也在不断进步，其概念和技术内涵得到了突飞猛进的发展，现代引信可以为上述五个环节做出直接或间接的贡献。

早期引信是指一种能感觉目标或其他预定的信息，如时间、气压、指令等，并适时起爆弹丸或战斗部的一种装置。引信也作为点火装置使用，如用来点燃抛射药以及控制弹药系统抛出照明炬、燃烧炬、子母弹的子弹，等等。引信配用于炮弹、火箭弹、迫击炮弹、航弹、地雷、水雷、枪榴弹、手榴弹、导弹战斗部等。由于弹药种类很多，而且大小、重量、用途的差别很大，所以配用于不同弹药的引信在形状、尺寸和复杂程度上也有很大不同。引信的起爆作用对弹丸或战斗部的精度和终点效能（杀伤、爆破、侵彻、燃烧等）具有重要的甚至是决定性的影响，其作用相当于弹药的大脑。

引信能根据对付目标的不同控制弹药适时起爆，达到毁伤效果最佳的目的。新式的杀伤子母弹和反坦克子母弹，需在一定的高度打开母弹舱，以便释放出子弹，可以利用时间引信来实现；对付掩体工事、坚固建筑物及碉堡等目标时，最好让弹药进入目标内爆炸，这就需要引信具有环境识别和延期功能；对付空中目标或杀伤地面人员、破坏轻型车辆和器材等，在目标附近爆炸效果最好，需要具有近炸功能等。

引信的作用及其在武器系统中的地位，随着目标、弹药及武器系统功能、作战方式和科学技术的发展而不断进步。人们对于引信的认识在不断深化，业内专家学者从不同角度重新审视和修订了引信的定义：利用目标信息、环境信息、平台信息和网络信息，实现状态控制、目标探测与识别、炸点选择等功能，按照预定策略引爆或引燃战斗部装药，并可选择攻击点、给出动作指令（如控制续航或增程发动机点火）或毁伤效果信息的控制系统。

根据应用需求，应用各种不同技术研制了作用方式各异的引信。为了研究和使用方便，引信可以按作用原理来分，如机械引信、电引信等；按作用方式来分，如触发引信、非触发引信（几乎都是近炸引信）、时间引信等。此外，其还可以按配用弹种、弹药用途、装配部位、输出特性等方面来分。如图1.18、图1.19所示，其分别从引信与目标的关系、引信与战斗部的关系和引信的安全性质出发，给出了常用的一些主要分类方法。

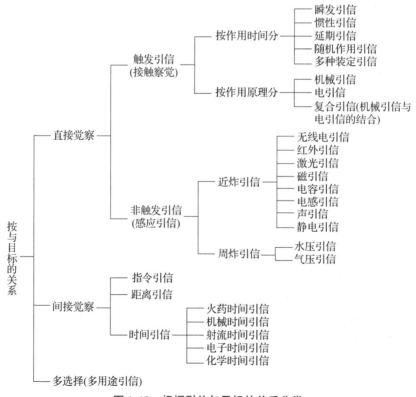

图1.18　根据引信与目标的关系分类

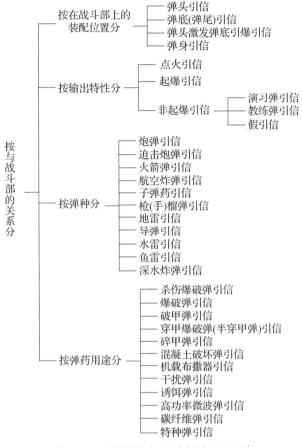

图 1.19　根据引信与战斗部的关系分类

1.7.2　引信的功能

引爆战斗部是引信最基本的功能，但是，如果引信错误动作导致战斗部提前爆炸，就会造成己方人员伤亡或设备破坏。所以，引信一方面要保证弹药飞达目标区域之前不引爆，另一方面必须根据需要，选择最有利时机控制弹药按照需要功能和方式作用，最大限度地发挥其作用，达到最佳毁伤效果。通常需将"安全性"和"可靠引爆战斗部"两者结合起来，才能完整构成现代引信的基本功能。引信需具有保险、解除保险、感觉目标、起爆（包括点燃，下同）四项功能。

（1）保险：必须保证引信在预定的起爆时机之前不起作用，保证引信在生产、装配、储存、运输、装填、发射及发射后的起始弹道段上不能提前作用，以确保安全。

（2）解除保险：必须在发射后适当的时机，控制引信由不能直接对目标作用的保险状态转变为可作用的待发状态，即解除保险。通常是利用发射或飞行过程中产生的环境信息，也可以利用时间装置、无线电信号使引信解除保险。

（3）感觉目标：引信通过直接或间接的方式感受目标信息，并加以处理和识别，判断目标的出现或状态、选择战斗部相对目标的最佳作用点、选择作用方式等，并进行相应的发火控制。

直接感觉：凡引信直接从目标获得信息而起爆的属于直接感觉，包括接触目标，即引信或弹体与目标直接接触而感觉目标；感应目标，即引信或弹体与目标不直接接触，而利用感应目标导致的物理场变化的方法来感觉目标。

间接感觉：预先装定，即根据测得的从发射（包括投掷、布置）开始到预定起爆的时间或按目标位置的环境信息进行预先装定；指令控制，即引信根据其他装置感觉到目标信息后发出的指令而起作用。

（4）起爆：向战斗部输出足够的能量，完全可靠地引爆或引燃战斗部装药。引信必须在产生最佳效果的条件下起爆战斗部。引信可以在接触目标前、接触目标瞬时或接触目标后起爆，这取决于对引信的战术技术要求。

1.7.3 引信的基本组成

引信的基本组成和功能实现是密切相关的。根据现代引信的基本功能，引信一般都由安全系统、目标探测与发火控制系统、爆炸序列和能源装置4个基本部分组成。保险和解除保险的功能由引信的安全系统来完成，感觉目标由引信的目标探测与发火控制系统来完成，起爆功能由引信的爆炸序列来完成。图1.20给出了引信的基本组成部分、各部分之间的联系及引信与环境、目标、战斗部的关系示意图。实践中，根据弹药类型及功能差异，配用的引信在具体结构形式上是有差异的。

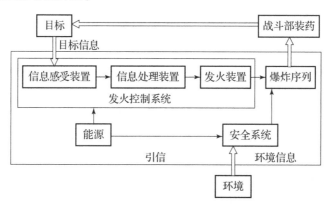

图1.20 引信的功能组成及其与环境的关系

（1）安全系统。这是用于防止引信在感受到预定的发射或弹道飞行过程的环境信息并完成延期解除保险之前解除保险和作用的各种装置的组合，常用的有环境敏感装置、指令动作装置、可动关键件或逻辑网络以及传火序列或传爆序列的隔离件等。其作用是保证引信在勤务处理、使用和进入目标区以前的安全性，并利用合理的环境信息或控制信息可靠解除保险，转入待发状态。

（2）目标探测与发火控制系统。它是感觉目标信息或目标区的环境信息，或接收使用者发出的指令，对信息进行处理和鉴别后，使爆炸序列的第一级元件作用的系统。目标探测与发火控制系统由信息感受装置（包括目标敏感装置）、信息处理装置和发火装置组成，作用是控制爆炸序列在战斗部能够发挥最佳效果的位置上开始起爆。

目标敏感装置，是感觉、接收目标或目标周围环境信息，并能将信息以力、电信号输出的装置。根据引信对目标的感觉方式，可以分为直接感觉和间接感觉两种目标敏感装置。前者设在引信内部，由引信直接感觉目标信息，并将这些感觉到的信息传送到信息处理装置；后者是引信外部的探测设备，这些外部设备将获得的信息通过武器的火控系统转变为预定信号或指令信号发送到信息处理装置。

信息处理装置是对接收到的信号进行处理，以实现控制最佳作用时机的装置。一般信号处理装置可以对信号进行放大、辨伪等处理，有些先进的信息处理装置还能对弹药侵彻目标的信息进行识别和处理，对作用时机和位置进行自动控制，以达到最佳毁伤效果。在有的引信中，信息处理装置的结构非常复杂，现代最先进的智能引信，在信息处理装置中还有人工智能模块，可以进行复杂的信息处理。

发火装置是引信爆炸序列中第一级起爆元件发火的装置，也称为执行装置。常用的发火装置由击发机构和点火机构等组成。

（3）爆炸序列。这是各种火工、爆炸元件按其敏感度逐渐降低、输出能量逐渐提高的顺序排列的组合。爆炸序列的作用过程是第一级火工元件启动后，将其发火能量有控制地逐级放大，直到最后一级火工元件的能量能完全、可靠地引爆或引燃主装药，即将较小的刺激冲量有控制地逐级放大到足以使战斗部装药完全爆炸或燃烧的水平。

（4）能源装置。引信能源是引信工作的基本保障，能够为引信正常工作提供某种形式的必要能量，主要包括引信环境能、内储能和各种电源，如各种电池、电容等装置。机械引信中用到的多是环境能，包括发射、飞行以及碰撞目标的机械能量，以实现机械引信的解除保险和起爆等。引信物理或化学电源是电引信工作的主要能源，用于引信电路工作、引信电起爆等。在现代引信中，引信电源一般作为一个必备模块单独出现，常用的引信物理或化学电源有涡轮电机、磁后坐电机、储备式化学电源、锂电池、热电池等。

随着应用需求的变化和对引信特征的再认识，引信的组成和功能也在上述基础上不断拓展。例如，为与网络技术时代的引信定义相适应，人们提出了新的引信组成原理框图，如图1.21所示，即在引信原有的4个基本组成部分的基础上，增加了两个新的子系统，即平台/网络信息收发系统和攻击点控制系统。

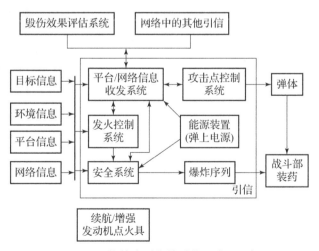

图1.21　网络技术时代的引信组成原理框图

武器平台的信息化能力越来越强，引信与武器平台的交联技术是引信信息化的一种主要途径。引信与武器平台的信息交联是实现武器弹药信息化的最终一环，它可以使弹药与目标交会末端的炸点在控制中实现信息化，是精确打击的重要手段。

平台/网络信息收发系统用于接收平台或引信网络传来的信息，信息经过处理传给攻击点控制系统，控制系统选择或更新最佳攻击点或所攻击目标；信息也可以传给发火控制系统，以便对最佳起爆点、起爆时机进行控制；信息还可以传给安全系统，安全系统依据平台或网络发出的指令解除保险。平台/网络信息收发系统还可以向毁伤效果评估系统或网络中的其他引信发出该引信在目标或目标群中攻击点的信息，如侵彻多层目标时战斗部是在哪一层爆炸的、在引信群对多目标实施攻击时每个引信所攻击的目标是哪个，以及攻击目标前安全系统是否解除保险等信息。

在战争中，为了有效地毁伤各种类型的目标，需采用各种类型的弹药，配用的引信具体结构也各不相同。除了所有引信都必须满足的一般要求外，不同类型的弹药对引信也有一些特殊要求。

图 1.22 所示为典型榴弹引信结构。M758 引信配用于 25 mm 航空炮弹上，用于对付地面和空中目标。带有台阶的击针头和保护帽具有防雨性能，击针头伸出引信体外，可提高大着角发火性，保证引信在 80°着角下能够可靠发火。M758 引信的隔爆机构采用转子结构。平时，击针插在圆盘形转子的孔中，转子同时还受两侧离心子的限制，使转子上的雷管与击针和传爆药均错开一定角度，引信处于安全状态。在离心子上铆有片状的离心子簧，它们使离心子的头部插入转子两侧壁的孔中。加重子不仅增大了转子的转正力矩，而且在转子转正后能够从转子中外移，一部分伸出到钢珠座和底座结合部的环形凹槽中，对转子起到转正定位的作用。

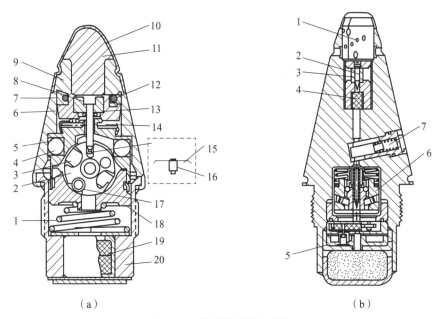

（a）　　　　　　　　　　　　　（b）

图 1.22　典型榴弹引信结构

（a）M758 引信；

1—后坐簧；2—转子；3—雷管；4—钢珠；5—钢珠座；6—活塞；7—活塞圈；8—击针；9—引信上体；
10—保护帽；11—击针头；12—密封圈；13—节流器；14—活塞簧；15—离心子簧；16—离心子；
17—加重子；18—底座；19—传爆药；20—引信下体

（b）M739A1 引信

1—防雨机构；2—击针；3—支筒；4—瞬发发火机构；5—安全与解除保险装置；6—装定机构；7—延期发火模块

如图 1.21（b）所示的 M739A1 引信是美国中大口径榴弹通用的触发引信，配用于 105 mm、107 mm、155 mm、207 mm 等杀爆弹上，有瞬发和延期两种作用方式。M739A1 引信主要由防雨机构、瞬发发火机构、装定机构、延期发火模块、安全与解除保险装置及爆炸序列等部分组成。

1.7.4 引信的作用过程

引信的作用过程是指从引信发射开始直至整个爆炸序列起爆，输出爆轰冲量（或火焰冲量）引爆弹丸或战斗部的主装药（或抛射药）的整个过程。引信的作用过程主要包括从保险状态到解除保险过程、利用目标信息或预定信号的发火控制过程和引爆过程。

1. 解除保险过程

引信有保险和待发两种状态。

保险状态（也称为安全状态）是指引信所有保险机构（装置）和隔爆机构均未启动的状态。保险状态是引信在勤务处理、使用中等所处的一种状态，对大多数引信来说就是出厂时的装配状态。引信爆炸序列的第一级火工元件（雷管或火帽）通常是非常敏感的，即使很微弱的信号也能反应，所以对引信要保证弹药安全的这一任务由保险机构、隔爆机构、各种开关和控制电路组成的引信安全系统完成。

待发状态，又称解除保险状态，指引信所有保险机构解除、所有爆炸元件的传爆（传火）通道通畅，处于准备起爆的状态。处于待发状态，一旦接收到来自目标直接传递或由感应得来的起爆信息，或从外部得到起爆指令，或达到预先装定的时间等条件时，引信就能引爆。

引信由保险状态向待发状态的过渡过程，称为解除保险过程。引信解除保险的信息主要来源于对使用环境的识别判断，以及武器系统或弹药给出的相关信息。大多数引信的解除保险能量是靠伴随战斗部运动所产生的环境能源（后坐力、离心力、空气动力等）来提供的，也有一些引信随战斗部所处环境或利用武器系统或自带的能源解除保险。引信解除保险的过程由引信安全系统来控制，作用过程如图 1.23 所示。

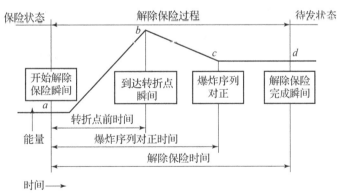

图 1.23　引信的解除保险作用过程

2. 发火控制过程

对于已进入待发状态的引信，从获取目标信息到输出发火能量的过程称为发火控制过程。发火控制过程由引信的发火控制系统完成。

一般信息系统的作用过程大致分为四个步骤：信息获取、信息传输、信号处理和处理结果输出，如图 1.24 所示。对于引信来说，信息传输很简单，而处理结果输出的形式是发火能量，所以可将引信的发火控制过程归并为信息获取、信号处理和发火输出三个步骤。

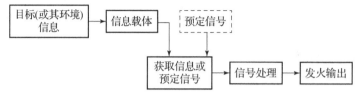

图 1.24　引信的发火控制过程

信息获取是指探测目标（或其环境）信息或预定信号，并将其转换为适于引信内部传输的信号，如位移信号、电信号等。因此，信息获取主要包括信息传递和转换。

引信获取目标信息有三种方式：触感方式、近感方式和接收指令方式。信号处理包括识别真假信号、信号放大和提供发火控制信号 3 项任务，这通常由信号处理装置完成，该装置的名称、设置、所要完成的具体任务根据引信类型和战术技术要求而各不相同。例如，机械触发引信中的延期机构、近感引信中的放大电路和目标识别电路等。

在引信中，获取目标信息的基本目的是利用它控制引爆战斗部的主装药。因此，引信处理结果输出的形式与一般系统不同，要求输出能够引起起爆元件发火的能量，所以将引信的处理结果输出称为"发火输出"，完成发火输出的装置称为执行装置。

3. 引爆过程

完成发火输出后，即进入引信的引爆过程，其作用是由发火输出能量引爆起爆元件，并将能量逐级放大，直至输出引爆战斗部主装药的爆轰能或火焰能。引爆过程由引信的爆炸序列完成。

当引信输出爆轰能，引爆战斗部主装药后，引信的主要作用过程结束。除了上述过程外，现代引信还要求其不能正常作用时具有自毁功能。

引信是弹药武器系统的重要组成部分，它利用环境信息、目标信息、平台信息或网络信息，实现状态控制、目标探测与识别、炸点选择等功能，进而达到对目标高效毁伤的目的。根据武器系统战术使用的特点和引信在武器系统中的作用，引信有一些必须满足的基本要求。由于对付的目标和引信所配用的弹药性能不同，对不同种类的引信还有些具体的特殊要求。对引信的基本要求主要有：安全性，作用可靠性，使用性能，环境适应性，经济性，长期储存稳定性，标准化。

1.8　火工品基础知识

火工品是装有火药或炸药，受外界能量刺激后产生燃烧或爆炸反应，用以引燃火药、引爆炸药、做机械功或产生特种效应的一次性使用的元器件或装置的总称。火工品伴随着兵器的出现而出现，也随着火炸药、武器弹药及民用焰火技术的发展而发展。

1.8.1　火工品的用途及特点

火工品首先在弹药中得到应用，弹丸的发射和爆炸要以火工品为先导。科学技术的进步拓宽了火工品的应用领域。可以说，凡是以含能材料为能源的武器系统均离不开火工品，越是高新技术武器，其中火工品的种类和数量越多。火工品不仅广泛应用于军事武器系统中，而且在民用方面的应用也越来越广。

在军用领域，从武器发射、飞行姿态调整到对目标的毁伤都离不开火工品的作用。火工品在武器系统的主要功能有：

（1）组成点火、延期、传火序列及其控制系统，保证武器发射、运载等系统功能的实现及安全可靠地运行；

（2）组成引爆、传爆序列，用于弹药的起爆、传爆及其控制系统，以保证战斗部安全可靠的作用，实现对目标的毁伤；

（3）作为动力源，完成武器系统中的推、拉、切割、分离、抛撒和姿态控制等，使武器系统实现自身调整、状态转换与安全控制等。

火工品在军用领域主要组成武器弹药的点火传火序列和引爆传爆序列。火工品完成各种作用的能源，来自其装填的药剂在燃烧或爆炸变化时所释放出的能量，其对武器系统最终效能具有关键影响甚至起决定作用，并具有以下作用特点：

1）功能首发性

武器系统的传火、传爆序列的第一个元件均为火工品，系统中的燃烧与爆轰以点火器（点火具等）的点火和起爆器（雷管等）的爆炸为始发。

2）作用敏感性

火工品在武器系统的点火序列和爆炸序列中处于首发地位，也是最敏感的元件。其中所装填的火工药剂是武器系统所用药剂中感度最高的，如在点火序列中药剂感度从高到低的顺序为点火药—延期药—发射药或推进剂，在爆炸序列中药剂的感度从高到低的顺序为起爆药—传爆药—主装药。

3）使用广泛性

火工品的功能首发性和作用敏感性决定了它在武器系统中的地位和作用。其反应速度快、功率大，广泛应用于常规武器弹药系统、航空航天系统及各种特种用途系统。为有效打击各种目标，适应未来战争和作战环境，火工品已从点火、起爆、做特种功等基本作用拓展到能实现定向起爆和可控起爆等用途。火工品的作用不仅仅体现在初始点火起爆这一环节，更全面地体现在武器系统的战场生存、运载过程修正、毁伤等多个环节。火工品不仅广泛应用于武器系统中，而且在民用方面也得到了越来越广泛的应用。

4）作用一次性

火工品是一次性作用的元件，同一发产品其功能无法重现。

火工品的作用特点决定了其在武器系统中的地位和作用，作为武器系统中的最敏感部分，其安全性、可靠性直接影响武器系统的安全性和可靠性。因此，火工品序列一般是通过一系列感度由高到低、威力从小到大的火工品组成的激发系统。它能将较小的初始冲能加以转换、放大或减弱，并控制一定的时间，最后形成一个合适的输出，适时可靠地引发弹丸装药。因此，为了满足使用要求，且能适应广泛的应用范围，火工品必须具有以下一般技术要求：合适的感度、适当的威力、使用的安全性、长期储存的安定性、适应环境的能力及其他特殊要求。

1.8.2 火工品的分类

由于使用条件不同，火工品要求的输入能量的形式和大小可能有较大的差别，在结构和体积上也有差别，相应地在输出能量上也有较大的差别。GJB 347A—2005《火工品分类和命名原则》规定了火工品的分类和命名。该标准将火工品分为16类：火帽、点火头、点火管、底火、点火具（器）、点火装置、电爆管、传火具（含传火管、传火药柱、传火药盒）、延期件、索类、雷管、传爆管（含传爆药柱、导爆药柱）、曳光管（含曳光药柱）、作动器（含推销器、拔销器、爆炸开关、爆炸阀门、切割索等）、抛放弹、爆炸螺栓（含爆炸螺帽）。火工品种类繁多、功能不一，按输入能量的形式划分，可以划分为以下几种。

（1）机械能：针刺、撞击、摩擦，例如针刺火帽、针刺雷管、撞击火帽、撞击雷管是以机械能为输入能量的火工品；

（2）热能：火焰、热气体、绝热压缩；

（3）光能：可见光、激光；

（4）电能：灼热桥丝式、薄膜桥式、导电药式、火花式、爆炸桥丝式、飞片式；

（5）化学能：浓硫酸点火弹药雷管；

（6）爆炸能：炸药引爆，如导爆管、传爆管、导爆索等以爆炸能为输入能量的火工品。

按输其输出特性划分，可以划分为以下几种：

（1）点火器材：多用于引燃各种火炸药装药，例如火帽、底火、点火具、电点火管等；

（2）起爆器材：多用于引爆各种爆炸装药，例如雷管、导爆管、传爆管、电雷管等；

（3）动力源火工品：利用火工品燃烧或爆炸释放出来的化学能，作为完成各种特殊作用的能源，例如控制时间的延期管、延期药盘，以及完成做功的火工品等。

1.8.3 常用火工品

几乎所有的弹药都要配备一种或多种火工品，武器系统从发射到毁伤的整个过程均是从火工品首发作用开始的。火工品通常由结构件和火工药剂等组成。火工药剂是火工品的能量来源，一般包括火药、起爆药、猛炸药等。火工品的结构、火工药剂及作用特性对火工品的功能实现、敏感性、输出威力、储存安定性、勤务处理安全性及作用可靠性等有很大影响。

武器系统中常用的火工品有火帽、底火、点火具、雷管、延期药、延期元件、传爆药、索类火工品等。

1. 火帽

火帽通常是弹药点火或起爆序列中的首发元件。火帽的作用是在针刺、撞击、摩擦或电能等输入能量作用下将输入能量转化为热能，发出火焰，在点火序列中，用它产生的火焰点燃发射药或经点火药放大后点燃发射药，在起爆序列中用它产生的火焰点燃延期药或雷管等。

火帽按照用途不同可分为药筒火帽（底火火帽）、引信火帽和用于切断销子、启动开关、激发热电池等动作用的火帽；按照激发方式不同，可分为针刺火帽、撞击火帽、摩擦火帽、碰炸火帽、电火帽、压空火帽等。以下主要介绍针刺火帽和撞击火帽。

针刺火帽是以击针刺激发火的火帽。针刺火帽主要用于引信的传火序列和传爆序列中，因此，有时也将针刺火帽称为引信火帽。

针刺火帽主要由管壳、药剂和盖片（或加强帽）组成。典型的针刺火帽结构如图1.25所示，其尺寸与结构取决于引信中火帽的用途和位置。针刺火帽的直径一般为3~6 mm，高度为2~5 mm。火帽的外壳为盂形，多数是平底，也有的是凹底，火帽壳使火帽具有一定的形状，其外壳材料一般是用紫铜片冲压成壳体后，表面镀镍而制成。火帽的盖片多数也是盂形的,有的为小圆片,用紫铜片冲成,材料较薄。针刺火帽中的药剂常称为击发药,用来产生一定强度的火焰,以有效点燃被点火对象,火帽的性能主要由它决定。击发药一般由氧化剂、可燃物及起爆药组成。针刺火帽一般只装一种击发药,有时为了提高输出威力也会装两种药剂,即击发药和点火药。

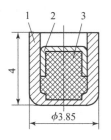 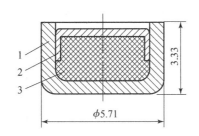 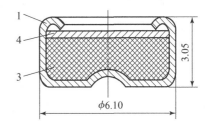

图 1.25 典型针刺火帽结构

1—帽壳;2—加强帽;3—针刺药;4—盖片

当击针刺入火帽时,先通过盖片,再进入压紧的药剂。针刺击发是由针尖端刺入压紧的药剂中引起的,这一过程可以看成是冲击与摩擦的联合作用过程。在击针刺入药剂时,一方面药剂为腾出击针刺入的空间而受挤压,使药粒之间发生摩擦;另一方面击针和药剂的接触面上也有摩擦,在击针的表面及药剂中有棱角的地方,便形成应力集中现象并产生"热点"。"热点"很小(直径为 $10^{-5} \sim 10^{-3}$ cm),但是温度很高,当"热点"温度足够高,并维持一定时间($10^{-5} \sim 10^{-3}$ s)时,火帽就被击发。实验证明,击针进入药剂 $1 \sim 1.5$ mm,火帽就发火。在爆炸变化时,首先是感度大的起爆药被击发分解,然后是氧化剂与可燃物的反应。

撞击火帽是以撞击击发的火帽。撞击火帽主要用于枪弹药筒和炮弹的撞击底火、迫击炮的尾管及特种弹的药筒中,由枪机或炮闩的撞针撞击而发火,产生火焰形式的能量来引燃底火与传火管中的传火药,因此也称为底火火帽。

撞击火帽主要由火帽壳、盖片、击发药、火台等部分组成。典型撞击火帽结构示意图如图 1.26 所示。火台可以装在底火中、枪弹壳上或与火帽结合在一起。火帽多采用黄铜冲压而成,通常采用涂虫胶漆或采用镀镍的方法,提高火帽壳与药剂的相容性。火帽壳的作用是装击发药、固定药剂、密封防潮和调节感度。为了保证使用的安全性,要求火帽壳具有一定的机械强度。另外,火帽壳底厚、壁厚以及底到壁的过渡半径均应配合适当。有的火帽装配好存放一定时间后,火帽壳会发生自裂的现象,主要原因就是壳底到壁的过渡半径不适当。击发药的作用是保证火帽有合适的感度和足够的点火能力。盖片通常由金属箔或涂虫胶漆后

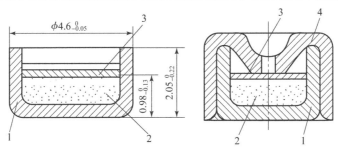

图 1.26 典型撞击火帽结构示意图

1—火帽壳;2—击发药;3—盖片;4—火台

的羊皮纸冲压而成，起密封药剂、防潮等作用。火台的作用是，当火帽受击时，火台顶着受击的药剂，从而增加了发火的可靠性。火台的形状、材料密度、接触端面大小及接触的紧密性对产品的感度和安全性均有很大影响。

撞击火帽的发火过程一般是撞针作用于火帽上时，火帽的底部变形向内凹入，因为火台是紧压在火帽盖片上并且固定在药筒或底火体中（插入式火帽自带火台），所以，火帽中的药剂受到火台和底火底部变形引起的挤压而发火。当药剂受到挤压时，其中的起爆药受到撞击、压碎、摩擦等形式的力的作用，药粒之间相互移动，在起爆药的棱角或棱边上产生热点，这些热点很快扩散，使整个装药发火，产生的火焰点燃发射药或底火中的黑火药。因此，撞击起爆也属于热点起爆机理。要使热点温度高，就要求撞针的能量集中于部分药剂上，所以火台的尖端面积、撞击的半径、火帽壳底部的硬度和厚度等都会影响火帽的感度。

2. 底火

底火是靠输入机械能或者电能刺激而发火的引燃性火工品，用于输出火焰引燃发射药或传火药，是发射装药或传火序列的第一级火工品。靠撞击作用发火的称撞击底火，用于绝大部分枪弹和炮弹；靠电能作用发火的称电底火，用于绝大部分导弹战斗部和部分火箭弹。

枪弹和口径很小（25 mm 以下）的炮弹可单独使用一个火帽来引燃发射药。当炮弹的口径增大时，所装的发射药量增加，单靠火帽的火焰就难以使发射药正常燃烧，以致造成初速度和膛压下降，甚至发生缓发射，火炮后坐不到位，影响连续射击的进行，也会造成近弹和射击精度下降。当口径大于 25 mm 时，通常用增加黑火药或点火药的方法来加强点火系统的火焰，增加的黑火药或点火药可以散装，也可以压成药柱。为了使用方便，通常将火帽、火台和黑火药（或点火药）结合在一起形成一个组件，称为底火。在射击时，底火中的火帽首先接受火炮撞针的冲能而发火，产生的火焰点燃底火中的装药，由装药产生比火帽火焰大得多的火焰来点燃发射药。当炮弹口径进一步增大时，仅靠底火的点火能力也满足不了发射药正常燃烧的要求，此时在底火和发射药之间还要增加点火药包，点火药包通常由小粒黑药制成，其药量随炮弹的口径不同而不同，口径越大，点火药量越多。为了加强点火能力，有时在底火上加装较长的多孔传火管，插入发射药中间，传火管中装传火药，火焰从管壁传火孔喷出，点燃发射药。

底火的种类很多，常用两种分类方法，一种是按火炮输入底火能量形式分，可分为撞击底火和电底火，还有撞击和电两用底火；另一种按火炮的口径分，可分为小口径炮弹（地面炮 20~70 mm；高射炮为 20~60 mm）底火和大中口径炮弹（地面炮为 70 mm 以上；高射炮为 60 m 以上）底火。

所以底火是一种复合的火工品，通常由底火体、火帽、火台、传火药、闭气塞、盖片等组成。图 1.27 所示为一中大口径炮弹上通用的底 -9 底火。底 -9 底火除底火体外，其余零件均为冲压件，没有闭气塞，简化了结构。在外管内装入一个 HJ-3 火帽和火帽座，为了防止火帽松动，火帽和火帽座的结合是点铆的，火帽座上装内管，其中装点火药 0.3 g、黑火药 0.7 g，药面上压一层纸垫，口部涂硝基胶密封，将组合件压入底火体后在外管口部进行扩口和翻边，一方面固定内管，不使其松动；另一方面固定外管，可以防止漏烟和外管脱落（射击后）。口部装一个中间冲有梅花槽的紫铜垫片，底火发火后沿梅花槽冲破，紧贴在药筒传火孔壁上，能有效防止火药气体从底火与药筒之间漏出。底火底部进行环铆可以解决底火本身漏烟的问题。

底-9底火设计时考虑要代替原来的三种底火，故必须有较大范围的适应性，它采用强度较大的35钢作底火体，以满足高膛压的要求；外管的底部厚度提高到1.78~1.92 mm，以满足撞击力量较大的57 mm高炮；取消了闭气锥体，以保证底部不被击穿。底-9底火在撞击击偏超过1 mm时，感度就有所下降，因此，又发展了底-9甲底火。

弹药射击时，底火在药筒的底部，在击发机构撞针的撞击下，使底火发生火焰，引燃药筒内的发射装药。因此，底火应有合适的感度、足够的点火能力、足够的机械强度和良好的密封性，才能满足作用要求。

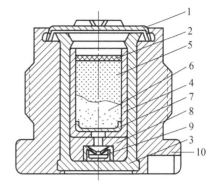

图1.27　底-9底火

1—闭气盖；2—封口片；3—外管；4—内管；
5—黑火药；6—点火药；7—垫片；8—火帽座；
9—3号甲撞击火帽；10—底火体

底火的点火能力主要取决于底火中点火药的成分和药量。黑火药传火较快，点火效果较好，广泛用作底火中的点火药。有时也用高能点火药作为底火的点火药，这种药剂点火猛度高，适用于低温、高装药密度下的点火。

底火感度取决于其中所用的撞击火帽的发火感度。撞击发火和针刺发火都属于机械发火机理，除了击针因素外，凡是影响针刺火帽感度的因素都将影响撞击底火的感度。此外，影响底火感度的因素还有火台的形状及撞针的凸出量和形状。火台尖、尖端面积小、火台材料的硬度高、火台与底火结合紧密，底火的感度就增加；撞针凸出量大，打击到底火后，火帽底部凹入量就大，撞击剧烈，感度增大。当撞针直径小时，在同样撞击条件下，凹入深度更大，感度就更高。撞针直径一般为4~6 mm。撞击时的同心程度也会影响感度的大小，一般规定同心性偏离不超过0.5 mm。

3. 点火具

点火具是在外界刺激能量的作用下激发并输出较大的火焰，从而直接点燃发射（推进）装药或烟火药的火工品，广泛用于炮弹、航空炸弹、鱼雷、火箭、导弹及航天器中，可完成程序点火及传火序列的点火等。

点火具通常由发火件（称为发火头或点火头）、点火药、扩燃药和壳体组成。发火头部分受到外界能量（电能或机械能）作用后，产生一定的火焰，而仅仅发火头产生的火焰能量不够大，不足以满足使火箭装药正常燃烧的要求。点火药起着扩大发火头能量的作用，使装药表面达到一定的温度，并在燃烧室中建立起一定的压力，使火箭装药能迅速、全面地燃烧，以达到火箭弹装药燃烧时弹道性能的一致。点火药量的多少与火箭弹配用的装药类型、数量及装药条件等一系列因素有关，它是在一定条件之下通过火箭内弹道的计算及试验来决定的。

当需延时，应在点火药与扩燃药之间装入延期药。点火具所输出的火焰应能安全可靠地点燃主装药（下一级装药），有的还必须具有一定的火焰温度（约1 000 K）、火焰长度（约100 mm）和燃烧持续时间（毫秒至秒量级）。发火件是指装配在点火具壳体内的电发火头、火帽或其他发火件。常用的点火药是三硝基间苯二酚铅、硫氰酸铅与氯酸钾的混合物。点火具的壳体一般为铝、铜、铁等金属，也可用特种塑料制造。

对点火具的要求除了一般火工品的共性要求外，还要求：在外界激发能量的作用下，点火具切实可靠发火；点火具的点火药燃烧后，应可靠点燃发射药；当点火具用于弹道上点火时，有严格的时间要求。

点火具按用途可分为火箭点火具、发射装置点火具（如鱼雷、航空炸弹、抛射弹点火具等）和药柱点火具（如燃气发生器、火焰喷射器和文件销毁器点火具等）；按其激发能量的形式分为电点火具和非电点火具。

电点火具又有单桥式、双桥式、双引火头式、薄膜式等类型，通常用于火箭发射点火，引燃黑火药，点燃火箭推进剂。此外，为增强使用可靠性，有时常并联两个电点火头。

非电点火具又分为惯性点火具、隔板点火具、酸（化学能激发）点火具和放热合金点火具等。惯性点火具又称机械发火点火具或延期点火具，用于火箭增程弹，利用炮弹发射时的惯性力使击针撞击火帽，点燃延期药柱，延期药柱点燃点火药，点火药的火焰点燃火箭推进剂，使炮弹增程，故又称增程点火具。

1）电点火具

按照发火结构形式分，电点火具包括桥丝式、火花式和导电药式三种类型，在这里主要讨论桥丝式的点火具。桥丝式点火具是由电发火头（也称引火头）和点火药组成的，根据发火头和点火药的相对位置关系又可以分为整体式和分装式，两种电点火具结构分别如图 1.28 和图 1.29 所示。

电点火具的作用过程：电源电能转变为热能引燃电发火头，燃烧火焰引燃点火药，扩大了的火焰再引燃火箭火药，其要先后经历桥丝预热和药剂发火两个阶段。

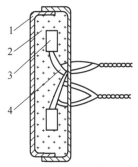

图 1.28　整体式点火具
1—点火药盒；2—点火药；
3—导线；4—引火头

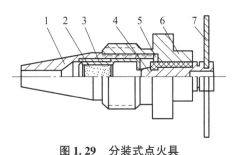

图 1.29　分装式点火具
1—喷嘴；2—点火具；3—弹簧；4—导电杆；
5—绝缘体；6—本体；7—导电盖

整体式点火具是将引火头放在点火药盒内做成一个整体的点火装置，导线引出与弹体的电极部分相接。为了保证点火的可靠性，一般都采用两个或者两个以上并联的电引火头。整体式点火具的优点是结构简单，点火延迟时间较短。

分装式点火具是点火药与引火头不做成一体，而采用分别安装的点火装置。分装式点火具的优点如下：

(1) 发火头和点火药可以分别储存和运输，安全性好；

(2) 便于更换其中个别零件，不需要装整个装置，也不致使整个装置报废，使用方便，经济性好；

(3) 便于使发火头生产标准化。

分装式的缺点是结构复杂,零件数量多,还容易造成点火延迟时间较长等。

2) 惯性点火具

惯性点火具在弹药中常用于增程弹中火箭增程的点火,火箭增程弹是靠火炮发射出去,借助点火具点燃发动机,使弹丸速度在原有基础上加大,最后达到增大弹药直射距离的目的。惯性点火具主要由膛内发火机构、延期机构和点火扩燃机构等组成。图 1.30 所示为用于新 -40 火箭弹的惯性点火具。其发火机构由火帽、击针和击针簧组成,延期机构主要是延期药,点火扩燃机构主要是点火药盒。惯性点火具中的发火部分为火帽。

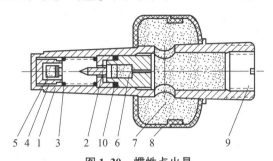

图 1.30 惯性点火具

1—点火具体;2—击针;3—弹簧;4—火帽座;5—火帽;6—延期药;
7—点火药;8—药膜;9—螺塞;10—密封圈

惯性点火具的作用过程:当弹丸在发射筒内向前运动时,火帽和火帽座一起产生一个直线惯性力,此力可以使火帽(连同火帽座一起)克服弹簧的最大抗力向击针冲去,火帽受针刺作用而发火,火帽的火焰通过击针上的传火孔点燃延期药,经一定时间(如 0.09~0.12 s)燃烧后再点燃点火药,点火药燃烧形成 5~6 MPa 的点火压力,并迅速地点燃弹丸的火箭装药,完成点火作用。

4. 雷管

雷管是在管壳内装有起爆药和猛炸药,接受某种形式激发能量(机械能、热能、电能、化学能和激光等)而发火,并转变为爆轰能输出的火工品。雷管是弹药传爆序列不可缺少的一个火工品,它的作用是引爆导爆药、传爆药或主装药。雷管与火帽均可在输入能量刺激下发火,但两者有所不同,雷管与火帽最本质的区别在于输出能量的不同,雷管的输出能量可直接起爆猛炸药。从能用非爆炸能量引爆这方面来说,雷管包括了火帽的作用,它能完成引爆和引燃两种功能。

雷管一般均作为爆炸序列的第一个火工品。引信的性能直接受雷管作用性能的影响,不仅引信的作用可靠性很大程度上要由雷管保证,而且弹丸的膛炸、早炸或瞎火等严重事故也常常和雷管有关。引信用雷管要有适当的感度、足够的起爆威力和尽量短的作用时间(延期雷管除外),特别是电雷管,其作用时间要求在 10 μs 以下,针刺雷管和火焰雷管的作用时间也要求在数百微秒范围内。

普通雷管一般由起爆药、猛炸药、管壳、加强帽或盖片等组成。管壳的作用是把雷管的各个部分结合成一个整体,保护雷管内的药剂,此外,其还起着屏蔽作用,使炸药爆轰成长迅速。起爆药在外界初始冲能作用下发火,由燃烧转为爆轰,爆轰波引爆猛炸药,猛炸药扩大雷管的输出能量,确保雷管有足够的威力输出。加强帽的作用是阻止起爆药刚刚点火时的气体泄漏,加速压力增长,使起爆药快速由燃烧转为爆轰,使雷管爆轰波向下传递。雷管使下一个火工品完全起爆的能力（即起爆威力）取决于其爆压、爆速、爆温、爆轰传播方向以及管壳碎片的动能等，而这些参数又与雷管装药（主要是底层装药）的成分、密度，雷管直径、管壳的材料、尺寸、形状，周围介质限制的情况等一系列因素有关。根据激发能量形式的不同，雷管可分为针刺雷管、火焰雷管、电雷管、化学雷管和冲击片雷管等类型。

1) 针刺雷管

针刺雷管一般由管壳、加强帽和装药三部分组成，其典型结构如图 1.31 所示，其发火原理与针刺火帽相同。针刺雷管的装药一般分为三层：输入端（上层）为针刺药，中间层为起爆药，输出端（底层）为猛炸药。延期针刺雷管在发火药的下层加装延期药，使输出的爆轰延迟一段时间。针刺雷管的中层装药多为糊精氮化铅，其作用是将针刺药产生的火焰转变为爆轰，并使底层猛炸药起爆。底层猛炸药目前多用特屈儿，也有的用泰安或黑索金，它是决定雷管输出爆轰威力的主要装药。

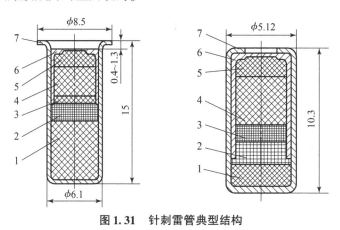

图 1.31　针刺雷管典型结构

1，2，3—猛炸药；4—起爆药；5—针刺药；6—加强帽；7—管壳

2) 火焰雷管

火焰雷管靠火帽或延期元件输出的火焰来引爆，其结构与针刺雷管相似，但加强帽上有传火孔用以传递火焰。为了防止药粉撒出且不影响传火，通常在传火孔下部垫一个直径稍大于加强帽内径的绸垫。火焰雷管的装药通常也分为三层：发火药多为火焰感度较高的斯蒂芬酸铅，中层和底层装药与针刺雷管的相同。火焰雷管的典型结构如图 1.32 所示。

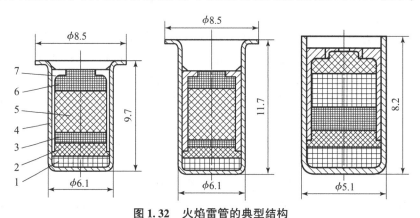

图 1.32　火焰雷管的典型结构

1，2，3—猛炸药；4—管壳；5—糊精氮化铅；6—发火药；7—加强帽

3)电雷管

电雷管包括电引火部分和普通雷管,一般由电极塞、装药和管壳组成。电雷管的装药一般有两层:靠近电极的为起爆药,多用氮化铅;输出端为猛炸药,常用泰安和黑索金。电雷管依靠电能来激发,电能可由各种形式的电源产生,且电源可配置在远离雷管的位置。根据起爆方式不同,电雷管可分为火花式、导电药式、薄膜式和桥丝式等类型,导电药式和薄膜式电雷管的起爆机理介于火花式与桥丝式之间,所以也叫中间式电雷管。根据接电方式不同,电雷管又有独脚式和引线式两种结构。各种类型的电雷管在引信中都有应用。

电雷管的作用时间很短,最短的只有数微秒,而且时间散布较小(偏差一般在 1 μs 以内),这有利于提高引信的瞬发度和减小作用时间散布。一般来说,电雷管起爆所需的能量比其他雷管所需的能量小得多,如起爆针刺雷管需要大约 0.1 J 的能量,而起爆电雷管只要 $10^{-5} \sim 10^{-3}$ J 的能量,这有利于提高引信的发火可靠性。

决定各种电雷管可靠起爆的条件不仅是能量的大小,更重要的是提供能量的方式。由于起爆机理的不同,各种类型的电雷管对电源有着不同的要求。火花式电雷管的两极之间为一个很小的绝缘间隙,中间压有氮化铅,当两极间加上足够高的电压时,间隙被击穿,产生电火花,从而使氮化铅起爆。火花式电雷管一般为独式结构,两极之间构成环形火花间隙。由于火花式电雷管是靠电击穿时的放电火花起爆的,因此要求电源要有足够高的电压,但电容可以很小。桥丝式电雷管直接靠热起爆,即利用电流通过金属桥丝时产生的热量使周围的起爆药达到爆发点而起爆。可见,决定桥丝式电雷管起爆的条件是电流的大小和持续时间的长短,电流过小但持续时间很长,或者电流较大但持续时间过短,都不能保证雷管可靠起爆。对起爆电源来说,要求电压或电容都不能过小,只能在一定的范围内变化。图 1.33 所示为火花式和灼热桥丝式电雷管的典型结构。

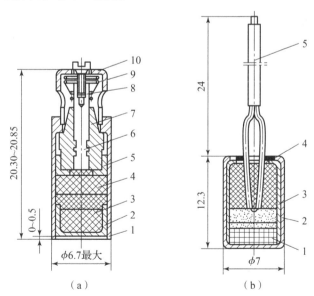

图 1.33 电雷管的典型结构

(a)火花式;

1—管壳;2—底帽;3—太安;4—氮化铅;5—电极帽;6—电极;7—塑料塞;8—螺钉;9—弹簧;10—导电帽

(b)灼热桥丝式

1—炸药;2—管壳;3—加强帽;4—密封胶;5—短路套

4)化学雷管

化学雷管是利用几种药剂接触时发生的爆炸反应来起爆的一种雷管,它多用于定时炸弹的防排机构。图1.34所示为利用硫酸与含氯酸钾的发火药接触时发生爆炸反应而起爆的化学雷管,常称酸雷管,通常要求硫酸要有一定的浓度,而且在低温下应保持良好的流动性。

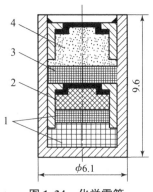

图1.34 化学雷管

1—太安；2—粉末氮化铅；
3—沥青斯蒂芬酸铅；4—发火药

5)冲击片雷管

冲击片雷管是20世纪70年代开始发展的一种新型雷管,它是利用金属箔爆炸生成的高温、高压气体驱动塑料飞片直接撞击猛炸药而起爆的无起爆药雷管,又称Slapper雷管,其结构如图1.35所示。当大电流通过体积很小的金属箔时,使金属箔气化并形成高温、高压的等离子气体,将塑料片剪切成飞片,并在飞片加速圈的空腔中加速。由于飞片加速圈的孔径很小(1 mm),能使质量很小的飞片加速到与爆轰速度相同的数量级,因此可以直接撞击并起爆较钝感的猛炸药。

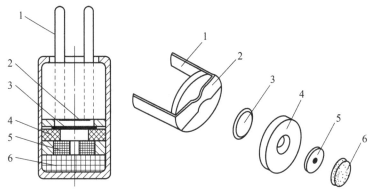

图1.35 冲击片雷管

1—导电片；2—金属箔；3—塑料片；4—尼龙套圈；5—飞片加速圈；6—猛炸药

冲击片雷管不含任何起爆药和松装猛炸药,仅装有高密度的钝感猛炸药,且炸药与换能元件不直接接触。冲击片雷管只有在特定的高能电脉冲(电流2~4 kA,电压2~5 kV,功率4~10 MW)作用下才能引爆,这种高能电脉冲抗自然界及战场常见电磁射频、高空电磁脉冲、闪电、瞬态电脉冲、杂散电流等恶劣电磁环境的能力较强。由于该雷管中没有敏感的起爆药及低密度装药,所以其耐冲击能力强,且用于引信爆炸序列时无须错位,即能用于直列式爆炸序列的引信。

5. 延期药和延期元件

延期元件是利用黑火药或烟火剂燃烧来控制延期时间的火工品。在弹药传播序列中,延期药和延期元件是控制时间的元件,它一般由火帽点燃,经过稳定燃烧来控制时间,以引燃或引爆序列中的下一个火工元件。与钟表机构、电子线路等定时机构相比,其优点是结构简单、价格便宜。延期药和延期元件除了满足火工品的共性要求外,还要满足以下要求：延期时间要精确,有较好的火焰感度,燃烧可靠且不中断,有足够的机械强度。

延期元件中所装的延期药,按它们燃烧后产物状态分为有气体和微气体(或叫无气体)两种。有气体延期药是指黑火药,黑火药作为延期药的优点在于：它对火焰敏感,在一个大气压下能很好地按平行层燃烧,因此在这种条件下易于控制时间;它在燃烧时温度较高,生成物中有1/2以上是固体,能将反应热在药粒或药柱中层层传递,因此在一般条件下易于持续燃烧。但是它的燃速较快,要求长时间延期时不适用。同时,由于它燃烧时会生成大量气体,因此燃烧时受外界影响较大。此外,易吸湿,会影响延期时间的精度。为了减少周围大气压力对燃速的影响而发展了微气体延期药,这类药剂在燃烧时只产生少量的气体,甚至不产生气体。微气体延期药通常是金属类可燃剂和氧化剂混合成的烟火剂,为了易于压制成型,常加入少量的黏合剂,有时为了调整燃速还会加入其他附加物。

国内外延期药常按可燃物的种类来分类,有硅系、硼系、镁系、钨系、铬系、钳系、钴系、锰系硒-锑等。其中,硅系延期药是硅与氧化剂如 PbO_2,Pb_3O_4,$PbCrO_4$ 混合作延期药,通常用在毫秒级延期雷管中。硼系延期药是短延期药剂,燃烧时间为 $25\sim100$ ms,一般用在短延期雷管中,在硼—铅延期药中,若加入二代亚磷酸铅,则能改善其抗静电、燃烧和存储的性能。钨系延期药线燃速较慢,比较适宜用作需要持续时间较长的延期药。

在引信中使用的延期元件主要有保险药柱、短延期药柱和时间药盘等。保险药柱在弹药中应用很普遍,在电-2引信的延期保险螺中就配有保险药柱,如图1.36所示。延期保险螺由外壳和保险药柱组成,它的作用是使电雷管和引爆管错开一定位置,起隔爆作用,即在引信不作用时要求保险,当引信作用时需解除保险。

时间药盘结构示意如图1.37所示,其主要由定位销、点火药、延期药等组成。定位销用于药盘在引信上定位。点火药接受火帽火焰来点燃延期药。延期药稳定燃烧,起到准确延迟点火的作用,且不应发生蹿火及表面传火速燃现象等。由于延期时间要求长,药量就多,所以采用药盘形式能节省体积。延期药盘上下两面都有环形沟槽,内压有时间药剂,可以调整延期时间,长延期为 $13\sim15$ s,短延期为 $7\sim9$ s。

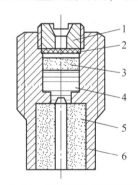

图1.36 延期保险螺结构示意

1—调节螺栓;2—纸垫;3—引燃药柱;4—延期药柱;
5—接力药柱;6—管壳

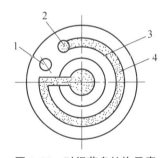

图1.37 时间药盘结构示意

1—定位销;2—点火药;3—盘体;4—延期药

6. 索类火工品

索类火工品是具有连续细长装药的柔性火工品,它可以起到传火、传爆、切割或者延时等作用。索类火工品包括导火索、导爆索、导爆管、延期索、切割索及小直径柔爆索类。

导火索是传递火焰的火工品,它是以黑火药作为药芯,以棉线、纸条、玻璃纤维、石油沥青等材料包覆而成的索状物。其主要作用就是传火、点火和延期,用于木柄手榴弹、宣传弹、燃烧弹、礼花弹和工程爆破。根据导火索的使用情况不同,可提出各种具体技术要求:有足够的火焰感度和点火能力(喷火性能);有均匀的燃烧速度,不应中途熄灭或断火;有一定的尺寸；防潮性能良好。

导火索按应用范围分为军用和民用两种，军用导火索的纸层中加有一层防潮剂或塑料，以提高其防潮性。根据不同的燃速，导火索可分为速燃导火索和缓燃导火索。速燃导火索的燃速在 100 s/m 以下，缓燃导火索的燃速在每米 100 s/m 以上。缓燃导火索又分为普通缓燃导火索（燃速为 100~200 s/m）和高秒导火索（燃速大于 200 s/m）。

导爆索是一种传递爆轰波的索状起爆器材，它本身需要其他起爆器材（如雷管）引爆，然后将爆轰能传递到另一端，引爆与之相连的炸药或另一段导爆索。它的优点是使用简便、安全，起爆时不需要电源、仪表等辅助设备，也不受杂散电流、雷电、静电等的干扰，广泛应用于导弹、火箭、航空航天器等。按包覆材料的不同分为棉线导爆索、塑料导爆索和金属管导爆索等。导爆索的炸药药芯常用太安、黑索今、奥克托今等。为了既保持良好的爆炸性能又便于加工，炸药的粒度应较小，而流散性要好。导爆索与导火索的区别在于导爆索传递的是爆轰而不是火焰，导爆索单位传爆速度可达 6 000~8 000 m/s，其性能主要受炸药性能及粒度、装药密度、装药量和金属管材料的影响。

塑料导爆管简称导爆管，它的构成是在一根内壁涂覆有极薄层炸药粉的塑料空心管。它的作用是低能低速传递爆轰波，一般爆速为 1 600~2 000 m/s。导爆管本身不会自燃或自爆，可由较小的爆轰或爆燃等冲击能激发（如可用撞击火帽激发，也可用雷管激发），冲击波传递至管的尾端可直接引爆火雷管或点燃延期雷管中的延期药，其传爆过程声音很小，管壳本身不被破坏。

7. 传爆药柱

有的小口径炮弹弹体装药量少，而且是用压装法装填，容易起爆，这时也可以不用传爆药而直接由雷管引爆主装药。大多数中大口径炮弹，弹体内装药量多，而且大多数是用铸装法和螺旋压装法装填，较不易起爆，这时单靠雷管的起爆能力不能可靠起爆主装药，需要使用传爆药。传爆药和导引传爆药是爆炸序列的组成元件，它们的作用是传递和扩大爆轰，最终可靠引爆主装药。传爆药柱一般是由猛炸药加工而成，且输入和输出都是爆炸作用，过去常用特屈儿，现在多用太安、黑索今、奥克托今。随着弹药向高能钝感化发展，我国研制了以黑索金为基的聚黑-6、钝黑-5 和聚黑-14c 传爆药，以及以奥克托今为基的聚奥-9c 传爆药。

传爆药的战术技术要求主要包括：合适的感度，足够的起爆能力，足够的安全性，能量、密度和尺寸应合理设计，满足引信的结构及能量关系要求。

1.8.4　弹药中的爆炸序列

为了保证弹药和武器系统中的相关装置引燃、引爆的可靠性及使用安全，在弹药或爆炸装置内，常以多种爆炸元件组成一定的序列，称为爆炸序列。爆炸序列一般是通过一系列感度由高到低、输出能量由小到大的火工品组成的激发系统。它能将较小的初始冲量加以转换、放大或减弱，并控制一定的时间，最后形成一个合适的输出，适时可靠地引爆炸药装药、引燃发射装药或引发其他装置。如何正确和巧妙地运用各种火工品组成爆炸序列达到弹丸设计的预期目的，就是爆炸序列设计的任务。根据爆炸序列的使用特点，设计时除应充分考虑各火工元件的特性外，还要考虑各火工件之间及火工件与弹药、引信之间的相互影响、相互制约关系。

弹药的爆炸序列按其作用不同可分为两类：传爆序列和传火序列（见图 1.38）。传爆序列输出爆轰冲能，用以引爆弹丸中的爆炸装药；传火序列输出火焰冲能，用以引燃火炮发射装药、火箭发动机点火装药及特种弹的燃烧装药、抛射装药或完成其他功能等。例如，引信中的传爆序列、引信中的传火序列、发射用的传火序列都是弹药中常用的爆炸序列。

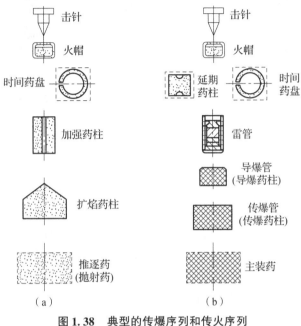

图1.38 典型的传爆序列和传火序列
(a) 传火序列；(b) 传爆序列

1. 引信中的传爆序列

引信传爆序列的最终输出是爆轰能量，它的作用是把信息感受装置或起爆指令接收装置输出的能量转换后，使首发火工品发火，并把发火能量按设计要求放大，让最后一级火工品输出可靠引爆战斗部装药。

火工品是引信中的敏感元件。为了保证引信勤务处理和发射时的安全，要求在战斗部飞离发射器或炮口规定的安全距离之内，传爆序列应有安全性设计；在战斗部发射或投放前处于安全状态；发射后转为待发状态；接收引信传给的起爆信息或达到预定时间后，完成起爆过程。

传爆序列按照引信构造分为保险型（隔爆式）和非保险型（非隔爆式），保险型传爆序列为错位式，或在雷管与下一级传爆元件之间装有隔离装置，利用锁定隔爆件，将第一级敏感火工品（雷管或火帽）与其下级火工品（导爆管或传爆管）之间的传爆通路隔断或使其错位，从而起到保险作用；解除保险时需移去隔爆件，使第一级敏感火工品与其下级火工品之间的传爆通路接通或使其对正。

非保险型爆炸序列的第一级火工品与下级火工品之间无隔爆件或不需要错位，它的安全性靠以下三种途径保证：第一级火工品采取钝感型高电压强电流无起爆药雷管；利用两级保险开关控制第一级火工品的最小激发输入能量；传爆元件必须使用钝感传爆药。

引信典型传爆序列如图1.39所示，按照使用要求可以大致分为以下四类：

（1）适用于小口径榴弹，非保险型。最简单的传爆序列由一雷管组成，图1.39（a）所示为引信击针—雷管，引信与弹丸装配后，雷管即插入装药中，适用于弹丸装药量较少的小口径榴弹的非保险型引信中。如23 mm航炮引信，这类弹丸的装药量很少（十几~几十

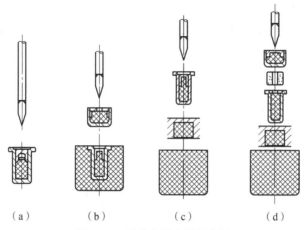

图 1.39　引信传爆序列示意图
(a),(b) 非保险型；(c),(d) 保险型

克），单用雷管的输出已能可靠起爆；另一方面此类弹丸要求引信结构简单，瞬发作用灵敏度高，由击针直接戳击雷管发火，不经过火帽，可以缩短作用时间。

（2）适用于航弹、低速破甲弹，非保险型。35 mm 以上的弹丸非保险型引信，如破－4、航－6 等，因弹丸直径较大、装药量较多，光用雷管起爆弹丸装药可能引起半爆，所以传爆序列增加一个传爆药柱，将雷管爆轰冲能放大。其传爆序列如图 1.39（b）所示，为引信击针—雷管—传爆药。

（3）适用于小口径榴弹、破甲弹，保险型。榴－1、迫－1 等保险型引信，雷管靠一定厚度的金属隔板与传爆药柱隔离，以保证平时及射击的安全。为使雷管可靠地引爆传爆药柱，就需在隔板上装有导爆药。其传爆序列如图 1.39（c）所示，为引信击针—雷管—导爆药—传爆药。

（4）适用于有延期作用的中、大口径榴弹、火箭弹，保险型。中、大口径榴弹有的需要延期装定，如榴－5、海甲－1 等引信就在火帽和雷管之间装上延期药，以后再实现能量逐级放大。其传火序列如图 1.39（d）所示，为引信击针—火帽—延期药—雷管—导爆药—传爆药—弹丸装药。

传爆序列基本上分为上述四类。当然根据引信的战术技术要求及具体结构不同，可有其他衍生形式。

电引信及雷达引信中，传爆序列的第一个火工品接受的激发冲能是电能，这就要求该火工品为电火工品，其传爆序列为电源—电雷管—延期药—传爆药—弹丸装药。

随着新武器的发展，某些引信还利用了无线电波、红外线、声效应、磁效应和光效应等，这些都仅仅是敏感元件不同，但火工品所接受的仍然是电能，故发火序列与电引信相同。为了简化复杂的结构，或用以解决一系列独特的安全、解除保险和发火要求，可考虑设计雷管和导爆药成直线的直列式传爆序列。

综上所述，组成传爆序列最基本的火工品是雷管和传爆药，靠它们完成能量的转换和放大。根据输入冲能和用途不同，可进一步考虑增减火工品，以组成满足引信战术技术要求的传爆序列。

2. 弹药传火序列

特种弹如宣传弹、照明弹等没有爆炸装药，不需要爆轰冲能来引爆，但由火药装药构成抛射药，需用火焰冲能点燃。这类弹丸引信的爆炸序列为传火序列。另外，在弹丸发射时，点燃发射药也靠传火序列。

3. 引信传火序列

最简单的传火序列由一个火帽组成，即引信击针—火帽—发射药。对于有延期作用和时间要求的，其传火序列为引信击针—火帽—时间药剂—扩焰药，或引信击针—火帽—定时药。

4. 底火传火序列

在步枪和机枪中，因口径小、发射药量少，其传火序列只由一个火帽组成，即撞针—火帽—发射药。当炮弹口径为 37 mm 以上时，只用一个火帽不能完成引燃发射药的任务，这时采用发火能量较强的火工品——底火。底火由火帽和黑火药组成，火帽发出的火焰由黑火药燃烧而扩大，其传火序列为撞针—底火—发射药。在大口径炮弹中，为扩大底火火焰，又增加了传火药，其传火序列为撞针—底火—传火药。一些自动武器和大口径火炮多数采用电能激发，其传火序列为电源—电点火管—传火药。

5. 火箭发动机中火箭装药的传火序列

它们也分为机械能激发及电能激发两类，其传火序列为机械冲能—火帽—点火具—点火药，或电冲能—电点火管—点火具—点火药。

从上列各类传火序列看，它们的特点是全程没有爆轰冲能输出，所以也没有给出爆轰冲能的火工品。通常情况下，构成传火序列的基本元件是火帽和传火药，由它们来实现能量的转换与放大。

1.9　火药应用技术

火炸药作为一种化学（键）能源，具有能源本质属性，同时具有材料的其他特性，其工程实践用途多种多样，但其作用终究是通过燃烧或爆炸反应，由燃烧或爆炸产生热能以及气体、固体或液体介质，通过介质传热和做功，以达到发射、推进、毁伤等军事和其他工程技术的目的。最早的火炸药是黑火药，黑火药是现代含能材料火炸药的始祖，是高功率化学能运用的先驱。在历史发展过程中，黑火药促成了武器由冷兵器向热兵器的发展。

随着近代科学技术的进步，因武器类型、应用场所、应用过程及作用原理等方面的差别，在黑火药的基础上分别发展了做功形式、组分等不同的药剂，即火药、炸药和烟火剂。

火药（Powder；Propellant）是一类自身含有氧化性元素和可燃元素，具有一定的形状尺寸和良好的物理化学性能，当受到适当的外界能量激发时，能够在没有外界助燃剂参加的条件下，有规律地燃烧，并释放大量热和高温气体的固体含能材料。火药与通常使用的燃料不同，它不是天然的物质或单一化合物，而是由多种组分经过合理的加工而形成的一类特殊高分子复合材料。

由于火药在组成、结构及在火炮和火箭中应用的差别，有发射药和推进剂之分：用高压气体膨胀做功，通过身管发射弹丸等的火药称为发射药；用反作用力推进火箭和导弹的火药称为推进剂。炸药因其组分及用于起爆和用于摧毁目的差异，有起爆药和猛炸药之分，其中，用于提供冲量引发其他炸药爆轰的炸药称为起爆药，而被引爆、用于摧毁目标的炸药称为猛炸药。由氧化剂和可燃物组成，反应产生热、光、烟等效应的混合物称为烟火剂。因此，火炸药作为特种能源，在工程实践中因作用功能、能量释放方式的不同可划分为发射药、推进剂、炸药、起爆传爆药和烟火药等。

1.9.1 发射药应用技术

火药的用途相当广泛，无论是在军事、宇航还是民用领域，都是重要的特种能源物质。在军事领域，火药是弹药系统的主要动力能源，是武器系统直接做功的物质。火药装药为武器提供发射能量，它是决定武器威力的关键因素之一。火药装药应满足武器的战术、技术要求，尤其是满足武器威力的要求，为武器装备提供必需的能量，并在发射过程中完成能量的转换。火药装药应从威力、安全可靠性和勤务处理等诸多方面满足武器的战术、技术要求。提高炮口动能和弹道稳定性是装药研究的核心内容，装药研究一直在关注增加炮口动能的理论和技术。此外，有利于武器机动性、武器寿命的装药研究也很重要，如可燃容器、刚性装药、缓蚀技术、整装和分装式装药结构、装药工艺等，都是装药研究的主要内容，它们与武器威力有密切的关系。

1. 火炮发射装药的组成及作用

火炮发射装药由发射药、点火具及其元件、其他元件等组成。

1）发射药

发射药是火药装药的基本元件，是武器转变成弹丸有效功的能源。现有多种发射药，它们的成分不同，形状和尺寸也不相同。装药设计的核心内容是合理地选择和设计发射药。

2）点火具及其元件

点火是火药燃烧的起始条件，点火的好坏将直接影响到火药燃烧的状况，从而影响火药装药的弹道性能。点火系统的作用是尽可能快地全面点燃发射药，使发射药正常燃烧并获得稳定的弹道性能。点火过强是造成膛内气体压力骤然增高的原因之一；微弱和缓慢的点火会导致装药不均匀点燃和迟发火，这是造成弹道性能反常和射击烟雾多的主要原因之一。装药的正常燃烧，除选择合适的点火系统外，还必须合理地选定点火系统的结构及其在装药中的位置。随着高装填密度装药技术的发展、低易损性发射药的应用，对装药的点火性能提出了更高的要求。

点火系统通常由两部分组成：一是基本点火具，它对辅助点火药、传火药或直接对装药进行点火，是提供最初点火热量的点火具。基本点火具有火帽击发底火、电底火、击发门管等。二是辅助点火具，用于加强点火能力，包括传火药和传火具。传火药有黑火药和速燃无烟药等，传火具（如传火管）内有黑火药或奔奈药条。目前正在发展等离子点火、激光点火等新一代点火技术。

3）其他元件

装药中除发射药和点火系统外，还可能有护膛剂、除铜剂、消焰剂、紧塞具和密封盖等装药元件。但各种装药不一定都有这些元件，应根据武器的要求分别选择采用。

把火药、点火药和装药的其他元件合理结合在一起，形成完整的结构，即装药结构。装药结构直接影响火药的点燃、传火过程和燃烧规律，也会影响其他元件的作用。装药的总体设计、装药各元件和装药结构及武器的弹道性能、机动性有着十分密切的关系。

2. 装药设计的任务和对装药的要求

装药设计是根据武器系统提供的参数，设计出满足武器要求的装药，装药要经过加工制作和射击等试验的验证。

装药设计应按照设计要求进行。应明确设计计算所需要的火炮和弹丸，诸元如火炮的口径、药室容积、炮膛横断面积、弹丸行程长、底端面至膛线起始部的长度；弹丸的质量、种类，弹丸初速，初速或然误差，允许的最大膛压，变装药的初速区分和最小装药的最低压力，装药在常、高、低温的初速和膛压的变化规律、变化范围等。此外，还有火炮寿命，有关射击焰和烟的限制要求，装药的安全性、可靠性和稳定性要求，以及操作和运输与储存的要求等。这些要求是对装药设计提出的普遍性的基本要求，必须综合考虑。不同类型、不同用途的武器，还有一些特殊要求，此处不再赘述。

3. 火炮发射装药的基本类型

1) 定装式装药

定装式装药（定装药）在运输、保管以及发射装填时，装药都在药筒内，药筒与弹丸成为一个整体，装药量是固定的。定装式装药有时还包含全定式装药和减定式装药，全定式装药射击时可以使弹丸获得最大初速；减定式装药射击时可以使弹丸获得比最大初速要小的速度。

定装式装药有：步兵武器（手枪、冲锋枪、步枪、机枪）的枪弹装药；火炮中的加农炮、高射炮、坦克炮、航炮、舰炮等装药。有些火炮同时配有全定式装药和减定式装药。

2) 分装式装药

分装式装药，火药放置在药筒、装药模块或药包内，与弹丸分开保管和运输；装填时，首先把弹丸装入膛内，然后再装药筒、装药模块或药包。分装式装药一般是可变装药，即在射击时可从装药中取出一些装药，改变装药量。该装药能调节初速，在不转移阵地的情况下扩大火炮的射程范围或提高弹丸杀伤效率。

4. 火药的药型

根据使用目的的不同，火药需要制成不同的形状和一定的尺寸。单体火药，小的称为药粒，大的称为药柱。药粒尺寸可以很小（直径可小至 0.5 mm），小药粒主要用于各种轻武器装药或者要求燃烧速度快、作用时间短的装置；大的药柱可以非常大，重量可达几吨或几十吨，而且具有复杂的形状，主要用于各种火箭发动机装药。

根据内弹道学理论，火炮的膛压时间曲线和火箭发动机的推力时间曲线，很大程度上都取决于单位时间内火药气体的质量生成速度。火药气体的质量生成速度与火药的燃烧表面积、密度以及线性燃烧表面积的乘积成正比。

火药密度通常都在一个很窄的范围内变化，对火药气体的质量生成速度的影响较小。因此，火药燃速及燃烧表面积随时间的变化对火炮膛压和弹丸初速度、火箭发动机推力和燃烧室压力具有决定性影响。火药种类选定后，燃速参数变化不大，火药燃烧表面可以通过改变药粒和药柱的几何形状在较大范围内调节。所以，选择和修改药型是火药装药设计的重要内容。

药型是指药粒或药柱的初始燃烧表面形状。按燃烧过程中燃烧表面积的变化情况，将药型分为恒面燃烧、增面燃烧和减面燃烧 3 种类型。恒面燃烧是指火药燃烧表面积在整个燃烧时间内近似保持不变，如管状火药的燃烧、端面药柱的燃烧。恒面燃烧药型通常用于火箭发动机装药和火炮装药。增面燃烧是指火药燃烧表面积随着燃烧时间不断增加，如多孔药粒的燃烧。增面燃烧药型通常用于火炮装药。减面燃烧是指火药燃烧表面积随时间不断减小，如球状药、片状药、带状药的燃烧。减面燃烧药型通常用于迫击炮或某些轻武器的装药。

火药除了具有一定的化学组成、几何形状和尺寸外，还必须具有一定的性能，才能满足武器弹药的要求。武器对火药的性能要求主要包括能量特性、燃烧特性、力学特性、安定性、安全性和经济性等。

现在各种发射和推进剂在能量、密度、燃速、力学性能、危险等级、使用性能等方面可以根据需要具有较大的选择范围，某些性能可以通过配方、装药结构与工艺进行调整和改进。但是，在调整某些特性时，会引起其他特性的一些变化。所以，应用时应全面鉴定其各个性能，结合选用的火药类型，对火药的性能和成型工艺进行深入调研分析、合理设计计算和试验验证，以满足战术和技术要求。

5. 火药装药设计

火炮火药装药设计包括火药装药的弹道设计和装药的结构设计。装药的弹道设计是为武器满足所要求的弹道性能而进行的火药能量、装药密度和压力全冲量值的运算，最后确定火药的种类、装药量、药型和火药的弧厚。火药装药的结构设计，包括点火系统设计、辅助元件设计与装药整体结构的设计，具体来说就是选择点火剂、装药容器、钝感衬纸、消焰剂、除铜剂、固定元件、传火元件以及确定诸元件的相对位置和装药的整体结构。装药结构设计在很大程度上是为了满足下述要求：

（1）将装药潜能尽可能高效率地转化为有效功。

（2）控制装药的能—功转换过程，使装药的能量释放按预定的过程进行，抑制反常的燃烧。

（3）减少或避免射击中的烟、焰、烧蚀等有害现象。

（4）赋予装药储存、运输、使用等有利于勤务处理的特性。

由于武器系统对高精度、安全性和可靠性的追求，以及高装药密度、长药室和高膛压等技术的应用，使点火系统的设计显得更加重要。但对于点火系统、辅助元件以及装药结构的设计，目前还缺少完整的设计方法和优化的判据。对于这些设计，往往在弹道设计之后，需要进行必要的试验并结合经验，选用一些行之有效的装药元件，确定装药结构。

从整体上看，装药弹道设计的目的是审核装药系统的做功能力与装药潜能，并确定它们间的定量关系。装药的弹道设计是整体装药设计的核心内容之一。

1.9.2 推进剂应用技术

1. 推进剂种类

目前常用的推进剂有双基推进剂、改性双基推进剂和复合推进剂三种类型，其简介如下。

1) 双基推进剂

双基推进剂是一种由难挥发性或无挥发性物质（如硝化甘油）作硝化棉溶剂的溶塑推进剂。与复合推进剂相比，它的优点是：工艺方法比较成熟；原材料来源较广，成本低；药柱质量稳定，重现性好；储存寿命长，对湿气不敏感；发射时无烟。它的缺点是：能量较低,实际比冲在 1 850~2 050 N·s/kg;密度较小,一般在 1.54~1.65 g/cm³;临界压力和压力指数均较高;使用温度范围窄(高温软化,低温变脆);生产操作较为危险;不能生产大型药柱,不能与壳体黏合。因此,发展了浇铸双基推进剂、复合双基推进剂(CDB)、复合改性双基推进剂(CMDB)、交联改性双基推进剂(XLDB)。

2) 改性双基推进剂

改性双基推进剂是由硝化甘油和硝化棉为主要成分混合组成的双基(DB)推进剂,其能量、密度和力学性能均低,安定性也差。为了改善双基推进剂的性能,在双基的基础上加入一定量的高氯酸和铝粉,组成改性双基推进剂(CMDB)。为进一步提高 CMDB 推进剂的能量,通常采用奥克托今(HMX)或黑索今(RDX)来取代或部分取代高氯酸铵。

为改善 CMDB 推进剂的力学性能,可采用交联剂使硝化棉交联成网状结构,以增加伸长率,这种改性推进剂又叫作交联双基推进剂。硝酸酯增塑聚醚(NEPE)推进剂,是以聚醚和乙酸丁酸纤维素取代交联双基推进剂中的硝化棉作为黏合剂,以液体硝酸酯作为增塑剂制成的一种推进剂,其能量和力学性能均高于交联双基推进剂,已用于 MX 导弹(和平卫士)第三级发动机。

3) 复合推进剂

复合推进剂是由晶体氧化剂、金属燃料和黏合剂(同时也是燃料)等基本组分以及其他少量附加组分组成的,通常是以黏合剂来命名的。

氧化剂的主要作用是为推进剂燃烧时提供所需的氧;作为黏合剂基体中的填料,以提高推进剂的模量;在燃烧过程中,靠本身分解的产物与黏合剂分解的产物反应,生成气态的燃烧产物。现在广泛使用的氧化剂为高氯酸(NH_4ClO_4)。高氯酸提供推进剂燃烧 34.04% 的氧,且原料来源丰富、价格低廉。此外,可用作氧化剂的还有硝胺、奥克托今(HMX)和黑索今(RDX)等。

黏合剂的主要作用是为推进剂燃烧时提供可燃的 C、H、N 等元素;作为推进剂的弹性基体,容纳氧化剂和金属燃料等固体颗粒,使推进剂可制成一定几何形状的药柱,并具有一定的力学性能,以承受各种环境载荷的作用。黏合剂种类很多,一般都为高聚物,现在使用的多为聚氨酯和聚丁二烯等。

金属燃料又称金属添加剂,是用来提高推进剂能量的。最常用的金属燃料是铝粉,铝粉燃烧时能提高推进剂的燃烧温度,使特征速度增加,从而提高推进剂的比冲。添加铝粉还可使推进剂密度提高。另外,铝粉还起到抑制燃烧不稳定性的作用。

附加组分在复合推进剂中所占比例很少,主要用来改变推进剂的某些性能。如促进固化的固化剂,改善储存性能的防老剂、增塑剂和降感剂,改善燃烧性能的燃速催化剂、降速剂和燃烧稳定剂等,改善工艺性能的增塑剂、稀释剂、润湿剂、固化催化剂和固化阻止剂等,以及提高力学性能的交联剂、键合剂和增塑剂等。

2. 推进剂性能参数

推进剂的性能参数,均从不同的含义反映推进剂的各种性能和技术状态,其中与装药性能指标参数相联系的主要有比冲 I_{sp}、特征速度 c^*、燃速 u、压强指数 n、压强温度敏感系数 α_p、密度 ρ_p 等。

表征推进剂热力学性能的参数包括爆热(定压或定容)、燃烧温度(爆温)、燃烧产物的焓、燃烧产物的熵、比热比、比容、燃气平均分子量、燃气密度和气体常数等。

现在，各种推进剂在比冲、密度、燃速、力学性能、危险等级和使用性能等方面都有较宽的选择范围，有些性能还可通过改变配方与工艺来调整和改进。但是，应当注意，调整某一特性时，往往会引起另一特性的变化，所以选用的推进剂应全面鉴定其性能，务必使选用的推进剂满足发动机的技术要求。具体的选择原则如下：

(1) 能量特性好，选用的推进剂应具有设计条件所要求的实际比冲和尽可能大的体积比冲。

(2) 选用的推进剂在预期工作条件下，在设计的推力—时间历程内，应具有所需要的内弹道性能。推进剂的内弹道性能是以燃速、压强指数和燃速的温度敏感系数来表征的，燃速应符合推力—时间历程的要求，压强指数应尽量低，温度敏感系数应尽量小。

(3) 侵蚀燃烧效应小，燃烧稳定性好。

(4) 安定性好，冲击、摩擦和静电的作用引起推进剂燃烧、爆燃或爆轰的危险性小。

(5) 经济性好。

2. 固体火箭发动机装药设计

固体火箭发动机所用推进剂是以浇铸或自由装填的方式置于发动机壳体内，具有一定的几何形状和尺寸大小。药柱的形状和尺寸确定了发动机燃烧产物的生成率及其随时间的变化率，从而确定了发动机的工作压强和推力随时间的变化规律，同时也确定了燃烧室的尺寸及包覆层的结构方案。

为满足导弹对发动机的技术要求，幅度必须按规定的推力—时间历程工作，这就要求推进剂按一定的规律进行燃烧。因此，处于发动机壳体内的推进剂必须经过一定的结构设计，使其在燃烧过程中的燃烧面积按相同变化规律变化，从而获得导弹总体要求的推力变化规律。推进剂装药的结构设计简称为装药设计，其好坏程度决定了发动机的内弹道性能和其他技术指标的优劣，是发动机设计的核心部分。

1) 装药基本药型的选择

装药药型选择是装药设计的第一步，因为不同的药型适用于不同要求的固体火箭发动机，并有不同的设计方法，只有选定了药型之后，才能着手进行装药几何尺寸的设计。一般来讲，选择装药药型应根据以下原则：

(1) 使装药的药型有足够的燃烧面，以获得必要的炮口速度，野战火箭弹的炮口速度一般不能小于 40 m/s。如果装药燃烧面小，就不能保证对炮口速度的最低要求。

对于非增程反坦克火箭弹来说，对装药药型除有足够燃烧面这一要求外，还应满足装药燃烧时间的要求。一般来说，单孔管状装药可以满足这一要求。

(2) 对燃烧室壁的传热小。从传热角度看，内孔燃烧的装药传热最少。因为这类装药的外径是紧贴在燃烧室的内壁上，燃气不直接与燃烧室壁接触，可以显著地减少对室壁的传热。而管状装药在燃烧过程中，因燃气直接作用在燃烧室内壁上，故传热较多，热损失较大。

(3) 装药药柱在燃烧室内容易固定。浇铸装药在燃烧室内易于固定，可以不用挡药板；管状装药固定比较困难，一般要采用挡药和固药装置。

(4) 装药的余药少，利用率高。星孔装药有余药损失，管状装药余药损失较小。

(5) 装药有足够的强度。装药的强度主要取决于推进剂的组分与制造方法，但是即使是同一种推进剂，装药形状、尺寸与受载方向均对装药强度有影响，当轴向惯性力较大时，无论是单孔管状装药还是星孔装药的长度都不宜太长，长度太长会使受压端面产生较大的应力；当单孔管状装药内孔与外侧的通气参量差别较大时，药柱的厚度不宜太薄，否则，药柱内外压强差可能引起药柱破坏。

（6）结构及工艺简单，便于大批量生产。

现在常用的装药结构有单孔管装装药、星孔装药、轮孔装药、三维星型药柱、变截面星孔装药、双燃速推进剂装药、双推力装药等。

发动机装药设计必须在考虑战术技术性能的同时，充分考虑药柱结构的完整性要求。装药从浇铸到完成燃烧任务，必然经受一系列使其产生应力应变响应的载荷条件，如固化后的降温，环境温度变化，长期储存，运输、发射阶段的加速度，点火后的压力冲击等。药柱结构完整性分析就是要保证在这些载荷和环境条件作用下，药柱内表面及其他部位不出现裂纹，药柱与衬层、绝热层界面不出现脱黏，即药柱结构完整性不被破坏。只有在从制造、储存到试验或飞行的全过程中保持药柱的完整性，才能保证发动机的正常工作。因此，在发动机的装药设计中，药柱的结构完整性分析与内弹道性能分析具有同等重要的地位。

发动机装药结构完整性分析是很重要、很复杂的工作。这是因为固体推进剂是含有大量固体颗粒的高分子聚合物，其力学性能强烈依赖于时间和温度，表现为高度的非线性黏弹性特征。

3. 固体推进剂燃烧及发动机内弹道性能

固体火箭推进剂的点燃是一个极其复杂的物理化学变化过程，包括传热流动、相变、化学组分的质量和浓度扩散，以及有关化学动力学等过程的复杂瞬态现象，而且这些过程又是相互渗透的。当点火装置开始工作后，其高温燃气流经装药燃烧表面向装药内部传递能量，经历一系列物理化学变化过程，这些过程有些是吸热的，有些是放热的，但总的热效应是放热的，因而使装药表面温度不断升高。由于表面各处的温度升高不是均匀的，导致表面某些点上的温度首先达到发火点，随即产生燃烧火焰，使推进剂装药的局部被点燃。未被点燃的燃面一方面受到点火装置燃烧产物而被继续加热；另一方面已燃表面产生的火焰迅速传播，使未燃面相继被点燃，直到全部燃烧表面被点燃。

固体推进剂是固体火箭发动机的能量来源，推进剂通过燃烧将其化学能转换为燃烧产物的热能，完成固体火箭发动机工作过程中的第一个能量转换过程。因此，固体推进剂的燃烧特性与火箭发动机的性能密切相关。

固体火箭发动机内弹道是指发动机内部的工作过程，主要研究发动机在设计或非设计状态下燃烧室及喷管内流动参数随时间或空间的变化规律，根据简化程度的不同，分为零维内弹道、一维内弹道和多维工作过程仿真等。零维内弹道将发动机内部参数看作平均值，主要解决燃烧室压强随时间的变化规律；一维内弹道将发动机内部流动近似为一维或准一维流动，解决内部流动参数随时间和一维空间的变化规律；二维或三维工作过程仿真则是用计算流体力学等方法数值模拟真实燃气的多维流动规律，可以考虑化学反应传质传热、退移边界等实际流动现象，是目前固体火箭发动机内弹道的重要研究方向。

零维和一维内弹道研究的参数主要是燃烧室压强，并在此基础上进一步计算出推力、质量流率、总冲、比冲等重要参数。燃烧室压强是固体火箭发动机的重要参数，其影响主要表现：推力及其随时间的变化规律；推进剂的燃速和发动机的工作时间；直接影响发动机的比冲等重要性能参数；正常燃烧需要的一定压强（推进剂燃烧的临界压强）；发动机的结构质量。

1.10 炸药应用技术

炸药（Explosive）是一种在外部激发能量作用下，能够产生快速的化学反应，并放出大量的热量和气体产物，从而能够对周围介质形成一定的机械破坏和抛掷效应的化合物或混合物。能够产生化学爆炸的物质很多，但不是都可定义为炸药。炸药本身包含爆炸变化所需要的氧化组分和可燃组分，两种组分在高温、高压下快速反应，释放出大量热量，能使反应持续进行，并产生气体产物对外做功。

炸药是弹药系统中极为重要的组成部分，是弹药对目标做功的能源。炸药的性能将直接影响弹药系统的最终作用效果。

1.10.1 炸药的分类

炸药的物质种类繁多，它们的组成、物理性质、化学性质和爆炸性质各不相同。为了认识它们的本质、特性，以便进行研究和使用，对它们进行相应的分类。通常有两种分类方法，一种是按炸药组成及分子结构分类，另一种是按炸药的用途分类。

现在应用的炸药有很多种，为了便于应用和研究，通常采用按炸药的化学组成及分子结构分类和按炸药的用途分类。

1. 按化学组成及分子结构分类

按照炸药化学组成及分子结构分类的方法有很多，其中一种比较简单的分类方法是分为单质炸药（或单体炸药）和混合炸药两类。

1) 单质炸药

单质炸药是仅含有一种成分的爆炸物质，多数都是含氧的有机化合物，能进行分子内化学反应。这类炸药是相对不稳定的化学系统，在外界刺激作用下导致内部键断裂，发生迅速的分解反应，放出大量的热，生成新的热力学稳定的产物。

单质炸药分子含有爆炸性基团，在最常用的单质炸药中，常常将含有—C—NO_2基团的化合物称硝基化合物，如 TNT、HNS 等；将含有—O—NO_2基团的化合物称硝酸酯化合物，如 GN、PETN；将含有—N—NO_2基团的化合物称硝胺化合物，如 RDX、HMX。

除了硝基化合物、硝胺、硝酸酯炸药以外，还有一些作为民用炸药或高能炸药组分的无机酸盐及有机碱硝酸盐。混合炸药及火药中广泛使用的硝酸铵及高氯酸铵属于无机酸盐，甲胺硝酸盐、硝酸胍、乙二胺二硝酸盐等属于有机碱硝酸盐。

2) 混合炸药

混合炸药又称爆炸混合物，它是由两种或两种以上化学上独立存在的组分构成的系统，混合炸药在炸药领域中占有极重要的地位，实际使用的炸药绝大部分是混合炸药。

混合炸药弥补了单质炸药在品种、性能、成型工艺、原材料来源和价格方面的不足，具有较大的选择性和适应性，扩大了炸药的应用范围。通常，混合炸药的成分一般有两种，一种为含氧丰富的，另一种为根本不含氧或含氧量较少的。但是，有时为了特种目的要加入某些附加物，以改善炸药的爆炸性能、安全性能、力学性能、成型性能以及抗高低温性能等，从而使混合炸药在军事应用上日益扩大，其地位越来越重要。混合炸药大多是针对某种用途而设计的，它们的物理、化学和爆炸性能是多种多样的，配方原料和工艺过程也各不相同，品种繁多，对其分类很困难。在此仅介绍几种常用的混合炸药。

(1) 熔铸炸药。

熔铸炸药是指以熔融态进行铸装的混合炸药，它们能适应各种形状药室的装药，综合性能较好。熔铸炸药的组分至少应有一个是易熔炸药，炸药的蒸气应无毒或毒性较低，且在稍高于易熔炸药熔点下能保持较长时间而无明显分解。

熔铸炸药是当前应用最广泛的一类军用混合炸药，约占军用混合炸药的 90% 以上。这类炸药的威力主要决定于其中高能炸药的含量，因此各国都在研究如何提高熔铸炸药中高能炸药的含量。熔铸炸药综合性能较好，能满足长期储存的要求，但装药在高温时渗油，装药质量较难控制，机械强度较差。为了提高装填这类炸药的弹药在战场上的生存能力及生产、运输储存、使用的安全性，人们正致力于降低易损性和提高安全性的研究。

梯黑炸药是最典型的熔铸炸药，它是由梯恩梯和黑索今以不同比例组成的混合炸药，是当前应用最广泛的一类混合炸药，它通常以熔融态进行铸装。英、美等国家称梯黑炸药为赛克洛托儿 (Cyclotol)，其中梯恩梯/黑索今/蜡以 40/59/1 比例组成的梯黑炸药称为 B 炸药。根据性能要求和使用对象的不同，梯黑炸药可组成一族不同配比的混合炸药，如梯恩梯与黑索今两组分的配比有 30/70、40/60、45/55、50/50、80/20，等等。

(2) 钝化黑索今。

钝化黑索今是一种由黑索今与钝感剂组成的粉、粒状混合炸药，常用配方由黑索今/钝感剂以 95/5 组成，一般以压装法进行装药。美国称这类炸药为 A 炸药。

(3) 含铝混合炸药。

含铝混合炸药是在配方中加入铝等高能成分，以显著提高炸药的能量或威力的一类混合炸药，因此含铝炸药构成了混合炸药中高威力的一个重要系列。铝粉实际加入量要根据使用要求确定，如装填以爆破为主、兼备杀伤作用的含铝炸药，要求具有高爆热和较高的爆速，铝粉含量一般不超过 20%；当装填爆破榴弹时，要求爆破良好并产生一定燃烧效果，铝粉含量应大于 20%；当含铝炸药有氧化剂时，铝粉含量允许在 30% 以上；当需装填高密度、低爆速和强烈的燃烧性能的炮弹时，铝粉的含量可以更高。

常用的含铝炸药有钝黑铝炸药和梯黑铝炸药等。前者是由 80% 的钝化黑索今和 20% 的铝粉进一步混合制成的；后者是由 60% 的梯恩梯、40% 的黑索今，外加 13% 的粒状铝粉和 3% 的片状铝粉组成的熔铸炸药。

(4) 高聚物黏结炸药。

黑索今、奥克托今和太安等猛炸药虽然有良好的爆炸性能和安定性，但因为它们的熔点和感度较高，既不能单独铸装，也难以压装，故使其应用受到限制。这些猛炸药用少量的蜡进行钝感再压装能得到较重要的军用炸药，但由于药柱容易产生裂纹、耐热性差、机械强度和能量降低较多，故不能满足现代化武器发展的需要，于是出现了用高聚物黏结剂制备出综合性能优良、应用广泛的高聚物黏结炸药 (Plastic – Bonded Explosive，PBX)。

高聚物黏结炸药 (PBX) 是以高聚物为黏结剂的混合炸药，也称塑料黏结炸药，其是以粉状高能单质炸药为主体，加入黏结剂、增塑剂及钝感剂等组成的。常用的单质炸药有硝胺 (黑索今和奥克托今)、硝酸酯 (太安)、芳香族硝基化合物及硝仿系炸药等。黏结剂有天然高聚物和合成高聚物，如聚酯、醇醚缩合物、聚酰胺、含氟高聚物、聚氨酯、聚异丁烯、有机硅高聚物、端羟聚丁二烯、天然橡胶等；增塑剂有硝酸酯、低熔点芳香族硝基化合物、脂肪族硝基化合物、酯类、烃类等；钝感剂有蜡类、酯类、烃类、脂肪酸类及无机钝感剂等。PBX 具有较高的能量密度，较低的机械感度，良好的安定性、力学性能和成型性能，处理安全可靠，并能按使用要求制成具有特种功能的炸药。

（5）燃料—空气炸药。

燃料—空气炸药（Fuel - Air Explosive, FAE）是由固态、液态、气态或混合态燃料（可燃剂）与空气（氧化剂）组成的爆炸性混合物。使用燃料—空气炸药时，把燃料装入弹中，送至目标上空引爆，燃料被抛散至空气中形成汽化云雾，经二次引点火使云雾发生区域爆轰，产生高温（2 500 ℃左右）火球和超压爆轰波，同时在炸药作用范围内形成一缺氧区（空气中氧含量减少 8% ~ 12%），可使较大面积内的设施及建筑物遭受破坏，并导致人员伤亡。

燃料—空气炸药于 20 世纪 70 年代开始用于战场，其特点是爆炸后引起的超压虽低，但破坏面积大，适于对付集团军队、布雷区、丛林地带工事以及轻型装甲等大面积目标。例如，1 kg 环氧乙烷作燃料与空气中的氧产生云雾爆轰所放出的能量要比同质量的梯恩梯爆轰时所放出的能量大 4 ~ 5 倍，冲击波阵面压力作用面积比梯恩梯大 40%。

（6）低易损性炸药。

低易损性炸药是对外部作用不敏感、安全性高的炸药。它对撞击、摩擦的感度低，不易烤燃，不易殉爆，也不易由燃烧转爆轰，在生产、运输、储存特别是作战条件下都较安全。低易损性炸药目前正处于研究发展阶段，目标是制造能量不低于 B 炸药或高聚物黏结炸药 PBX - 9404，但安全性分别高于此两类炸药的低易损性炸药。

2. 按炸药用途分类

根据炸药的用途不同可分为起爆药、猛炸药。

1）起爆药

起爆药是一种对外界作用十分敏感的炸药。起爆药在较轻微的外界能量（如机械能或热能）的作用下就能引发化学反应，并能在极短的时间内由燃烧转变为爆轰。起爆药主要用作激发其他猛炸药爆轰的引爆剂，因此可用来制造各种起爆器材和点火器材，如雷管、火帽等。起爆药能直接在外界作用下引发爆炸，因此也被称为初级炸药、始发炸药或第一炸药。

常用的起爆药有雷汞、叠氮化铅、斯蒂酚酸铅、二硝基重氮酚以及特屈拉辛等。

2）猛炸药

猛炸药的化学反应形式主要是爆轰，而爆炸时对周围介质有猛烈的破坏作用，猛炸药因此而得名。猛炸药在一般用量和条件下，用简单的激发冲量不能引起爆轰，使用时通常需借助起爆药的爆轰来激发其爆轰，因此有时也称猛炸药为高级炸药、次发炸药和第二炸药。猛炸药在军事上主要用作各种弹药的爆炸装药和制造爆破器材，在民用中主要用于开矿采石、筑路、建筑工程等爆破工程以及各种爆炸加工。

猛炸药的生产和使用量很大，为了确保生产和使用中的安全，有实际使用价值的猛炸药必须具有对机械和热作用不太敏感、用简单的能量激发作用不能使其爆炸、爆炸后有较大爆炸能量等特点，此外还有其他性能及成本的要求。

常用的猛炸药有梯恩梯、黑索今、特屈儿、奥克托今和 CL - 20 等。

3. 对炸药的基本要求

炸药的组成成分和类型有多种，但是对炸药及其组成物有很多共性的基本要求，主要有以下几项：

(1) 具有做功、加载和抛射作用的最大作用效率。

(2) 利用相应的引发手段能可靠地形成爆轰。

(3) 炸药和以其为基础组成的物质在全部应用环节中应足够钝感（按照相关安全要求），因此炸药自身应比较钝感，或将其钝化到所需要的程度。

(4) 具有相应的安定性，炸药组分及其爆轰产物具有低毒性，以及与各种结构材料和组分配料的相容性。

(5) 使用过程中具有安全性，包括各种状态下的储存、运输和制造安全性。

(6) 装药结构性能的可控制性，如密度、孔隙度及不同成分按粒度等级的分布规律等。

(7) 较低的吸湿性、静电性、液体聚集状态下的低黏性、合适的结晶速度、各种配料的良好混合性、结晶时较小的收缩率。

(8) 炸药能按照需求被加工成所需质量和几何形状的结构。

(9) 在整个寿命周期中，无论采用何种方法制备的炸药装药都应该保持其几何尺寸。

(10) 原料及生产成本是可以接受的。

1.10.2 炸药的性能要求

为了使弹药战斗部对目标有尽量大的破坏作用，作用于各类目标的不同弹种，对炸药装药的要求不同。例如：对于爆破弹和水下弹药来说，要求炸药装药有尽可能大的做功能力，通常选择爆热和爆容大的炸药，提高装药密度；对破甲弹来说，在一定范围内，破甲深度与装药爆压成正比，所以要求炸药装药有尽量大的爆压和爆速，当炸药类型确定后，则要求适当提高装药密度，并保证密度的均匀性和整体装配的对称性，以提高破甲率；对于杀伤榴弹，有的希望它有高速飞行的破片，有的希望其在壳体膨胀过程中保持完整（连续杆杀伤战斗部）。因此，在选择炸药装药时，要考虑炸药能量与壳体材料或壳体膨胀速度的匹配，以提高弹药的杀伤威力。

通常来说，为了提高炸药装药的性能和质量，使炸药装药既能充分爆轰又能承受各种机械和热力学载荷，安全可靠，对炸药装药的要求包括爆轰性能、化学性能、力学性能、热性能、感度和成本等多方面。

1. 爆轰性能要求

(1) 起爆性能，是指炸药装药能否充分和可靠地起爆。为了使炸药装药不能太敏感，起爆压力一般大于 8 kPa。另外，炸药装药不要求传爆药产生很高的压力，炸药装药在较短的起爆距离内应完全起爆。

(2) 爆轰性能，为了保证炸药装药的完全爆轰，炸药装药必须有合适的爆轰感度，制作传爆药柱的炸药要有足够的起爆能力，必须保证药柱的装药质量。此外，要保证炸药装药的完全爆轰还必须保证传爆系列各元件装配准确，可靠传爆。

(3) 做功性能，特别是能够加速药型罩、板或破片获得较高速度，或产生强力爆轰波或水中大气泡的能力。爆速对威力的贡献比较明显。在加速破片和弹丸壳体中，做功的有效时间应更长。在水下爆炸时，最强的爆炸波或最高的做功性能是要求生成气泡。在各种不同的做功时间内，要求炸药装药在所应用的范围内最佳化。

2. 安定性能要求

炸药在长期储存或受环境条件（如压力、湿度、温度）的影响下，保持不变的能力称为炸药的安定性。炸药装药的长期稳定性特别重要，应能稳定储存10年甚至几十年，其技术要求包括化学安定性、物理安定性、相容性和可溶性。

（1）化学安定性是指炸药长期储存期间应保持化学性能稳定，不发生明显的化学反应。炸药装药绝不能转化成更敏感、更危险的物质。

（2）物理安定性是指装药中如有低熔点的物质或混合物，在长期储存过程中要保证这些物质不渗出。

（3）相容性是指炸药的组分间或与其相接触的材料间不会生成敏感度高或低的化合物，或者腐蚀所接触的材料，炸药装药与接触物质反应不应生成不稳定的甚至危险的物质。

（4）可溶性是指炸药应不受相关物质的影响或溶解，特别是不受水的影响或溶解，在任何情况下不应水解。

3. 力学性能和使用安全性要求

炸药装药在可能承受高达数千或上万个重力加速度（如火炮发射）时，必须保证炸药装药在承受载荷下不可破裂。各种炸药都要规定有相当安全的允许应力值，为了保证安全，炸药装药中所产生的最大应力值必须小于允许应力值。

在弹药的储存、运输和勤务处理时，还要考虑环境对炸药装药的影响，如温度、湿度、摩擦、偶然的电信号以及化学腐蚀的作用等。

4. 热性能要求

炸药装药的热性能有以下三个方面：比热、热传导和热膨胀系数。

炸药装药的比热较小，对其储存和操作性并无大的影响；炸药装药的热传导较低，在温度迅速变化的情况下可出现相当高的温度梯度和热应力；炸药装药具备较好的热膨胀和收缩性能，使其经历较大温度变化时不至于过度膨胀或收缩。

5. 感度要求

炸药和炸药装药的感度可从两个方面考虑，一是处理使用炸药和炸药装药时的感度，二是制造炸药装药时的感度。

6. 成本要求

炸药的成本要求包括：原材料成本，如梯恩梯、黑索今、奥克托今、钝感剂、黏结剂等，各种消耗必计算在内；工艺成本，如使颗粒分布最佳化的原材料重结晶工艺、成核添加剂（如HNS）以及浇注和压装工艺的生产成本；还必须根据各种炸药装药和生产工艺，计算生产和储存时的检验成本；样品和发展系列的拆卸成本、废旧仓库的清理和销毁成本也不能忽视。在这些直观成本中，还必须考虑到某些物质在处理和工艺中需要采取的特殊措施，因为在工艺过程中使用的某些炸药以及某些添加剂有毒性和致癌作用。由于某些炸药和添加剂对湿气敏感，故要求环境控制的生产设施也应计入成本。

1.10.3 炸药装药

炸药装药是战斗部完成弹药炸药毁伤或既定终点效应的主要组成部分，它是将炸药以一定的形式装填于壳体中，在炸药被引信引爆后，通过炸药爆炸反应，产生相应的机械、热、冲击波等效应来毁伤目标。战斗部中全部爆炸品，从引信中的雷管（火帽）直至弹体中的炸药装药，按感度递减而输出能量递增的顺序配置，组成爆炸序列，以保证弹药的安全性和可靠性。根据对目标作用和战术技术要求的不同，不同类型战斗部的装药结构和作用机理呈现不同的特点。

1. 炸药的装药方法

炸药装药方法与炸药、弹药、武器装备的发展联系紧密，而炸药的物理化学性质、爆轰性能、安全性能等关系到装药方法选择和装药工艺的安全性。装药方法的选择应依据弹丸的作用与结构、选用的炸药、装药的生产效率等方面综合考虑。常用的装药方法有捣装、压装、注装、螺旋压装、塑态装药。随着装药工艺设备向自动化方向发展，逐渐形成了复合装药、真空振动装药、球注法、块注法、静压装药等新型装药技术。

（1）捣装法。此法是最原始的装药方法，一般用手工或简单工具将松散炸药装入药室后用力捣实。目前已基本不被采用。

（2）注装法。此法类似金属铸造，即先将固体炸药加热熔化，将熔化的炸药或悬浮炸药经过一定处理后注入药室（弹体或模具）中冷却凝固成型的方法。注装可以装填任何口径、任何形状的药室，且设备简单。但它对所使用的炸药有一定的限制，熔点不宜过高，一般应控制在 110～130 ℃，且高于熔点 20～30 ℃ 保持 1～2 h 不分解。

（3）压装法。压装法是指用液压机的压力对模具或弹体中的松粒炸药施加一定的压力而压实。压装法能获得高密度的装药，对炸药的适应性强，适用于装填中小口径、药室不鼓起的弹药。

（4）螺旋装药法。螺旋装药法是指用螺旋装药机，靠螺杆作用将散粒体炸药输入药室并压紧。螺旋装药法与压装法本质上基本相同，其特点是能适应较大药室形状的变化，可装填弧形药室的弹药。目前其只能用于摩擦感度和冲击感度小的炸药。

（5）塑态装药法。塑态装药法是指将塑态炸药借助螺杆的推送压入药室，然后固化成型。

（6）复合装药法。复合装药即混合采用两种以上的装药方法，如有的弹药一部分装药用螺旋装药法，另一部分用注装法或者用压装和注装的结合。

（7）振动装药法。振动装药法是指将较高黏度的熔态悬浮炸药装入弹体内，用振动的方法使之密实，凝固成型。由于其常在真空条件下操作，故又称真空振动装药。

（8）其他装药方法。如离心沉降法、压力沉降法、压力注装法、注射法，均属于注装法范畴。

炸药装药工艺过程取决于不同弹种和不同种类的炸药，装药工艺一般分为六个部分，即装药前弹体及炸药准备、弹体装药、药柱加工与固定、弹体零件装配、弹体外表面防腐处理及弹体装药的最后加工。

2. 炸药装药的任务

弹药对敌方有生力量的杀伤作用，对装甲、水面舰艇、潜艇和其他水中目标、飞机等技术兵器的破坏作用，对机场、桥梁、交通枢纽、武器库及其他重点目标、各种防御工事的摧毁作用等，主要取决于装药量及装药质量等。据此，炸药装药必须满足系列技战术要求。炸药装药的研究主要包括炸药的选择及配方设计、装药工艺、装药结构等。

弹药的威力在于实现高效毁伤。随着弹药毁伤方式和作用对象的日益广泛，对炸药性能的要求也各不相同。对于大型爆破型弹药，要求炸药具有较高的冲击波超压和冲量；对于破片杀伤式弹药，破片速度、动能及其分布是决定毁伤效果的重要参数，要求炸药对破片具有较高的加速能力；对于聚能战斗部，要求炸药能产生高速射流和自锻弹丸；对于重型鱼雷、水雷和深水炸弹等水下爆破弹药，要求炸药具有较高的冲击抗过载特性和较高的内部爆炸威力。

现代弹药主要使用各种混合炸药，不同弹种对军用混合炸药的性能要求是不同的。炸药设计都是根据战斗部毁伤机制与目标易损性求得炸药和战斗部的最佳匹配，提高炸药装药的能量利用率和战斗部终点毁伤效果。基于混合炸药的技战术要求，了解和掌握炸药原材料的氧平衡、物理化学特性、组分间的配伍相容性、各组分在炸药中的作用，进行配方设计。从使用角度考虑，配方设计对其基本性能要求包括能量、密度、安全性、安定性、相容性、成型性能、储存性能，且具有良好的力学性能。

威力更大的硝胺炸药、高分子黏结炸药、含铝炸药等新型炸药技术得到广泛应用。各种高能复合炸药正在大口径鱼雷、水雷、深水炸弹中作为爆破型装药，如高分子黏结炸药（PBX）用于硬目标侵彻战斗部；CL-20作为新型高能量密度化合物之一，性能与传统炸药相比有显著提高，加强CL-20在高能混合炸药中的应用，可有效提高新型混合炸药的毁伤性能。

在现代高科技战争中，由于战场目标的多样化，根据目标特性，针对不同目标使用不同毁伤效果的战斗部可取得事半功倍的效果。随着战斗部技术的发展和毁伤目标的要求，战斗部装药结构需要适应不同毁伤方式的要求，如接触爆炸、打击空中目标或打击航母舰载机等要求战斗部有不同的装药结构。

毁伤效果取决于炸药的品种和能量、装药量和装药质量，同时与装药结构密切相关，除采用新炸药配方和调整装药结构外，通常研究新型的装药结构来提高炸药能量的利用率，从而提高毁伤效果。在确定装药结构时，必须考虑多方面的因素，既要使装药质量轻，又要使毁伤效果好。

当目标特性和战斗部装药形式明确时，毁伤效果则取决于装药的品种及药量，装药品种的能量越高，对目标的毁伤威力就越大。在进行战斗部装药品种选型与应用时，还要重点考虑毁伤能力、装药安全性及装药的工艺性和经济性。

1.11 对弹药的基本要求

常规弹药种类繁多，虽然其结构、组成和作用方式各不相同，但由于适用武器系统、战术使用的特点和应用需求等差异，对不同种类的弹药会有一些具体的特殊要求，但弹药作为武器系统的核心载荷，打得远、命中准、毁得狠历来是弹药研制、发展和使用过程中所遵循的总方向，对各种弹药有一些共性的基本要求。

1.11.1 射程

由于现代战争中战场的纵深加大，为了实现远距离打击目标，要求弹药具有比较远的射程，只有这样才能对敌纵深重要目标进行有效打击：在不变换阵地的情况下，以火力不断支援步兵和行进中的坦克；在大纵深、宽正面的地域内实施火力机动，集中大量火力用于最重要的目标,或射击更多目标。

对于不同的目标和弹种,其射程的含义是不同的。压制兵器所用弹药的射程,一般是指从射出点到落点的水平距离;炮用反坦克弹药的射程是指最大弹道高不超过 2 m 时的所谓直射距离;高射弹药的射程是指弹道高度;机载用弹药的射程是指从射出点到着点的直线距离,等等。

对于地面发射的炮弹和火箭弹来说,影响射程的主要因素是弹丸的初速(对火箭弹来说,是主动段终点速度)、弹道系数和飞行稳定性。目前,提高炮弹射程的方法,除了采取高膛压火炮、新型发射药等措施外,在弹药领域还广泛采用火箭推进、底排减阻、滑翔、低阻弹形等多种技术来提高弹丸的射程。

1.11.2 威力

弹药的威力是指弹药对目标的杀伤和破坏能力,是完成战斗任务的直接因素。不同用途的弹药,其威力要求也是不同的。例如杀伤榴弹要求有效杀伤破片多,杀伤半径大;爆破榴弹要求炸药量多,炸药威力大;穿甲弹与破甲弹要求具有足够大的穿破甲深度;碎甲弹要求层裂片的质量大,速度高;照明弹要求亮度大,作用时间长,等等。

弹药的威力大,可以相应地减少弹药消耗量,缩短完成战斗任务的时间。为了提高弹丸的威力,除了研究新材料、新工艺、新结构,优化引战配合使其发挥最大效能外,还必须研究新的毁伤机理和作用原理的弹药,寻求提高威力的途径。

1.11.3 精度

要使弹药能够毁伤或破坏目标,其首要的条件是命中精度高,只有命中精度高,才能保证目标处于弹药威力半径范围内。对于非制导弹药而言,这里所说的精度是指射击精度。射击精度是指射弹的弹着点(或炸点)同预期命中点间接近程度的总体度量,包括射击准确度和射击密集度两个方面。

1. 射击准确度

射击准确度,表示射弹散布中心对预期命中点的偏离程度。这种偏离是由在射击准备过程中的地理坐标、气象、弹道等方面的误差以及射击误差和武器系统技术准备误差等综合产生的射击诸元误差造成的,通常称为诸元偏差,因此射击准确度又叫诸元精度。诸元偏差在一次射击中是不变的系统误差,可以通过校正武器或者修正射击诸元来缩小或者消除。射击准确度通常用诸元概率偏差来表征,且其值越小,射击准确度越高。诸元概率偏差通常采用理论与试验相结合的方法来确定。在枪械射击中,射击准确度一般用平均弹着点偏离预期命中点的距离来近似度量。这个距离越小,射击准确度就越好。平均弹着点是一定数量弹着点分布空间的中心位置,在弹着点无限多时它就是射弹的散布中心。

2. 射击密集度

在相同的射击诸元条件下,用同批弹药对同一目标进行瞄准射击时,各发弹的弹道也不会重叠在一起,而是形成一定的弹道束,各发弹落点也不会重叠,而是落在一定的范围内,这种现象称为射弹散布。通常用射击密集度来表征弹丸落点的散落程度,射击密集度表示各个弹着点对散布中心偏离程度的总体度量。这种偏离来源于各发射弹发射时武器平台、弹药、气象、发射操作及其他有关因素的非一致性造成的各不相同的随机偏差。这种偏差引起射弹散布，也叫散布偏差，因此，射击密集度也称为散布精度，它是射弹散布疏密程度的表征。由于散布偏差是随机偏差，只能设法减小，不能完全消除，故射弹散布是不可避免的。

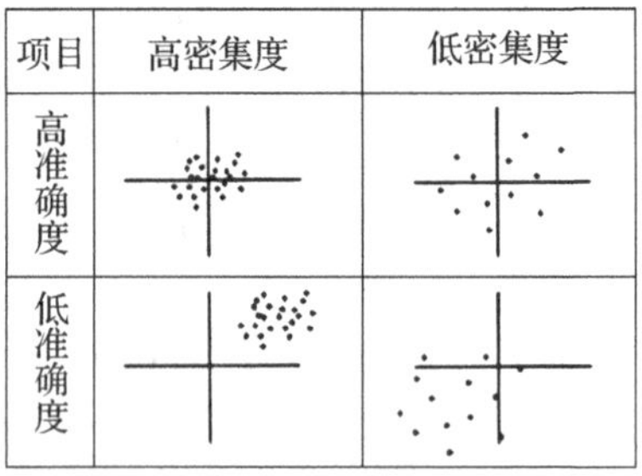

根据散布中心与瞄准点的关系以及落点散布的疏密程度，一般可用准确度和密集度来对落点散布的特点进行描述。不同准确度和密集度下的落点散布特点如图1.40所示，在图1.40所示落点散布示意图中，坐标原点为瞄准点。

图1.40 不同准确度和密集度下的落点散布示意图

从图1.40所示的落点散布可以看出，落点散布是与投射误差相联系的，其中准确度与投射的系统误差相联系，投射系统误差越小，则散布中心与瞄准点越接近，表明准确度越好，反之就越差；密集度与投射的随机误差相联系，投射的随机误差越小，则落点越密集，表明密集度越好，反之就越差。落点的准确度和密集度是投射精度的两个重要指标，对投射精度进行评价，需综合考量准确度和密集度的大小。

从射击实践的具体结果来看，密集度高其准确度不一定高，准确度高的密集度也不一定高，这是因为射击密集度与射击准确度是由两类不同性质的误差引起的。射击精度高，则要求密集度和准确度都高。提高武器系统射击精度要从提高武器系统射击密集度和准确度入手，提高密集度主要是能控制影响密集度的各项散布源，提高准确度需从提高基本开始诸元精度入手。

1.11.4　安全性

弹药的安全性，既包括射击过程中的发射安全性，又包括弹药运输和勤务处理中的储运安全性。弹药的使用安全是极其重要的，必须绝对保证。为此，要求弹药寿命周期内必须做到以下几点：

（1）火药和炸药不分解、不变质，能承受环境载荷而不自炸或意外作用程度可控。
（2）引信保险机构可靠。
（3）内弹道性能稳定，膛压不超过允许值。
（4）结构强度足够，炸药所承受的最大应力不超过许用应力。
（5）火工品长期储存不失效。

1.11.5　长储性

在现代战争条件下，弹药的消耗量很大。这些弹药，一靠战时生产，二靠平时储存，而且主要是靠储存。一般来说，平时生产的弹药应能保存15～20年，且在储存期限内能够满足功能与性能要求。

1.11.6　经济性

在现代战争中，弹药已成为消耗量最大、花钱最多、后勤保障最为艰巨的问题。为提高经济性，既要求降低常规弹药的生产成本，又要求大力发展高效能的新弹药，以减少完成具体战斗任务的弹药消耗量。所以要求在满足性能的前提下，各零部件的设计结构简单、可靠，工艺性好；在制造过程中，尽量采用精度高、性能好、效率高的新工艺，缩短生产时间，降低生产成本；所用材料要尽量丰富，并且立足于国内资源。

习　题

1. 弹药一般由哪些功能模块组成？
2. 按照投射方式分类，弹药可分为哪几种？
3. 引信的主要功能有哪些？
4. 描述引信的作用过程及影响因素。
5. 旋转稳定弹在炮膛内的发射经历哪些过程？
6. 弹丸的空气阻力是怎么产生的？
7. 描述引信中典型爆炸序列的组成。
8. 炸药装药技术有哪些？

第2章

榴　　弹

现代榴弹是一类利用杀伤、爆破、侵彻或其他毁伤方式完成作战任务的主用弹药，主要用于压制、削减或毁伤敌方的集群有生力量、坦克装甲车辆、炮兵阵地、机场设施、通信指挥系统、雷达阵地、防御工事、水面舰艇等武器装备和军事设施目标，通过对这些目标实施中远程打击，使其永久或暂时丧失作战功能，达到消灭敌人或延缓敌方作战行动的目的。

在现代高新技术战争中，榴弹仍然是广泛应用的主要弹种，具有举足轻重的作用和地位。火炮技术、发射能源、新型炸药、弹丸设计理论、增程技术、制导控制技术和其他相关技术的发展促进榴弹不断发展，世界各国相继发展了多种口径系列的榴弹，广泛应用于榴弹发射器、地面火炮（榴弹炮、加农炮、加榴炮、迫击炮、高射炮、无后坐力炮、反坦克炮）、机载火炮、舰载火炮和火箭炮等发射平台。其中以杀伤爆破弹的发展最为活跃，为适应"远射程、高精度、大威力"的发展目标，杀伤爆破弹在炸药装药、弹体外形、弹体材料、破片形式、增程方式、引信技术等方面都经历了一系列发展和改进，使其综合威力和作战效能都得到显著提高。

2.1 榴弹的分类

榴弹是现代战争中主用弹药，它能对付空中、地面、水上等各种目标。榴弹种类很多，可以按作用机理、对付的目标和弹丸稳定方式等来分类。

2.1.1 按作用机理划分

（1）杀伤榴弹：侧重破片杀伤效应的榴弹，弹壁较厚或使用预制破片，弹体质量较大，通常使用能量高、驱动能力强的猛炸药。

（2）爆破榴弹：侧重爆破效应的榴弹，弹壁较薄，装填炸药质量大，爆破威力大。

（3）杀伤爆破榴弹：兼顾杀伤、爆破两种效应的榴弹，简称杀爆弹。其中远程杀爆弹是炮兵弹药中压制兵器的主要弹药，也是目前榴弹中发展较为活跃的弹种。

上述三种榴弹的结构特征数虽无严格的界限，但有一定的规律性。榴弹结构特征数的大致范围如表2.1所示。

表2.1 榴弹结构特征数的大致范围

弹种	相对质量 $C_m/(\mathrm{kg} \cdot \mathrm{dm}^{-3})$	相对装药量 $C_\omega/(\mathrm{kg} \cdot \mathrm{dm}^{-3})$	炸药装填系数 $\alpha/\%$	弹体相对壁厚 λ_δ/d（弹径）
杀伤榴弹	14～24	0.7～1.5	5～10	1/6～1/4

续表

弹种	相对质量 C_m/(kg·dm^{-3})	相对装药量 C_ω/(kg·dm^{-3})	炸药装填系数 α/%	弹体相对壁厚 λ_δ/d（弹径）
杀伤爆破榴弹	11~16	1.5~2.0	6~16	1/8~1/5
爆破榴弹	8~15	2.0~3.0	10~25	1/12~1/8

2.1.2 按对付的目标划分

（1）地炮榴弹：用以对付地面目标的榴弹，用途比较广泛。
（2）高炮榴弹：用以对付空中目标的榴弹，如飞机、来袭弹药等空中目标。

2.1.3 按弹丸稳定方式划分

（1）旋转稳定榴弹：采用旋转稳定方式，由线膛炮发射。
（2）尾翼稳定榴弹：采用尾翼稳定方式，通常由滑膛炮发射。

2.2 榴弹基本结构

2.2.1 榴弹的组成

榴弹全备弹一般由引信、弹丸和发射装药等三大部分组成。小口径榴弹多采用定装式，储存与运输过程中弹丸和发射装药作为一个整体，发射时，弹丸和发射装药作为一个整体装入炮膛进行发射。中、大口径榴弹多采用分装式，即弹丸和发射装药分为两部分。图2.1所示为105 mm榴弹全弹结构示意图。

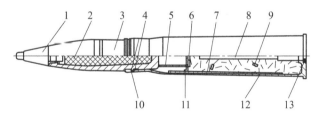

图2.1 105 mm榴弹全弹结构示意图
1—引信；2—装药；3—弹体；4—弹体密封圈；5—支筒；6—除铜剂；7—护膛衬里；
8—传火管；9—发射药；10—弹带；11—固定盖；12—药筒；13—底火密封圈

1. 引信

引信是使弹体内装填物适时作用的专用控制装置。根据不同的目标性质，中、大口径榴弹除配用机械触发引信外，也可配用时间或近炸引信，以满足不同的射击需要。

中、大口径榴弹对付的目标种类繁多，因此要求引信有多种作用方式，并应有瞬发、短延期、长延期三种装定或瞬发、自调延期两种装定。瞬发作用是直接利用弹丸碰触目标的反作用力来发火的，当弹丸用于摧毁暴露在地面上的有生力量及武器装备时，引信应有瞬发作用；当弹丸用于摧毁掩蔽所等建筑物，需进入建筑物内部爆炸取得更好的破坏效果时，要求引信具有延期作用。对于主要依靠破片杀伤目标的榴弹，在一般情况下，空炸的杀伤效果最好。

中、大口径榴弹用加农炮或无后坐力炮射击时，弹道比较低伸，落角比较小，很容易产生跳弹。有时为了取得理想效果和对付堑壕里的敌人，常有意识地进行跳弹射击，此时也要求引信有延期作用。为提高小落角及擦地发火的可靠性，避免小落角和擦地时瞬发击针不起作用，并对薄弱工事有毁伤效果，要求引信必须设置一套惯性发火机构。短延期作用实际上是惯性发火机构作用。通常瞬发作用时间短达 100 μs 左右，通常不大于 300 μs；短延期时间为 5～10 ms，是惯性发火机构所固有的，而不是专门设计的；长延期时间为 30～90 ms。

为了满足作用可靠性和安全性，中、大口径榴弹应具有足够的解除保险距离，中、大口径火炮在阵地上通常梯次配置，进行间接瞄准射击。为了保证我方阵地的安全，现用中、大口径榴弹引信的保险距离为 60～200 m；应具有足够的强度和刚度，引信应能经受住发射及碰撞目标时各种力的作用，不能产生影响正常作用的变形，以防止零件变形或断裂所造成的早炸或瞎火；应具有抗章动能力，以满足长径比较大的榴弹以及身管磨损严重的火炮射击时的应用要求；应具有一定的作用可靠度，对中、大口径榴弹触发引信，在各种条件下对中等硬地面射击，置信水平为 0.90 时，其作用可靠度不小于 0.92；应具有小落角射击可靠发火的功能，对中、大口径榴弹触发引信，当落角为 10°时，其发火率不小于 90%；应具有防雨性能，对中、大口径榴弹触发引信，在中、大雨中射击时，不应发生早炸；引信外形和质量应满足通用化要求。

小口径炮弹引信结构尺寸小，而性能要求项目繁多，这类引信的结构设计存在一些困难。但是，在发射时的后坐加速度和弹丸角速度很大，发射时的环境力与勤务处理中的环境力有明显的差别，这又给引信设计提供了较好的条件。

2. 药筒式发射装药

典型榴弹的发射装药部分由药筒、发射药、底火及其他辅助元件组成，如图 2.2 所示。它的功用是能完成弹丸安全可靠发射并赋予弹丸能量，使弹丸在炮口达到预定的初速度。

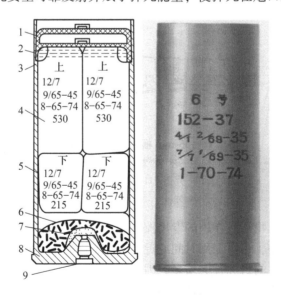

图 2.2　54 式 152 mm 榴弹炮杀爆榴弹药筒装药

1—密封盖；2—紧塞盖；3—除铜剂；4—上药包；5—下药包；6—基本药包；7—点火药；8—药筒；9—底火

按弹药装填和装药构造特点不同，发射药分为定装式装药和分装式装药。

1）药筒

药筒用来盛装发射药和其他辅助用品。在平时，药筒可保护发射药不受潮、不碰坏；发射时，由于药筒壁很薄，又有弹性，故火药气体压力使其膨胀紧贴在炮膛壁上，消除了缝隙，保证火药气体不后泄；发射后，药筒弹性恢复，故打开炮闩后可顺利抽出药筒。

炮用弹药使用的药筒有金属药筒和非金属可燃药筒两类。

(1) 金属药筒使用的材料有黄铜、钢和铝等。黄铜（铜锌合金）材料塑性好，强度较高，弹性模量较小，卸压后弹性恢复量较大，做成药筒时闭气性较好，且有利于形成适当最终间隙，退壳性能好。黄铜没有低温脆性，因此被广泛用来制造各种炮弹的药筒。黄铜作为药筒材料也有其缺点：一方面是产量低，成本高，经济性较差；另一方面是黄铜存在应力腐蚀破裂倾向，长期储存其口部容易发生自裂。因此，经过多年研究，目前已在多种口径药筒上采用了钢质材料焊接成型工艺，使用优质低碳钢和中碳钢、稀土钢等代替黄铜制造药筒。钢质药筒材料来源丰富，比黄铜成本低，加工时可采用棒料下料，材料利用率比黄铜高，具有较好的工艺性，因此具有良好的经济性。当然它也有许多不足：钢的弹性模量比铜大，不利于退壳；钢的摩擦系数较大，要进行专门的磷化处理；材料具有时效性，即随着时间加长，其力学性能会发生变化，需要通过专门工艺进行处理和控制；钢材料耐腐蚀性比铜差，对表面处理要求高。

(2) 目前应用的可燃药筒实质是半可燃药筒，由可燃筒体和金属筒底组成。可燃筒体用硝化纤维等材料制作，可以提供一部分发射能量。半可燃药筒用于坦克炮和自行火炮，可消除或降低发射后药筒堆积在车内有限空间给乘员带来的不便。

2）发射药

发射药是具有一定形状、质量和品号的火药，它放置在药包中或在药筒中的一定位置上。发射时，火药被点燃，迅速燃烧生成大量火药气体，产生很高的压力，推动弹丸前进。火药是发射弹丸的能源。火药装药应满足武器战术、技术要求，为武器装备提供必要的能量，并在发射瞬间完成能量的转换。为了满足榴弹内、外弹道性能要求，发射装药通常由多种不同品号和形状的火药混合而成。

3）底火

底火是用来点燃发射药的专用火工品，它由底火体、火帽、发火砧、黑药、压螺、锥形塞等元件组成。当火炮炮闩或击针撞击底火体的底部时，底部变形，火帽被发火砧压住，因此火帽被击发火。火帽的火焰通过中心小孔引燃粒状黑药，使黑药饼燃烧，火焰再冲破盖片，点燃药筒内的点火药和发射药。锥形塞的作用是防止膛内火药气体冲破底火体底部而外泄。

4）辅助元件

辅助元件包括密封盖、紧塞盖、除铜剂、消焰剂、点火药和护膛剂等，它们都放在药筒内。

(1) 密封盖，又称防潮盖。其用硬纸制成，放在药筒上方并涂有密封油，用以保护装药不受潮，在射击时要去掉。

(2) 紧塞盖。其用硬纸制成，用以压紧装药，使其在运输和搬运时不致窜动，以利于火药的正常燃烧。即使变换装药后，仍需将其装入药筒内压紧装药。

(3) 除铜剂。弹丸在发射时，由于弹带嵌入膛线，会使弹带的一些铜屑留在膛内，通常称为挂铜，挂铜会影响弹丸的运动，使内弹道性能和射击精度变差。除铜剂是为了消除挂铜用的。除铜剂一般由锡和铅的合金制成，其熔点很低，发射时在高温作用下与挂铜生成熔化物，这种熔化物熔点也很低，易被火药气体冲走或被下一发的弹带带走，没有带走的也容易被擦掉。使用了除铜剂后，膛内没有积铜，射击精度可显著提高。除铜剂一般制成丝状，缠成圈状放置在发射药的最上面，其用量为装药总量的 0.5%~2.0%。

(4) 消焰剂。弹丸飞出炮口后，膛内的火焰气体也随之喷出，其中的可燃成分与空气中的氧发生反应，在炮口进行燃烧，会产生很强的火焰，称为炮口焰。炮口焰是有害的，特别是在夜间，会使阵地暴露并使炮手眼睛发花，影响射击。通常使用氯化钾、硫酸钾等盐类制成消焰剂，加入消焰剂后可使火药气体出炮口后不易燃烧，从而减小炮口火焰。黑药中因为有硫酸钾，故也有消焰作用，小号装药一般不需要放消焰剂。使用消焰剂会产生烟雾，所以白天不使用。消焰剂通常做成单独的药包放在装药中，或单独放置，射击前按需要放入。为了消除开闩后火药气体在炮尾燃烧产生的炮尾焰，有的在装药底部也放置消焰剂。消焰剂用量占装药量的 2%~5%。

(5) 点火药。一般采用黑药，放在基本药包的底部，用以加强底火的火焰，保证充分点燃发射药。点火药量占装药量的 1%~2.5%，燃完时能产生 4.9~9.8 MPa 的点火压力。之所以采用黑药作为点火药，是因为其燃烧产生物中有很多固体，大量炽热的固体微粒易于使火药迅速被点燃。黑药中的硝酸钾易受潮，所以必须注意防潮问题。

(6) 护膛剂。采用护膛剂是提高火炮寿命的有效措施。目前常用的护膛剂为钝感衬纸，它是将石蜡、地蜡、凡士林等配成一定成分涂在纸上做成的。初速较高的火炮（小口径初速在 800 m/s 以上，中大口径在 700 m/s 以上）都要使用这种钝感衬纸。因为高初速火炮的装药量多，膛压高，火药气体温度高，对炮膛的冲刷烧蚀作用厉害，特别是较大口径的加农炮，有的仅发射几百发后就不堪使用，寿命是一个严重的问题。采用护膛剂后，能提高寿命 2~5 倍甚至更多。护膛剂占装药量的 5%~8%。

近来发现，用石蜡和某些固体润滑剂（如二氧化钛、滑石等）混合作护膛剂，可以使火炮寿命有更大幅度的提高，这对发展大威力的加农炮具有重大意义。

2. 模块化组合装药

传统的发射药采用药包或药筒装填方式，传统药包装药无法适应现代火炮快速自动装填的要求，因此刚性组合装药技术便应运而生。由若干个刚性装药模块组合而成的发射装药，可根据使用时不同射程的要求决定装填模块的个数。它是一种用于大口径火炮的新型发射药，正在取代传统的布袋式药包装药。

组合装药的模块外壳是由硝化棉和纸浆加工制成的可燃容器，具有足够的强度，以保证装药的刚性。模块内盛装发射药，并配置可靠的点传火系统以及其他元件。由于可燃容器及可燃传火管等也具有一定能量，成为装药发射能源的组成部分，因此对其配方、几何尺寸及质量公差均有严格要求，以保证装药弹道性能稳定及射击后燃烧完全不遗留未燃尽的残渣。刚性组合装药有全等式和不等式（刚性装药各模块的外形、尺寸、内部结构完全相同的为全等式，否则为不等式两种）。美国 155 mm 榴弹炮 XM216 模块装药结构示意图如图 2.3 所示。

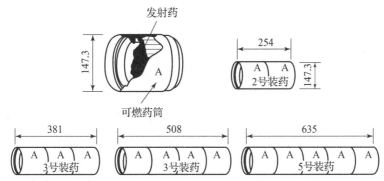

图 2.3　美国 155 榴弹炮 XM216 模块装药结构示意图

2.2.2　旋转稳定榴弹

1. 弹丸外形特征

炮弹飞行稳定方式主要有旋转稳定和尾翼稳定两类。一般线膛火炮配用的榴弹采用旋转稳定方式，滑膛火炮配用的榴弹采用尾翼稳定方式。目前，还有一类以尾翼稳定为主、旋转稳定为辅的弹药，这类弹药主要是采用线膛火炮发射的制导类炮弹。由于这类弹药在目标探测和姿态控制时不允许弹丸转速太高，故通常采用的办法是在弹尾部加装稳定尾翼的同时把弹上的固定弹带改为滑动弹带，从而既解决了发射平台的适应性问题，又解决了此类炮弹的飞行稳定性问题，同时又满足了此类炮弹目标探测和姿态控制等器件正常工作的要求。

大多数榴弹采用旋转稳定方式。旋转稳定榴弹具有空气阻力小、射程远、精度好等特点。榴弹弹丸为回转体结构，由弹头部、圆柱部和弹尾部三部分组成，如图 2.4 所示。弹丸各部分的外形尺寸对弹药威力、弹道性能、飞行稳定性都有直接关系。在这些尺寸中，口径、全长、弹头部长、圆柱部长及弹尾部长是决定整个弹药结构布局的基本尺寸，其余尺寸则用来表征弹药的外形特点。因此，在确定上述诸尺寸时，应首先着眼于基本尺寸，在此基础上就容易确定其他尺寸了。例如，弹丸的外形设计与弹丸的初速和飞行阻力都有关。弹丸初速越高，弹丸形状要求越细长，老式杀爆弹的长径比（L/D）只有 4 左右，新型杀爆弹的长径比达到 5.8，最新型的全弧形远程弹的长径比已达到 6 以上。弹丸的外形好坏，直接关系到弹丸飞行阻力的大小，弹丸每一部分的形状及尺寸又决定了波阻、摩阻、底阻等阻力所占的比例（与速度相关）。

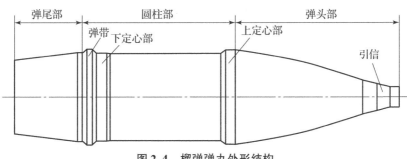

图 2.4　榴弹弹丸外形结构

1) 弹头部

弹头部是从引信顶端到上定心部上缘之间的部分，引信下端到上定心部这段弹头部称为弧形部（l_h）。弹头部形状主要会影响弹头的激波阻力，当弹丸以超声速飞行时，速度越高，弹头激波阻力占总阻力的比例越大。为减少波阻，高初速远程榴弹弹头部设计为流线型，可增加弹头部长度和弹头的母线半径使弹头尖锐；低初速度、非远程弹丸的弹头部可设计为截锥形加圆弧形，有的小口径弹丸的弹丸头部形状为截锥形。

2）圆柱部

圆柱部包括上下定心部、弹带及弹体圆柱段。圆柱部越长，炸药装填量越多，有利于提高威力；但圆柱部越长，飞行阻力越大，影响射程。

（1）定心部。定心部是榴弹在膛内起径向定位作用的部位，其径向尺寸、轴向宽度、设置部位和设置个数直接影响到弹丸膛内运动的正确性。为确保弹丸膛内定心可靠，应尽量减少弹炮间隙，为使榴弹顺利装入炮膛，该间隙又不能太小。定心部的加工公差与表面粗糙度等要求比较高，且不允许锈蚀、磕碰及喷漆。通常中、大口径榴弹具有上（前）、下（后）两个定心部，而大、长、细的远程榴弹在弹带之后还会增置一个定心部；小口径榴弹往往没有下定心部，主要依靠上定心部和弹带来径向定位。

（2）导引部。上定心部到弹带或上、下定心部之间的部位称为导引部。导引部长度会影响榴弹膛内运动的正确性。

3）弹尾部

弹尾部是指弹带下边缘到弹底端面之间的部分。为减少弹尾部与弹底的阻力，弹尾部一般采用船尾形，即短圆柱加截锥体的结构形式，尾锥角通常为 3°~9°。不同初速度的弹丸，尾锥角不同，初速度越高的弹丸，尾锥角越小。

对于将弹丸与发射药筒结合为一个整体的定装式榴弹，其弹尾部全部伸入到发射药筒内，通常在弹尾圆柱上预制一两个紧口槽，以便与药筒辊口结合。因此，定装式榴弹的弹尾部要比分装式榴弹的弹尾部长些。

2. 弹丸内腔结构

弹丸的典型内腔结构及基本尺寸如图 2.5 所示。内腔的形状与尺寸除了决定弹药质量和装填物质量以外，还影响到弹药质量的合理分布，从而影响弹药在膛内的运动性能以及在空中的飞行稳定性。内腔尺寸还决定了弹壳的壁厚和底厚，影响弹壳在发射时的强度和弹药威力。一般榴弹的内腔形状由圆柱部（带有小锥度）、截锥圆柱部及弧形部组合构成。

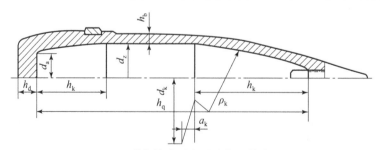

图 2.5　弹丸的典型内腔结构及基本尺寸

从弹药在膛内的运动条件来看，弹药的质量分布应尽可能集中在质心处，而质心以靠近弹带处为宜。从制造工艺简便考虑，内腔形状应与炸药的装填条件相适应。例如，小口径高射榴弹多采用压装法，其内腔则应做成柱形；有些大口径榴弹，为了从弹顶或弹底装填块状高能炸药，弹内腔应为圆柱形或部分圆柱形；对抛射式弹药，如照明弹、宣传弹、燃烧弹、烟幕弹、子母弹等，为便于装填物抛出，内腔应为圆柱形。

通常情况下，内腔多为平底形，周边有一定圆角，但有些弹药为了改善底部装填物的应力分布，加强弹底强度和有利于冲压加工，弹药内腔底部常做成双圆弧形，甚至为半球形。为了便于机械加工内腔，应尽量避免阶梯形突变，而在曲线衔接处采用圆弧。

榴弹的壁厚与弹药的作用威力有着密切的联系。不同类型的榴弹，其壁厚范围往往不同，所以常用壁厚来作为表征弹药结构的一个特征数。从弹药威力出发，为了使爆破榴弹尽量多装炸药，则必须加大内腔容积。为此，内腔形状大致与等强度壁厚相适应。在保证发射强度的前提下，采用最小壁厚可以增加炸药的装填量。发射时，弹药底部所受惯性力最大，而头部较小，故等强度壁厚将是底部最厚，而沿着头部方向递减。为了使杀伤榴弹具有良好的破片性能，其内腔形状也应尽量适应等壁厚的要求。

3. 弹丸结构组成

弹丸部分是榴弹直接完成战斗任务的部件，由弹体、炸药装药或其他装填物、弹带等组成，如图2.6所示。有的现代榴弹的弹丸有增程装置（底排减阻增程装置、火箭增速助推装置）、探测与接收装置、控制及执行机构等功能部件。

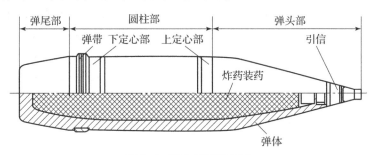

图 2.6 弹丸结构及组成

弹丸发射时被炮膛内高温高压火药气体驱动获得足够的前向飞行速度（被线膛火炮发射时同时获得足够的旋转速度），然后以炮管预置的方向飞向目标。当弹丸接近或碰到目标时，引信引爆弹体内炸药，从而完成摧毁目标的作战任务。

1）弹体

弹体是弹丸的主体组成部分，用以盛装装填物（炸药、燃烧剂、发烟剂、照明剂、子弹药等），保证弹丸发射安全性、射程、密集度和威力等战术技术指标，是完成战斗任务的主要零件。它连接弹丸各个部分，赋予弹丸最有利的外形，使弹丸在飞行中具有最小的空气阻力，保证发射及飞行过程中的结构强度和装药安全性，并正确飞向目标，以其自身强度和动能碰击侵彻目标或在炸药爆炸时产生大量破片来杀伤敌有生力量。装填物是毁伤目标或完成其他战斗任务的能源或物品。

弹体结构可分为整体式和非整体式两类。为确保弹丸具有足够的强度以及爆炸后产生适当数量和质量的破片，通常要求弹体采用强度较高的优质炮弹钢材。过去常用的弹体材料是 D60 或 D55 炮弹钢（高碳结构钢），随着材料技术的发展，58SiMn、50SiMnVB、60Si$_2$Mn 等高强度、高破片率钢在榴弹加工中获得应用。为满足远射程、高初速、超高发射膛压与过载等需求，具有更高强度并兼顾破片率的新型弹钢开始应用，如 40CrMnSiB，其屈服强度可达 1 500 MPa。

对中、大口径弹体，一般采用热冲压、热收口毛坯车制成型，而小口径弹体可由棒料直接车制而成。此外，也有部分弹体（如37 mm 和 57 mm 高射炮榴弹）采用冷挤压毛坯精车成型的办法,其材料可采用 S15A 或 S20A 冷挤压钢。

2) 弹带

对弹丸与发射药筒分装的榴弹,弹带是弹丸轴向装填定位、密封火药气体、赋予弹丸旋转的重要零件。弹带在嵌入火炮膛线时成为弹丸膛内运动时的一个支撑点,并带动弹丸高速旋转,保证弹丸膛内定心和出炮口后的旋转飞行稳定。

对弹丸与发射药筒定装的榴弹,弹丸靠发射药筒的底缘凸起部实现轴向装填定位,弹丸在发射时克服发射药筒拔弹力后,弹带以一定的速度冲击嵌入火炮膛线,从而起到密封火药气体、赋予弹丸旋转的作用。所以,定装式榴弹的弹带结构以及弹带区域弹体结构的设计必须充分考虑弹带冲击入膛的动态力学特性。

弹带的形状对弹带嵌入膛线有很大的影响。为了使弹带容易卡入膛线,并起到较好的定心作用和减小飞行中的空气阻力,要求弹带前端面应为一斜面〔见图 2.7(a)〕。为了接纳弹带嵌入坡膛和膛线时产生的积铜,防止形成飞边,后端面也应做成斜面。

用于分装式弹药弹带的后斜面应从弹体开始,而定装式炮弹还必须在弹带的后面留下一个小平面,以便支持药筒口部。如果采用一条宽弹带,则应在弹带上开一些矩形或梯形的环形沟槽〔见图 2.7(b)〕,环形沟槽的深度不应大于膛线深度,而槽宽也不应大于阳线宽度。沟槽数目的选择原则为,在弹带嵌入膛线时,弹带金属能把沟槽填满。为了提高高速火炮的寿命,常常在弹带上加一个起缘凸起部〔见图 2.7(b)〕,以减小对火炮的磨损。一般弹带是通过其前斜面与膛线起始部接触进行定位的,而火炮膛线的起始部最容易被高温火药气体烧蚀,从而引起装填定位不准确,使药容积增大、初速降低。对于有起缘凸起部的弹带则通过起缘部与坡膛接触而定位。膛线起始部的磨损对弹药定位影响不大,并能可靠地塞紧火药气体。

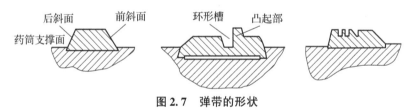

图 2.7 弹带的形状

弹带的材料应选用韧性适宜、易于挤入膛线、有足够的强度、对膛壁磨损小的材料。铜质弹带耐磨性和可塑性好,有利于保护炮膛。紫铜、铜镍合金和黄铜是过去采用较多的弹带材料。例如,初速度较低的榴弹常采用紫铜弹带,初速度较高的榴弹常采用强度较高的铜镍合金或 H96 黄铜,也有的采用软钢。近年来有许多弹丸用塑料或粉末冶金陶铁弹带,如美国 GAU8/A 30 mm 航空炮榴弹采用尼龙弹带、法国 F5270 式 30 mm 航空炮榴弹采用粉末冶金陶铁弹带。这类新型塑料,不仅能保证弹带所需的强度,而且摩擦系数较小,可减小对膛壁的磨损。据报道,若其他条件不变,改用塑料弹带,则可提高身管寿命 3~4 倍。

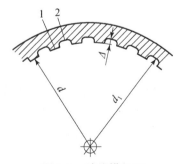

图 2.8 膛线横剖面
1—阳线;2—阴线

弹带的主体外径应大于火炮身管的口径(阳线间的直径 d),至少应等于阴线间直径 d_1,一般均稍大于阴线间直径,此稍大的部分称为强制量,如图 2.8 所示。因此,弹带外径 D 等于火炮身管口径 d 加 2 倍阴线深度 Δ 再加 2 倍强制量 δ,即:

$$D = d + 2\Delta + 2\delta \tag{2.1}$$

一定的强制量可以保证弹带可靠地密封火药气体,即使在线膛有一定程度的磨损时仍可起到密封作用。强制量还可以增大膛线与弹带间的径向压力,从而增大弹体与弹带间的摩擦力,防止弹带相对于弹体滑动。但强制量也不可过大,否则会降低身管的寿命或使弹体变形过大。弹带强制量一般为 0.001~0.0 025 倍口径。

弹带的宽度应能保证它在发射时的强度,即在膛线导转侧反作用力的作用下,弹带不致破坏和磨损。在阴线深度一定的情况下,弹带宽度越大,则弹带工作面越宽,弹带的强度越高。所以,膛压越高,膛线导转侧反作用力越大,弹带应越宽;初速越大,膛线对弹带的磨损越大,弹带也应越宽。弹带越宽,被挤下的碎屑越多,挤进膛线时对弹体的径向压力越大,飞行时产生的飞疵也越多,所以当弹带超过一定宽度时,应制成两条或在弹带中间车制可以容纳余屑的环槽。根据经验,弹带的宽度下限值为:小口径榴弹 10 mm;中口径榴弹 15 mm;大口径榴弹 25 mm。

弹带通常采用嵌压或焊接等方式固定在弹体上。为了牢固嵌压弹带,在弹体上车制出环形弹带槽,在槽底辊花或环形凸起上铲花,以增加弹带与弹体之间的摩擦,避免相对滑动,如图 2.9 所示。

弹带在弹体上的固定方法因材料和工艺而异。对金属弹带,主要是利用机械力将毛坯挤压入弹体的环槽内。其中小口径弹丸多用环形毛坯,直接在压力机上径向收紧使其嵌入槽内(通常为环形直槽);中、大口径弹丸多用条形毛坯,在冲压机床上逐段压入燕尾槽内,然后把两端接头碾合收紧。挤压法的共同特点是在弹体上需要有一定深度的环槽,从而削弱了弹体的强度。为保证弹体的强度,弹带部位的弹体必须加厚,这样又影响了弹丸的威力。采用熔敷扩散焊接工艺,不需要在弹体上刻槽,可降低对弹体强度的要求,提升了弹体结构的优化设计空间。采用塑料弹带,除了可以塑压结合外,还可以使用黏接法进行结合。

图 2.9 弹带槽底辊花形状

3) 弹丸装药

弹丸内的装药是形成破片杀伤威力和冲击波摧毁目标的能量来源,通常是由引信体内的传爆药直接引爆,必要时在弹丸口部增加扩爆管。目前普遍应用的炸药是梯恩梯、钝黑铝(A-Ⅸ-Ⅱ)、聚黑铝(JHL-2)和 B 炸药等。随着球形化黑索金技术的发展,兼顾威力和安全性的高致密熔铸炸药得到应用。

2.2.3 尾翼稳定榴弹

对于无膛线火炮,如滑膛加农炮、滑膛无后坐力炮和迫击炮,因火炮没有膛线,故配用的榴弹采取尾翼稳定方式。对于榴弹来说,采用尾翼稳定,虽然在威力、射程、精度方面都会受到一定影响,但从整个火炮系列来讲,配备尾翼式榴弹是必要的。尾翼作为稳定装置,可使飞行中的全弹压力中心转移至弹丸质心之后,产生稳定力矩,以克服外界扰动力矩的作用,保证弹丸出炮口后的飞行稳定。

尾翼稳定榴弹与旋转稳定榴弹相比,在弹尾部的设计上有所不同,如滑膛加农炮尾翼稳定榴弹在弹体上会保留一条强制量较小且宽度较窄的弹带,发射时起到膛内闭气和弹丸径向定位的作用。滑膛加农炮尾翼稳定榴弹除弹尾部的设计上有所不同外,其外形结构特征和发射装药结构与一般旋转稳定榴弹基本相同。

一般中口径滑膛加农炮和滑膛无后坐力炮才配备尾翼稳定榴弹。图2.10所示为100 mm滑膛炮发射的杀爆弹,该弹为超声速尾翼弹(初速度为900 m/s),头部曲线呈圆弧形,因其飞行速度较高,故头部较长;采用长圆柱部的外形结构,增大药室容积,提高弹丸威力;弹体下部采用等离子弧焊工艺焊有一条铜质弹带,该弹带的宽度较窄且强制量较小,在弹丸发射时可起到定心作用和一定的闭气作用,以减少火药气体外泄。

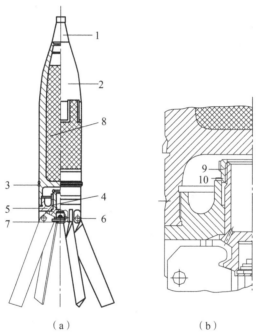

图2.10 100 mm滑膛炮发射的杀爆弹
(a) 弹丸;(b) 尾翼连接结构
1—引信;2—弹体;3—铜弹带;4—活塞;5—尾翼座;6—销轴;7—曳光管;8—炸药;9—辊花;10—剪切圈

对于超声速尾翼弹,一般必须使用超口径尾翼才能保证稳定,该弹采用气缸式前张尾翼结构,翼片、翼座和销轴的材料均为30CrMnSiA;6片钢翼片通过销轴固定在翼座上,弹丸发射时,尾翼在膛内收拢,发射药燃气通过活塞外侧的两个小孔进入气室,弹丸出炮后,气室外部压力骤减,在气室内火药气体压力的作用下推动活塞运动,剪断剪切圈上的剪切台,活塞便在尾翼座内向后做直线运动;通过活塞下部与翼片上一对齿(相当于齿条和齿轮)的啮合,使尾翼做回转运动,并逐渐张开,直到活塞下移到位为止,此时翼片的张开角为30°;为防止反转,尾翼张开到位后利用螺圈的辊花及剪切台在被剪断时留下的残根增加活塞与翼座间的摩擦力来实现尾翼自锁。

由于弹丸制造与装配误差的存在会导致弹丸气动外形不对称,故弹丸飞行时会对质心有一定的偏心,即产生气动力偏心。这种气动力偏心会引起弹丸的弹道偏离,增大落点的散布。在翼片的单侧铣有 7°15′ 的斜面,可使弹丸产生低速旋转。尾翼稳定的弹丸通过低速旋转可以减小或消除这种偏心的影响,有利于提高弹丸的密集度。

2.3 榴弹的毁伤作用

榴弹可对目标实施爆破作用（利用炸药的化学能）、杀伤作用（利用破片的动能）、侵彻作用（利用弹丸的动能）、燃烧作用（据目标的易燃程度以及炸药的成分而定）。实战中,针对不同目标的性质和战术任务,榴弹对目标的作用效果与引信的装定及作用方式相关。

2.3.1 杀伤作用

杀伤作用是利用弹丸爆炸后形成的具有一定动能的破片实现对目标的毁伤,主要用于杀伤有生力量,破坏武器装备及设备。破片按其形成方式,可分为自然破片、预控破片和预制破片。破片对目标的杀伤效果由目标所在处破片的动能、比动能、破片分布密度和目标特性等因素决定,而这些又与弹体结构与材料、炸药类型与药量、弹丸爆炸时姿态、弹目交会条件等密切相关。

1. 弹丸爆炸后的破片分布

弹丸静态爆炸后,由于弹丸是轴对称体,故破片在圆周上的分布基本上是均匀的,但从弹头到弹体的纵向破片分布则是不均匀的,圆柱部产生的破片最多,占 70%~80%,而弹头和弹尾部产生的破片较少,一般认为在弹头和弹尾成 90° 的飞散范围内为杀伤区（占破片总数的 92%）,而一定的角度范围内会形成非杀伤区。图 2.11 所示为某一结构的弹丸在静止状态爆炸后的破片飞散情况。

弹丸在动态条件下爆炸后的破片飞散与静止状态下不同,弹丸从空中落下触地爆炸后,弹丸的落速越大,破片就越向弹丸头部方向倾斜飞散。此外弹丸的落角不同,也会影响破片的散布范围。弹丸垂直于地面姿态爆炸时,破片的分布近乎一个圆形,具有较大的杀伤面积,如图 2.12（a）所示；当弹丸具有一定倾斜角爆炸时,只有两侧的破片起杀伤作用,其杀伤区域大致是个矩形,如图 2.12（b）所示。

图 2.11　静爆的破片分布示意

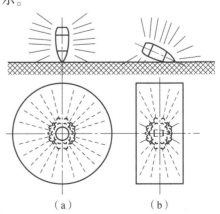

图 2.12　落角不同时的杀伤区域
（a）垂直爆炸；（b）倾斜爆炸

对于采用近炸引信的榴弹，在动态条件下，弹丸在距离地面一定高度的空中爆炸后，破片的散布范围与弹丸的落速、落角、破片类型、炸点高度和弹丸结构等因素有关。另外，破片对不同目标的（例如人员和轻型装甲）的毁伤能力不同，因此同一发弹丸对不同目标的毁伤场有所差异。图2.13所示为运用能量准则计算得到的某大口径预制破片弹在落速为380 m/s、落角为60°时，在不同炸点高度对人员和12 mm装甲钢板的毁伤区域及破片密度分布。图2.14所示为弹丸在落速为280 m/s、落角为80°条件下，在不同炸点高度对人员和12 mm装甲钢板的动态毁伤场。

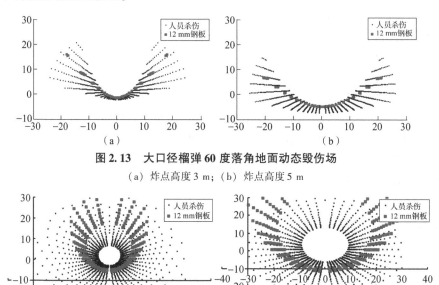

图2.13 大口径榴弹60度落角地面动态毁伤场

（a）炸点高度3 m；（b）炸点高度5 m

图2.14 大口径榴弹80度落角地面动态毁伤场

（a）炸点高度2 m；（b）炸点高度4 m

2. 破片的杀伤标准

为了判断破片的杀伤能力，进而评价弹丸的杀伤威力，须有一个定量的毁伤准则。破片的毁伤准则是指有效破片（能够毁伤目标的破片）杀伤破坏各类目标时，破片性能参数的极限值。在实际应用中，由于目标种类繁多，故不可能对每类目标都由试验来确定毁伤准则。工程上常采用试验类比的方法确定破片对不同目标的毁伤准则，用以指导弹丸的设计和使用。破片动能、比动能和着靶破片密度是衡量其杀伤能力的重要参量。

目前世界各国普遍采用破片的动能作为衡量其杀伤能力的标准之一。对杀伤有生力量而言，美国规定动能大于78 J的破片为杀伤破片，低于78 J的破片则被认为不具备杀伤能力。我国规定的杀伤标准为98 J。此外，哥尼（Gurney）曾提出以$m_f v_f^3$作为破片的杀伤标准；麦克米伦（Mcmillen）和格雷（Gregg）提出以75 m/s的侵彻速度为标准；还有人提出穿过防护层后的破片应具有2.5 J的动能等。

考虑到破片的各种形状，由于破片飞行中的翻转，破片与目标遭遇时的交会面积是随机变量，对毁伤性能有较大影响，所以用杀伤破片的比动能作为衡量对目标的杀伤标准，比动能更能确切描述不同类型破片的杀伤能力。

3. 破片对目标的作用

归纳起来,破片对目标的作用有贯穿作用、引爆作用和引燃作用。贯穿作用是指破片依靠动能对目标造成机械损伤,在目标中形成孔穴或贯穿目标。引爆作用的实质是破片贯穿炮弹、炸弹或导弹等弹药壳体,在炸药内产生冲击波,冲击波波阵面处的压力、密度和温度急剧上升,造成炸药局部加热产生热点,当温度高于炸药热分解温度时,使炸药分解,最后引起炸药反应而爆炸。引燃作用是指破片本身的温度或者破片在可燃物内运动产生的热量达到可燃物的燃点从而引起燃烧。

4. 杀伤效果的评价

评定榴弹对地面有生目标的杀伤威力,以及对已知目标射击预估弹药消耗量,都需要一个能符合实战条件的、能评定弹药杀伤效果的标准。目前国内外都采用杀伤面积或杀伤半径作为评定标准。此外,还要考虑破片致伤的人员丧失战斗力的时间。

2.3.2 侵彻作用

侵彻作用是指弹丸利用其动能对各种介质的侵入过程。对于爆破榴弹和杀伤爆破榴弹来说,这种过程具有特殊意义,因为只有在弹丸侵彻至适当深度时爆炸,才能获得最有利的爆破和杀伤效果。榴弹的侵彻作用,主要是地面榴弹对轻型工事、土石介质的侵彻。

侵彻作用始于弹丸与目标的接触瞬间,结束于弹丸爆炸或弹丸速度为零的瞬间。一般来说,侵彻作用的大小将由弹丸侵彻行程或深度来衡量。由于弹丸侵彻目标时仍然存在章动角,故能保证弹丸具有适当的落角,以免发生跳弹。弹丸对介质的侵彻影响着引信零件的受力,关系着弹丸的碰击强度,决定着侵彻后爆破威力的效果,在引信设计和弹丸设计中必须加以考虑,以保证它们的正常作用;引信装定的选择要与打击目的和毁伤效果要求相匹配。

弹丸破坏地面或半地下土木工事主要依靠爆破作用,侵彻作用只是为了获得较佳的爆破效果。若引信装定为"瞬发",弹丸将在地面爆炸,大部分炸药能量消耗在空中,炸出的弹坑很浅;相反,如果弹丸侵彻过深,不足以将上面的土石介质抛出地面,而造成地下坑(出现"隐坑"),如图2.15所示,就不能有效地摧毁目标。因此引信装定要与弹丸的打击目的、爆破威力及毁伤效果相适应。

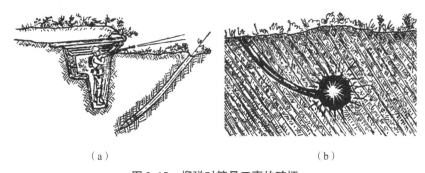

图 2.15 榴弹对简易工事的破坏
(a) 弹丸侵入土壤;(b) 弹丸隐炸

2.3.3 爆炸作用

爆炸作用是指弹丸利用炸药爆炸时产生的高温高压爆轰产物和冲击波对目标的破坏或摧

毁作用。通常认为，弹丸壳体内的炸药引爆后产生高温、高压的爆轰产物，该爆轰产物猛烈地向四周膨胀，一方面，使弹丸壳体变形、破裂，形成破片，并赋予破片一定的速度向外飞散；另一方面，高温、高压的爆轰产物作用于周围介质或目标本身，使目标遭受破坏。

弹丸在空气中爆炸，瞬时（10^{-6} s 量级）转变为高温（10^3 K 量级）、高压（10^{10} Pa 量级）的类似于气体的爆轰产物。由于空气的初始压力（10^5 Pa 量级）和密度（比凝聚态炸药低3个数量级）都很低，于是在爆轰产物中产生稀疏波，导致其快速膨胀及压力、密度的急剧下降。与此相对应，爆轰产物强烈压缩空气，在空气中形成冲击波。

装药在空气中爆炸所产生的毁伤载荷包括爆炸冲击波、爆轰产物以及热辐射等，会使一定范围内的目标，如建筑物、军事装备和人员，产生不同程度的损伤和破坏。当距爆炸中心距离（爆距）小于 10~12 倍装药半径时，目标受到冲击波和爆轰产物的共同作用；而超过上述距离时，则只受到空气冲击波的作用。因此，在进行毁伤效应分析计算时，必须考虑爆距而采用相应的计算公式。

各种目标在爆炸作用下的破坏是一个极其复杂的问题，不仅与载荷有关，也与目标特性及某些随机因素有关。对于特定目标，空气冲击波对目标的毁伤程度与冲击波峰值超压、正压作用时间和正压比冲量均有关。

空中爆炸冲击波峰值超压越大，其破坏作用也越大。冲击波超压对目标的破坏作用程度如表 2.2 所示。

表 2.2 冲击波对目标的破坏作用程度

	冲击波超压/MPa	毁伤程度
对人员	0.02~0.03	轻微（轻微的挫伤）
	0.03~0.05	中等（听觉器官损失、中等挫伤、骨折等）
	0.05~0.1	严重（内脏严重挫伤、可导致死亡）
	>0.1	可能大部分人死亡
对装甲车辆	0.035~0.3	轻型装甲车辆、自行火炮等不同程度破坏
	0.045~1.5	坦克等重型装甲车辆受到不同程度破坏
	>9.81	各种飞机完全破坏

弹丸在有限岩土介质中的爆炸，是指有岩土和空气界面（自由面）影响的爆炸情况，一旦压力波到达自由面，则反射为拉伸波（稀疏波）。拉伸波、压力波和气室内爆炸气体压力的共同作用，使装药上方的岩土向上鼓起，地表产生的拉伸波和剪切波使地表岩土介质产生振动和飞溅，其根据装药埋设深度或一定深度装药量的不同而呈现程度不同的爆破现象，分别称为松动爆破和抛掷爆破。

4. 燃烧作用

榴弹的燃烧作用是指弹丸利用炸药爆炸时产生的高温爆轰产物对目标的引燃作用，其作用效果主要根据目标的易燃程度以及炸药的成分而定。当炸药中含有铝粉、镁粉或锆粉等成分时，爆炸时具有较强的纵火作用。此外，在弹丸中加入纵火环或采用新型活性含能破片，也可提高纵火能力。

2.4 榴弹增程技术

2.4.1 炮弹增程技术概述

现代高新技术条件下，实现对目标的远程精确打击和高效毁伤是弹药的主要发展方向，增大弹药射程正成为各国增强炮兵火力的重点。增大炮弹射程，可以在不变换阵地的情况下提高火力使用灵活性和机动性，能在较大的地域范围内迅速集中火力，给敌人以突然的打击，在较长时间与较大的距离上对进攻中的步兵和坦克进行火力支援。远射程弹药能够对敌人纵深目标（预备队、集结地、指挥部、交通枢纽等）进行压制射击。射程增大可使我军火炮配置在敌人火炮射程之外，又能在防御时将火炮按纵深梯次配置，增强防御和火力打击能力。对于中、小口径防空反导弹，增加射程可以突破现有防空武器小于 5 000 m 的防空界限，弥补 5 000~6 000 m 空域内对敌方固定翼飞机、巡航导弹、无人机等目标进行攻击拦截的防御盲区。因此，发展增程技术对于高新技术条件下的现代战争具有很重要的军事意义。

从 20 世纪 60 年代起，国内外中、大口径火炮弹丸的最大射程提高很快，远程榴弹的射程以每 10 年增加 25%~30% 的速度递增。西方国家配备于师级的 155 mm 榴弹炮弹丸的射程在 20 世纪 30 年代到 50 年代一直保持在 15 km 以下，到 20 世纪 60 年代提高到接近 20 km，到了 20 世纪 70 年代接近甚至超过了 30 km。目前，有些弹种的射程已达到 70~100 km。

炮弹增程可以从改进发射技术（或发射平台）和改进弹丸两个方面实现。因此，炮弹增程的技术途径可分为以下几类：

（1）提高弹丸初速度增程；
（2）弹丸减阻增程，如弹形减阻技术、空心弹减阻技术、脱壳次口径技术等；
（3）添质加能增程技术，如底排技术、火箭助推技术、冲压增程技术等；
（4）滑翔增程；
（5）复合增程技术，即各种增程方法的综合应用，如底排与火箭复合增程、空心弹与冲压发动机复合增程等。

2.4.2 提高初速增程

初速度对射程有重要影响，是增加射程经常使用的方法，也是解决射击偏差所要考虑的重要因素。提高初速度增程的技术可分为 3 种：改善现有发射技术；采用新的发射装药技术，如密实装药、随行装药、模块装药、液体发射药技术等；采用新型发射技术。

1. 改善现有发射技术

改善现有发射技术主要从改进火药的性能、改变装药结构和改变火炮参数三方面入手，而通过改变火炮参数来实现增程目的的方法主要有提高膛压、加长身管和扩大药室容积。高膛压火炮推进技术，主要是通过增加火药装填密度，将火炮膛压由原来的 200~300 MPa 增加到 400~700 MPa，以达到增加弹丸初速度的目的；火炮身管加长，可以使弹丸在膛内运动时间增加，火药气体压力作用时间加长，因此可以使得初速度提高。例如，155 mm 榴弹炮采取了该措施后，使弹丸的初速度由原来的 600 m/s 左右提高到 800 m/s 以上，甚至达到 910 m/s。

2. 新的发射装药技术

近年来,发射装药技术有了较大发展,相继发展了一些新概念、新结构的发射装药技术,有些已经应用,在提高初速度、提高射速、增加射程和精度等方面起到了非常重要的作用。随行装药技术、液体发射药技术都是运用不同原理来提高弹丸初速度的发射技术的。随行装药技术是除药室内的发射药外,在弹丸底部携带一定量的火药,并使之随弹丸一起运动,其作用原理是发射药燃烧,膛内气体达到一定压力后,点燃随行装药,在弹丸运动过程中始终在弹底燃烧,从而在弹底部形成一个与膛内压力几乎相当的压力,减小了弹丸和膛底的压力梯度,推动弹丸向前加速运动。随行装药的作用原理如图 2.16 所示,根据需要可以设计不同的结构形式,图 2.17 所示为一种液体随行药筒式组合装药原理结构。

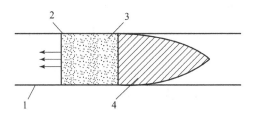

图 2.16　随行装药作用原理
1—火炮身管；2—燃烧面；3—随行装药；4—弹丸

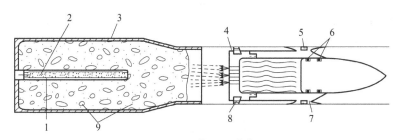

图 2.17　液体随行药组合装药原理结构
1—中心点火管；2—点火药；3—药筒；4—缸形底座；5—闭气环；6—密封圈；7—缸形底座；8—弹带；9—主装药

液体发射药技术,是一种以液体燃料为能源,通过将液体发射药从储箱直接打入药室,进行燃烧反应产生高温、高压气体推进弹丸加速运动的技术。液体发射药的潜在优势在于它的能量特性和流动特性,一方面,在相同的燃烧温度下,液体发射药能够比固体发射药释放更高的能量；另一方面,在变容燃烧的过程中,控制液体发射药的喷射过程,通过流量调节来抵消外界因素的干扰,适时地送入所需药量,可以获得理想的 $p-t$ 曲线,提高初速度。

3. 新型发射技术

新型发射技术包括电磁发射、电热发射和电热化学发射 3 种。

(1) 电热发射技术是利用电能作为全部或部分能源,通过电能加热工质产生高温等离子体,高温等离子体再与一种惰性的流体物质混合并使之汽化,产生的高压气体推进弹丸高速运动的发射技术。电热发射能够获得高初速度,但是对电能的要求很高,几乎与电磁发射技术不相上下,因而限制了它在纯战术方面的应用。

(2) 电热化学能推进技术是能源混合型的发射技术,除电能外,还需要含能材料提供部分能量,它是同时使用电能与化学能的推进技术。含能材料可以使用液体材料或固体材料,分别称为液体发射药电热炮和固体发射药电热炮。

液体发射药电热炮的药室内装液体含能材料，首先是等离子体与液体发射药混合并使发射药分解，继而在补加的等离子体的驱动下，液态含能材料在极不稳定的流体动力环境中进行反应，驱动弹丸运动。

固体发射药电热炮火炮的内弹道过程与一般火炮的内弹道过程相似，但电热能用来点燃发射药，调节气体生成速度和在发射药燃尽后继续加热燃气，以获得更高的弹丸速度。固体发射药电热炮的燃气生成速度受到压力与温度的影响，高温等离子体的注入会增大燃气压力与温度，所以加注等离子体为燃气生成速度的调节提供了一种方法。

(3) 电磁发射技术是指把电磁能通过某种方式转换为发射载荷的动能，使弹丸获得超高速。电磁发射能显著提高弹丸的装甲侵彻力、增大有效射程及改善防空武器系统的效能。目前研究的有轨道式电磁炮和线圈式电磁炮两种。

轨道式电磁炮由两条相互平行的轨道组成，轨道之间用一个电枢相连。当电流由一条轨道流出，穿过电枢进入另一条轨道返回时，即在两条轨道之间的区域形成一个磁场，通过电枢的电流与磁场相互作用产生加速电枢和弹丸沿着轨道运动的驱动力（洛伦兹力）。在弹道过程中，储存于轨道间的磁场能量以热能的形式释放出来，如果在弹丸运动过程中轨道间的电压保持不变，那么电流强度将随弹丸的运动而减小，弹丸的加速度也会逐渐降低。通常可通过增加电压来增加电流，以保持弹丸以较高的加速度运动。轨道式电磁炮采用电磁能推动电枢高速运动，不需要发射药，具有较高的热力效率，并可降低火炮的后坐力，增加安全性，具有初速度高、射程远、发射弹丸质量范围大、隐蔽性好、安全性高、结构不拘一格、受控性好、工作稳定和反应快等特点，它是高速发射技术中最有前途的技术之一。世界各国在此领域已经进行了半个多世纪的持续研究，诸多关键技术陆续获得突破，尤其是脉冲电源、导轨材料、电枢等技术的进步为装备研制和工程化应用提供了条件，英国、美国和中国等已经研制了工业级的电磁轨道炮，并进行样机试验。图 2.18 所示为 BAE 公司研制的电磁轨道炮样机，可发射 10 kg 级弹丸，初速度达到 2 500 m/s。

图 2.18　BAE 公司研制的电磁轨道炮样机

2.4.3　减阻增程

减阻增程是通过改变弹丸形状或结构实现减小弹丸飞行阻力和增加射程的方法，如弹形减阻技术、空心弹减阻技术、脱壳次口径技术等。其主要通过改变弹丸长径比、弹头部长占弹丸全长的比例、弹头部弧形部半径、弹尾长、船尾角等因素，减小弹丸飞行过程的总空气阻力，达到增程目的。

弹形减阻技术有以下优点：在装药结构与弹丸设计比较合理时，密集度指标可以较高；弹丸结构简单、工艺性好。它的主要缺点是增程量有限，不能充分满足大口径远程弹对射程的要求。

对于高速弹丸，弹形减阻的关键是减小波阻和底阻。对波阻影响最大的因素是弹丸全长以及弹头部长占全弹长的比例；影响底阻最大的因素是弹尾长度及船尾角。

为了减少阻力、增大射程，近十几年来，远程杀爆弹的弹长以及弹头部长占全弹长的比例发生了很大变化，老式杀爆弹弹长为 4.5d 左右，远程杀爆弹弹长超过 6d，使阻力减小 30% 以上。从远程杀爆弹的发展过程考虑，根据弹长与阻力（弹形系数）的关系，可把远程杀爆弹分为老式圆柱弹、底凹圆柱弹（又称底凹弹）和低阻远程榴弹（又称枣核弹）。

1. 底凹圆柱弹

底凹圆柱弹，又称底凹弹（Hollow Base Cartriages）是美国在 20 世纪 60 年代最先开始研制的，其弹丸底部带有凹窝形结构的旋转稳定式炮弹，可用于杀伤爆破弹、子母弹和特种弹等。底凹结构与弹体可为一体，称为整体式底凹弹，或单独的底凹结构用螺纹与弹体连接，称为螺接式底凹弹。整体式底凹结构简单，强度好，与弹体同轴性好，但工艺性较差；非整体式底凹结构可选用密度较小的材料，而且加工性好。

底凹弹的主要特点如下。

（1）弹丸的底部阻力减小。根据风洞试验，采用底凹结构后，这种弹丸头部和底部压力之差减小。底凹的深度会影响弹底阻力，底凹深度在（0.9~2.0）d 内的称为"深底凹"，在（0.2~0.4）d 内的称为"浅底凹"，如图 2.19 所示。底凹的深度设计主要取决于弹丸长度和质量的合理分布。试验表明，在亚声速和跨声速范围内，底凹深度以取 0.5d 为宜；而在超声速范围内，底凹深度与底压的关系不大。

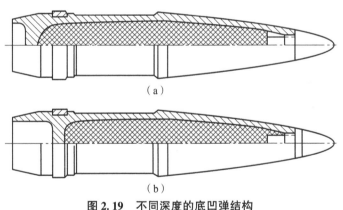

（a）

（b）

图 2.19 不同深度的底凹弹结构

（a）浅底凹；（b）深底凹

如图 2.20 所示，在底凹侧向开进气孔，由于进气的引流作用，故可增大底压 13% ~ 20%，从而可减小阻力 7%，而且马赫数 Ma 越大，底凹侧孔的作用越明显。另外，在弹药出炮口时，由于火药气体容易通过侧孔流出，故减小了底凹部的破裂，使底凹壁可以做得很薄。

（2）易于弹体强度设计。采用底凹结构，可以将弹带设置在弹体与底凹之间的隔板处，使弹带附近区域弹体结构强度设计简便。

（3）飞行稳定性提高。采用底凹结构后，弹丸的质心相对前移，阻力中心相对后移，而且弹丸质量较集中，弹丸飞行中翻转力矩减小，增加了弹丸的飞行稳定性，弹丸的落点散

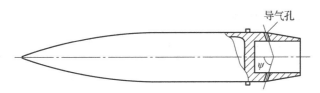

图 2.20 带有导气孔的底凹弹

布也得到改善。相对同样弹长的其他弹种,底凹弹的赤道转动惯量小,有利于飞行稳定性。

(4) 弹丸威力提高。与普通榴弹相比,采用底凹结构后可使弹壁减薄、弹丸增长、优化弹体内部结构、增加炸药装药量,从而提高弹丸的威力。

试验表明,单纯的底凹结构增程效果并不显著,一般只能使射程提高百分之几,因而在进行弹丸设计时,常常采用综合措施。例如在采用底凹结构的同时,加大弹丸长径比,并使弹头部更改为流线形。

底凹结构的主要问题是:在其出炮口的瞬间,由于底凹部分内、外压差很大,可能出现因强度不足而发生撕裂卷边现象。在选取底凹部分的材料、确定底凹部分厚度时,必须以满足炮口强度要求为前提。

2. 低阻远程榴弹

低阻远程榴弹是一种通过改变弹形实现增程的枣核形榴弹(简称枣核弹)。枣核弹结构的最大特点是没有圆柱部,一般均采用底凹结构,以便全弹结构和质量的合理分配。从空气动力学角度看,在目前的各种榴弹中,枣核弹的阻力系数最小。计算表明,枣核弹的弹形系数 i_{43} 约为 0.7,阻力比老式圆柱杀爆弹的阻力减少 25%~30%。采用枣核弹结构,其射程可提高 20% 以上。

枣核弹的发展过程中出现了两种形式:全口径枣核弹,弹丸直径名义尺寸与火炮口径相同;次口径枣核弹,弹丸直径名义尺寸比火炮口径略小。次口径枣核弹是在全口径枣核弹基础上发展起来的,其射程可进一步增加,除了弹形进一步改善外,在相同条件下,次口径枣核弹可获得比全口径枣核弹略大的初速。

全口径枣核弹典型结构如图 2.21 所示,整个弹体由约为 $4.8d$ 长的弧形部和约为 $2.4d$ 长的船尾部组成。该弹的长径比较大,达到 $6d$,弹头长占全弹长的约 80%,利用弹丸弧形部上安装的四个具有一定空气动力外形的定心块和位于弹丸最大直径处的弹带来解决全口径枣核弹在膛内发射时的定心问题。

由于枣核弹的特殊结构,定心块的形状、安置角度和位置是需要精心设计的,除需要考虑实现良好的定心作用外,还应考虑到减小飞行阻力和对飞行稳定性有利。试验表明,在 0°~15° 的定心块斜置角范围内,随着定心块斜置角的增加,弹丸所受的阻力也将有所增加。由于枣核弹长径比较大,故其飞行稳定性比传统弹要差。在弹体上,定心块增加了弹体结构的复杂性,给加工制造与装配带来了较大难度。

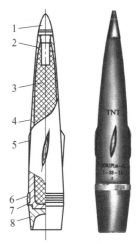

图 2.21 全口径枣核弹典型结构

1—引信;2—传爆管;3—炸药;
4—弹体;5—定心块;6—弹带;
7—闭气环;8—底凹弹尾

加拿大于20世纪70年代研制成功了155 mm全口径枣核弹，其主要参数见表2.3。

表2.3 加拿大155 mm全口径枣核弹主要参数

项目	数据	项目	数据
弹丸长/mm	938	弹丸质量/kg	45.58
弹体长（无引信）/mm	843	炸药质量（B炸药）/kg	8.6~8.8
船尾部长/mm	114	弹带宽/mm	36.7
弹尾底部直径/mm	131	弹带直径/mm	157.76
船尾角/（°）	6	定心块倾斜角/（°）	10.4
底凹深/mm	63		

2.4.4 添质加能增程

1. 底排弹

底排减阻增程榴弹，简称底排弹，是瑞典于20世纪60年代中期首先开始研制，在此之后，许多国家也都采用了底排技术提高炮弹射程，底排增程率在15%~30%。例如，意大利的P3式155 mm底排弹，最大射程达27 km，与原制式榴弹射程21.2 km相比增程26.9%；比利时的155 mm远程全膛底排弹，最大射程达39 km，增程30%。随着药剂及装置技术的不断改进，后排增程率有望提高到40%。由于底排技术在工程上易于实现，而且技术融合能力强，故被广泛应用于各种口径榴弹。

1）底排增程作用原理

底排弹的结构特点是弹丸底部增加一套专用排气装置（简称底排装置）。对于一般圆柱形弹丸，当弹丸超声速飞行时，底阻占全部空气阻力的30%~40%，此阶段采用底部排气减小底阻的效果最佳。

弹尾部的空气流动如图2.22所示，根据气体热力学原理，向弹尾部低压区空间排入质量或者排放热量（即增加能量），可以提高这一空间区域的压力，减小弹丸底阻，因而射程增加。底排增程基本原理就是通过向弹底部有规律排放燃气，提升弹底部区域压力，以减小弹丸飞行时弹底阻力，减缓弹丸飞行速度的衰减程度，从而使弹丸飞得更远。底排减阻作用效果由三方面因素组成：加入质量的效果、加入能量的作用效果和动量变化的作用效果。有无底排情况下的阻力系数对比曲线如图2.23所示。

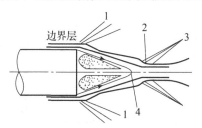

图2.22 弹尾流区的流动示意图

1—扇形膨胀区；2—喉部；3—尾激波；4—尾迹驻点

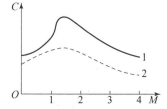

图2.23 有无底排情况下的阻力系数对比曲线

1—无底排；2—有底排

从底排原理可以看出，底排增程与火箭增程虽然都是向尾部区域排气，但是两者有本质的区别，前者是提高底压、减小底阻，属于减阻增程；后者是利用动量原理，提高弹丸的速度。

2) 底排弹的结构组成

底排榴弹都是旋转稳定弹丸，在外形设计上主要有圆柱形和枣核形两种，如图 2.24 和图 2.25 所示。圆柱形底排榴弹由卵形头部、圆柱部、船尾部、定心部、弹带和底排装置组成。枣核形底排榴弹由卵形头部、船尾部、定心部、弹带和底排装置组成。

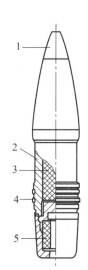

图 2.24 圆柱形底排榴弹结构示意图
1—引信；2—弹体；3—炸药；4—弹带；5—底排装置

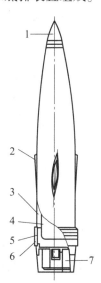

图 2.25 枣核形底排榴弹结构示意图
1—引信；2—定心块；3—弹体；4—炸药；
5—弹带；6—闭气环；7—底排装置

在超声速条件下，对于一般圆柱形弹丸，底阻占总阻的 30% 左右；对于低阻远程榴弹（枣核弹），底阻占总阻的 50%～60%（由于枣核形弹丸对弹丸威力发展制约较大以及定心舵片加工工艺复杂等，该弹型不太常用）；对于圆柱形远程弹，通常底阻占总阻的 40%～45%。

底排榴弹的增程率主要由减小底阻得到，所以其外形结构设计必须以提高底阻占总阻的比例份额为目标，一般通过增加弹丸总长、增加卵形头部的曲率半径和长度、缩短圆柱部长度、增加船尾部长度、减小船尾部船尾角度等措施来实现。同时，底排增程效果又与弹丸飞行速度有极大的关系，希望在底排装置工作期间弹丸飞行速度大于 2.5 Ma。

3) 底排装置的结构与作用

底排弹采用的底排装置有复合药剂底排装置和烟火药剂底排装置两种。

(1) 复合药剂底排装置。

复合药剂底排装置一般由钢接螺、底排药柱、点火具和底排壳体等部件组成，如图 2.26 所示。钢接螺的主要功能是将弹丸壳体与底排壳体相连接，并固定点火具。底排壳体的作用是将底排药柱径向和轴向固定，提供药剂燃烧的空间，并通过其底端的排气孔控制药剂的燃烧规律与燃气的排出流率。根据底排弹总体结构设计与质量合理分配的需要，底排壳体要在保证膛内及炮口区域强度的前提下，质量尽可能小，所以底排壳体材料通常采用高强轻质合金。底排药柱

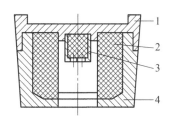

图 2.26 复合药剂底排装置结构
1—钢接螺；2—底排药柱；
3—点火具；4—底排壳体

的作用是按预先设计的燃烧面维持一定持续时间、一定燃烧规律的燃气生成。

复合型底排药剂燃速较低、密度较小，通常需要独立的点火具，这些特点对减阻效果和总体结构匹配设计都不太有利，但复合型药柱通常设计成中空多瓣结构，采用中孔面和缝隙面燃烧方式，发射时高温高压燃气充满底排装置，使其具有很好的抗高过载能力。复合型底排药剂在火炮膛内由发射药的高温高压气体点燃，但在炮口附近卸压时会出现被抽灭的现象，故为了确保底排弹的最大射程和密集度，需要点火具提供持续的燃气，以维持底排药柱的可靠点燃和持续燃烧。

点火具的作用是在火炮膛内和炮口附近维持一定时间的持续燃烧，其燃气应确保底排药柱全面可靠地点燃。点火具内装有由锆粉、镁粉和黑火药等混合而成的点火药剂，经火炮发射时发射药的高温高压气体点燃后就能维持一定时间的持续燃烧，在炮口泄压时也不会被抽灭，从而可以提供持续的燃气，以维持底排药柱的持续燃烧。

（2）烟火药剂底排装置

烟火药剂底排装置一般由底排药柱、挡药板和底排壳体等部件组成，其结构如图 2.27 所示。烟火型底排药剂燃速高、排气流量大、密度大，不需要独立的点火具，这些特点对减阻效果和总体结构匹配设计都是有利的，但为了满足发射时抗高过载的强度要求，其药柱通常设计为实心整体结构，并采用端面燃烧方式。

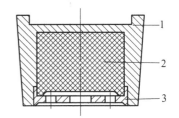

图 2.27　烟火药剂底排装置结构
1—底排壳体；2—底排药柱；3—挡药板

烟火药剂底排装置通常需要独立的挡药板，该挡药板采用多孔结构形式，既能有效地支撑烟火药剂，又能提供较大的通气面积。

底排装置对底排弹的性能有重要影响，底排装置的设计要考虑以下几个要素，即底排药剂的性能、排流参量和工作时间、船尾长度和船尾角的选取、底排装置的底板结构参数。

4）底排弹的优点

与火箭增程弹相比，底排弹有下列优点。

（1）底排弹的结构比较简单、增程效率高，只要在弹底的底凹内加装排气装置即可。

（2）底排弹可以基本上不减少弹丸的有效载荷（战斗部质量），因而不会使威力降低。例如，某 155 mm 底排弹炸药装填量为 11.7 kg，与普通榴弹装填的炸药量相同。而同性能的火箭增程弹只能装填 8 kg 炸药，炸药量减小了 30%。

（3）底排弹由于空气阻力减小，从而缩短了弹丸在空气中的飞行时间，这就使外界对弹丸运动的影响减小。

（4）由于底排装置的燃烧室工作压力低，因而对装置壳体的要求低。实际上，可以利用原来的底凹弹加装排气装置来实现增程，而不必采取特殊的提高强度的措施，这在技术上容易实现。

应当指出的是，底排弹在可使射程增加的同时，也带来了射程散布加大的问题，这主要是由于：

①底排药柱起始迅速，全面点燃的时间不一致。

②底排药柱的燃烧稳定性与弹底部环境压力有关，而高空大气层的气象条件瞬息万变，每发底排弹底部的弹道环境、压力都会有所不同。

③底排药剂主要成分属于高分子材料，这种材料的机械特性和燃烧特性都存在较大的变化范围。

底排弹可以说是一种比较实用、性能较好的远程榴弹。目前世界各国普遍采用底排与火箭复合技术来增程。由于炮弹射程增加总是伴随着其散布范围的增大，所以在远射程榴弹中普遍采用了弹道修正技术、制导技术来提高远程榴弹的射击精度。

4）典型底排弹

PLS9A 式 130 mm 底排弹的总长达到了 6.25 d，其弹头部曲率半径为 25 d、长度为 3.65 d，圆柱部长度为 2.01 d，船尾部长度为 0.59 d，船尾角度为 3°。该弹在底排装置不工作时，底阻约占总阻的 45%，最大射程达到 37 km 以上，其中底排减阻和外形优化双方贡献的综合增程率达到了 39%，而底排减阻增程率达到了 30%。该底排弹是目前圆柱形远程榴弹中增程效果十分显著的设计典范。

挪威弹药公司 Nammo、瑞典博福斯公司与 BAE 公司联合研制出一种新型 155 mm 全膛底排增程榴弹，应用不同炮管长度和发射药，其射程可覆盖 28～37 km；弹丸壳体上有双焊接弹带，能够更好地承受 52 倍口径火炮的膛压，并且当弹丸沿加长的身管前行时，弹带不易从弹丸壳体上脱落下去；弹丸质量 45 kg（含引信），炮口速度 950 m/s，HEER BB 型装填 8.5 kg TNT 或 9 kg Comp B，改进型 HEER BB 装填 9.15 kg TNT，HEER HB 型弹丸装填 9.5 kg 的 TNT 或 10.1 kg 的 Comp B。

2. 火箭增程

火箭增程是在弹丸上加装火箭发动机，火箭发动机在弹丸飞出炮口一定距离后点燃，在弹道上为弹丸提供推力，以增大弹丸的飞行速度，达到增程目的。火箭助推增程效果比较好，增程率达 30% 以上。助推增程需要助推发动机，一般情况下增程越远，助推发动机的质量越大，使弹药的附加质量增加，会使有效荷质量减小，这对于提高弹药的毁伤能力不利。同时，采用助推增程会使弹药的散布增大，对提高命中精度不利。当射程较远（不小于 50 km）时，就要采用弹道控制技术，以减小弹药散布。

该方法是解决射程和火炮机动性矛盾的重要途径。原则上讲，火箭增程技术可以在各个弹种上使用，但由于各个弹种都有其各自的独特要求，加上采用火箭技术后会出现一些新问题，故要进行专门设计。

火箭发动机的使用减少了弹丸炸药的装填量，因而也降低了弹丸的威力。为了解决威力问题，战斗部采用高破片率钢及装填高能炸药（如 B 炸药）。为了提高增程效果，改进了弹形，采用了新的火箭装药，火箭发动机壳体采用了高强度钢。相比于传统榴弹，火箭增程弹通过火箭发动机在弹道上施加推力可以实现增程，但是在火箭增程弹丸飞行过程中，火箭发动机的点火时间及其散布对射程和射击精度均有影响，即根据弹丸的弹道飞行条件，存在一个实现最佳增程效果的最有利点火时间问题。

图 2.28 所示为美军装备的 M549 式 155 mm 火箭增程弹结构，其主要技术性能见表 2.4。该弹采用了堆焊弹带、闭气环以及短底凹等措施，使用不同型号的发射装药和火炮，弹丸炮口速度可实现多挡调节，射程范围覆盖 19.5～30.1 km，如使用 M198 式火炮发射的最大射程为 30.1 km，该弹的优点是不改变发射条件即可增加火炮射程。

图 2.28 美国装备的 M549 式 155 mm 火箭增程弹结构

表 2.4 M549 式 155 mm 火箭增程弹主要战术技术性能

项目	参数	项目	参数
弹径/mm	155	弹丸长/mm	873.5（有引信） 858（无引信）
总重/kg	43.545（M549） 43.6（M549 A1）	火箭长/mm	266.7
炸药装药/kg	7.26 kg（Comp B） 6.8 kg（cast TNT）	火箭重/kg	13.5
初速/(m·s^{-1})	826（M549A1）	射程/km	30.1（M549A1）

M549 式 155 mm 火箭增程弹是一种药包分装式炮弹，弹丸分为战斗部和火箭发动机两部分，两者通过螺纹连接。位于前部的战斗部壳体采用高破片率钢，为适应不同的发射初速，分别发展了两型战斗部，M549 型战斗部装填 7.26 kg B 炸药，M549A1 型战斗部装填 6.8 kg 注装梯恩梯炸药；位于弹丸后部的火箭发动机壳体采用 4340 钢，壳体内装有推进剂药柱和点火机构。发动机装药分为前、后两个药室，串联双药室结构是为了保证火箭装药在膛内发射高过载条件下能保持完整，避免药柱产生变形或碎裂。该弹虽然有火箭发动机，但是可以有增程和不增程两种作用方式。当需要增程时，发射前取下火箭喷管帽，射击时，弹丸发射药燃烧点燃火箭发动机的点火药，点火药点燃延期药，延期药实现 7 s 延期燃烧，点燃发动机点火系统，点燃发动机装药，发动机装药持续燃烧工作 3 s，产生推力作用于弹丸实现增程；当不需要增程时，发射前不取下火箭喷管帽，就像普通弹丸一样完成发射过程。

火箭增程技术的优点是适用弹种多、增程效果好、弹丸存速增大。它的缺点是由于增加了火箭发动机，故导致结构比较复杂，成本较高；由于火箭推力偏心的影响，弹丸射击密集度较差（比底排弹要差），射击精度下降，有效载荷受到影响导致威力降低。

在相同的条件下火箭增程与底部排气弹的增程效果对比如图 2.29 所示，其增程率没有底部排气弹的大。

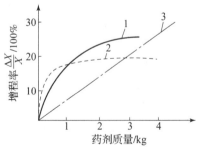

图 2.29 底部排气弹和火箭增程弹用药量与增程率的关系

1—船尾角 $\beta=0°$，底部排气；2—船尾角 $\beta=6°$，底部排气；3—船尾角 $\beta=6°$，火箭增程

3. 冲压增程

冲压增程是改变弹丸的结构，在弹丸上设置冲压发动机，当弹丸从膛内发射出去后，获得很高的初速。在高速飞行中，空气由弹丸头部的进气口进入弹丸内膛的喷射器，然后进入燃烧室，空气中的氧气与燃料充分作用，燃气流经喷管加速，以很高的速度喷出，产生很高的后喷动量，使弹丸获得很大的增速量。由于利用了空气中的氧气参与燃烧，因而增程效率大幅度提高，是普通火箭发动机的 4~6 倍。

冲压发动机在战术导弹上的应用具有很大的潜力，但其在炮弹上的应用还处于研究阶段。其缺点是弹丸结构变得较为复杂，与普通弹丸相比，冲压增程炮弹在结构上需增加进气道、推进剂、燃烧室、喷管等，对膛内发射的适应性要求较高，发动机的工作效率依赖于入口空气流量、温度和压强，这与飞行速度和高度有关，不适合很大的飞行包络。

从 20 世纪 70 年代开始，美国、荷兰、瑞典等多个国家先后对冲压发动机增程弹进行了理论和实验研究，155 mm 冲压增程弹射程可达 100 km，对比传统炮弹增程 70% 左右，同时引进先进的制导技术，提高了远程炮击的精度，使大口径火炮冲压增程弹的技术达到世界领先水平，但该项技术还存在许多关键问题亟待解决。

2.4.5 滑翔增程

滑翔增程，实质上是通过增大弹丸升力来实现增程的。根据弹丸的空气动力特性和滑翔飞行的弹道特性，在弹丸飞行到某一有利于滑翔飞行状态时，通过控制俯仰控制舵偏转，使其按所需要的攻角飞行，从而产生一个确定的向上升力，且该升力克服弹丸自身重力对其飞行轨迹的不利影响，理想的结果是使弹丸在运动过程中法向加速度趋近于零，这样弹丸便能以较小的倾角沿纵向滑翔较大距离，从而达到增加射程的目的。滑翔增程的主要优点在于对弹丸的初速度要求不高，即在一般的发射初速度条件下，就可以达到远程炮弹的射程。滑翔增程弹的这一特点为解决武器系统设计中射程与机动性、射程与威力之间的矛盾创造了有利条件，因此，该技术备受重视并表现出较良好的应用前景。其缺点是要解决尾翼张开的控制问题，会增加结构的复杂性，另外还存在炮弹落速较低的问题。

2.4.6 复合增程

当单独一种增程技术无法满足战术技术指标要求时，将两种或两种以上增程技术共用于同一弹丸上，即复合增程。通常可采用提高初速度与改进弹形复合、弹形与底排复合、底排与火箭复合、空心与冲压复合等方式来达到炮弹增程的目的。复合增程效果好，增程率高，但技术难度较大，应在满足最大射程的前提下选择技术难度小、风险小的复合增程技术。

对于普通榴弹，在一定的初速度下，都有与之相适应的弹形选择，实际上是速度与阻力的合理匹配。对于火箭增程弹、底部排气弹、滑翔增程弹和冲压发动机增程弹等，初速度、弹形和增程方式也都有一个合理匹配的问题，这些问题都需通过优化设计解决。例如，美国海军的 XM171 型 127 mm 炮弹采用高能硝铵发射装药，炮口动能增加到 18 MJ，采用火箭发动机、精确制导、导航和控制子系统匹配，提供一种对抗弹头上气动扭转力矩的电—机反应扭转力矩，以控制弹头定位；采用鸭式舵偏转控制整个弹体改变弹道最高点后的飞行轨迹，使弹丸昂头飞行，并沿一个小的倾斜角滑翔，射程提高到 113 km。

由于射程、威力和精度间的辩证统一关系,增加射程必须保证在该射程上能够达到满足战术使用的命中精度,也必须保证对预定目标具有足够的毁伤能力,否则射程的增加就失去了意义。实际上,伴随对提高射程技术的研究,必然也要对威力和精度的改善进行探讨。各种类型的子母弹以及末敏弹、末制导炮弹就是在这种背景下发展起来的。

1. 滑翔底排复合增程弹

滑翔底排复合增程可应用制导炮弹(增程60%~70%),炮弹在飞行过程中需要额外的控制。该类型炮弹装载有制导控制系统,通过操纵舵翼偏转来获得向上的升力,既可以提高射程,又可以提高打击精度,因此滑翔增程技术及其复合增程技术成为当前增程弹的研究热点。例如图2.30所示"神剑"(Excalibur)系列155 mm精确制导炮弹是美军第一个采用GPS/INS组合制导技术的制导炮弹,它采用了复合增程技术,综合运用外形减阻、底排减阻和滑翔增程等技术,最大射程可达近60 km,而圆概率误差(CEP,Circular Error Probable)不超过10 m,实现了打击精度和射程的飞跃。法国的"鹈鹕"(Pelican)远程制导炮弹也装载了GPS/INS组合定位系统,综合运用火箭助推、外形减阻和滑翔增程技术,在保证最大射程85 km的同时,圆概率误差不超过10 m。

图2.30 "神剑"XM982式增程炮弹

2. 底排火箭复合增程弹

根据空气动力学和外弹道理论,弹丸弹道飞行过程中的空气阻力与其飞行高度、空气密度和飞行速度密切相关。针对弹丸飞行阻力的变化规律,弹丸出炮口后在空气密度较大的低空飞行时,空气阻力大,在这部分弹道段采用底排技术,能有效降低弹丸阻力,使弹丸飞行速度损失较小;当弹丸进入空气密度小的高空飞行时,采用火箭发动机助推技术使弹丸加速,这时克服空气阻力耗费的功较小,增速效果明显。两种增程技术与阻力变化规律有机结合,获得最佳增程效果,这就是底排火箭复合增程弹能够获得更大射程的理论依据。因此,底排火箭复合增程弹采用先底排减阻后火箭增速的复合增程方式,能够充分发挥这两种技术的各自优势。这种复合增程技术与高初速度和低阻弹形相结合,可使增程效率达到50%以上。

1)结构组成

图2.31所示为一种底排—火箭复合增程榴弹,该弹采用了弹底部串联式总体布局结构,由战斗部、引信、底排装置和火箭装置等构成。

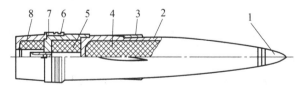

图2.31 复合增程弹结构示意图

1—引信;2—弹体;3—定心块;4—炸药;5—火箭装置;6—弹带;7—闭气环;8—底排装置

(1) 底排装置。

常用的底排火箭复合增程弹的底排结构由底排壳体、底排药、发动机喷管、底排下垫板及底排密封片等组成。底排药柱采用复合型底排药剂，为了给火箭发动机喷管留出排气通道，底排药柱不采用独立的点火具，而采用烟火药剂递进式点火方式。

(2) 火箭装置。

火箭装置由装药燃烧室、火箭药柱、火箭空中点火具、喷管、喷堵、堵盖等零部件组成。火箭发动机的壳体通常在上、下两端都车制螺纹，分别与战斗部壳体和底排装置壳体连接。为了承受 10 000 g 以上火炮发射过载和膛内 300 MPa 以上高温高压气体的冲击与烧蚀，燃烧室、喷管、喷堵、堵盖等零件必须构成一个抗高过载与抗高速旋转的结构组件。当火箭发动机不工作时，喷堵、堵盖必须密闭喷管排气通道；当火箭发动机开始工作时，喷堵、堵盖则必须被顺利喷出，使喷管排气通道畅通。

目前可用于炮射火箭增程弹的火箭药主要有改性双基型和复合型两种。由于火炮用复合增程弹的总长受到飞行稳定性的限制，故弹长设计分配的空间十分有限，希望火箭发动机占弹长的比例小些为好，这就要求尽量选比冲较大的火箭装药。由于复合型火箭药要比改性双基型火箭药的比冲值大，故复合型火箭药可以作为首选。

由于火箭发动机的起始工作时刻是在飞行弹道高空，则火箭药的点火必须采用延期点传火方式。延期点传火方式一般有两种，即火药延期和电子定时。

电子定时点传火方式在工程实现上要相对复杂许多，故一般采用火药延期点传火方式。火药延期点传火方式的起始点火能源提供途径一般有两种：发射时的高温高压燃气直接点燃火药延期体；发射时的弹丸环境力（轴向惯性力或离心惯性力）击发火帽产生火焰点燃火药延期体。其中前者是最为安全的点传火方式。

2) 总体结构

在底排—火箭复合增程弹总体结构布局设计时，底排装置总是置于弹丸的最底部，而火箭装置可以放置在弹体的不同部位。依据火箭装置与底排装置的相对位置，底排—火箭复合增程弹的总体结构布局主要有以下 3 种基本形式，即前后分置式、弹底并联式和弹底串联式。

(1) 前后分置式布局。

前后分置式布局是在弹体头弧部放置火箭装置，弹底放置底排装置。图 2.32 所示为这种布局形式的 155 mm 增程弹。由于前置火箭发动机完全按照弹丸头部形状来设计，有效地利用了弹丸头部空间，使弹丸的有效载荷装载空间不致减小太多，既可达到一定程度上的增程效果，又确保了弹丸一定的威力性能。这种布局形式特别适合于子母弹，其火箭装置与底排装置的排气通道不重叠，可以实现两个装置的异步工作（即底排结束后火箭开始工作）或工作时段部分重叠的同步工作（即底排工作的同时火箭也工作），但火箭点火序列设计难度较大，弹丸结构比较复杂，并且火箭发动机的推力有一定损失。

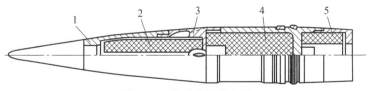

图 2.32　前后分置式布局

1—弹体；2—火箭发动机；3—喷管；4—炸药；5—底排装置

(2) 弹底并联式布局。

弹底并联式布局,即火药药柱在内圈、底排药柱在外圈处一个装置内,并共享同一个排气口。如图2.33所示的155 mm 底排—火箭复合增程弹采用的就是此种布局形式。这种布局结构最为简单,也可能是威力牺牲最小的,但经计算与试验表明,其复合增程效率有限。另外,火箭药柱点火的一致性难以保证,并且只能实现先底排后火箭的异步工作。

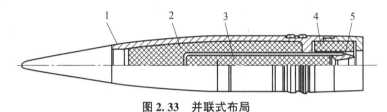

图 2.33 并联式布局

1—弹体;2—炸药;3—火箭推进剂;4—底排装置;5—喷管

(3) 弹底串联式布局。

弹底串联式布局,即火箭装置与底排装置同处弹底部,相对弹头而言,火箭装置在前、底排装置在后,呈串联方式排布,如图2.34所示。目前,南非155 mm 底排—火箭复合增程弹也采用了此种布局形式。由于火箭装置与底排装置同居弹底,不与弹丸的传爆序列或抛射序列发生干涉,使整个弹丸总体结构布局相对简单许多。根据火箭排气通道的设计与安排,这种基本形式可以实现异步工作或同步工作,从而可以演变成同系列的多种结构布局形式。由于底排装置和火箭装置均占据弹丸有效的圆柱段空间,故会使弹体有效携带空间(即威力性能)大为降低。

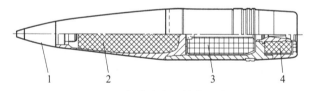

图 2.34 串联式布局结构示意图

1—引信;2—炸药装药;3—火箭发动机;4—底排装置

3) 底排装置与火箭装置的匹配

底排装置与火箭装置的匹配设计是底排—火箭复合增程弹的关键环节之一。除了结构匹配外,还有弹道工作的匹配。影响底排—火箭弹道匹配效果的因素有很多,包括底排的点火时间及工作时间、火箭的点火时机及工作时间、弹丸的气动外形及质量的衰减(飞行过程中其质量衰减幅度大于5%)等因素都会对复合增程弹的飞行弹道产生影响,其直接效果就是增程率的变化。在底排—火箭复合增程弹的总体方案设计时必须很好地考虑与协调这些因素,以便获得底排—火箭最佳匹配工作的效率。底排—火箭如何实现最佳弹道匹配的问题,实际上是最大限度发挥火箭增程效率的问题。在火箭推进剂的质量及其比冲等参数一定的情况下,随火箭点火时间的不同,主动段末端的速度及空气阻力加速度也不同。一般来说,根据火箭外弹道学,在弹道上升弧段是比较好的火箭点火工作时机。具体而言还要考虑弹道倾角和火箭推力损失的影响,弹道倾角决定了弹丸的爬高能力,火箭助推产生的飞行速度增量大小决定了弹丸持续飞行能力。

2.5　防空高炮榴弹

随着空中目标类型、性能及数量的不断发展，防空作战成为现代战争中主要任务之一，防空导弹攻击范围大，可自动寻的，命中毁伤概率高。但是导弹的技术难度大，价格昂贵，在其射击死区内不能发挥作用，所以只用于对付中空（3～6 km）、高空（6～10 km）、超高空（大于10 km）的中远程距离上的空中目标。结合现代作战需求和装备特点，发展了防空导弹与小口径高射炮相结合的防空装备体系。小口径高炮机动方便、操作简单、反应快、死界小、火力猛，尤其对附近突然出现的快速目标作战效果显著。此外，小口径高炮还可和导弹结合构成弹炮一体化系统，因此小口径高炮弹药的发展受到各国的重视。为满足小口径高炮的多元化作战需求，需配用不同的弹药，各种小口径高射炮榴弹就是其主用弹种。

适应打击空中机动目标应用需求，小口径高射炮弹药的主要特点是：定装式，高射速，高初速，榴弹配有自毁装置，一般弹尾有曳光管。

2.5.1　高射炮榴弹

高射炮榴弹配用于陆军高射炮或高射、平射两用舰炮，主要用于攻击来犯的各种飞机、巡航导弹、战术空对地导弹、无人机、巡飞弹、空降兵等空中目标，也可用来打击水上舰船、地面轻型装甲车辆和有生力量。

高射炮榴弹主要采用直接命中和近炸两种途径毁伤目标：一是直接命中，因为小口径榴弹的爆炸威力较小，如果使弹丸侵入机体内爆炸，并带有一定的燃烧作用，能够取得更好的毁伤效果；二是采用近炸的方法，利用近炸引信控制弹丸在目标附近爆炸，利用爆炸后产生的大量高速破片和冲击波毁伤目标。前者适宜于小口径弹药，后者在大中口径高炮弹药中用得较多。

1. 瑞士35 mm 高炮榴弹

世界各国发展了多种型号的小口径高炮弹药，其中瑞士"厄利空"公司研制的双35 mm 高炮系列榴弹是比较典型的一种，主要用来对付中低空、超低空飞机及其他空中目标、轻型装甲或无装甲的地面和海上目标，图2.35所示为其3种不同型号的弹丸。

双35 mm 高炮榴弹具有良好的综合性能，主要特点如下：

（1）弹壁较薄，最大限度地提高装药量。进行了壳体材料和装药匹配的优化设计，装填112 g RDX 为基体加铝粉及钝感物的高能炸药（HexalP30），在获得较高的冲击波超压的基础上，增加了燃烧效应。

（2）初速度高，存速大。双35 mm 榴弹的初速度为1 175 m/s，弹丸外形为流线形，阻力小，弹丸飞行时间短（1 000 m 飞行的时间为0.96 s，2 000 m 飞行时间为2.18 s），密集度好，大大提高了对付活动目标的命中概率。

（3）引信具有延时功能。能够保证侵入目标体内再发生爆炸，增加对目标内部的毁伤效应。

（4）射速高，火力猛。双35 mm 榴弹射速为2×550 发/min，可以在较短时间内形成密集的火力网，在空中预定空域形成"弹幕"，有效对付空中目标。

小口径榴弹的结构及性能随着目标特性和作战需求的变化不断发展，薄壁榴弹不能满足对

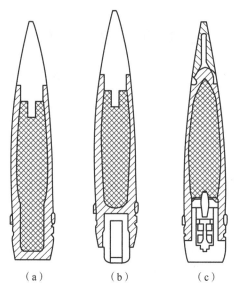

图 2.35 "厄利空"35 mm 高炮榴弹
(a) 弹头机械引信无曳光榴弹；(b) 弹头机械引信曳光榴弹；(c) 弹底电子引信榴弹

防护能力增强的目标毁伤要求。此外，又发展了采用弹底机械引信的杀爆燃榴弹，即通过改变弹头部结构、增加弹头部的厚度及采用钝头加风帽的结构，增加了弹丸对硬目标的侵能力，并在炸药前部加入铝锆燃烧剂，进一步增强了引燃功能，弹丸结构如图 2.36 所示。它的引信增加了起爆延时时间，以便弹丸侵入目标一定深度爆炸，达到最好的毁伤效果。弹底引信榴弹 1 000 m 能穿透 15 mm/60°厚的均质装甲，2 000 m 处能穿透 10 mm/60°厚的均质装甲。

图 2.36 "厄利空"35 mm 弹底引信榴弹结构

2. 近炸引信预制破片弹

为有效打击低空快速飞行的战斗机、导弹、直升机等目标，瑞典博福斯公司研制了 40 mm 可编程近炸引信预制破片弹，也称为 3P 弹。该弹为定装式炮弹，炮弹质量为 2.5 kg，弹丸质量为 0.975 kg，装填 0.12 kg 炸药（Octol），弹丸壳体外设置 1 100 枚 3 mm 钨球，弹丸初速为 1 012 m/s。40 mm 3P 弹丸结构示意图如图 2.37 所示。

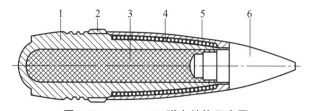

图 2.37 40 mm 3P 弹丸结构示意图
1—弹体；2—弹带；3—炸药；4—预制破片；5—约束套筒；6—引信

该弹主要由弹体、弹带、钨球、钨球约束套筒、高能炸药和引信等部分构成。弹丸圆柱部较长，弹底呈外凸形，可使弹尾形成较多的杀伤破片，其中大部分弹底的破片可以横向飞散,打击侧面和前方的飞行目标;尾部有紧口槽(3~4圈),以与药筒辊口结合;弹带前面壳体外放置1 100枚直径为3 mm的碳化钨球,作用时,与壳体一起能产生3 000多枚有效破片,弹丸爆炸后钨球速度可达1 500 m/s,可穿透15~20 mm轧制均质装甲。碳化钨球的外面有优质钢套,以固定杀伤元件,防止在离心力作用下被抛出;弹丸装填0.12 kg炸药,威力较大,并具有燃烧作用。引信为可编程电子引信,有可控近炸模式、碰炸优先的可控近炸模式、近炸模式、时间模式、碰炸模式和装甲侵彻模式6种模式,使用时可根据战场环境和目标的不同进行编程设置,如可控近炸模式,适宜于来袭的飞机、直升机和超低空飞行的导弹;时间模式以空爆的形式作用,适宜于障碍物和斜坡后面的目标(如建筑物后面盘旋的直升机);碰炸模式适宜于对付卡车和装甲输送车等目标;装甲侵彻模式适宜于对付轻型装甲车辆和城市内作战。

该弹的多用途和对各种目标的适应性,可提高武器系统的战术灵活性,并减少后勤供应方面存在的复杂问题。其具有显著优点:先进的引信工作模式,使其具有较强的目标适应能力,能够有效地对付各种类型的目标,提高了对目标的毁伤能力,减小了弹药的使用量;减小了与目标的交会时间;增加了对目标的拦截范围,对地面目标拦截范围大于3 km,对空中目标小于6 km。图2.38所示为40 mm 3P弹外形及剖面结构。

图2.38　40 mm 3P弹外形及剖面结构

2.5.2　AHEAD弹

1. AHEAD弹结构组成及特点

为提高对空中目标的毁伤效能,厄利空公司研制了一种新型榴弹,配用于35 mm小口径双管自行高炮上。其主要任务是以高密集火力对付小型、低空、快速目标,如空地导弹、无人驾驶飞机等。由于该弹命中效率高、性能先进,故而以 Advanced Hit Efficiency And Destruction 的缩写 AHEAD 进行命名。

AHEAD弹结构示意图如图2.39所示。AHEAD弹是旋转稳定弹,总体比较简单,弹丸由风帽、弹体、预制破片、弹底和引信组成。典型型号的AHEAD弹装填152枚预制破片,预制破片共分8层,每层19枚,破片采用高密度重金属材料,以提高杀伤威力、减少飞行阻力和提高飞行稳定性。

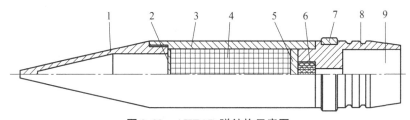

图2.39　AHEAD弹结构示意图

1—风帽;2—上垫片;3—弹体;4—杀伤元素;5—下垫片;6—抛射药;7—弹带;8—弹底;9—引信安装孔

风帽的主要功能是保持外形,减少弹丸飞行过程中的阻力,对毁伤而言为冗余质量,所以该风帽采用高强度铝合金材料,整体为截锥形薄壳结构,风帽底部通过螺纹与弹体连接。

弹体是弹丸的主体连接和承力构件，它一方面要装填预制破片等弹丸构件，另一方面把风帽、弹底、引信等连接在一起构成完整的弹丸。弹体内部空腔为圆柱形，便于柱形破片装填和抛出。在弹丸到达目标附近时，弹体在抛射的作用下被撕裂，释放内部装填的预制破片。

为承受发射时预制破片的惯性力，在轴向实现预制破片的固定和定位，在预制破片的前后端设置有上、下垫片。弹底是连接弹体和引信的部件，弹底外侧装有弹带，弹带后面在弹底上有两个环形槽，用于安装测速及引信装订线圈。AHEAD 弹采用壳编程电子时间引信，能够根据目标和弹丸发射条件进行编程时间装订。

AHEAD 弹区别于传统弹丸依靠炸药爆炸将弹体炸成高速破片或将预制破片高速抛出的特点，而是在弹丸内仅装有少量抛射药，其目的是将预制破片舱打开，将其中的高密度预制破片抛出。它对目标的毁伤不是靠抛射装药提供给破片的速度，而是利用弹丸的弹道存速与目标运动形成的高相对速度。其弹丸结构简单，预制破片可以根据需要变化大小和形状。

为能够有效打击轻型防护目标外部设备或有生力量，又发展了两种 AHEAD 弹的改进型：一种改进型 AHEAD 弹的预制破片质量由 3.3 g 改为 1.5 g，破片直径由 5.85 mm 变为 4.65 mm，破片数量由原来的 152 枚增加到 341 枚，增加了 1 倍多，使命中概率大幅增加，破片分为 11 层在弹体内装填，每层 31 枚；另一种改进型 AHEAD 弹预制破片质量由 3.3 g 改为 1.24 g，相同弹体空间内预制破片总数为 407 枚。

AHEAD 弹结构示意图如图 2.40 所示。

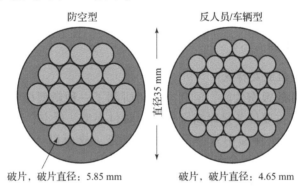

图 2.40 AHEAD 弹结构示意图

因为小口径高炮弹丸初速度较高，直射距离较近，故速度衰减小。例如当初速度为 1 050 m/s 时，其在 1 000 m 处的存速仍有 900 m/s 以上，此时若空袭导弹的速度为 300 m/s，则动能杀伤元撞击目标的速度将达到 1 200 m/s 以上，3.3 g 的重金属动能杀伤元可以给来袭导弹以严重的打击。同时，由于小口径高炮武器系统射速高、火力猛，如果以 25 发为一组，通过引信的精确控制，则可以在目标运动的前方 8 m 范围内形成具有 3 800 个动能杀伤元的弹幕，也就大大提高了命中目标的杀伤密度。因此，AHEAD 弹在设计上是一种完全新颖的设计思想。35 mm AHEAD 弹的主要诸元见表 2.5。

表 2.5 35 mm AHEAD 弹的主要诸元

诸元	参数值	诸元	参数值
弹丸口径/mm	35	全弹质量/kg	2.78
弹丸质量/kg	0.75	初速度/(m·s^{-1})	1 056

续表

诸元	参数值	诸元	参数值
杀伤元素总质量/kg	0.5	飞行时间/s	1 000 m 为 2.05 s, 2 000 m 为 2.34 s
引信时间装定间隔/ms	1	炮口安全距离/m	60

注：内装钨合金柱形预制破片（子弹）152 个，每个质量为 3.3 g。

AHEAD 弹打破了一般弹丸依靠炸药起爆将弹体炸成破片或将预制破片高速抛出的原理，而是利用弹丸的弹道存速，将预制破片向前抛出。弹体舱内装填重金属柱形子弹，电子时间引信装于弹尾部，其数据接收线圈镶于尾锥部外侧。该弹所配用的火炮独特之处在于其炮口装有三个线圈，一对线圈准确测量弹丸的瞬时炮口速度，火炮计算机根据弹初速及目标现有航向数据及时解算出弹丸相对于目标的最佳作用时刻，并在弹丸通过炮口第三个线圈时将数据赋予弹丸的引信装定线圈，随之完成电子时间引信的时间装定。弹丸将在目标前方的最佳位置起爆，炸开弹体，其内 152 颗重金属破片在离心力作用下飞散，形成一片破片云。火炮系统对目标完成一个点射，通常连续射出 9~25 发的弹丸，可在目标的航迹上构成一个弹幕，如图 2.41 所示，以达到对目标的高命中率与毁伤作用。

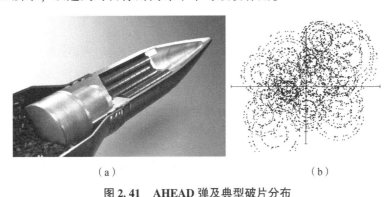

（a） （b）

图 2.41 AHEAD 弹及典型破片分布

（a）AHEAD 弹；（b）典型破片分布

2. AHEAD 弹作用过程

高炮发射 AHEAD 弹打击空中目标的工作过程分为 5 个阶段，如图 2.42 所示。

（1）雷达发现和探测到来袭目标，并对目标进行跟踪。

（2）雷达向火炮的火控系统发出指令。

（3）火炮发射弹丸。

（4）火控计算机通过炮口线圈测出每发弹的炮口速度，并根据目标运动参数，对每发弹的弹底引信进行时间装定。

（5）弹丸出炮口后，引信上的计时装置将以 ms 为单位进行倒计时，当达到零标志时，引信作用，点燃抛射药，将 152 枚预制破片向前抛出。152 个动能元被抛出后，向前形成一个顶角为 10°~12°的锥形弹束。理论计算和试验都表明，动能元在离心力作用下于空中形成一个较均匀的弹幕。

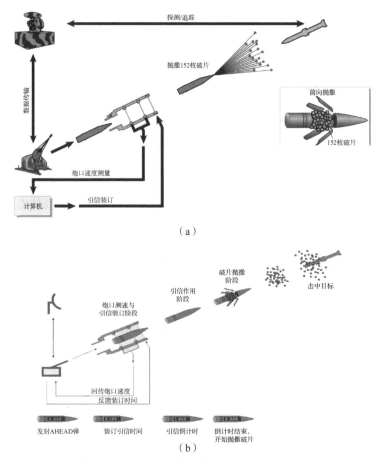

图 2.42　AHEAD 弹拦截空中目标作用过程
(a) 对空目标拦截打击作业流程；(b) 引信装订及计时作用

一般小口径高炮对空射击，主要基于弹丸直接命中而起作用，当目标几何尺寸小、飞行速度高（如小型导弹）时，直接命中的概率显著降低，故一般小口径高炮主要适于对付低空飞行的各类飞机目标。而 35 mm 小口径双管自行高炮发射 AHEAD 弹时，是基于弹丸近炸、开舱、释放子弹而对目标起作用，从而大大提高了命中概率，更适于对付小型快速目标。AHEAD 弹药作为地面防空反导的先进武器，已经广泛应用于各国防空装备体系。

2.6　榴弹的发展趋势

高新技术下的现代榴弹，正朝着"增加射程、提高精度、高效毁伤、多种功能"的方向发展。为满足未来战争的需要，远程压制榴弹的发展趋势是口径射程系列化、弹药品种多样化、无控弹药与精确弹药并存。

在提高射程方面，从中近程（20 km 左右）发展到超远程（大于 100 km）。中近程弹药采用减阻及装药改进技术；远程弹药采用火箭、底排—火箭、冲压发动机增程技术；超远程弹药采用火箭—滑翔、冲压发动机—滑翔、涡喷发动机—滑翔等复合增程技术或新型发射技术等。

在提高精度方面，中近程弹药采用常规技术，远程弹药采用弹道修正、简易控制、末段制导等技术；超远程弹药采用简易控制、卫星定位+惯导、末段制导等多项复合技术。在提高战斗部威力方面，针对不同的目标采用高效毁伤技术。

1. 利用先进增程技术大幅提高远程打击能力

现代榴弹要满足现代战争的需要，必须拓展其压制纵深，大力发展先进增程技术。中近程榴弹采用底排减阻及弹形优化技术可实现 30~40 km 的纵深压制；远程榴弹采用火箭增程、底排—火箭复合增程技术可实现 40~70 km 的纵深压制；超远程榴弹采用冲压发动机—滑翔、火箭—滑翔、涡喷发动机、滑翔等复合增程技术可实现更远距离的纵深压制。从发展现状、今后需求以及技术走向来分析，冲压发动机增程、滑翔增程、复合增程是远程压制杀爆弹药的主要增程技术。

采用冲压发动机增程技术后，中、大口径弹药的射程可以达到 70 km 以上，增程率达到 100%。滑翔增程是受滑翔飞机及飞航式导弹飞行原理的启发而提出的一种弹药增程技术。目前，正在研究火箭推动与滑翔飞行相结合、射程大于 100 km 的火箭—滑翔复合增程杀爆弹药，其飞行模式为弹道式飞行+无动力滑翔飞行：首先利用固体火箭发动机将弹丸送入顶点高度很高的飞行弹道，弹丸到达弹道顶点后启动滑翔飞行控制系统，使弹丸进入无动力滑翔飞行。炮射巡航飞行式先进超远程弹药，与上面提及的火箭—滑翔复合增程弹药在工作原理上截然不同，其飞行阶段为弹道式飞行+高空巡航飞行+无动力滑翔飞行。

根据动力装置的不同，上述先进超远程弹药又分为采用小型涡喷发动机的亚声速巡航飞行、采用冲压发动机的超声速巡航飞行两种巡航飞行模式。前者动力系统复杂，控制系统相对简单，可以采用火箭—滑翔复合增程弹的一些成熟技术，但是弹丸的突防能力低于后者；后者动力系统简单，控制系统相对复杂，突防能力强，是未来技术发展的主要方向。

2. 利用电子、信息、探测及控制等技术提高远程精确打击能力

随着榴弹射程的增大，弹丸落点的散布随之增大，从而使得毁伤效率下降。为了提高远程榴弹的射击精度，各国正借助日新月异的电子、信息、探测及控制技术，大力开展卫星定位、捷联惯导、末制导、微机电等技术的应用研究，以提高远程压制榴弹的精确打击能力。

与导弹相比，炮射压制弹药的特点是体积小、过载大，而且要求生产成本低，因此精确打击压制弹药的研制必须突破探测、制导及控制等元器件的小型化、低成本、抗高过载等关键技术。

微机械技术与微电子技术相结合，形成了新一代微机电系统，它具有低成本、抗高过载、高可靠、通用化和微型化的优势，正是弹药逐步向制导化、灵巧化方向发展所迫切需要的，也正是它的出现使得常规弹药与导弹的界线越来越模糊。

比如，微惯性器件和微惯性测量组合技术的发展，催生了新一代陀螺仪和加速度计，包括硅微机械加速度计、硅微机械陀螺、石英晶体微惯性仪表、微型光纤陀螺等。与传统的惯性仪表相比，微机械惯性仪表具有体积小、质量轻、成本低、能耗少、可靠性高、测量范围大、易于数字化和智能化等优点。

随着压制弹药射程的提高，对弹药命中精度的要求也越来越高，单靠一种技术措施已不能满足要求，需要开展多模式复合制导和修正技术的研究，并不断探索提高射击精度的新原理、新技术。

3. 利用高效毁伤战斗部技术提高作战效能

在远射程、高精度的作战要求下,必然导致战斗部有效载荷降低。为提高远程榴弹的威力,必须加强战斗部总体技术和破片控制技术的研究,采用各种技术措施来提高对目标的毁伤能力,归纳起来有采用高威力炸药和改进装药工艺技术、选用高强度高破片率材料作弹体材料、采用预控破片和定向技术提高破片密度、采用活性破片提高毁伤效能等方法。

4. 利用多功能引信技术提高作战效能

多功能引信技术指的是一种或几种引信具有多种功能（如近炸、电子定时、触发、简易制导、弹道修正、联合可编程等）,同时把点火与控制、弹道修正、制导与控制融为一体的引信技术。技术的成熟性将直接导致引信的种类减少到几种或十几种,使原有库存弹药经过多功能引信的替换,大大提高命中精度和毁伤效能。

以美国为首的北约军事集团,为减少三军引信的种类,在20世纪80年代开始研究多功能引信的第一代产品,经过10～15年的发展,目前榴弹配用有M782多选择引信、迫弹配用有M734A1多选择引信、火箭弹配用有M174电子时间引信、海军配用EX437多选择引信（2005年装备部队）。通过红外技术、激光技术、毫米波技术与末制导技术的复合,仅更换一个引信,就能大幅度提高常规无控榴弹的作战效能。随着全球定位系统（GPS）技术、微机电系统（MEMS）技术的成熟,捷联式惯导系统也可在常规炮弹上使用,高精度的弹道修正将成为现实。

习　题

1. 榴弹的基本组成及各部分的功能。
2. 从终点效应分析,榴弹对目标的作用主要有哪些？
3. 根据炮弹的作用过程,炮弹增程的途径主要有哪几个方面？具体增程有哪些方法？
4. 分析底凹弹、枣核弹、底排弹和火箭增程弹的不同增程特点。
5. 分析不同结构底排装置的作用特点。
6. 针对空中目标特点,对高射榴弹应满足哪些要求？
7. 简述AHEAD弹的结构组成与作用原理。
8. 根据弹药的特点和未来战争的需要,分析榴弹的发展趋势。

第 3 章
穿甲弹

3.1 穿甲弹发展概述

现代装甲目标的装甲坚、火力强、运动性能好，因此要求反装甲弹药精度好、威力大、有效射击距离大。按照作用原理不同，反装甲弹药主要有穿甲弹、破甲弹和碎甲弹等。

穿甲弹是一种利用其动能作用毁伤目标的弹药，它主要依靠自身的高强度和大动能来穿透目标防护，穿透目标后利用弹丸爆炸作用、弹丸残体或灼热的高速破片杀伤（毁伤）目标内的有生力量，引燃或引爆弹药，破坏设备设施等，可配用于坦克炮、反坦克加农炮、舰炮、海岸炮、高射炮和航空机关炮等各种火炮，主要用于打击坦克、步兵战车、装甲运输车、自行火炮、舰艇和飞机等目标，也可用于破坏坚固防御工事。

穿甲弹是在与装甲防护目标的对抗斗争中发展起来的，最早出现于 19 世纪 60 年代，最初主要用来对付覆有装甲的工事和舰艇。第一次世界大战出现坦克之后，穿甲弹在与坦克的对抗中得到迅速发展。

穿甲弹的发展已经历了四代：第一代是适口径的普通穿甲弹，普通穿甲弹弹体采用高强度合金钢材料，通过头部不同结构形状和不同硬度分布设计，对轻型装甲目标有较好的毁伤效果；第二代是次口径超速穿甲弹，在第二次世界大战中，为满足打击重型坦克的需要，研制了采用碳化钨弹芯的次口径超速穿甲弹，发展了用于锥膛炮发射的可变形穿甲弹，新型穿甲弹弹重减轻，初速度提高，着靶比动能大幅增加，提高了穿甲威力；第三代是旋转稳定脱壳穿甲弹；第四代是尾翼稳定脱壳穿甲弹（也称杆式穿甲弹），杆式穿甲弹进一步提高了着靶比动能，穿甲威力得到大幅度提高。

特别是 20 世纪 70 年代后，采用高密度钨（贫铀）合金制作弹体后，使穿甲弹穿甲威力和后效作用大幅度提高。20 世纪 80 年代以来，尾翼稳定脱壳穿甲弹初速度可达 1 800 m/s，随着弹芯材料及工艺性能的提高，弹芯长径比不断加大，穿甲能力进一步提高。

针对装甲目标的高效打击相继发展了其他类型的各种反装甲弹药，但穿甲弹仍然是反装甲弹药的主力之一。随着目标类型与作战需求的变化，穿甲弹已经发展了很多品种，对付各种轻型装甲车辆、坦克顶甲、飞机和导弹等目标时，主要采用小口径穿甲弹，除保留普通穿甲弹外，主要发展钨、贫铀合金旋转稳定脱壳穿甲弹，而且正向着威力更大的尾翼稳定杆式穿甲弹发展；从正面或侧面打击坦克、坚固混凝土工事等目标时，一般使用中、大口径的穿甲弹。根据终点毁伤效应的应用需求，还发展了穿甲燃烧弹、穿甲爆破弹（半穿甲弹）等不同功能的穿甲弹。

3.2 装甲目标防护技术

所谓装甲目标是指用装甲保护的武器装备目标,如坦克、装甲车辆、自行火炮、武装直升机和军舰等,最具代表性的装甲目标就是坦克。自坦克成为"陆战之王"以来,以坦克为主的装甲战斗车辆就一直是地面作战的主战装备。相应地,装甲与反装甲之战也就成了地面作战最为激烈的对抗。为了赢得"矛"与"盾"对抗的优势,世界各国加速发展了反装甲武器。随着现代反装甲武器的发展以及战场环境的变化,尤其是电子信息技术的发展,传统的装甲防护技术已经远远不能满足陆军车辆战场生存力的需求,于是采取系统防护的方法被认为是一种行之有效的应对措施。综合防护系统是一个系统的防护,主要包括6个层次(见图3.1):不被遭遇;不被发现;不被捕获;不被命中;不被击穿;不被击毁。采取的防护方法有直接防护、间接防护和主动防护。

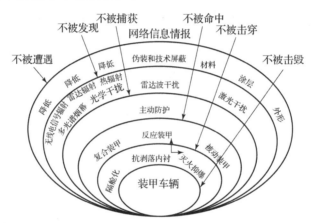

图 3.1 装甲车辆综合防护系统示意图

3.2.1 直接防护

直接防护是坦克、装甲车辆利用布置在各部位的装甲抵御各种反装甲弹药的直接攻击、提高战场生存力的基础。坦克的防护能力取决于装甲的材料性能、加工工艺、厚度、结构、形状及其倾斜角度。根据材料性质不同,坦克装甲可分为均质装甲和非均质装甲,20 世纪 70 年代又发展了反应式装甲。

1. 均质装甲

均质装甲一般是指均质钢装甲,它的化学成分是 96% 以上的 Fe,以及占一定配比的 C、Si、Mn、Cr、Ni 和 Mo 等;它的抗弹性能除取决于这些化学成分外,还与物理性能即其强度、硬度和耐冲击韧性有很大关系。按照硬度可以分为高、中、低三种高硬度装甲,在弹丸冲击下不易变形,可以撞碎来袭穿甲弹,但它韧性较低,容易破碎或崩落。各国装甲车辆应用最多的均质装甲是轧制的装甲,现在各国所用的均质轧制装甲板的钢有镍铬铝钢、锰铬铝钢、钼钢、硅铬钢。合金中加入镍和铬,会使钢材的强度和韧性增加,这种钢材是优质的装甲钢材。均质装甲主要通过提高装甲材料的力学性能、增加装甲的厚度、增大装甲的倾斜度来提高其对抗性能。虽然依靠单一的均质装甲难以抵抗现代反坦克弹药的攻击,但是它依然是现代坦克作为防护的最基本装甲,而且仍然在不断发展,发展重点是增强硬度、提高强度和增大冲击韧性。

2. 非均质装甲

非均质装甲主要有表面硬化装甲、屏蔽装甲、间隙装甲、复合装甲等。

表面硬化装甲是在装甲表面渗碳或渗其他元素并进行表面处理的装甲,是高硬度表面和高韧性板体相结合的甲板。其既具有碰碎敌方弹丸的能力,又有板体不易破碎和崩落的性能。这种装甲抵御穿甲弹侵彻的性能优于均质装甲。

针对反坦克弹药的发展,英国于1976年在乔巴姆镇研制成功新型装甲,命名为乔巴姆装甲。如图3.2所示,它是由多种不同材料制成的结构层复合而成,称为复合装甲。复合装甲所用的材料有均质的钢板、高硬度的陶瓷、玻璃纤维、增强塑料、铝和铬钢玉等。一般复合装甲的前后两层或几层为硬度不等的均质钢板,中间夹有若干层非金属材料或轻金属材料,各结构层间用环氧树脂或特殊黏结剂结合。

各国研制的复合装甲所采用的材料和工艺不同,构造也各异。复合装甲的抗弹能力比单体均质装甲大幅提高,复合装甲已成为现代装甲车辆广泛采用的装甲结构形式,成为现代坦克提高防护性能的关键技术之一。但是,复合装甲制造工艺复杂、成本高,不适合加工成复杂的形状,一般都制成平坦的板状,只挂装在中弹概率高的重点部位,如车体和炮塔的前部以及侧面。

贫铀装甲是一种采用高密度贫铀合金的复合装甲,由美国在1988年首先研制成功。它由钢—贫铀夹层—钢3层组成,是一种高新技术新型装甲,是目前世界上防护性能最好的复合装甲。贫铀装甲的主要特点是强度和硬度高,密度大,防御性能好,采用合理的贫铀夹层结构和其他复合材料的搭配制成的贫铀装甲结构,具有良好的综合抗弹性能,可大幅提高对破甲弹和穿甲弹的抗弹能力。

3. 反应装甲

在两块金属板之间,夹有一层薄的钝感炸药,构成一个封闭式单元,就是一块反应式装甲块。当空心装药弹击中一块反应式装甲单元时,破甲射流的很大能量使夹在中间的钝感炸药爆炸,两块金属板被炸碎,所形成的爆炸产物干扰射流的方向,消耗聚能射流的能量,减弱对装甲的侵彻作用,使破甲威力大大降低,有效地防御了破甲弹的攻击,如图3.3所示。

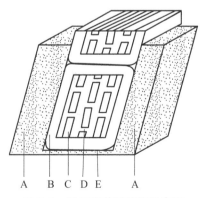

图3.2 乔巴姆装甲结构示意图

A—均质钢板;B—铝或合成树脂盒;C—陶瓷块;
D—环氧树脂或特殊黏合剂;E—固定装甲块的辅助薄钢板

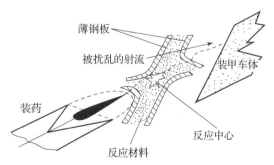

图3.3 反应式装甲对抗射流作用原理

挂装反应式装甲的主体装甲外表面要设有一些挂点,以便安装时用螺栓将它固定在主体装甲上,而挂装时,反应式装甲要有一定的倾斜角度。反应式装甲结构简单,其防弹效果好,成本低廉,能大量生产,使用和安装方便,在短时间即可完成坦克的改装,车重增加有限,是提高坦克防护力的一种好办法。

3.2.2 间接防护

间接防护是一种形体防护,通常指装甲目标不被发现和不被命中的能力,具体方式是通过控制装甲车辆的外廓尺寸和采取有利的抗弹外形来获得防护效能。外廓尺寸小,则受弹面积小,可以减小被发现和被命中的概率;合理的防护外形既可使来袭的弹丸发生跳弹,提高坦克的抗弹能力,也可减轻冲击波的破坏作用。其衡量标准是在相同条件下被发现、被命中概率和对抗弹性能的影响程度。因此,影响坦克、装甲车辆形体防护的主要因素是外廓尺寸和形状。减小外廓尺寸,设计合理的装甲壳体形状,有利于防护效能的提高。

3.2.3 主动防护

被动防护系统即常规防护系统,它属于消极防护,这种防护系统是最简单、最直接的方法,然而随着科技的进步,被动防护效果的提升呈现出疲软的态势。

主动防护是相对于采用装甲车体和炮塔这种被动防护而言的,主动防护系统通过雷达和光电等探测装置,感知并获取来袭反坦克反装甲弹药的运动轨迹和特征,然后通过计算机控制对抗装置,阻止来袭弹药直接命中坦克装甲车辆。根据作用机理,主动防护系统可被分为干扰诱骗型、弹道拦截型和综合型。其中,采用干扰、诱骗等方式使来袭导弹偏离预定目标,从而保护自己不受伤害属于软杀伤主动防护系统;拦截型主动防护系统属于一种硬杀伤系统,它主要通过发射拦截弹药等方式,追踪、迎击及在安全距离上摧毁来袭弹药。主动防护技术以其有限的增重,通过引入全新的防护理念,融合成多种防护技术,不但增加了防护的深度,而且拓展了防护空间。

有关资料显示:主动防护系统可将装甲作战车辆在作战中的生存概率提高1倍;使用轻型反坦克武器对装甲作战车辆实施近距离、全方位突袭时,主动防护系统能够使车辆的生存力提高3~4倍,大大提高了装甲作战车辆的使用效能。主动防护系统一般由三个分系统组成:探测系统、控制系统和火力拦截系统。

主动防护系统的作用原理及试验测试如图3.4所示。

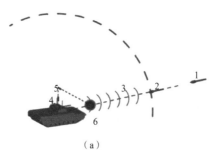 

(a) (b)

图3.4 主动防护系统的作用原理及试验测试

(a)作用原理;(b)实弹测试

1—敌方发射反坦克弹药;2—搜索雷达或传感器探测来袭威胁;3—跟踪雷达对威胁进行分类、计算所需的撞击点和决策是否攻击;4—主动防护系统发射对抗弹药;5—对抗弹药指向来袭威胁;6—对抗弹药摧毁来袭威胁

3.3 穿甲效应

3.3.1 穿甲作用

穿甲是指以一定速度运动的弹体撞击靶体局部，使靶体产生弹塑性变形或脆性断裂，在靶体中强行开辟通路，利用高速冲击、侵彻与贯穿等效应造成靶体损伤和破坏的动力学过程。弹体泛指实施穿甲的各种运动体，包括动能穿甲弹、各种枪弹、破片、聚能射流以及整体弹丸（战斗部）等，靶体包括各种装甲、土壤、岩石、混凝土等介质以及目标实体或等效结构、各种靶标等。侵彻是指弹体在靶体中强行开辟通路并在靶体中运动，从而造成靶体损伤破坏的过程；贯穿是指弹体穿透靶体，造成靶体贯通破坏的现象或结果。

弹体撞击靶体的速度对穿甲现象的影响特别显著，不同速度范围的穿甲力学行为存在较大差别，适用不同的力学理论。撞击速度可分为：低速范围（0～25 m/s）；亚弹速范围（25～599 m/s）；弹速范围（500～1 300 m/s）；高速范围（1 300～3 000 m/s）；超高速范围（>3 000 m/s）。当弹体撞击速度较低时，靶体只产生弹性变形。当着靶速度达到某一极限值，其接触应力达到或超过相应材料的压缩屈服应力时，靶体或弹体之一将产生永久性塑性变形。随着着速的不断提高，靶体终将产生塑性或流动变形。因此，使靶体产生非穿孔性塑性变形的弹体撞击速度有两个极限，下限是靶体产生弹性变形的弹性极限速度，上限是靶体产生流动变形的塑性极限速度。当撞击速度超过与材料压缩体积模量 K 有关的速度 v_n 以后，物体的可压缩性相对减弱，变形速度超过了固体中的压缩波传播速度，在固体中形成激波；若达到 $3v_n$ 的撞击速度，则将观察到粉碎、相变、汽化甚至冲击爆炸等现象。

3.3.2 穿甲弹对靶板的破坏

1. 靶板厚度

对于结构和厚度均匀、迎弹面尺寸远大于弹体特征尺寸的靶体，习惯上称为靶板。靶板的厚度同样对穿甲现象有显著影响，其中对有限厚度靶板的穿孔效应尤为突出，结合不同的靶板材料特性需要采用不同的力学分析与处理方法。靶板按厚度一般进行以下分类：

（1）薄靶。弹体侵入靶板过程中，靶板中的应力和变形沿着厚度方向没有梯度，或梯度可以忽略。

（2）中厚靶。远方边界表面对侵入过程有不可忽略的影响，弹体侵入靶板过程中会一直受到靶板背表面的影响。

（3）厚靶。弹体侵入靶板相当远的距离后，才感受到靶板背表面的（远方边界表面）的影响。

（4）半无限靶。弹体侵入靶板过程中不受远方边界表面的影响。

上述靶板的分类方式，体现的是某种相对性，结合不同的靶板材料特性进行具体力学分析时，靶板厚度的划分要具体考虑靶板与弹体尺度及材料弹性波声速的关系。弹靶撞击，弹体中应力波来回传播一次，靶体中的应力波一般可以来回传播多次，具体可以通过下式描述，即

$$N = \frac{L/C_{ep}}{H/C_{et}} \tag{3.1}$$

式中，L，H——弹体长度和靶板厚度；

C_{ep}——弹体材料声速；

C_{et}——靶板材料声速。

在常规尺度的弹体长度和靶板厚度范围内，当 $N > 5$ 时，靶板归为薄靶。这个数字是根据弹头前方靶板内的应力逐渐取得稳定值时所决定的。当 $1 < N < 5$ 时，靶板归为中厚靶；当 $0 < N < 1$ 时，靶板归为薄靶，应力波从靶板背面反射回来所需时间比弹体中的应力波反射回来所需时间还要长。当 $N \to 0$ 时，靶板归为半无限靶。这种选择大体上把薄靶、中厚靶和厚靶区分开来，在与用靶厚—弹径比来划分时，差别不太大。

2. 靶板破坏形式

靶板在各种速度弹丸的撞击过程中会产生各种现象，包括弹性波、塑性波的传播，还有摩擦生热等产生的局部变形或整体变形。由于撞击速度、撞击角度、靶板厚度、靶板结构与材料性能、弹丸形状与材料等因素的不同，靶板破坏各有特点，侵彻过程中会出现各种破坏形式。

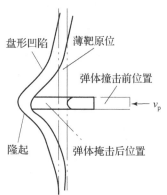

图 3.5 薄板隆起和凹陷变形

薄板在未造成穿孔性破坏时，有两种由于塑性变形而造成的位移：一是在弹头接触部分，靶板产生与弹头形状完全相同的隆起变形；二是由于靶板弯曲而造成的盘形凹陷变形。如图 3.5 所示。

薄靶和中厚靶的局部断裂破坏将导致穿孔或贯穿现象发生，就穿透来说，装甲目标的破坏形式可以归纳为 5 种，即韧性破坏、冲塞破坏、花瓣型破坏、破碎型破坏和层裂型破坏，如图 3.6 所示。

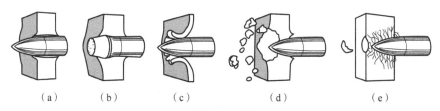

图 3.6 装甲板的破坏形式

(a) 韧性破坏；(b) 冲塞破坏；(c) 花瓣型破坏；(d) 破碎型破坏；(e) 层裂型破坏

具体的破坏现象因弹体几何构型（尤其是头部形状）、靶板厚度、材料性质以及撞击速度的不同而呈现出不同特点。基于实验和理论研究，通过归纳和总结得到共识的典型靶板穿孔破坏现象如图 3.7 所示。

当初始应力波的应力大于极限材料压缩强度时，低强度和低密度材料的靶板会发生断裂破坏 [见图 3.7 (a)]。

对于拉伸强度低于压缩强度的靶板材料（如陶瓷），在撞击中，初始应力波之后会出现径向断裂破坏 [见图 3.7 (b)]。

层裂型坏是由于压缩波在靶表面反射后产生的材料拉伸破坏而造成的，在爆炸、加载中常常发生这类破坏 [见图 3.7 (c)]。痂斑型破坏的情况与层裂型破坏类似，但出现的区域往往是由材料的局部不均匀性，或在压延成型中所遗留的各向异性特性所造成的 [见图 3.7 (c)]。

冲塞破坏是弹体把靶板中大小和弹体截面差不多的一块挤凿出去造成的,当弹体挤压这块靶板时,它与靶板主体相连接的环形截面上会产生很大的剪应力,由此突然产生的剪应变产生热量,在短暂的撞击过程中这些热量来不及散失,从而大大提高了局部环形区域的温度,降低了材料的抗剪强度,以致出现冲塞破坏,这是一个近似绝热剪断的过程。脆性薄板或中厚板受到钝头弹体撞击时,最易发生冲塞破坏,它和撞击速度以及钝头弹体的撞击角有密切关系［见图3.7（d）］。

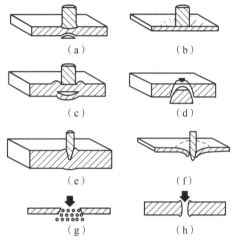

图3.7 靶板穿孔的破坏现象

(a) 初始压缩波造成的背侧断裂破坏；(b) 脆性靶板的初始压缩波后造成的径向断裂破坏；
(c) 脆性靶板的层裂型或痂斑型破坏；(d) 脆性靶板的冲塞破坏；
(e) 脆性靶板的正面花瓣型破坏；(f) 脆性靶板的背面花瓣型破坏；
(g) 脆性靶板的破碎型破坏；(h) 韧性靶板的孔口扩展型破坏

花瓣型的卷边破坏,是在侵入体四周的靶板上,当初始应力波过去后产生的环向和径向的高值拉伸应力所造成的破坏。弹体向前运动时,先把靶元的材料向前推去,从而造成靶板的弯曲,形成靶板中的弯曲应力,再加上板材料中存在的不均匀性,在其弱点上,这种弯曲应力就造成花瓣型的卷边破坏［见图3.7（e）］。当尖拱形或锥形弹头的子弹以较低的撞击速度撞向薄板时,最易出现这种破坏。当钝头弹体在破坏极限速度附近撞击薄靶板时,也会出现这种破坏。花瓣型破坏总是伴随着产生较大的塑性流动变形和板的永久弯曲变形。

如果弹体的撞击速度较大,靶板背面的隆起部分进一步受到弹体的推动,而发生进一步的变形,最后隆起部分的拉伸应力超过材料的拉伸强度,在弹体顶端四周产生星形裂缝,弹头钻出了靶板背侧,靶板再也挡不住弹体的前冲运动,而靶板其余部分的拉伸应力把已经穿孔的边缘拉住,即造成背面的花瓣型卷边破坏［见图3.7（f）］。

硬度中等或较低的厚板,穿孔破坏时兼有韧性破坏和层裂型破坏的特性。除了靶元的破坏外,弹体也会产生塑性变形、粉碎、弹壳炸裂或部分机能故障等损坏。当然,由于靶元破裂或弹体破裂而散射的残块,在碰到其他靶元时,仍应把它们当作是一种侵入体。

实际上,上述各种现象是一些典型情况,在弹丸侵彻靶板的过程中,实际出现的可能是几种破坏现象的综合,特别是当弹丸对靶板进行斜撞击时,其现象就更为复杂。

3.3.3 弹道极限与剩余速度

弹体与靶体撞击以后，一般弹体的形状有三种可能的形式：保持原有的完整形状，称为完整；形状发生较大的变化，称为变形；破裂成两块以上的散块，称为碎裂。弹体在撞靶后，一般有三种可能的运动形式，即穿透、嵌埋和跳飞。因此，弹体在撞击靶板以后有九种可能的形态，如图3.8所示。

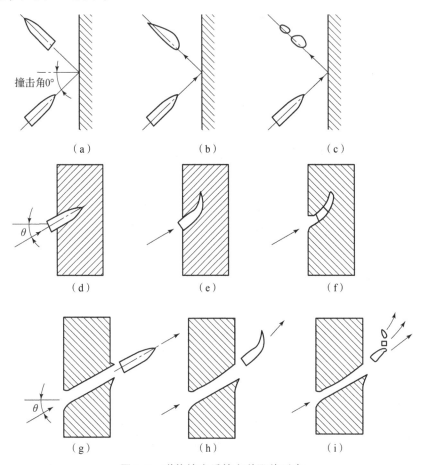

图 3.8　弹体撞击后的九种可能形态

(a) 完整跳飞；(b) 变形跳飞；(c) 碎裂跳飞；(d) 完整嵌埋；(e) 变形嵌埋；
(f) 碎裂嵌埋；(g) 完整穿透；(h) 变形穿透；(i) 碎裂穿透

当弹体撞击速度达到一定值时，可在靶体内开辟一条通道并实现对靶体的贯穿。这种弹体贯穿靶体的能力，采用"弹道极限"的概念或术语进行描述。

对于弹道极限，通常理解为弹体以规定着角贯穿给定类型和厚度的靶体所需要的撞击速度（着速）。弹道极限被认为是下面两种撞击速度的平均值：一是弹体头部恰好透过靶板背面并嵌于靶板的速度；二是弹体尾部恰好通过靶板背部即刚好完整通过靶板的速度。弹道极限作为一种速度，是固定弹—靶结构和一定撞击条件下非常重要的弹体穿甲特征参量，也表述为"弹道极限速度"。对于已知质量和特性的弹体，弹道极限实际上也代表了在规定条件下弹体贯穿靶板所具备的动能。

在考察弹体侵彻与贯穿能力时必须注意，对于一组给定的弹—靶系统而言，并不存在任何一个固定不变的弹道极限值，即大于该速度时贯穿目标，小于该速度时不贯穿目标。确切地说，存在一个速度区间，在该速度区间内弹体可能贯穿靶板，也可能不贯穿。当着速低于该速度区间的下限时，贯穿概率趋近于0；当着速高于该速度区间的上限时，贯穿概率接近于1。此外，这一速度区间因着速的不同而有所变化，着速较高时（如2 700 m/s）比着速低时（如300 m/s）更宽。这意味着弹道极限较高时着速的意义较小，而上述速度区间的上、下限速度比弹道极限本身更有意义。

然而，对于穿甲效应和目标毁伤来说，仅仅贯穿目标防护装甲并不等于已经毁伤了目标，或不能对目标功能毁伤给出直接答案。装甲本身常常是用来保护目标的主要中间体，如坦克乘员、弹药以及发动机等。因此，装甲被贯穿并不意味着目标被摧毁，重要的问题是贯穿后弹体的剩余速度和剩余质量，以及是否具备破坏防护装甲后面要害部件的能力。因此，将弹体的剩余速度和剩余质量结合起来考虑可更好地判断其对目标的毁伤效应。

3.3.4 穿甲作用的影响因素

弹体撞击靶体后，弹体和靶体的变形及破坏方式与弹靶作用条件相关，具体体现在撞击速度、撞击角度、弹体形状和尺寸、弹体材料、靶体材料、靶体结构和靶体厚度等方面。

1. 弹体的结构与形状

弹体的结构与形状不仅会影响弹道性能，也会影响穿甲作用。对于旋转稳定的普通穿甲弹而言，虽然希望弹丸的质量大，但其长度不宜过长，这样可防止着靶弯曲和跳飞。弹体上适当预制断裂槽或配置被帽，可提高穿甲性能。对长杆式穿甲弹，则希望适当增大长细比，一方面能增加弹丸相对质量，减小弹道系数 C，进而减少外弹道上的弹丸速度降，较大幅度地提高比动能；另一方面能保证有足够长的弹体消耗在破碎穿甲过程中，并最后剩余一定质量冲塞穿甲。

2. 弹体着靶比动能

弹体侵彻靶板的穿孔直径、穿透的靶板厚度、冲塞和崩落块的质量在很大程度上取决于侵彻体的着靶比动能 [$e_c = E_c/(\pi d^2)$，d 为飞行弹丸直径]，这是由于穿透靶体所消耗的能量是随穿孔体积的大小而改变的（即单位体积穿孔所需能量基本相同）。因此，要提高穿甲威力，除提高弹体的着速外，还需适量减小弹径。

3. 弹体的着靶姿态

弹体的着角（速度与靶体正面法线的夹角）和章动角（也称攻角）是影响穿甲作用的重要因素。当弹丸以0°着角垂直碰击钢甲时，弹丸侵彻行程最小，极限穿透速度也最小。随着着角的增大，侵彻行程增加，受力情况和能量分配也发生改变，导致极限穿透速度增加。无论是对均质还是非均质装甲，其都有相同的规律，只是对侵彻非均质装甲的影响更大。弹体的章动角越大，弹体在靶板上的开坑越大，此阶段消耗的弹丸能量越多，导致穿甲深度减小。对于长径比大的弹丸和大法向角穿甲，章动角对穿甲作用的影响更大。

4. 装甲材料、结构和相对厚度

弹体穿甲能力的大小在很大程度上取决于装甲的抗力，而靶板的抗力取决于其物理性能和力学性能。靶板的力学性能提高、相对厚度（靶板厚度与弹径之比）增加、非均质性增加、密度增大、采用有间隙的多层结构等都会使弹体的穿深下降。

3.3.5 穿甲弹的战术性能要求

一般来说，对穿甲弹的性能要求常包括穿甲威力、直射距离、密集度、火炮系统的机动性等几个方面。

1. 穿甲威力

1）穿甲威力考核

对穿甲弹的威力要求是能在规定射程内从正面击穿装甲目标并具有一定的后效作用，在目标内部有一定的杀伤、爆破或燃烧作用。为便于对穿甲弹进行威力考核，在穿甲弹的科研和生产过程中，通常把实际目标转化为一定厚度和一定倾角的均质装甲靶板。

穿甲弹作用靶板的过程如图 3.9 所示，当着速 v'_c 在水平面内时，装甲水平倾角 α 与弹丸的着角（v'_c 与法线矢量 N 之间的夹角）相同。由于试验射击中采用小射角射击，弹道平直，故可近似认为着速 v'_c 为水平矢量，弹轴线与 v'_c 重合。大量试验结果表明，长杆侵彻体的穿甲深度 s 与均质装甲板的厚度 δ 及弹丸的着靶速度与靶板法线之间的夹角 α 存在以下关系：

$$s = \delta/\cos\alpha$$

这一关系在 $\alpha = 0° \sim 70°$ 内误差不大，进行穿甲威力试验可以采用厚度 220～450 mm 的均质装甲靶板，选取不同的法向角即可得到不同厚度的均质装甲靶板，用于穿甲弹威力考核。

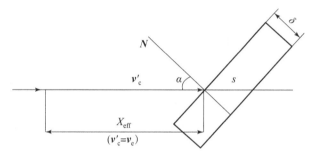

图 3.9 穿甲威力示意图

2）靶板穿透率

对于穿甲弹结构与目标都确定的情况，在某着靶速度范围内，影响穿甲的随机因素还有很多，穿透或穿不透具有一定的随机性，通常认为弹丸穿透装甲事件服从正态分布。目前多使用 50% 或 90% 穿透率表征方法，对应的着靶速度计为 v_{50} 或 v_{90}，标准方差记为 σ_{v50}（或 σ_{v90}），v_{50} 越小表示弹丸穿甲能力越强，其标准方差越小表示穿甲能力越稳定。目前，我国对穿甲威力的评价指标都使用 90% 穿透率的速度 v_{90}。v_{90} 与 v_{50} 的关系为

$$v_{90} = v_{50} + 1.28\sigma_{v50} \tag{3.2}$$

对于一定的装甲目标，每种弹丸都有着各种各样的最小穿透速度，即弹丸着速低于该值（或范围）时不能穿透，此速度称为极限穿透速度 v_c。v_c 值的大小标志着弹丸的穿甲能力，对于相同的装甲，v_c 越小，穿甲弹的穿甲能力越大；v_c 越大，穿甲能力越小。

3）穿甲威力的典型表示方法

弹丸在飞行中速度逐渐衰减，当着速 v'_c 小于极限穿透速度 v_c 时（即 $v'_c < v_c$），则不能穿透指定的装甲目标。为此，将穿透指定装甲目标所对应的最大射程称为有效穿透距离，用 X_e 表示。X_e 值可根据弹丸初速度 v_0、对指定装甲目标的极限穿透速度 v_c 及弹道系数 C，由外弹道表查得西亚切函数 $D(v)$，按下式求出：

$$X_e = \frac{D(v_c) - D(v_o)}{C} \tag{3.3}$$

由公式看出，对于不同的弹丸，即使 v_o、v_c 相等，而保存速度的能力不同，则有效穿透距离并不相等，弹道系数 C 越小，有效穿透距离越大。在穿甲弹中常用弹丸飞行 1 000 m 的速度衰减值（速度降）$\Delta v_{1\,000\,m} = v_1 - v_2$ 来表示保存速度的能力。v_1、v_2 为弹丸在该距离上的始、末速度。Δv 越小，存速能力越大，有效穿透距离越大。

穿甲弹的威力可以用下述形式表达："有效穿透距离（m）—装甲厚度（mm）（结构）/装甲水平倾角"或其他形式，例如：

①在 2 000 m 处穿透均质靶板的厚度为 700 mm，穿透率不小于 90%；
②在 2 000 m 处穿透 δ/α 的均质靶板，穿透率不小于 90%，如 150 mm/50°、220 mm/68.5°；
③对重型三层板的穿甲距离为 5 000 yd①，穿透率不小于 50%。

2. 直射距离

穿甲弹必须具有高初速度、低伸弹道，才能及时、有效地摧毁机动灵活的坦克目标。

直射距离是指弹道顶点高度等于给定目标高时的最大射程 X（见图 3.10）。根据坦克与装甲车辆的实际高度，通常目标高取 2 m。在射击过程中，当目标位于直射距离以内时，可不改变表尺进行快速直接瞄准射击。直射距离越大，弹道越低伸，表示穿甲弹的性能越好。

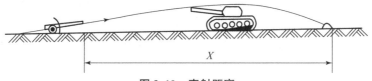

图 3.10　直射距离

X 是 v_o 和 C 的函数。在低初速度时，v_o 是决定因素；在高初速度时，C 的影响较大。一般情况下用公式计算，即

$$X = kv_o$$

直射距离系数为

$$k = f(C, v_o)$$

可查有关的弹道表。

3. 密集度

坦克、自行火炮和装甲车等现代装甲目标的机动性好、体积小，而穿甲弹必须直接命中才能摧毁目标，因此，要求火炮系统具有较高的射击精度，包括瞄准精度和射弹密集度。

瞄准精度的提高主要依靠瞄准具的改进、射手的良好训练和经验，增大火炮初速度、缩短飞行时间、准确估计射击提前量（按匀速运动估算），将有利于提高瞄准精度。

对直瞄武器的密集度，常用一定距离上的立靶密集度来表示，通常取射距 1 000 m 或根据弹丸有效穿透距离大小确定射距，用高低中间偏差 E_y 和方向中间偏差 E_z 来评定密集度。穿甲弹的指标一般不大于 0.3 m × 0.3 m。

4. 火炮系统的机动性

增大弹丸的初速度和质量，可满足穿甲弹的威力、直射距离等战技要求，但将直接影响火

---

① 1 yd（码）= 0.914 4 m（米）。

炮的机动性能。在战争中，火炮的机动性非常重要。炮口动能的大小直接影响火炮的质量，炮口动能越大，火炮质量越大，其机动性能越差。因此，在确定弹丸的初速度和弹丸质量时，必须综合考虑，以解决威力和机动性能的矛盾。近年来出现的高速脱壳穿甲弹具有很高的初速度（可达1 800 m/s）和较小的弹丸质量，威力较大，是解决上述矛盾的良好途径之一。

3.4 适口径普通穿甲弹

普通穿甲弹属于适口径（火炮口径与弹体直径相同）旋转稳定穿甲弹，早期主要用于对付装甲战船，随着坦克的面世，穿甲弹的应用开始普及，其性能也有了很大的发展。

穿甲弹目前除在小口径火炮上还有应用外，大部分都已被淘汰，但其结构及穿甲作用对于研制一些特殊弹种仍具有参考意义。

按头部结构不同，普通穿甲弹大致可分为尖头穿甲弹、钝头穿甲弹和被帽穿甲弹3种。

早期穿甲弹使用高强度金属制成，利用动能将装甲击穿；随着坦克内部空间的扩大，为了增强击穿装甲后对车组成员的杀伤力，穿甲弹的后部腔体内被装上炸药和引信。当普通穿甲弹直径不大于37 mm时，通常采用实心弹体结构，配有曳光管；为了提高对付薄装甲车辆的后效，一些小口径穿甲弹也装填少量炸药。当穿甲弹弹体直径大于37 mm时，多为带药室的结构，如图3.11所示，装填高威力炸药，并配有延期或自动调整延期的弹底引信，弹丸穿透钢甲后爆炸，杀伤内部人员和破坏技术装备。为了提高爆炸威力，大部分海军用穿甲弹都适当地增加了炸药装药，这种穿甲弹常称为半穿甲弹。普通穿甲弹常用的炸药有钝化黑索金和钝黑铝等。

图3.11 装填炸药的穿甲弹结构

普通穿甲弹一般由风帽、弹体、炸药装药、引信、弹带、曳光管、引信缓冲垫和密封件等组成，弹壁较厚 $[\lambda_\delta = (1/5 \sim 1/3)d]$，装填系数较小（$\alpha = 0\% \sim 3.0\%$），弹体采用高强度、高硬度的优质合金钢制造，如35CrMnSiA、Cr_3NiMo 或 $60SiMn_2MoVA$ 等，并经过热处理。一般来说，小口径普通穿甲弹常做等硬度处理，而中、大口径普通穿甲弹常采用头部淬火和尾部高温回火处理工艺，使头部具有高的硬度，尾部具有好的韧性。热处理工艺使弹体穿甲能力提高，弹带槽等部位的机械加工性能也得到改善。

3.4.1 尖头穿甲弹

尖头穿甲弹弹丸结构如图3.12所示，主要由弹体、炸药、引信、曳光管、弹带组成。这种老式穿甲弹的头部弧形部母线半径为 $(1.5 \sim 2)d$，气动外形不好，穿甲威力低。

图3.12（a）所示为37 mm高射炮尖头穿甲弹，由于弹头部辊压结合风帽后，弹头部尖长，故改善了气动外形。

尖头穿甲弹侵彻钢甲时头部阻力较小，对硬度较低的韧性均质钢甲有较好的穿甲能力，但侵彻硬度较高的厚钢甲时头部易破碎，作用于倾斜的装甲易发生跳飞现象。

3.4.2 钝头穿甲弹

钝头穿甲弹在撞击装甲时，由于接触面积较大，所以碰击应力小，弹头部不易破碎；钝头部改善了着靶时的受力状态，在一定程度上可防止跳弹；钝头部便于破坏装甲表面，易产生剪切冲塞破坏，其穿甲能力高于尖头穿甲弹，可用来对付硬度较高的均质钢甲和非均质钢甲。

钝头穿甲弹的结构与尖头穿甲弹基本相同，所不同的是弹顶部较平钝。从外形上看，弹顶有球面、平面和蘑菇形等，钝化直径为 $(0.6 \sim 0.7)d$。为减小飞行时的空气阻力，保证弹丸具有良好的空气动力外形，通常在钝头穿甲弹弹头部装有风帽。钝头穿甲弹结构及典型头部形状如图 3.13 所示。

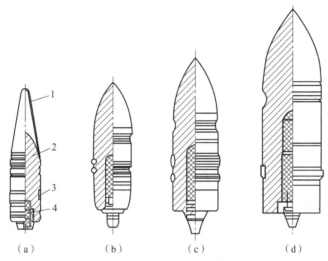

图 3.12　37 mm 尖头穿甲弹

(a) 37 mm；(b) 85 mm；(c) 100 mm；(d) 152 mm

1—风帽；2—弹体；3—弹带；4—曳光管

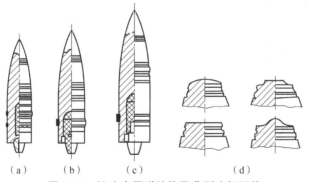

图 3.13　钝头穿甲弹结构及典型头部形状

(a) 100 mm；(b) 122 mm；(c) 152 mm；(d) 头部形状

钝头部改善了着靶时的受力状态，钝头穿甲弹碰击钢甲时，由于接触面积大，从而使弹头部的破坏程度大大减轻，弹头部不易破碎。与尖头穿甲弹相比，钝头穿甲弹之所以不易出现跳飞，主要是因为在相同条件下弹丸所受的跳飞力矩较小。如图 3.14 所示，钝头穿甲弹撞击靶板时，力 R_t 将对弹丸质心产生一反跳力矩。

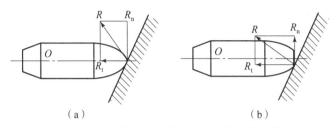

图 3.14 尖头弹和钝头弹对靶板的撞击受力情况
(a) 尖头弹；(b) 钝头弹

尖头弹与钝头弹在结构和材料上有共同之处，通常在弹丸上定心部与药室顶部之间加工有一两条环形沟槽，称为断裂槽。这是由于穿甲弹在碰击装甲时，弹体内的应力大大高于材料强度，弹头部不可避免地要破碎。为了防止弹体破裂扩展到药室或者不受控制，弹头部适当位置设置断裂槽，控制头部的破坏状态，如图 3.15 所示，使断裂局限在断裂槽以上的弹头部，确保弹丸爆炸威力或结构完整。断裂槽的位置、形状、深度对弹体破裂形状均有影响，通常设置于上定心部上方附近，距药室顶部一定距离处。断裂槽的槽深为 $(0.04 \sim 0.05)d$，其断面形状如图 3.16 所示。

图 3.15 有断裂槽的弹头部破坏情况

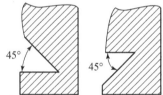

图 3.16 断裂槽断面形式

3.4.3 被帽穿甲弹

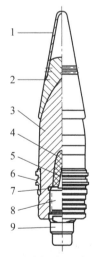

被帽穿甲弹的结构（见图 3.17）与钝头弹类似，主要差别是被帽穿甲弹在尖头弹体的头部钎焊了钝头形被帽。被帽穿甲弹主要用于打击表面经硬化的非均质装甲，以及表面硬度不太高而韧性较好的装甲目标。被帽穿甲弹是穿甲性能较好的一种普通穿甲弹。

被帽的作用是尽可能避免倾斜穿甲时产生跳弹和保护弹头部使其碰击目标时不破碎。被帽较弹体的硬度低而韧性较好，为了利于开坑，被帽顶端采用表面淬火，以提高其硬度。在被帽穿甲弹碰击钢甲时，通过被帽传到弹体头部的应力大为减小，且为三向受压状态（见图 3.18），从而保护了弹头部。碰击时被帽和钢甲表面被破坏，而后尖头弹体受较小的阻力继续侵彻，而且在倾斜碰击时不易跳飞，因此穿甲能力得到提高。

被帽的材料通常采用与弹体材料相当的合金钢制成，并经热处理。被帽的硬度一般比弹头部低些、韧性好些，以免被帽

图 3.17 被帽穿甲弹的结构
1—风帽；2—被帽；3—弹体；
4—炸药；5—缓冲垫；6—弹带；
7—密封垫；8—引信；9—曳光管

过早破裂而失去对弹头部的保护作用，但提高被帽前端的表面硬度将对穿甲有利，所以某些被帽前端常进行淬火处理。被帽与弹头部的连接通常采用钎焊（锡焊），也可用冲铆的方法固定。产品钎焊后要经落锤试验抽样检验。

被帽的高度 H 和顶厚 t（见图 3.19）是主要设计参数。试验结果表明，被帽的高度 H 以能包住弹头部长度的 60%~70% 为宜，顶厚 t 一般取为 $(0.2 \sim 0.4)d$，具体与所对付的装甲厚度和硬度有关。在对付厚度较大的渗碳装甲时，选取上限尺寸为好；对付均质装甲时，如果着角较大，为防止跳弹，顶厚宜取下限。被帽顶部形状一般做成球面或锥面，其钝化直径一般为 $(0.4 \sim 0.6)d$，适当加大钝化直径有利于防止跳弹。被帽包裹弹头部的长度应尽量大一些，取 $(0.7 \sim 0.8)d$。

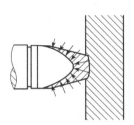

图 3.18　被帽穿甲弹撞击靶板情况

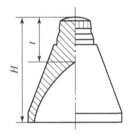

图 3.19　被帽结构示意图

钝头穿甲弹和被帽穿甲弹均有风帽，通过风帽改善弹头形状，减小空气阻力，提高弹丸保存速度的能力。被帽穿甲弹的风帽与被帽通常采用辊压结合。

3.4.4　半穿甲弹

半穿甲弹又称为穿甲爆破弹，其结构特点是弹丸有较大的药室，装填炸药量较多，装填系数 α 可达 4%~5%，头部大多是钝头或带有被帽。小口径半穿甲弹主要用在高射炮或航炮上，如航 30-1 穿甲/爆破自炸弹和 37 mm 高射炮爆破穿甲弹［见图 3.20（a）、图 3.20（b）］用来击毁空中及地面带有轻型装甲防护的目标。

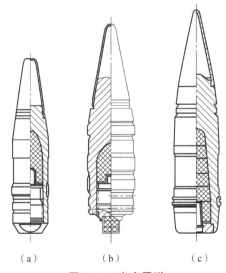

图 3.20　半穿甲弹

（a）航 30-1 穿甲/爆破自炸弹；（b）37 mm 爆破穿甲弹；（c）130 mm 岸舰炮用半穿甲弹

大、中口径半穿甲弹主要配用在舰炮或岸舰炮上,是舰炮武器系统打击舰船类目标的主要弹种,该弹通过弹体动能击穿舰船结构,弹药通过侵彻、内爆等方式,对舰船结构、设备等造成损伤。虽然舰艇的装甲较薄,但舱室空间较大,各舱室间的密封性较好,因此必须加强穿甲后效作用,在弹丸上一般采取增大药室和装药量的方法。由于弹体壁厚减薄,强度削弱,故弹丸的穿甲能力会有所下降。130 mm 的 50 倍口径岸舰炮用半穿甲弹[见图 3.20(c)]的药室内装有 6 节黑铝药柱,装填系数 $\alpha = 5.15\%$,可穿透 60 mm/30°的均质钢甲。

3.5 次口径穿甲弹

传统适口径穿甲弹通过改进发射药、增大火炮药室容量或增加炮管长度等途径提高穿甲能力。随着第二次世界大战中中型坦克的出现,坦克装甲厚度不断提升,传统全口径穿甲弹越来越力不从心,为了重新掌握穿甲弹的对抗优势,发展了次口径穿甲弹。

穿甲弹的核心是由高硬度、高密度材料(如碳化钨)制成的弹芯,外层包裹轻密度弹体使其弹体总重下降,弹丸在膛内发射和空中飞行时是适口径的,命中目标后,起穿甲作用弹芯的直径是小于火炮口径的弹芯,弹丸质量小于普通穿甲弹。在使用相同火炮发射时初速提升明显(可达 1 000~1 200 m/s),相较于同口径的全口径穿甲弹,弹芯在穿甲时接触速度更快,接触面积更小,提高了比动能,因此穿甲能力提升明显。

次口径超速穿甲弹的结构与普通穿甲弹相比差别很大。按其外形的不同,可分为线轴形(见图 3.21)和流线形(见图 3.22)两种。线轴形穿甲弹较轻,流线形穿甲弹的弹形较好。

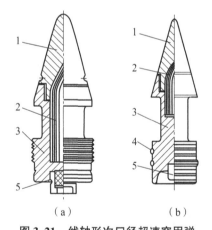

图 3.21 线轴形次口径超速穿甲弹
(a)环形凸起作为弹带;(b)本身加有弹带
1—被帽;2—弹芯;3—弹壳;4—弹带;5—曳光管

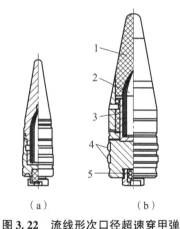

图 3.22 流线形次口径超速穿甲弹
(a)37 mm 次口径穿甲弹;(b)57 mm 次口径穿甲弹
1—被帽;2—弹芯;3—弹壳;4—弹带;5—曳光管

1. 结构组成

次口径超速穿甲弹主要由弹芯、弹壳、风帽(或被帽)、曳光管和弹带等组成。弹壳起支承弹芯、固定弹带并使弹丸获得旋转稳定的作用。通常把弹芯用氧化铅或干性油配成的油灰固定在弹壳的弹芯室中。弹壳常用一般碳钢或铝合金制成,为了减轻质量常把头部设计成截锥状,中部为线轴形,底部制成凹形。线轴形的两缘构成了定心部,环形凸起[见图 3.21(a)]作为弹带使用,有的弹丸则另加有弹带。被帽可用碳钢、铝合金、塑料或玻璃钢等制成,外形一般为锥形。被帽可采用螺纹或其他方式与弹壳连接。

弹芯是次口径超速穿甲弹的主体,由碳化钨制成。弹芯材料之所以采用碳化钨,是因为其硬度高、密度大（14~17 g/cm³）、耐热性强。由于弹芯直径很小,一般为火炮口径的 1/3~1/2,故弹芯的着靶比动能很高,高硬度碳化钨材料能保证弹芯在穿甲过程中几乎不变形,可认为弹芯能量都用在穿甲上。弹芯在穿透装甲后因为突然卸载产生拉应力使其破碎,碎片温度可到 900 ℃ 左右,在坦克内部产生杀伤和引燃作用。弹芯设计为尖头形状,弹芯头部的弧形母线半径为 1.5~2 倍的弹芯直径。除了碳化钨材料外,弹芯还可采用高碳工具钢和贫铀合金等材料。

用于打击轻型装甲防护的目标时,为降低成本,弹芯可采用钢质材料。图 3.23 所示为用来对付飞机上的薄装甲的航 23-1 次口径穿甲弹,其弹芯采用高碳工具钢制成,钢质弹芯密度较低,穿甲作用较碳化钨弹芯差。为了提高后效作用,在风帽内放置一块形似被帽的燃烧剂,燃烧剂的组分是硝酸钡 40%、铝粉 15%、细铝粉 30%、梯恩梯 12%、提纯的蜡 3%。在穿甲过程中,燃烧剂受钢芯的猛烈撞击和摩擦而燃烧,高温燃气流随钢芯进入目标内部,起引燃作用。

图 3.24 所示为美国 A-10 攻击机携带的 GAU-8 式 30 mm 航炮配用的次口径穿甲燃烧弹。该弹采用铝合金药筒,与钢制或黄铜药筒相比可显著降低质量,发射初速度可达 1 013 m/s,采用贫铀合金弹体,材料强度高、易于切削,由于弹芯密度大（18.6 g/cm³）,故弹体长径比较大,弹丸着靶比动能较大。贫铀合金在穿甲过程中燃烧放热而产生高温,有灼热碎块飞向靶后,后效作用显著提高。

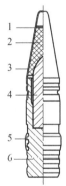

图 3.23 航 23-1 次口径穿甲弹

1—纸垫；2—燃烧剂；3—风帽；4—钢芯；5—弹带；6—弹体

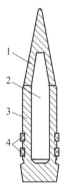

图 3.24 30 mm 航炮配用的次口径穿甲燃烧弹

1—铝风帽；2—弹芯；3—铝弹体；4—塑料弹带

2. 次口径穿甲弹作用过程

当次口径穿甲弹碰击钢甲时,其弹壳将自己的动能部分传给弹芯,它本身则与风帽一起被破坏而留在钢甲外面,如图 3.25 所示。只有在弹丸轴线与钢甲表面法线夹角不大（0°~25°）时,弹壳才能将能量传给弹芯,因为在这种情况下,弹芯首先碰击钢甲。当夹角较大时,在碰击钢甲的最初瞬间,不仅弹芯而且弹壳也碰击钢甲,这就使得弹壳的能量消耗在破坏钢甲的表面层和破坏弹壳自身上了。

由于着靶动能高,弹芯材料抗压强度高,故在穿甲过程中虽然受到极高的压应力,但弹芯并不破碎。在钢甲被穿透时,由于突然卸载,便在弹芯内产生拉应力,因为材料的抗拉强度远小于抗压强度,致使弹芯在卸载过程中发生破碎,通常均碎成小碎块,有时在钢甲后面也能回收到破碎后留下的完整头部。弹芯和钢甲的破片在钢甲后面起杀伤作用。

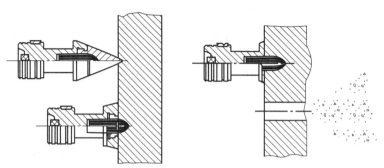

图 3.25 次口径穿甲弹的穿甲过程

3. 次口径穿甲弹的问题

虽然次口径超速穿甲弹的威力比普通穿甲弹有较大的提高，在近距离上能够发挥穿甲能力好的优点，但由于线轴形次口径超速穿甲弹的弹形不好，弹丸断面密度（是指弹丸质量与弹丸横截面积之比）不大，弹丸速度衰减很快，弹道性能差，不能有效地对付远距离处装甲目标；垂直或小法向角着靶时，穿甲威力较好，大法向角着靶时，弹芯易受弯矩作用折断或跳飞；弹芯抗拉强度差，穿过装甲后易破碎，因此不能有效对付间隔装甲或屏蔽装甲；碳化钨弹芯烧结成型后难以切削加工，工艺性差。由于上述原因，次口径超速穿甲弹不能有效对付现代坦克等目标，加之性能更好的超速脱壳穿甲弹的出现，次口径穿甲弹在反坦克领域已处于被淘汰的地位。

3.6 脱壳穿甲弹

1. 脱壳穿甲弹设计理论依据

根据弹坑容积与弹丸着靶动能的关系，将穿甲弹简化为圆柱体，其对均质装甲的侵彻穿深与弹丸参数的关系可简化为

$$P = KL_p\rho_p v_c^2 \propto Ke_c \tag{3.4}$$

式中，P——穿深；

K——综合考虑各种因素的比例系数；

L_p——弹体长度；

ρ_p——弹体材料密度；

v_c——弹丸着靶速度；

e_c——着靶比动能。

由式（3.4）可知，为了提高穿甲威力，穿甲弹体要具有较高的着靶比动能，具体而言需增加弹体长度、减小弹体直径、增加弹体长径比、提高弹体材料密度和提高着速。提高着速的途径有两个方面：一是提高穿甲弹初速度；二是减小穿甲弹的弹道系数，减小其在外弹道上的速度衰减。

第二次世界大战后为了对抗防护增强的现代坦克的需要，脱壳穿甲弹沿着降低质量、提高初速的思路发展，延续了次口径穿甲弹的思路，但改进了弹芯和弹体结构及外形。脱壳穿甲弹采用次口径弹体，减轻了弹丸质量，因而可以获得较高的初速度；出炮口后，采用脱壳技术使

弹托、弹带等零部件脱离，飞行弹体的直径较小，断面质量密度较大，存速能力强，速度下降量小。这种高初速度、小弹道系数弹丸的直射距离、有效穿透距离和威力都得到提高。

2. 脱壳穿甲弹结构特点

根据稳定方式不同，分为旋转稳定脱壳穿甲弹和尾翼稳定脱壳穿甲弹两种类型。尾翼稳定脱壳穿甲弹弹体为长杆形，因此也称为杆式穿甲弹，杆式穿甲弹既可配用于滑膛炮，也可配用于线膛炮上。

脱壳穿甲弹弹丸一般由飞行部分和脱落部分（弹托、弹带等）组成。飞行部分的直径小于弹丸直径，当弹丸出炮口完成与脱落部分的分离后，飞行部分独自具有飞行稳定性。

脱落部分的主体结构是弹托，弹托的外径等于弹丸直径。弹托的主要作用是：脱壳穿甲弹在炮膛内发射时，弹托对飞行部分起到定心和导引作用，传递火药燃气压力和火炮膛线对弹丸的导转侧力（使用滑膛炮发射没有此力），使飞行部分获得高初速度和一定的转速；弹丸出炮口后，弹托脱离飞行部分，保证飞行部分具有良好的起始外弹道性能。在弹托上安装弹带，用于密封弹丸与炮膛的间隙，以防止火药燃气泄漏。脱落部分对于穿甲毁伤不起作用，属于消极质量，在保证其实现功能的前提下应尽量减轻其质量。

弹丸出炮口后，脱落部分与飞行部分完成分离的过程称为脱壳，产生脱壳的动力主要有火药燃气的作用力、弹丸旋转的离心力及空气动力。

目前，脱壳方式主要有以下4种。

(1) 离心力脱壳。弹托卡瓣上设置斜孔的尾翼稳定穿甲弹或旋转稳定穿甲弹靠离心力使弹带破裂，卡瓣沿切向飞离弹体。

(2) 空气阻力脱壳。弹托前端及凹槽受空气阻力的轴向和侧向作用，撕断紧固环，卡瓣向后翻转并脱离弹体。

(3) 升力脱壳。当弹托达到一定攻角时，激波强度减弱，升力使弹托产生俯仰运动，使卡瓣侧向飞离弹体。

(4) 火药燃气压力脱壳。弹托同时受弹后火药燃气的轴向作用以及气室内火药燃气的侧向作用，撕断紧固环，卡瓣向前翻转并脱离弹体。

根据不同的需要，可采用不同的脱壳方式。脱壳均要求一致性好、脱壳迅速，并尽量减小脱落部分的飞散范围（危险区域小）。

图3.26所示为典型尾翼稳定脱壳穿甲弹的脱壳过程，展示了在距炮口分别为1.5 m、3.3 m、4.5 m、13 m处杆式穿甲弹运动状态（狭缝摄影照片）。

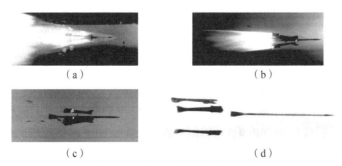

图3.26 脱壳穿甲弹的脱壳过程

(a) 距炮口1.5 m；(b) 距炮口3.3 m；(c) 距炮口4.5 m；(d) 距炮口13 m

3.6.1 旋转稳定脱壳穿甲弹

次口径超速穿甲弹的穿甲能力有限，为了进一步提高穿甲威力，适应大、中口径线膛炮火炮的应用需求，20 世纪 70 年代发展了旋转稳定超速脱壳穿甲弹。典型旋转稳定超速脱壳穿甲弹基本结构如图 3.27 和图 3.28 所示，这种弹丸主要是由飞行弹体和弹托两大部分组成的。飞行弹体主要包括弹芯、弹芯外套和曳光管等，其中弹芯常用碳化钨或钨合金制成。弹芯外套的作用是连接曳光管和给弹丸以较好的空气动力外形。弹托是弹丸的辅助部件，平时固定飞行弹体，发射时用于导引和密封火药气体，并利用弹带嵌入膛线而赋予弹丸以高速旋转，出炮口后自行脱落，使飞行弹体获得良好的外弹道性能。为了解决飞行弹体的飞行稳定问题，必须使飞行弹体具有一定的旋转速度，该速度是通过弹托与飞行弹体之间的摩擦力传递的。因为弹托获得的动能对弹丸穿甲毫无用处，所以属于消极质量，在确保满足发射强度的条件下，要求弹托越轻越好，一般采用轻金属（如铝合金）作为弹托材料。

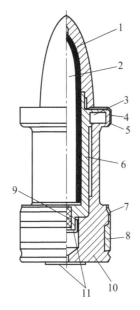 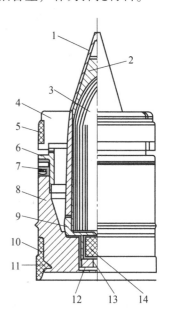

图 3.27　85 mm 加农炮用脱壳穿甲弹
1—风帽；2—弹芯；3—离心帽；4—前定心环；
5—弹簧；6—座套；7—后定心环；8—弹带；
9—曳光管；10—弹托；11—赛璐珞片

图 3.28　100 mm 用脱壳穿甲弹
1—外套；2—被帽；3—弹芯；4—定心瓣（三块）；
5—前定心环；6—前托；7—定位螺钉；8—后托；
9—底座；10—后定心环；11—闭气环；
12—底螺；13—铜片；14—曳光管

旋转稳定脱壳穿甲弹的弹芯长径比受旋转稳定方式的限制，一般不大于 5，穿甲威力难以进一步提高，不能对付现代坦克的大法向角大厚度装甲、复合装甲等现代装甲。20 世纪 70 年代末，突破了相对滑动的双层塑料弹带在尾翼稳定脱壳穿甲弹上的使用，解决了降低线膛炮发射尾翼稳定脱壳穿甲弹的炮口转速问题，大长径比尾翼稳定脱壳穿甲弹能够使用线膛炮发射，使穿甲威力得到大幅提高，因而大、中口径线膛炮发射的旋转稳定脱壳穿甲弹已被淘汰。小口径线膛炮发射的旋转稳定脱壳穿甲弹射频高（可达 3 000～5 000 发/min，甚至更多），可有效毁伤一些轻型装甲目标和掠海、近地导弹，所以尚有保留和发展。

3.6.2 尾翼稳定脱壳穿甲弹

3.6.2.1 概述

尾翼稳定脱壳穿甲弹通常称为杆式穿甲弹，如图 3.29 所示，其特点是穿甲部分的弹体直径较小，弹体细长，长径比可达 30 左右，仍有向更大长径比发展的趋势，如加装刚性套筒的高密度合金弹芯的长径比可达 40 甚至 60 以上。杆式穿甲弹的初速高（1 500～2 000 m/s），保存速度的能力强，着靶比动能大，穿甲威力得以大幅提高，这是旋转稳定脱壳穿甲弹所无法比拟的。杆式穿甲弹可分为滑膛炮用杆式穿甲弹和线膛炮用杆式穿甲弹两种，这两种弹丸除弹带部分不同外，其余部分的结构基本相同。

图 3.29　DM63 尾翼稳定脱壳穿甲弹

杆式穿甲弹是穿甲弹设计思想的一次飞跃，苏联于 20 世纪 60 年代初首先成功研制了杆式穿甲弹，装备于 115 mm 滑膛炮上。随后受到美、德、英、法等世界各国的重视，其材料与结构相继经历了不同阶段的发展。

与传统的穿甲弹相比，杆式穿甲弹的显著特点是：弹体采用大长径比、高密度、高强度、高韧性材料，弹托由高强度铝合金向更高强度的金属或非金属材料变化，大幅提高了断面能量密度（比动能）。为追求更大的比动能，通常采用以下技术途径：提高弹体材料的强度及其综合性能；改进弹体结构，增大长径比；改进弹托结构设计，且采用高强度、低密度的复合材料，以减轻质量；提高火药能量、改进装药、加大火炮口径、增加火炮身管长度、提高火炮膛压等，以提高初速度。

随着装甲技术的发展，出现了各种各样的装甲目标，其抗弹能力大幅提升，对杆式穿甲弹的发展也不断提出了新的要求。

3.6.2.2 杆式穿甲弹的结构及作用原理

尾翼稳定脱壳穿甲弹典型结构如图 3.30 所示，全弹由弹丸和装药部分组成。弹丸由飞行部分和脱落部分组成，飞行部分包括风帽、穿甲头部、弹体、尾翼、曳光管等，脱落部分包括弹托、弹带、密封件、紧固件等；装药部分一般由发射药、药筒、点传火管、药包（筒）、缓蚀衬里、紧塞具等组成。

1. 飞行部分

1）弹体

弹体是穿甲弹实施穿甲作用的主体，弹体的结构、材料、尺寸是影响其穿甲能力的主要因素。目前，弹体使用高密度、高强度的钨合金或贫铀合金等综合性能较好的材料，以提高穿甲能力。杆式弹体中间部位加工有环形槽或锯齿形螺纹，弹体通过环形槽或螺纹与弹托啮合，发射时弹托在炮膛内所受火药燃气的推力将通过环形槽传递给飞行部分。为了使传递的推力均匀分布，环形槽的加工精度要求非常高，如要求任意两个环形槽间的距离公差为 ±0.045 mm。弹体头部和尾部通过螺纹分别与风帽和尾翼连接，螺纹尾端的锥体部分起定心作用，保证风帽、尾翼和弹体的同轴度。弹体的前端和尾部的几个环形槽处是在炮膛内发射时经常发生破坏的部位，在正常情况下前端受压应力，尾部受拉应力，但是在弹体直径较

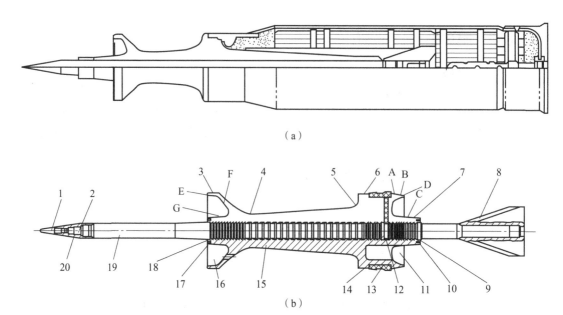

图 3.30 尾翼稳定脱壳穿甲弹典型结构

(a) 全备穿甲弹; (b) 穿甲弹弹丸

1—风帽尖; 2—穿甲块; 3—前定心部; 4—马鞍部小径; 5—马鞍部大径; 6—后定心部; 7—尾锥; 8—尾翼; 9—后内定心部; 10—后紧固环; 11—后腔; 12—密封件; 13—外弹带; 14—内弹带; 15—马鞍形弹托; 16—前腔; 17—前紧固环; 18—前内定心部; 19—弹体; 20—风帽体

小时, 前端往往由于压杆失稳而被破坏, 尾部往往由于产生横向摆动而被折断, 所以整个弹体的刚度设计是非常重要的。

2) 风帽和穿甲头部

位于弹体前端的风帽和穿甲块统称为穿甲头部, 风帽的作用是优化弹体头部的气动外形, 减小飞行阻力。风帽的外形多采用锥形、指数曲线或抛物线形等。为减少风帽对穿甲的干扰, 多采用铝合金材料。穿甲块可有效防止弹体在穿甲过程中过早碎裂或跳飞, 当带有穿甲块的穿甲头部作用于钢甲时, 各穿甲块之间存在着相对滑动, 弹头部穿甲块的径向运动趋势不会或很少会传递到弹体上去, 几乎不会影响后续弹体侵彻的方向, 因而减少了穿甲弹体的跳飞趋势。

采用穿甲块结构有利于对付间隙装甲 (如图 3.31 所示的北约重型 3 层靶板) 和复合装甲。穿甲块的大小与个数可根据弹体的直径和对付的目标来确定, 穿甲块的材料多采用与弹体相同的材料。目前, 弹体也经常使用半球形、锥形、截锥形等多种形式的头部, 以利于对付均质装甲板。这些不同的头部形状的弹体虽然有利于对付一些特定的目标, 但在穿甲弹的威力足够大时, 仍然可有效对付其他的装甲目标。

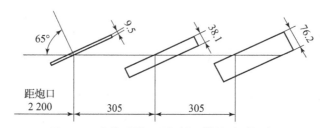

图 3.31 北约重型 3 层靶板 (模拟重型坦克)

3）尾翼

尾翼起飞行稳定作用，是决定全弹气动外形好坏的关键零件，为了减少空气阻力，一般采用大后掠角、小展弦比、削尖翼形的6个或5个薄翼片。后掠角一般取65°~75°，随弹丸速度的增加而增大。翼片的设计厚度为2 mm左右，展弦比为0.75左右。采用削尖的翼形结构，一是为了减少激波阻力；二是使用不对称的斜切角，在外弹道上为飞行部分提供导转力矩，使飞行部分在全外弹道上都具有最佳的平衡转速。

尾翼在穿甲过程中其对穿甲的贡献甚小，属于消极质量，所以目前一般使用铝合金料，早期的尾翼使用钢材料。铝尾翼质量大幅减少，有利于解决弹丸尾部的发射强度；由于尾翼质量减少，故飞行部分的质心前移，有助于提高飞行稳定性，或者说在稳定储备量不变的情况下可减小翼片的面积，从而减小飞行阻力；铝尾翼质量轻，可减少动能损耗，有利于提高穿甲威力。

穿甲弹以4~6 Ma的速度飞行时，气流在风帽尖端和尾翼片的前缘处将形成驻点，温度达到1 200~2 300 K。气动加热会使铝风帽或铝尾翼严重烧蚀，使空气阻力增大和稳定力矩减小，甚至失去稳定性，造成密集度变差。为避免气动加热烧蚀铝风帽和铝尾翼，可在铝合金风帽的前端加装一个耐热的不锈钢尖；铝风帽和铝尾翼表面均采用硬质阳极氧化处理，在其表面形成一层耐热的致密氧化膜，也可以在表面涂覆一层致密的耐热涂料。耐热的不锈钢尖的熔点比铝合金要高得多，又由于穿甲弹的作战距离一般为2 500 m左右，飞行时间仅约1.5 s，所以即使有烧蚀，也在可接受的范围内。105 mm及120 mm钨合金脱壳穿甲弹都使用了加装耐热不锈钢尖的铝风帽，并进行了高初速度、远距离的飞行试验，取得了很好的效果。

右旋线膛炮发射的尾翼稳定脱壳穿甲弹，在炮口具有一定的右旋转速，在外弹道上也应当设计成右旋平衡转速。在膛内，尾翼由弹体带动旋转；而在膛外，则由尾翼提供导转力矩带动弹体旋转。传统上尾翼螺纹一般设计成左螺纹，在膛内越旋越紧，而在膛外则越旋越松，所以在外弹道上时而出现掉尾翼的现象。实际上，在膛内尾翼的轴向惯性力于螺纹斜面上产生一个很大的正压力，这一正压力将产生一个比弹体对尾翼的导转力矩大得多的摩擦力矩，所以设计成右旋螺纹，尾翼在膛内不会松动，而在外弹道上则有越旋越紧的趋势。100 mm及105 mm线膛坦克炮发射的尾翼稳定脱壳穿甲弹均设计成右旋螺纹，经大批量生产与使用表明，其完全避免了在外弹道上旋掉尾翼的现象。

2. 脱落部分

脱落部分出炮口后与飞行部分分离，在一定的区域内落地。脱落部分的动能对穿甲威力没有贡献，尽量减少脱落部分的质量有助于提高穿甲威力。

1）弹托

弹托占脱落部分质量的95%以上，它是尾翼稳定脱壳穿甲弹的关键零件之一。目前典型弹托主要有马鞍形弹托、窄环形弹托、双锥形弹托和混合型弹托4种结构形式。马鞍形弹托如图3.32（a）所示，是目前广泛使用的弹托，采用了沿其纵轴均分为3个卡瓣的马鞍形结构，使用超硬铝合金材料；缺点是多瓣弹托间的抱紧力较小。目前新研制成功的密度小、强度高、质量更轻的复合材料弹托一般采用尾锥更长的马鞍形4个卡瓣的结构。在膛内发射时，弹托应具有可靠的强度；各卡瓣在火药燃气的作用下应彼此抱紧成为一个整体，能很好地支撑并导引飞行部分；弹托与密封件及弹带应配合恰当，可靠地密封火药气体；在膛外应脱壳迅速、顺利，对飞行部分的干扰小。

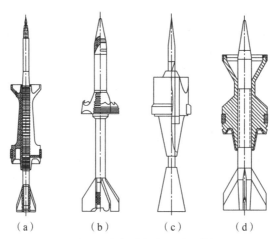

图 3.32 尾翼稳定脱壳穿甲弹及弹托结构
(a) 马鞍形弹托；(b) 窄环形弹托；(c) 双锥形弹托；(d) 混合型弹托

在膛内发射时，弹托应具有足够的强度和刚度，各卡瓣在火药燃气的作用下应彼此抱紧成为一个整体，能很好地支撑并导引飞行部分，保护细长的高密度弹杆完整地发射出去；弹托与密封件及弹带应配合恰当，可靠地密封火药气体；在膛外应脱壳迅速、顺利，对飞行部分的干扰小。

弹托在膛内应具有足够的强度，以保证结构完整。弹托在膛内的破坏常见于环形槽处的齿发生剪切破坏、马鞍部小径处折断及尾锥部折断。环形齿处受剪切应力与压应力的大小与环形齿的结构尺寸、个数、加工精度、弹托与弹体材料的力学性能、弹托形状与尺寸等因素有关。为使应力分布均匀、消除应力集中现象，环形槽可设计成不等槽距并加长前后锥体的长度。马鞍部强度与小径及马鞍部锥体角度的选取相关，选得太大会使弹托的质量增大，选得太小强度不够可能会出现折断现象。马鞍部小径、大径及锥体应当遵守等应力设计的原则。若锥体部分较长，则设计时还应当着重考虑刚度问题。

飞行部分的发射强度及密集度与弹托的膛内定心作用密切相关。弹托的定心作用由内、外定心部来实现。外定心部对弹丸定心，内定心部对飞行部分定心。内、外定心部之间的同轴度有较高的要求。弹托定心的效果可用飞行部分的纵轴线相对于炮管轴线可能产生的最大倾角来度量，倾角越小，表明定心效果越好。

弹托的各个卡瓣在膛内应当牢固地结合为一个整体，不应当发生分离或有发生分离的趋势。在膛内，火药燃气的压力作用于弹托的尾部，在 D 锥面上的作用力有使三瓣发生分离的趋势，而 A、B、C 锥面上的作用力有使三瓣抱紧的趋势，若抱紧力大于分离的力，则弹托将在膛内保持完整性；反之，将丧失完整性而出现断弹和横弹现象。

脱壳过程能否实现迅速和顺利脱壳，取决于对弹托的设计。脱壳方式一般分为单纯空气动力脱壳，多用于滑膛炮发射的尾翼稳定脱壳穿甲弹，弹托为双锥形，弹托质量较小，脱壳干扰大，密集度不好；火药燃气后效与空气动力共同脱壳，多用于线膛炮发射的尾翼稳定脱壳穿甲弹，弹托为马鞍形，目前滑膛炮发射的尾翼稳定脱壳穿甲弹也使用该结构，弹托质量较大，脱壳迅速而顺利，脱壳干扰小，密集度好。前者由弹托的前腔结构来实现脱壳，后者由弹托的后腔及前腔结构的共同作用来实现脱壳，此外，具有炮口转速（如线膛炮发射）的尾翼稳定脱壳穿甲弹的脱壳还有离心力的作用。马鞍形弹托采用火药燃气后效与空气动力共同脱壳，前、后脱壳作用力的大小必须匹配，若后部脱壳力太大，会使卡瓣前面的环形槽发生对飞行部分的挤压干扰，相反则会使卡瓣后面的环形槽发生对飞行部分的挤压干扰，这将给密集度带来不利影响。只由弹托的前腔结构来实现脱壳，必然发生卡瓣后面的环形槽对飞行部分的挤压干扰，但若控制各卡瓣对飞行部分的挤压干扰力大小的一致性和对称性，即各卡瓣对飞行部分的挤压干扰力可以相互抵消，则总的干扰力的合力为零或很小，脱壳穿甲弹的密集度仍可取得满意的结果。

2）密封件

采用密封件对弹托与飞行部分及弹托各瓣间的间隙进行密封，其材料为橡胶，要求能可靠密封火药燃气、耐长储并具有一定的硬度和耐高温（50 ℃）、低温（-40 ℃）的性能。

3）弹带

弹带的作用是密封弹丸与炮膛之间的间隙，防止火药燃气逸出。弹带密封效果的好坏对弹丸的密集度及发射强度有着至关重要的影响。若密封不好，则火药燃气从一边高速逸出，致使该边火药燃气的压力大幅度下降（流速高压力低），而另一边的压力高，导致弹丸向压力低的一边产生摆动，弹带在横向摆动的作用下逐渐密封漏气的一边，而另一边开始漏气，使得压力降低。因此，弹丸又摆回来，如此反复，弹带磨损加大，漏气更为严重，摆动幅度更大，这样将使弹丸的起始扰动增大而使密集度变坏，甚至由于横向摆动的增大，致使横向冲击力加大而使弹体或弹托尾部折断。

线膛炮发射的尾翼稳定脱壳穿甲弹的弹带结构为双层滑动弹带，分别称为内弹带和外弹带，滑膛炮发射的尾翼稳定脱壳穿甲弹只使用单层弹带，即去掉内弹带。线膛炮发射的尾翼稳定脱壳穿甲弹较滑膛炮约晚 10 年时间，其主要原因是尾翼稳定脱壳穿甲弹弹丸的炮口转速太高，高转速的尾翼弹由于马格努斯效应而使其丧失飞行稳定性。使用双层滑动弹带的目的是降低弹丸的炮口转速，这样不仅解决了大长径比弹体飞行稳定性的问题，而且由于弹丸还具有一定的炮口转速，故在离心力的作用下使其脱壳更加顺利，脱壳干扰更小，密集度更好。

4）紧固环

紧固环的作用是将弹托的各瓣紧固在弹体上，使之成为一个整体，而当弹丸出炮膛后，使其在预先设计的断裂槽处尽快断裂并留在弹托各瓣的紧固环槽内，以保证脱壳顺利和减少干扰。

一般设计前后两个紧固环，有些滑膛炮发射的尾翼稳定脱壳穿甲弹只有一个前紧固环，而弹带能起到后紧固环的作用。紧固环一般使用铝合金材料，与弹托紧固环槽采用过盈配合，装配时紧固环上的断裂槽对准弹托各瓣的接缝处压紧紧固环将弹托各瓣箍紧，并在相应的点铆槽处进行点铆。

3. 穿甲过程

杆式穿甲弹弹体细长、着速高，其穿甲过程与普通穿甲弹不同。根据杆式弹丸对装甲板的破坏现象，杆式穿甲弹对靶板的破坏是一个一边破碎、一边穿甲的过程。图 3.33 所示为杆式穿甲弹以大着角侵彻均质装甲的示意图。根据杆式穿甲弹着靶后的侵彻作用过程变化，杆式穿甲弹的穿甲过程可以用开坑、反挤侵彻和冲塞 3 个阶段描述。实际上，杆式穿甲弹侵彻穿甲是一个连续的过程，其各阶段是为了描述问题的方便而人为划分的。

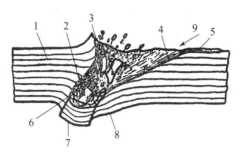

图 3.33 大着角下的穿甲情况

1—钢甲；2—弹体残部；3—翻边；4—滑坡；5—尾翼碰痕；6—破碎弹体；7—塞块；8—鼓包；9—碰击方向

杆式穿甲弹以大着角高速着靶，首先穿甲头部高速碰击钢甲，碰击处压力很高（大于 10^4 MPa），该压力已大幅超过弹体及靶板材料的强度极限，穿甲头部发生破碎，破碎的材料向阻力较小的方向飞溅。材料不断破碎，不断飞溅，在飞散的同时也将钢甲表面碎片带走，从而在装甲表面上形成一个口部不断扩大的坑，并在口部形成翻边，称为开坑阶段。

弹体与装甲作用的界面称为侵彻界面。在开坑阶段，弹体速度方向与侵彻界面呈倾斜状态，如果弹体的后续动能不足，则出现跳飞现象，在倾斜的装甲表面挖出一个长弹坑而不能穿透装甲。如果弹体的后续动能足够大，则在穿甲弹头部作用力和力矩的作用下，弹体速度方向与侵彻界面的夹角逐渐转向垂直，而不出现跳弹。此时的撞击压力仍然很大，弹体边破碎边侵彻。一方面，由于装甲金属被不断侵入的弹体所挤压；另一方面，弹体碎片反挤在弹体周围，所以向侧面和表面方向以很高的速度运动，最后使表面和弹体之间的金属破裂、抛出，孔径增大。下一阶段称为反挤侵彻阶段。

当弹丸侵彻到一定深度后，装甲背面出现鼓包，由于弹丸速度的降低，弹丸不再破碎，装甲的抗力也越来越小。当侵彻深度超过装甲厚度的一半时，剩余弹体将向抗力最小的装甲法向侵彻，有一个弹丸"转正"的现象出现，于是弹孔出现内折翻转，装甲背面的鼓包因惯性而继续增大。最后，在最薄弱处剪切下一个塞块。随后，灼热的残余弹体和碎片以剩余速度从装甲背面的孔中喷出，可以起到杀伤和引燃作用。至此，杆式穿甲弹完成了全部穿甲过程。

由上述弹丸在开坑和侵彻阶段的运动情况可知，开始时弹丸的破碎部分向外飞溅，剩余弹体继续向前运动，完成开坑；进入侵彻阶段后，弹丸将向装甲板的外法线方向运动。这种飞溅和转正现象，正是杆式穿甲弹在大着角情况下不易跳飞的原因。

3.7　典型杆式穿甲弹

3.7.1　钨合金杆式穿甲弹

1. 俄罗斯 115 mm 杆式穿甲弹

俄罗斯是首先研制并装备杆式穿甲弹的国家，图 3.34 所示为俄罗斯 115 mm 滑膛炮用长杆式穿甲弹的结构示意图。该弹由飞行弹体和弹托两部分组成。

飞行弹体部分包括弹杆、风帽、被帽、尾翼、曳光管和压螺等零件，其中弹杆采用整体结构，用 35 铬镍钼合金钢制成。为了与弹托连接，在弹杆中部有环形锯齿形槽。弹杆头部带有风帽和被帽，尾部用螺纹与尾翼连接。该弹的尾翼经精密铸造而成，除保证弹丸的飞行稳定性外，在膛内还起定心作用。曳光管用压螺固定于尾翼的内孔中，为保证尾翼内外的压力平衡，在尾管上开有小孔。尾翼片为后掠式，在后掠部位铣有一定角度的斜面，以使弹丸在飞行中承受旋转力矩而旋转，从而提高弹丸的射击精度。

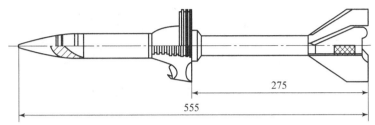

图 3.34　俄罗斯 115 mm 长杆式穿甲弹

弹托部分包括 3 块呈 120°的扇形卡瓣和闭气环，如图 3.35 所示。该弹的卡瓣是由钢材制成的。卡瓣内有环形锯齿形凸起，装配时与弹杆上的齿槽啮合。每块卡瓣上都开有两个与弹轴成 40°的漏气孔，以使弹托在膛内获得炮口脱壳所需要的转速。为了减轻卡瓣质量和便于气体动力脱壳，在卡瓣前面的边缘上开有花瓣形的缺口。为了保证弹丸出炮口后使卡瓣与飞行弹体可靠分离，在对着 3 块卡瓣接缝处的闭气环上制有削弱槽。

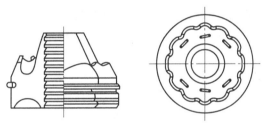

图 3.35　环形弹托

发射时，膛内的火药气体一方面推动弹丸向前运动，另一方面从弹托的 6 个斜孔中喷出，从而使弹托旋转，并靠摩擦力的作用带动飞行弹体也做旋转运动。此时，在离心力的作用下，弹托虽有解脱的趋势，但由于炮管的约束而仍然拖住飞行弹体，只是使闭气环加大磨损为脱壳创造条件。

弹丸飞出炮口后，炮管的约束消失，离心力将起作用。此外，由于火药气体从炮管中高速喷出，并向侧方膨胀，此时作用于卡瓣后部环形槽上的火药气体压力将产生一个使卡瓣向侧方飞散的力。在中间弹道结束后，卡瓣前方将受到空气动力的作用，也将产生一个使卡瓣向侧方飞散的力。在以上诸因素的作用下，挣断闭气环，卡瓣与飞行弹体脱离，从而完成脱壳过程。从弹托与飞行弹体的啮合部位看，该弹在设计思想上采用的是前张式脱壳结构，火药气体对弹托的作用不大。

2. 以色列 105 mm 杆式穿甲弹

图 3.36 所示为以色列 105 mm 线膛炮用长杆式穿甲弹的结构示意图。飞行弹体部分包括弹杆、穿甲块（3 块）、风帽、尾翼（6 片）、曳光管等，其中弹杆和穿甲块用钨合金制成。采用穿甲块的目的是控制弹丸在开坑阶段的破碎程度。在弹杆上制有 27 个锯形齿槽，以便与弹托相连接。在弹杆前后均制有螺纹，以便与风帽和尾管连接。该弹的尾翼是将翼片

焊接在尾管上的，翼片采用铝合金材料，由于尾翼部分的质量轻，从而使飞行弹体的质心前移，在保证飞行稳定性的前提下，翼展和翼片的面积可以减小，这样有利于减小弹丸所受的阻力、减小火药气体在中间弹道对弹丸运动的干扰，使射击精度提高。

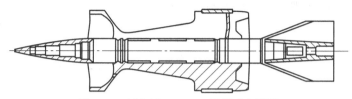

图 3.36　以色列 105 mm 长杆式穿甲弹

弹托部分包括由 3 块呈 120°的扇形卡瓣、滑动弹带（内弹带和外弹带）、三爪橡胶密封圈（见图 3.37）和前、后紧固环等。

该弹的卡瓣由铝合金制成，在每一块卡瓣上均开有两个小直孔，用来改善弹丸在发射时的受力状态。为了解决线膛炮发射尾翼稳定弹丸的旋转速度问题，该弹采用了滑动弹带的结构。其中内弹带胶粘在卡瓣上，外弹带与内弹带之间呈滑动摩擦状态。发射时，外弹带嵌入膛线，获得高的旋转速度，而卡瓣与飞行弹体却在摩擦力的带动下只做低速旋转运动。三爪橡胶密封圈是为防

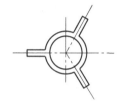

图 3.37　三爪橡胶密封圈

止火药气体沿齿槽向前泄出而设置的。前、后紧固环是固定卡瓣用的，为了便于脱壳，其上均开有削弱槽。

与俄罗斯 115 mm 杆式穿甲弹不同，该弹的弹托呈马鞍形。虽然马鞍形弹托的前、后定心部距离较短，但它避免了尾翼打膛现象。实际上，这种马鞍形弹托要比环形弹托优越。无论是环形弹托还是马鞍形弹托，都存在脱壳后的卡瓣飞散问题。卡瓣的可能飞散区域如图 3.38 所示，在这个区域里可能造成自己部队的伤亡，这一问题是脱壳穿甲弹在使用中的主要缺陷。

3. 德国 DM53 式 120 mm 杆式穿甲弹

图 3.39 所示为德国 DM53 式 120 mm LKE Ⅱ 曳光尾翼稳定脱壳穿甲弹，该弹为定装式炮弹，弹芯材料为钨合金；弹托材料为铝；铁制尾翼组件中装有曳光管。该炮弹采用可燃药筒，内装多孔柱状多基发射药，采用 DM142 式电底火。与先前的炮弹相比，从 L/44 火炮发射时的初速度为 1 670 m/s，弹丸初速度提高了 15%；从 L/55 火炮发射时的初速为 1 750 m/s，当由 L/55 火炮发射时，速度衰减约为 55 m/s（1 000 m），射程为 3 000～4 000 m。DM53 式穿甲弹的基本战术技术性能见表 3.1。1998 年 1 月，瑞士陆军宣布采用德国莱茵金属公司研制的 120 mm DM53 式 LKE Ⅱ APFSDS – T 装备其"豹"2 主战坦克。

图 3.38　弹托飞散危险区

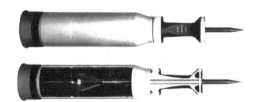

图 3.39　德国 DM53 式 120 mm LKE Ⅱ 穿甲弹

表 3.1　DM53 式穿甲弹的基本战术技术性能

项目	数据	项目	数据
口径/mm	120	发射药/kg	8.9
全弹重/kg	21.4	膛压/MPa	545
弹芯重/kg	5	弹丸长/mm	743

3.7.2　贫铀弹

1. 贫铀基本知识

自然界中的铀元素是由铀 234、铀 235 和铀 238 这 3 种放射性同位素组成的，它们的含量分别为 99.275%、0.720% 和 0.005%，其中只有铀 235 是裂变性核素，能用来制造原子弹核反应堆燃料。但天然铀中铀 235 含量太低，不能直接用于生产原子弹和核反应堆，必须经过浓缩或富集，使铀 235 的浓度提高到 3%（反应堆燃料）以上或 90%（核武器燃料）以上。这种经富集后铀 235 含量高于天然水平的铀，叫富集铀或浓缩铀，经铀 235 富集后剩余的铀就是贫化铀或称贫铀，英文为 Depleted Uranium。

贫铀的密度为 19.05 g/cm³，是钢的 2.5 倍，是一般辐射防护材料铅的 1.7 倍。贫铀的强度和硬度都不是很高，但添加一定量的其他金属（如 0.75% 的钛）制成的贫铀合金，强度可比纯贫铀高 3 倍，硬度可达钢的 2.5 倍，并具有良好的机械加工性能。贫铀的商业用途十分广泛，主要用来制造石油井钻、船舶压舱物、各种衡量物、军用与民用飞机的平衡控制系统和阻尼控制器（如外舷升降舵和上侧方向舵）、机械沙囊、辐射探测器、医用或工业用放射性防护罩、化学催化剂、X 射线管、玻璃和陶瓷的上色染料等。

贫铀粉末在常温就能自燃。在摩擦或撞击时，贫铀能在空气中氧化燃烧，释放大量的能量并发生爆炸。用贫铀做成的金属棒在动能驱动下撞击到物体时，表现出自发锐性的特征，穿透性能明显优于军事上用作穿甲弹的钨（钨在撞击装甲时会钝化成蘑菇状，而影响其穿甲性能）。

2. 贫铀弹

贫铀材料具有优良的物理性能，可满足穿甲弹芯对重金属材料的需求。由于钨制穿甲弹弹芯在撞击装甲时会钝化为蘑菇状，故侵彻性能将受到一定的影响；而贫铀穿甲弹弹芯在撞击装甲时具有自锐特性，穿甲性能优于钨制弹芯。另外，贫铀具有硬度高、延展性好、韧性强等特点，当加入少量其他金属材料处理后，性能还可以进一步提高。例如，在贫铀中加入 0.75% 的钛时，强度比纯铀金属高 3 倍。从价格方面而言，贫铀是核反应堆燃料的废弃物，价格比钨便宜。

贫铀合金具独特有的性质（高密度、易燃易爆、贫铀合金的高强度和高硬度、贫铀穿甲时表现的出的自发锐性）、丰富的储量和良好的机械加工性能。而美国是积压贫铀废料最多的国家，因此美国从 20 世纪 50 年代就开始研究用贫铀合金制造各种武器，用来取代军事上广泛应用而又价格昂贵的钨。20 世纪 60 年代先后对用于单兵、车载、舰载、机械，用枪、炮、导弹发射的 7.92 mm、20 mm、25 mm、30 mm、105 mm 和 120 mm 等多种贫铀弹的战斗性能进行了大规模的试验。20 世纪 70 年代开始正式装备部队，并研究和开发了贫铀合金的其他军事用途，如贫铀合金破甲弹、有穿甲燃烧功能的贫铀航空炮弹和贫铀装甲等。

美国从1975年开始投产贫铀弹并装备部队，主要包括20 mm、25 mm、30 mm、105 mm和120 mm 5个口径。例如，120 mm坦克炮配用M829系列尾翼脱壳穿甲弹和105 mm坦克炮配用M900式尾翼稳定脱壳穿甲弹。另外，陆军M2/M3布雷德利战车25 mm"蝮蛇"自动炮、空军A-10攻击机30 mm航炮和海军"密集阵"火炮系统20 mm自动炮也都配用贫铀弹芯穿甲弹。贫铀穿甲弹的穿甲性能很强：首先是由于贫铀密度大，制成相同体积的弹丸时质量大，侵彻装甲目标时，其比动能较大、穿透能力强；其次贫铀易氧化，穿甲时发热燃烧，形成较大的后效破坏作用，杀伤乘员并破坏坦克的内部设备。

1）20 mm贫铀穿甲燃烧弹

20 mm贫铀穿甲燃烧弹是一种航炮使用的新型贫铀弹，主要用于反装甲，属于次口径穿甲弹。该弹丸内装有一个直径较小、密度较大的U238贫铀穿甲弹芯。它除了具有很强的穿透能力外，还是一种引火材料，可增强穿甲后的燃烧效应，其放射性大约是天然铀的0.7倍。该型航空炮弹属M50标准系列（ϕ20 mm×102 mm）电发火炮弹，炮弹质量250 g，弹丸质量100 g，初速度1 045 m/s。

2）105 mm贫铀穿甲弹

图3.40所示为美国105 mm M900式曳光尾翼稳定脱壳穿甲弹，由美国通用动力公司弹药与战术系统子公司研制并于1995年投入生产，为第四代反坦克动能弹。该弹为定装式炮弹，弹丸部分由弹芯和弹托组成。弹芯材料采用贫铀，长711 mm，长径比为30∶1；弹托材料为铝。M148A1B1式药筒内装有6.1 kg低易损性多孔（19孔）管状发射药，采用M128式电底火。M900式APFSDS-T弹丸的初速为1 505 m/s，有效射程在3 000 m以上。M900式APFSDS-T的基本战术技术性能见表3.2。

图3.40　美国M900式105 mm曳光尾翼稳定脱壳穿甲弹

表3.2　M900式APFSDS-T的基本战术技术性能

项目	数据	项目	数据
弹径/mm	105	弹芯材料	贫铀
全弹重/kg	18.5	药筒长/mm	617
全弹长/m	1.03	初速度/(m·s^{-1})	1 505
弹丸重/kg	6.86	发射药/kg	6.1（M43式LOVA）
弹丸长/mm	711		

2）120 mm贫铀穿甲弹

M829式120 mm系列穿甲弹是目前美军装备的主用穿甲弹种之一。M829式穿甲弹为定装式长杆式侵彻弹，用于对付装甲目标，贫铀弹芯长径比为30∶1。通过不断改进，先后发展出了多个型号，如图3.41所示。

M829A1式采用7.8 kg JA-2发射药，膛压为569.8 MPa，初速度为1 560 m/s，在

2 000 m 的距离上可击穿 550 mm 厚的均质钢装甲板，曾经在伊拉克战争中获得实战应用。

美国于 1992 年研制出了改进型 M829A2 穿甲弹，并于 1993 年开始生产并装备。M829A2 式 120 mm 穿甲弹为定装式炮弹，弹丸尾翼材料为铝，弹托采用复合材料制成，弹芯材料为贫铀，采用新的机械加工工艺来改进贫铀侵彻弹芯的结构性能，采用特殊的加工工艺对药包进行处理，弹芯直径为 22 mm。M829A2 在不改变发射药组成成分的前提下，对 M829A1 发射药的几何设计进行了改进，在药筒的不同位置分别混用了小颗柱状推进药和棒状推进药。此举意在提高燃烧过程能量的利用率，保证弹丸在炮膛内形成平台效应，增强初始速度。药筒采用可燃药筒，内装 8.7 kg JA-2 式发射药，膛压为 580 MPa。该弹的初速度为 1 680 m/s，在 2 000 m 距离上的穿甲深度为 730 mm，最大射程在 3 000 m 以上。

M829A3 式是对 M829A2 式的进一步改进。M829A3 式改进了弹托设计，弹丸质量有所增加，使用 RPD-380 发射药，发射药密度增加，采用 M123A1 电子底火，膛压为 566 MPa。弹芯采用了新型的分段式结构，两段穿甲体的包壳由碳纤维强化复合材料制成，可有效对抗反应装甲的干扰。该弹的初速度为 1 555 m/s，在 2 000 m 距离上 M829A3 式炮弹的穿甲深度为 800 mm。

M829 系列各个型号的穿甲弹技术参数见表 3.3。

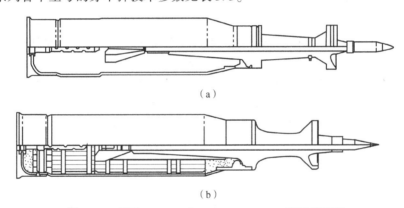

图 3.41 美国 M829A1 和 M829A2 20 mm 脱壳穿甲弹

(a) M829A1 式；(b) M829A2 式

表 3.3 M829 系列各个型号的穿甲弹技术参数

型号	M829A1	M829A2	M829A3
全弹长/mm	984	984	984
弹丸装配尺寸/mm	780	780	780
弹芯尺寸/mm	684	684	684
弹托尺寸/mm	79.3	79.3	79.3
弹芯直径/mm	22	22	22
全弹质量/kg	20.9	20.36	22.28
弹丸质量/kg	8.165	9	10
弹杆质量/kg	4.6	—	—
发射药质量/kg	7.9（JA-2）	8.7（JA-2）	8.1（RPD-380）

续表

型号	M829A1	M829A2	M829A3
弹托质量/kg	2.985	2.985	2.985
初速度/(m·s^{-1})	1 560	1 680	1 555
膛压（21℃）/MPa	569.8	580	566
使用温度/℃	-32~+49	-32~+49	-32~+49
储存温度/℃	-46~+63	-46~+63	-46~+63

在M829A3成果基础上进行改进设计，发展了M829A4，其变化主要体现在弹托、穿甲体、发射药三个方面。M829A4将弹托从M829A3的4瓣改为3瓣，材料改为复合材料，相当于减轻了总体质量，有利于提高初速。此外，采用了全新的减阻稳定弹翼设计，保证存速，并且重新设计了弹丸头部的形状，以减少阻力，进而保证存速。M829A4的弹芯长度与M829A3相当，等效穿甲体长度略有延长，为此除了弹尖的风帽内也改为实心结构外，还有一部分等效穿甲体更加伸入地插进了尾翼结构内部。但出于提高弹体强度、增加质量的考量，增大了穿甲体直径，更粗的弹芯不但意味着质量的增加（增加11%），也意味着体积的增大，这都对发射药提出了更高的要求，否则就有可能抵消掉穿甲体大型化所带来的性能增益。为此，M829A4在发射药上进行很大改进，采用新型发射药，在不增大火炮最大膛压的前提下，尽可能地增大膛压曲线的平台期。其采用温度补偿技术，在829A4的发射药中引入了低温系数装药技术，使得炮弹在弹道内的性能无限接近理想状态，能够更好地提高发射药的性能。弹药资料数据链是M829A4技术革新的另一大看点，弹上装有ADL数据链接口，与M1A2C/D型主战坦克的M256 120 mm坦克炮的炮闩处的ADL弹药资料数据链读写装置相匹配。

伴随着伊拉克和阿富汗等地战事的持续，美军逐步意识到，对于陆军一线地面作战部队而言，常规距离内的交战依旧无法避免，重型装甲部队在地面作战中的价值依旧无可取代，针对地面部队的防护升级计划逐步开始重启。克里米亚危机的爆发使美军重新把目光转向了在局部区域内，对特定大国以常规军事力量进行有效拒止的战略。自2001年以来，以追求全球性快速战略投送为目标的美国陆军建设路线由此转向，开始以高强度地面战斗为预定作战背景重新构建地面作战部队。因耗资巨大而长期受冷遇的旅级重型装甲战斗队自2017年开始得到资金和装备上的倾斜，作为装甲战斗队核心作战力量的M1A2SEP主战坦克得到了全面升级，M829系列APFSDS中最新型号的M829A4则是其中十分关键性的举措，如图3.42所示。

图3.42 美国M829A4 120 mm脱壳穿甲弹

3. 贫铀的危害

铀是放射性的重金属。铀的损伤作用包括重金属的化学毒性作用和放射性核素的辐射损伤作用两个方面。贫铀的放射性作用于生物体后，会出现核辐射生物效应，生物体（主要是人、动物和植物）吸收核辐射的能量后，会使细胞内物质的分子与原子发生电离和激发，进而导致体内高分子物质（如蛋白质和核酸等）分子键断裂而破坏，还会使生物机体内水分子电离成自由基，其与细胞内其他物质相互作用，导致细胞变性，甚至死亡，直至引起物质代谢和能量代谢障碍，引起整个机体发生一系列病变。

综合起来，贫铀弹对人体至少有五大伤害：引起造血障碍，表现为红细胞、白细胞、血小板和血红蛋白减少，造血细胞受损而导致造血障碍；眼白内障，表现为眼晶体混浊及视觉障碍，也是最早发生和最多见的病症；白血病及其他恶性肿瘤；生育能力下降，甚至会导致精子与卵子中的染色体畸变和基因突变，进而导致下一代的形态或功能出现异常；生长发育出现障碍，严重时会引起寿命缩短、未老先衰或提前死亡。

美国陆军环境政策研究所指出：贫铀是低水平的放射性废物，必须按放射性废物处理和储存。虽然贫铀的外照射对健康的危害极小，但一旦进入体内，如不及时促排，将长期滞留在体内，造成肺、骨骼、肝脏、肾脏、肌肉、血液等多种组织器官的内照射损伤，严重的会导致肿瘤。此外，在战争条件下，贫铀武器的使用致使人员受伤，或普通野战外伤受到贫铀的污染时，贫铀均可通过伤口被吸收进入体内，造成体内贫铀污染，这不仅会带来健康危害，还会影响伤口的处理与治疗，延迟伤口愈合时间。

贫铀弹的危害主要来自贫铀燃烧或爆炸所形成的气溶胶。在作战条件下，弹药中的贫铀有18%～70%被燃烧和氧化为细小的颗粒，即直径在微米范围的贫铀气溶胶（如1枚120 mm贫铀穿甲弹发射后可产生900～3 400 g氧化铀气溶胶），而这些气溶胶50%～96%可通过呼吸进入人体，其中52%～83%在肺液中是难溶的。这些难溶的粒子很难从体内排除，可在肺或其他组织器官中停留数年，甚至更长时间。如果吸入贫铀的剂量较高，将造成肺损伤，严重时甚至导致肺癌。更为严重的是，这些贫铀气溶胶会在空气中悬留达数小时，随空气流动或风力作用漂移到下风方向40 km以外，即使降落后，还会因风、人员活动和车辆行驶等再度扬起、悬浮，再次造成空气污染。而沉降的贫铀又将造成水、土壤、农作物和其他物体的污染。由于贫铀的半衰期极长，故这些污染将经过动、植物的生物代谢进入食物链。人们在污染的环境中生活，呼吸污染的空气，贫铀都将通过吸、食途径进入体内，造成长期的健康影响。

3.8 新型穿甲弹

穿甲弹是主要依靠动能撞击和侵彻目标，并利用残余弹体、弹体破片和钢甲破片的动能杀伤靶后有生力量和设备，其特点为初速高、直射距离大、射击精度高，是坦克炮和反坦克炮的主要弹种，也配用于舰炮、海岸炮、高射炮和航空机关炮，用于毁伤坦克、自行火炮、装甲车辆、舰艇、飞机等装甲目标，或用于破坏坚固防御工事。随着新材料、新结构和新工艺的出现，目标的关键部位防护能力大大增强，同时具有抵御破片面杀伤的能力。因此，随着目标变化和新型作战需求的发展，要求新型弹药克服现有穿甲弹功能单一的缺点，既要能穿透目标，又具有点、面、纵深结合的高效毁伤能力，大幅提升穿透目标防护后的后效毁伤能力。易碎穿甲弹和横向效应增强型侵彻正是基于这种需求而提出的新型穿甲弹。

3.8.1 易碎穿甲弹

1. 易碎穿甲弹结构

易碎穿甲弹全弹由发射装药和弹丸部分组成，弹丸和装药结构中的药筒通过压合、紧口结合在一起。发射装药部分由发射药、药筒、底火等组成；弹丸部分由飞行弹体（风帽与弹芯组合装配体）、底托、密封塞和注塑弹托组成，如图3.43所示。

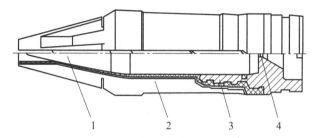

图 3.43 易碎穿甲弹弹丸结构示意图

1—飞行弹体；2—注塑弹托；3—底托；4—密封塞

飞行弹体中的弹芯由高密度易碎钨合金制成，承担侵彻作用。为减小飞行中的阻力，其头部用螺纹与风帽连接。风帽由高强度铝合金材料制成，主要功能是优化弹体的气动外形，减小飞行阻力。

底托是弹丸的主要承载零件，由高强度铝合金制成，形状比较复杂，其主要功能是膛内定位、承受发射过载、密封火药气体、传递扭矩及火药气体推力等。

注塑弹托是弹托的一部分，位于底托前部，与底托一起共同保证弹丸在膛内正确定位、密闭火药气体、保障弹丸在膛内正确运动、传递扭矩、保证内外弹道作用正常。其由尼龙材料加热，通过模具注塑在飞行弹体与底托的组合件上，并将两者包裹其中。密封塞采用尼龙材料，装于底托中心孔中，主要起闭气作用，防止火药气体进入弹芯与底托间的缝隙，确保弹丸膛内运行平稳，提高弹丸的发射强度。图 3.44 所示为一种 30 mm 口径的易碎穿甲弹及其弹芯。

图 3.44 30 mm 口径的易碎穿甲弹及其弹芯

2. 易碎穿甲弹作用原理

易碎穿甲弹在发射时，击针撞击底火发火，点燃发射药，发射药瞬间燃烧产生大量的高温高压气体，使弹丸与火炮药室的坡膛部分紧密接触，待火药气体压力继续增加，弹丸克服阻力，挤进身管直膛部分；弹丸进入直膛部分后，火药气体继续膨胀做功，弹丸被加速，同时因身管膛线的作用，使弹丸高速旋转；弹丸在出炮口的瞬间，由膛线赋予很高的转速，由此在离心力和切向力的作用下塑料弹托和底托沿预留的削弱槽被撕裂，在空气阻力差和惯性力的作用下释放飞行弹体，飞行弹体脱离底托，飞向预定目标。

当飞行弹体撞击目标时，易碎材料钨合金弹芯侵彻到物体内部，利用侵彻加载和卸载过程中的应力变化，弹芯在其内逐渐地解体为破片群，产生一种"瀑布"效应，从而创造出良好的靶后毁伤效果。"瀑布"效应扩展为毁伤破片云，呈一个延展的圆锥状，圆锥的最终直径远远大于其初始穿入点的直径。这种穿甲弹穿过首层装甲后实现的是面毁伤，形成了良好的穿甲及靶后效的作用。从力学角度看，弹丸在侵彻时主要承受很高的压力，这时弹丸完整性对保持好的侵彻特性有利,而弹丸穿过靶板后破碎,所以弹丸穿靶后具有较低的抗拉强度对破碎性有利。拉压比是衡量易碎弹丸最为重要的参数之一,此外还应考虑材料其他方面的参数。因此,在易碎材料的研制方面,要求这种材料必须兼顾发射、侵彻和后效特性。

3.8.2 横向效应增强弹

1. 横向效应作用原理

横向效应增强弹,英文简称为 PELE 弹(Penetrator with Enhanced Lateral Effect),是一种新型高效毁伤弹药。弹丸主要由弹体与弹芯两种不同密度的材料构成,弹体是高密度材料,如合金钢或钨合金;弹芯为低密度材料,如铝、尼龙、聚乙烯、橡胶等。当弹丸击中目标时,外层弹体可侵彻目标;而内部弹芯由于密度小、硬度低,弹芯侵彻能力弱,碰撞目标后受压力速度迅速降低,将在目标内相对弹体滞后前进,同时快速膨胀,这时弹丸内的压力剧增,外层弹体受到弹芯的横向压力,当这种横向膨胀压力超过弹体材料本身极限应力后,将引起弹体破裂形成破片,破片成一定角度向外飞散,随距离的增加,破片形成区域面积越来越大,加大了对目标后的毁伤效应。其作用原理如图 3.45 所示。

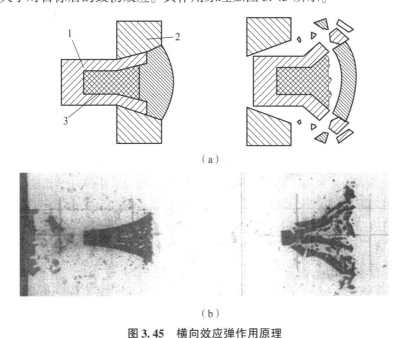

图 3.45 横向效应弹作用原理

(a) PELE 弹作用过程示意图;(b) PELE 弹穿靶的 X 射线照片

1—壳体;2—目标;3—芯体

影响 PELE 弹作用效果的因素较多,主要有壳体材料、弹芯材料、长径比、弹丸速度、侵彻角度和转动速度等。相关研究表明,PELE 横向效应主要受到壳体、弹芯材料的弹性模量、泊松比影响,材料密度对其横向效应影响不大。由于 PELE 弹作用过程涉及冲击加载、应力卸载和材料破碎等复杂的动力学现象,因此,设计时需要考虑弹芯、壳体、目标以及弹道诸元之间的匹配问题。在合适的弹靶条件下,存在最优的弹芯、壳体匹配设计,使 PELE 弹能发挥最佳的侵彻贯穿和后效毁伤能力。

2. 典型横向效应弹结构

横向效应弹具有良好的侵彻能力和靶后破片毁伤能力，其弹丸内不含高能炸药，不配用引信，主要依靠弹体各部件材料不同产生的物理效应使弹丸穿透目标后，裂解形成破片，攻击目标。其穿靶杀伤机理与常规弹药有较大区别。根据所使用的武器平台和作战应用需求的不同，弹丸的具体方案和结构各不相同。

图 3.46 所示为一种为步兵快速开辟通道横向效应增强弹，其作用是在城镇作战中用于毁伤建筑物墙体，在墙体上产生横向效应开孔的同时，剪断墙体中的钢筋网而形成无障碍通道。

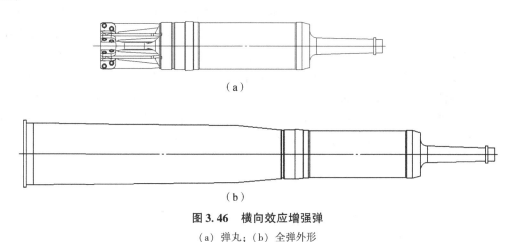

图 3.46 横向效应增强弹
(a) 弹丸；(b) 全弹外形

全弹主要包括弹丸和发射装药两部分。弹丸由战斗部、尾翼部件组成，其中战斗部侵彻钢筋混凝土墙体，完成扩孔指标，后张式超口径尾翼对扩孔范围内的钢筋网进行切断。发射部分赋予弹丸完成作战任务所需的速度，确保发射过程内弹道安全可靠。同时，为降低弹丸由于高速旋转而产生的巨大离心力对弹丸结构强度的影响，采用滑动式聚酰胺闭气环降低弹丸转速。弹丸由尾翼部件、聚酰胺闭气环和战斗部三部分组成。战斗部由壳体、惰性芯体和头螺等零部件组成。战斗部采用杆形头部结构，以提高千米立靶密集度和着靶稳定性；壳体采用预制开槽结构，惰性芯体则采用低密度聚酰胺材料经机械加工制成，并在惰性芯体前端加冲塞体等结构方案，以提高战斗部的侵彻威力及稳定性。弹头部的头螺设计成杆形（瓶状），能够有效地减小弹丸头部受到的升力，提高弹丸在飞行过程中的稳定性，从而提高弹丸着靶时的精度，同时能够增强着靶稳定性和大着角条件下的防跳弹能力。

惰性芯体与冲塞体匹配结构是一个重要的影响因素。高强度冲塞体在弹丸着靶时受压，确保在径向平衡受力，并持续稳定地施加于惰性芯体，同时利用冲塞体与惰性芯体配合，当惰性芯体受到持续的轴向压缩应力后将产生横向膨胀趋势，继而产生横向应力作用于横向效应，增强弹壳体。随着横向应力的持续增大，当超出壳体材料的屈服强度时，将在钢筋混凝土靶标内发生横向增强效应。

图 3.47 所示为一中尾翼稳定脱壳穿甲横向效应弹，由弹托、弹带和飞行弹体组成，飞行弹体由风帽、穿甲块、填充物、壳体、尾翼等组成。

弹托由铝合金制成，通过螺纹或环形齿与壳体连接，在膛内主要起定心、导引作用，传递火药气体推力给弹体组合件，使其获得必需的动能，以侵彻目标。

风帽位于穿甲弹的头部，由铝合金材料制成，其作用是优化弹体头部的气动外形，减小飞行时的空气阻力。此外，其还有固定支撑穿甲块的作用。

穿甲块由高密度金属材料（如钨合金）制成，主要作用是提高开坑和穿甲能力。

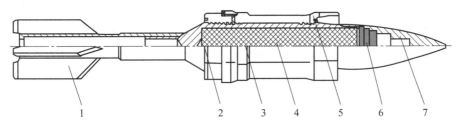

图 3.47 尾翼稳定脱壳穿甲横向效应弹
1—尾翼；2—壳体；3—弹带；4—填充物；5—弹托；6—穿甲块；7—风帽

填充物可采用铝合金、聚乙烯、尼龙、聚酰胺、塑料、橡胶等侵彻性能弱的低密度、低强度，且泊松比相对较大的材料。其作用是受压变形，当芯体受压瞬间将轴向压缩产生的能量迅速地转化为径向能量，产生横向应变，施加于壳体使其破裂成大量的高效杀伤破片，穿透目标后，沿横向加速，产生横向毁伤效应。填充物材料的抗压强度、抗弯强度、弹性模量对产生横向效应尤为重要。

弹体多采用高强度高密度材料，如钢或钨等重金属。当命中目标时，弹体用来侵彻、穿透靶板，出靶板后在拉应力的作用下碎裂成大量的杀伤破片，实现对靶板后各种仪器设备、人员的有效毁伤。尾翼多采用铝合金材料或钢质材料，主要起飞行稳定作用。

随着活性毁伤材料的发展，其在横向效应增强型弹药中也展现了巨大的应用潜力。活性毁伤元 PELE 弹是一种通过填充活性材料芯体来替代传统金属杆条或穿甲/半穿甲类弹药的新型弹药，使用活性毁伤材料芯体，与目标高速碰撞形成强烈载荷时，内部芯体将发生强烈的爆燃反应，使得侵爆 PELE 弹不仅具备动能侵彻能力和横向效应，还具备"内爆效应"，实现对目标高致命性的"结构解体毁伤"，达到穿甲、破片杀伤和爆燃多重终点效应，从而使常规硬毁伤类弹药战斗部的威力获得大幅度提升。图 3.48 所示为活性芯体 PELE 弹结构示意图，其主要由弹体外壳、活性毁伤元、金属块、弹带和风帽 5 部分组成。

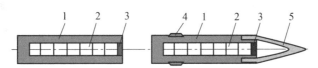

图 3.48 活性芯体 PELE 弹结构示意图
1—壳体；2—活性毁伤元；3—金属块；4—弹带；5—风帽

3. 横向效应弹作用特点

与传统常规弹药相比，PELE 战斗部具有以下优点。

1）安全性能高

PELE 战斗部不含有高能炸药和火工元件，在勤务处理和作战使用过程中不会出现膛炸、哑弹和殉爆等意外情况。同时，PELE 穿透目标防护后仅对一定区域内的人员存在杀伤作用，实现了威力控制，降低了附带毁伤，特别适合城市特种作战。

2）作战效果好

PELE 战斗部具有动能侵彻和破片杀伤双重毁伤效果，虽然其穿甲能力约为同口径尾翼稳定脱壳穿甲弹的80%，但凭借壳体优异的破碎性能，大幅提高了对装甲目标的后效毁伤能力。

3）成本低

PELE战斗部攻击目标过程中不使用引信作为起爆装置，也不需要高能炸药提供能量，节省了含能材料和电子元件，简化了战斗部结构和工艺，降低了弹药生产、运输、储存、使用及销毁成本。同时，利用库存陈旧弹药改装生产PELE弹，其费用可大大降低，效费比高。

4）应用范围广

传统装填高能炸药的战斗部受到引信元件尺寸、炸药临界爆速和装药工艺等因素的限制，弹药口径一般存在范围区间约束。在弹药口径方面，PELE弹可以广泛应用于12.7 mm、27 mm、35 mm等中小口径弹药，还可以应用于105 mm、120 mm、125 mm等大口径弹药。在发射平台方面，PELE弹可以适应反器材步枪、高射机枪、坦克火炮等多种平台。在作用目标方面，PELE弹可以用于反轻型装甲、混凝土工事和武装直升机等多种目标。

目前，这类弹药已经装备部队。国外大口径PELE产品以德国莱茵金属公司研制的105 mm线膛坦克炮及120 mm滑膛坦克炮新型横向效应增强弹最具代表性，在最初演示试验中，单发120 mm横向效应增强弹可以在钢筋混凝土上形成直径约为500 mm的穿孔破坏，其在城镇作战中对钢筋混凝土具有毁伤优越性，而且能够最大限度地控制附带毁伤。后续的验证试验表明，2发改制横向效应增向弹就能在200 mm钢筋混凝土上形成一个1.6 m高的无障碍通道。在城区作战中，3发PELE弹就能在建筑物上形成一个足以使全副武装士兵通过的洞，如图3.49所示。若要达到相同的毁伤效果，则需要使用5~6发制式105 mm碎甲弹。图3.50所示为国内研制的大口径PELE弹毁伤效果。

图3.49 德国PELE弹毁伤效果

图3.50 中国PELE弹毁伤效果

3.9 穿甲弹的发展趋势

随着各种新型装甲的不断出现，以及反应装甲的发展和应用，迫使穿甲弹必须更加广泛地采用高新技术，以期在与装甲的对抗中处于主动地位。新型穿甲弹除了应继续提高对付均质装甲、复合装甲的能力外，还必须能有效地对付反应装甲和主动防护装甲并兼顾其他装甲目标，同时提高有效射程与首发命中率。

从动能穿甲弹的使用情况来看，普通穿甲弹主要是发展小口径穿甲弹和半穿甲弹，它所对付的目标主要是飞机、导弹、舰艇和轻型装甲等；但对于重型装甲目标，则主要是发展长杆式尾翼稳定脱壳穿甲弹。目前，杆式穿甲弹虽然在许多国家的军队中进行了装备，但对杆式穿甲弹的研究工作仍方兴未艾，我国发展的杆式穿甲弹也已经接近或赶上世界先进水平。未来杆式穿甲弹的发展方向可以归结为以下几个方面：

1. 提高弹丸着靶比动能

提高弹丸初速度、减小外弹道上飞行速度下降量、增加弹芯长径比是提高着靶比动能的主要技术途径。提高弹丸初速度的技术途径包括改进火炮、提高火药能量、使用涂覆火药降低温度系数及采用随行装药技术、密实装药技术、采用新型发射技术等。

2. 减少弹丸消极质量

弹托是弹丸最大的消极质量来源，减轻弹托质量可有效降低动能损失，提高穿甲威力。其技术手段包括：采用小密度、高性能的金属、非金属及复合材料，如增强尼龙、树脂基玻璃纤维或碳纤维复合材料等；采用轻金属或轻金属复合材料，如已广泛使用超硬铝合金及其他更轻质的合金及复合材料；使用金属与非金属的复合等。

3. 采用新的高性能弹芯材料与工艺

具有较高力学性能的弹体材料能够承受更高的膛内发射应力，因而可以减短弹托长度，从而减少消极质量，以提高弹丸的初速度。同时，在火炮速度范围内具有较高力学性能的弹体材料可以提高穿甲威力，即发展密度大、硬度高、韧性好的弹芯材料，从而使威力提高。因此，先后发展了密度大、综合性能好的钨合金、贫铀合金和贫铀钨合金等材料。20 世纪 80 年代后，国外开展了各种复合材料的研究，德国研究了锻造后的高密度钨合金丝与镍、不锈钢、高温合金等的复合材料，这种材料具有极高的韧性和冲击强度，由这种材料制得的弹芯长径比可达 40 以上，据称可穿透 700 mm 以上均质装甲钢板。

4. 研究对抗新一代反应装甲并兼顾其他装甲目标的穿甲弹结构

由于坦克装甲防护能力的不断提高，如复合装甲、间隔装甲、反应装甲等技术的应用，用普通单一弹芯来侵彻已经不能满足穿甲弹发展的需要。受到同轴间隔射流侵彻能力的启发，提出了分段杆式穿甲侵彻体的思想。对付反应装甲可采用穿甲—穿甲式结构，比如采用多节式穿甲弹芯（如 DM33 采用两节弹芯）；也可采用串联式弹芯，那在攻击目标时先由分离结构适时射出前置弹芯打爆反应装甲的头部结构，或将前置弹芯推向弹的前部（与主弹芯形成固定的距离），在反应装甲上打出通孔、开辟通道，主弹芯随后跟进。

5. 提高有效射程与命中概率、发展高速动能弹

高速动能弹已成为目前穿甲弹发展的活跃方向之一。因为它不仅具有穿甲弹的穿甲威力，而且具有与一般导弹相同的命中率；由于它有增速和续航发动机，所以可增大射程和得到高的着速，一般能在 2 000~6 000 m 的距离上对付未来战场上出现的坦克及对付距离为 10 000 m 的空中目标，如直升机、飞机等。

6. 使用电磁炮发射超高速穿甲弹

随着电磁炮等新型发射技术的发展，弹丸初速度可以达到 2 000 m/s 以上，为超高速穿甲弹的发展和使用提供了技术支撑。而且，随着空中打击技术和手段的日益发展与更新，以往使用的穿甲弹单发命中目标的概率相对较低，防空反导效果也相对较差，尤其难以对付高速飞行的目标。为了实现毁伤高速飞行器的目的，提高命中概率，穿甲弹须

进一步提高其初射速。这不仅使得穿甲弹的有效射高和有效射击的范围增大，更重要的是可以缩短穿甲弹的飞行时间，这样就可以减少射击的提前量，增加对目标的命中概率。

7. 多功能与高后效毁伤穿甲弹

弹芯是穿甲作用的主体，弹芯材料的性能及结构对穿甲能力有决定性影响。弹芯采用高密度易碎材料（如易碎钨合金）、含能结构材料或穿爆燃复合结构弹体，除了具备正常的穿甲性能外，还增加了横向效应、靶后燃烧、靶后爆炸等功能，提高了穿甲弹的靶后毁伤能力，以及穿甲的整体作战效能。

虽然弹芯材料采用高密度、高强度的钨合金或贫铀合金材料，能大幅提升穿甲能力，但穿甲后的效毁伤效应主要是依靠弹体和靶板碎片的动能来毁伤靶后目标。新型含能金属基材料将易碎钨合金与含能材料有机地结合，它不但能够使次口径脱壳穿甲弹继续保持高初速度优势，而且由于充分利用了弹芯材料自身破碎特性和冲击释能特性，故在靶后可以产生像榴弹那样的破片效果；同时，在冲击载荷作用下激活含能材料，发生放热式反应，产生燃烧温度达 3 000 ℃ 的纵火效应，可形成爆炸冲击、超压、引燃（爆）等综合杀伤因素。

习　题

1. 装甲车辆的装甲防护技术有哪些？
2. 根据现代装甲目标的特性，反装甲弹药应具备哪些能力？
3. 穿甲弹作用于装甲后，目标的破坏形式主要有哪几种？
4. 根据尖头穿甲弹和被帽穿甲弹结构组成，分析其作用特点的异同。
5. 影响穿甲弹毁伤威力的因素有哪些？
6. 超速脱壳穿甲弹的作用原理是什么？其脱壳方式有哪几种？
7. 描述尾翼稳定超速脱壳穿甲弹的穿甲作用过程。

第4章
破甲弹

破甲弹和穿甲弹是击毁装甲目标的两种最有效的弹种，穿甲弹靠弹丸或弹芯的动能来击穿装甲。因此，只有高初速火炮才适于配用。而破甲弹是靠成型装药的聚能效应压垮药型罩，形成一束高速金属射流来击穿装甲，不要求弹丸必须具有很高的弹着速度，其特殊的作用机制可不再完全依赖炮口初速，这是破甲弹最大的一个特征。因而，破甲弹能够广泛应用在各种加农炮、无坐力炮、坦克炮以及反坦克火箭筒上。

到第二次世界大战期间，装甲目标的发展促进了破甲弹药的广泛应用。多年来，国内外不断推进对成型装药新结构、新技术的研究，从20世纪60年代的变壁厚药型罩、喇叭形和双锥形药型罩，到后来的串联成型装药药型罩、截锥药型罩、分离式药型罩和自锻破片药型罩等，都是为了对付不断发展的装甲防护而提出的新型成型装药结构。到20世纪80年代，由于坦克装甲防护能力的不断增强，破甲弹性能也不断提高，破甲深度已由原来的6倍装药直径提高到8~10倍的装药直径。许多反坦克导弹都采用了成型装药破甲战斗部，为了提高远距离攻击装甲目标的能力，还出现了末段制导破甲弹和攻击远距离坦克群的破甲子母弹。

4.1 聚能效应及作用原理

4.1.1 聚能效应

有关聚能效应现象的认识最早可追溯到19世纪末，1883年，福斯特实验发现，与无凹穴柱形装药相比，一端带凹穴的柱形装药对靶板的毁伤更严重。1894年，门罗研究发现，在装药凹穴表面增贴一层薄金属罩体，其爆炸作用可穿透一定厚度的钢板，这一具有里程碑意义的发现，揭开了聚能效应及其弹药战斗部技术研究的序幕。正因如此，聚能效应也称为门罗效应。

使用圆柱形装药作用于厚度远大于装药直径的靶板，装药结构及作用条件变化对靶板毁伤效应的影响如图4.1所示。从图4.1（a）中可以看出，圆柱装药直接置于靶板表面爆炸时，只在靶板表面产生一个近似等深的浅凹坑。当底部带有锥形空穴的圆柱形装药置于靶板表面爆炸时，凹坑深度有显著增大，形状呈近似卵形，如图4.1（b）所示。在装药的锥形空穴外贴合一层金属或非金属罩体后置于靶板表面爆炸时，破孔深度进一步得到大幅提高，形状呈类锥形，表明内衬罩体对装药爆炸能量轴向汇聚发挥了重要作用，如图4.1（c）所示。将带罩装药置于靶板上方一定高度（炸高）时，破孔深度进一步有大幅增加，形状更接近锥形，如图4.1（d）所示。

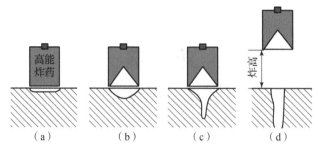

图 4.1 不同装药结构及作用条件对靶板的毁伤影响

这种一端带有特定形状的空穴并在其外表面贴合薄壁金属或非金属体的装药结构称为聚能装药或成型装药（Shaped Charge，SC），贴合于装药穴表面的金属或非金属罩体称为药型罩（Liner）。利用聚能装药爆炸作用使药型罩结构压垮及材料沿轴线汇聚形成聚能射流（JET）、杆式射流（Jetting Projectile Charge，JPC）和爆炸成型弹丸（Explosively Formed Projectile，EFP）等高速侵彻体的效应称为聚能效应，利用聚能装药行程形成的高速侵彻体高效毁伤目标已成为反装甲和反混凝土类战斗部的主要手段。

在药柱爆炸时会产生高温、高压的爆轰产物，可以认为，这些产物将沿炸药表面的法线方向向外飞散，因而在不同方向上炸药的爆炸能量也不相同。从不同装药结构爆炸能量释放行为看，圆柱装药一端引爆后，随着爆轰波在装药内传播，高温、高压爆轰产物近似沿装药侧面法线方向向外飞散，如图 4.2（a）所示。也就是说，当圆柱装药置于靶板表面爆炸时，只有装药端部少部分爆轰产物作用于靶板表面起毁伤作用，爆轰产物密度低，作用面积大，持续时间短，一般只能在靶板表面产生形状类似装药截面的浅坑。

一端带有锥形（或球缺形、喇叭形等）空穴的装药起爆后，由于空穴的存在，高温、高压爆轰产物沿装药表面的法线方向向外飞散，并且互相碰撞、挤压，在轴线上汇聚形成高速汇聚气流，与非汇聚爆轰产物气流相比，这种汇聚气流速度更高，遭遇靶板作用面积更小，能量密度提高，穿靶能力增强，从而产生穿深更大、孔径更小的破孔。但爆轰产物沿轴线汇聚形成高压区，又迫使爆轰产物向周围低压区膨胀，导致高压气流离装药端面一定距离后就逐渐发散，穿孔能力下降，如图 4.2（b）所示。

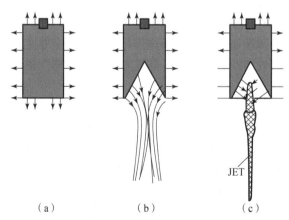

图 4.2 装药结构对爆轰能量释放行为的影响

（a）柱状装药爆轰产物飞散；（b）无罩聚能装药气体流汇聚；（c）金属罩聚能装药金属流汇聚

对于带有药型罩的空穴装药而言，爆轰波传至药型罩表面时，在极高爆轰压力的作用下，药型罩被压垮，沿轴线汇聚形成 JET、JP 或 EFP 等高速聚能侵彻体，炸药释放的大部分化学能转化为聚能侵彻体的动能。与爆轰产物汇聚气流相比，聚能侵彻体密度更大、持续时间更长、比动能更大、穿靶能力更强，从而造成穿深更大、孔径更小的破孔，如图 4.2（c）所示。

4.1.2 聚能射流的形成

应用锥形药型罩的聚能装药原理结构如图 4.3（a）所示，为便于描述和分析，按图 4.3（a）所示将药型罩由顶至底划分为 4 个部分，当炸药装药被引爆后，爆轰波以极快的速度（约 8 000 m/s）在装药内传播，并产生高温、高压的爆轰产物。在极高的爆轰压力的作用下，从罩顶部至罩底部各微元依次被压垮，以 2 000～3 000 m/s 的速度向药型罩对称轴闭合，被压垮的药型罩在极短的时间间隔内变形非常大，应变率达到 10^4～10^7 s^{-1}，最大应变超过 10。药型罩在轴线上闭合和碰撞后形成两部分，微元内壁形成一个高温（接近 1 000 ℃）、高速（5 000～10 000 m/s）的细长流，称为射流；外壁形成速度较低、跟随在射流之后的杆体。当爆轰波传至微元 2 底端时，药型罩典型压垮形貌如图 4.3（b）所示，在该时刻，微元 4 已完成轴线碰撞，并形成了射流和杆体两部分，微元 3 正在轴线处碰撞，而微元 2 正在向轴线闭合。微元 4 经轴线碰撞后分成射流和杆体，因二者速度差显著，碰撞后快速分离，微元 3 刚好填补微元 4 射流后部空间并发生碰撞，同样形成射流和杆体两部分。随后，微元 2、微元 1 依次在轴线上闭合、碰撞和分离，由此完成射流和杆体形成过程。

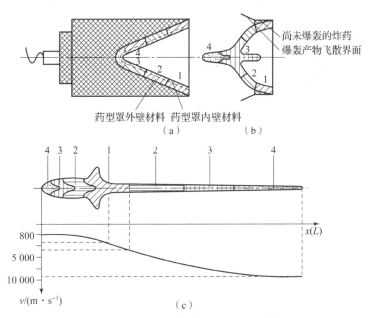

图 4.3　射流和杆体的形成及速度分布
1，2，3，4—微元

高能炸药爆炸驱动药型罩形成射流和杆体空间位置及速度分布如图 4.3（c）所示。在空间位置上，射流与微元位置的顺序刚好相反，而杆体则与微元位置的顺序一致。在速度分布上，射流首、尾速度分布为 3～10 km/s，杆体首、尾速度分布为 0.8～1.5 km/s。从射流和杆体速度梯度分布影响来看，除了显著依赖于炸药类型和药型罩材料、锥角、壁厚及母线形状外，还与壳体材料及厚度、装药形状及长径比、起爆方式等有关。一般来说，在其他因素一定的条件下，炸药爆压越高、罩锥角越小、罩壁越薄，速度梯度越高。

装药爆炸和射流形成是一个高速、高应变率的瞬态过程，采用一般观测手段很难观察和记录其作用过程，利用 X 光透视的高速摄影系统是比较有效的一种方法。图 4.4 所示为 X 光摄影系统拍摄到的铜药型罩在不同时刻的变化照片，从照片中可以清楚地观察到药型罩在爆轰产物作用下形成射流和杆体的过程，射流的温度和能量很高，金相分析显示，铜射流温度为 800~1 000 ℃，但还未达到铜的熔点 1 083 ℃。

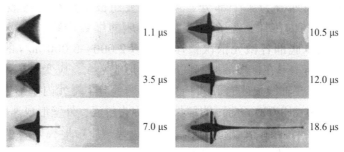

图 4.4 药型罩压垮过程 X 光照片

另外，爆轰波到达药型罩底部端面时，由于突然卸载，在距罩底端面 1~2 mm 的地方将出现断裂，该断裂物以一定的速度飞出，这就是通常所说的"崩落圈"，如图 4.5 所示。另外，当碰撞压力和温度都很高时，可能会产生局部熔化甚至汽化现象。

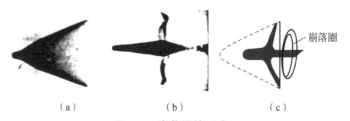

图 4.5 崩落圈的形成
（a）爆轰波驱动药型罩；（b）爆轰波接近药型罩底端；（c）崩落圈脱离

4.1.3 聚能侵彻体的类型

在实际应用中，为满足不同需要，通过调控药型罩形状、结构和起爆方式等，可以形成不同类型的聚能侵彻体，如 JET、JPC、EFP 等。

1. 聚能射流

一般而言，药型罩锥角为 30°~60°时，聚能装药爆炸形成射流，射流平均直径约为药型罩外径的 1/20，质量约占药型罩质量的 20%，是反坦克弹药穿透主装甲的主要手段。射流形状细长，从头部到尾部逐渐降低，轴向速度梯度大，头部速度最高，可达 7~10 km/s，尾部速度为 3~4 km/s，杆体平均速度为 1 km/s 左右。由于射流头部速度和尾部速度相差较大，故存在速度梯度，再加上射流塑性能力的限制，伸长到一定程度后就会出现颈缩和断裂。与静态拉伸不同的是，射流速度高、惯性大，会在各处断裂，而且相互无影响，如图 4.6 所示。另外，如果聚能装药对称性不好，射流在运动过程中也会产生分散现象，射流拉伸时间越长,分散现象越明显。

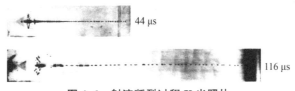

图 4.6 射流断裂过程 X 光照片

射流拉伸至一定长度后会发生颈缩甚至断裂,导致穿深和毁伤能力显著下降。也就是说,从高效毁伤的角度看,射流只有在某一有利炸高范围才能发挥穿深和毁伤优势。对于大多数破甲战斗部而言,有利炸高在 10 倍装药直径(Charge Diameter,CD)以下,在有利炸高下,中小口径铜罩聚能战斗部具备侵彻 4~8CD 厚度均质装甲(RHA)的穿深能力,大口径铜罩聚能战斗部具备侵彻 8~10 CD 厚度 RHA 的穿深能力。

2. 爆炸成型弹丸

大锥角药型罩在聚能装药爆炸驱动下形成的大尺寸、无速度梯度聚能侵彻体,称为爆炸成型弹丸(Explosively Formed Penetrator,EFP),EFP 是反坦克末敏弹、反坦克地雷、反直升机地雷、反潜鱼雷等打击和毁伤目标的主要手段。一般而言,药型罩锥角为 120°~160°时,在聚能装药爆轰作用下,罩内、外壁不再产生能量分配,而是以翻转方式形成特定形状和长径比,中前部密实、后部空心的弹丸,速度约为 2 km/s。显著不同于聚能射流,由于爆炸成型弹丸无轴向速度梯度,故随着时间推移不会发生颈缩和断裂,也就是说,气动外形良好的爆炸成型弹丸能在大炸高下保持形态稳定,发挥显著的毁伤优势。中、大口径铜质爆炸成型弹丸战斗部具备贯穿 0.6~1.2 CD 厚度 RHA 的能力,孔径约为 0.3 CD。大锥角罩形成 EFP 的 X 光照片如图 4.7 所示。

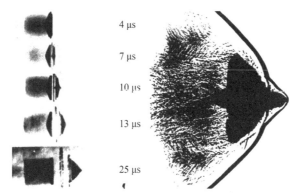

图 4.7 大锥角罩形成 EFP 的 X 光照片

3. 杆式射流

杆式射流是一种介于聚能射流和爆炸成型弹丸之间的聚能侵彻体,头部速度可达 4 km/s 左右,尾部速度为 2.5 km/s 左右。从穿靶能力上看,杆式射流侵彻深度不如聚能射流强,但穿靶孔径更大,后效毁伤更强。与爆炸成型弹丸相比,杆式射流的头部速度更高,尾部速度相差不是很大,长径比和比动能更大,穿靶能力更强,但后效毁伤不如爆炸成型弹丸。

与聚能射流相比,杆式射流的轴向速度梯度要小得多,但径向尺寸更大,随着射流飞行时间增加,也会发生颈缩甚至断裂,但所需时间更长,一般在 250 μs 以上,使其具备在更大炸高下毁伤目标的优势。研究表明，10 CD 炸高下，中大口径铜杆式射流战斗部具备贯穿 3.5 CD 厚 RHA 的穿深能力，50 CD 炸高下具备贯穿 2 CD 厚 RHA 的穿深能力。典型杆式射流成形示意图如图 4.8 所示。

图 4.8　典型杆式射流成形示意图

4.1.4　聚能毁伤机理

1. 射流侵彻过程

从毁伤机理上看，射流头部速度很高，远超靶板材料的声速，碰撞靶板时在接触面上会产生冲击波，分别传入射流和靶板中，碰撞点处产生极高的压力和温度，致使靶板材料发生熔化和破坏，在碰撞点附近产生高压、高温、高应变率区域，称为三高区。在碰撞点处压力高于靶板强度参数 1~2 个量级，局部温度快速升高（可达 5 000 K），此时射流和靶板的材料强度都可以忽略不计。射流侵彻过程就是一个射流不断与不同位置靶板碰撞形成移动三高区的过程，在碰撞点后，射流并未消耗全部能量，在后续射流的压缩作用下，向四周扩张，对靶板起到一定的扩孔效果。射流侵彻过程时间很短，一般为几十至上百微秒范围，其整个过程可分为开坑、准定常和终止 3 个阶段。

1）开坑阶段

射流头部开始碰撞靶板，自碰撞点向靶板和射流中分别传入冲击波，碰撞点附近射流变粗，靶板材料快速向四周流动，伴随着靶板材料和射流残渣从侵孔向四周飞散，形成稳定的三高区，如图 4.9 所示。

图 4.9　射流侵彻开坑阶段

2）准定常阶段

稳定的三高区形成后，射流开始碰撞和侵彻处于三高状态的靶板，压力减小，破甲参数近乎恒定，且与侵彻时间基本无关，此即准定常阶段。该阶段射流侵彻深度占总侵深的 80% 左右，如图 4.10 所示。

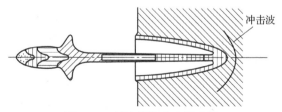

图 4.10　射流侵彻准定常阶段

3）终止阶段

随着后续射流碰撞速度的不断下降，靶板强度效应逐渐趋于显著，侵彻过程不能再忽略靶板强度的影响，扩孔能力也随之减弱。其次，由于射流速度的降低，不仅破甲速度减小，而且扩孔能力也下降，以至于后续射流推不开前面已经释放出能量的射流残渣，不能作用于靶孔的底部，而是作用于射流残渣上，影响侵彻的进行。实际上，在射流和孔底之间，总是存在射流和残渣的堆积层，在准定常阶段，射流速度较高，存留的堆积层很薄，而在终止阶段越来越厚，最终使射流侵彻过程停止。再者，射流在侵彻的后期出现失稳（颈缩和断裂），更不利于侵彻。当射流速度低于射流开始失去侵彻能力的所谓"临界速度"时，射流已不能继续侵彻破孔，而是堆积在坑底，最终导致侵彻过程终止。射流侵彻靶板典型作用过程的 X 光照片如图 4.11 所示。

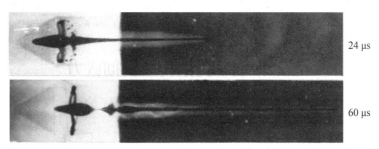

图 4.11　射流侵彻靶板典型作用过程的 X 光照片

由于杵体的速度较低，一般不能起破甲作用，即使在射流穿透靶板的情况下，杵体也往往留存在破孔内。由于射流在破甲过程中是不断消耗的，因而射流太短对破甲不利，应当使其拉长。在破甲弹设计中，射流拉长的程度将由炸高来保证。虽然射流太短不好，但太长也将因射流的断裂而影响破甲性能。因而，应恰当选择炸高，以使射流的侵彻性能最佳。高速射流的侵彻深度与射流长度、射流材料和靶板材料有关，侵彻深度可按照式（4.1）计算。

$$L = l \sqrt{\frac{\rho_J}{\rho_T}} \tag{4.1}$$

式中，L——侵彻深度；

l——射流长度；

ρ_J——射流密度；

ρ_T——靶板材料密度。

2. 射流对靶板的破坏

一般来说，聚能射流侵彻靶板后，孔口部大致呈喇叭形，孔径从口部往里减小很快，这部分是在开坑阶段形成的，深度为总侵彻深度的 10%；此后孔径均匀下降，这部分孔深占总深度的 85%，相当于准定常阶段；当孔下部出现一小段葫芦形时，说明此处射流已经断裂，再往下就是孔径略微增大的袋形孔底，里面堆满失去能量的射流残渣。射流破甲的典型孔形状如图 4.12 所示，图中数字代表对应位置孔径（单位：mm）。上述为射流侵彻靶板的一般情况，实际上随着药型罩结构、罩材料、靶板材质和作用条件不同，靶板毁伤形貌会呈现较大差异。图 4.13 所示为 40 mm 口径的含能药型罩（PTFE/Ti/W）在不同组分条件下对铝锭的侵彻毁伤结果（图中展示为靶板剖面）。

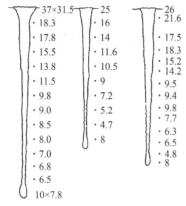

图4.12 金属射流侵彻靶板的典型孔形

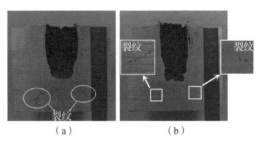

图4.13 含能射流侵彻靶板的典型孔形
(a) 0%W; (b) 30%W

4.2 聚能装药结构及侵彻威力

4.2.1 聚能装药结构

应用聚能装药战斗部的弹药通常称为破甲弹,典型聚能装药战斗部原理结构如图4.14所示,其主要由药型罩、炸药装药（包括主药柱和副药柱）、隔板、壳体和起爆传爆序列等组成。药型罩底部到靶板表面的距离称为炸高,选择合理的炸高,对聚能效应尤其是射流毁伤威力的发挥至关重要。增大炸高,连续射流长度增大,穿深能力增强,但炸高增大到一定程度后,射流会产生径向分散、摆动、颈缩甚至断裂,导致穿深能力下降。与最大穿深相应的炸高称为有利炸高,在工程应用中,聚能装药往往会受到诸多因素的制约,有利炸高不是一个具体值,多为某一范围。根据应用的具体弹种及弹药总体结构,聚能装药战斗部具体结构会有所差异,图4.15所示为MILAN反坦克导弹的聚能战斗部结构,战斗部前面的风帽结构用以保持气动外形和触靶时控制炸高。

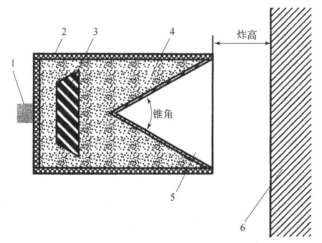

图4.14 典型聚能装药战斗部原理结构
1—雷管及传爆序列；2—壳体；3—隔板；4—主装药；5—药型罩；6—靶板

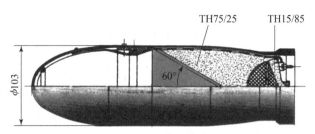

图 4.15 MILAN 导弹聚能战斗部结构

聚能装药战斗部的威力要求是聚能装药战斗部重要的战术技术指标。聚能装药战斗部威力用某个着角（或靶板倾斜角）下能够穿透某种类型的靶板的厚度及穿透率来表征。

聚能装药战斗部威力指标包括四个因素：靶板类型、靶板厚度、靶板倾斜角和穿透率。靶板结构不同，对射流侵彻的影响也不相同，这就要求设计的聚能装药所形成的射流的参数和形态与靶板结构相适应，才能取得比较好的侵彻效果。实验表明，对付均质靶板时，射流速度要高，速度梯度要大，射流要得到充分拉伸，有效长度要长，侵彻效果好；对付复合装甲时，射流应具有合适的速度和速度梯度，射流直径要大，具有较强的抗干扰能力；对付三层间隔靶板时，射流应具有合适的速度和较小的速度梯度，尽量延长断裂时间，且断裂后射流粒子的一致性要好。

装甲目标为了增强防护能力、战场生存能力和持续作战能力，其不同部位采用不同结构来进行防护，包括反应装甲、间隔装甲、复合装甲和电磁装甲等新型装甲。这些装甲的性质和结构不同，干扰射流的机制也不一样。因此，在考核聚能装药战斗部威力时需要采用不同的靶板类型。目前考核聚能装药战斗部威力最常用的靶板类型有均质靶板、复合靶板和间隔靶板等。

随着现代装甲结构的变更和防护能力的提高，要求聚能装药战斗部，尤其是中、大口径聚能装药战斗部能对各种目标有足够的侵彻能力及相应的后效作用，能够破坏目标内部机构、杀伤乘员，使目标失去作战能力。在打击坦克目标时，良好的后效作用在保证射流侵彻防护装甲后，还有足够的能力破坏坦克内部目标，造成坦克燃烧、弹药殉爆等破坏效果，失去战斗力。聚能射流侵彻靶板的后效作用如图 4.16 所示。

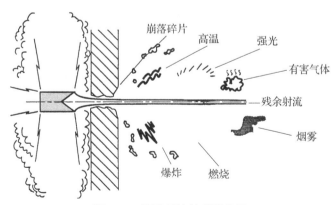

图 4.16 聚能射流的后效作用

另外，还要求聚能装药战斗部威力稳定，对各种随机因素敏感性低。因此，设计聚能装药战斗部时不能单独从威力出发，还需要关注以下几个问题：作用的可靠性；立靶密集度指标；战斗部长度（大多有限制）；引信配置（弹头引信还是弹底引信）；引信灵敏度、可靠性等。这些性能要求与聚能装药战斗部的结构设计、射击条件及目标材料、结构形式密切相关。比如，如果聚能装药战斗部穿透率指标较高（一般为90%，小口径聚能装药战斗部一般为95%），则装药结构应设计得简单些，制造质量要好，装药中尽量不用隔板，否则可靠性指标难以实现。战斗部结构外形和具体布局（风帽形状、长度等）会影响立靶密集度指标。引信配置和引信灵敏度不仅极大地影响着有利炸高，还对装药结构设计有影响。

总之，聚能装药战斗部设计要从系统总体布局要求出发，全盘考虑，不可偏颇。

4.2.2 破甲威力的影响因素

实际上，影响破甲作用的因素是多方面的，而且这些因素又能相互影响，因而它是一个比较复杂的问题。其中，药型罩的材料、形状、锥角及壁厚在很大程度上决定着射流的形貌、速度及长度；主装药炸药类型决定着爆轰压力的高低并显著影响射流速度大小及分布，主要选用高爆速、高爆压炸药，如聚奥、聚黑及CL-20等炸药；隔板主要起调控爆轰波形的作用，材料多为非金属，形状多样，合理选择隔板的材料、尺寸及结构，可有效提高射流速度和穿深能力；壳体多为钢、铝、玻璃钢等材料，合理选择壳体的材料及厚度，可有效调控爆轰波反射、叠加和侧向稀疏波作用，提高射流成型质量及穿深能力。

1. 药型罩

药型罩是聚能战斗部的关键部件，它是形成金属射流的母体，其结构形状、结构参数及材料将直接影响金属射流的形态及其他相关性能，这些又与射流的侵彻效果有直接关系，因此药型罩的设计非常关键。药型罩设计主要是确定药型罩的几何形状、锥角、壁厚，并选择合适的材料及加工工艺。

1）药型罩材料

根据聚能射流形成及毁伤机理，要求药型罩被压垮后，形成连续性好、耐拉伸和不易断裂的射流，密度越大，其破甲越深。因此，药型罩材料的塑性、密度、声速是选材时不可忽视的参数指标。

用于制造药型罩的材料应具有以下特点：密度高，射流在相同速度下的比动能高；塑性好，射流在运动拉伸过程中不易断裂，同时冷加工工艺性好；熔点高，在形成射流过程中不汽化；强度适当，在发射和碰击目标时，要有足够的强度，保证罩不变形，同时还要考虑成本。不同材料的药型罩性能对比见表4.1。

表4.1 不同材料的药型罩性能对比

材料	铝 Al	镍 Ni	铜 Cu	钼 Mo	钽 Ta	铀 U	钨 W
密度 $\rho_j/(g \cdot cm^{-3})$	2.7	8.8	8.9	10.0	16.6	18.5	19.4
$c_B/(km \cdot s^{-1})$	5.4	4.4	4.3	4.9	2.4	2.5	4.0
射流头部最大速度 $v_{j0max}/(km \cdot s^{-1})$	12.3	10.1	9.8	11.3	5.4	5.7	9.2
$v_{j0max}\sqrt{\rho_j}$	20.2	30.0	29.2	35.7	22.0	22.0	40.5
排名	7	3	4	2	6	5	1

综合而言，铜不仅延展性好，而且取材方便、价格适中，因此国内研制的聚能装药中都用紫铜，并制定了专用国标（GB 1837—1980）。国外大多采用无氧铜，同时对铜中氧的含量给予控制。

罩材的晶粒度对射流成型和侵彻有很大影响。以铜材为例，小锥角药型罩罩材的晶粒度一般控制在 50 μm 以下，晶粒越小，射流的性能越好。T2 紫铜一般可达 25 μm 以下，TU2 无氧铜的晶粒度可达 15 μm 左右。铜的再结晶温度对射流特性也有明显影响。再结晶温度与材料中杂质、晶粒大小有关。再结晶温度越低，射流越长、越稳定。优化热处理工艺，选用低再结晶温度的铜材，可以得到最好的晶粒度，提高射流的稳定性。电铸罩的杂质含量低，晶粒度细，无加工应力，各向同性，精度高，形成的射流品质好，侵深大，但罩制造工效太低。

随着材料技术及新质毁伤技术的发展，各种活性含能材料也开始应用于药型罩，主要有金属聚合物、金属化合物和铝热剂 3 类。

2）药型罩形状

聚能装药中药型罩的结构形式主要有简单几何形状药型罩（圆筒形、小锥角罩、半球罩和大锥角罩）、复杂几何形状药型罩（双锥形、喇叭形和钟形等）、组合形状药型罩（如锥形和球形组合等）和变壁厚药型罩。圆柱筒形药型罩[见图 4.17（a）]可以形成高速、无速度梯度的离散性射流。由于其形成的射流密度较低，侵彻能力较差，因而不具有实用性。当药型罩形状变为圆锥形[见图 4.17（b），又称单锥罩]后，压垮角增大，能够形成高速、大速度梯度的密实完整射流，这种射流具有很强的侵彻能力。随着圆锥罩锥角的增大，逐渐过渡到半球形[见图 4.17（c）]，聚能射流的头部速度和速度梯度降低，同时射流的质量增大，侵彻深度减小，但侵彻孔径增大。锥形罩的锥角进一步增大，则变成扁圆锥形罩[见图 4.17（d），又称大锥角罩]和球缺形罩[见图 4.17（e）]，药型罩无法压垮，只能"翻转"，从而形成一个密实的弹丸，称为爆炸成型弹丸（EFP）。

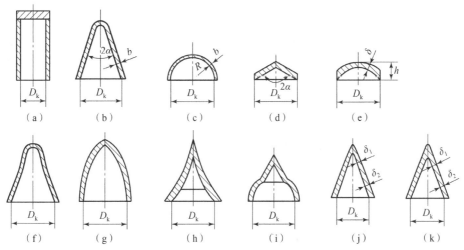

图 4.17 不同药型罩结构形式

(a) 圆柱筒形；(b) 单锥形；(c) 半球形；(d) 大锥角形；(e) 球缺罩；
(f) 喇叭形；(g) 郁金香形；(h) 多维组合；(i) 圆锥-半球形组合；(j) 反向变壁厚；(k) 变壁厚

除了简单几何形状的药型罩外，聚能装药也采用各种复杂几何形状的药型罩，最具有代表性的是罩母线为曲线的喇叭罩[见图 4.17（f）]和郁金香罩[见图 4.17（g）]。把罩母线设计成曲线的目的是增加形成射流的长度。

图 4.17（h）和图 4.17（i）所示为两种及两种以上几何形状组合而成的药型罩。图 4.17（h）所示为几个圆锥形的组合，目的是形成分段式射流，增加射流长度，同时通过调整各个圆锥形的参数可以控制射流的参数，使控制射流参数的可能性增大。图 4.17（i）所示为圆锥形和半球形的组合，圆锥形罩在炸高不大的情况下具有较大的侵彻深度，半球形罩形成的孔径较大，该药型罩把圆锥形罩和半球形罩的优点很好地结合起来。

药型罩结构形状的选取主要与装药口径、侵彻威力、起爆方式有关。中单锥药型罩结构简单，制作容易，侵彻性能稳定，被广泛采用；双锥药型罩能充分发挥各部位的侵彻效率，提高侵彻深度，也已在多个战斗部中使用，如 80 单兵火箭破甲弹、营 82 无Ⅰ型弹和 105 无Ⅰ型破甲弹等。其中营 82 无Ⅰ型弹和 105 无Ⅰ型弹采用双锥药型罩后，动态威力由原来的 150 mm/65°，分别提高到 150 mm/68°和 180 mm/68°，提高率达 12.1% 和 35%。

由理论分析知，在一定炸高下，喇叭形药型罩的性能应更好。国外采用的喇叭形药型罩有苏 122 mm 破甲弹、法国 105 mm 破甲弹及英国 73 mm 的 MK-50 枪榴弹等。

不同形状的药型罩，在相同装药结构的条件下得到的射流参数不同。对装药直径为 30 mm、长度为 70 mm 的聚能装药，壁厚为 1 mm 的钢质药型罩所做的试验结果（见表 4.2）表明，喇叭形药型罩所形成的射流速度最高，圆锥形次之，而半球形最差。

表 4.2 药型罩形状对射流速度的影响

药型罩形状	药型罩参数		射流头部速度/(m·s^{-1})
	底部直径/mm	锥角/(°)	
喇叭形	27.2	—	9 500
圆锥形	27.2	60	6 500
半球形	28	—	3 000

虽然喇叭形药型罩形成的射流速度高，且具有母线长、炸药装药量大和变锥角等优点，但因为其形状较为复杂，工艺性不好，不易保证加工质量，故破甲稳定性较差。而锥形罩的威力和破甲稳定性都较好，生产工艺也比较简单，因此，在国内外装备的破甲弹中大多采用锥形罩。

为了解决弹丸高速旋转对破甲性能的影响，设计了抗旋药型罩，如错位药型罩和旋压药型罩，如图 4.18 所示。为了提高成型装药破甲弹的侵彻能力，在一些破甲弹上采用了双锥形药型罩。

图 4.18 抗旋药型罩
(a) 错位药型罩；(b) 旋压药型罩

3）药型罩尺寸

以锥形药型罩为例,罩结构尺寸对射流成型及侵彻威力有重要影响。设计锥形药型罩时需要确定的尺寸有内锥角 2α,罩口径 D（内径、外径）,罩顶圆弧半径 R_a、R_b,罩顶圆弧与锥体切点处壁厚（也称最小壁厚）,以及壁厚变化率等,如图4.19所示。

（1）锥角。

根据射流形成理论及试验研究,射流速度随药型罩锥角减小而增加,射流质量随药型罩锥角减小而减小。大锥角时,射流头部速度较低,而射流质量较大,且速度梯度较小,形成的射流短

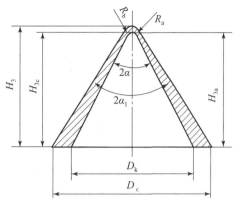

图 4.19 药型罩结构尺寸示意图

而粗,这种情况下侵彻深度下降而破孔直径增大,后效作用增强,侵彻稳定性较好。小锥角时,射流头部速度较高,射流质量较小,但速射流梯度较大,形成的射流细而长,侵彻深度增加而破孔直径减小。当药型罩锥角小于30°时,侵彻性能就不稳定；药型罩锥角大于70°之后,侵彻深度迅速下降。因此,锥形药型罩常用锥角一般为 $2\alpha = 30° \sim 70°$。对药型罩锥角的研究表明,对侵彻深度有较高要求的破甲弹,其锥角在35°~60°内选为好。对中、小口径破甲弹可以取35°~44°；对中、大口径破甲弹可以取44°~70°。采用隔板时,锥角宜大些；不采用隔板时,锥角宜小些。

不同锥角的药型罩试验结果见表4.3。

表 4.3 不同锥角的药型罩试验结果

罩锥角/ (°)	装药尺寸/mm		炸高/mm	射流头部速度/ ($m \cdot s^{-1}$)	侵彻深度/mm			实验数
	罩高	药高			平均	最大	最小	
0	75	115	—	14 000	—	—	—	—
30	47	96	40	7 800	132	155	104	12
40	36	93	50	7 000	129	140	119	5
50	29	91	60	6 200	123	135	114	7
60	24	90	60	6 100	120	127	106	7
70	24	88	60	5 700	121	124	113	7

（2）壁厚及其变化率。

药型罩壁厚直接影响射流性能参数,其最佳壁厚随罩材料密度的减小、锥角的增大、罩口径的增加及战斗部壳体的加厚呈增大趋势。当目标对射流的干扰能力较强（如复合装甲）时,罩的最佳壁厚也应适当增大,通常按 $b = (0.02 \sim 0.04) D$ 选取。对于中大口径紫铜药型罩,一般不应小于 2 mm。直径为 40 mm 以下的聚能装药,罩壁厚一般以 0.75~0.8 mm 为宜,过薄则射流易拉断,射流质量过小。

药型罩可设计成等壁厚和变壁厚两种。等壁厚罩形成的射流侵彻相对稳定,常用于小锥角药型罩。为增大射流速度梯度,使射流能充分拉长,获得较大的侵彻深度,通常采用变壁

厚药型罩，一般用壁厚变化率 Δ（罩母线单位长度上的壁厚增加量）来表征，如图 4.20 所示。对于大锥角药型罩，变壁厚的作用较明显。但值得注意的是，随着 Δ 的增大，射流侵彻稳定性将会变差，尤其是小锥角药型罩。

在实际应用中，一般采用两种变壁厚药型罩：一种是顶部薄、底部厚的药型罩；另一种是顶部厚、底部薄的药型罩。采用顶部薄、底部厚的药型罩，只要壁厚变化适当，则穿孔进口变小，随之出现鼓肚，且收敛缓慢，侵彻效果好；但如果壁厚变化不当，则会减少侵彻深度。若采用顶部厚、底部薄的药型罩，则穿孔浅且成喇叭形。如图 4.21 所示。

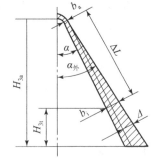

图 4.20 变壁厚药型罩结构示意图

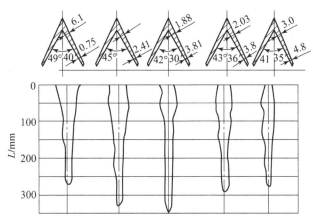

图 4.21 不同变壁厚药型罩的侵彻孔形

(3) 药型罩口径。

药型罩口径有同口径和次口径两种情况，罩口直径与装药直径相同时为同口径，罩口直径小于装药直径时为次口径。

当罩口部直径与装药直径相同时，又有两种情况：一种是罩内径与装药直径相同或留下 1~2 mm，如图 4.22（a）所示；另一种为罩口外径与装药直径相同，如图 4.22（b）所示。图 4.22（a）中 D_k 与 D_0 的差值视装药直径和罩壁厚的大小而定。当装药直径较大、罩壁厚较大时，差值可选为 3~4 mm，主要保证罩在勤务处理与发射过载时不脱落。

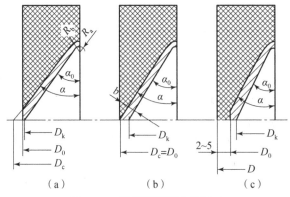

图 4.22 不同药型罩结构尺寸

对于中、大口径战斗部罩口部单边预留的炸药厚度一般为 3.5~5 mm，小口径一般不小于 2 mm，否则将失去次口径装药的优势。次口径装药结构可提升射流尾部速度，延长射流断裂时间，减小口部崩落环，但也减小了罩母线长度。

(4) 药型罩顶部尺寸。

药型罩顶部形状有圆弧形、平顶形和小圆柱形三种。冲压罩为圆弧形，旋压罩为平顶形或圆柱形。R_a 的大小直接影响到侵彻性能和罩的工艺。R_a 过大会减少侵彻穿深，但侵彻稳定性和加工工艺性好；R_a 过小则相反。

4) 药型罩加工质量

药型罩一般采用冷冲压法、旋压法和数控机床切削加工法制造，对于紫铜药型罩来说，用冷冲压法要比热冲压后再进行切削加工的药型罩好，其破甲深度可提高 10%~20%。若在冷冲压过程中不退火，则其破甲性能比退过火的高很多。用旋压法制造的药型罩具有一定的抗旋作用，这是因为在旋压过程中改变了金属药型罩晶粒结构的方向，形成内应力所致。

药型罩的壁厚差易使射流扭曲，影响破甲效果，所以在加工时应严格控制壁厚差（不大于 0.1 mm），特别是靠近锥顶部的壁厚差，对破甲的影响更大，所以更应严格控制。

2. 炸药装药

1) 炸药类型及性能

炸药是压缩药型罩使之闭合形成射流的能源，理论分析和试验研究表明，在其他条件一定时，炸药各方面性能中影响破甲威力的主要因素是炸药的爆轰压力。采用不同炸药的破甲威力试验结果见表 4.4，试验使用的药柱尺寸为 $\phi 48 \times 140$ mm，药型罩材料为钢，锥角 44°，罩口部直径为 41 mm，炸高为 50 mm。

表 4.4 炸药性能对破甲威力的影响

炸药	密度 /(g·cm^{-3})	爆压 /GPa	破甲深 /mm	孔容积 /cm^3	试验发数
B 炸药	1.71	23.2	144 ± 4	35.1 ± 1.9	8
RDX/TNT80/20	1.662	20.9	136 ± 9	29.8 ± 1.7	4
RDX/TNT50/50	1.646	19.4	140 ± 4	27.5 ± 1.2	5
RDX/TNT20/80	1.634	17.1	138 ± 7	23.5 ± 0.7	5
TNT	1.591	15.2	124 ± 7	19.2 ± 1.2	10

可见，随爆轰压力的增加，破甲深度和孔容积都将增大。由爆轰理论可知，理想炸药的爆压是炸药爆速和装填密度的函数，爆压 p 的近似表达式为

$$p = \frac{1}{4}\rho D^2 \tag{4.2}$$

式中，ρ——炸药的装药密度；

D——炸药装药的爆速。

由此可知，欲取得较大的爆压 p，应使装药的密度 ρ 和爆速 D 增大。因此，在聚能装药中，应尽可能采用高爆速炸药并增大装填密度。

现今国内适用于聚能装药的炸药主要有聚黑系列高分子黏合炸药，主要牌号为 JH-1、

JH-2、…、JH-14等，该类炸药是黑索金（RDX）与高分子材料黏合制成。JO-1~JO-8炸药是由奥克托今（HMX）与高分子材料黏合制成。老式火箭弹和坦克炮用破甲弹还用代号为 RHT 的"熔黑梯"炸药以及黑索金低分子黏合炸药 A-IX-1 等。

国外（美国）主要有 PBX-9010、9205 等以 RDX 为主的高分子黏合炸药，PBX-9011、9404、9501 等以 HMX 为主的高分子黏合炸药，以及 BLX-04、07、09、10、11、14、17 等 JO 类炸药。

另外，在炸药装药中也可采用两种或两种以上的混合炸药压装和注装，或者压装与注装组合。如 105 无 I 型破甲弹，主药柱为黑梯 60 注装，副药柱为 8701 压装。在 100 滑改进型破甲弹的研究中，曾在药型罩部位用 TNT/HMX/蜡炸药注装，在弹底 40 mm 处注装 B 炸药，侵彻深度比单用 B 炸药提高近 10%。

按发展历程来分，上述炸药尚属第二代（20 世纪 70—80 年代）炸药，第三代用于聚能装药的炸药主要为 1990 年至 21 世纪初新研发的不含 TNT 的高密度、高爆速、高安定性的熔铸炸药，其威力比 HMX 炸药高 15%，如 DNTF、TNAZ、DANA 和 CL-20 等，可大幅提高聚能装药威力。国内 DNTF 和 CL-20 第三代炸药正在研制。第四代炸药的前沿研究也已经开始，如 N4、N6、N8、N10 等氮原子族化合物炸药，该类炸药能使目前最好的 HMX 炸药威力提升数倍，甚至数十倍，接近核武器的毁伤能力。

2）装药结构形状与尺寸

聚能装药结构形状大体分为圆柱形、圆锥形、圆柱和圆锥结合三种状况。有隔板的分主、副药柱，但主体形状不会超出圆柱与圆锥两种情况。装药结构形状的选择受到武器平台系统总体约束限制，尤其受战斗部质量和尺寸的约束限制最大，原则上应尽量选取圆柱形，其次是选取圆柱与圆锥结合型。

此外，装药结构形状的选择还要与战斗部外形相适应。对于滴状和超口径破甲弹，可选圆锥形收敛装药结构，对减轻弹重和提高初速有利，如 40 系列破甲弹、单兵火箭系列破甲弹、62 式 82 无后坐力破甲弹等。但圆柱部高度部不宜过小，收敛角不宜过大，否则会影响侵彻威力，一般不大于 6°。对于中、大口径，中、高初速聚能装药战斗部，多取圆柱形装药结构，如营 82、105 无后坐力、100 滑、105 坦克炮等破甲弹，这对减小发射时药柱底层应力、提高安全性有利。另外，对增加侵彻深度，尤其是侵彻稳定性有一定好处。

除此之外，破甲深度还与装药直径和长度有关。试验表明，随着装药直径和长度的增加，破甲深度逐渐加大。增加装药直径（相应地增加药型罩口径）对提高破甲威力特别有效，破甲深度和孔径都随装药直径的增加而增加。但是，装药直径受到弹径的限制，增加装药直径必然要相应地增加弹径和弹重，而这在实际设计中是受限制的。随着装药长度的增加，破甲深度也增加，但当装药长度超过 3 倍装药直径时，破甲深度增加有限。这是因为稀疏波的传入使有效装药量接近于一个常数。在实际使用中，战术导弹战斗部的长度通常取 $(2.5\sim3.0)D$，其他聚能装药战斗部能取到 $1.5D$ 就很好了，多为 $(1.1\sim1.3)D$。因此，设计装药结构时，采取增加有效装药量的方式是一个有效技术途径，尾锥结构是聚能装药中比较常用的，这样既可以适当增加装药长度，又可以减小装药质量。

另外，聚能射流形成过程中涉及药型罩的对称压垮，因此对装药的均匀性要求比其他战斗部更为严格，装药中气孔、杂质、密度均匀性等瑕疵的存在将严重影响聚能射流的性能。因此，努力提高装药密度的同时，应该保证装药均匀，没有气孔和杂质。

3) 装药起爆方式

爆轰波形控制在聚能装药研究中具有重要的实际意义。在其他条件一定的情况下，射流形成主要取决于爆轰波波形。聚能装药通常会采用增加隔板或多点环形起爆、环形起爆、面起爆和飞片起爆等方式来改变爆轰波波形，减小爆轰波阵面与药型罩壁面的夹角，提高射流的速度。隔板的作用主要是改变爆轰波波形，使爆轰波阵面与药型罩外壁的夹角减小，增加作用在药型罩上的压力，从而增加药型罩的压垮速度。

4) 精密装药

为了对付坦克的屏蔽及间隔装甲，必须提高大炸高时的破甲性能。与非精密成型装药对比，精密成型装药在大炸高时存在着突出的优点。精密成型装药的设计特点是十分注意成型装药的对称性和均匀性。药型罩要精密制造，锥形罩母线旋成面必须平直，表面要求抛光，厚度差需严格控制，约为非精密罩的 1/10。

关于装药成分不均匀性对金属射流的影响，在美国 BRL 精密药型罩上进行了仔细研究，即采用 TNT、RDX 混合炸药压制药柱，人为地造成局部 RDX 含量有 3% 的不对称，用脉冲 X 光摄影测量射流偏离轴线的最大值，结果是：成分不均匀性小于 3% 的成型装药，射流在 1 180 mm 范围内的偏离轴线值小于 15 mm；而当成分不均匀性为 3% 的部分占据药柱的整个半侧时，射流偏离轴线的最大值达到 50 mm，并成为倾斜或弯曲的射流，这时侵彻深度显著下降。

3. 隔板

隔板是指在炸药装药中，药型罩与起爆点之间设置的惰性体（非爆炸物）或低速爆炸物。隔板的作用是改变药柱中传播的爆轰波形，控制爆轰传播方向和爆轰波到达药型罩表面的时间，提高爆炸载荷驱动作用效果，改善射流性能，达到提高破甲威力的目的。实验证明，装药结构中增设隔板后，射流头部速度可提高 10%~30%。目前很多聚能装药战斗部采用带隔板装药结构，尤其是对战斗部质量限制严格的中、小口径聚能装药战斗部，装药结构中都设置有隔板。但增设隔板后，工艺较复杂，侵彻深度的跳动量增大。造成这种不稳定性的主要原因在于隔板引起爆轰波波形的不对称和不稳定。

理论分析和试验结果表明，作用于药型罩壁面某点上的初始压力与 φ 有关。对于紫铜药型罩，初始压力 p_m 的近似表达式为

$$p_m = p_{cj}(\cos\varphi + 0.68) \tag{4.3}$$

式中，p_{cj}——C - J 爆轰压力。

爆轰波传播示意图如图 4.23 所示，无隔板装药的爆轰波形是由起爆点发出的球面波，波阵面与药型罩母线的夹角为 φ_1。有隔板装药的爆轰波传播方向分成两路，一路是由起爆点开始透过隔板向药型罩传播；另一路是由起爆点开始绕过隔板向药型罩传播，结果可能形成具有两个或多个前凸点的爆轰波，这时，作用于药型罩上的爆轰波阵面与罩母线的夹角为 φ_2，显然 $\varphi_2 < \varphi_1$。采用隔板后，φ 角变小，故作用于罩面上的初始压力增加。

隔板的材料、形状、尺寸都会影响聚能射流的性能，是隔板设计的主要参数。

隔板的形状有圆台形、半球形、球缺形、圆锥形、截锥形及几种形状的组合形等，如图 4.24 所示。隔板形状的选择应以能形成良好的爆轰波形为主，同时还要与装药总体结构相适应，尽可能避免棱角和凸台对波传播的干扰。另外，隔板与主、副药柱间要有圆柱定位，保

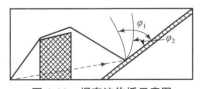

图 4.23 爆轰波传播示意图

证三者装配的同轴性。圆台形用在隔板直径相对药柱直径较小的产品中,如新式 40 mm 系列破甲弹和 82 mm 无后坐力炮破甲弹等。随着对有隔板装药结构中的爆轰波波形和传播机理的深入研究,为减少主药柱中形成的马赫波干扰,多采用双锥形或截锥形与球缺组合形的隔板,如 80 mm 单兵破甲弹。

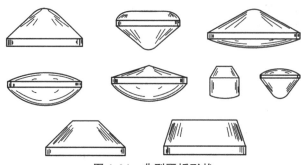

图 4.24 典型隔板形状

隔板材料会直接影响隔爆能力和爆轰波波形。

常用隔板材料有惰性材料和活性材料。惰性材料主要有聚乙烯泡沫塑料,Fs-501、Fx-501 酚醛塑料,酚醛层压布板和标准纸板等。聚苯乙烯泡沫塑料具有质量轻、易成型的特点,多用于低初速、小过载的反坦克火箭战斗部。但隔板密度应不小于 0.2 g/cm³,且随着过载的增大,应适当增加密度,以保证发射强度。酚醛塑料具有强度高、成型工艺性好的特点,多用于无坐力炮发射的聚能装药战斗部,如新 40 系列和 82 无系列破甲弹等。

惰性隔板材料应符合下列要求:隔爆性能好,声速低;具有足够的强度和韧性;材料组织均匀;密度小,工艺性好;内、外相相容性好。

常用的几种惰性隔板材料的性能见表 4.5。

表 4.5 常用的几种惰性隔板材料的性能

材料	酚醛层压布板 (3302-1)	酚醛塑料 (FS-501)	聚苯乙烯泡沫塑料 (PB-120)
密度/(g·cm^{-3})	1.3~1.45	1.4	0.18~0.22
抗压强度/MPa	250	140	3

隔板的厚度与直径等尺寸可结合理论计算和试验进行设计。隔板厚度与材料的隔爆速度、起爆药品种和能量有关,可以通过爆轰波绕过隔板和通过隔板的冲击波时间差来计算。小锥角药型罩的隔板厚度可选较小值,大锥角药型罩的隔板厚度取较大值。隔板直径会直接影响爆轰波的侧向传播时间,隔板直径越大,作用在药型罩上的压力冲量越大,压垮速度和射流速度随之提高,同时对罩的作用范围增大,有利于增加侵彻深度。计算表明,能够形成射流的罩微元为罩母线长度的 70%~80%,因此隔板直径应以能覆盖罩口径的 2/3 以上为宜。但是隔板直径的增大将导致射流侵彻稳定性变差。对于锥角小于 40°的药型罩,不能采用隔板,否则会使侵彻不稳定。

在确定隔板时,应合理地选择隔板的材料和尺寸,尽量使爆轰波波形合理、光滑连续、不出现节点,以便保证药型罩从顶至底的闭合顺序,充分利用罩顶药层的能量。

4. 炸高

聚能射流存在固有的速度梯度，随着射流运动距离的增大，射流将不断增长，当射流长度超过材料塑性极限时，就会断裂。

射流对目标的侵彻深度，刚开始时，随炸高的增加而增加，射流断裂后，侵彻深度随炸高增加而减少。描述侵彻深度随炸高变化的曲线称为炸高曲线。炸高曲线不仅能真实地评价聚能射流的侵彻性能，而且还为合理设计炸高提供了依据。每一种聚能装药的炸高曲线都不相同，这与聚能装药的结构参数、制造精度以及目标的材料性能有关。

图 4.25 所示为不同炸高下射流的破甲深度。这一现象表明，在特定的靶板与一定的聚能装药之间明显存在一个效应极值点，它表示在某一炸高下可获得最大破甲深度。与最大破甲深度相对应的炸高，称为最佳炸高。影响最有利炸高的因素有很多，诸如药型罩锥角（见图 4.25）、材料（见图 4.26）、炸药性能和有无隔板等，有利炸高随药型罩锥角的增加而增加。对于一般常用药型罩，有利炸高是罩口径的 1～3 倍。图 4.26 给出了罩锥角为 45°时不同材料药型罩的破甲深度与炸高的关系曲线。在一般情况下，最有利炸高的数值常根据试验结果而定。

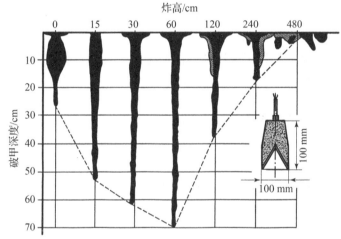

图 4.25 炸高与破甲深度的关系

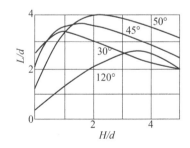 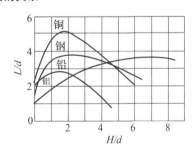

图 4.26 不同药型罩锥角的炸高—破甲深度曲线　　图 4.27 不同材料药型罩炸高—破甲深度曲线

理想的炸高曲线应该具有上升很快、下降很慢、覆盖面积大的特点。随着目标的发展，对炸高曲线的要求也发生了变化。以前装甲目标只有均质装甲，仅有装甲厚度发生变化，因此，炸高曲线只要求上升很快，上升幅度要大，在炸高提高以后，能大幅提高侵彻能力。在屏蔽装甲、复合装甲出现以后，侵彻的纵深大大增加，对射流的抗干扰能力也提出了更高的要求。射流的作用范围不仅仅取决于炸高曲线的上升段，下降段的性能也直接影响到射流的侵彻能力和对目标的毁伤效果。也就是说，现在评价射流侵彻性能的优劣时，不仅要看正常炸高下的威力水平，也要看大炸高下的威力水平。由图 4.28 所示的聚能装药炸高曲线可知，增加正常炸高，侵彻威力有所增加，但在大炸高情况下再增加炸高，侵彻威力将下降。对一定的目标来说，正常炸高增加，大炸高时的距离必定同时增加。例如图 4.28 中 L 为间隔靶第一靶表面至最后靶表面的平均距离，$z_1 + L = z_1'$（正常炸高）所对应的穿深为 P_1'，$z_2 + L = z_2'$（大炸高）所对应的穿深为 P_2'。因此，在选择正常炸高时，必须根据聚能装药的炸高曲线，兼顾两者的关系，不能顾此失彼。

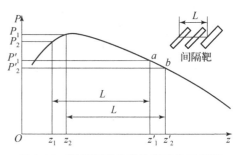

图 4.28 聚能装药炸高曲线变化示意图

正常炸高不一定是最佳炸高。正常炸高的最大值应根据聚能装药本身的性能及其承担的作战任务确定。对于小口径聚能装药战斗部，本身侵彻能力有限，只能攻击均质装甲目标。为了充分发挥侵彻效能，应尽可能增加炸高长度。我国 69 式 40 mm Ⅱ型火箭弹和法国 Apilas 火箭弹，炸高都是 3 倍战斗部直径，基本上接近炸高曲线的顶端。而大口径聚能装药战斗部，不仅要求能击穿均质装甲目标，还要求能够对付复合装甲和屏蔽装甲。因此，在正常炸高和大炸高条件下，都应具有良好的侵彻能力。

在确定炸高时，常常要牺牲正常炸高的侵彻能力。国外的反坦克导弹，风帽都比较短，特别是大圆头风帽，考虑了倾斜着靶时的附加炸高。例如，美国的 TOW 式反坦克导弹的圆头风帽长为 106 mm，只有战斗部直径（127 mm）的 0.83 倍。Milan 导弹圆头形风帽长 200 mm，为战斗部直径的 1.9 倍。改进后的 Milian – 亚型采用了杆式风帽，虽然倾斜着靶时，附加炸高变化不大，但风帽长度也只有 280 mm，为战斗部直径的 2.4 倍。改进后 HOT – Ⅱ型导弹，风帽长度仅为战斗部直径的 1.47 倍。由此可见，反坦克导弹所取的炸高不是聚能装药战斗部侵彻深度最大时的长度，而且比一般火箭破甲弹的炸高要小，原因在于要顾及大炸高下的侵彻深度。炸高的最小值应根据战斗部直径和引信最大可靠发火角来确定。在最大发火角条件下，战斗部侧面应不碰击靶板。

5. 总体结构

聚能战斗部结构设计在装药结构确定后进行。其任务是选择引信，然后进行弹体（或壳体）结构、风帽（或头螺）结构、引信导电回路以及引信和弹体连接结构设计。战斗部的形状，各部分尺寸、强度、刚度，以及是否采用防滑帽，都将影响大着角情况下弹丸是否跳弹和作用是否可靠，进而影响射流的侵彻性能。

实际使用中聚能装药都有壳体，壳体的存在减弱了稀疏波的影响，限制了爆轰能量在其他方向的散失，提高了有效装药量，增强了射流对目标的作用效果。在设计聚能装药战斗部时，有战斗部壳体约束的聚能装药，其药型罩质量和壁厚一般比无壳体约束的要大。战斗部约束通常分为三种情况：无约束、轻型约束和重型约束，每种情况所要求的药型罩壁厚不同，壳体约束强的药型罩壁厚可适当增加。

任何聚能装药在形成射流时都需要一定的成型空间（或称形成空间），这需要由弹丸结构或作用条件来保证。聚能装药成型空间所需高度的确定方法与炸高的相同，通常根据药型罩的形状和材料来确定，但成型空间的最佳高度要比最优炸高小。实际上，最佳成型空间就是射流侵彻深度最大时的最短空间。

破甲弹或反坦克导弹一般都有风帽，就聚能装药战斗部本身来说，一方面要考虑战斗部的气动外形问题，另一方面也要考虑风帽形状对炸高一致性的影响，就是前面提到的倾斜着靶时的附加炸高问题。

风帽（头螺）形状通常有截锥形和杆形两种，如图4.29所示。截锥形多用于超口径尾翼破甲弹，如新40、营82、团95等破甲弹，目的是降低弹形系数、增大稳定储备量、提高弹丸飞行稳定性。杆形头部可减小头部阻力（头部阻力系数）、增大稳定力矩系数、提高弹丸飞行稳定性，多用于中、高初速的同口径尾翼或较小超口径尾翼稳定破甲弹，如105无筒式、105坦、美90、俄100滑等破甲弹，欧洲MILAN、中国"红箭"、美国TOW等反坦克导弹的系列型号。截锥形风帽结构简单加工方便，刚度好。在质量限制比较严格的中、小口径破甲弹中，多用板料冲压成形以提高其刚度，如新40、改40等破甲弹。

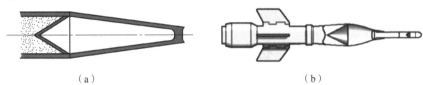

图4.29 聚能装药风帽结构示意图
(a) 截锥形；(b) 杆形

国、内外改进后的导弹，其风帽形状都由圆头形改为杆形，原因是考虑了大炸高下的侵彻威力。在严格考核侵彻威力时，采用0°着角条件下的紧密叠合靶板和65°着角条件下的三层间隔靶板，前者用于考核正常炸高时的侵彻威力，后者用于考核大炸高条件下的侵彻威力。对于任何一种形状的风帽，0°着角时炸高最短，对正常炸高下的侵彻不利；65°着角时存在附加炸高，且附加炸高随风帽前端直径的增大而增大，对大炸高下的侵彻不利。因此，这两种考核条件都是最严格的。

6. 旋转运动

弹丸的旋转运动，一方面会破坏金属射流的正常形成，使射流早断；另一方面，会使断裂金属射流颗粒在离心力作用下甩向四周，以致横截面增大，中心变空，而且这种现象将随转速的增大而加剧。聚能装药处于旋转运动状态时，最有利炸高将比无旋转运动时要大大减小，并且随转速的增大，其最有利炸高将变得更小。

此外，旋转运动对破甲性能的影响还随着药型罩锥角的减小而增大，随着装药直径的增大而增大。要消除旋转运动对破甲性能的影响，可以采用错位式抗旋药型罩、旋压药型罩（对于低速旋转破甲弹）或者从结构上考虑减旋等途径。

7. 靶板

靶板对破甲威力的影响主要有两个方面，即靶板材料和靶板结构。靶板材料的密度和强度是影响破甲效果的两个主要材料性能参数。对于密度大、强度高的靶板，射流的破甲深度也较浅。

靶板倾角、多层间隔板、不同材料构成的复合装甲、反应装甲等靶板的结构特征对射流破甲效果具有不同程度的影响。一般来说，靶板倾角越大越容易产生跳弹，会对破甲性能产生不利影响。多层间隔靶抗射流侵彻能力比同样厚度的单层均质靶强；由钢与非金属材料组成的复合装甲可以使射流产生明显的弯曲和失稳，从而影响其破甲能力。对于由夹在两层薄钢板之间的炸药所构成的反应装甲而言，当射流头部穿过反应装甲时，引爆炸药层，爆轰产物推动薄钢板以一定的速度抛向射流，使射流产生横向扰动，从而降低射流的破甲性能。

随着高强度靶板和新型靶板的应用，应对靶板材料的影响进行认真、深入的研究，以便有针对性地对付坦克和装甲目标。

8. 引信

引信是破甲弹的重要组成部分，与破甲弹的结构、性能有密切关系。引信的响应时间会影响动态作用中破甲弹的具体炸高。引信的起爆能量、传爆特性会影响装药的起爆性能，从而直接影响射流成形和破甲威力。研制破甲弹时，应根据具体的装药结构选择合适的引信，以保证侵彻威力。

实际上，在破甲弹药作用过程中，上述各种因素是相互关联、相互影响的，它们共同作用的结果是影响射流成型机理及射流质量、速度、密度、有效长度和稳定性等，进而导致破甲威力的变化。

4.3 爆炸成型弹丸及应用

4.3.1 爆炸成型弹丸的特点

传统的聚能装药破甲弹在炸药爆炸后，将形成高速射流和杵体。由于射流速度梯度很大，当射流运动到较远距离时会被拉长甚至断裂。因此，传统破甲弹只能在有限的炸高条件下实现对目标的有效毁伤，炸高的大小直接影响了射流的侵彻性能。

德国 Manfred Held 发现，随着锥角的变化，药型罩形成的聚能侵彻体会有较大的差异，当半锥角接近 75°时，射流和杵体的速度趋于相同，如图 4.30 所示。

试验表明，锥角在 120°~160°内的大锥角金属罩、球缺形罩及双曲形罩等聚能装药结构，在爆轰波作用下金属罩没有被压垮，而是翻转或闭合形成一个具有较高速度（1 500 ~ 3 000 m/s）和一定形状的弹丸，无射流和杵体的区别，这种形式形成的高速体称为爆炸成型弹丸，即 EFP（Explosively Formed Penetrator）。EFP 早期也称为自锻破片（Self - Forging Fragment，SFF）、P 装药（Projectile - charge）、米斯内 - 沙汀战斗部（Misznay - Schardin Warhead）、弹道盘（Ballistic Disk）等。典型爆炸成型弹丸如图 4.31 所示。

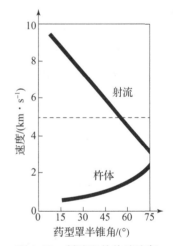

图 4.30 射流和杵体速度与罩锥角的关系

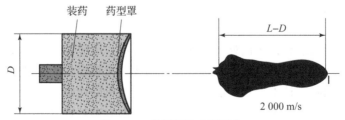

图 4.31 典型爆炸成型弹丸

与传统聚能射流相比，爆炸成型弹丸具有以下特点。

1. 对炸高不敏感

传统聚能射流对炸高敏感，在 2～3 倍战斗部直径炸高时侵彻性能较好，在大炸高（10 倍战斗部直径以上）条件下侵彻性能明显降低。而 EFP 可以在 800～1 000 倍战斗部直径的距离上有效作用，在侵彻深度方面，国际先进水平可达（1～1.2）CD（装药直径），工程应用中一般为 0.8CD 左右，这为远距离攻击装甲车辆的顶装甲提供了有效技术途。典型射流和 EFP 炸高曲线如图 4.32 所示。

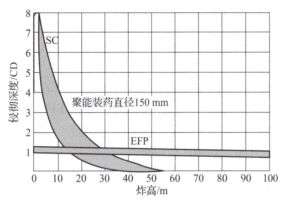

图 4.32 典型射流和 EFP 炸高曲线对比

EFP 的侵彻深度受飞行稳定性和初速影响很大，要实现远距离命中并有效毁伤目标，要求 EFP 有良好的对称性和气动外形。

2. 反应装甲的干扰小

反应装甲对射流有致命威胁，反应盒爆炸后能切割掉大部分的射流，从而使射流的侵彻效果大幅度降低。而 EFP 长度较短，弹径较粗，它撞击反应装甲时反应盒可能不被引爆，即便被引爆，穿过反应装甲的时间较短，弹起的反应盒后板撞到 EFP 的概率小，实验表明反应装甲的反应盒对其侵彻效果干扰小。

3. 侵彻后效大

破甲射流在穿透装甲后，产生的侵彻孔径很小，只有少量金属射流进入装甲目标内部，破片云内部为空心，后效破片仅集中分布在破片云的表面，因而毁伤后效作用有限。而 EFP 侵彻装甲时，不仅大部分进入装甲目标内部，而且在侵彻的同时还会引起装甲背面崩落，产生大量具有杀伤破坏作用的二次破片，使后效增大。X 光拍摄的射流和 EFP 侵彻后效如图 4.33 所示。

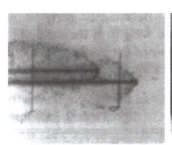 

图 4.33 射流和 EFP 侵彻后效（X 光照片）

4. 受弹体的转速影响小

旋转飞行的弹体会使聚能射流产生径向发散从而影响其侵彻能力，而 EFP 是近似于有较高强度的高速动能弹丸，其质量很大，占药型罩质量的 90%，旋转运动会在一定程度上影响 EFP 成型，但会使其飞行更稳定，对其侵彻能力影响较小。

4.3.2 爆炸成型弹丸的类型

EFP 的侵彻能力与速度和形状密切相关，EFP 基本的形状有三种：密实球形、长杆形和带尾锥的杆体。早期的 EFP 设计主要集中于密实球形 EFP。密实球形 EFP 可用来对付轻型装甲目标，但很难有效击穿重型装甲。在实际应用中，可以根据成型机理和应用需求，通过改变装药结构、起爆方式、药型罩的壁厚和外形等参数，形成各种形状的 EFP，如图 4.34 所示。

成型模式是影响 EFP 性能的最基本因素之一，设计不同的 EFP 装药，其药型罩将以不同的模式被锻造成爆炸成型弹丸。就作用原理而言，根据 EFP 形成过程的不同，EFP 成型模式可以分为三种类型：向后折叠型（Backward Folding）、向前折叠型（Forward Folding）和介于这两者之间的 W 折叠型（Radial Collapse）。

1. 向后折叠型

当药型罩同爆轰产物的有效相互作用结束时，如果药型罩顶部微元的轴向速度明显大于底部微元的轴向速度，将出现向后折叠的成型模式。此时，罩体中部超前，边部速度迟后并向对称轴收拢，成为射弹的尾部，最终形成带尾裙或带尾翼的弹丸。这种弹丸前部光滑，气动性能好，可以远距离攻击目标，如图 4.35 所示。

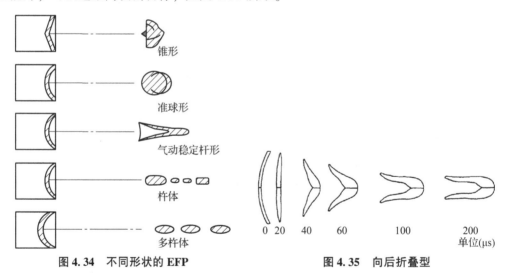

图 4.34 不同形状的 EFP　　图 4.35 向后折叠型

2. 向前折叠型

当药型罩同爆轰产物的有效相互作用结束时，如果药型罩顶部微元的轴向速度明显小于底部微元的轴向速度，则将出现向前折叠的成型模式。此时，罩体中部滞后，边部速度较高并向对称轴收拢，成为射弹的头部，最终形成球形或杆形弹丸。这种弹丸比较密实，但飞行稳定性差，如图 4.36 所示。

3. W 折叠型

当药型罩同爆轰产物的有效相互作用结束时,如果药型罩微元的轴向速度相差不大,则药型罩在成型过程中的主要运动形式不是拉伸而是成型 W 折叠,即微元向对称轴的径向运动,如图 4.37 所示。

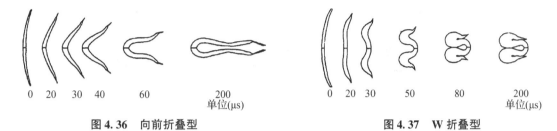

图 4.36 向前折叠型　　　　　　　　图 4.37 W 折叠型

在设计 EFP 战斗部时,要根据毁伤目标的特性和武器系统的主要任务来选择适当的成型模式。EFP 最终以何种模式成型,主要取决于药型罩微元与爆轰产物相互作用过程中获得的速度及其沿药型罩的分布特点。

密实球形 EFP 可通过两种方法来形成:第一种方法是点聚焦法,即在药型罩压合过程中,使整个药型罩朝一个共同点聚焦,如图 4.38(a)所示;第二种方法是 W 折叠法,即通过药型罩设计,使之在变形过程中的截面为 W 形,即药型罩逐渐向自身闭合,如图 4.38(b)所示。在两种形成方法中,药型罩轴向厚度不同。点聚焦时,1、2、3 点的厚度相同;W 折叠时,2 点的厚度大于 1 点和 3 点的厚度。然而,如果药型罩闭合的速度太快或径向速度太大,那么都将造成药型罩材料轴向流动,并使 EFP 拉伸变成杆或破裂成若干碎片。当然,无论采用哪种方法形成密实球形 EFP,都与药型罩材料的动力学性能和战斗部结构密切相关。

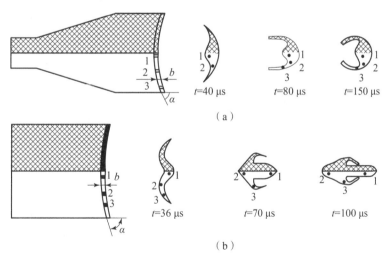

图 4.38 密实球形 EFP 成型原理示意图
(a) 点聚焦法;(b) W 折叠法

由于高速长杆的侵彻深度是杆长度和密度的函数,所以长杆形 EFP 对重型装甲的毁伤效果比球形 EFP 的更好。杆形 EFP 有两种形成方法:向前折叠和向后折叠。

向前折叠时,药型罩的边缘先加速,并同时驱动向对称轴运动,而罩中心后加速,这样药型罩的边缘形成杆体头部,而药型罩的中心成为杆体尾部。一般向前折叠法无法形成带锥的杆形 EFP，而是形成密实的长杆形 EFP，如图 4.39（a）所示。

向后折叠时药型罩中心先加速，罩边缘后加速，并同时驱动向对称轴运动，所以药型罩发生翻转。一般尾部有稳定锥的杆形 EFP 是以向后折叠的方式形成的，如图 4.39（b）所示。无论是长杆还是带锥的长杆形 EFP，都可以用此法形成。向后折叠形成的 EFP 头部非常对称，而尾部呈喇叭状且中空，重心在前，有利于飞行稳定，但中空会降低 EFP 的侵彻性能。

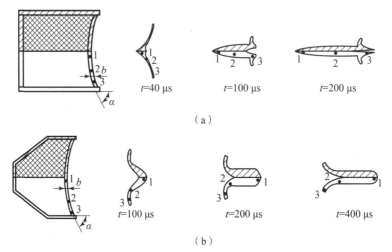

图 4.39 杆形 EFP 成型原理示意图
（a）向前折叠；（b）向后折叠

4.3.3 爆炸成型弹丸性能影响因素

典型的 EFP 装药结构由壳体、高能炸药、药型罩和隔板等组成，如图 4.40 所示。

1. 药型罩结构形状

药型罩的结构形状与尺寸对 EFP 的性能参数影响很大。同一种装药结构、相同的炸药和起爆方式，如果药型罩结构（大锥角、球缺、锥弧结合）与尺寸参数（直径锥角、曲率半径、壁厚等）不同，得到的 EFP 形体与性能参数也不同。

从某种意义上说，影响 EFP 成型的因素比影响射流成型的因素多得多，即在装药结构、装药性能、罩材料、罩口径等相同的条件下，EFP 的形体不但取决于罩壁厚，也取决于罩壁厚的变化方式，且罩壁厚的变化方式对 EFP 形体的影响是有规律的，顶薄口厚有利于 EFP 的轴向拉伸，顶厚口薄有利于 EFP 的径向收缩。有实例证明，EFP 战斗部所有相关参数均相同，只是罩壁厚相差 0.1 mm 却形成了两种不同的 EFP 形态，壁厚较厚的，所形成的 EFP 远距离飞行中不断裂；壁厚较薄的，所形成的 EFP 断为两截。

可见罩结构及尺寸参数对 EFP 的成型有很大影响，不易掌控，需采用数值仿真计算与实验相结合的办法精心设计，获得符合要求的 EFP 形态和性能参数。图 4.41 所示为优化设计的典型大锥角罩结构及其

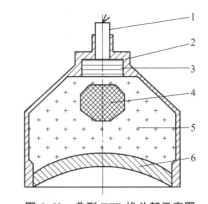

图 4.40 典型 EFP 战斗部示意图
1—雷管；2—壳体；3—扩爆药；4—隔板；
5—炸药；6—药型罩

EFP 的 X 光照片。

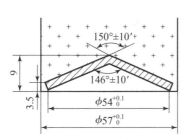 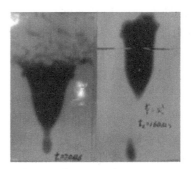

图 4.41　典型大锥角罩结构及其 EFP 的 X 光照片

2. 药型罩材料

药型罩是 EFP 装药战斗部的核心零件，它的材料、几何形状、结构参数、制造工艺等对 EFP 的成型、性能参数、侵彻威力均有很大的影响。药型罩材料的机械性能，尤其是大变形、高应变率和高温条件下的动态性能，直接影响 EFP 的成型及其对装甲目标的侵彻能力。药型罩材料在高温、高压、高应变率条件下要有良好的塑性、合适的强度和较高的密度。适合做 EFP 罩的材料有工业纯铁（Fe）、紫铜（Cu）、镍（Ni）、钼（Mo）、钽（Ta）和放射性金属铀 238，以及 Cu – Ti、Ni – Ti、Cu – W 等复合材料，表 4.6 列出了工业纯铁、紫铜、银、钽 4 种材料的主要性能参数和形成的 EFP 性能参数。

表 4.6　药型罩材料性能参数和形成的 EFP 性能参数

材料	密度 /(g·cm^{-3})	屈服强度 /MPa	延伸率 /%	形成的 EFP 长度（装药直径的倍数）	EFP 速度 /(m·s^{-1})
紫铜	8.96	152	30	0.9 ~ 1.3	2 600
铁	7.89	227.5	25	0.70 ~ 1.61	2 400
银	10.9	82.76	65	0.72 ~ 1.68	2 300
钽	16.65	137.8	45	1.5	1 900

对于采用相同药型罩结构、不同药型罩材质的爆炸成型弹丸装药，形成的钽 EFP 最长、铁 EFP 最短、铜 EFP 居中，这与 3 种材料的延展性相对应，延展性越好，越有利于 EFP 的拉伸，从而形成大长径比的 EFP，以获得更高的穿甲威力。钽由于密度高、延展性好，是比较理想的药型罩材料，与紫铜罩相比，在相同装药条件下侵彻能力提高了 35%。但是钽材料价格昂贵，目前主要用在末敏弹和导弹战斗部等高价值弹药上，德国 Smart155 末敏弹战斗部中即成功应用了钽药型罩。铜的延展性比铁好，对于要求形成大炸高、大长径比的 EFP 战斗部，铜是最合适的经济型药型罩材料。铁和钢主要用在大型反舰战斗部上，或用于集束式 EFP 战斗部上，以增加杀伤威力。

对于合金材料药型罩，钽合金具有良好的延性、高密度和高声速。用钽合金制作的药型罩可使破甲深度有较大幅度提高。Ta – Cu 或 Fe – Cu 合金药型罩，其破甲深度比常用的纯钢提高 36% ~ 54%。近几年来，国外对 Ta – W 合金罩材也做了部分研究工作，主要集中于钨含量对 Ta – W 合金力学性能、晶粒结构、织构及射流性能的影响等方面。

4. 装药结构

装药长径比对形成的 EFP 速度有较大的影响。装药长径比增大，装药长度增加，装药量增大，炸药的总能量变大，从而使 EFP 的速度提高，也使 EFP 拉伸的时间增长、拉伸的程度增大，从而形成了较大长径比的 EFP。计算和试验研究表明，装药长径比超过 1.5 以后，若再增加装药长度，则对提高 EFP 的速度和增加其长度的意义就不大了。实际上，对于 EFP 战斗部长径比的限制主要来自弹药总体对于长度、体积和质量的要求。因此，为保证 EFP 的性能，在可能的情况下，应尽可能选择大的 EFP 战斗部长径比。一般来说，装药的长径比 L/D 为 1.5 时较为合适。如果战斗部空间不足，则由实验表明，长径比 L/D 取 0.75 也可以。

Klaus Weimann 对装药直径为 83 mm 和 75 mm 的两种 EFP 战斗部在不同长径比时的成型情况进行了研究。药型罩材料为工业纯铁，药型罩质量为 125 g，罩半径为 60 mm，装药为 B 炸药。在不同长径比时 EFP 的速度和形态（拍摄时刻为 400 μs）如图 4.42 所示。

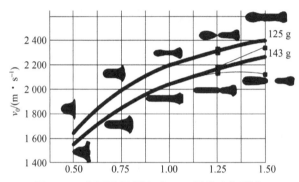

图 4.42 在不同长径比时 EFP 的速度和形态

5. 起爆方式

影响 EFP 成型性能的诸多因素中，起爆方式是其中一个重要因素。在不同起爆方式下，装药的爆轰及药型罩压垮变形机理是不同的，而 EFP 是由药型罩在爆轰载荷作用下压垮变形形成的，所以起爆方式对 EFP 的成型性能具有质的影响。即便在相同装药及药型罩结构下，不同起爆方式所得到的 EFP 也完全不同。

对于 EFP 战斗部，通过不同的起爆方式可以获得相应的起爆波形，与一定的药型罩结构相匹配，便能形成带有尾裙或尾翼的 EFP，使 EFP 飞行更稳定。目前，可选择的起爆方式主要有单点中心起爆、多点起爆、环形起爆和面起爆等，通过精密起爆耦合器、爆炸逻辑网络以及多个微秒级的飞片雷管等技术实现。图 4.43 所示为单点中心起爆与环形起爆结构。

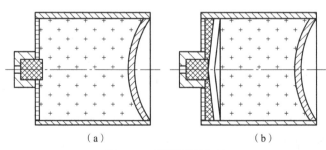

图 4.43 不同起爆方式
（a）单点中心起爆；（b）环形起爆结构

起爆点位置对 EFP 性能的影响也非常明显。Klaus Weimann 对起爆点位置不同的 10 种装药结构产生的 EFP 性能进行了研究，其起爆点位置在 75 mm（距药型罩口部）到 25 mm 之间变化，药型罩质量为 135 g，装药长径比为 2~4，用 X 光摄影技术获取 EFP 的速度和形态。图 4.44 所示为 EFP 速度、长度与起爆点位置之间的关系。

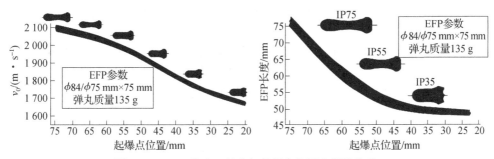

图 4.44　EFP 速度、长度与起爆点位置之间的关系

试验研究表明，端面均布多点同时起爆或端面起爆可改善爆轰波结构及其载荷分布，有效提高装药爆轰潜能，对改善药型罩压垮变形机制和 EFP 成型结构有一定的积极作用。图 4.45 所示为分别采用端面单点起爆和不同半径的端面起爆方式所形成的 EFP 形态仿真结果。采用多点起爆方式时，要求必须具有很高的起爆同步性，以确保作用于药型罩微元上的爆轰冲量的对称，形成尾翼对称的 EFP。另外，起爆偏心造成的不对称波形和药型罩同轴度差，也会使形成的 EFP 存在不对称性。

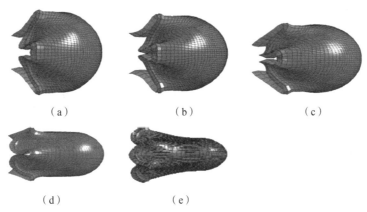

图 4.45　不同起爆方式下的 EFP 形态

6. EFP 的飞行稳定性

EFP 实现大炸高条件下的远距离攻击必须保证其具有良好的气动外形，可以在较远的距离上实现稳定飞行，且速度降要小。同时还应当保证 EFP 以尽可能小的着角命中目标，否则 EFP 的威力将大幅度下降。实际上，获得良好的气动外形，确保稳定飞行一直是 EFP 设计中的难点，也是制约 EFP 在更大距离上应用的技术"瓶颈"。带尾锥的 EFP 由于具有良好的飞行稳定性和侵彻性能而备受各国重视。形成带尾锥 EFP 主要是通过控制爆轰波或药型罩周向质量分布，使其边缘部分产生不同变形，形成周向皱。EFP 的尾翼结构对称时，会大大改善 EFP 的气动力特性。当尾翼的不对称达到一定程度时，就会影响 EFP 的飞行稳定性，导致攻角增大或飞行方向偏斜，严重的还会发生翻转，影响 EFP 的威力和命中精度。

EFP 的气动稳定性问题非常复杂。一般情况下，EFP 的飞行速度在 4 Ma 以上，带尾锥 EFP 周围的超声速流场模式非常多，如图 4.46 所示。在飞行过程中，靠近 EFP 头部将产生激波，在分离起始点和二次附着点处也产生激波，根据附面层条件，靠近激波的汇流按一定角度回转形成涡流，这些相互关系是 EFP 的几何形状、攻角以及气象条件的非线性函数。其主要关心两个区的大小，一个是分离区，它是马赫数和攻角的函数；另一个是尾锥处的动态压力区，此处受到激波的作用最强。

通常把重心到压心的距离定义为 EFP 的静态储备量。当增大尾锥的折转角度时，弓形激波在尾锥附近的动态压力变大，使压心后移，EFP 将获得更大的稳定储备量。但是尾锥折转角增大会导致气动阻力增加，从而使 EFP 的存速能力下降。

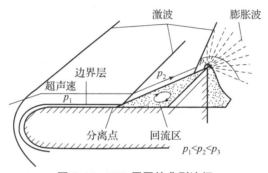

图 4.46 EFP 周围的典型流场

4.3.4 爆炸成型弹丸应用

EFP 具有的诸多独特优点，使 EFP 战斗部技术在近年来得到了飞速发展，并逐渐在诸多军事领域内获得应用，尤其是作为一种有效的新型反装甲手段，它具有广阔的军事应用前景。目前，EFP 战斗部技术多应用于灵巧弹药和智能弹药中，如用于末敏弹、末制导炮弹或反坦克导弹战斗部上攻击坦克的顶装甲和侧装甲，用于反坦克智能雷和反直升机智能雷战斗部上实现区域防御。

1. 末敏弹战斗部

这类 EFP 装药结构最大的特点是总体结构约束较大，作用距离要求远，装药长径比相对较短，一般不会超出 0.8（装药直径），最小为 0.6，类似盘形装药。这种装药的设计目标为在有限炸药能量的前提下，最大限度地提升 EFP 的初速和飞行稳定性。因此，需要采用最好的炸药（猛度最大）、最好的材料（高密度、高塑性），罩形和装药达到最佳匹配，才能满足威力要求，所以高价值的钽罩材、高性能的奥克托今（HMX）炸药已在末敏弹 EFP 装药中得到应用。

目前末敏弹 EFP 装药尚以紫铜罩、黑索金（RDX）装药为主，但人们也在积极探索低价值的新型罩材和装药。这类装药最终获得的 EFP 的长径比一般不会超出 5，多为 3 左右。

2. 侧甲雷、底甲雷和智能雷 EFP 装药

这类装药结构最大的特点是：炸距较小（一般在几米至几十米范围内），装药长径比多为 $0.8\sim1.0$。由于炸距小，故飞行稳定性不是主要矛盾，主要追求 EFP 最大初速且在射程内 EFP 不断裂。最终获得的 EFP 的长径比多为 $5\sim10$，初速多为 $2\,000\sim3\,000$ m/s，药型罩材料多为紫铜。TMRP6 底甲雷如图 4.47 所示。

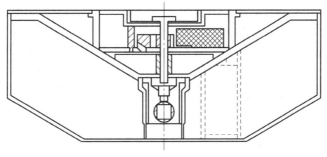

图 4.47 TMRP6 底甲雷

3. 多 EFP 导弹战斗部

这类 EFP 装药结构的最大特点是形成多枚 EFP，一般通过单一装药中装有多个药型罩来实现，典型结构如图 4.47 所示的德国 Kormoran2 反舰导弹的半穿甲战斗部；或者是由多个独立 EFP 装药组合形成多枚定向 EFP，呈扇形对目标进行攻击。前者的装药结构与预控破片杀爆弹相似，利用聚能效应可使 EFP 的速度比常规预控破片的速度更快（初速可达 1 800～2 000 m/s），且 EFP 比常规破片密实，飞行稳定性好，有效提升了毁伤能力。

由于起爆方式和爆轰波的影响，如图 4.48 所示装药结构中各个罩所形成的 EFP 形态与速度差异较大，但装药结构和起爆方式较为简单。如果采用多个独立装药，则可获得多个形体较佳和初速较高的 EFP，但总体装药结构和起爆方式较为复杂，尤其是多点起爆的同步性、相邻装药的抗干扰性对 EFP 的形体和初速影响较大。多 EFP 战斗部可以根据需要用于反舰导弹半穿甲战斗部，或防空导弹战斗部。防空反导 EFP 装药结构的选取主要由被攻击目标的特性和拦截方式决定，其攻击距离较末敏弹短，多为 20～30 m。

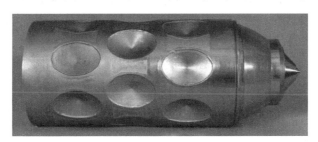

图 4.48 Kormoran2 多 EFP 战斗部

随着战场攻防能力的不断提升，远距离攻击能力较强、高效能、多功能的 EFP 战斗部发展会更加丰富多彩，新结构、新材料、新原理的应用会更广。

4.4 破甲弹药结构及应用

基于聚能效应独特的毁伤模式，应用聚能战斗部的破甲弹药对目标的毁伤效果不依赖武器平台的终点速度，可广泛应用于各种武器平台，用于打击坦克、装甲车辆、飞机、舰艇、混凝土工事等各种目标。

破甲弹的性能要求与发射平台、射击条件、目标特性、弹药结构是相互关联的，破甲弹的结构设计要从系统总体要求出发，全盘考虑，不同破甲弹型号的具体结构设计有所不同。就功能而言，聚能装药破甲弹大多由弹体、炸药装药、药型罩、隔板、引信和稳定装置、炸高控制装置及附属弹药功能模块等部分组成。具体的破甲弹的结构组成及形式则千差万别，以应用于火炮武器系统的破甲弹药为例，各种火炮的要求，以及多年来破甲弹本身在结构上的发展，使得破甲弹的结构多种多样，它们的差别主要是在火炮发射特点、口径、研制技术要求、弹形和稳定方式等方面。从稳定方式来看，目前所装备的破甲弹有旋转稳定式和尾翼稳定式两种。在一般情况下，无论是哪一种破甲弹，它们都需要直接命中目标而起作用，因而要求具有较高的射击精度。

4.4.1 尾翼稳定破甲弹

1. 82 mm 无后坐力炮破甲弹

82 mm 无后坐力炮破甲弹是我国设计制造的一种反坦克炮弹，配用于 1965 年式 82 mm 无后坐力炮，这种火炮的特点是质量轻、破甲能量强、机动性好，是配备于连一级的反坦克武器之一。其主要任务是击毁敌人的坦克、自行火炮和装甲车辆，必要时也用于摧毁碉堡和火力点。

在一般榴弹炮和加农炮中，由于药室是密闭的，弹丸在发射时，火药气体给予弹丸一个较大的初速，同时传递给火炮一个很大的后坐能量，火炮为了消耗这一部分后坐能量，就要有一套复杂的反后坐装置。因此，火炮系统质量大，如 85 mm 加农炮全部质量为 1 725 kg。其优点是初速高，可达 800 m/s。而无后坐力炮的药室是不密闭的，发射时，火药气体推动弹丸向前运动，同时部分气体向后喷出，这样就抵消了火炮后坐的力量。由于火炮不再受很大的后坐力，故可以做得很轻。如我国老款 82 mm 无后坐力炮全部质量只有 29 kg，所以人们往往称其为轻 82。

"卡尔·古斯塔夫" M3 型无后坐力炮炮管采用碳素纤维，去掉了原护板组件，喷管为玻璃钢制品，其他外露部件如前手柄、发射和击发机构、瞄准具支座和瞄准具壳体、肩托以及两脚架等多为铝制件或塑料，炮身质量为 9.2 kg。这类无后坐力炮的缺点是初速比较低，如轻 82 为 247 m/s，其直射距离比较近。

1965 年式 82 mm 无后坐力炮破甲弹（轻 82 破甲弹）结构如图 4.49 所示，破甲弹由弹体、头螺、防滑帽、主药柱、副药柱、药型罩、隔板、引信、发射装药等零部件组成。其全弹质量为 3.925 kg；弹丸质量为 2.885 kg；炸药质量为 0.473 kg；初速为 247 m/s；常温平均膛压为 30.4 MPa；直射距离为 300 m；破甲威力为 120 mm/65°；精度（300 m 处）为 0.45 m×0.45 m；引信为破 -4 引信。

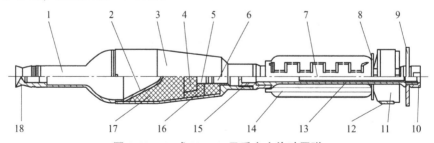

图 4.49 65 式 82 mm 无后坐力炮破甲弹

1—头螺；2—药型罩；3—弹体；4—隔板；5—副药柱；6—引信；7—尾管；8—纸板；9—定位板；10—底螺；11—尾翼；12—稳定环；13—基本药管；14—发射装药；15—连接螺；16—衬块；17—主装药；18—防滑帽

（1）弹体和头螺。弹体由 16Mn 钢管冷缩成型，外表面进行机械加工，两端制有内螺纹，弹体药室不再加工。弹体前端螺纹与头螺连接，后端螺纹则与尾管连接。弹体壁比较薄，以便多装炸药和减小弹丸质量,提高初速,增加直射距离。头螺由钢板或圆钢冲压而成,后端制有外螺纹与弹体连接;头螺前部为一细长圆管,以保证必要的炸高;圆管前端滚压防滑帽。

(2) 防滑帽。老式的 82 mm 无后坐力炮破甲弹采用弹头触发引信,经中心管传火使得弹底起爆。这样整个起爆时间很长,对倾角大的装甲射击时,弹丸破甲穿透率下降,甚至产生跳弹而失去破甲作用。采用弹头压电,弹底起爆的压电引信可避免上述缺点。但压电引信比较复杂,并且在炸药处要有导线通过,造成工艺上的复杂。如果在弹丸头部加一个防滑帽,便可采用简单的机械引信,同样可达到大着角发火、性能良好的目的。防滑帽顶部有一圆锥形的凹窝,材料是 60 钢并经热处理,使其具有很高的硬度。在碰击钢甲时,防滑帽的侧棱卡住钢甲使弹丸不跳飞,如图 4.50 所示,则弹底引信因惯性而起爆。这样的起爆方式结构比较简单,并能做到在 65°大着角下仍可靠作用。

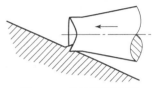

图 4.50 防滑帽的作用

(3) 装药。该弹的炸药分为主药柱和副药柱两部分,主药柱为钝化黑索金炸药(质量为 0.41 kg),副药柱为高能 8321 炸药(质量为 0.063 kg),主药柱和副药柱之间放有塑料隔板。副药柱需预先单独压制成型,装上隔板放入弹体中,再直接在弹体内压入钝化黑索金主装药。其主要采用直接压装法,即药型罩与炸药贴合紧密并可使炸药密度增加,对提高破甲威力有较好的效果。

(4) 药型罩。药型罩是破甲弹的重要零件,它的结构、形状及材料都直接影响金属射流的破甲性能。轻 82 破甲弹的药型罩是用紫铜板冲盂后旋压而成的,形状为圆锥形,壁厚从罩顶至罩底是变化的。其外表面锥角为 49°32′,内表面锥角为 48°10′,锥顶部的厚度约为 1 mm,口部附近为 1.84 mm。旋压药型罩的成型是由模具尺寸保证的,其工艺性能较稳定,壁厚差较小,一般可控制在 0.05 mm 以内,故破甲性能较稳定。此外,由于旋压加工时形成织构,致使药型罩在形成射流时产生自旋运动,从而使旋压药型罩能抗低速旋转,即有旋转补偿效应。

(5) 引信。轻 82 破甲弹采用我国自己研制的破 – 4 弹底机械引信。轻 82 破甲弹采用了弹头防滑帽与弹底机械引信相配合的措施,基本上解决了大着角(65°)的发火问题,并且保证了弹丸的破甲威力(120 mm 65°)。对于高初速的破甲弹,采用这种办法不能满足要求。因为弹底引信的作用时间长,而头螺的强度难以保证高速碰撞时不破裂,因此,还需采用压电引信来解决大着角的发火问题。

(6) 稳定装置。稳定装置由尾管、尾翼和稳定环组成。尾管用钢管制成,尾翼和稳定环是用铝合金压铸在尾管上而制成的。稳定环套在尾翼外缘,可以提高飞行时的稳定力矩,同时稳定环在膛内也起导引作用,与定心部一起保证弹丸在膛内的正确运动。

尾管由 40Mn 无缝钢管制成,壁厚较薄,以便减轻弹尾质量,使全弹质心前移。尾管内放置点火药管,尾管上钻有 4 排 ϕ6 mm 的传火孔,共 24 个,用于引燃附加药包。尾管末端车有螺纹,用于旋装螺盖,固定定位板和点火药管。

(7) 发射装药。82 mm 无后坐力炮用的发射装药的结构由点火药管和附加药包组成,点火药管内装填大粒黑药,目的是增大点火药的引燃能力和增长引燃时间,使附加药包能迅速而均匀一致地点燃。

附加药包用双基带状火药,药包是带状,围缝在尾管上。为了可靠地固定药包,防止药包窜离传火孔而影响引燃,在药包下面尾管上套一挡药纸板。

82 mm 无后坐力炮发射装药是在大药室容积、有大量火药气体流出的情况下燃烧的。为了保证装药正常燃烧和射击时无后坐力,设置了定位板。定位板由酚醛夹层布压制而成,外径大于炮膛内径,装药后它挡在炮尾药室的后端,起轴向定位作用。在发射时,当膛内火药气体压力达到一定值后,定位板压碎喷出,弹丸开始运动。其有一定的起始压力,对保证内弹道性能的稳定性是非常必要的。为了使定位板破碎均匀,在定位板上钻有许多小孔。

优缺点:轻 82 破甲弹的威力较大,精度较高,火炮机动性较好,但该弹直射距离仅有 300 m(配备在连一级),已被 78 式 82 mm 破甲弹(装备在连一级或营一级的营 82 破甲弹)代替。

近年,中国研制了具有世界先进水平的新型 82 mm 无后坐力炮及系列弹药,新型 82 无后坐力炮的火控系统具备跟踪和打击运动目标的能力,无后坐力炮,还能够发射智能弹药。这种弹药带有电子时间引信,能够实现可编程空爆。在弹药飞行的过程中,火控系统能够根据目标的运动速度和距离,精确计算最佳引爆时间,从而实现最大的杀伤效果;也可以发射同口径的轻型炮射导弹,能够对 1 500~2 000 m 目标实施精确打击。

2. 气缸式尾翼稳定破甲弹

加农炮初速高、直射距离远、射击精度高,这是其优点。为了避免高速旋转对破甲威力的影响,破甲弹大多采用尾翼稳定方式。由于在超声速情况下,同口径尾翼难以保证弹丸的飞行稳定性,故一般均采用张开式尾翼,包括尾翼有从后面向前张开的后张式(利用火药气体压力)和从前面向后张开的前张式两种(利用气体动力或离心惯性力)。

下面以 85 mm 气缸式尾翼破甲弹和 100 mm 滑膛炮用的尾翼破甲弹为例来说明其特点。85 mm 气缸式尾翼稳定破甲弹结构如图 4.51 所示,该弹的主要诸元见表 4.7。

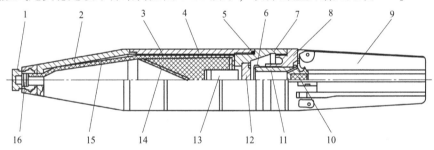

图 4.51 85 mm 气缸式尾翼破甲弹的结构

1—引信头部;2—头螺;3—炸药;4—弹体;5—橡皮垫圈;6—螺圈;7—弹底;8—尾翼座;9—尾翼片;10—曳光管;11—活塞;12—螺塞;13—引信底部;14—药型罩;15—导线;16—压电晶体

表 4.7 85 mm 气缸式尾翼破甲弹主要诸元

诸元	参数值	诸元	参数值
弹丸质量/kg	7.0	破甲威力/[mm·(°)$^{-1}$]	100/65
直射距离/m	945	初速度/(m·s^{-1})	845
800 m 处立靶精度/m	0.4×0.4	引信	电-1 引信

1)弹体

由于膛压较高,弹体必须具备足够的强度,所以弹体采用 30CrMnSi 合金钢并经热处理制成。弹体的形状为圆筒形,为提高圆柱部强度和减少火药气体对圆柱部的压力,应尽量减少圆柱部和定心部之间的差值。这种结构的炮弹由于没有闭气装置，火药气体沿弹壁和炮膛间隙冲出，对炮膛冲刷、烧蚀比较严重，在射击 400 发以上时就可能引起精度下降，在射击 600 发以上时，由于炮管直径的增大，火药气体大量前冲，增大了对弹体的径向压力，弹体变形量将可能超过允许值。

2）引信

采用电—1 式压电引信，头部为压电晶体，底部起爆，中间用导线连接。

3）气缸式张开尾翼的稳定装置

由于 85 mm 破甲弹的初速很高，是超声速飞行，故必须采用超口径尾翼才能保证飞行稳定。尾翼片以销轴与尾翼座相连接，翼片上的齿形与活塞的齿形相啮合，活塞要装在尾翼座的中心孔内，并以其凸缘抵住翼座底平面，其上部用螺圈固定。活塞上有两个直径为 2.25 mm 的进气孔。螺圈旋在活塞的螺纹上并紧压在尾翼座的剪切圈上，构成平时的固定状态。为了密闭和缓冲，在活塞上有一橡胶密封圈，发射时，火药气体从活塞的气孔进入活塞内腔，当弹丸出炮口后，外界压力突然下降，气室内压力将迫使活塞向后运动，活塞带动螺圈将剪切圈剪断。活塞齿条推动翼片齿形运动，使翼片绕销轴旋转张开。当活塞运动一定距离后，螺圈的凸缘与翼座上端相接触，使活塞不能再前进，翼片张开到位。与此同时，内腔的火药气体也泄漏完毕，内部压力降低，也不再推动活塞运动。翼片在飞行中的固定是依靠螺圈根部与翼座活塞孔的摩擦阻力和剪切圈的残留毛刺将螺圈和活塞固定，使翼片固定在张开位置。尾翼张开的后掠角为 61°32′。

为使弹丸在飞行时做低速旋转，翼片的一面对弹轴成一倾角，倾角一般为 2~6°；后张式的尾翼结构作用可靠，同步性好，在线炮和滑膛炮上均可采用；对弹丸的精度有利；其弹形系数也较小，一般 $i = 1.6$ 左右。其缺点是构造复杂。

气缸式尾翼破甲弹的稳定装置具有翼片张开迅速、同步性好和作用比较可靠的特点，有利于提高弹丸的射击精度。其缺点是结构较为复杂，加工精度要求也高，加工质量对性能的影响较大。

100 mm 滑膛炮用尾翼式破甲弹采用前张式的张开式尾翼，结构比较简单，作用可靠。

该弹的结构如图 4.52 所示。此弹战斗部结构与 85 mm 破甲弹相似，采用电—1 式引信，头部压电，底部起爆，中间用导线连接。此弹由于口径较大，故不带隔板也可保证威力。弹体外部刻有环状槽，迫使气体在环形槽内多次膨胀产生涡流，以减小火药气体在间隙中的冲刷作用。六片尾翼为前张式结构，在尾杆前部有一挡板，上面铣有六个缺槽，以放置尾翼。尾翼面积较大，质心位置靠近弹轴，因此在膛内直线惯性力的作用下，尾翼向里合拢不会张开。当弹丸出炮口时，高速前冲的火药气流被挡板所阻，被迫向外扩散；弹底空腔内的高压火药气体也向外流动，使尾翼张开。只要尾翼张开一定角度，那么在迎面空气阻力的作用下就会继续张开到位。由于尾翼面积大，张开后翼展又很大，故弹的稳定性很好。

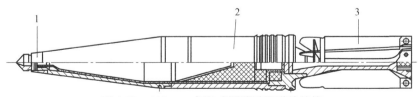

图 4.52 100 mm 气缸式尾翼破甲弹的结构

1—压电引信；2—战斗部；3—尾翼片

挡板的存在对尾翼张开十分有利,尾翼在离炮口5 m 内就开始张开,10 m 内已基本张开到位。当无挡板时,弹丸在飞离炮口30 m 处翼片尚不能完全张开。这种尾翼结构在通过炮口制退器时尾翼可能弯曲,这是由于炮口制退器排出了部分气体,使尾翼片之间的压力分布不均匀分布。改进办法是增加尾翼的强度和刚度以及改进炮口制退器。

这种尾翼结构的空气阻力较大,尾翼张开到位时的冲击比较严重,可能引起某些故障,它的优点是尾翼结构比较简单可靠。

4.4.1.3 长鼻式尾翼稳定破甲弹

长鼻式破甲弹的主要特点是选用了特殊的气动力外形,头部为瓶形结构,肩部很平,且可减小头部升力,提高了飞行稳定性,因而可以提高弹丸射击精度。图4.53 所示为苏100 mm 坦克炮用破甲弹,该弹配用于1953 年式100 mm 线膛加农炮及坦克炮上,用于对付坦克及装甲车辆。该弹采用活动弹带环结构,使弹体产生低速旋转,同时保证膛内闭气性良好;尾翼为前张式,靠离心惯性力张开;弹带为陶铁弹带,弹丸头部和尾部都是由铝合金制成。弹体材料为优质高碳钢,壁厚较大;引信为机械引信,头部触发,爆轰波通过中心管使弹底雷管起爆,从而使弹丸爆炸。苏100 mm 坦克炮用破甲弹主要性能参数见表4.8。

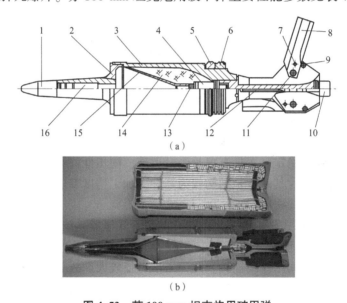

图 4.53 苏 100 mm 坦克炮用破甲弹

(a) 结构示意图;(b) 破甲弹及药筒结构

1—引信;2—头螺;3—弹体;4—起爆机构;5—活动弹带;6—压环;7—切断销;8—尾翼;9—定位销;
10—曳光管;11—销轴;12—尾杆;13—传火管;14—炸药;15—药型罩;16—传火管

表 4.8 100 mm 破甲弹主要诸元

诸元	参数值	诸元	参数值
弹丸质量/kg	9.45	初速/(m·s^{-1})	1013
弹长/mm	609	膛压/MPa	229.3
翼展/mm	208	威力/mm	440(0°)
炸药类型	T/R45/55(密度 1.68 g/cm^3)	炸药质量/kg	0.967

此弹的优点是弹丸飞行稳定性好，精度较高；采用活动弹带保证了闭气，同时使弹丸低速旋转；机械式传火起爆引信简单可靠，虽作用时间较长，但头部为铝杆，强度很低，不会引起跳弹；弹体壁较厚，具有较大的杀伤作用。

此类型破甲弹典型型号还有德国 DM - 12A 式 120 mm 破甲弹（图 4.54）、瑞典 84 mm 破甲弹和我国的 100 mm 坦克炮用破甲弹等。各型号在结构形式上各有特点，例如 DM - 12 系列破甲弹采用固定式尾翼，该弹在提高破甲性能的同时，大大提高了其杀伤作用，从而使长鼻式破甲弹具有多用途弹的性能。这一点也正是长鼻式破甲弹的发展趋势。

图 4.54　德国 120 mm DM12A 破甲弹

就目前的情况来看，长鼻式破甲弹已在许多国家的坦克炮上进行了装备，在表 4.9 中给出了部分长鼻式破甲弹的性能数据。

表 4.9　国外坦克配用的长鼻式破甲弹性能数据

国别	坦克	火炮口径 /mm	初速 /(m·s^{-1})	膛压 /MPa	全弹质量 /kg	弹丸质量 /kg	侵彻能力 /mm
苏联	T - 62	115 滑	1 070	—	25.3	12	400 (0°)
苏联	T - 72	125 滑	1 100	—	—	19	500 (0°)
西德	豹 II	120 滑	1 154	453	23	13.5	北 3 层重型靶
西德	豹 I	105 线	1 174	370	21.7	10.3	北 3 层中型靶 360 (30°)
西德	M48	90 线	1 204	338.52	14.4	5.74	
	JPZ	90 线	1 145	338.52	14.4	5.74	
法国	AMX - 32	120 滑	1 100	—	—	—	—

4.4.2　旋转稳定破甲弹

旋转稳定破甲弹的破甲威力将因其高速旋转而下降。为了解决这一问题，可以在药型罩及弹丸结构采取各种措施，这里介绍的就是其中的实例。

1. 美国 152 mm 多用途破甲弹

美国 152 mm XM409E5 式多用途破甲弹是美国 20 世纪 60 年代末期的产品，配用于 152 mm 坦克炮上。所谓多用途破甲弹是指该弹以破甲为主，兼具榴弹的杀爆作用。该弹的结构如图 4.55 所示，其主要诸元见表 4.10。

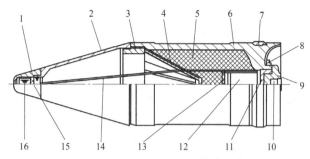

图 4.55 美 152 mm 多用途破甲弹

1—引信帽；2—头螺；3—连接螺圈；4—药型罩；5—炸药；6—弹体；7—陶瓷弹带；8—药筒压紧螺；9—底螺；10—曳光管；11—压紧螺；12—引信底部；13—毡垫；14—导线；15—垫片；16—引信头部

表 4.10 美国 152 mm 多用途破甲弹主要诸元

诸元	参数值	诸元	参数值
弹丸质量/kg	19.37	最大射程/m	8 830
炸药类型	B 炸药	直射距离/m	800
炸药质量/kg	2.88	最大膛压/MPa	287
弹丸长/mm	488.6	最大转速/(r·min^{-1})	6 800
初速度/(m·s^{-1})	687	0°着靶威力/mm	500

该弹采用旋转稳定式结构，其弹带采用陶铁材料。为了克服弹丸旋转对破甲性能带来的影响，该弹采用了错位抗旋药型罩。这种错位抗旋药型罩是采用先冲压后挤压的方法制成的，其材料为紫铜（含铜量在 99.9% 以上）。该弹药型罩由 16 个圆锥扇形组成，每块对应圆心角 φ 为 21°16′。这种药型罩之所以能够抗旋，是因为当炸药爆炸时，每一扇形块由于错位，使压垮速度的方向不再朝向弹丸轴线，而是偏离轴线并与半径为 r 的圆弧相切，如图 4.56 所示。这样，形成的射流将是旋转的，如使其旋转方向与弹丸的旋转方向相反，即可抵消或减弱弹丸旋转运动对破甲性能的影响。此外，该弹在弹丸底部采用了短底凹结构，有利于改善其射击精度。

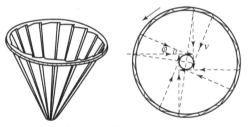

图 4.56 错位抗旋药型罩及作用原理示意图

2. 法国 105 mmG 型破甲弹

法制 G 型破甲弹主要配用于其主战坦克的 105 mm 加农炮上。该弹为解决弹丸旋转对破甲作用的不利影响，把成型装药部分与弹体分开，两端有滚珠轴承，发射时使弹体高速旋转而空心装药部分低速旋转，达到抗旋的目的。其平时由一脆弱件锁住不转，弹体后端的通气孔可减小发射时轴承部分的受力。内体在炮口时只有每秒几转的转速，终点也不过 1 200 ~ 1 800 r/min，此弹由于采用旋转稳定，故精度较高；采用压电引信，由弹丸内体的内外表面构成起爆回路；炸药为 0.78 kg 钝化黑索金，由特屈儿起爆；药型罩为喇叭形。弹尾装有曳光管，其结构如图 4.57 所示。该弹的主要诸元见表 4.11。此弹在 105 mm 口径的各种加农炮和榴弹炮上可以通用。由于弹体壁较厚，故杀伤作用较大，所以在坦克炮上就不再配用榴弹。

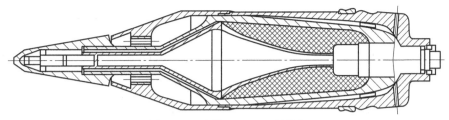

图 4.57 法国 105 mm 破甲弹

表 4.11 法国 105 mm 破甲弹主要诸元

诸元	参数值	诸元	参数值
弹丸质量/kg	10.95	初速度/(m·s^{-1})	1 000
炸药类型	钝化黑索金	0°着靶威力/mm	400
炸药质量/kg	0.78		

4.4.3 火箭增程破甲弹

火箭增程破甲弹是为增加直射距离而加装了火箭发动机。这里将要介绍的是我国供步兵使用的轻型反坦克武器 1969 年式 40 mm 火箭增程破甲弹。1969 年式 40 mm 火箭增程破甲弹一般称为 69 式 40 mm 火箭弹,简称 J-203 或新 40 弹,其结构如图 4.58~图 4.60 所示。该弹是一种性能较好的近程反坦克武器,适合于步兵作战使用,能在较大距离(直射距离 300 m)内迅速、准确消灭敌人的活动目标,且威力也较大,配用的压电引信能在大着角的情况下可靠作用。其主要诸元见表 4.12。

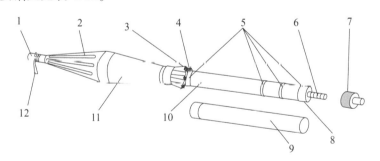

图 4.58 新 40 mm 火箭增程破甲弹外形

1—保护帽;2—风帽;3—防潮塞;4—定位凸起;5—定心部;6—防潮塞;7—保护盖;
8—火帽;9—弹尾;10—发动机;11—弹体;12—插销

表 4.12 69 式 40 mm 火箭增程破甲弹主要诸元

诸元	参数值	诸元	参数值
口径/mm	40	战斗部最大直径/mm	85
全弹质量/kg	2.25	主动段终点速度/(m·s^{-1})	294.6
炸药类型及质量/kg	8 321 0.4	火箭装药(双石-2)/kg	0.22

续表

诸元	参数值	诸元	参数值
飞行弹丸质量/kg	1.83	初速（距炮口6 m处）/(m·s^{-1})	120
最大膛压/MPa	<90.0	直射距离（目标高2 m）/m	>300
0°着靶威力/mm	100/65	精度（在300 m处）/m	0.45×0.45

新40与轻82破甲弹相比，有以下特点：

(1) 超口径的战斗部。为了保证威力，战斗部直径大于火炮口径。由于战斗部直径为85 mm，故只能采用从炮口往后装的方法，而直径为85 mm的战斗部位于炮口外面。

(2) 用火箭增程提高直射距离。由于火炮口径较小，膛压较低，为保证威力，弹丸不可能做得很轻，因而炮口初速比较低，直射距离较近。为了解决这个矛盾，采用了火箭增程的办法，弹丸除获得火炮给予的初速外，在弹道上再增加一定的速度，新40破甲弹炮口初速为120 m/s，火箭增速后最大速度为295 m/s，这样便可使直射距离增大。

(3) 采用张开式尾翼结构。增程火箭发动机，使全弹长增加。弹丸在弹道上可能出现飞行不稳定。为了使弹丸飞行稳定，同口径尾翼已不能满足要求，此时，尾翼的翼展必须加大。因而采用张开式尾翼结构，在内尾翼收拢，出炮口后尾翼张开。

(4) 采用涡轮使弹丸旋转。这是提高密集度的一个措施。后喷的火药气体作用在涡轮的倾斜面上，使全弹旋转，这样弹丸出炮口后尾翼就比较容易张开，使之稳定。此外，由于翼片上具有10°40′的倾斜面，飞行中使弹丸转速增加，这样可减小火箭推力偏心对密集度带来的不利影响。

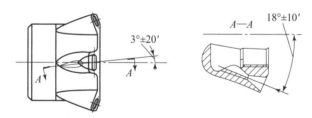

图4.59 新40火箭弹喷管

(5) 采用铝合金，以减轻弹重、提高初速。新40弹除火箭发动机为钢制外，弹体、风帽尾杆、尾翼、涡轮均为硬铝制成，减轻了弹丸质量，有利于提高初速和箭速。

该弹的优点是火炮质量轻、机动性好、弹丸的直射距离较长和威力较大。其缺点是炮口速度小，射程较近，精度受横风的影响较大；零件数量多；生产工艺较为复杂，弹丸较长，炮口装填不便，影响发射速度。目前这些问题已有较大程度的改进。

4.5 破甲弹的发展

破甲弹是在与坦克防护装甲的矛盾斗争中互相促进和发展的。20世纪70年代以前，坦克防护主要采用均质装甲，用增加装甲厚度的方法提高防护能力。当时，破甲弹的发展方向主要是提高破甲深度，追求穿透坦克的装甲且具有一定的后效。20世纪70年代以后，出现

第 4 章 破甲弹

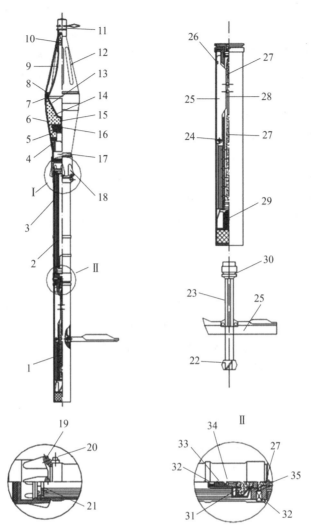

图 4.60 新 40 mm 火箭增程破甲弹结构

1—发射药；2—火箭药；3—燃烧室；4—衬套；5—副药柱；6—弹体；7—绝缘环；8—压紧环；9—内锥罩；
10—绝缘套；11—引信头部；12—风帽；13—药型罩；14—主药柱；15—导电杆；16—隔板；17—引信底部；
18—喷管；19—喷孔；20—定位凸起；21—挡药板；22—涡轮；23、28—尾杆；24—转轴；25—尾翼；
26—线绳；27—传火药；29—曳光管；30—闭气盖；31—点火药；32—火帽；
33—击针簧；34—击针；35—点火药盒

了复合装甲，与均质装甲等重的复合装甲厚度较大，而且非金属材料对射流干扰很大，对破甲弹不仅要求破甲深度大，而且要求大炸高性能好。随着装甲和工事防护技术的发展，破甲弹药技术的应用范围日益广泛，使用聚能装药技术的武器除了破甲弹丸和反坦克导弹外，逐渐扩展到反舰导弹、鱼雷、串联攻坚弹药、末敏弹药和多功能弹药等，除了要进一步提高破甲威力与大炸高性能外，还要根据目标类型及具体特性进行调整。为了满足日益提高的应用需求，相关技术发展趋势主要体现在以下几个方面。

1. 采用新型高能炸药

提高炸药能量是提高聚能装药战斗部威力直接而有效的途径之一。以 CL-20 为代表的新一代高能炸药具有密度高、爆速高和爆压高等优点，其爆炸能量比黑索金、奥克托金等炸药高出 10% 左右。应用新型高能炸药的聚能装药在有效炸高范围内，射流的断裂时间和侵彻能力等均优于黑索金基、奥克托金基炸药的聚能射流，新一代炸药使聚能射流威力比奥克托金基炸药的威力提高 10% 左右。另外，采用精密装药技术能提高装药的对称性、一致性和均匀性等性能，进而提高破甲弹的毁伤性能。此外，通过采用高能不敏感炸药等技术，可提高战斗部对主动防护系统的对抗能力和弹药安全性。

2. 采用新型药型罩材料及新结构、新工艺等

在药型罩材料方面，一方面应用新型高密度、高延展性药型罩材料，如钽、钼等；另一方面，开展新型金属合金、多组元合金、含能罩材的研究与应用，如钨铜合金、钽钨合金、高熵合金、活性含能材料等。活性毁伤增强聚能战斗部技术为聚能装药实现毁伤模式跨越、提质，使战斗部毁伤威力成倍提升，并为推动聚能弹药向单级化、小型化、高威力和多用途化发展提供了技术支撑。此外，其通过采用新结构、改善制造方法和工艺，以及发展精密药型罩技术等来提高破甲威力。

3. 多模式、多用途、多功能化

为了对付多样化的战场目标，聚能破甲弹向着多模式、多用途、多功能化方向发展。除能穿透装甲目标、混凝土目标、钢筋混凝土目标等硬目标外，还应兼具杀伤、爆破、燃烧等功能，以便能兼顾对付直升机、轻型技术兵器和有生力量，如破甲/杀伤战斗部、破/杀/燃多功能战斗部等，应用活性药型罩和含能壳体战斗部可形成侵爆、杀伤综合效应。

4. 智能化和灵巧化

为了实现弹药的自主攻击性能，提高首发命中概率和效费比，智能化和灵巧化是破甲弹药发展的一个重要方向。伴随着灵巧弹药目标探测性能的日益提高，许多传感器引爆系统不仅能提供目标的位置信息，以准确打击目标，而且能分辨目标的类型，甚至可对目标的要害部位进行识别，分辨出是重型装甲目标还是轻型装甲目标。当分辨目标类型后，武器系统将选择最佳的战斗模式摧毁分辨的目标。

习　题

1. 简述典型锥形药型罩形成聚能射流的作用过程。
2. 聚能侵彻体分为几种类型？各有什么特点？
3. 简述高速金属射流对靶板的侵彻过程及作用特点。
4. 影响破甲弹侵彻威力的主要因素有哪些？
5. 爆炸成型弹丸的形成条件及其特点有哪些？
6. 影响爆炸成型弹丸作用性能的主要因素有哪些？
7. 简述长鼻破甲弹的主要特点。
8. 减小旋转对破甲弹影响可采取哪几种抗旋转措施？
9. 金属射流和爆炸成型弹丸各有什么优缺点？
10. 分析 EFP 在不同武器系统中的应用前景。
11. 聚能装药的炸高对作用性能有什么影响？

第 5 章
迫击炮弹

5.1 概述

炮兵要歼灭或压制各种各样的目标,而对付各种不同的目标需要不同型式的火炮,按火炮弹道特性不同,火炮可分为加农炮、榴弹炮、加农榴弹炮和迫击炮四类。其中,迫击炮是一种常用的伴随步兵的火炮,用来完成消灭敌方有生力量和摧毁敌方工事的任务,在过去的战争中发挥了很大的作用,在未来的战争中仍然是一种十分重要的武器。

与其他类型火炮相比,迫击炮具有以下特点:

(1) 膛压低,初速小,质量小,结构简单,使用灵活,易于选择射击阵地,攻击隐蔽性强,易于操作和转移阵地,特别适于前沿阵地使用;

(2) 弹道弯曲,落角大,可对遮蔽物后面或反斜面上的目标实施打击,死角与死界小;

(3) 一次装填,省去了退壳、关闩和击发动作,发射速度高;

(4) 炮弹经济性好,弹体材料及装药价格较低廉。

迫击炮弹一般都是由炮口装填(少数迫击炮采用后膛装填),依靠本身重力下滑,以一定的速度撞击炮膛底部击针而使弹上的底火发火,迫击二字即源于此。

迫击炮的上述优点给了它存在和发展的生命力,但是由于迫击炮的初速低、射程近、散布大,且难以平射,因而也限制着迫击炮弹的使用和发展。

5.2 尾翼稳定迫击炮弹构造

迫击炮弹大多是尾翼稳定的,也有旋转稳定的(如美国 106.7 mm 化学迫击炮弹)。典型尾翼稳定迫击炮弹通常由引信、弹体、装填物(炸药或其他物质/品)、稳定装置(尾翼)和发射装药 5 部分组成,如图 5.1 所示。内装炸药的迫击炮榴弹可分为杀伤弹、爆破弹和杀伤爆破弹 3 种类型。若弹体内装填非炸药,则为特种迫击炮弹,如照明弹、发烟弹和宣传弹等。

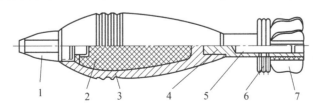

图 5.1 典型迫击炮弹基本结构

1—引信;2—炸药;3—弹体;4—尾管;5—基本药管;6—附加药包;7—尾翼

5.2.1 迫击炮弹的结构尺寸

迫击炮弹的主要结构尺寸如图 5.2 所示，它们决定了迫击炮弹的形状和弹道性能。图中 N 为弹顶，a 为稳定杆，b 为尾翼片，E 为传气孔，n 为传火孔，g 为尾翼的定心凸起。迫击炮弹的结构尺寸是根据射程、威力和射击精度等战术要求选定的。

迫击炮弹的全长 L 一般不受限制，这一点可使威力大大提高。但实际上，当弹丸质量和弹径确定后，长度过大会使飞行阻力增加，引起射程的降低。一般来说，全长的确定原则是在符合质量、保证飞行稳定、满足威力要求的条件下采取最小长度。

弹头部长度 H 主要影响射程、飞行稳定性和对目标的侵彻作用。从空气阻力出发，不同的飞行速度对应着一个最有利的头部长度。弹头部增长，弹形尖锐，空气阻力也小，但迫击炮弹在飞行中的摆动又使空气阻力随弹头部的增长而增大。在一般情况下，初速低，弹头部宜短；初速高，弹头部宜长。从稳定性看，弹头部越短，弹丸的质心越靠前，从而阻力中心距质心的距离相对增大，稳定性也越好。从对目标的侵彻来看，头部越尖锐，侵彻深度越大。因此，爆破弹和杀伤爆破弹的头部应尖锐些，而杀伤弹则与此相反，即不希望侵彻过深，以防止大量杀伤破片不能发挥作用。

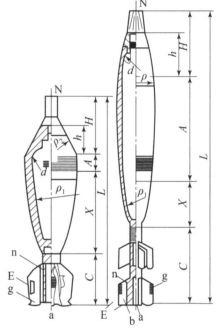

图 5.2 迫击炮弹的主要结构尺寸
a—稳定杆；b—尾翼片；E—传气孔；
g—尾翼的定心凸起；n—传火孔；N—弹顶

圆柱部长度 A 将影响威力和空气阻力。A 增大会使威力增大，但过大会造成稳定性变坏和阻力增大。在一般情况下水滴状迫击炮弹的圆柱部长为 $(0.3\sim0.4)d$。迫击炮弹弹尾部外形是以圆弧为母线的旋成体，它影响空气阻力、药室容积和威力，尾部长度增加，药室容积也增加。

5.2.2 迫击炮弹的结构与作用

弹体是迫击炮弹的主体零件，上接头螺或引信，下接稳定装置，内装炸药或其他装填物，其结构直接影响迫击炮弹的使用性能。

1. 弹体结构

迫击炮弹的弹体可分为整体式和非整体式两种，如图 5.3 所示。整体式只有一个零件，它无论是在发射还是碰击目标时都具有良好的强度，在弹体上不存在螺纹接合部，故密封性好，而且弹体质量分布的不对称性较小。因此，在可能的条件下，迫击炮弹的弹体应尽可能制成整体式。非整体式弹体是由两个或两个以上的零件组成的，这是根据生产工艺性、炸药（或其他装填物）装填和迫击炮弹的特殊要求而采用的。非整体式弹体多采用传爆管结构，即将传爆管螺接在弹体上，而引信拧在传爆管上。采用传爆管的目的是保证炸药起爆的完全性。对大口径铸造弹体，因弹体口部直径与弹径相差较大，容易出现铸造疵病，故使用传爆管结构。采用传爆管结构，必然使弹体的结构复杂化，且质量偏心增加。除 120 mm 以上的大口径迫击炮弹外,一般应避免使用传爆管结构。

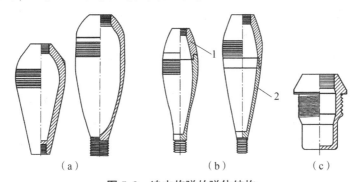

图 5.3 迫击炮弹的弹体结构
(a) 整体式;(b) 非整体式;(c) 传爆管结构
1—上弹体;2—下弹体

2. 弹体形状

不同类型的迫击炮弹,其弹体的内外形状是根据引信式样、装药、飞行速度和稳定方式而设计的。迫击炮弹初速小,通常为亚声速飞行,其阻力主要是由涡流阻力和摩擦阻力构成,为了减小空气阻力,其外形通常为流线形。小口径迫击炮弹纵剖面类似水滴状,如图 5.4(a)所示,而大、中口径迫击炮弹纵剖面形状如图 5.4(b)所示,即头部短而圆钝,圆柱部也较短,弹尾部较长且逐渐变细。这种流线形不仅有利于减小空气阻力,而且因质心靠前而对飞行稳定性有利。因此,一般的杀伤迫弹和杀伤爆破迫弹均采用流线形。

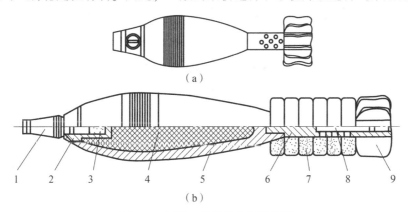

图 5.4 不同口径的迫击炮弹外形
(a) 1963 年式 60 mm 迫击炮弹;(b) 55 式 120 mm 迫击炮弹
1—引信;2—头螺;3—传爆药;4—炸药;5—弹体;6—尾管;7—附加药包;8—基本药管;9—尾翼

有时为了增大弹丸威力或者增加弹腔容积(照明弹、宣传弹),迫击炮弹的外形不做成流线形,而是采用长圆柱形,此时弹形差、射程较近,因而在中、小口径的迫击炮弹上很少采用大容积圆柱形弹体。

3. 弹头部

弹头部通常是较为圆钝的圆弧形旋成体,其母线的圆弧半径一般比较小。

1) 弹头部的长度

弹头部长度主要影响空气阻力、质心位置和对目标的侵彻能力。从空气阻力出发,不同的飞行速度对应着一个最有利的头部长度。弹头部增长，弹形尖锐，空气阻力小。但由于迫击炮弹在飞行中的摆动，又使空气阻力随弹头部的增长而增加。在一般情况下，初速低，弹头部宜短；初速高，弹头部宜长。从改善飞行稳定性的角度出发，弹头部越短，弹丸的质心越靠前，从而阻力中心距离质心的距离相对增加，稳定性增强。

2）弹顶的形状

迫击炮弹飞行时，飞行摆动可能使空气的边界层同弹的尖头弹顶分离，因此产生涡流，增大空气阻力。空气边界层被分离的可能性将随着迫击炮弹弹头部长度的增加而增加。为了防止空气边界层与弹顶分离，通常将迫击炮弹的弹顶钝化。弹顶钝化程度决定于引信头部的钝化直径，通常为 10~15 mm。

4. 弹体圆柱部

弹体圆柱部，也称为定心部。圆柱部的长度会影响威力和空气阻力，圆柱部增大可增大威力，但过大会降低稳定性和增加阻力。弹丸的圆柱部长度不能太短，否则会影响导引部长度。由于典型迫击炮弹导引部的长度取决于圆柱部前端与尾翼片上的定心凸起部之间的距离，因此，典型迫击炮弹圆柱部较短。一般情况下，滴状迫击炮弹的圆柱部长度通常为 0.3~0.4 倍口径。但是对于大容积迫击炮弹，为了增加有效装填量，采用了较长的圆柱部长度。图 5.5 所示为 82 mm 迫击炮宣传弹。

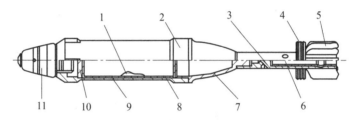

图 5.5　81 mm 迫击炮宣传弹

1—宣传品；2—定心部；3—尾管；4—附加药包；5—尾翼；6—基本药管；7—下弹体；
8—瓦形板；9—弹壳体；10—推板；11—引信

由于迫击炮弹一般都是由炮口装填，依靠本身重力下滑，以一定的速度撞击炮膛底部击针而使弹上的底火发火的，所以迫击炮弹定心部与炮膛壁之间有一定的间隙，以保证足够的下滑速度和发射速度。但间隙造成了发射时大量气体从间隙中泄出，降低了初速，增加了初速散布，所以间隙又不能过大。另外，过大的间隙势必影响迫击炮弹在膛内的正确导引而影响精度，因此，一般迫击炮弹的定心部与炮膛的间隙为 0.7~0.85 mm。

为了减少火药气体从间隙处泄出，在弹体定心部设置闭气环或车制数个环形沟槽（见图 5.6），沟槽形状多为三角形，也有矩形、半圆形和梯形。在发射过程中，当高压火药气体经过沟槽时，由于气体膨胀，形成涡流，速度减慢，使火药气体的泄出量减少，如图 5.6 所示。即使这样，通常仍有 10%~15% 的火药气体从间隙处泄漏。在大容积迫击炮弹上有两个定心部（不宜将整个圆柱部都做成定心部），起闭气作用的环形槽应开在下定心部上。为了减少火药气体对圆柱部的压力，在上定心部开有纵向排气槽，以减小火药气体对圆柱部的压力。

5. 弹尾部

与火炮弹丸不同，迫击炮弹尾部形状对空气阻力的影响比火炮弹丸大得多。迫击炮弹的空气阻力主要是摩擦阻力和涡流阻力。弹尾部的形状应尽量利于减小涡流阻力。迫击炮弹弹尾部

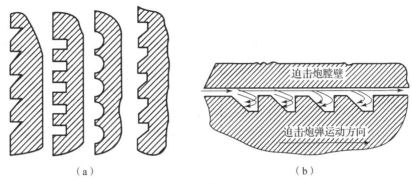

图 5.6 弹体沟槽及其闭气作用
(a) 典型沟槽形状；(b) 沟槽作用原理

外形通常是以圆弧为母线的旋成体，一般比火炮弹丸的弹尾部长得多，这是由于迫击炮弹有一尾管，气体从断面直径较大的圆柱部流至断面直径较小的尾管时，为了使气流不过早与弹尾表面分离而产生低压涡流区，断面直径应缓慢变化，因此迫击炮弹的弹尾部必须加长。此外，由于速度越高，气流越易从弹尾表面分离，因此弹尾更应加长。

目前迫击炮弹弹尾部的长度范围是：初速度较低的小口径迫击炮弹为 1.2~2.0 倍口径；初速度居中的中口径迫击炮弹为 1.7~2.3 倍口径；初速度较高的大口径迫击炮弹为 1.7~2.7 倍口径。大容积迫击炮弹，主要侧重于增加内腔容积而对射程要求不高，可增大圆柱部、减少弹尾部，其弹尾长一般为 1.4~2.0 倍口径。

6. 弹体药室形状与壁厚

典型迫击炮弹弹体内腔母线是由直线和弧线组成的。迫击炮弹弹体通常是铸造的，内腔一般不加工，以减少成本。对于迫击炮榴弹，其形状与外部形状相似，内腔尺寸取决于对弹体壁厚的考虑，而壁厚与材料、威力和工艺性等因素有关。为满足碰击强度和改善飞行稳定性，弹体头部壁厚一般远比普通火炮弹丸大，且都比圆柱部和尾部要厚。而圆柱部和尾部的壁厚，则取决于弹丸的用途。对于爆破弹，为多装炸药，应在满足强度的条件下选取最小壁厚值。对于杀伤弹，则应从获得最大有效杀伤破片数出发，使壁厚与炸药性能和弹体材料的力学性能相匹配。

7. 弹体材料

由于迫击炮弹在战争中使用量很大，从经济上考虑应尽量使用材料性能较差的铸铁材料，这样虽然迫击炮弹膛压较普通火炮弹丸低，但壁厚不比普通火炮弹丸薄甚至更厚些，这并不一定是为了满足弹体强度，而主要是为了获得最有利的杀伤破片，否则过薄的壁厚容易在弹体爆炸时炸得过碎。从工艺上考虑，希望尽量做成等壁厚，且厚度大一些，这样浇铸时流动性好，冷却时定心部不易出现金相组织疏松现象。

过去迫击炮弹多用刚性铸铁制成。由于刚性铸铁（所谓刚性铸铁就是在优质原生铁中加入大量废钢而得到低碳、低硅的优质灰口铸铁）力学性能差、强度低，因此破片性能差，破片往往过碎，有效杀伤破片很少，现在已逐渐用稀土球墨铸铁代替。我国稀土资源丰富，对稀土球墨铸铁的研究与使用很有成就，因此稀土球墨铸铁将是迫击炮弹弹体的主要材料。稀土球墨铸铁强度与破碎性较刚性铸铁好，但比钢略差。通常很多特种弹和新型迫击炮弹使用钢质弹体。

8. 炸药装药

迫击炮弹装填的炸药来源广泛,战时可用硝胺炸药,甚至可用马粪加硝化氨化肥,现在一般采用与弹体材料相匹配的混合炸药,主要有梯萘炸药(TNT 和二硝基萘混合制成)、梯铵炸药和热塑黑-17 炸药等。这是因为传统迫击炮弹的弹体材料多为铸铁类材料,其力学性能较差,因而不能采用高能炸药(如 TNT 等高能炸药)。这不仅是考虑经济性,也是由于弹体材料采用铸铁的缘故,如装填新型炸药会使破片过碎,影响杀伤威力。

目前,随着对迫击炮弹毁伤性能要求的提高和弹体材料的改进,现代迫击炮弹可采用热塑态炸药(由 TNT、钝化黑索金、二硝基萘和硝基胍组成)、B 炸药、80/20(RDX/DNAN)高致密熔铸炸药等。根据弹体结构可采用浇铸、熔铸法或热塑态装药。应用热塑态装药装填前,应先配好各成分,然后放入蒸气熔药锅内混合并熔化成塑态,用挤压法装入弹体,在室温下冷却、固结。这种装药方法的主要特点是工艺操作简单,生产效率高,装药致密、均匀、密度大,并便于实现自动化;缺点是不便于进行装药质量的检查。高致密熔铸炸药可实现自动化装填,装药密度可达 1.71 g/cm^3,爆速可达 8 150 m/s,感度比 B 炸药低,可大幅提高弹药威力、装药质量和安全性。

9. 稳定装置

迫击炮弹的飞行稳定也分尾翼稳定和旋转稳定两种方式。大多数迫击炮弹是尾翼稳定的。迫击炮弹的尾翼稳定装置是由尾管和翼片组成的。除保证飞行稳定性外,翼片上的凸起还起着弹丸在膛内的定心作用,并与弹体定心部一起构成导引部。此外,稳定装置还被用来放置于固定发射药和基本药管,以保证实现发射药的阶段燃烧。

尾管是稳定装置的主体,材料通常为硬铝或钢。尾管内腔用以放置基本药管,尾管上钻有传火孔,传火孔个数一般为 12~24 个,孔径为 4~11 mm。传火孔应与辅助装药对正,一般分成几排且轴向对称分布。尾管与弹体的连接方式与弹体材料有关。尾管用螺纹与弹体连接,对于钢质弹体,弹体底部加工成阳螺纹,尾管为阴螺纹;对于铸铁类弹体,弹体底部加工成阴螺纹,尾管为阳螺纹。这样做的目的是保证强度。尾管的长度与稳定性有关,一般为 1~2 倍口径。

尾翼片一般由 1.0~2.5 mm 厚的低碳钢板冲制而成,或由硬铝制成。尾翼片数目一般为 8~12 片,连接在尾管上,并呈辐射状沿尾管圆周对称分布。尾翼片下缘直径与弹体定心部直径相当,与弹体的定心部共同构成导引部。翼片高度和翼片数量会影响翼片承受空气动力作用的面积,面积大,稳定力矩就大;但当弹丸在飞行中摆动时,面积大,迎面阻力也大。通常翼片弦长不大于 1.2 倍口径。

为便于迫击炮弹装填和保证底火与击针对正,起定心作用的翼片凸起部直径应略小于弹体定心部直径。翼片凸起的定心处应有较低的表面粗糙度,以便减小对炮膛的磨损。为使迫击炮弹具有良好的射击精度,要求弹尾的结构具有充分的对称性,并使弹尾与弹体尽可能同心。

10. 引信

大多数迫击炮弹由于在膛内不旋转,并且膛压较低,因此须使用专门的迫击炮弹引信。通常为着发引信,特种弹或子母弹上使用时间引信。杀伤弹主要是为发挥杀伤作用,故配用瞬发引信;杀伤爆破弹和爆破弹为了提高爆破威力,所以配用瞬发和延期两种引信。为满足引信设计准则,迫击炮弹引信的安全保险通常采用拔销加惯性保险或惯性保险加风轮。时间引信也采用拔销加钟表机构的办法。

5.3 迫击炮弹的发射装药

迫击炮弹有榴弹和特种弹之分,其中使用最多的是榴弹,因此常将迫击炮榴弹简称为迫击炮弹。与普通榴弹相比,迫击炮弹具有以下特点:装填密度小,且点火方式特殊;装填条件与弹尾部的结构相关;弹径小于炮管口径,且火药气体可通过缝隙向外泄漏;发射装药结构和尾翼稳定方式特殊。

火药受到一定的外来能量才能引起燃烧。火炮射击都是利用点火具产生热冲量来点燃发射装药的,具有足够的点火热量和点火压力时,发射装药才接近于全面点火和按平行层燃烧,这是保证内弹道性能稳定所必需的。而点火是有一个过程的,在其他火炮弹药的装药中,由于采用药筒结构,故装填密度较大(即发射装药以外的自由空间很小),点火压力和点火热量在空间中的损失较小,容易均匀一致点火,这样就能保证内弹道性能的一致性,初速散布小。

一般迫击炮弹没有药筒装药结构,发射装药配置在弹尾部后面的稳定装置上(见图5.7),因此,药室容积的大小取决于弹尾部留下的空间。而一般迫击炮弹的弹尾部很长并有尾翼装置,从定心部到尾管底有较大的空间。此外,根据战术技术要求,一般迫击炮弹的初速和膛压均很低,发射装药量少,而装填容积大,因此迫击炮的装填密度值很小。通常迫击炮的装填密度为 $0.04 \sim 0.15 \text{ g/cm}^3$,而一般线膛火炮的装填密度为 $0.65 \sim 0.8 \text{ gcm}^3$。在此情况下,如果采用火炮弹药的点火方式,点火热量和点火压力损失均较大,不能保证火药的正常燃烧。另外,迫击炮弹没有弹带(即无挤进压力),一有膛压,弹丸立即启动,所以点火时往往不能保证发射药立刻均匀全面的点燃和燃烧,造成射击精度的降低。

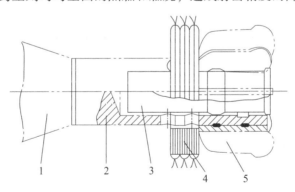

图 5.7 迫击炮弹发射装药结构

1—弹体;2—尾管;3—基本药管;4—附加药包;5—尾翼

为了解决在小装填密度下内弹道性能稳定性问题,迫击炮弹采用特殊的装药结构和点火方式,即将迫击炮弹的发射装药分为两部分,一部分称为基本装药,装填密度一般为 $0.65 \sim 0.80 \text{ g/cm}^3$,基本药管则放在尾管内,基本药管的底部装有底火;另一部分称为辅助装药,它是由几个附加药包组成,附加药包包围在尾管周围,或分别对称地配置在迫击炮弹相邻两尾翼片之间。

发射时,迫击炮弹沿膛壁下滑,基本药管下端的底火撞击迫击炮上的固定击针而首先点燃尾管内的基本装药,由于基本装药装填密度较大,故其压力上升很快,待此压力增至一定值后（一般可高达 78.4~98 MPa），高温高压的火药气体冲破基本药管纸筒壁，通过尾管上均匀分布的传火孔冲出，直接喷射在附加装药各处，点燃尾管外面的附加药包。由于喷出的火药气体压力高、热量大，故可使附加药包中的火药均匀一致地点燃并正常燃烧，从而保证了内弹道性能的稳定。由于一部分发射药（基本装药）先行在密闭的基本药管内燃烧，然后再冲出传火孔，这样就使弹丸在一定压力下启动（如 82 迫击炮弹在膛压为 7.8 MPa 左右时启动），这对保证初速稳定和充分利用火药能量是很有益的。

5.3.1 基本装药

基本装药由基本发射药、底火、点火药、火药隔片、封口垫和管壳等零部件组成。一般采用整体结构，称为基本药管，如图 5.8 所示。为防潮和便于识别，在基本药管的口部装有标签并涂有酪素胶，在所有纸制部分以及底火与铜座结合处均涂以防潮漆。各种口径迫击炮弹的基本药管在结构形式上基本相同，只是点火药的装填方式有些差别。基本药管可以看作是一个强力的点火具，单独构成迫击炮弹的最小号装药。

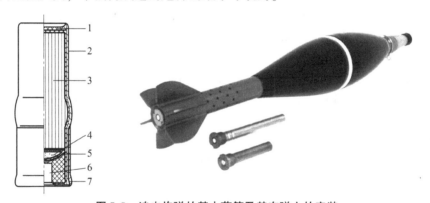

图 5.8 迫击炮弹的基本药管及其在弹上的安装
1—封口袋；2—纸壳；3—发射药；4—点火药；5—隔片；6—底火；7—铜壳

基本药管的作用过程：当击针与底火相撞后底火发火，点燃点火药，产生的火焰沿基本发射药表面传播并将其引燃。基本药管的燃烧是在密闭容器中定容进行的，并且由于填装密度大（达到 0.65~0.80 g/cm³）、药肉厚较薄，故燃烧进行迅速，管内压力上升很快，当达到足够压力时，火药气体冲破纸管而点燃附加发射药，故基本药管的打开压力可以通过改变纸管厚薄、强度、传火孔大小和位置来加以调整。

1. 基本发射药

基本发射药是迫击炮弹发射装药的基本组成部分，当没有辅助装药时，它可以单独发挥作用（即为零号装药）。基本发射药性能的好坏直接影响整个发射装药的性能，因此合理设计与使用基本发射装药十分重要。

迫击炮的膛压低、热量散失大、身管短，通常采用燃速大、能量高的双基药，其肉厚较薄，形状多为简单的片状、带状和环状，目前正在研究使用球形药或新型粒状药。基本发射药大多数采用带状药，以改善火焰的传播，减少管内压力的跳动。而附加发射药的品种、肉厚、形状可以与基本发射药不同或相同，可根据对弹道性能的要求来确定。为了保证基本发射药能充分点燃附加发射药，其质量应在发射药总质量中占足够的比例，但也不能太大，否则不能满足最小射程的要求。

2. 管壳

管壳由纸管、铜座、塞垫 3 部分组成，纸管与铜座均是双层，如图 5.9 所示。纸管为纸质，便于在基本药管达到一定压力时打开传火。纸管有一胀包，其直径较尾管内径稍大，以确保基本药管插入尾管后在发射前不致松动脱落。为了避免基本药管在火药气体压力下从尾部喷出、留腔而影响下一次的发射，在尾管孔内壁开有一环形驻退槽，发射时，铜座壁在高压气体作用下压入驻退槽，保证基本药管发射时不会脱落留腔，这就是基本药管壳下端选用铜质的理由。塞垫的作用是连接纸管、铜座和装入底火。

3. 底火

目前我国各种口径的迫击炮弹一般均采用底-6 式底火（图 5.10）。底-6 式底火的冲击感度较大，点燃能力较强。

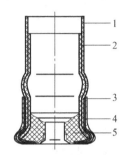

图 5.9 基本药管管壳结构

1—外纸壳；2—内纸壳；3—外铜座；
4—内铜座；5—塞垫

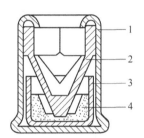

图 5.10 底-6 式底火

1—底火体；2—发火砧；
3—火帽壳；4—击发剂

4. 点火药

常用的底-6 式底火虽然点火能力强，但仍感不足，故在底火与基本发射药之间装有点火药（2 号或 3 号黑药），以加强底火的点火作用。不同口径的迫击炮弹所需点火药量不同，口径越大，基本发射药量越多，则需点火药量越多。

点火药的装填有散装、盒装和圆饼状绸布袋装 3 种方式。散装时，其上下用火药隔片与底火和发射药隔开，如 60 mm 和 82 mm 迫击炮弹基本药管的点火药就是这种装填方式。盒装时，先将点火药装入硝化棉软片盒内，密封后再装入管内，如 56 式 120 mm 迫击炮弹基本药管的点火药就是这种装填方式。圆饼状绸布袋装式是把黑火药装入袋内缝合后再装入管内，82 mm 长弹专用点火药即采用这种形式。

基本装药是迫击炮弹发射装药的基本组成部分，没有辅助装药时，它可以单独发挥作用（即为零号装药）。基本装药性能的好坏直接影响整个发射装药的性能，因此合理设计与使用基本装药是十分重要的。

5.3.2 辅助装药

辅助装药是由双基片状或单基粒状无烟药和药包袋组成的，一般都是分装成若干药包套装在尾管周围，充分对正传火孔，使其从传火孔中冲出的火药气体的直接作用下点燃，这样做基本发射药气体的热量与压力损失小，便于迅速而又均匀一致地点火。

药包袋采用易燃、灰分（残渣）少的丝绸或棉织品制成，也曾采用硝化棉药盒。根据附加发射药的形状，药包可制成环形药包、船形药包、条袋形药包和环袋形药包等结构形式，如图 5.11 所示。

图 5.11 不同形式的辅助装药
（a）环形药包；（b）船形药包；（c）条袋形药包；（d）（e）环袋形药包

1. 环形药包

当发射药采用双基无烟环形片状药时，即采用这种形式的药包。其形状为有开口的片状圆环，如图 5.11（a）所示，药包很容易套在尾管上。优点：射击时调整药包快速方便，因此射速要求高的中小口径迫击炮弹均采用此种药包。缺点：环形药片叠在一起，高温时易粘连，从而影响内弹道性能；另外，药包在尾管上的位置难固定，可能上下窜动，不能对正传火孔而影响弹道性能。

2. 船形药包

药包为硝化棉制成的船形胶质盒，药包夹在尾翼之间，如图 5.11（b）所示。其缺点是尾翼片受火药气体压力不均匀时易发生变形，点火一致性也不好，现在已不采用。

3. 条袋形药包

当采用单基粒状无烟药作为发射药时，即采用条袋形药包。这种药包的长度恰等于紧绕尾管一周的长度，使用时用绳子扣起来固定在尾管上并形成环形。由于其比环形药包紧固，且能对正传火孔，故不易发生药包窜动，并能确实引燃。其缺点是射击前调整药包不便，故不宜用于要求射速较高的迫击炮弹上。

4. 环袋形药包

环袋形药包是把小片状或颗粒状火药装在绸质或布质的环形药袋内，并经口部缝合制成，如图 5.11（d）所示。显然，这种药包介于环形药包和条袋形药包之间，它也是用绳子扣起来固定在尾管上的。

5. C 形药包

将附加装药设计为刚性结构，整体压制成 C 形，形制统一，品种多样，结构性能非常先进。如图 5.12 所示的 120 mm 系列迫击炮弹的附加药包即为 C 形药包，装填 WC 系列球形发射药。该发射药具有低炮口焰和洁净

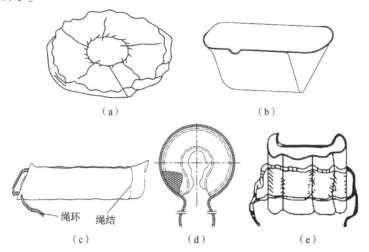

图 5.12 美国 120 mm 迫击炮弹及其 C 形药包

燃烧的特点，几乎不产生残渣、火焰和爆炸超压。

射击时调整药包的数量可以获得不同的装药号，0 号仅用基本药管，1 号加一个附加药包，2 号加两个药包，其余类推。为了调整药包，通常附加药包应做成等重，只有当弹道性能有特殊要求时，才做成不等重的药包，但勤务处理时容易弄错。

一般情况下，迫击炮弹的发射装药都是药包装药，但也有药筒装药，如 160 mm 迫击炮弹，质量为 40 kg 左右，炮管又长，炮口填装不便，因而采用后膛装填。后装就存在发射时的闭气问题，老式 160 mm 迫击炮采用短药筒闭气，药筒很短，还没有尾翼片高，此时药筒仅起闭气作用而不起装药容器的作用。新 160 mm 迫击炮采用橡皮垫闭气，此时迫击炮弹就没有短药筒了。

5.4 典型尾翼稳定迫击炮弹

5.4.1 M374 式 81 mm 迫击炮弹

美国 M374 式 81 mm 迫击炮弹是 20 世纪 70 年代装备的产品，是一种典型的现代迫击炮弹，其结构如图 5.13 所示。该迫击炮弹主要由引信、弹体、闭气环、尾管、底火、基本装药和附加装药组成，弹丸质量为 4.2 kg，初速度为 64~264 m/s，最大射程约为 4 500 m，装填 B 炸药 0.95 kg，膛压不大于 63 MPa。其主要结构特点如下：

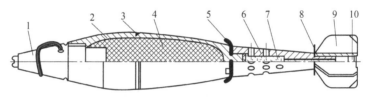

图 5.13 美 M374 式 81 mm 迫击炮弹

1—引信；2—弹体；3—闭气环；4—炸药；5—药包挂钩；6—尾管；7—基本装药；8—药包挂钩；9—尾翼；10—底火

1. 流线形的外形

具有比老式迫击炮弹更佳的流线形，特别是弹体与引信、弹体与尾管的光滑过渡。弹体与尾管外形的光滑流线形能够大大减少阻力，因此尾管做成倒锥形。这种结构的缺点是增加了消极质量。由于流线形外形及断面比重增加和初速度提高，故它比老式 81 mm 弹射程提高不少。

2. 采用塑料闭气环闭气

在弹体定心部下方有一环形凹槽，内放一塑料环。发射时，在火药气体的作用下塑料环向外膨胀而贴紧炮膛壁，这样就减少了火药气体的外泄，提高了初速度，减少了初速度散布。闭气环开有缺口，出炮口后即被火药气体吹脱。由于有了闭气环，故不再需要有闭气槽。

3. 低速旋转

尾翼片下缘的一角向左扭转 5°倾角，出炮口后，在空气动力的作用下使弹丸低速旋转，最大转速可达 3 600 r/min，有利于消除质量偏心和外形不对称造成的不利影响，提高精度。

4. 基本药管与底火分开

底火放在尾管下部内腔，基本药管放在内腔中，其火焰经传火通道点燃基本装药，再点燃附加装药。

5. 铝合金弹尾

尾管与尾翼装置均用铝合金制成,尾翼装置为一整体。铝合金弹尾轻,有助于质心前移,增大稳定性。

6. 装填量增大

弹体薄,炸药装填量增多。

5.4.2 81 mm 迫击炮杀伤榴弹

81 mm 迫击炮杀伤榴弹是典型前装、滑膛式迫击炮杀伤榴弹,可应用于国产 81 mm 迫击炮,也可应用于奥地利 SM I 式、芬兰 M71 式、南非 M3 式、美国 M252 式等同口径迫击炮。该弹采用分装式全备弹密封包装,携带方便,密封性好,适于平原、山区及丛林地带作战,用于打击敌有生力量和轻型工事等目标。

该弹结构如图 5.14 所示,主要由引信、弹体、炸药装药、闭气环、弹尾、发射装药(基本药管和药盒)组成。该弹采用整体式弹体,弹体材料为稀土铸铁,装填 0.65 kg 梯恩梯炸药。发射时,迫击炮击针撞击底火,引燃发射装药,产生高压气体将弹丸发射出炮膛,弹丸飞行至目标后,引信作用,起爆弹内的炸药,产生破片杀伤敌有生力量,摧毁敌轻型工事。

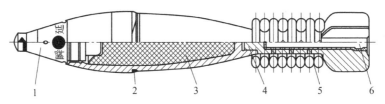

图 5.14 81 mm 迫击炮杀伤榴弹

1—引信;2—闭气环;3—装药;4—弹尾;5—药盒;6—药管

81 mm 迫击炮杀伤榴弹主要诸元和性能参数见表 5.1。

表 5.1 81 mm 迫击炮杀伤榴弹主要诸元和性能参数

诸元	参数值	诸元	参数值
弹丸直径/mm	81	全装药平均膛压/MPa	≤66.6
弹丸长度/mm	480	全装药初速度/(m·s^{-1})	312
弹丸质量/kg	4.2	最大射程/m	≥5 600
装药种类及质量/kg	TNT(0.626)	最小射程/m	≤120
弹体材料	稀土铸铁	杀伤半径/m	≥20
引信	MP-8	地面密集度	1/140,1/300

5.4.3 120 mm 迫击炮火箭增程杀伤爆破弹

120 mm 迫击炮火箭增程杀伤爆破弹为前装、滑膛式迫击炮弹,用于国产 120 mm 迫击炮,也可应用于俄罗斯 M38 式、M43 式、2B11 式、2C12 式等同口径迫击炮,具有射程远、精度高、威力大、安全可靠和使用方便等点,主要用于远距离打击敌有生力量和工事。

120 mm 迫击炮火箭增程杀伤爆破弹结构如图 5.15 所示,主要由引信、战斗部、火箭发动机、稳定装置、发射装药（基本药管和药盒）组成。战斗部壳体应用稀土镁铸铁，装填 1.96 kg 含铝混合炸药。发射时，迫击炮击针撞击底火，引燃发射装药，产生高压气体将弹丸发射出炮膛，在炮口前方 80~150 m 处尾管脱落。弹丸飞行一段时间后，火箭发动机开始工作，产生推力，实现增程，最大射程可到达 13 km。弹丸飞行至目标后，引信作用，起爆弹内的炸药，弹丸爆炸产生冲击波，弹体破碎形成大量破片，利用破片杀伤和爆破作用，杀伤敌有生力量，摧毁敌方工事。

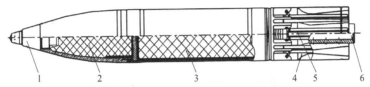

图 5.15　120 mm 迫击炮火箭增程杀伤爆破弹

1—引信；2—战斗部；3—火箭发动机；4—稳定装置；5—药盒；6—基本药管

120 mm 迫击炮火箭增程杀伤爆破弹主要诸元和性能参数见表 5.2。

表 5.2　120 mm 迫击炮火箭增程杀伤爆破弹主要诸元和性能参数

诸元	参数值	诸元	参数值
弹丸直径/mm	120	全装药平均膛压/MPa	≤102
弹丸长度/mm	900	全装药初速度/(m·s^{-1})	268
弹丸质量/kg	20.3	最大射程/m	≥13 000
装药种类及质量/kg	RDX - TNT - AL (1.96)	发射装药	5 号 或 6 号
弹体材料	稀土镁铸铁	杀伤半径/m	≥28
引信	MP - 11M	地面密集度	1/100，1/200

5.4.4　120 mm 迫榴炮预制破片弹

120 mm 迫榴炮预制破片弹用于国产 120 mm 迫击炮，也可应用于俄罗斯 2C9 式、2C 23 式、2C31 式、2B16 式等同口径迫击炮，主要用于对付敌轻型装甲车辆、有生力量和野战工事等。

120 mm 迫击炮预制破片弹结构如图 5.16 所示，主要有由引信、战斗部、弹尾、尾翼、发射装药（基本药管和药盒）等组成。战斗部壳体材料为高性能合金钢、装填高密度预制破片，应用 3.2 kg A - Ⅸ - Ⅱ 炸药。发射时，迫击炮击针撞击底火，引燃发射装药，产生高压气体将弹丸发射出炮膛，最大射程可达 8.5 km。弹丸飞行至目标后，引信作用，起爆弹内的炸药，弹丸爆炸产生冲击波和大量破片（自然破片和预制破片），毁伤轻型装甲车辆、有生力量、建筑工事等目标，是一种多功能、高毁伤效应的迫击炮弹。

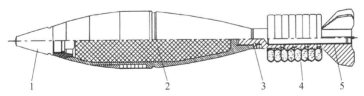

图 5.16　120 mm 迫击炮预制破片弹

1—引信；2—战斗部；3—弹尾；4—药盒；5—药管

120 mm 迫击炮预制破片弹主要诸元和性能参数见表 5.3。

表 5.3　120 mm 迫击炮预制破片弹主要诸元和性能参数

诸元	参数值	诸元	参数值
弹丸直径/mm	120	全装药平均膛压/MPa	≤112
弹丸长度/mm	720	全装药初速/(m·s⁻¹)	426
弹丸质量/kg	13.9	最大射程/m	≥ 8 500
装药种类及质量/kg	A－Ⅸ－Ⅱ（3.2）	最小射程/m	≤550
弹体材料	40Cr	威力	8 m，12 mm 装甲靶板
引信	MP－11M	地面密集度	1/200，1/250

5.5　旋转稳定的迫击炮弹

5.5.1　美 106.7 mm 化学迫击炮弹

美 106.7 mm 迫击炮为线膛炮，炮弹由炮口装填，由于仍使用座钣来吸收后坐能量，故仍属于迫击炮。此炮配用烟幕弹、多种化学弹和榴弹，故称化学迫击炮。

美 106.7 mm 迫击炮榴弹由引信、弹体、炸药、可胀弹带、压力板、尾管、基本药管和附加药包组成，其结构如图 5.17 所示。弹体最初用可锻铸铁后用钢制，其外形既异于火炮弹丸，也不同于普通迫击炮弹，近似为圆柱形，有上、下定心部（无尾翼定心凸起部），以保证在膛内的正确导引。由于可胀弹带和压力板安装在弹体底部，故无船尾部，圆柱部一直延伸到弹底。

弹丸旋转是靠可胀弹带和压力板实现的，可胀弹带外径略小于火炮口径，以便炮口装填时顺利下滑。可胀弹带与钢制的压力板构成一组件，用尾管上的一台阶固定在弹体底面上。铜带外侧厚约 3 mm，转角处有一削弱槽，使其易变形。压力板剖面为弓形外缘与弹带的斜端面相配合（以使弹带外胀）。装填时弹带直径较炮口径小，自由下滑，发射时火药气体压力作用在压力板上，压力板前移迫使弹带外胀而嵌入膛线，为了保证弹体与弹带一起旋转，在弹底部有一个 37 mm 宽、1 mm 高的凸台与弹带上相应的凹槽相配合。

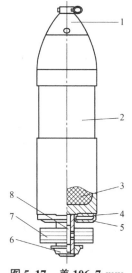

图 5.17　美 106.7 mm 化学迫击炮弹

1—引信；2—弹体；3—炸药；
4—可胀弹带；5—压力板；
6—带击针的簧片；
7—附加药包；8—基本药管

此弹的发射装药结构与一般迫击炮弹相似，采用尾管结构，尾管螺接在弹体底部的螺栓上，尾管内装有基本药管，尾管上有传火孔，附加发射药为方片状药，放在尾管外。迫击炮上无击针，击针固定在尾管底部一簧片上。

当装填液体化学物质时，在弹体内焊有 4 片轴向安放的带孔隔板，使液体在发射时随弹体一起旋转，以免出炮口后影响弹丸转速。

为了降低传统尾翼稳定迫击炮弹的落点散布，美国于 2009 年开始研制了 120 mm 旋转稳定迫击炮弹，典型型号如图 5.18 所示。

5.5.2　50 mm 掷弹筒榴弹

50 mm 掷弹筒榴弹是旋转稳定的前装迫击炮弹。此筒十分轻便，无炮架及瞄准装置，手持概略瞄准射击，供单兵使用。该弹由引信、弹体、底螺、可胀弹带、发射装药、炸药等部件构成，如图 5.19 所示。

图 5.18　120 mm 旋转稳定迫弹

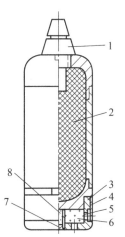

图 5.19　50 mm 掷弹筒榴弹

1—引信；2—炸药；3—制转销；4—可胀弹带；
5—铜盒；6—发射药；7—底火；8—点火药

其特点是底螺用于装发射药，在其外表面安装可胀弹带，其外形较像普通火炮弹丸。底螺连接在弹体底部，在底螺的空腔内装有发射药，底火也装在底螺上，发射药外包有防潮的铜盒。当弹沿筒下滑射击时，底火发火点燃发射药，当火药气体压力上升到一定值时，气体冲破装药底部铜皮从底螺底部四周的孔中喷出，弹丸开始前进，火药气体通过侧面的孔压向铜带，迫使铜带膨胀嵌入膛线，赋予弹丸转速。铜带是通过制转销带动弹丸一起旋转的。

以上介绍的两种弹都是旋转稳定的迫击炮弹，均由炮口装填，且都使用可胀弹带，它们的优点是：可以改善火药气体的泄漏现象，膛内的导引条件也比较好，因此精度较高，此外弹丸结构也较紧凑；缺点是弹丸可能在弹道顶点不稳定，不能用于高射角（大于 60°）射击。

5.6　制导迫击炮弹

迫击炮自 20 世纪初投入战场以来，一直是支援和伴随步兵作战的一种有效压制兵器，其独特的作用特点使其可以有效打击敌方有生力量、非装甲军用车辆、火力点等目标，执行对地火力支援、定点清除以及丛林反恐等作战任务，尤其是在山地、丘陵等复杂地形条件下作战，具有无可比拟的作战优势。因此，国内外军事强国都十分重视迫击炮及其弹药的发展，迫击炮也成为世界上种类最多、装备量最大、使用最广泛的一类火炮武器系统。全世界迫击炮共有 51 mm、60 mm、81 mm、82 mm、100 mm、105 mm、107 mm、120 mm、160 mm、

240 mm 等口径系列，其中又以 120 mm 迫击炮应用最为广泛，并且数量较大。

由于现代战争模式和战场空间发生了根本性的变化，传统迫击炮弹存在精度不高、射程较近、散布较大等缺点，难以降低平民和非军事设备的附带损伤，这些缺点极大地限制了迫击炮弹的发展和应用。因作战需求变化，各国从冷战时期开始相继研制了各种制导迫击炮弹。

5.6.1 制导迫击炮弹的总体及相关技术

1. 弹道测量及解算

弹道探测系统是制导弹药的主要组成部分，随着 GPS 技术和 INS 技术的发展，适时探测弹道技术已经日渐成熟，并成功应用于制导迫击炮弹。

弹道探测主要有三种方式：地面火控系统雷达、GPS 和 INS 惯性导航系统，其中地面火控系统雷达属于半主动模式。为弥补单类型探测、导航技术的不足，目前迫弹主要采用组合导航技术，出现了 GPS + 地磁、INS + 地磁以及 GPS + INS 等测量方案。组合导航是制导迫弹测量技术的发展方向，可进一步提升迫弹制导精度及抗干扰能力。

2. 制导方式

制导迫弹高精度的制导控制主要有两条技术途径，一是采用精确制导控制组件（PGK）对制式迫弹进行改造的弹道修正技术；二是采用卫星中制导 + 捷联末制导技术的复合制导控制技术。为适应不同作战任务的需求，可应用图像制导体制、毫米波制导体制、红外制导体制、卫星 + 图像制导体制、卫星 + 激光制导体制等不同制导体制或多模复合制导体制。此外，还要进行不同制导体制或多模制导体制融合算法的研究，实现发射后不管、制导体制多样化的系列化制导迫弹。

目前，制导迫弹需要在惯性测量组件、目标探测组件、制导控制解算组件等多个制导部件的配合下才能实现高精度打击目标的任务。通过集成设计使得原本分立的单个制导部件有机的结合，形成一体化的制导控制组件，是提高产品可靠性、降低成本的一个有效手段，将在未来的制导迫弹上得到广泛的应用，由此而形成的低成本、抗高过载一体化制导控制组件，具备时序控制、弹体信息测量、目标信息探测及控制弹体响应等全部功能。

由于电子元器件的小型化、集成化发展，为迫弹的制导化提供了技术支持，制导部件小型化将使更小口径的制导化迫弹成为可能。同时一体化设计能提高整个制导迫弹的可靠性，带动多模小型制导组件的发展，进一步提高制导迫弹的精度，并降低成本。

3. 执行机构

常用的修正执行机构有脉冲修正执行机构和舵机修正执行机构。脉冲修正机构通过产生一定时间的推力改变弹体质心位置，特点是结构简单、作用时间短、反应速度快；缺点是修正能力有限、精度较低。舵机修正执行机构根据控制系统产生的指令，经放大器输出具有一定大小和极性的信号驱动舵片偏转，并根据弹丸所需修正力的大小，通过控制舵片停留在某一相对位置产生相应方向的升力，从而进行修正。其特点是结构复杂，但是控制精度较高。

5.6.2 制导迫击炮弹的典型特征

1. 采用制式迫击炮及装药发射

为了与常规迫弹兼容发射，制导迫弹一般采用制式迫击炮及制式装药发射，对制导迫弹弹长、弹重、药室容积等均有较强的约束。因此，制导迫弹发射与常规迫弹一样，同样具有过载较高的特点，相比导弹、大口径榴弹制导炮弹，其口径小，因此对制导迫弹上的制导器件提出了小型化、抗高过载的性能要求。

2. 采用曲射弹道、全程静稳定设计

采用曲射弹道、全程静稳定设计迫击炮射击时，一般采用大角度发射，角度为45°~80°，迫弹上升段一般无控飞行，在过弹道顶点后或者在弹道末端才进行制导，属于大抛物线曲射弹道。由于制导迫弹发射后要像普通迫弹一样进行无控飞行，故静稳定的气动设计可以提高迫弹的稳定性，防止意外掉落，通过弹道最高点进入下降段后，制导组件或矢量发动机可对弹道进行修正。弹道修正弹正是利用飞行弹道的一致性，采用脉冲控制实现高精度控制，使其不仅具备攻击面目标的能力，甚至具备攻击点目标的能力，大大拓展了作战能力。

3. 采用发动机+滑翔技术进行增程

目前制导迫弹在降低成本的同时也追求着更远的射程，增大射程可以使制导迫弹具有更远的火力控制能力。制导迫弹提高射程的主要方法有气动减阻、安装火箭发动机、滑翔增程及设计高能量大比冲发射装药等。

滑翔增程技术是较为有效的一种弹箭增程技术，其通过对弹道进行优化，使弹药以最大升阻比滑翔，可有效增大射程；通过在迫弹弹体前设计弹出式固定舵偏或斜置舵偏，对气动外形参数进行优化，也可通过提高升阻比来提高制导迫弹的滑翔能力及稳定性；为制导迫弹安装火箭发动机可进一步提高射程，美国120 mm制导增程迫弹（PERM，见图5.20）射程可达到16 km，采用火箭发动机+滑翔的复合增程的方法将理论射程提高到20 km。

图5.20 PERM 精确增程迫击炮弹

5.7 迫击炮弹的发展

在现代战争中，地面火炮担负着压制敌方火力、摧毁敌方设施和杀伤敌方人员的责任，为进攻或防御开路予以火力支援，以阻拦敌方后备队，破坏敌方通信阵地和攻击其他目标。迫击炮以其独特的作用特点，作为现代步兵在进攻中的有效打击手段，在现代战场上依然发挥着重要作用。

5.7.1 增大射程，扩大火力控制范围

增大射程能够使迫击炮适应更大纵深的攻击要求，使迫击炮具有更大的火力控制范围。传统迫击炮弹多使用铸铁材料，所能承受的膛压较低，加上火药气体泄漏，导致初速度较低、射程较近。提高初速度是实现增程的有效技术途径之一，通常通过增大膛压、加长炮管、减少火药气体泄漏、应用新型发射药改善膛压曲线等方法实现。同时需要通过提高弹体铸造质量或使用高性能钢质弹体，以使弹体能承受更大的膛压。此外，改变迫击炮弹的传统外形，增大长径比，减小弹丸的飞行阻力，增大断面比重，以及采用火箭发动机增程也是提

高射程的有效技术途径。例如北欧先进的迫击炮系统（AMOS）采用高能发射药，其射程可达 10 km；我国研制的 120 mm 迫击炮火箭增程杀伤爆破弹射程可达 13 km；新型迫击炮弹采用复合增程技术，射程可达到 15~20 km。

5.7.2 提高威力、发展多弹种提升多目标打击能力

通常迫击炮弹比同口径的火炮弹丸威力要小，一方面是迫击炮弹尾管基本没有杀伤作用，另一方面是因为传统迫击炮弹弹体材料力学性能差，装填的炸药能量低，与炸药的匹配性不好，爆炸后破片过碎，有效破片较少。新型迫击炮弹需要采用高性能弹体材料，装填与弹体材料匹配的新型高能炸药。例如，俄罗斯的爆破增强型 120 mm 迫击炮弹采用 3VOF119 炸药，其威力是现有迫击炮弹的 2 倍。我国的 120 mm 迫击炮预制破片弹采用高密度预制破片，能有效打击轻型装甲车辆、野战工事和有生力量等多种目标。对于稳定装置，则采用高强度的轻金属材料，以便减轻非毁伤元的质量，使弹丸质心前移，同时能提高射击精度。

除常规迫击炮弹之外，应充分利用迫击炮弹加速度小、无旋转、弹体内腔尺寸大等特点，改进弹丸结构，发展双用途子母弹、破甲弹，具有串联式聚能装药战斗部的反装甲弹（可击穿附加有反作用装甲的坦克），以及各种带有末制导的迫击炮弹或"灵巧"弹药（末敏弹）和各种特种弹，实现对多种目标的高效打击能力。我国迫击炮目前配备的就有杀伤榴弹、远程杀伤榴弹、杀伤爆破弹、钢珠杀伤弹、预制破片弹、子母弹、燃烧弹、照明弹、烟幕弹和末敏弹等。

5.7.3 应用复合增程和制导技术，实现远程精确打击

迫击炮弹由于成本低、加工精度差、火药气体泄漏、附加药包位置窜动等，使得各发弹的一致性差、密集度差、精度较低。随着电子技术的发展，以及器件小型化和抗过载能力的不断提高，发展带制导功能的迫击炮弹成为提高精度和作战效能的根本途径。随着作战需求的变化，制导迫弹将向远程化、多模制导化、高精度及低成本方向发展。例如，采用增程技术和复合制导技术，先进制导迫击炮弹射程可达 15~20 km，最小圆概率误差可达到为 1~2 m，精度高，附带毁伤小，成为用于可以打击多类目标的精确打击弹药。

5.7.4 采用近炸或多用途引信提高毁伤效能

为了充分发挥迫击炮弹落角大、破片飞散面积大的有利特点，采用无线电近炸引信或多用途引信，大幅提高了弹丸的杀伤效果。

习　题

1. 与其他火炮相比，迫击炮具有什么特点？
2. 结合迫弹发射装药结构组成分析其作用特点。
3. 迫击炮弹通常没有弹带，其采用的闭气方式有哪些？
4. 迫弹的附加药包有哪些类型？请列出并分析其特点。
5. 简述迫击炮弹的弹体类型及其特点。
6. 制导迫击炮弹的典型特征有哪些？

第6章
火箭弹

6.1 火箭武器基本知识

6.1.1 火箭武器的发展

自20世纪40年代,苏联在第二次世界大战中研制成功"喀秋莎"BM-13火箭炮以来,世界各国已发展的火箭炮型号有60多种。国外火箭武器装备发展水平较高的国家有俄罗斯、美国和以色列等,各国都以提升武器系统的射程和作战效能为目标,不断地发展和完善各自的火箭武器系统,既加强对现有武器系统进行制导化改造,又重视研发有发展前途的新产品。

俄罗斯历来重视对野战多管火箭武器系统的研制和发展,在武器系统设计理念、研制方法和应用方面已形成了一套完整的体系。目前,俄罗斯陆军装备的野战多管火箭武器系统有三个口径:装备到团级的122 mm"冰雹"系列;装备到军级的220 mm"飓风"系列;装备到集团军级的300 mm"旋风"系列(见图6.1)。

图6.1 俄罗斯旋风火箭炮

美国陆军于1983年正式装备M270式多管火箭炮系统,后来,根据与美国达成的协议,法、德、英、意四国组成MLRS欧洲制造集团,为欧洲国家制造M270式多管火箭炮系统,称其为MLRS多管火箭炮(见图6.2),并逐渐成为北约的制式武器。美军还特别重视发展高机动性火箭炮系统,即在M270的基础上研制了一种轻型轮式火箭炮"海马斯"(High-Mobility Artillery Rocket System,HIMRS)(见图6.3),"海马斯"用5 t中型战术轮式卡车底盘,并减少了一半的携带量,因此质量大幅减轻,不仅公路行驶速度大幅提高,而且可用C-130运输机空运,具有快速部署能力。美军多管火箭武器系统弹药包括M26型普通火箭弹、M261A增程型火箭弹、GMLRS制导火箭弹和陆军战术导弹。

图 6.2　美国 M270 多管火箭炮

图 6.3　美国"海马斯"多管火箭炮

6.1.2　火箭武器性能特点和分类

1. 火箭武器性能特点

火箭武器是常规炮兵及其他军兵种武器装备的重要组成部分，它与身管火炮及其弹丸相比具有许多特点。

1) 优点

火箭弹是整个火箭武器系统的核心，火箭武器同火炮相比，具有以下优点。

(1) 易于提高射程。现在中、大口径火炮弹的炮口速度为 800~1 000 m/s，小口径炮弹速度为 1 100~1 450 m/s。用火炮发射的炮弹初速度的提高受到发射方式、火炮使用寿命、火炮质量等因素的限制。按照经验推断，若初速度提高一倍，将使火炮寿命降至原来的 1/128。另外，初速度提高会使火炮质量增加，也会引发一系列问题。火箭是利用喷射推进原理获得飞行速度的，飞行速度的大小主要取决于推进剂的比冲量和质量比，而质量比并没有受到很大限制，可以按需要的速度确定，于是火箭弹的飞行速度可以达到每秒几千米。火箭弹由于可以得到较大的飞行速度，因而也就具有更好的远射性。

(2) 发射时无后坐力。身管火炮发射弹丸时，气体压力推动弹丸向前运动的同时也推动身管向后运动，导致作用在炮架上的后坐力很大，不但使火炮身管壁厚大，而且炮架的结构也很笨重，质量很大，机动性也较差。火箭靠喷气推进原理获得飞行速度，因此，发射时不会产生后坐力，这就有可能制成轻便、简单、尺寸紧凑和多管的发射装置。火箭发射装置可以安装在拖车、汽车、履带车、飞机、直升机和舰艇上，也适合于步兵携带。由于火箭弹发射时没有后坐力，故还可以制成多管火箭炮，这是火箭武器的突出特点。例如，122 mm 火箭炮管数多达 40 管；美国 MLRS 为 12 管，其火箭弹的弹径为 227 mm。防空火炮虽然也有四联炮，但其弹丸直径仅为 37 mm 或更小。多管火箭武器能够在很短时间内，如在几秒钟内或 1 min 内，发射大量的大威力火箭炮弹。一门火箭炮发射的弹药数量相当于 1~2 个炮兵营在相同时间内发射的弹药数。

(3) 发射时过载系数小。火箭弹发射时的过载与飞行加速度有关。与炮弹相比，火箭弹起飞时的加速度相差两个数量级，160 mm 迫击炮的最大加速度为 12 750 m/s^2，152 mm 榴弹为 25 500 m/s^2，76 mm 加农炮弹为 158 500 m/s^2。而火箭弹的加速度通常为 200~500 m/s^2，特殊情况下加速度可能大些，但仍比弹丸加速度小得多。由于发射时过载系数小，故有利于减小结构尺寸和质量，还有利于安装制导元件及装填特种战剂，如发烟剂、燃料空气炸药、电子干扰物等。

(4) 火力猛烈、密集，完成作战任务的时间较短。中、大口径野战火炮在作战中一次只能在膛内装填一发炮弹，而且装填炮弹的时间较长，完成一次作战任务需要的时间较长。对火箭武器来说，由于没有后坐力，故可以制成多管发射装置。除单兵反坦克火箭外，其他火箭武器系统的发射装置都有多根发射管，可在十几秒或数十秒内将多发火箭弹倾泻到敌人阵地上，给敌人以高密度的火力打击，具备战术突然性，能够达到奇袭效果，更能给敌人造成精神上的巨大震慑。其不但火力非常密集，而且在较短的时间内可以完成作战任务，从而有效地提高生存能力。

(5) 平台易于模块化和集成化。野战火箭在发射时对平台的影响较小，且弹种容易系列化。为了满足射程需求，需要发展不同口径的弹种。为了解决集束定向管对发展弹种的约束、降低弹药保障难度、提高弹药装填速度，野战火箭向着模块化、集成化方向发展，以集储存、运输、发射于一体的箱式发射技术代替集束定向管。不同口径的火箭弹应事先装定在储、运、发箱内，通过吊装进行弹药更换。除此之外，采用储、运、发箱模块化设计，还可以实现火箭弹和战术导弹的共平台发射。

2) 缺点

(1) 密集度较差。火箭弹由于发射管或轨道较短，不但弹丸出发射架管口或离开轨道末端时速度低，而且在外弹道加速过程中仍受到较大的推力作用。这些扰动因素将会使弹轴偏离速度矢量方向，产生较大的落点散布。因此，无控火箭弹的密集度比身管炮弹的密集度差，特别是方向密集度更差。炮兵野战火箭弹的密集度一般为 $B_x/X = 1/100 \sim 1/250$，$B_y/X = 1/88 \sim 1/150$；反坦克火箭弹的密集度为 $B_x/X_a = B_y/X_a = 1/400 \sim 1/500$。因此，野战火箭武器不宜用于对点目标进行射击。

导弹射击精度很高，几千公里的飞行距离仅偏差几百米。对于导弹，实现 1/1 000 的精度算不上是个难题。但是，用制导的办法提高精度所付出的代价太大，费用昂贵，同时控制系统结构复杂，其可靠性较差；地面设备庞大，使用操作不便，这是无控火箭武器未被导弹完全取代的原因。

(2) 发射阵地易暴露。用火炮发射弹药时，虽然会产生较大的噪声，但炮口火焰的信号较小。在发射火箭弹时，火箭发动机向后喷射大量高温高速气流，伴随声、光、火焰、红外信号以及扬起尘土，使火箭发射阵地（即位置）易暴露在敌方的雷达等技术侦察视野内。

(3) 成本比相同威力的炮弹高。火箭弹比炮弹贵的原因在于它自身带有动力装置，即火箭发动机，发动机和战斗部一起飞抵目标，而弹丸没有发动机部分。另外火箭推进剂比火炮发射药贵，且能量利用率较低，也是造价高的原因。例如 122 榴弹与 122 火箭弹的价格比为 3∶40（1984 年价格）。

2. 火箭弹的分类

目前，世界各国研制和装备的火箭弹种类很多，为了研究、设计、生产、储存和使用方便，火箭弹通常按照用途、稳定方式、有无控制等分类。

按战斗部类型不同分为杀伤火箭弹、爆破火箭弹、杀伤爆破火箭弹、破甲火箭弹、碎甲火箭弹、布雷火箭弹、燃烧火箭弹、发烟火箭弹及子母式火箭弹等；按作战使用和所配属兵种不同分为地面炮兵（野战）火箭弹、地面步兵（单兵）反坦克火箭弹、空军（航空）火箭弹和海军火箭弹等；按飞行稳定方式不同又分为旋转稳定火箭弹和尾翼稳定火箭弹等。

火箭弹常用分类如图 6.4 所示。

图 6.4　火箭弹分类

6.1.3　火箭弹的结构组成

火箭弹是火箭武器系统的重要组成部分，火箭弹由于要完成各种不同的战斗任务，因而种类繁多。然而不论什么种类的火箭弹，它的组成部分及各组成部分的作用大致是相同的，这是各种火箭弹在其构造和作用上所具有的共性。火箭弹按照有无控制系统可分为无控火箭弹、简易控制火箭弹和制导火箭弹。无控火箭弹主要由引信、战斗部、火箭发动机、尾翼稳定装置组成，而简易控制火箭弹和制导火箭弹还包括控制舱。

1. 战斗部

战斗部是在弹道终点发挥作战效能的部件，根据作战目的及对象的不同在火箭弹上可采用不同类型的战斗部。火箭弹常用的战斗部类型有杀伤战斗部、侵爆战斗部、子母战斗部、破甲战斗部、云爆战斗部、侵彻战斗部、末敏战斗部、封控战斗部、干扰战斗部、宣传战斗部等。

2. 火箭发动机

火箭发动机是使火箭弹飞行的推进动力装置。火箭发动机中的燃料燃烧产生高温高压燃气，燃气流经固体火箭发动机中拉瓦尔喷管时，其压强、温度及密度下降，但流速增大，在喷管出口截面上形成高速气流向后喷出，火箭弹在燃气流反作用力的推动下获得与空气流反向运动的加速度。

通常用推力、总冲量、比冲和理想飞行速度等参数来衡量发动机工作性能。一般来说，有固体燃料火箭发动机和液体燃料火箭发动机两种。常用的火箭弹，目前均采用固体燃料火箭发动机。

固体燃料火箭发动机主要由燃烧室、挡药板、喷管、推进剂（或火药装药）和点火装置等组成。其中燃烧室是发动机的主体，用来盛装火箭装药，并在装药燃烧过程中提供化学反应与能量交换的场所。挡药板是一多孔的板或构件，配置在装药和喷管之间，用以固定装药，避免装药在勤务处理中发生移动，同时也防止未燃尽的药粒喷出或堵塞喷管孔。为保证发动机可靠工作，挡药板必须有足够的强度和通气面积。

喷管是发动机的重要部件，一般应用图6.5所示的具有收敛—扩张段的拉瓦尔喷管，其作用：一是通过喷管截面几何形状的改变，加速燃气流速度，使燃气流的热能尽可能地转变成动能；二是以喷管喉部面积的大小来控制发动机的压力，使火药能够正常燃烧。喷管数目的多少，根据火箭弹弹种和结构而定。尾翼式火箭弹可以采用单喷管，也可以采用多喷管。大多数尾翼式火箭弹使用单喷管，涡轮式火箭弹则一定采用多喷管，以便于提供旋转力矩，使火箭弹高速旋转实现飞行稳定。

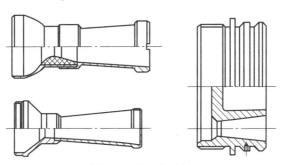

图6.5 拉瓦尔喷管

推进剂（火箭装药）是发动机产生推力的能源，常用双基推进剂、改性双基推进剂或复合推进剂，一般根据发动机正常工作条件加工成单孔管状或内孔呈星形等各类形状的药柱。药柱的几何形状和尺寸直接影响发动机推力和压力随时间的变化，所以药柱的设计在很大程度上决定了发动机的内弹道性能和质量指标的优劣。药柱设计的主要参数有装药类型、药柱直径、药柱长度、药柱根数、肉厚系数、装填系数、面喉比、装填方式等。按药柱燃面变化规律不同可分为恒面型、增面型、减面型药柱；按燃烧面位置不同可分为端燃型、内侧燃型、内外侧燃型药柱；按空间直角坐标系燃烧方式不同可分为一维、二维、三维药柱；按药柱燃面结构特点不同可分为开槽管形、分段管形、外齿轮形管形、锥柱形、翼柱形、球形药柱等。最常用的有管形、内孔星形及端燃型药柱。药柱的装填方式依据推进剂种类不同及成型工艺不同可分为自由装填式和贴壁浇注式。图6.6所示为几种典型药柱截面形状。

点火装置由点火线路、点火药、药盒和发火管等组成，其作用是提供适当的点火能量和建立一定的点火压力，使推进剂全面、迅速地点燃，从而保证发动机很快进入稳定工作状态。

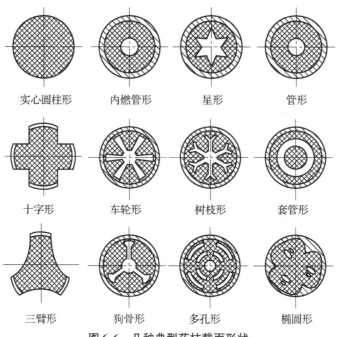

图 6.6 几种典型药柱截面形状

3. 稳定装置

稳定装置用来保证火箭弹稳定飞行，不但有利于提高射程，而且能保证射击精度。其稳定方式有尾翼式（尾翼稳定）和涡轮式（旋转稳定）两种。涡轮式稳定装置是利用火箭发动机的多个倾斜喷管产生的导转力矩使火箭弹绕纵轴高速旋转，高速旋转产生的陀螺效应使火箭弹稳定飞行；尾翼式稳定装置是在火箭弹的尾部安装尾翼，安装尾翼后的火箭弹使全弹气动力压心（阻心）移到质心之后，飞行时空气动力产生稳定力矩，从而使火箭弹能够稳定飞行。

6.1.4 火箭弹的推进原理与散布控制

1. 火箭发动机工作原理

火箭弹是靠火箭发动机产生的反推力而运动的，如图 6.7 所示。固体火箭发动机的工作过程是：在火箭弹发射时，发火控制系统使点火具发火，而点火具中药剂燃烧时产生的燃气流经固体推进剂装药表面时将其点燃。主装药燃烧产生的高温高压燃气流经固体火箭发动机中拉瓦尔喷管时，燃气的压强、温度及密度下降，流速增大，在喷管出口截面上形成高速气流向后喷出。当大量的燃气以高速从喷管喷出时，火箭弹在燃气流反作用力的推动下获得与空气流反向运动的加速度。显然，火箭弹运动时，其相互作用的物体中，一个是火箭弹本身，另一个是从火箭发动机喷出的高速燃气流。由此可见，火箭弹的这种反作用运动为直接反作用运动。高速燃气流作用在火箭弹上的反作用力为直接反作用力，使火箭弹获得向前运动的推力。当固体火箭发动机结束工作时，火箭弹在弹道主动段末端达到最大速度。

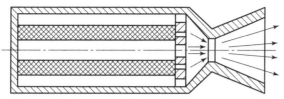

图 6.7 固体火箭发动机工作原理图

当固体火箭发动机工作时，所产生的大量的燃气以很高的速度向后排出。由于排出的物质是由火箭发动机所携带的固体推进剂装药燃烧产生的，所以火箭发动机的质量不断地减小，这表明火箭弹的运动属于变质量物体运动。

当大量的气体高速从喷管喷出时，火箭弹在火箭发动机的推力作用下高速向前运动。

火箭弹与目前使用的火箭增程弹不同，火箭增程弹是采用火箭发动机增程的炮弹，即火箭增程弹首先由火炮提供一定的初始速度将其发射出去，出炮口一定距离后，火箭发动机开始工作，弹丸在推力作用下继续加速，使射程增加，即在火箭发动机工作以前的运动与普通炮弹一样，在火箭发动机开始工作以后，则和普通火箭弹相同，而当火箭发动机工作结束后，又和普通炮弹的运动规律一致。

2. 火箭弹散布控制

火箭弹在主动段最初几十米弹道内的横风偏差和发射架附近的不稳定紊乱气流是主要的方向散布源之一。为克服其不利影响，采取两种途径：一种途径是提高火箭弹离轨时的速度，以增强抵抗横风干扰的能力；另一种途径在于削弱横风的影响，当火箭弹离轨之后，不让尾翼立即张开，使横风偏差不能借助尾翼对火箭弹起作用，待到适当时机尾翼再张开。此外，因为被动段弹道很长，约占全弹道的 98%，在这一飞行阶段中空气动力引起的散布也不容忽视，所以还要重视气动外形设计、尾翼加工、安装精度和保持火箭弹在全弹道中的转速等。

弹的初始扰动是有显著影响的方向散布源，它是在火箭弹沿导轨运动和开始脱离导轨时，由弹与导轨的相互作用引起的。因此，初始扰动不仅与火箭弹有关，也与发射系统有关，是一个复杂的动力学问题。但可以采用同时离轨技术，使火箭弹前、后两个约束同时脱离导轨，把引起初始扰动的半约束期减少至接近于零，从而减小初始扰动，有效地减小散布，提高密集度。

发动机的推力偏心也是有显著影响的散布源，并且是无法完全消除的，相应的措施在于削弱其影响。最常用的方法是使火箭弹绕其纵轴旋转，并倾斜安装尾翼以保持转速。但火箭弹都有质量偏心存在，转动将产生离心力，可能使散布增加，以致部分抵消了因旋转而取得的减小散布的效果。此外，还可以按"微推偏喷管"原理设计喷管，把推力偏心的作用减至最低程度。

普通无控火箭弹的弹道是沿着一条预定的抛物线飞行，攻击地面固定目标，不能中间变更。制导火箭弹是对无控火箭弹的改进，加装了制导控制装置，使用空气舵进行姿态控制，弹道方案为有控弹道式飞行弹道，在爬升段，俯仰控制系统根据标准弹道给出的速度倾角，使火箭弹按所要求的轨迹飞行，偏航通道则不断进行横向控制，使火箭弹侧向速度方向始终对准目标；在降弧段，采用滑翔或跳跃弹道，达到增程或突防的目的，并可通过弹道成型技术来满足大落角攻击要求。

制导火箭弹的作战使用不同于无控或简控火箭弹，其主要体现在以下两个方面：

（1）制导控制技术不仅能有效抑制弹道风、推力偏心、初始扰动等各种扰动因素引起的落点散布，实现射击精度与射程无关，而且还可以赋予火箭弹一定的机动控制能力。

（2）制导火箭弹具有较强的弹道修正能力，无须装定修正诸元，使发射诸元快速装定成为可能。

6.2 野战火箭弹

6.2.1 火箭武器系统组成

单独的火箭弹不能完成作战任务，必须有其他系统（设备）与其配合，构成一个完整的整体，这个整体称为火箭武器系统。火箭武器系统由火箭弹、运载及发射装置、火控系统、指挥系统和技术保障设备五大部分组成，如图6.8所示。

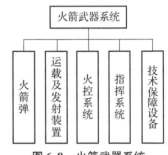

图6.8 火箭武器系统组成示意图

火箭弹是火箭武器系统的核心，直接体现了火箭武器系统的性能和威力，是攻击各种目标的武器。以制导火箭弹为例，它由弹体、火箭发动机、引战系统、制导系统和电气系统组成。火箭弹在制导系统和火箭发动机的作用下在空中飞行，导向所攻击目标；引信引爆战斗部，用以摧毁目标；弹上电气系统保证火箭弹从起飞直至击毁目标的全过程中给火箭弹上的设备供电，并把各设备有机地连接起来，使它们按程序协同工作。

火箭武器系统中的运载及发射装置即火箭炮，它一般由定向器、起落架、高低机、方向机和载体等组成，定向器可采用筒式、笼式和滑轨式，由于筒式定向器在有限的空间内可集束成集束定向管，增加单炮有效载荷，进而增加火力密度，因此在火箭炮的发展过程中，集束定向管得到广泛应用，被世界各国所认可，各国火箭炮多采用筒式定向器的集束定向管结构。现代火箭炮的发展方向是平台化储、运、发箱式结构的火箭炮，其保留了筒式定向器集束定向管的优点，可在单个储、运、发箱内集束固定定向管。

火控系统是火箭武器系统的重要组成部分，是发挥火箭弹作用的关键环节。随着火箭武器性能的提高、功能的增加和使用范围的扩展，火控系统的功能越来越多，性能越来越先进。火控系统可完成以下任务：对目标信息的获取和显示、数据处理，发射平台参数测量和处理，弹道解算、计算装定射击诸元，射前检测和实施火箭弹发射。

指挥系统由各级指挥车组成，用于接收上级和友邻信息，指挥整个武器系统完成射击准备及火力打击任务。技术保障设备包括弹药运输车、气象探测装置、检测维修装置、模拟训练装置等，用于完成火箭弹起吊、运输、气象探测、弹药保障、检测维修、模拟训练等保障任务。

6.2.2 涡轮式火箭弹

1. 涡轮式火箭弹的特点

涡轮式火箭弹是指靠自身的高速旋转而产生的陀螺效应保持稳定飞行的火箭弹，又称旋转稳定火箭弹。其稳定装置是一圈离弹轴一定距离的倾斜小喷管组成的力偶装置，这种力偶装置能给火箭弹提供一个很大的旋转力矩，使火箭弹绕自身纵轴高速旋转，以使运动中的火箭弹在受到外界干扰力矩作用时，能够产生一个陀螺力矩来抗衡外界扰动力矩的作用（但此时火箭弹要做转动很慢的进动），使火箭在飞行中保持稳定。根据稳定力偶的要求，喷管倾斜角度一般为 12°～25°，弹体转速为 10 000～25 000 r/min。涡轮式火箭弹是野战火箭序列中的一种类型，射程较近的火箭弹一般采用涡轮式。它具有以下优点。

（1）弹体外轮廓尺寸比较小，弹长一般不超过弹径的 7～8 倍，在勤务处理与射击操作方面较为方便。

（2）涡轮式火箭弹所用的定向器都较短，可以使发射装置设计得轻便、灵活。

（3）涡轮式火箭弹的高速旋转能减小推力偏心和气动偏心的不良影响，密集度可以保持较高的水平，一般情况下，均高于尾翼式火箭弹。

（4）涡轮式火箭弹可以进行简易射击。

涡轮式火箭弹的主要缺点是最大射程难以提得很高。射程较近的炮兵火箭弹通常设计成涡轮式火箭弹，而对于射程较远的火箭弹，例如射程大于 15 km 的火箭弹，不宜再采用旋转稳定的涡轮火箭弹。因为射程增大后，飞行速度相应增大，引起翻转力矩增大，与之相对应的火箭弹稳定转速也要随之增大，使离心惯性力增大，从而带来发动机质量增加等一系列不易解决的问题。

在涡轮式火箭弹的总体布局上，最常见的是将战斗部设置在发动机之前，如我国的 107 mm 杀伤爆破火箭弹。但也有的是将战斗部设置在发动机之后，如德国的 158.5 mm 火箭弹。

2. 涡轮式火箭弹旋转稳定作用原理

涡轮式旋转稳定火箭弹采用多喷管发动机结构，喷管轴线倾斜，以提供较大的旋转力矩，喷管数量一般是 6～8 个。早期德国涡轮火箭发动机有 22～26 个喷管，喷管倾角为 15°～25°。

由多喷管发动机提供高速旋转力矩的结构形式主要有以下两种：

（1）独立旋转发动机形式。这种形式是在弹体合适位置上，安装一个独立的多喷管发动机，喷管的出口在弹体表面上均布，各喷管的轴线近似与喷管中心所在的圆周相切，所产生的推力作用于弹体切向，从而为全弹提供需要的旋转力矩，使火箭旋转。

（2）斜切喷管形式。这种形式是各喷管安装在发动机壳体后端面上，在其扩张段上斜切。这种斜切喷管的扩张段，由于气流膨胀不对称，推力方向产生偏转。当各喷管斜切方向在它所在的圆周上按一定顺序排列时，推力偏转后在切向产生推力分量，提供旋转力矩，并使火箭弹旋转。

从发动机部分看，107 mm 火箭弹采用了牌号为双石 – 2 的 7 根单孔管状发射药，燃烧室均用无缝钢管制成。在燃烧室两端均有长度为 30～50 mm 的定心部，用来与定向器配合。喷管除控制与调整燃烧室压力外，还将提供旋转力矩，以保证火箭弹的飞行稳定性。图 6.9 所示为 107 mm 火箭弹的喷管结构示意图，通过喷管轴线的切向倾角产生一旋转力矩，使火箭弹在弹道主动段终点达到 21 400 r/min 的转速。

3. 130 mm 杀伤爆破火箭弹

图 6.10 所示为 1963 年式 130 mm 杀伤爆破火箭弹，简称 130 火箭弹。下面以 1963 年式 130 mm 杀伤爆破火箭弹为例分析涡轮式火箭弹的结构及作用。

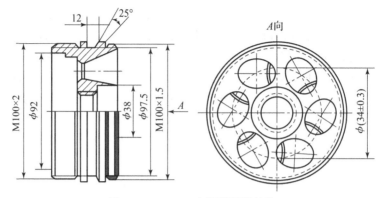

图 6.9　107 mm 火箭弹喷管结构

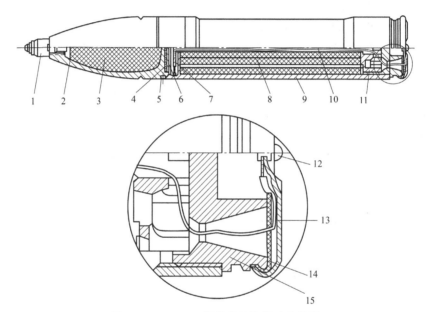

图 6.10　130 mm 涡轮式杀伤爆破火箭弹

1—引信；2—战斗部壳体；3—炸药；4—石棉垫；5—驻螺钉；6—盖片；7—点火药盒；8—推进剂装药；9—燃烧室；10—导线；11—挡药板；12—铝铆钉；13—导电盒；14—橡皮碗；15—喷管

130 mm 杀伤爆破火箭弹主要诸元见表6.1。

表6.1　130 mm 杀伤爆破火箭弹主要诸元

诸元	参数值	诸元	参数值
弹径/mm	130.45	离轨速度/(m·s^{-1})	251
全弹长（带引信）/mm	1 052	最大速度/(m·s^{-1})	436
全弹质量/kg	32.8	最大射程/m	$X = 10\ 100$
战斗部质量/kg	14.7	最大转速/(r·min^{-1})	3 200
炸药质量/kg	3.05	射击密集度/距离	$E_x/X = 1/194$
火药装药质量/kg	6.74	方向	$E_z/X = 1/120$

1963 年式 130 mm 杀伤爆破火箭弹是由 19 管的 130 mm 火箭炮发射的，在 9.5~11.5 s 内可发射出 19 发火箭弹，通常装备于炮兵师，主要用来歼灭或压制敌人暴露或隐蔽的有生力量及火力点；破坏敌轻型工事，压制敌炮兵连、迫击炮连和化学兵器等。130 火箭弹主要由战斗部、火箭发动机和稳定装置等组成。

1. 战斗部

战斗部为杀伤爆破战斗部。战斗部主要由战斗部壳体、炸药装药、引信等三大部件组成。

战斗部壳体呈卵形，其目的是减小空气阻力，以提高初速。由于涡轮式火箭弹的长度受到稳定性的限制，所以战斗部长径比不大。战斗部壳体是用 60 炮弹钢经热冲、收口而成，壳体底部最小厚度为 13.5 mm。战斗部壳体的作用是：在平时储存炸药装药，战时在炸药爆炸后，形成大量的杀伤元素，以杀伤敌人的有生力量，破坏各种武器装备。

战斗部壳体内装有 3.05 kg 梯恩梯炸药，是用螺旋压装法把炸药压入战斗部壳体的。炸药是使战斗部壳体破碎，并形成许多具有一定速度的杀伤破片的能源，炸药爆炸时，形成的空气冲击波也可以直接杀伤敌人的有生力量，摧毁各种轻型工事。因此，炸药量的多少是衡量战斗部威力大小的一个主要标志。

战斗部装有箭–1引信，在火箭弹飞离炮口 30 m 后，引信才解除保险。箭–1引信有三种装定：

(1) 瞬发，即引信碰击目标后立即引爆炸药，一般不得超过 0.001 s。

(2) 短延期，即引信碰击地面后经过 0.001~0.005 s 才能引爆炸药。

(3) 延期，即引信碰击地面后大约要延滞 0.005 s 以上才能引爆炸药。

由此可见，引信的作用是适时地引爆炸药，也就是说在平时储存、运输、保管中引信要绝对安全；在战时，引信要准时、可靠地引爆炸药。

另外为了防止火箭发动机工作时，发射药燃烧后生成的高温、高压气体的热量传给战斗部，引起战斗部内炸药熔化甚至早炸，所以在战斗部底部应加石棉垫和盖片隔热层，以改善战斗部内装药的受热状况，确保战斗部安全。

2. 火箭发动机

火箭发动机由燃烧室、火箭发射药、喷管、挡药板、点火装置等零部件组成。它的作用是产生推动火箭弹向前运动的推力。火箭发动机实际上是一种能量转化装置，发射药经燃烧后将发射药的化学能转换成气体的热能；而燃气流经过喷管后得到加速，继而将燃气的热能转换为燃气高速流动的动能，当燃气流以高速喷出喷管时，又将燃气流的动能转换成火箭弹向前飞行的动能。

1) 燃烧室

燃烧室外形呈圆柱形。平时，燃烧室是储存火箭发射药的容器；而在发动机工作时，火箭发射药在燃烧室内燃烧，燃烧室要承受火药气体的高温、高压，故其一般都用高强度的合金钢材料制成。130 mm 火箭弹的燃烧室是用 40Mn2 钢制成。燃烧室前后两端各有一个定心部，定心部的直径稍大于其他部分，其加工精度较其他部分高，表面粗糙度较其他部分小，因为火箭弹是靠定心部与定向器配合，故加工精度高有利于减小起始扰动，可提高射击密集度。另外，定心部与定向器接触形成点火线路中的导电通路，所以定心部不能涂漆，发射时还要把定心部表面的油擦干净，以保证点火电路畅通。

2）火箭发射药

火箭发射药是发动机产生推力的能源，因此火箭发射药的能量的高低、装药量的多少都直接影响到火箭弹的射程。为了提高射程，应选用高能量的发射药，在保证正常燃烧的条件下，应尽量多装药。130 mm 火箭弹的发射药，为 7 根单孔管状双石 – 2 火药，每根药的名义尺寸为外径 40.0 mm、内径 6.3 mm、长 512 mm，装药质量为 6.74 kg。根据线性燃烧定律，管状药有足够的燃烧表面积，一般呈等面燃烧，发动机的工作压力比较稳定。另外，管状药的形状简单、容易制造，因而被广泛应用。

3）喷管

喷管由收敛段、圆柱段、扩张段组成。火药气体从喷管的收敛段到圆柱段（简称喷喉），再到扩张段，速度不断提高，压力不断降低。根据一维流体理论得知：火药气体在收敛段的速度为亚声速；在喷喉处的速度为声速；在扩张段的速度为超声速。具有收敛段、圆柱段、扩张段的喷管称为收敛—扩张喷管，亦称拉瓦尔喷管。

由发动机的工作原理得知：喷喉面积的大小会直接影响到燃烧室内气体压力的高低，在火药尺寸一定的条件下，喷喉面积越大，燃烧室内气体压力就越低，根据火药燃烧理论得知，当燃气的压力低到一定值时就不能正常燃烧，由此可见喷喉的面积不能选得太大。而喷喉面积过小，会使燃烧室内燃气的压力升高，当燃气压力高到一定程度时，会引起燃烧室破裂。由此可见，喷喉可起调节燃烧室内燃气压力、改善发动机工作性能的作用。

130 火箭弹的喷管是由喷管体上的 8 个切向倾角为 17°的喷管组成，故也称为倾斜多喷管，结构如图 6.11 所示，每个小喷孔的喷喉直径为 13.5 mm，圆柱段长不小于 3.9 mm。

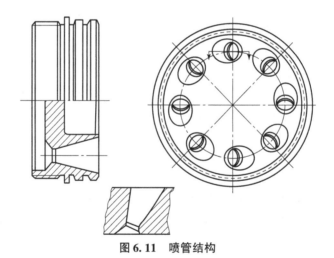

图 6.11　喷管结构

4）挡药板

挡药板的作用是固定火药，在平时用于限制火箭药沿轴向移动；在发动机工作时，用于防止药柱或药块堵塞喷喉。为此，挡药板既要可靠地挡药，又要保证火药气体能顺利地经过挡药板进入喷管。所以，挡药板要有足够的通气面积。挡药板受高温燃气的包围和冲刷，工作条件比较恶劣，对于涡轮式火箭弹的挡药板还要承受离心惯性力，故挡药板要有足够的强度。

130 mm 火箭弹的挡药板是用低碳硅锰铸钢，经精密铸造而成，形状为网状拱形，如图 6.12 所示。经实验，这种结构既有足够大的通气面积，又能可靠地挡药。

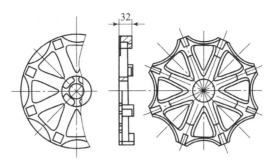

图 6.12　挡药板结构

5）点火装置

点火装置的作用是在发射时能可靠、全面地点燃燃烧室内的发射药。由于不同火箭弹的点火方式不同，点火装置也不一样。130 mm 火箭弹的点火装置是由点火药盒、导电盖所组成。赛璐珞的点火药盒内放有两个 F－1 型电发火管，管外有 35 g 黑药，点火药盒固定在药包夹上，组成一体，放在燃烧室的前端。发火管引出两条导线，短导线连在药包夹上，长导线穿过中间药柱内孔铆在导电盖上，导电盖与喷管座之间用橡皮碗绝缘。

3. 稳定装置

稳定装置的作用是提供稳定力矩，保证火箭弹能按预定的弹道稳定地飞向目标。涡轮式火箭弹是靠高速自转来保证稳定飞行的。130 mm 火箭弹的稳定装置是由喷管座上的 8 个切向倾角为 17°的喷孔所组成。当发动机工作时，由 8 个切向喷孔产生切向推力形成使弹体旋转的力矩，发动机工作结束时，火箭弹的转速可达到 19 200 r/min。

6.2.3　尾翼式火箭弹

尾翼式火箭弹是指利用尾翼稳定装置产生的空气动力保持稳定飞行的火箭弹，它主要由战斗部、火箭发动机和尾翼稳定装置组成。射程远的野战火箭弹、初速度高的反坦克火箭弹和航空火箭弹均采用尾翼稳定装置。

1. 尾翼式火箭弹的特点

1）弹径、弹长、全弹质量和最大飞行速度受限制小

由于尾翼式火箭弹的飞行是靠尾翼稳定的，故长度不受稳定性的限制，而飞行速度的大小主要取决于推进剂的比冲量和质量比，而质量比可以按需要的速度确定。由此表明尾翼式火箭弹的弹径、弹长和全弹质量受限制小，在对全弹及火箭发动机进行优化设计的情况下，可以使尾翼式火箭弹达到较高的速度和较远的射程。因此，尾翼式火箭弹可以做得细长一些。如俄罗斯 БМ－21 式 122 mm 杀伤爆破火箭弹（又称"冰雹"火箭弹）是尾翼式低速旋转火箭弹，其全长（含引信）为 2.87 m，长径比达到 23.52。而旋转稳定的 1963 年式 130 mm 杀伤爆破火箭弹的全长（含引信）为 1.052 m，长径比仅为 8.09。由于尾翼火箭弹的长度受限制较少，所以尾翼式火箭弹的射程和威力均比涡轮式火箭弹高，如"冰雹"火箭弹的射程为 20.1 km，且战斗部装药量达到为 6.4 kg。

2）火箭发动机提供低速旋转力矩

目前装备或在研的各种尾翼式火箭弹为减小发动机推力偏心和外形气动偏心对火箭密集度的影响，大多采用低速旋转飞行措施。

尾翼式火箭弹实现低速旋转的措施较多，除了采用发射管内表面带螺旋导槽和斜置尾翼片等方式外，也可由发动机提供低速旋转力矩。

3）尾翼装置形式多样

尾翼式火箭弹的稳定装置由尾翼、尾翼座等零件组成，最常见的是在弹体尾部沿圆周均匀设置4片实心尾翼，有的火箭弹采用6片或8片尾翼。尾翼的固定方法可采用焊接、铆接、螺栓连接、轴与轴孔连接或粘接等。多数情况下，要求尾翼相对于弹体中心轴有一个很小的安装角，以使火箭弹在飞行过程中产生微旋运动。

尾翼式火箭弹的结构形式是多种多样的。图6.13所示为单室两端喷气的尾翼式火箭弹，图6.14所示为双室尾翼式火箭弹。

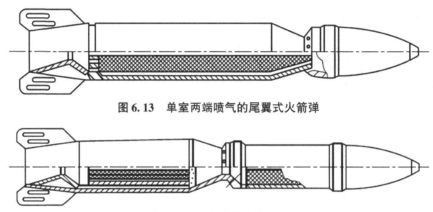

图6.13 单室两端喷气的尾翼式火箭弹

图6.14 双室尾翼式火箭弹

对于远程火箭弹来说，发动机也可以采用多级结构。图6.15所示为二级防空火箭弹，其特点在于燃烧室内的装药依次燃烧，第一级发动机装药燃烧完毕后脱落，第二级发动机再开始工作。这种多级结构可以提高火箭弹的飞行速度，增加射程（或射高）。

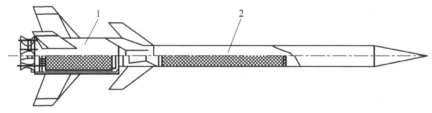

图6.15 二级防空火箭弹

1—第一级发动机；2—第二级发动机

2. 尾翼装置的结构形式

尾翼装置是保证尾翼式火箭弹飞行稳定不可缺少的部件。一般来说，除满足飞行稳定性外，还要求尾翼片具有足够的强度和刚度，以及空气动力对称和阻力较小。在飞行中，只允许翼片有微小变形的尾翼称为刚性尾翼，允许发生较大弹性变形的尾翼称为弹性尾翼。尾翼结构形式要根据总体与发射装置要求选定，一般有两大类，即固定式尾翼与折叠式尾翼。固定式尾翼是指翼片和弹体固连的尾翼，又分直尾翼、斜置尾翼与环形尾翼；折叠式尾翼主要有沿轴向折叠的刀形尾翼、沿圆周方向折叠的弧形尾翼和沿切向折叠的片状尾翼，发射前翼片处于收缩状态，便于装入发射筒中，发射后翼片快速张开并锁定，使翼片张开的动力主要有腔口燃气流、空气动力、弹簧力和气缸活塞推力等。除 180 mm 火箭弹可旋直尾翼外，下面介绍几种尾翼装置的基本结构形式。

3. 固定式直尾翼

固定式直尾翼结构不仅简单，而且应用较广。这种类型是在中、大口径火箭上使用较多的一种，其结构一般由平板形翼和整流罩组成。整流罩安装在喷管外围，起固定翼片的作用，同时通过弹体外表面的光滑过渡，起到减小尾部阻力的作用。尾翼片由薄钢板冲压而成，为了提高刚度，通常沿轴向在翼平面上压有几条棱。整流罩和翼片通常采用低碳钢材料。固定式直尾翼为超口径（大于弹径）尾翼，且不可折叠，发射架只能采用笼式定向器或滑轨式定向器，这两种定向器结构都不允许尾翼在定向器上旋转。因此，对于不旋转尾翼弹，整流罩可固定安装在喷管上，如图 6.16 所示。图 6.17 所示为 180 mm 整流罩可旋转的固定式直尾翼。

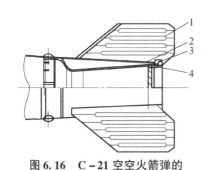

图 6.16　C-21 空空火箭弹的固定式直尾翼

1—翼片；2—整流罩；3—螺圈；4—喷管

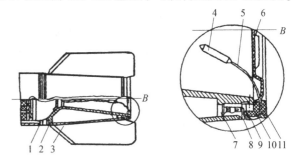

图 6.17　180 mm 整流罩可旋转的固定式直尾翼

1—喷管；2—整流罩；3—翼片；4—导线接头；5—导线；
6—防尘盖；7—衬圈；8—钢珠轴承；9—固定环；
10—导电环；11—绝缘体

4. 张开式弧形尾翼

苏联 M-21 122 mm 火箭弹的尾翼装置就采用了张开式弧形尾翼，如图 6.18 所示。该弹是在管式发射器中发射的。尾翼片是用铝板冲压成弧形，在其根部有卷压而成的轴孔，通过轴与整流罩相连，翼片可以绕轴旋转，平时 4 片尾翼均覆盖在整流罩上。在轴上套有压缩弹簧，其有两方面的作用：既可使翼片得以向外张开，又使翼片在张开过程中得以沿弹轴方向移动，从而使翼片卡在整流罩的缺口内而到位固定。

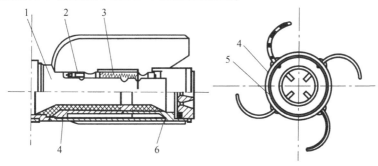

图 6.18　张开式弧形尾翼结构

1—整流罩；2—轴；3—压缩弹簧；4—同步环；5—螺钉轴；6—喷管座

为使 4 片尾翼同时张开，在整流罩中间套有同步环，同步环通过螺钉轴与翼片根部相连。当任一翼片向外张开时，都可带动同步环而使其他翼片也张开。

5. 簧片式可卷片状尾翼

簧片式可卷片状尾翼是一种用弹簧钢片制成，并可卷折起来的结构形式，典型结构如图 6.19 所示。这种翼片的厚度较薄，一般为 0.3～0.5 mm，因而只适于小口径火箭弹。我国的 40 mm 反坦克火箭弹就采用了这种尾翼结构，其翼片数为 6 片。

6. 刀形张开式尾翼

从筒式定向器发射的反坦克火箭弹、空空火箭弹以及使用火炮发射的尾翼式火箭弹，大多采用张开式尾翼。刀形张开式尾翼主要由尾翼座、刀形翼片和翼片转轴等组成，有的还有扭簧。尾翼座大多安装在喷管外侧，每片尾翼通过方向垂直于弹轴的转轴装配在尾翼座上，可绕销轴转动。火箭弹在储存和位于定向器内时，翼片呈收拢状态，且最大外廓尺寸不大于火箭弹定心部尺寸。当火箭弹飞离定向器后，在力的作用下，翼片绕翼轴旋转而张开。按照气动特性及总体结构设计的要求，尾翼可设计成后张式（向后旋转张开）和前张式（向前旋转张开）两种。这种折叠式尾翼的片数将根据飞行稳定性要求而定，常见的是 4 片和 6 片。图 6.20、图 6.21 所示为不同型号的刀形张开式尾翼。

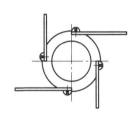

图 6.19　簧片式可卷片状尾翼

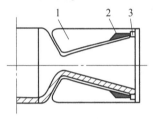

图 6.20　折叠式刀形张开式尾翼

1—翼片；2—弹簧；3—销轴

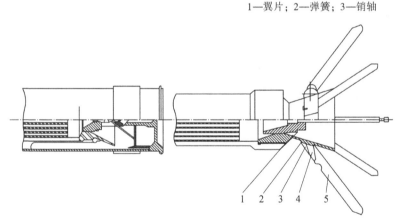

图 6.21　M72A 反坦克火箭弹的后张式尾翼

1—喷管；2—尾翼座；3—翼片转轴；4—扭簧；5—翼片

以上所介绍的只是常见的几种尾翼结构，其实在翼片形状及其安置方法上也可以根据总体结构和功能需求设计成其他结构形式。但是，不论采用什么形式，都应切实满足战术技术上的要求。在满足性能和功能要求的条件下，翼片材料常采用强度足够的轻金属、塑料和玻璃钢等，以减轻翼片的质量。

7. 180 mm 火箭弹

虽然不同型号的尾翼式火箭弹各有特点，但是基本结构特征大致相同，如图 6.22 所示的 180 mm 火箭弹主要由战斗部、发动机和尾翼装置三大部分组成。火箭弹全长为 2.70 m，长径比为15，射程为19 km，战斗部装药为7.5 kg。

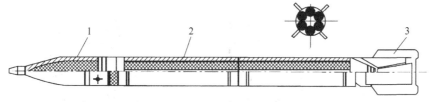

图 6.22　180 mm 火箭弹

1—战斗部；2—发动机；3—尾翼装置

1）战斗部

战斗部包括引信、辅助传爆药、炸药、战斗部壳体、连接底（也称中间底）和隔热垫等。该战斗部配用箭−3引信，具有瞬发和短延期两种作用模式。战斗部内装梯黑炸药（50/50），为使炸药爆炸完全，采用了3节辅助传爆药，靠近引信的一节为压装特屈儿药柱（77 g），后面两节为钝化黑索今药柱（各为80 g）。隔热垫是为保证安全而设置的。试验表明，在发动机工作12~15 s后，连接底靠近炸药端的温度可达215 ℃（梯恩梯炸药的熔点为80.5 ℃），加隔热垫后温度将大大下降，发动机工作90 s后，上述部位的温度只有60~65 ℃。

2）发动机

发动机包括前燃烧室、后燃烧室、前喷管、后喷管、装药、挡药板和点火装置等。该弹的发动机采用了两节燃烧室、两套火药装药和两端喷气的结构，其目的是在允许的条件下增加火药装药，从而提高射程。装药的牌号为双铅−2，两套装药均为7根管装药，每根药柱的名义尺寸为：外径 $D = 56.8$ mm，内径 $d = 9$ mm，长度 $L = 720$ mm，其表示方法为：$D/d − L \times n = 56.8/9 − 720 \times 7$，最后的"7"表示火药装药的根数。点火药盒设置在两套装药之间，并由中间支架固定。在点火药盒内装有电发火管，一根引导线连在药包支架上，另一根引导线穿过药柱铆接在导电盖上，而导电盖与喷管之间有起绝缘作用的橡皮碗。为了挡药和固定药柱，180 mm火箭弹采用了前、中和后3个挡药板。由于该弹的转速低，挡药板主要承受直线惯性力作用，所以挡药板的筋和轮缘尺寸都比较小，而通气面积较大，如图6.23所示。

由于前、后喷管的喷喉面积是相等的，因而可近似视为前燃烧室的燃气从前喷管喷出，后燃烧室的燃气从后喷管喷出。为安装尾翼方便，后喷管采用如图6.24所示的直置单喷孔形式。前喷管采用具有18个斜置喷孔的形式，其中每个喷孔都可以看成一个小喷管，小喷管的轴线与弹轴的轴向倾角为24°、切向倾角为8°，前喷管结构如图6.25所示。

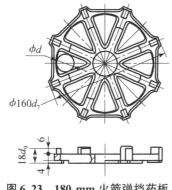

图 6.23　180 mm 火箭弹挡药板

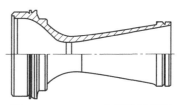

图 6.24　180 mm 火箭弹后喷管

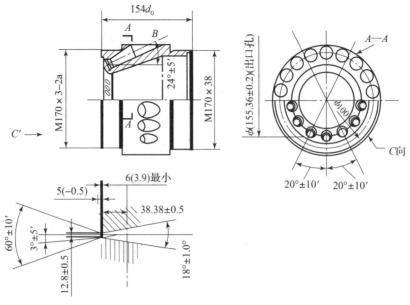

图 6.25　180 mm 火箭弹前喷管

切向倾角的作用是产生推力的切向分量，使火箭弹绕弹轴低速旋转，用来抵消推力偏心所造成的散布。该角大，弹的转速也大，这虽然对消除推力偏心的影响有利，但却增加了炮口扰动、马格努斯效应、尾翼颤振和推力损失等，从而造成散布的增大。

由于前喷管使弹体右旋，因而为了保证各部件之间连接可靠，前喷管与战斗部的连接采用了右旋螺纹，前喷管与前燃烧室以及后面的螺纹连接都采用了左旋螺纹。此外，在螺纹连接处，一般还采用螺钉固定。

3）尾翼

尾翼是火箭弹稳定飞行的保证。180 mm 火箭弹的稳定装置采用了滚珠直尾翼结构，由尾翼片、整流罩、前后轴承和螺圈组成。用 20 号钢板制成的尾翼片呈"十"字形对称焊接在整流罩上。整流罩除起安置尾翼片的作用外，还将使尾部呈船尾形，以减小空气阻力。

在整流罩与后喷管之间设置了滚珠轴承，其目的是减小尾翼装置的旋转速度。此外，采用这种结构也是发射时的需要。该弹是在笼式定向器上发射的，发射时火箭弹将沿 4 根导杆运动，边前进边旋转，如果弹体和尾翼之间不能相对转动，势必造成翼片与导杆的碰撞，从而影响火箭弹的正常飞行。

180 mm 火箭弹是在 10 管笼式定向器的火箭炮上发射的。当闭合点火电路时，发火管发火并点燃点火药，点火药燃烧产生 2×10^6 Pa 左右的点火气体，使 14 根双铅-2 火药柱瞬时点燃，并产生大量燃气，其压力达 10^7 Pa 以上。高温、高压的燃气通过前、后喷管以超声速向外喷出，形成推力和旋转力矩，使火箭弹沿定向器赋予的方向做边前进边旋转的运动（但尾翼不旋转）。当后定心部脱离定向器时，其飞行速度约为 52 m/s。在火箭弹飞离定向器 300 m 左右时，发动机工作结束，这时火箭弹达到最大飞行速度（610.5 m/s）和最大转速（5 183 r/min）。此后，同普通弹丸一样，火箭弹将做惯性飞行，其最大射程为 19.6 km。

8. 俄罗斯 БМ-21 式 122 mm 杀伤爆破火箭弹

俄罗斯 БМ-21 式 122 mm 火箭弹系统是 20 世纪 60 年代研制，并于 20 世纪 70 年代初装备部队的,为当时世界先进的火箭武器系统之一。目前,全世界已经有80多个国家购买并装备了俄罗斯研制的 БМ – 21 式 122 mm 火箭弹系统,如捷克斯洛伐克、朝鲜、印度、伊朗和中国等已引进并装备。

后期,为进一步发挥该武器系统的作战效能,首先对火箭弹进行了大量的改进,主要技术手段包括:一是增大射程;二是研制多种类型的战斗部,以适应不同作战任务的需要;三是着手研制新型 122 mm 多管火箭炮的火控系统。该火控系统将对飞机、直升机、战场雷达等传来的数据进行解算后实时地传输给多管火箭炮系统。配用这种新型火控系统后,使得火箭系统从进入阵地到开始射击由原来的 25~35 min 缩短为 6 min,而且乘员从原来的 3 人减少到 2 人。

俄罗斯 БМ – 21 式 122 mm 火箭弹是尾翼式低速旋转杀伤爆破火箭弹,用苏联 БМ – 2l 火箭炮发射,40 管螺旋定向器一次齐射可发射 40 发火箭弹。其总体结构如图 6.26 所示,主要由战斗部、火箭发动机和稳定装置三大部分组成。

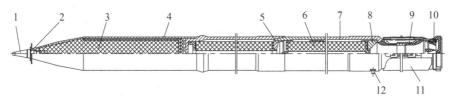

图 6.26　БМ – 21 式 122 mm 火箭弹
1—引信；2—阻力环；3—炸药装药；4—战斗部壳体；5—点火具；6—推进剂装药；7—燃烧室；
8—挡药板；9—尾管；10—喷管；11—尾翼片；12—导向钮

俄罗斯 БМ – 21 火箭弹总体结构特点：

(1) 在战斗部上增加了一个阻力环,当打击近距离目标时,在战斗部与引信之间加上这个阻力环,并用最大射程角来发射火箭弹,可减小距离散布。

(2) 火箭发动机采用多喷管,有助于减小推力偏心；发动机内两节推进剂装药径向固定,有助于减小燃气流偏心。两者均有利于减小方向散布。

(3) 采用管式螺旋定向器发射,通过弹上导向钮和弧形折叠式尾翼使火箭弹在飞行过程中低速旋转并保持一定转速,有利于克服推力偏心和气动偏心,以减小方向散布。

(4) 首次采用单孔管状药两节式装药设计方法,使得燃烧室的空间得到充分利用,推进剂装药量有较大提高,并且使燃烧室容易加工。

(5) 首次采用大长细比方案,使其使用性能得到很大提高,因而受到了世界各国火箭武器研制者的重视。

БМ – 21 火箭弹战斗部结构如图 6.27 所示,战斗部质量为 18.4 kg,炸药装药质量为 6.4 kg,БМ – 21 火箭弹在战斗部设计上采用了三项提高威力和密集度的技术措施：

(1) 战斗部壳体内装填的炸药种类有所不同。在战斗部壳体弧形部内装梯恩梯炸药,而在圆柱部内装一种由梯恩梯、黑索金、铝粉混合制成的混合炸药(梯恩梯 35%、黑索金 43%、铝粉 19%、钝感剂 3%),传爆药为 A – Ⅸ – Ⅰ 炸药。

(2) 战斗部圆柱部内壁放置两个预制破片筒。战斗部圆柱部内壁放置了两个预制破片筒,分为内筒和外筒两层,由低碳钢板压制成菱形沟槽后卷制并焊接而成。

(3) 战斗部前端加装一个阻力环。战斗部前端加装一个阻力环,即所谓的"马兰德林圆盘"(马兰德林圆盘 19 世纪末期法国在 75 mm 炮弹上首先采用)。

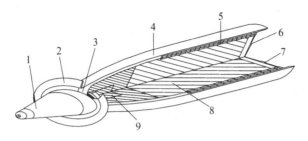

图 6.27　БМ-21 火箭弹战斗部

1—引信；2—阻力环；3—弹簧；4—战斗部壳体；5—预制破片筒；
6—厚纸垫；7—塞盖；8—炸药药柱；9—起爆药柱

前两条措施是为了提高战斗部爆炸战斗部壳体金属的利用率，使质量过大的破片数目减少，而使有效破片数目大幅地增加。БМ-21 战斗部爆炸后，每个破片重大约 4.5 g。后一条措施是为了提高对近距离目标的射击密集度和杀伤威力。如果不采用阻力环，则与普通的火箭弹一样，打击近距离目标一定要采用小射角来射击，由于射角小，所以落角也小，就会使得战斗部壳体生成的许多破片打到地底下去，起不到杀伤作用。若用大射角发射带有阻力环的火箭弹来打击近距离目标，因为落角大，就可以减少破片的损失，增加战斗部的杀伤作用。此外，用大射角来发射带有阻力环的火箭弹，打击近距离目标，还可以减少距离散布。射击实践证明，用大射角来射击近距离目标，距离散布大大减少，但不能改善方向散布。

6.3　反坦克火箭弹

6.3.1　反坦克火箭筒概述

反坦克火箭筒是一种诞生于第二次世界大战时期的传统的反坦克兵器，主要由火箭筒（或称发射筒）、火箭弹组成，较先进的火箭筒上配备观瞄装置或光学瞄准镜。在发射时，扳机带动击针将火箭弹发动机内的发射药引燃，发射药瞬间产生巨量的气体将火箭弹从发射筒中推出，火箭弹在飞行出安全距离之后，将引信解除保险，火箭弹进入待发状态。当火箭弹击中坦克后，战斗部作用形成金属射流，进而摧毁目标坦克。

反坦克火箭筒自诞生以来，走过了 50 余年的历程，其间经历了三个发展阶段，出现了独具特色的三代"成员"。

1. 第一代

诞生于第二次世界大战期间。当时两种类型，一种是 1942 年美国研制的"巴祖卡"（Bazooka）纯火箭型火箭筒，它的形状很像一种名叫"巴祖卡"的长号（乐器），因此得名。"巴祖卡"火箭筒不仅蜚声于北非战场，而且一开始就有好几百具运往苏联，并投入战场使用。另一种类型是 1943 年德军装备的"铁拳"（Panzerfaust）无坐力炮型火箭筒。这两种早期的火箭筒都配有机械式光学瞄准具，有效射程为 100～250 m，垂直破甲厚度达 120～200 mm，武器系统重 7～82 kg。

2. 第二代

20 世纪 60 年代是反坦克火箭筒蓬勃发展的时期，各国装备了 30 多种型号的火箭筒，如美国的 M72 式、苏联的 RPG-7 等。其中,苏联于 1962 年开始装备的 RPG-7 型火箭筒,是世界上第一种无坐力和火箭增程结合型火箭筒,这种火箭筒在第四次中东战争中发挥了很大作用,以色列军队损失的近 1 000 辆坦克,有 25% 就是被 RPG-7 型火箭筒击毁的。

3. 第三代

20 世纪 80 年代以来,世界各国对第二代反坦克火箭筒纷纷加以改进,出现了第三代反坦克火箭筒,如"蝮蛇"(Viper)式、RPG-7B、"阿皮拉斯"(Apilas)、"铁拳 3"和"丘比特 AC300"(Jupiter)及 AT-4,等等。俄罗斯的 RPG-7B,就是苏联 RPG-7 的最新改进型,通过改进,成为现今世界上较先进的反坦克火箭筒。美国研制的 AT-12T 轻型反坦克火箭筒,装有串联战斗部,能穿透 950 mm 以上的均质装甲和主动式反应装甲。

反坦克火箭筒中最负盛名的当属便携式火箭助推榴弹发射器(RPG)系列及其衍生品,如我国的 56 式 40 mm 火箭筒和 69 式 40 mm 火箭筒,这两款被军迷爱称为"新/老 40 火"的武器,从一问世起就凭借其成本低、体积小、质量轻、结构简单、使用方便的优点深受解放军官兵的喜爱,且大量出口,迄今这两款火箭弹的改进型仍活跃在国际军贸市场。

69 式火箭筒所配用的基本型超口径火箭弹重 2.3 kg,外径为 85 mm,初速为 120 m/s,最大射程为 1 900 m,采用破甲战斗部,配备触发引信,可击穿 110 mm/65° 的 RHA(均质装甲钢),且具备贯穿 90~120 cm 厚的混凝土的能力。"40 火"在 80 年代停产之前,为国防事业立下了汗马功劳,迄今在非洲和中东地区还能见到它活跃的身影。

6.3.2 反坦克火箭弹

轻型反坦克火箭弹是一种单兵便携式肩射反坦克武器,采用反坦克火箭筒和轻型无后坐力炮发射。它们所配用的弹药大多是火箭破甲弹,主要用于攻击近距离的坦克、装甲车辆,摧毁工事和杀伤人员等。为实现良好作战效果,反坦克火箭弹要求具有良好的精度和一定的射程。由于其结构简单轻便,故适于步兵单人或双人操作使用,受到各国重视,被广泛装备部队。

按使用方式来分,可以分为单兵使用、双兵使用、一次使用和多次使用等。若按发射推进原理不同来分,可以分为纯火箭筒式、无坐力炮发射火箭增程式以及配重体平衡式等。纯火箭筒式的特点:由于火箭发射筒内的压力很低,因此武器系统质量轻,但火箭弹在离开发射筒前,发动机工作必须结束,即火药装药必须燃烧完毕,因而要求火箭火药燃速高。当前大多数轻型反坦克火箭弹都属于纯火箭筒式,它们所配用的主要是火箭破甲弹。无坐力炮火箭增程弹是一种采用火箭发动机增大有效射程的武器,其发射原理为:首先由无后坐力炮提供一个较大的初速,再由火箭发动机提供一定的速度,以达到满足射程的要求;配重体平衡式武器的发射推进原理是发射时用两个活塞把火药气体封闭在发射筒内,在弹丸飞离发射筒的同时,弹丸飞离筒口动能被一种后抛的配重体所平衡。利用这种原理可以实现无光、无焰、无后坐力,噪声也很小。这一类武器配用的弹药是不带火箭发动机的破甲弹。

轻型反坦克火箭弹的设计原理与野战火箭弹基本相似,但由于它所对付的目标和使用要求的不同,因而形成了自身总体结构的设计特点:

(1)反坦克火箭弹一般都是战斗部在前、发动机在后。这种布局结构简单紧凑,并能获得较好的破甲效果。

(2) 反坦克火箭弹一般都采用尾翼稳定的方式，主要有同口径尾翼和超口径折叠尾翼两种结构形式。

(3) 反坦克火箭弹一般采用薄肉厚的装药，这是为了适应缩短主动段长度、提高密集度的需要。

(4) 反坦克火箭弹只能采用筒式定向器发射，并尽量使发动机在定向器内工作完毕，这不仅可以达到较高的密集度，而且可以保证射手的安全。

如果由于直射距离的要求不能使发动机在定向器内工作完毕，就必须采取一定的防护措施。典型轻型反坦克火箭弹主要性能参数见表6.2。

表6.2 典型轻型反坦克火箭弹主要性能参数

国别	名称	口径/mm	速度/(m·s⁻¹)	有效射程/m	战斗全重/kg	破甲厚度/mm
俄罗斯	RPG-7	40	300	300~500	9.3	320
俄罗斯	RPG-18	64	114	200	4	280
美国	M72A2	66	150	200	2.4	300
美国	"蝮蛇"	70	290	250	4.07	400
法国	"阿皮拉斯"	112	295	330	9	720
法国	"丘比特 AC300"	115	275	330	11	800
德国	"弩箭 300"	67	220	300	6.3	400
英国	"劳 80"	94	331	500	8	650

6.3.3 M72 反坦克火箭弹

第二次世界大战后，坦克及装甲技术的发展促进了破甲技术、穿甲技术及其反坦克武器的发展，从而促使各国研制了许多反坦克火箭武器，如美国M72反坦克火箭弹（图6.28）、中国89式80 mm反坦克火箭弹、法国"阿皮拉斯"反坦克火箭弹等，这些反坦克火箭弹都属于纯火箭筒式，它们的共同特点是精度高、射程远、质量轻、威力大。

美军制式单兵火箭筒的 M72 是由美国赫西东方公司（Hesse Eastern Company）在 1958 年开始研制的，是一种单兵便携式、质量轻、一次性的

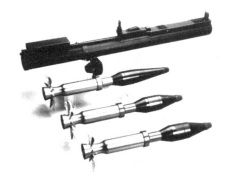

图6.28 美国 M72 发射筒及反坦克火箭弹

反装甲武器，随后成为其他国家研制一次性火箭筒的蓝本。由于采用了廉价的玻璃纤维和重量较轻的铝合金，M72 质量轻且造价低廉；采用一个可伸缩的滑膛发射管，内部为铝合金，外部缠绕玻璃纤维，火箭弹采用刀片形折叠式尾翼保持飞行的稳定。

发射管顶部有一个按压式发射扳机和折叠机械瞄准具，发射管同时充当密封的运输容器，两端使用铰链连接的盖板密封。准备射击时，将前后盖打开，然后将内管从外管后部抽

出,同时激活击发机构,并自动打开折叠瞄准具;射手将发射管放到肩上,进行瞄准,通过按压发射键发射火箭弹,固体推进剂在发射管内部就已经燃烧完毕,所以不必担心会有尾焰烧伤士兵;火箭弹离开发射管后,折叠的刀片式尾翼在弹簧的作用下向后展开,保险在火箭弹飞出 10 m 后打开,火箭弹随即进入战斗状态。

火箭弹由 66 mm 的成型装药战斗部(弹头)、风帽触发式压电引信和一个火箭发动机组成。战斗部(弹头)位于火箭的头部,引信和推进器在火箭弹的尾段,战斗部通过连接体与火箭发动机相连。六个弹簧固定的尾翼安置在火箭发动机的后面,当火箭弹在发射筒内时,尾翼向前折叠在发动机边上,当发射时,推进剂在火箭发动机中完全燃烧,把火箭弹推出发射筒,没了发射筒的约束后,尾翼在弹簧的作用下张开。

早期的 M72 火箭弹,使用简单但极其安全可靠的压电引信系统。撞击目标时,头部压电晶体受压,产生微秒级电流,从而引爆位于弹头底部的传爆药,进而引爆主弹头装药,而铜药型罩在主装药的爆炸驱动下形成射流,从而穿透厚重的装甲。

M72 全重 3.5 kg,运输状态长度 665 mm,战斗状态长度 899 mm,火箭弹初速 180 m/s,宣称穿甲厚度为 300 mm,瞄准具表尺射程为 300 m,但对移动目标的有效射程不超过 100 m。同样,穿甲威力也可能被高估。在真正的军事行动中,苏联 T-55 和 T-72 坦克的车体和炮塔的正面装甲完全可以抵御这种 66 mm 火箭筒的袭击。不过,与步枪发射的枪榴弹相比,一次性使用的 M72 火箭筒在技术层面进步相当大,极大地提升了步兵对抗敌方装甲车辆的能力。

M72 火箭筒经过多次改进,性能不断提升。该系列火箭筒拥有许多衍生品,除了 M72 基础版外,还陆续推出了 M72A1、M72A2 等多种型号。其间每一款产品均做出了有效改进,提升了攻击性等性能,比如 M72A6 对战斗部进行升级,增加了打击混凝土装置的破坏力。从性能指标上看,M72 系列火箭筒因技术升级而有所区别,比如前期产品仅有 2.5 kg 的质量,而后期则达到 3.5 kg;再比如在穿甲能力方面,其最初仅有 200 mm 的穿透力,而后来被有效升级到 450 mm。此外,其还研制了发射温压弹的 M72E10-AP 型,如图 6.29 所示。

图 6.29 美国 M72 发射筒及温压弹

6.3.4 89 式 80 mm 单兵反坦克火箭弹

为解决"40 火"威力不足的问题,我国研制了威力更大的 89 式 80 mm 单兵反坦克火箭弹(以下简称"80 火")。

最早的"80 火"的静破甲深度达到 630 mm(用 8701 炸药),穿透深度为装药直径的 8 倍以上,并在此基础上陆续研制了具备攻坚+杀伤+纵火功能三合一的单兵多用途火箭筒和以攻坚为主的单兵攻坚火箭筒。改进型火箭筒配备了串联式破甲火箭弹,旨在击毁配备了爆炸式反应装甲的主战坦克。

火箭筒系统全重 3.7 kg，长 900 mm，其中火箭弹重 1.85 kg，能够击穿 400 mm 厚的均质装甲。"80 火"最初是为了打击装甲目标而研制的，但也可以用于摧毁掩体阵地、杀伤敌方人员，就其能力而言，这种武器可以与美国 M72 或苏联 RPG – 26 火箭筒的后续改进型相媲美。

1. 结构组成

89 式 80 mm 单兵反坦克火箭弹由战斗部、引信、火箭发动机和尾翼组件组成，如图 6.30 所示。其主要战术技术性能：弹径为 80 mm，火箭弹质量为 1.85 kg，初速为 174 m/s，直射距离为 200 m（弹道高为 2 m），表尺射程为 400 m，破甲威力为 180 mm/65°，穿透率为 90%。

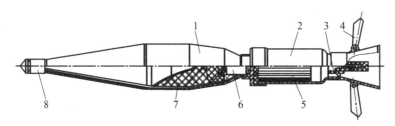

图 6.30　89 式 80 mm 单兵反坦克火箭弹结构
1—战斗部；2—发动机；3—点火具；4—尾翼片；
5—火药装药；6—引信底部结构；7—炸药装药；8—引信头部结构

1）战斗部

战斗部由铝制的风帽、弹壳、双锥罩、高能炸药装药和 DRD06B 型压电引信等组成。DRD06B 型压电引信是全保险型引信，由能产生压电电能的头部机构和弹性保险机构、钟表延时机构、惯性着发机构、接电机构、传爆和隔离机构的底部机构组成。头部机构装在战斗部的头部，而底部机构装在战斗部的底部，两者通过导线和接电片连接起来。在进行勤务处理和储存运输时，引信处于安全保险状态；发射时惯性力使回转机构和钟表延时机构起作用。当弹飞离炮口 6~20 m 后，解除保险，各机构工作到位，使引信处于待发状态。当头部碰撞目标时，引信头部晶体受压产生电荷建立高电压，通过导线和弹体形成回路起爆电雷管，电雷管引爆战斗部调整器中的传爆药，继而引爆战斗部。引信底部有惯性着发机构，当战斗部头部未碰到装甲目标而着地时，惯性着发机构使战斗部爆炸。由于战斗部中的炸药装药采用双锥孔药型，因而破甲威力大为提高。

由于战斗部采用 63°/38°双锥变壁厚药型罩，母线长度提高 10%，有效装药量提高 5%，射流头部速度由单锥的 7 600 m/s 提高到 8 600~8 900 m/s，使垂直破甲深度提高 30%，达到 628 mm，因而足以攻击主战坦克的复合装甲。

2）火箭发动机

火箭发动机由铝制的燃烧室、火药装药、中间底、喷管和点火具组成。火箭装药被均匀地固定在中间底上，而中间底使战斗部和发动机连成一体。喷喉处的点火具被固定在堵片上，对发动机实施密封。火箭发动机的外径小于战斗部的外径。发动机采用了高能高燃速推进剂，工作时间仅为 1.2 ms。

3）稳定装置

8 片尾翼通过铆钉和扭力弹簧连接到喷管外部的 8 个尾翼座上，尾翼片在发射筒内是向前收拢的。当火箭弹飞离发射筒后，尾翼片在扭力弹簧的作用下迅速张开，使火箭弹在弹道上稳定飞行。

2. 火箭发射筒

火箭发射筒平时用来包装固定火箭弹，射击时是火箭弹的发射装置赋予火箭弹射向和射角。发射筒由筒身、前后盖、前后护围、瞄准镜座、瞄准镜、击发机、提把、组合背带和传爆点火用的塑料导爆管组成，如图6.31所示。

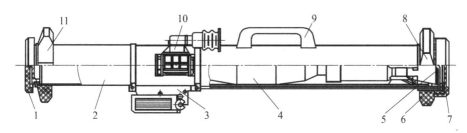

图6.31 火箭发射筒结构
1—前盖；2—发射筒；3—击发机；4—火箭弹；5—塑料导爆管；
6—固弹胶圈；7—后盖；8—后护圈；9—提把；10—瞄准镜；11—前护圈

1993年首批89式80 mm单兵反坦克火箭筒列装部队。"80火"发射筒采用玻璃纤维缠绕工艺制造，平时充当储存和运输容器，两端用橡胶盖封闭，可以防止异物进入内部，并固定火箭弹的位置；发射管上部有一个提把，左侧配装一个简易的瞄准镜，右侧装有背带，下方配备发射机构；小握把可以旋转，发射时向后打开，从而暴露出扳机；破甲战斗部配备压电引信，火箭弹飞出发射管后，八个折叠刀片形尾翼向后打开，保持火箭弹飞行稳定。

发射筒中的击发机是纯机械装置，发火采用非电导爆管结构。点火工作过程：当击发机的击针撞击火帽时，火帽能量激发导爆管，而导爆管将冲击能量传给点火具，通过转换点燃点火具中的点火药，最后点燃火箭火药，使火箭飞行。这种机械式击发机作用可靠、制造方便。

3. 系统性能特点

（1）体积小、质量轻。该武器系统质量为3.6 kg。平时火箭弹被装在发射筒内，构成全备状态。发射筒最大直径为160 mm，筒身的外径为85.4 mm，武器全长900 mm。

（2）威力大。火箭弹的破甲威力为180 mm/65°，有较大的后效威力。

（3）有良好的射击精度。89式80 mm单兵反坦克火箭在发射筒内所装的80 mm破甲弹，射击时在200 m直射距离上方向和高低中间误差不超过0.35 m×0.35 m，400 m射程内对碉堡等固定目标也有较好的准确度。

（4）配用光学瞄准镜。在发射筒上配用了测瞄合一、一次性使用的光学瞄准镜，增大了表尺射程并提高了射击精度，从而有效地提高了武器的有效射程。

（5）适应性好。武器系统为单兵一次性使用，在使用时不依赖于任何附加装备，不受自然条件和兵种的限制，需要时均可使用。

（6）结构简单、使用方便。从包装箱中取出的火箭（系统）为全备状态。使用时，装上瞄准镜，打开发射筒上的前盖即可瞄准射击（后盖可以不打开）。

（7）发射筒后有后喷火焰，发射时易暴露目标，并有炮后危险区界。

6.4 航空火箭弹

航空火箭弹又称机载火箭弹,是从航空器上发射的以火箭发动机为动力的非制导火箭弹,是空军用来摧毁敌机和地面目标的弹种,其结构及作用与普通野战火箭类似,属于低加速度弹药。

航空火箭弹由火箭弹壳体、火箭发动机、引信、战斗部和稳定装置组成,后来发展的制导型航空火箭弹还包含控制舱及舵面或翼面,其射程一般为 5~10 km,而最大飞行速度为 2~3 Ma。对多数航空火箭弹来说,常采用低速旋转的尾翼结构,使尾翼面与火箭弹轴线成一定角度,使尾翼既产生升力起到稳定作用,又产生旋转力矩降低火箭弹旋转速度;也有的航空火箭弹采用倾斜的多喷管结构,使火箭弹做低速旋转运动。配用于航空火箭弹的引信,有瞬发、延期和非触发3种类型。

航空火箭弹按攻击目标区域可分为空对空火箭弹、空对地火箭弹和空对空/空对地两用火箭弹。空对空火箭弹的弹径一般为 50~70 mm,多被装备在歼击机上。空对地火箭弹在弹径为 37~70 mm 时,被装备在强击机或武装直升机上;在弹径为 70~300 mm 时,被装备在歼击轰炸机上。

航空火箭弹按战斗部的作用可分为杀伤弹、爆破弹、破甲弹、子母弹、干扰弹、箭霰弹等。与航空机关炮相比,航空火箭弹具有射程远、威力大等特点;但散布大且命中率低,通常以多发齐射方式使用。目前大口径航空火箭弹已被机载导弹取代。空对地火箭弹已成为飞机,特别是武装直升机攻击地面目标的重要武器。一架飞机可挂 2~4 个发射架,而每个发射架可装 4~32 枚航空火箭弹,且与机上瞄准具和发射装置配套使用。

在发射火箭弹时,飞机速度一般在 150~250 m/s,则从飞机上发射的火箭弹的飞行速度是火箭发动机提供的速度与飞机发射火箭弹时的飞行速度之和。这一合成速度比火箭发动机提供的速度要大得多,故大大提高了航空火箭弹的抗干扰能力。火箭弹在飞行过程中,由发动机提供一个较小的推力,以满足航空火箭弹稳定飞行的要求。航空火箭弹靠发动机提供较大的速度来改善火箭弹密集度的效果并不明显。据此,航空火箭发动机的设计不像野战火箭发动机那样,追求使火箭弹获得高速度,而是追求火箭发动机具有简单可靠的结构、较小的质量、较高的装填密度及紧凑的外形尺寸等特点。这种发动机能有效地减轻航空火箭弹的质量,在飞机有限的结构尺寸和装载质量条件下,多装弹,从而增大飞机的饱和攻击能力。

6.4.1 57-1 型航空杀伤爆破火箭弹

57 mm 航空火箭弹是歼击机火力系统的重要弹种,主要用于摧毁敌空中目标或地面无装甲的目标。我国空军目前装备有 57-1 型和 57-2 型两种航空火箭弹,这两种火箭弹在结构、性能、生产工艺等方面大致相同。57-1 型航空杀伤爆破火箭弹由战斗部、发动机和稳定装置组成,如图 6.32 所示。

57-1 型的战斗部属爆破弹类型,内装钝黑铝炸药(80% 钝化黑索金,20% 铝粉),由上、中、下三节药柱黏结而成,配用箭-1 引信。其使用高度为 20 000 m,有效射程为 2 000 m。

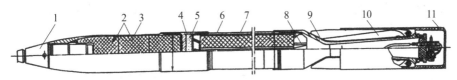

图 6.32 57-1 型杀伤爆破火箭弹

1—引信；2—上、下药柱；3—弹头壳体；4—中间底；5—点火装置；
6—燃烧室；7—火药装药；8—挡药板；9—喷管；10—尾翼装置；11—护套

该弹的稳定装置由翼片、尾簧和轴组成。6 片尾翼均为变截面的钢片，可使火箭弹做低速旋转运动。该弹与目标相遇后，引信作用，战斗部爆炸；炮口保险距离为 100 m，若在发射 10~15 s 后未与目标相遇，则在引信自爆装置作用下自行爆炸。

6.4.2　90-1 型航空杀伤爆破火箭弹

90-1 型航空火箭弹为杀伤爆破火箭弹，它的用途是供强击机摧毁地面和水上目标，如机场设施、桥梁、油库、装甲车、炮兵阵地、地面设施、步兵群和水上中小舰艇等。在国外，它属于空地型武器，也装备于直升机和轻型侦察机上，对地面点目标和面目标实施攻击。该航空火箭弹由战斗部、发动机和稳定装置组成，如图 6.33 所示，其各部分的零件结构与普通火箭弹大体相同，只是稳定装置的区别较大。

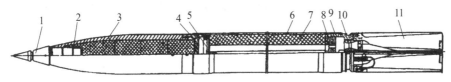

图 6.33　90-1 型航空杀伤爆破火箭弹

1—引信；2—炸药柱；3—战斗部本体；4—中间底；5—点火药包；
6—燃烧室；7—火药装药；8—挡药板；9—喷管座；10—喷管；11—尾翼片

该弹的稳定装置主要由活塞、十字块和尾翼组成。活塞被装在喷管座的中心孔内，活塞杆前端套有橡胶活塞环，而后端用螺帽固定。十字块位于喷管座的后端面，其端部分别与 4 片尾翼的根部相抵。尾翼片用铝合金制成，叶面呈对称形，用固定轴连接在喷管座的 4 个凸耳上。平时，4 个翼片合拢在一起，并用支撑架将其限制住。发射时，在火药气体的作用下活塞带动十字块向后运动，而十字块则推动翼片向外张开，加上迎面气流的作用，最终使翼片张成 50°的后掠角。由于喷管轴线具有 2°的切向倾角，所以火箭弹在飞行中将做低速旋转运动。

6.4.3　俄罗斯 122 mm 航空火箭弹

122 mm 航空火箭弹是俄罗斯研制并装备部队使用的 C-13 系列空地火箭弹，用于摧毁机场跑道、地下掩体、机库、通信中心、舰船等坚固目标。该火箭弹与低阻筒管式发射器配合使用，装备苏-27、米格-29 等高速战斗机。为了更好地发挥其对目标的毁伤作用，俄罗斯 122 mm 航空火箭弹配备有穿甲、杀伤爆破、爆破型等多种类型的战斗部。

俄罗斯 122 mm 航空火箭弹由战斗部、引信、火箭发动机和稳定装置组成，如图 6.34

所示。其主要战术技术性能：弹径为 122 mm，弹长为 2 920 mm，质量为 75 kg，最大速度为 550 m/s，最大射程为 4 km。

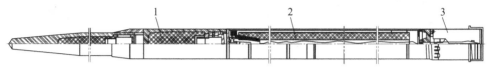

图 6.34　122 mm 航空火箭弹总体结构
1—战斗部；2—发动机；3—稳定装置

1) 战斗部

该火箭弹头部采用尖头穿爆型战斗部，利用高速飞行所获得的动能碰击目标，穿入内部，经一定延时再爆炸，可穿透 6 m 厚的土层加 1 m 厚的混凝土跑道。在穿爆战斗部之后是电磁引信，靠其电磁铁在撞击目标时的惯性力作用切割磁力线圈，产生电脉冲引爆战斗部。

为了增大战斗部威力，采用两节战斗部方案，如图 6.35 所示。杀伤爆破型火箭弹战斗部内装 450 块质量为 25~35 g 的预制破片。

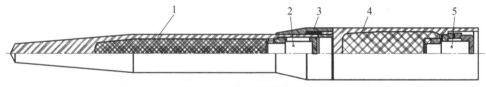

图 6.35　穿爆型战斗部
1—前战斗部；2—引信；3—连接螺；4—后战斗部；5—引信

2) 火箭发动机

该火箭发动机主要由燃烧室、药柱组件、喷管组件、带支架的点火系统、中间底等零部件组成。为了避免飞机的起降及发射给火箭弹带来的不利影响，该火箭发动机设计很有特色，其结构如图 6.36 所示。

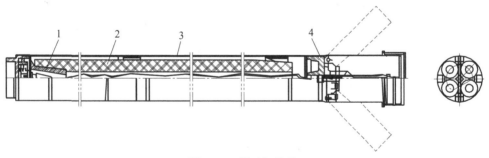

图 6.36　发动机结构
1—定位套；2—推进剂；3—燃烧室；4—稳定装置

(1) 为了便于机械加工，燃烧室分为两节，中间用螺栓连接。燃烧室前端有中间底，与战斗部相连；燃烧室后端与喷管组件相连。

(2) 推进剂药柱为单孔管状药。为了防止发动机工作时出现侵蚀效应及过高的压力峰值，在靠近喷管一端，推进剂的药柱外径小于整个药柱外径，并有一角度过渡。

(3) 为了更好地固定推进剂药柱，在前端（靠近连接中间底）设计一个定位套，与药柱连接。定位套被固定在中间底上，后端（靠近喷管处）设计有垫圈，它们使推进剂药柱很好地固定在燃烧室中。它们的另外一个重要作用是，发动机工作后期不容易有碎药现象。缓冲垫及纸垫等零件可保证推进剂药柱的完整性，保证整个火箭系统具有良好的性能。

(4) 喷管组件由喷管、活塞、夹紧塞、挡药板等组成。4个喷管在一定的位置均布在喷管座上。喷管倾斜一定的角度，在发动机工作时提供给整个火箭弹一定的导转力，使火箭弹旋转，达到提高火箭弹射击密集度的目的。

3) 稳定装置

俄罗斯122 mm航空火箭弹稳定装置设计与90 mm航空火箭弹类似，有4片刀状翼片，在火箭弹飞离发射筒后，由于活塞的作用，十字块将翼片推开，使尾翼前张，以达到提供稳定力矩的作用。

6.4.4 美70 mm航空火箭弹

"海德拉"Hydr-70航空火箭弹是20世纪90年代利用最新火箭发动机——MK66之后发展的新一代航空火箭弹，是美国陆军航空兵的制式装备之一，曾被广泛地运用于固定翼飞机和直升机等各种空射平台上。Hydr弹径为70 mm，弹长为1 060 mm，最大飞行速度为2.7 Ma，最大射程为6.4 km。该型火箭弹于1999正式开始列装，其目的是替代美国陆军固定翼飞机和直升机现行使用的"巨鼠"MK4和MK40火箭弹。

同"巨鼠"火箭弹相比，"海德拉"火箭弹用3翼片横向卷叠式尾翼稳定装置替代了通常所用的4或8翼片纵向折叠式尾翼装置，同时由于MK66火箭发动机采用单一喉部的长喷管，从而使该火箭弹在飞出发射筒之前就获得600 r/min的旋转运动速度，进而使该弹飞行弹道稳定、平直，命中精度更高，同时射程增大，远距攻击能力强命中目标时的撞碰动能大，毁伤目标的效能高。

此外，"海德拉"还采用了多种新型战斗部，主要包括：MI51高爆战斗部，M255标准战斗部，M261通用子母战斗部，M262照明闪光战斗部，M264发烟战斗部，M274信号装药训练战斗部，WTU-1/B惰性装药训练战斗部，以及子母战斗部和标志战斗部等，如图6.37所示。战斗部类型的增多，使得"海德拉"能够适应多种作战任务作战环境的需要，提高了武器的通用性，同时，"海德拉"的机载发射控制系统也得到了改进，提高了火箭弹的射速和精度。其现有机载发射控制

图6.37 发射巢及Hydra火箭弹

系统的型号有：M146武器控制系统，既可控制火箭弹，也可控制航空枪炮，可单发，也可连射，连射间隔为60 μs；M147火箭弹管理系统，射速可调，连射间隔为60~180 μs，自动发射时的间隔为60~70 μs；通用武器管理系统（UAMS），既可控制火箭弹，也可控制航空机炮。

急需精确制导武器的陆军1999开始提出了APKWS（Advanced Precision - Kill Weapons System）计划，将"海德拉"升级为"初级地狱火"，即在"海德拉"加装制导系统，用来装

备美国陆军的地面战车和武装直升机,要求其在 6 km 的射程内误差不能大于 6 m,主要用于打击地面轻型装甲目标,以填补"地狱火"导弹和原版"海德拉"之间的火力空白。同时,美国陆军还提出 APKWS 必须具有超强的"通用性",从而增强现有各种空中平台的精确打击能力。

BAE 公司 2007 年在竞争中取胜,研制了 APKWS Ⅱ。以 BAE 公司为首的技术团队成功地融合了现有的成熟技术,从而使 APKWS Ⅱ 显得更为简单实用,其成本也相对低廉。首先,为了充分利用"海德拉"火箭弹原有的装置,APKWS Ⅱ 改变在弹药头部加装制导装置的做法,在原"海德拉"火箭弹战斗部加装了中段制导舱,从而使其能够使用现有"海德拉"火箭弹系列的任一战斗部及引信,且无须对火箭弹进行任何改造。同时,其制导系统采用了陆军精确制导迫击炮弹分布式孔径半主动激光导引头,4 个导引头分别内置于 4 个前置式鸭翼的根部,平时与弹翼及光学器件密封在制导舱内,以使制导系统免受沙石、灰尘、振动、冰及其他可能在作战环境中遇到的环境危害,如图 6.38 所示。在环境验证试验中,当完全组装好的、重达 15.88 kg 的火箭弹从 0.91 m 高处前端朝下摔下时,其制导舱毫发未损,从而有效地证明了其设计的耐用性。

图 6.38　APKWS Ⅱ 制导火箭弹

6.5　制导火箭弹

6.5.1　制导火箭弹的特点

远程火箭是陆军炮兵拥有的一类重要装备,主要包括火箭炮、火箭弹等战斗装备,侦察、指挥等信息装备,装填、运输等保障装备,可适应全地形、全天候作战,主要进行面压制、小幅员压制及火力突击等作战任务。其中,火箭弹直接体现了远程火箭武器系统的性能和威力,是远程火箭武器系统的核心,也是国内外学者的主要研究对象。

早期的火箭弹是无控的,作战准备时间较长,对作战保障精度要求高,射程较近,精度较差,主要作为战术面压制火力使用。但随着当今武器装备技术的不断发展和战场需求的不断提高,战场所需求的不仅仅是火箭弹的威力,也对火箭弹的射程、打击精度和效益性提出了更高的要求。因此,对火箭弹进行制导化改进或研制新型的远程制导火箭弹,以提高火箭弹的精确打击能力是远程火箭弹研究的重要方向。

美、俄、以、中等国各自开展了低成本制导火箭弹技术研究,虽然研究方法不尽相同,但出发点基本一致。近年来,随着微电子技术、计算机技术、卫星技术等高新技术的发展,国外相继研制出多种型号的制导火箭弹,其中发展水平较高的主要有俄罗斯、美国、以色列和中国等国家。其主要技术途径是将激光制导、图像制导、GPS 导航、惯性导航等制导控制技术和低成本的弹道修正技术应用到常规火箭弹上,这在很大程度上提高了火箭弹的打击精度,使火箭弹在作战应用中能够发挥最大的毁伤效能,同时最大限度地减少不必要的附带毁伤。

美国采用 GPS/SINS 组合导航和全程弹道控制技术对 227 mm 无控火箭弹进行制导化改造,给 Hydra – 70 火箭弹加装低成本弹道修正技术(Low Cost Course Correction Technology,

LC3T)。LC3T 技术利用脉冲推力向量发动机进行姿态控制，不加 IMU 及惯性陀螺测量系统，利用脉冲反向力来减小弹体姿态稳定的过渡过程时间，改善弹体动态特性，可实现 6 m 的圆概率误差。俄罗斯低成本弹药修正技术至今已发展了两三代，采用这项技术的产品已有数十种，该修正技术圆概率误差为 0.8~1.8 m。

Ametech（艾米泰克）公司应用"俄罗斯脉冲修正概念"（RCIC – Russia Impulse Correction Concept）技术改造的系列制导火箭，包括 S – 5Kor、S – 8Kor、S – 13Kor 等型号（Kor 表示修正），该系列火箭弹的装弹方式和其他火箭相同，制导系统依靠激光测距仪和目标识别器的观测器来搜寻目标，一旦选中目标便操作完成火控程序，同步传输设备便将目标指示信号传输给照射器。火箭弹发射后距离目标 400~800 m 时，战斗部与火箭发动机分离，制导系统开始工作，寻的激光探测器迅速接收到目标的激光误差信息，如果偏离攻击目标的路线，一系列小型脉冲发动机（S – 8Cor 有 12 个脉冲发动机）将迅速修正其弹道。

6.5.2 俄 300 mm 简易制导火箭弹

俄罗斯的简易制导火箭弹发展较早，研制了多种口径的火箭弹武器系统。其中，俄罗斯 300 mm 多管火箭炮系统是一种 12 管的大口径远射程多管火箭系统。300 mm 火箭弹是第一个在弹上装备控制系统，在主动段按距离和方位进行弹道修正的火箭弹，它采用主动段弹道修正的技术手段后，与无控火箭弹相比，可使弹着点密集度提高 1 倍，射击精度提高 2 倍。此外，该火箭弹只修正主动段速度矢量，而不进行其他控制。300 mm 简易制导火箭弹主要由简易制导装置、战斗部、固体火箭发动机和稳定装置等组成，其结构如图 6.39 所示。

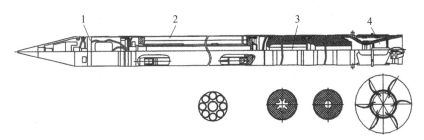

图 6.39　300 mm 火箭弹总体图

1—简易制导装置；2—战斗部；3—固体火箭发动机；4—稳定装置

1. 战斗部

火箭弹可配装多种类型的战斗部用以对付各种不同的目标，为充分发挥武器平台的作用，适应不同作战需求，俄罗斯 300 mm 简易制导火箭弹配备了 14 个战斗部型号，包括 1 种整体式预制破片战斗部、1 种增强型爆破战斗部、1 种混凝土侵彻战斗部和 11 种子母战斗部，主要战斗部类型如图 6.40 所示。其中：9N150 型战斗部为降落伞稳定的预制破片杀爆战斗部，装填 92.5 kg 高爆炸药和 1 100 枚 50 g 的预制破片；9N139 型战斗部为杀伤型子母弹，战斗部装有 72 枚具有自毁功能的 9N235 型破片式杀伤子弹，每枚 9N235 子弹的装药量为 0.32 kg；9N152 型战斗部为末敏子母战斗部，战斗部装有 5 枚 Motiv – 3M 传感器引爆弹药（末敏弹），单枚 Motiv – 3M 末敏弹质量为 15 kg，装药量为 4.5 kg；9N539 型战斗部为装填地雷的子母式战斗部，每枚战斗部携带 25 枚 PTM – 3 AT 地雷，单枚地雷的装药量为 1.8 kg；9N176 型战斗部为携带 646 枚双用途子弹的子母式战斗部，单枚子弹的装药量为

35 g，子弹自毁时间为110 s；9N174型战斗部为增强爆破型温压战斗部，装药量为100 kg，战斗部自毁时间为110~160 s。

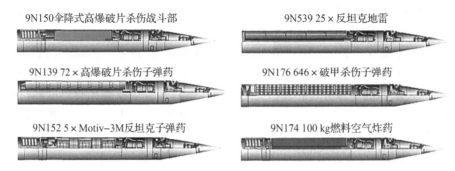

图6.40　300 mm龙卷风火箭弹配用的6种战斗部

2. 控制系统

实践证明，火箭弹散布主要是在主动段形成的，如果能很好地控制火箭弹主动段终点速度矢量的一致性，就能大幅减小火箭弹的散布，提高火箭弹的落点密集度和射击精度。俄罗斯300 mm简易制导火箭弹根据此特点在弹上安装了一套在飞行时不需要接收外界信息的自主式控制系统，用于提高300 mm多管火箭系统火箭弹的密集度。该系统由角度稳定系统和距离修正系统两部分组成。

角度稳定系统中有两个最主要的部件：一个是测角陀螺，另一个是燃气射流执行机构。测角陀螺在发射前被地面仪器赋予基准射向，在发射后，则感知弹轴的实际方向对理想方向的偏差，并将之输入变换—放大器，形成控制信号；执行机构则按照来自变换–放大器的控制信号，在两个相互垂直的通道内，通过排出燃气射流，产生横向推力形式的方向修正力。

由于在弹道主动段的初始阶段，火箭弹无论是对于控制作用还是对于干扰作用都是最敏感的，因此在此阶段进行弹道修正效果最佳，执行机构消耗功率最小，而且在该阶段火箭弹速度不高，用空气舵控制效果不好。因此，该火箭弹采用的这个方案对减小弹道方向偏差是非常合理的。事实证明，该火箭弹只在主动段的开始阶段控制了2.5 s，就取得了很好的效果。

距离修正是靠弹道参数测试装置和子母弹战斗部开舱时间控制装置联合完成的。用来进行弹道参数测量的主要是加速度计和计算装置，加速度计将测得的加速度值输入计算装置，经积分即得到速度值，再积分即可得到火箭弹的弹道坐标。电子时间用于装置控制飞行时间。两者联合，就可以确定子母弹最适合的开舱时间。

俄军新型9M544火箭弹采用捷联惯性导航系统＋"格洛纳斯"卫星修正制导模块，该弹的打击精度可以达到半径15~20 m，比传统的使用简易惯性制导的老式300 mm火箭弹要精确得多，后者在70 km的射程上命中精度仅为半径150 m。不仅如此，新型制导火箭弹还可以单独编程，每枚弹药都可打击不同目标，故一辆发射车具备了同时打击多个目标的能力。

6.5.3　美国227 mm制导火箭弹

GMLRS是一款采用GPS制导的227 mm火箭弹，由美国、法国、意大利英国联合研发。该项目始于1999年，美国于2003年开始采购GMLRS。GMLRS可由M270火箭炮系统及

M142 "海马斯"火箭炮发射,携带 90 kg 的整体式或子母式弹头,最大射程为 70 km。

GMLRSX M30 制导火箭弹是美国 GMLRS 系列中的"增量"1 型,其采用了子母式战斗部,射程达到了 60 km 以上,精度达到了米级,相较于 M26 系列非制导火箭弹,其摧毁一个目标可减少 80%的耗弹量。CMLRS XM30 制导火箭弹的制导和控制系统位于弹体的头部,弹道修正执行机构为四片鸭式气动舵,在飞行过程中采用三通道控制。

1) 结构特点与气动布局

与基本型 MLRS 火箭弹相比,GMLRS 火箭弹有以下一些优点:

(1) 重新设计了火箭发动机,使火箭弹的最大射程提高到 70 km;

(2) 提高了精度,精度达到米级;

(3) 提高了对目标的毁伤效率,摧毁一个典型目标的用弹量减少了 80%;

(4) 缩短了任务时间;

(5) 减少了附带毁伤;

(6) 采用模块化设计,以便于今后的发展。

制导与控制部件位于火箭弹的头部,其后依次为战斗部、火箭发动机和卷弧尾翼,如图 6.41 所示。GMLRS 火箭弹采用鸭式气动布局,有 4 片小型鸭式舵片和 4 片卷弧型尾翼。

据文献报道,CMLRS 箭弹在先期技术演示(ATD)阶段采用了将火箭弹弹体分成前、后两舱段,前、后舱段之间采用滚动轴承连接以实现滚动解耦的方案。前舱段采取滚转稳定,制导和控制装置、弹上电源、战斗部等均安置在前舱段,后舱段(发动机和尾翼)可沿弹体纵轴连续旋转,火箭弹采用鸭式空气舵进行 3 通道控制。不过,从最新的资料来看,该火箭弹可能采用了自由旋转尾翼来实现鸭舵和尾翼之间在滚转方向上的气动解耦,使得鸭舵也能够对火箭弹进行滚转操纵。

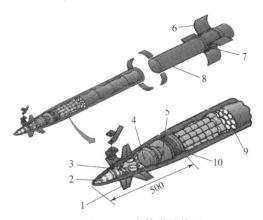

图 6.41 火箭弹结构图

1—舵片;2—电池;3—控制作动系统;4—惯性测量单元(IMU);5—SAF;6—折叠式自由旋转尾翼;7—旋转关节;8—火箭发动机;9—DPICM 子弹;10—GPU/ELECT

2) 战斗部与引信

GMLRS 火箭弹可配用子母式战斗部,携载 644 枚(DPICM)子弹。

3) 动力装置

在增程型 MLRS 无控火箭弹的基础上,配备了新的固体火箭发动机,使 CMLRS 火箭弹的射程能够更远。

4) 制导系统

GMLRS XM30 火箭弹的制导方式主要采用了弹道修正技术，其制导和控制组件包括一个低成本战术级惯性测量单元（IMU）、4 片鸭舵、4 台电动舵机、1 台 GPS 接收机（及天线）、热电池、导航计算机和电源等。制导任务采用全球定位系统（GPS）接收机辅助低成本战术级惯性测量单元（IMU）来完成。根据制导指令，由电动舵机驱动舵片偏转，分别进行俯仰和偏航控制，而舵片的差动偏转还能进行滚转控制。

除 GMLRS "增量" 1 型外，美国还开展了 "增量" 2、"增量" 3、"增量" 4、"增量" 5 及后续 "增量" 项目的研制与装备。其中， "增量" 2 项目主要采用了整体式战斗部，配备了触发和延期双模引信，具备弹道规划能力，可最大限度地降低附带毁伤，从而大幅提高了火箭弹的战场适用性； "增量" 3 项目主要研制可替代战斗部制导火箭弹，从而在满足《集束弹药公约》的同时，具备子母式战斗部的作战效能； "增量" 4 项目计划研发新型发动机，以提高火箭弹的射程，使火箭弹可以垂直弹道的方式攻击 250 km 范围内的目标，或以常规弹道的方式攻击 300 km 范围内的目标； "增量" 5 及后续 "增量" 项目将进一步提升火箭弹的射程，同时，使火箭弹具备目标重新装定、打击移动目标、毁伤效能可控、攻击复杂环境中的目标等能力。

6.5.4　国内典型制导火箭弹

国内研制的制导火箭弹主要包括 "卫士" WS 系列火箭弹、"火龙" 系列火箭弹和其他系列火箭弹。"卫士" WS 系列火箭弹是由四川航天工业总公司研制的，其主要包括 WS-1、WS-1B、WS-2、WS-22、WS-33、WS-32、WS-3A 等多种型号，射程覆盖 60~480 km，采用 6×6 轮式发射车发射，机动能力强。其中，WS-1、WS-1B 和 WS-2 为早期的型号，无制导控制能力或采用了简易制导控制措施。

"火龙" 系列火箭弹是由中国兵器集团公司研制的新型制导火箭弹，其包括 140 mm 和 280 mm 等型号，且均为制导火箭弹。"火龙" 系列火箭弹由 AR3 火箭炮发射，整个武器系统具备全套 C^4ISR 功能，其发射平台可实现多种型号火箭弹共架发射，最大射程达 280 km，射击精度在 50 m 以内。为提高飞行姿态的精准控制，其加装有惯性导航组件，并且采用了倾斜稳定模式。

北方工业公司（NORINCO）针对 AR3 370 mm/300 mm 多管火箭炮（基于一种 8×8 越野底盘），向出口市场提供制导火箭弹：BRE3 300 mm 型最大射程 130 km；BRE6 和 BRE8 370 mm 型制导火箭弹，最大射程分别为 220 km 和 280 km。此外，NORINCO 公司还研制了 SR5 多管火箭炮（基于一种 6×6 越野底盘），能够安装 2 个发射箱，配备 20×122 mm 或 6×220 mm 火箭弹。为了配合 SR5 多管火箭炮，NORINCO 研制 BRE7 122 mm 型制导火箭弹，最大射程为 40 km，采用 CPS/INS 制导系统，CEP 为 20 m；GR1 220 mm 型末段制导火箭弹，最大射程为 70 km，除了 GPS/INS 之外还加有激光制导系统，精度为 3 m。中国航天科技集团公司（CASC）推出了 A300 两级火箭弹，第二级采用 GPS/INS 制导，战斗部重为 150 kg，射程为 300 km，CEP 为 30~45 m。据报道 A300 能够与 DF12/M20 导弹共用 TEL（运输—竖起—发射装置）。

6.6 火箭弹的发展趋势

火箭弹具有无后座、射程覆盖范围大、使用方便等优点，第二次世界大战以来备受许多军事强国的重视，特别是近十几年来中远程火箭弹在局部战争中更是发挥了重要作用。随着一些高新技术、新材料、新原理、新工艺在火箭弹武器系统研制中的应用，火箭弹在射程、威力、密集度等综合性能指标方面有了较大幅度的提高，以"全域作战、侦打一体、动态聚能、基于效果"作战理念为指引不断发展。

1. 构建新一代野战火箭武器系统

为构建完整的火力配备体系，满足炮兵对 20～300 km 纵深内多种目标的打击能力，尤其是远程目标的打击能力，需要发展全纵深的精确打击火力系统，而伴随着炮兵兵力和建制单位的削减，又要求炮兵武器具备"一专多能，一炮多用"的性能。因此，野战火箭武器系统的作战任务也在发生着变革，主要体现在：

(1) 由压制、支援为主，转变为远距离、大纵深直接歼敌，阻断敌方部队增援以及破坏敌方永久性阵地等。

(2) 由多门火箭炮对面目标射击转变为单炮对点目标射击。

(3) 由兵力机动转变为火力机动等。

野战制导火箭武器系统将在很大程度上替代身管火炮和近程地地战术导弹，实现高精度、大威力和全域、全纵深精确火力打击。

2. 平台模块化

(1) 野战火箭发射平台一般为多发联装的发射装置，用弹量多，装填麻烦，弹药保障难度大。

(2) 要发展不同射程的火箭弹，需要对弹径进行必要的改变，如果使用传统的集束定向管式发射装置，则口径是固定的，无法发射多种口径火箭弹。

(3) 如果利用固定口径的发射平台进行作战，当需要发射不同射程的火箭弹时，就必须以较大兵力参战。

采用储运发箱模块化设计，可以解决口径限制、弹药保障难题，确保单平台发射不同口径火箭弹，甚至实现弹、箭共平台发射，提升野战火箭作战效能。俄罗斯为了提高野战火箭的快速反应能力，在"旋风"火箭炮的基础上正在发展"狂风"火箭炮，采用储运发箱模块化设计，实现 122 mm、220 mm 和 300 mm 三个口径的弹种在同一种平台上进行发射。

3. 发展射程远、威力大、精度高的火箭弹

由于信息化水平的提高，未来作战将呈现侦察立体化、全谱化，指挥网络化、扁平化，打击精确化、灵巧化等特点。对野战火箭武器系统而言，当接收到指挥中心下达的作战命令后，就可以独立完成作战任务，这就要求武器系统自身要不断增强对信息的收集和处理能力，提高指挥控制的自动化水平，使野战火箭武器系统成为以发射车为主体，以无人机、地面控制站等为侦察导引、中继和评估的信息单元，集侦察、测地、指挥、通信和机动于一体的综合体，火箭炮能自动完成调平、定位定向、装填、瞄准和发射，构建一个察、打、评一体化闭环的精确打击火力系统，实现作战的高度自主性、灵活性和主动性。

现有火箭炮平台还难以满足山地作战、高原作战、跨域作战及空中机动运输等军事需求，未来野战火箭武器系统必须着眼于轻型化和高机动性等特点进行发展，采用轻型底盘的发射车，以及一次性储、运、发箱等技术。

4. 发展多种类型战斗部，实现多弹种共平台发射

采用高能量密度炸药、含能破片，并优化战斗部结构提高战斗部的综合性能，结合作战使用发展子母、杀爆、云爆、侵彻、末敏、封控、燃烧、电磁干扰、心理战宣传等多用途战斗部，以满足未来战场目标多样化的需求，提高火箭武器系统的作战范围，使其既可以打击集群装甲目标，实施面压制，又可以打击高价值点目标，形成完备打击能力。

发射平台能装载不同种类的储、运、发箱，可兼容发射制导火箭弹、简易控制火箭弹和无控火箭弹，提高发射平台的通用性，降低保障费用，大幅提升野战火箭武器系统的灵活性。

5. 增加射程、提高射击精度和突防能力

现代战场的纵深作战要求陆军炮兵先敌开火、远战歼敌，因此，增大武器的射程和目标侦察、通信设备的作用距离是增强炮兵火力的主要目标。提高射程，可以在更远距离上对目标进行毁伤、提高火力的机动性、减小敌方回击的风险，因此，增大射程是野战火箭武器系统发展的一个主要方向。

为了提高精度，目前国内外都采用低成本捷联惯导系统，如果飞行时间较长，累积误差也会较大，需要加入卫星定位系统进行修正，采用惯导/卫星组合导航系统。为了实现对固定目标的精确打击，有必要给制导火箭弹配备导引头，实现精确末制导，大幅提高射击精度，实现真正的精确点打击，并使制导火箭弹具备对移动目标和时敏目标的精确打击能力。

面对弹道导弹/火箭威胁的日益加剧，各军事强国都高度重视发展反导拦截系统。由于火箭弹弹道呈抛物线状，相对固定，敌方探测系统容易预测出火箭弹的飞行轨迹，引导防御系统进行拦截。因此，为了提高火箭弹的生存能力和突防能力，要求火箭弹具备机动变轨控制能力，通过改变固定的惯性弹道，实现有效突防并准确命中目标。

习　题

1. 对比分析火箭弹和炮弹的作用原理有什么不同？
2. 与炮弹相比，火箭弹具有哪些优点和缺点。
3. 固体燃料火箭发动机由哪些部件组成？每个部件的功能分别是什么？
4. 尾翼装置的基本结构有哪几种形式？
5. 涡轮式火箭弹和尾翼式火箭弹各有什么特点？

第 7 章
导弹及弹药战斗部

7.1 导弹和导弹武器系统

导弹是指依靠自身动力装置推进，由探测制导系统控制飞行并导向目标，以其硬杀伤战斗部摧毁目标、以其软杀伤战斗部干扰目标、以其功能载荷进行侦察通信等任务的武器装备。

导弹问世于 20 世纪 40 年代中期。第二次世界大战后，随着科学技术和工业水平的发展以及战争的需要，同时作为战略威慑和战术应用的主要武器，导弹成为发展最快的现代武器。尽管各类导弹的发展规模和更新换代的时间有所不同，但从导弹对科学技术和工业水平的依存关系、战争需求对导弹武器发展的促进作用来看，各类导弹的发展大致都经历了战后早期发展、大规模发展、改进性能和提高质量、全面更新 4 个时期。在信息技术的推动下，导弹综合了当代最新技术精华，已成为精确、灵巧、杀伤力强大的高新技术武器，是各军兵种的主战武器，也是国防现代化的重要标志。

导弹具有命中精度高、可实施远程精确打击、杀伤威力大和作战性能高等特点。导弹既是一种打击兵器，也是一种武器作战平台。作为武器作战平台的导弹装备，它既可以成为精确打击的利器，又可以携带多种功能载荷，进行多样化作战任务；既可以单独运用，又可以协同作战；既可以用作即时打击，又可以用作战场控制。导弹概念的延伸和拓展，为导弹技术的创新发展、导弹装备的作战应用以及导弹作战的任务样式提供了更加丰富灵活的可能性。

7.1.1 导弹的组成

导弹是导弹武器系统的核心组成部分。导弹武器系统是由导弹及其配属的各种装备和设施组成的武器系统，是独立进行作战任务的最小作战单元。导弹武器系统一般装载于导弹作战平台。导弹作战平台是指装载、运输、发射、制导、控制导弹的作战平台，主要包括有人/无人车辆、飞机、舰艇/潜艇、预置武器、空天飞行器等。导弹武器系统一般由导弹装备、导弹发射装备、导弹引导装备、导弹指控装备、导弹保障装备五大部分组成，不同的导弹武器系统功能相近，组成相似，宜于标准化、系列化发展，以实现"一种导弹装载多种载荷、一个系统适装多种导弹、一个平台融合多种系统"。

导弹本身主要由 5 个分系统组成，即推进系统（动力装置）、制导系统、引信战斗部系统、弹体结构和电气系统。由于导弹本身是一个复杂的系统，为了从系统工程的观点出发研究问题，通常把上述 5 个分系统组成的导弹称为导弹系统。导弹系统组成如图 7.1 所示。

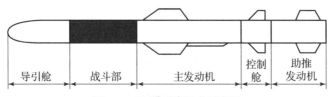

图 7.1　导弹系统组成示意图

1. 推进系统

推进系统也称为动力装置，是为导弹起飞和飞行提供动力的装置，是导弹运动的动力源，用于保证导弹获得需要的射程和速度。

导弹上的动力装置种类很多，都是直接产生推力的喷气推进动力装置，常用的有火箭发动机（固体和液体火箭发动机）、空气喷气发动机（涡轮喷气、涡扇喷气和冲压喷气发动机）、火箭—冲压组合发动机以及其他组合型发动机。

有的导弹如地（舰）对空导弹和反坦克导弹用两台或单台双推力发动机：一台作为起飞时助推用的发动机，用来使导弹从发射装置上迅速起飞和加速；另一台作为主发动机，用来使导弹维持一定的速度飞行，以便能追击飞机或坦克，又称为续航发动机。远程导弹、洲际导弹的飞行速度要求在火箭发动机熄火时达到数千米每秒，因而要用多级火箭发动机。

2. 制导系统

制导系统是导引和控制导弹飞向目标的仪器、装置和设备的总称。从功能上可将制导系统分为导引系统和控制系统两部分。为了能够将导弹导向目标并保证较高的命中精度，一方面需要不断地测量导弹和目标的实际参数（如导弹运动方位、导弹和目标的相对距离、目标运动参数等），以便向导弹发出修正偏差或跟踪目标的控制指令信息；另一方面还需要保证导弹稳定地飞行，并操纵导弹改变飞行姿态，控制导弹按所要求的方向和轨迹飞行而命中目标。前一任务由导引系统完成，后一任务由控制系统完成，两个系统合在一起构成制导系统。

制导系统的组成和类型很多，它们的工作原理也多种多样。制导系统可以全部安装在导弹上，也可以只将控制系统安装在导弹上，而将导引系统设在地面、舰艇或飞机的"弹外制导站"上。

3. 引信战斗部系统

引信战斗部系统简称引战系统，由引信和战斗部组成。战斗部是导弹上直接用于摧毁目标、完成战斗任务的有效载荷，它也是导弹和其他飞行器的主要区别之一。对于弹道导弹，由于战斗部一般放置于导弹的头部，所以通常称为弹头。战斗部是导弹上用以破坏目标的部件，也是导弹之所以成为武器的基本条件。

1）战斗部的地位与作用

战斗部是武器弹药直接完成预定战斗任务的分系统，其典型运用过程是：根据被攻击目标的特性，武器系统将战斗部发射到预定的适当位置（如目标附近、目标表面或目标内部），引信探测或觉察目标，适时可靠地提供信号，起爆爆炸序列，使战斗部主装药爆轰释放出能量，与战斗部其他构件一起形成各种毁伤元素（破片、杆条、爆炸成型弹丸、金属射流、爆炸冲击波等），对目标产生预期的破坏效果。

对于武器系统探测发现目标，及时可靠地发射弹药，并导引弹药到命中或拦截目标的各个阶段，其任务都是为了有效地摧毁目标。从这个意义上来说，战斗部是武器系统的核心，而其他各分系统的作用都是保证将战斗部分系统可靠、准确地发射到预定适当位置。

（1）战斗部在一定范围内可以弥补命中/制导误差，保证对目标实施有效毁伤。例如，对于射程为 1 500 km 的制导武器命中精度圆概率误差（Circular Error Probability，CEP）为 12~15 m 的巡航导弹来说，若没有进一步的高精度末制导手段，导弹基本上不可能直接命中目标。但是，若该巡航导弹配置战斗部，使战斗部的威力半径 R 与导弹的 CEP 相匹配，则战斗部威力场覆盖范围将可以弥补导弹的制导偏差，从而达到有效毁伤目标的战斗效果。

（2）战斗部能够扩大目标的毁伤破坏程度。从战场使用角度，总是期望弹药的毁伤效率或威力尽可能大。在导弹飞向目标的过程中，会受到各种因素的干扰而使制导系统不可避免地存在误差，特别是在对付速度高、机动性好、距离远的现代空中目标时，导弹直接命中的可能性较小。即使直接命中目标，单凭弹药本身的动能，其对目标所造成的破坏仅是一个与弹体直径同样大小（或稍大）的穿孔（超高速碰撞除外），其毁伤效率很低，难以达到对目标的预期作战效果。但是，携带战斗部的导弹能在与目标遭遇的适当时刻起爆，并迅速释放其内部能量，依靠众多的高速、高能毁伤元破坏目标，其杀伤距离和范围将远远超过导弹的弹体半径，对位于战斗部有效杀伤距离之内的目标，具有很高的摧毁概率。因此，为了保证在未直接命中的情况下也能破坏目标，导弹必须带有适当的战斗部。以某空地导弹为例，在不配置战斗部的情况下攻击普通地面，仅能形成一个 1.3~1.5 倍弹径的弹坑，若配置 100 kg 杀伤爆破战斗部，攻击同样的地面，其弹坑直径将达 2.5~3.5 m，位于落点周围 15~20 m 的建筑物将受到较严重的破坏，对人员将产生较严重的杀伤。

2）战斗部的类型

由于导弹所攻击的目标性质和种类不同，不同的作战使命对战斗部的需求也不同。针对不同的作战目标，导弹上配用不同类型的战斗部。战斗部的类型一般根据它对目标的作用原理或者内部装填物来确定，分为核战斗部和非核战斗部（常规战斗部），常见的战斗部类型如图 7.2 所示。

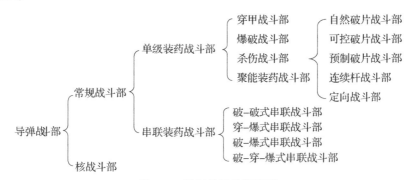

图 7.2 常见的战斗部类型

除了上述战斗部种类外，还有特种战斗部和新型战斗部，本章在重点介绍各种常用导弹战斗部的结构、作用原理和作用特点的基础上，对近几年发展的新型战斗部也做了介绍。

4. 弹体结构

弹体即导弹的主体，是由各舱段、空气动力面、弹上机构和一些零部件连接而成。弹体是外力的主要承受者，它的功能是使导弹的各部分组合成一个整体，并使导弹形成良好的气动外形。

空气动力面包括产生推力的弹翼、产生操纵力的舵面及保证稳定飞行的安定面（尾翼）。由于弹道式导弹的弹道大部分在大气层外，主动段只需按程序转向飞行，因此没有弹翼或根本没有空气动力面。

各舱段连接成的主体称为弹身，它的功用是安装战斗部、制导设备、动力装置及电气设备等，并将弹翼、舵面等部件连成一个整体。当采用固体火箭发动机、受力式整体推进剂存储箱时，它们本身就是弹身的一部分。弹身是导弹的最主要的受力和承力部件，对超声速导弹，弹身也起着产生空气动力的作用。

5. 电气系统

电气系统是供给弹上各分系统工作用电的电能装置，由电源（电池组）、配电和变电装置、接触器、继电器、开关、传送电路等组成。电气系统将弹上各用电设备连成一个整体，保证在地面测试和导弹飞行中适时、可靠地向各设备供电，此外其还把弹上各设备与地面检查、发射设备联系起来，实现弹上设备的检查和导弹发射。

7.1.2 导弹的分类

导弹按不同的属性有不同的分类。随着技术的发展，这种传统的分类界限被逐步模糊。导弹分类的方法虽然很多，但每一种分类方法都应概括地反映出它们的主要特征。通常，导弹可按其作战使命、攻击目标、发射点和目标位置、射程、飞行方式、战斗部类型、弹道形式、外形特征及制导方式等进行分类。由于技术体系和地域习惯的差异，各国对导弹武器系统的分类方法和标准不尽相同，但总的规律和原则相近。导弹的常用分类如图7.3所示。

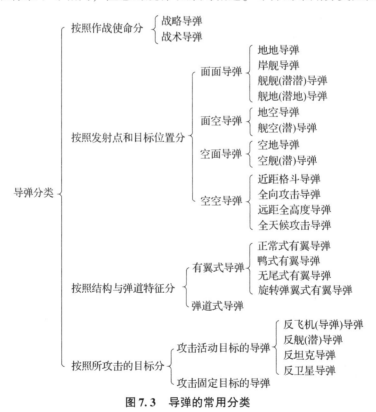

图 7.3　导弹的常用分类

此外，导弹仍处于不断发展中，新的型号不断出现，因而目前的分类还将会有所变化和发展。

1. 地地导弹

地地导弹是由地面发射攻击地面目标的导弹。这里的"地面"是指陆地表面、水面及地下、水下某一深度。根据这类导弹的任务及其结构上的特点，它们又可分为弹道式导弹、飞航式导弹（巡航导弹）及反坦克导弹。

(1) 弹道式导弹。导弹除开始的小部分弹道是用火箭发动机推进外，其余弹道都是按照自由抛物体的规律几乎完全靠惯性飞行，其飞行弹道如图7.4所示，一般分为主动段和被动段。主动段（又称动力飞行段或助推段）是导弹在火箭发动机推力和制导系统作用下，从发射点起飞到火箭发动机关机时的飞行路径；被动段包括自由飞行段和再入段，是导弹按照在主动段终点获得的给定速度和弹道倾角做惯性飞行，到弹头起爆的路径。弹道式导弹一般只对主动段进行制导。根据射程的不同，弹道式导弹可分为近程（射程为100~1 000 km）、中程（射程为1 000~4 000 km）、远程（射程为4 000~8 000 km）和洲际（射程为8 000~10 000 km）弹道式导弹。

(2) 飞航式导弹。它是有翼导弹，其外形与飞机差不多。它的飞行航迹大部分为水平飞行，并且在大气层内飞行。飞航式导弹多采用空气喷气发动机，所以为了从发射装置上发射，需要采用固体火箭发动机作助推器。

(3) 反坦克导弹。它也是有翼导弹。这种导弹用于摧毁坦克、装甲车辆和加固的掩体，它可以从地面、自动运输车或直升机上发射。

2. 地空导弹

地空导弹是一种用来对付空中威胁的制导武器，它所对付的目标一般是指各种作战飞机，有些地空导弹还能够射击巡航导弹、空地导弹、战术弹道导弹和空漂气球等目标。

从舰艇上发射，用来攻击空中飞行目标的导弹，称为舰空导弹。舰空导弹与地空导弹具有非常相似的特性，大多数舰空导弹是由地空导弹改进和演化的，因此习惯上将地空导弹与舰空导弹视为同一类导弹，统称为防空导弹，也称为面空导弹。

图7.5所示为美海军舰艇上发射的SM-3 Block ⅡA防空导弹。

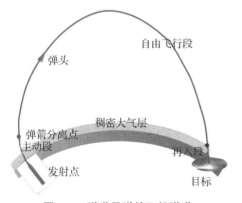

图7.4 弹道导弹的飞行弹道

图7.5 SM-3 Block ⅡA 防空导弹

3. 空对地导弹

空对地导弹是从飞机或直升机上发射，用于对付地面或海上目标。根据导弹的任务和设备的特点又可分成机载反坦克导弹、机载飞航式导弹、空中发射的弹道式导弹等。

机载反坦克导弹是有翼导弹，它与地面发射的反坦克导弹类似，所不同的只是它从直升机上发射。机载飞航式导弹与地面发射的飞航式导弹类似，所不同的是它是从固定翼飞机或直升机上发射。图 7.6 所示为典型美国激光制导型"幼畜"空地导弹。

空中发射的弹道式导弹是从飞机上发射的一种弹道式导弹，这种导弹如果在重新进入大气层的弹道末段要进行制导，则应安装翼面。

4. 空空导弹

空空导弹是从飞机上发射攻击空中目标的有翼导弹，典型空空导弹如图 7.7 所示。空空导弹根据其攻击能力的不同，又可分为尾追攻击和全向攻击两类。尾追攻击是指导弹只能从目标后方的一定区域内对目标进行攻击；全向攻击是指导弹既可以从目标后方攻击，又可以从前方或侧面攻击。空空导弹还可以按攻击目标的距离远近，分为近距离格斗空空导弹和远程攻击空空导弹。

图 7.6 激光制导型"幼畜"空地导弹

图 7.7 空空导弹

以上分类中所用的"地"是指地球表面，包括陆地表面和海面；也有用"地"只表示陆地表面的，以便与海区别开来，这样就有海对地、海对海、空对海、海对空等各类导弹的名称；另外，也有将"海"用"舰"（水面）和"潜"（水下）来代替的，这里"舰"是指军舰，"潜"是指潜艇，因而就有了舰对舰、舰对地、岸对舰、舰对潜、潜对地、空对潜等导弹名称。

7.1.3 导弹武器系统

导弹是导弹武器系统的一个重要组成部分。但单独的导弹不能完成作战任务，必须有其他系统（设备）与其配合，并通过一定的连接方式，构成一个完整的整体，才能完成赋予这个武器的作战使命，这个整体就是导弹武器系统。由此可见，导弹武器系统是由导弹与其他配套的技术装备和设施组成的，能够独立执行作战任务的系统，是独立进行作战任务的最小作战单元。导弹武器系统一般装载于导弹作战平台。导弹作战平台是指装载、运输、发射、制导、控制导弹的作战平台，主要包括有人/无人车辆、飞机、舰艇/潜艇、预置武器、空天飞行器等。导弹武器系统一般由导弹装备、导弹发射装备、导弹引导装备导弹指控装备、导弹保障装备五大部分组成。同类的导弹武器系统功能相近，组成相似，宜于标准化、系列化发展，以实现"一种导弹装载多种载荷、一个系统适装多种导弹、一个平台融合多种系统"。

1. 飞航式导弹武器系统

不同的导弹武器系统组成不尽相同，如飞航式导弹武器系统由导弹、发射控制系统（简称发控系统）和技术保障设备三大部分组成。发射控制系统完成对目标信息的获取和显示、数据处理、发射平台参数测量和处理、计算装定射击诸元、射前检查、战术决策和实施导弹发射任务。该系统主要由目标探测和显示系统、数据处理计算系统、发射平台参数测量处理系统、射前检查设备、发射装置、发射控制系统等构成。

目标探测与显示系统用于测定和显示目标距离、目标方位、目标速度、目标航向等参数。发射平台参数测量系统用于对导弹载体运动参数，如载体速度、载体航向、载体姿态（滚动角和俯仰角）进行测量。这个系统一般包括载体惯导平台或陀螺稳定平台、高度表、多普勒雷达等设备。上述所测目标及载体运动参数全部输给数据处理计算系统——射击指挥仪用于解算射击诸元，计算结果由指挥仪向导弹定时机构装定自控飞行时间或自控飞行距离，向导引头装定自导距离（对自控加自导的制导体制而言），向自动驾驶仪装定射击扇面角，射击指挥仪还向导弹的发射装置传送射击方位角，控制发射架转向所要求的方位。对于机载固定式发射架（或称挂架），射击指挥仪不控制发射装置的方位，只控制导弹的脱钩。对于空地导弹而言，指挥仪需向弹上惯导系统输入载体所测得的各种角度和速度信息，使导弹初始对准目标。

技术保障设备用于完成导弹起吊、运输、储存、维护、检测、供电和技术准备，以保障导弹处于完好的技术状况和战斗待发状态。技术保障设备主要包括：测试设备、吊车、运输车、装填车、技术阵地及仓库拖车、电源车、燃料加注车、清洗车、气源车、通信指挥车和其他配套工具。技术保障设备随导弹种类的不同而不尽一致。

2. 地空导弹武器系统

地空导弹武器系统发展至今，已有数十种型号，形成了各种不同性能、不同用途的庞大武器系统家族。由于作战任务、技术战术性能、使用原则以及所采用的技术不同，地空导弹武器系统的组成不尽相同，一般由目标搜索指示系统、跟踪制导系统、导弹系统、发射系统、指挥自动化系统和支援保障系统等分系统组成。

1）目标搜索指示系统

一般情况下，地空导弹武器系统制导雷达的跟踪精度很高，但波束较窄，探测范围较小，难以在大范围内及时发现目标。为弥补地空导弹武器系统制导雷达的不足，一般为地空导弹武器系统配备有目标搜索指示系统。

目标搜索指示系统用于搜索、发现和识别空中目标，测定目标的坐标和运动参数。武器系统的其他设备指示空中目标，提供空中目标的参数。目标搜索指示系统是地空导弹武器系统中不可缺少的组成部分。该系统按设备特征可分为雷达、光学和光电三种；按工作方式可分为主动式和被动式（无源探测）两类。地空导弹武器系统目标搜索指示系统通常由搜索、识别和指示等设备组成。

2）目标跟踪制导系统

地空导弹的跟踪制导系统通过跟踪目标和导弹，测量目标与导弹的坐标和运动参数，导引和控制导弹沿着选定的制导规律所确定的理想弹道飞向目标。地空导弹的跟踪制导系统通常由弹上制导装置和地面跟踪制导设备组成，也有完全由弹上跟踪制导装置组成的，如全程主动寻的或被动寻的制导系统。

制导系统工作的实质是通过对导弹姿态的控制实现对导弹质心运动的导引。制导系统主要由测量装置、解算装置、指令传输设备、自动驾驶仪和执行机构等组成。

测量装置用来连续不断地测定目标、导弹的坐标和两者相对运动的参数并传输给解算装置；解算装置按选定的制导规律完成测量信息的运算处理，形成修正导弹弹道的制导指令；

指令传输设备用于将制导指令传输给导弹上的制导装置；自动驾驶仪是弹上制导装置的基础，用于将制导指令与自身感受的弹体姿态信息进行综合处理，形成控制指令；控制指令由执行机构（一般为舵机）执行。执行机构的动作改变了作用在导弹上的力与力矩，从而改变了导弹的飞行方向和姿态，使导弹按制导指令的引导沿理想弹道飞向目标。导弹按制导指令改变了飞行弹道，测量装置又测定了导弹在空中新的坐标，从而开始下一个循环的制导控制过程，这一控制过程是一个典型的闭环控制过程。

3）发射系统

发射系统是对导弹进行支撑、发射准备、随动跟踪、发射控制及发射导弹的专用设备的总称。发射系统主要由发射装置和发射控制设备组成。发射装置有固定式、半机动式、机动式等类型，发射方式有倾斜发射和垂直发射两种。

倾斜发射方式指导弹发射时处于倾斜状态，倾斜发射装置通常由发射臂、随动系统基座和发控系统组成。

垂直发射方式指导弹发射时处于垂直状态，垂直发射的地空导弹通常装在发射筒（或发射箱）内，发射时靠导弹自身的动力或外加动力使导弹飞离发射筒。与倾斜发射相比，垂直发射具有全方位发射、反应时间短、发射速率高等特点。垂直发射技术是对付多方位、多批次饱和攻击、加大射击密度的有效途径。新型的地空导弹武器系统多采用垂直发射方式。

发射控制设备是制导系统在发射装置上的接口设备，用于按规定的程序进行导弹发射前的准备和初始数据装订，并按指令发射导弹。

发射系统的具体结构取决于地空导弹武器系统的作战要求和系统结构形式。

4）指挥自动化系统

地空导弹指挥自动化系统是指用于收集、处理、显示空中情报，进行威胁估算、目标指示、目标参数和射击诸元计算、目标分配和辅助决策，并对单个或多个地空导弹火力单元实施指挥控制的人机系统。它既是武器系统不可分割的组成部分，又是统一的防空指挥系统的重要组成部分。新型的地空导弹武器系统均配套装备有相应的指挥自动化系统。

5）支援保障系统

支援保障系统为地空导弹武器系统的作战系统提供电气能源、坐标定位、导弹补充装填、维修保障等技术支持。因此，支援保障系统有时又称为技术支援系统。支援保障系统通常包括电源设备、定位设备、准备和测试导弹的地面设备、导弹运输装填设备、各种模拟训练设备、维修设备和文件运输保管设备等。

7.2 制导系统

制导武器之所以区别于常规弹药，在于飞行过程中其轨迹可以受到制导与控制系统的控制，从而精确地击中目标，这其中的关键部分就是制导系统，它的基本任务是确定导弹与目标的相对位置，操纵导弹飞行，在一定的准确度下，引导导弹沿预定弹道飞向目标。

7.2.1 制导系统的组成与分类

1. 制导系统的组成

从功能上可将制导系统分为导引系统和控制系统两部分。其中导引系统的作用是通过探测装置确定导弹相对目标或发射点的位置形成导引指令；控制系统用来操纵导弹，迅速而准确地执行导引系统发出的导引指令，控制导弹飞向目标。

制导系统通常按照导弹的运动分成俯仰、偏航、滚转三个通道，有些导弹滚转通道不进行控制。还有一些小型导弹，如反坦克导弹、肩射短程地空导弹等，滚转方向采用强制自旋，而俯仰和偏航通道则合为一个通道来处理。

2. 制导系统的分类

制导系统通常是按照导引系统的特点来分类的，亦即按照产生导引信号的来源分类，现在一般分为三大类：自主式制导系统、遥控式制导系统和自动寻的式制导系统。

1）自主式制导系统

在这种制导系统中，控制导弹飞行的导引信号的产生，不依赖于目标和指挥站（地面的或空中的），而仅由导弹本身安装的测量仪器来测量物体、地球或宇宙空间的物理特性，从而决定导弹的飞行航迹。例如根据物体的惯性，测量导弹的运动加速度来确定导弹飞行航迹的惯性导航系统；根据宇宙空间某些星体与地球的相对位置来进行导引的天文导航系统；根据预先安排好的方案控制导弹飞行的方案制导系统；根据目标附近的地形特点导引导弹飞向目标的地图匹配制导系统等。自主式制导系统的特点是它不与目标或指挥站发生联系，因而不易受到干扰。这种系统制导的导弹，一旦发射出去，就不能再改变其预定的航迹，因而单用自主式制导系统的导弹不适于攻击活动目标。

2）遥控式制导系统

在这种制导系统中，导引信号由设在导弹以外的指挥站发出，这种指挥站可以设在地面、舰船，也可以设在空中（如飞机上）。它用于测定目标和导弹的相对位置，通过人与计算装置形成导引信号，然后发送给导弹，控制导弹飞向目标。显然这种系统适合于攻击活动目标。遥控式制导系统按照遥控信号的传输方式可分为波束制导系统和指令制导系统。

3）自动寻的式制导系统

这种制导系统是依靠导弹上的设备直接感受目标辐射或反射的各种电磁波（如无线电波、红外线、可见光等）来测量目标和导弹的相对位置并形成导引信号，控制导弹自动飞向目标。这种制导系统适于攻击活动目标。自动寻的式制导系统按照信号的来源可分为主动式、半主动式和被动式自动寻的制导系统；按信号的物理特性又可分为红外、电视、激光及雷达式自动寻的制导系统等。自动寻的式制导系统也称为自动导引系统。

制导系统的分类如图 7.8 所示。

对制导系统的主要要求：制导精度要高，对目标的分辨力要强，反应时间应尽量短，控制容量要大，抗干扰能力强，有高的可靠性和极好的可维修性等。

7.2.2 控制系统

为提高导弹命中精度和毁伤效果，我们对导弹进行控制的最终目标是使导弹命中目标时质心与目标足够接近，有时还要求有适当的弹着角。为完成这一任务，需要对导弹的质心与姿态同时进行控制，但目前大部分导弹是通过对姿态控制间接实现质心控制的。导弹姿态运动有三个自由度，即俯仰、偏航和滚转三个姿态，也叫三个通道。所以，控制方式也可分为以下三种方式：

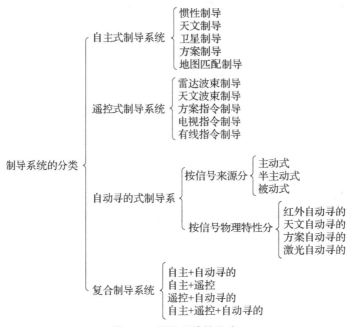

图 7.8　制导系统的分类

（1）单通道控制。采用单通道控制方式的导弹可采用"一"字舵面，继电式舵机，一般利用尾喷管斜置和尾翼斜置产生自旋，利用弹体自旋，使一对舵面在弹体旋转中不停地按一定规律从一个极限位置向另一个极限位置交替偏转，其综合效果产生的控制力使导弹沿基准弹道飞行。

（2）双通道控制。对导弹只进行俯仰和偏航两个通道的控制，对滚转通道只由稳定系统进行稳定，不进行控制。

（3）三通道控制。对导弹的俯仰、偏航和滚转三个通道都进行控制，适用于垂直发射的导弹。

1. 导弹质心运动的控制

导弹飞行轨迹的改变是通过控制作用在导弹上的总的作用力来实现的，即改变总的作用力的大小和方向。导弹在大气中飞行时必然受到重力 G、发动机的推力 P 和空气动力 R 的作用，这些力的合力 F 就是导弹上受的总的作用力。从控制系统的角度看，控制方法只能有两大类，即以改变空气动力来实现控制和以改变推力来实现控制，如图 7.9 所示。

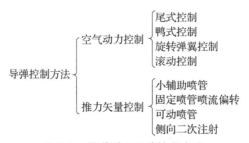

图 7.9　导弹质心运动控制方法

1）空气动力控制

当导弹在稠密大气层内飞行时，气动舵是最广泛使用的操纵机构。气动舵是安置在距离导弹质心为 L_δ 处的不大的承力面，当气动舵偏转一个角度 δ 时，舵面上就作用有气动力 $Y(\delta)$，它作用在舵面的压力中心（压心），并产生相对导弹质心的力矩，在此力矩作用下，导弹将绕其质心转动而改变其飞行迎角，最终使迎角平衡在一定的数值上，并产生控制所需的法向力，如图 7.10 所示。

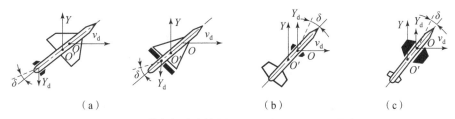

图 7.10　导弹空气动力控制（O 为质心，O' 为压力中心）
（a）尾式控制；（b）鸭式控制；（c）旋转弹翼控制

2）推力矢量控制

所谓推力矢量控制，是通过改变发动机排出的气流方向控制导弹飞行的一种控制方法。推力矢量控制有着明显的优点，即只要导弹处于推进阶段，在高空和低速时，都能对导弹进行有效控制，而且能获得很高的机动性能。目前，这种方法一般用于弹道导弹的垂直发射段、垂直发射的战术导弹以及某些空空导弹等。

2. 导弹质心运动控制的实现

前面讨论的控制，无论是依靠控制面的偏转还是依靠推力矢量的改变来使导弹在俯仰、偏航平面的机动或绕弹体纵轴的运动，都是在没有仪表反馈的情况下进行的控制，实际上是一种开环控制，在没有外界干扰的情况下这种开环控制也是有效的。但是一般说来外界干扰是不可避免的，为了抑制干扰，提高制导与控制精度，唯一有效的解决途径是给控制系统引进反馈，将开环变成闭环。由此，导弹的控制系统就由控制面或推力矢量控制元件、伺服机构、弹体构件、反馈仪表（如加速度计、陀螺仪等）以及必需的控制设备构成，这种有仪表反馈的控制系统就是自动驾驶仪，它是一个自动控制系统。

7.3　杀伤战斗部

7.3.1　破片式杀伤战斗部

破片式杀伤战斗部的特点是利用战斗部内高能炸药的爆炸，使金属外壳形成大量高速破片，这些破片能对目标造成多种形式的破坏。这种战斗部的结构形式有很多种，而其破片形成机制也有很大的差别，通常可分为自然破片式战斗部、半预制破片式战斗部（可控破片或预控破片战斗部）和预制破片式战斗部等几类，图 7.11 所示为不同类型破片式战斗部的结构示意。

破片式战斗部的作用原理是通过爆炸驱动众多破片使其达到高速，并利用破片对目标的高速碰击（贯穿）、引燃和引爆作用毁伤目标。实践证明，这类战斗部对空中、地面的多种

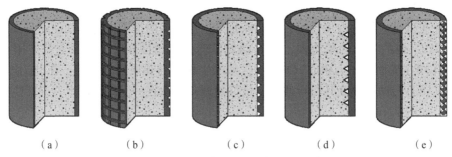

图 7.11 不同破片式战斗部结构示意
(a) 自然破片；(b) 半预制破片（外刻槽）；(c) 半预制破片（内刻槽）；
(d) 半预制破片（炸药外表面刻槽）；(e) 预制破片

目标具有良好的杀伤效果，可用于毁伤有生力量（人、畜）、无装甲或轻型装甲车辆、飞机、雷达及导弹等。在现有引战系统配合下，破片式战斗部对多种目标的作战应用都具有较强的适应能力，可用于拦截弹道式导弹，攻击地面防空导弹发射系统、雷达天线等，针对不同的目标，破坏机制有所不同。因此，对于破片式战斗部，威力参数包含破片性能参数、飞散特性和杀伤性能参数，主要包括破片质量、数量、破片初速、速度衰减系数和速度分布、破片飞散角、破片对特定靶板的穿透能力以及爆炸冲击波参数等。通常采用战斗部静爆试验来测定其主要威力参数。

1. 自然破片式战斗部

自然破片式战斗部的破片是在爆轰产物作用下，壳体膨胀、断裂破碎而形成的。壳体在爆轰产物作用下首先环向膨胀，当膨胀变形超过材料的强度极限时，壳体开始裂开，接着壳体外表面的裂口开始向内表面发展成为裂缝，爆炸气体产物从裂缝中流出，随后爆炸气体逸出并伴随着壳体破碎而形成破片飞出。该类战斗部的壳体既充当容器又形成杀伤元素，战斗部壳体通常是等壁厚的圆柱形钢壳，在环向和轴向都没有预设的薄弱环节，材料的利用率较高、壳体较厚，爆轰产物泄漏之前，驱动加速时间长，形成的破片初速高。

自然破片式战斗部是靠爆炸能量使外壳破裂形成大量破片，破片数量及质量与装药性能、起爆方式、装药质量与壳体质量比、壳体材料性能及热处理工艺、壳体厚度等因素相关。与预制破片式战斗部相比，自然破片式战斗部的破片数量不够稳定，质量散布较大，破片质量过小，往往不能对目标造成有效杀伤效应，而质量过大又意味着破片总数的减少或破片密度的降低，特别是破片形状很不规则，飞行速度衰减快，战斗部的破片能量散布很大。

自然破片式战斗部的优点是结构简单，但总的来讲，这种战斗部的破片特性不够理想。因此，在不能直接命中目标的防空导弹上不宜采用自然破片式战斗部。但是，在某些能直接命中目标的便携式防空导弹上，却不乏使用此类战斗部的例子，如美国的"毒刺"（Stinger）、苏联的"萨姆"-7等。这是因为在直接命中的情况下，自然破片式战斗部的主要缺点，如破片速度衰减快等特点已不成为其缺点，或者可以忽略，而这种战斗部加工工艺简单、成本较低的优点就突显出来，这正好满足了便携式防空导弹生产批量较大的客观需要。

"萨姆"-7战斗部机构如图7.12所示,战斗部的直径为70 mm,长度为104 mm,质量为1.15 kg,而装药量只有0.37 kg。战斗部前端有球缺形结构,当装药爆炸后,此球缺形结构能形成速度较高的破片流,它在破坏位于战斗部前方的导引头等弹上设备后,对目标的破坏作用已经大为减弱。此战斗部的装药质量只占其总质量的32%,从战斗部设计的一般原则看,它主要被设计成破片杀伤式,但由于是直接命中目标,故其爆炸冲击波和爆炸产物也能对目标造成相当大的破坏,复合作用提高了对目标的毁伤效能。

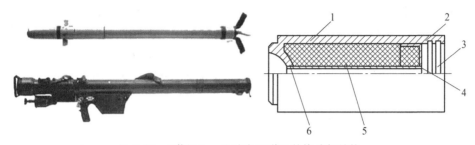

图7.12 "萨姆"-7防空导弹及其战斗部结构
1—壳体;2—扩爆药;3—触发引信;4—电缆管;5—主装药;6—球缺结构

提高自然破片式战斗部威力性能的主要途径是选择优良的壳体材料,并与适当的装药性能相匹配,以提高速度和质量都符合要求的破片比例。

2. 半预制破片式战斗部

半预制破片式战斗部也称可控破片式或预控破片式战斗部,它采用了各种较为有效的控制破片形状和尺寸的方法,可避免产生过大和过小的破片,因而减小了壳体金属的损失,显著地改善了战斗部的杀伤性能。根据不同的半预制技术途径,战斗部可以分为刻槽式、聚能衬套式和叠环式等几种。

1)壳体刻槽式杀伤战斗部

壳体刻槽式杀伤战斗部是在战斗部壳体内壁或外壁上刻有交错的沟槽,沟槽之间形成菱形、正方形、矩形或平行四边形的区块。当炸药爆炸时,由于刻槽处的应力集中,因而沿刻槽处破裂,形成较为规则的破片,破片的大小、形状与数量由沟槽的多少和位置来控制。

刻槽的形式有多种:一是内表面刻槽;二是外表面刻槽;三是内外表面刻尺寸和深度匹配的槽且内外一一相对;四是内外表面都刻槽,但分别控制壳体的轴向和径向破裂。图7.13所示为典型内壁刻槽战斗部结构。

刻槽方法:可以采用在一定厚度的钢板上刻制,然后将刻好槽的钢板卷焊成圆柱形或截锥形,即形成刻槽式破片战斗部壳体;也可以在钢板轧制时直接成型,以提高战斗部生产效率并降低成本。

焊接壳体的缺点是,焊缝区域对破片的形成性能有一定影响,使该区域的破片密度降低,破片尺寸不一致,容易形成连片或产生小片。这种影响的程度取决于焊缝的宽度、强度(最好使焊缝和基本金属成等强度)和焊接后的回火工艺质量。为了克服焊缝带来的影响,可以采用整体刻槽方式,这种壳体是直接在适当厚度的无缝钢管上刻槽而成。由于加工工艺与钢板刨制不同,

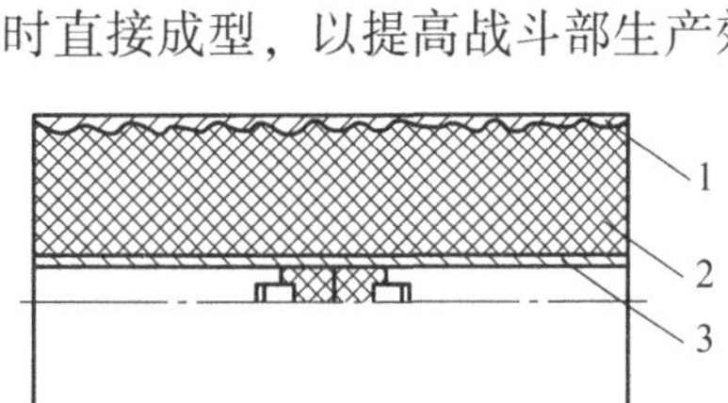

图7.13 壳体内壁刻槽战斗部结构
1—刻槽壳体;2—装药;3—中心管

因此形成的刻槽也不同,但两者的破片性能没有大的区别。如果用钢管制造成鼓形或截锥形的壳体,则战斗部的单枚破片质量是不相等的,而其差别取决于壳体直径之差。

根据破片数量的需要,刻槽式战斗部的壳体既可以是单层,也可以是双层。如果是双层,那么外层既可以采用与内层一样的结构,也可以在内层壳体上缠以刻槽的钢带。实践证明,在其他条件相同的情况下,内表面刻槽的破片成型性能优于外刻槽,后者容易形成连片。沟槽的方向、形状、刻槽的深度、角度和壳体材料对破片的形成、性能和质量均有重大影响。

选择刻槽方向时,应根据壳体形状和变形特点而定,以圆柱形结构为例,圆柱形战斗部壳体在膨胀过程中,最大应变产生在环向,轴向应变很小。因此,刻槽方向的设计应充分利用环向应变,设计菱形破片时,最合理的形式是菱形的长对角线位于壳体轴向,短对角线位于环向,如图 7.14(b)所示。实践证明,菱形的锐角以 60°为宜。如果沿战斗部母线或垂直于母线刻槽,则壳体环向膨胀形成的破片在轴线呈条状分布,在环向形成空当,不利于控制破片,因而应避免这种方向的刻槽方式。

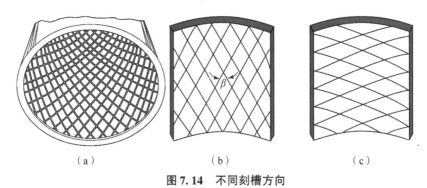

图 7.14 不同刻槽方向
(a)柱形壳体内刻槽;(b)合理利用环向应变;(c)不合理利用环向应变

常用沟槽的形状有 V 形、方形和锯齿形,沟槽的形状不同,壳体破裂时断裂迹线的走向不同,实践和理论证明,菱形槽的效果优于方格槽。刻槽底部的形状有平底、圆弧形和锐角形,其中锐角形效果最好,常用的刻槽底部锐角为 45°和 60°。比较适宜的刻槽深度为壳体壁厚的 30%~40%。沟槽相互交错构成网格,网格有矩形网格和菱形网格。就深度而言,刻槽过浅,破片容易形成连片,使破片总数减少;刻槽过深,壳体不能充分膨胀,爆炸产物对壳体的作用时间变短,影响破片速度的提高。

刻槽式战斗部应选用韧性钢材而不宜用脆性钢材做壳体,后者不利于破片的正常剪切成形,而容易形成较多的碎片。

苏联的"萨姆"2 防空导弹采用了壳体内刻槽式结构,战斗部总质量为 190 kg,破片数量为 3 600 块,破片质量为 11.6 g,破片初速为 2 900~3 200 m/s,破片飞散角为 10°~12°。而 K-5 防空导弹采用了壳体内、外表面刻槽式结构,战斗部总质量为 13 kg,破片数量为 620~640 块,破片质量小于 3 g,破片飞散角为 15°。

2)聚能衬套式破片战斗部

聚能衬套式破片战斗部如图 7.15 所示。战斗部的外壳是无缝钢管。衬套由塑料或硅橡胶制成,且其上带有特定尺寸的楔形槽。衬套与外壳的内壁紧密相贴。用注装法装药后,装药表面就形成楔形槽,当装药爆炸时,楔形槽会产生聚能效应,把壳体切割成近似六角形的破片。

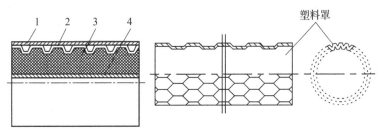

图 7.15 聚能衬套式破片战斗部
(a) 战斗部；(b) 聚能衬套
1—外壳；2—塑料聚能衬套；3—装药；4—中心管

工程上通常采用的塑料衬套是由厚度为 0.24~0.35 mm 的中性醋酸纤维薄板模压而成，它可以保证在铸压过程中受热后不变形。楔形槽的尺寸由战斗部外壳的厚度和破片的理论质量来确定。

聚能衬套式破片战斗部的优点是：生产工艺简单，成本低廉，对大批量生产非常有利。这种结构的缺点是：衬套和楔形槽占去了部分容积，使装药量减少；同时，聚能效应的切割作用使壳体基本未经膨胀就形成破片，所以与尺寸相同而无聚能衬套的战斗部相比，破片速度较低；此外，由破片形成特性所决定，这种结构的破片飞散角较小，对圆柱体结构而言，不大于 15°。由于结构的限制使其较宜用于小型战斗部，而大型战斗部还是以刻槽式为好。

美国的响尾蛇 AIM-9B 空空导弹的战斗部采用聚能衬套式结构。其战斗部为圆柱形，是由壳体、前底、后底、聚酯塑料衬套、炸药装药和传爆药柱等组成。壳体为整体式圆筒（导弹壳体的一段），爆炸时形成杀伤破片，其材料为 10 号普通碳钢。战斗部总质量为 11.5 kg，直径为 127 mm，长度为 340 mm，装药量为 5.3 kg，炸药采用混合炸药，其成分为梯恩梯、黑索今、铝粉和卤蜡 2%（外加）。该炸药适于铸装，加铝粉后，爆速降低（只有 7 140 m/s），但爆热增加，还可提高破片温度，在击中飞机时可增大引燃作用。传爆药柱用特屈儿压制而成，其直径为 53 mm，高为 54 mm，质量为 40 g，并装在 10 号钢制成的传爆管内；壳体壁厚为 5 mm，90% 破片飞散角为 13°，破片初速为 1 800~2 200 m/s，破片总数约为 1 200 枚，单枚破片质量为 3 g。另外，我国的霹雳2、苏联的 K-13 导弹战斗部也采用了聚能衬套式结构。

3) 叠环式破片战斗部

叠环式破片战斗部壳体由钢圆环叠加而成，圆环之间用点焊连接。通常在圆周上均布 3 个焊点，整个壳体的焊点形成 3 条等间隔的螺旋线。当装药爆炸后，钢环沿环向膨胀，膨胀到极限后断裂成条状破片（长度不太一致），对目标造成切割式破坏。

如果外壳是非圆柱体，则径向形成的破片长度是不等的。如果需要控制破片的大小一致性，可在钢环内壁刻槽或放置一个径向有均匀间隔的聚能衬套，则钢环可按设计的要求断裂。根据所需的破片数而定，钢环可以是单层或双层。钢环的截面形式和尺寸根据毁伤目标所需的破片形状和质量而定。控制钢环的高度和径向厚度可改变破片两个方向的尺寸，改变钢环内壁的刻槽间距或聚能衬套的有关尺寸可控制破片另一个方向的尺寸。通过优化设计，可以获得大小和形状都比较理想的破片分布。

这种结构的最大优点是可以根据破片飞散特性的需要，使用不同直径的圆环组合成不同曲率的鼓形或凹形结构。因此，可以设计成大飞散角，也能设计成小飞散角，以获得满足技术战术需求的破片飞散特性。其缺点是由于钢环之间有缝隙,装药爆炸后,在环的膨胀过程中,稀疏波的影响较大,使爆炸能量的利用率下降。因此,叠环式结构与质量相当的刻槽式结构相比,其破片速度稍低。

法国的马特拉 R530 空空导弹战斗部(见图 7.16)就采用了此类结构,其战斗部质量为 30 kg,装药量为 11.17 kg。战斗部的外形为腰鼓形,是由 52 个圆环重叠两层组成的,圆环之间用点焊连接,焊点 3 个,120°均匀分布;各圆环的焊点彼此错开,并在整个壳体上呈螺旋线,这样做的目的是使爆炸后的破片在圆周方向上均匀飞散。破片是在爆炸载荷的作用下,钢制圆环径向膨胀并断裂形成的。由于各个圆环的宽度及厚度相同,因而可拉断成大小比较一致的破片,每个破片重约 6 g,破片初速为 1 700 m/s,破片总数为 2 600 枚,战斗部采用腰鼓形的原因是为了增大破片的飞散角度,以获得较大的杀伤区域(静态飞散角为 50°),其有效杀伤半径为 25~30 m,可击穿 4 mm 厚的钢板。

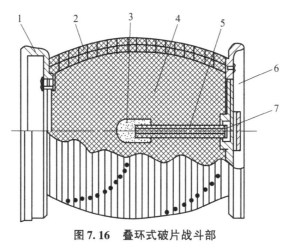

图 7.16 叠环式破片战斗部

1—后法兰盘;2—本体(圆环);3—传爆药柱;4—炸药;5—传爆管;6—前法兰盘;7—垫片

3. 预制破片式战斗部

战斗部破片的形状、大小和数量需要根据技术要求进行设计和选定。预制破片式战斗部是将破片按需要的形状和尺寸,用规定的材料预先制造好,再安装在战斗部里面,由于预制破片为离散且数量较多的小结构件,故需要专门的加工及装配工艺,工程上通常使用黏结剂黏结在装药外的内衬上。内衬可以是薄铝筒、薄钢筒或玻璃钢,破片层外面有一外套。球形破片则可直接装入外套和内衬之间,其间隙以环氧树脂或其他适当材料填满,如图 7.17 所示。装药爆炸后,由于爆炸产物较早溢出,在各种破片战斗部中,质量比相同的情况下,预制式破片的速度是最低的,与刻槽式相比要低 10%~15%。

一般来说,预制破片的形状可以是立方体、长方体、圆柱体、球形,工程上用得比较多的为立方体和球形,它们的速度衰减性能较好。立方体在排

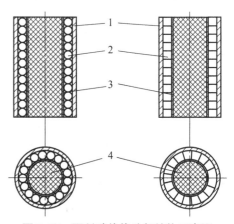

图 7.17 预制破片战斗部结构示意图

1—壳体;2—预制破片;3—内衬;4—炸药

列时比球形或圆柱形破片更紧密,能较好地利用战斗部的结构空间。由于战斗部大多数为回转体结构,如将破片制成适当的扇形体,则排列最紧密、黏结剂用量最少。预制破片在装药爆炸后的质量损失较小,经过调质的钢质球形破片几乎没有什么质量损失,这在很大程度上弥补了预制式结构附加质量(如内衬、外套和黏结剂等)较大的固有缺陷。

由于形状及材料选用的灵活性,故预制式结构具有其独特的优点。

(1) 破片的速度衰减特性比其他破片式战斗部好,在保持相同杀伤能量的情况下,预制式结构所需的破片速度或质量可以减小。

(2) 在性能上有较为广泛的调整余地,可以根据需要调整和设计破片的大小、形状和材料等参数,如通过调整破片层数,可以满足破片数量大的要求,也容易实现大小破片的搭配,以满足特殊的设计需要。

(3) 在战斗部结构外形上具有灵活的成型特性,可以把壳体加工成需要的形状,以满足各种飞散特性的要求。

图 7.18 所示为百舌鸟(AGM-45)导弹的预制破片式杀伤战斗部结构,其攻击目标主要是地对空导弹雷达阵地、高射炮瞄准雷达和雷达站。该战斗部前端设置了一个聚能药型罩,用来销毁位于战斗部舱前面的制导舱。该战斗部的破片尺寸和质量小,而数量多,战斗部外壳的圆柱形内装有一万多个预制的小钢块,破片为 4.8 mm × 4.8 mm × 4.8 mm 的正方体,每块质量为 0.85 g,这些预制破片预先用有机胶黏结成块。为了使爆炸后破片形成合理的杀伤区域,在预制破片的排列上进行了精心设计,后部为一层或两层破片,头部为四层破片。战斗部装药采用高能的奥克托金塑料黏结炸药,其目的是得到较高的破片速度,以提高杀伤力。战斗部有效杀伤半径为 50~60 m。

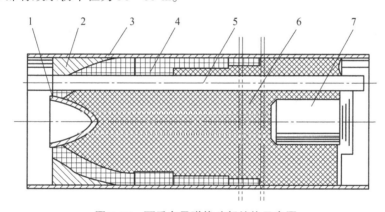

图 7.18 百舌鸟导弹战斗部结构示意图

1—药型罩;2—填料;3—壳体;4—预制破片;5—电缆管;6—炸药;7—传爆管

自然、半预制和预制破片式战斗部均属于传统破片式战斗部,其性能各有特点。从高效毁伤应用的角度,破片式战斗部的结构设计主要从装药和壳体两方面考虑。装药方面,装填高密度的高性能炸药,可以在满足破片初始速度要求的前提下减小装药体积;壳体材料方面,半预制破片结构一般都要利用壳体的充分膨胀来获得较大的破片初速和适当大小的飞散角,并使破片质量损失尽可能小,一般选用优质低碳钢作为壳体材料,常用的有 10 号钢、15 号钢、20 号钢。预制结构的破片通常用 35 号钢、45 号钢、合金钢或用钨合金和贫铀等高密度合金制造破片,以提高破片的穿透能力。破片层与装药之间通常有一层由薄铝板或玻璃钢制造的内衬,而破片层外面通常有一层玻璃钢,这些措施都是为了提高战斗部的结构强度和降低破片损失。壳体外形方面,战斗部的外形主要取决于对飞散角和方向角的要求。对于大飞散角战斗部,壳体可设计成圆柱形或鼓形;对于小飞散角战斗部,壳体可设计成反鼓形,也可设计成圆柱形。无论哪种结构形式,都要采取适当的起爆方式。

7.3.2 连续杆式战斗部

破片式杀伤战斗部的破片大小可以进行控制,但在对付飞机等空中目标时其杀伤力不够理想,进而发展了以杆条形破片作为杀伤元素的杆条杀伤战斗部,它也属于预制破片类型,但是有其自身的特殊性。典型的杆条杀伤战斗部有连续杆式战斗部和离散杆式战斗部两种类型。

连续杆式战斗部又称链条式战斗部,它是因其外壳由钢条焊接而成,且战斗部爆炸后又形成一个不断扩张的链条状金属环而得名。连续杆环以一定的速度与飞机碰撞时,可以切割机翼或机身,对飞机造成严重的结构损伤,它对目标的破坏属于破片线杀伤破坏。众所周知,单个破片洞穿飞机的非要害结构,一般不会造成飞机的重大损坏,而有一定长度的杆状破片,在同样情况下可造成较长的切口,该切口有可能在气动载荷作用下发展成结构损伤。但是,研究结果证明,要使飞机结构造成破坏,杆状破片必须具有足够的长度,以便形成造成破坏所需的相应长度的切口。例如,试验证明,要使机翼失效,就必须有约一半的截面被切断;要毁伤机身,就必须切断其截面的 $1/2 \sim 2/3$,而且连续切断要比总长度相同的分散切断更为有效。但是,由于战斗部舱长度的限制,单个的杆状破片不可能很长,连续杆战斗部因此应运而生。

1. 连续杆战斗部结构

连续杆战斗部结构形式如图 7.19 所示,由预制金属杆、铝合金波形控制器(简称透镜)、切断环、套筒、炸药和传爆管等主要零件组成。在战斗部壳体两端有内、外螺纹,用于连接前、后舱段。为了确保舱段之间的可靠连接,有一端采用了加固螺钉。在战斗部的外表面覆盖蒙皮,其作用是为了与其他舱段外形协调一致,保证全弹的良好气动外形。其毁伤元是由许多金属杆在其端部交错焊接并经整形而成的,金属杆可以是单层或双层。单层时,每根杆条的两端分别与相邻两根杆条的一端焊接;双层时,每层的一根杆条的两端分别与另一层相邻的两根杆条的一端焊接,这样就构成了如图 7.20 所示的安装在炸药装药周围的筒形结构,其实质是一个压缩和折叠了的链环,即连续杆环。杆的断面形状可以是圆形、方形或三角形等。切断环(也称释放环)是铜质空心环形圆管,直径约为 10 mm,将其安装在壳体两端的内侧。波形控制器与壳体的内侧紧密配合,且其靠近装药一侧通常为一曲面。

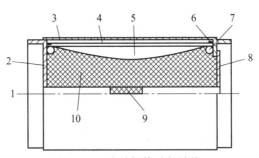

图 7.19 连续杆战斗部结构

1—传爆药;2—前端盖;3—蒙皮;4—杆;5—波形控制器;6—杆的焊缝;
7—切断环;8—装药端盖;9—传爆药;10—炸药

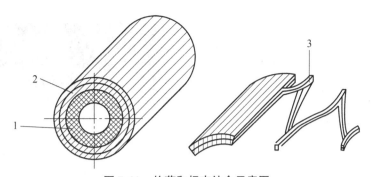

图 7.20　炸药和杆束结合示意图

1—炸药装药；2—杆束组件；3—内外层杆连接方式

2. 连续杆战斗部作用原理

连续杆战斗部采用中心引爆的方式，当战斗部装药由中心管内的传爆药柱和扩爆药引爆后，由于切断环的聚能切割作用而把杆束从两端的连接件上释放出来，在战斗部中心处产生球面爆轰波并向四周传播，在波形控制器的作用下使球面波转化为柱面波，使爆炸作用力的作用线发生偏转，得到一个力的作用线互相平行并垂直于杆条束内壁的作用场。在爆炸载荷作用下，杆束逐渐膨胀、拉开间距并向外抛射，靠近杆端部的焊缝处发生弯曲，杆束逐渐展开成为一个扩张的锯齿形圆环。此环周长达到一定临界值以前不会被拉断，即试验表明，这个环周长在达到理论最大圆周长度的 80% 以前不会被拉断。圆环半径继续增大，最后在焊接处附近发生断裂，圆环被分裂成若干短杆，杆束的形成及展开过程如图 7.21 所示。

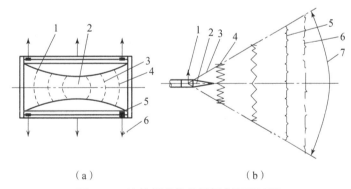

（a）　　　　　　　　　　（b）

图 7.21　连续杆式战斗部杆束张开过程

（a）杆束组件展开原理；

1—波形控制器；2—起爆点；3—炸药；4—球面波；5—杆束组件；6—力作用线

（b）杆束开始张开和完全张开

1—杆的扩张初速；2—导弹速度；3—杆的动态扩张初速；4—连续杆环逐渐膨胀；
5—环完全拉直，达到最大直径；6—连续杆环已断裂；7—连续杆环动态飞散区域

连续杆环的初始扩张速度可达 1 200~1 600 m/s，与目标遭遇时，就像一把轮形的切刀将目标结构切断，使目标的主要组件遭到毁伤。其毁伤程度不仅与杆环速度有关，而且与目标的航速、导弹的速度和制导精度等有关。战斗部对飞机的作用原理如图 7.22 所示，测试连续杆战斗部的场景如图 7.22（c）所示，可以看到所有向外飞散的连续杆破片都均匀分布在一个圆形平面内。

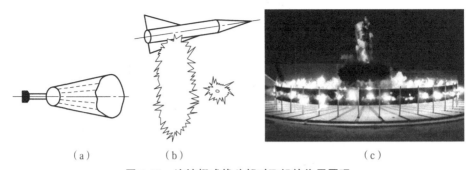

图 7.22 连续杆式战斗部对飞机的作用原理
(a) 杆束扩张过程；(b) 杆环切割目标；(c) 静爆试验

由于空气阻力的作用，连续杆的速度衰减和飞行距离成正比关系，随着杆环直径的扩大，其速度也不断降低，杆环速度的下降主要由空气阻力引起，而杆束扩张、焊缝弯曲剪切所吸收的能量对其影响较小。杆环断裂后，杆条将发生向不同方向的转动和翻滚，连续杆的效应就转变成破片效应。因连续杆断裂生成的离散短杆破片数量较少、破片密度较低，所以其毁伤威力大幅下降。由此作用特点可知，连续杆战斗部在杆环断裂以前遭遇目标，才能发挥最佳切割毁伤作用，这就要求导弹有较高的制导精度。

3. 连续杆式战斗部性能特点

对飞机等空中目标来说，连续杆的切割效应比破片的击穿作用要大得多，因为杀伤破片只有击中飞机的要害部位才能使其摧毁，而连续杆可以切断机翼、油箱、电缆和其他不太强的结构，从而使飞机失去气体动力平衡或者被切成几段而毁坏。装备连续杆式战斗部的导弹型号有美国的波马克、黄铜骑士、小猎犬和麻雀Ⅲ等导弹，其中麻雀Ⅲ战斗部总质量为 30 kg，装药量为 6.58 kg，破片飞散角为 50°，连续杆扩展速度为 1 500～1 600 m/s，杀伤环连续性为 85%，有效作用半径为 12～15 m。

7.3.3 离散杆式战斗部

离散杆杀伤战斗部也是在预制破片式战斗部的基础上发展起来的，其杀伤元素是许多金属杆条，它们按照一定次序和层次紧密地排列在炸药装药的周围，当战斗部装药爆炸后，驱动金属杆条运动，杆条按预控姿态向外飞行，在飞行过程中杆条的长轴始终垂直于飞行方向，同时杆条绕长轴中心低速旋转，在某一半径处，杆条顺次首尾相连构成一个杆条环，可对命中的目标造成切割作用，从而实现对目标的高效毁伤。此类战斗部常用来对付空中的飞机类目标。

离散杆结构及杆条作用形成过程如图 7.23 所示。战斗部由壳体、内衬、炸药、杆条、起爆装置和端环等部件组成。壳体为圆筒形，为战斗部提供所需的强度和气动外形；内衬的作用是均化杆条的受力，避免杆条断裂；炸药是抛射杆条的能源；起爆装置的作用是适时引爆炸药装药，放置于战斗部的一端；杆条是战斗部的杀伤元素，排列在炸药装药的周围，端部通过点焊和端环连接，端环的主要作用就是固定杆条，有的离散杆式战斗部没有此部件（如聚焦式离散杆战斗部），可以用胶将杆条固定在壳体或内衬上。

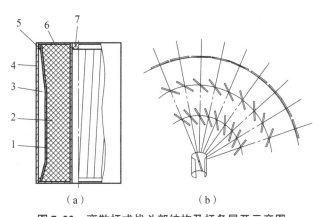

图 7.23 离散杆式战斗部结构及杆条展开示意图
(a) 离散杆式战斗部结构示意图；(b) 离散杆飞散示意图
1—内衬；2—炸药；3—杆条；4—壳体；5—端环；6—端盖；7—起爆器

离散杆式战斗部的关键技术是控制杆条飞行初始状态，使其按预定的姿态和轨迹飞行，可采用的技术措施：一是使整个杆条在长度方向上获得相同的抛射初速，即使杆条获得速度的驱动力在长度方向处处相同，以保证飞行过程中杆轴线垂直于飞行轨迹；二是放置杆条时，使每根杆的轴线都和战斗部的轴线保持一个相同的倾角，这个倾角可以使杆以相同的规律低速旋转，通过预置倾角可以控制杆条的旋转速度，从而实现在某飞行半径处首尾相连。

离散杆式战斗部按控制与否，可分为可控离散杆式战斗部和无控离散杆式战斗部；按杆在药柱表面的层数，可分为单层、一段离散杆式战斗部，以及多层、多段离散杆式战斗部。一般来说，单层、一段离散杆式战斗部大多是可控的，多层、多段离散杆式战斗部对杆条飞散控制难度较大。可控离散杆式战斗部是导弹战斗部结构设计与研究的重要方向之一，其杆的外形大多为圆柱形或方柱形或长方体。图 7.24 所示为一种两段聚焦型离散杆式战斗部。

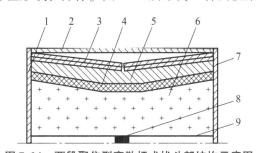

图 7.24 两段聚焦型离散杆式战斗部结构示意图
1—端盖；2—蒙皮；3—杆条；4—波形控制器；5—壳体；
6—主装药；7—底盖；8—起爆药；9—中心管

离散杆式战斗部对飞机等空中目标的作用效果较好，美国、俄罗斯、中国等多个型号导弹都采用了这种战斗部。例如，俄罗斯 R-77 导弹应用了离散杆式战斗部，战斗部的直径为 170 mm，战斗部长度为 243 mm，战斗部质量为 7.4 kg，内装炸药 2.45 kg，共有 164 根杆式破片，而每根金属杆的质量为 16.5 g，据称爆炸后金属杆的速度为 1 200~1 300 m/s，对飞机的有效威力半径为 7 m。

7.3.4 定向杀伤战斗部

传统的杀伤战斗部毁伤元的分布沿周向基本是均匀的，通常称为"周向均强性战斗部"，也就是说，毁伤能量均匀分布，这对于杀伤均匀分布的地面目标是合适的，但对于空中来袭的飞机或导弹目标，这种均匀分布实际上是很不合理的。因为当导弹与目标遭遇时，不管目标位于导弹的哪一个方位，在战斗部爆炸瞬间，目标方位只占战斗部杀伤区域的很小一部分，如图 7.25 所示，战斗部杀伤元素的大部分并未得到利用。因此，为了能使战斗部上的破片向某一指定方向集中飞散出去，充分发挥破片的作用，或者使破片飞散有所侧重，在某一特定方向速度较大、能量较多，提高其对某一方向上的威力，人们研发了定向杀伤战斗部。

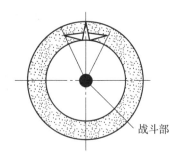

图 7.25 环向均匀战斗部对空中目标作用示意图

破片定向战斗部是指一种把能量相对集中的战斗部，可以提高在给定目标方向上的破片密度、破片速度和杀伤半径，使战斗部对目标的杀伤概率得到很大程度的提高，充分发挥炸药的能量，提高炸药利用率。在使用定向战斗部时，导弹应通过引信或弹上其他设备提供目标脱靶方位的信息并选择最佳起爆位置。目前已发展的定向战斗部有偏心起爆式、破芯式、机械展开式、爆炸变形式、随动定向式等类型。

1. 偏心起爆式定向战斗部

一般战斗部炸药均为中心起爆式，炸药能量向四周均匀发散；而偏心起爆式炸药装药的起爆装置是偏心安放的，起爆时由于炸药的起爆点不在中心，而在侧边处，所以爆炸后能量分布不对称，破片的杀伤威力也不对称，从而提高了在某一方向上的杀伤威力。某种偏心起爆式定向战斗部横截面结构示意图如图 7.26 所示，主装药由互相隔开的四部分（位于Ⅰ、Ⅱ、Ⅲ、Ⅳ 4 个象限）组成，4 个起爆装置（1、2、3、4）偏置于相邻两装药之间靠近弹壁的地方，并相应有安全执行机构。

当导弹与目标遭遇时，弹上的目标方位探测设备测知目标位于导弹周向的某一象限内，于是通过引信同时起爆与之相邻的那个象限两侧的起爆装置，如果目标位于两个象限之间，则起爆与之相对的那个起爆装置。此时，起爆点不在战斗部轴线上而有径向偏置，称为偏心起爆或不对称起爆。由于偏心起爆的作用，使能量在目标方向相对集中，起爆装置的偏置程度对周向能量的分布有很大影响，越靠近弹壁，目标方向的能量增量越大。此外，也可以将主装药划分成更多部分（设置多个象限），设置更多个起爆点，对破片的飞散方向进行更为细化的控制。

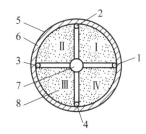

图 7.26 偏心起爆式定向战斗部横截面结构示意图

1、2、3、4—起爆装置；5—外壳；
6—破片层；7—安全执行机构；
8—主装药

2. 破片芯式定向战斗部

这种战斗部的杀伤元素被放置在中心部位，而炸药装药则被放在杀伤元素四周。当发现目标（飞机或导弹）在战斗部的某一方向时，逻辑起爆线路就控制战斗部的某一块（或几块）主装药起爆，将破片向目标所在方向抛出，而且在破片飞出之前，又通过辅助装药将正对目标的那部分战斗部外壳炸开,使中心破片可以毫无阻碍地飞向目标。图7.27所示为一种破片芯式定向战斗部结构示意图。

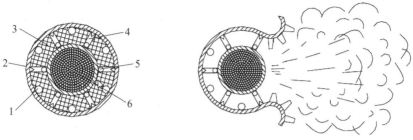

图7.27 破片芯式定向战斗部示意图

1—主装药起爆系统;2—壳体;3—主装药;4—隔离炸药片;
5—隔离炸药片起爆系统;6—预制破片芯

3. 机械展开式定向战斗部

圆柱形战斗部分成4个互相连接的扇形体,预制破片排列在各扇形体的圆弧面上,各扇形体之间用隔离层分隔,隔离层中紧靠两个铰链处各有一个小型聚能装药,靠中心处有与战斗部等长的片状装药。两个铰链之间有一压电晶体,扇形体两个平面部分的中心各有一个起爆该扇形体主装药的传爆管,其结构如图7.28所示。当确知目标方位后远离目标一侧的小聚能装药起爆,切开相应的两个铰链,与此同时,此处的片状装药起爆(由于隔离层的保护,小聚能装药和片状装药的起爆都不会引起主装药的爆炸),使4个扇形体以剩下的3对铰链为轴展开,破片即全部朝向目标。在扇形体展开过程中,压电晶体受压产生大电流,高电压脉冲输送给传爆管,传爆管引爆主装药,全部破片飞向目标。

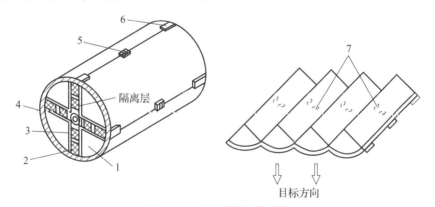

图7.28 展开式定向战斗部

1—主装药;2—小聚能装药;3—片状装药;4—破片层;
5—压电晶体;6—铰链;7—传爆管

4. 爆炸变形式定向战斗部

爆炸变形式定向战斗部也叫可变形定向战斗部,主要由主装药、辅助装药、壳体、预制破片和起爆控制系统等组成。其作用原理是:当导弹与目标遭遇时,导弹上的目标方位探测设备和引信测知目标的相对方位,在起爆主装药前,通过起爆控制系统首先选择引爆目标方向的一条或几条相邻的辅助装药,其他装药在隔爆设计下不被引爆,从而快速改变战斗部的几何形状,在目标方向上形成一个变形面,经过短暂延时后在变形面的对侧起爆主装药,使战斗部的破片尽可能多地对准目标,达到破片在目标方向上的高密度,从而实现定向杀伤。与偏心起爆式战斗部相比,这种战斗部破片密度增益明显。

战斗部的变形形式可根据对破片飞散范围和散布密度要求等战术指标进行设计和控制。图 7.29 所示为一种可变形战斗部结构,这种战斗部的结构主要由外层圆柱筒、内层圆柱筒、炸药、多个块状辅助装药和起爆管组成。外层的圆柱筒上加工有预制槽来获得破片。主装药装填于内、外层圆柱筒之间,炸药是经过改制的低密度塑性炸药;块状辅助装药是一种低爆速推进剂,均匀放置于外层圆筒的外面,如果需要可以直接用战斗部壳体和块炸药取代导弹外壳。用于起爆主装药的起爆管放置在战斗部内部的主装药中,如果需要可以采用两个起爆管同时起爆,它们位于战斗部的相反两端。用于选择块状辅助装药起爆所需的起爆器,与用于适时起爆战斗部主装药的起爆器是匹配相连的。

爆炸变形定向战斗部作用原理如图 7.30 所示。当导弹与目标遭遇时,导弹上的目标方位探测设备与引信测知目标的相对方位和运动状态,通过起爆控制系统确定起爆顺序。起爆网络首先选择引爆目标方向上的一条或几条相邻的辅装药,而其他辅装药在隔爆设计下不被引爆,弹体在辅装药的爆轰加载下在目标方向上形成一个变形面,类似 D 形的结构。经过短暂延时后,安全执行机构给出可变形主装药的起爆信号,内凹的可变形主装药爆轰,并利用爆轰波的可叠加特性,驱动已变形的破片体高速运动;同时,破片体内凹,使得其具有聚焦效应,可在目标方位形成高密度的破片群,从而实现毁伤元的密度增益和速度增益,达到高效毁伤的目的。

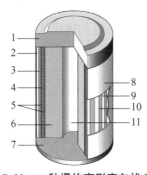

图 7.29 一种爆炸变形定向战斗部

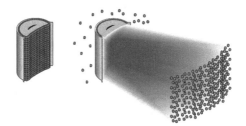

图 7.30 爆炸变形定向战斗部作用原理

1—端盖;2,10—变形装药;3—隔爆层;4—破片;
5—破片层内、外壳体;6—主装药;7—底端盖;
8—中心孔;9—隔爆条;11—壳体

5. 随动式定向杀伤战斗部

随动式定向杀伤战斗部主要由伺服机构和战斗部组成,按照定向方向又可分为端面随动式和周向随动式。其作用原理是破片体呈轴向或径向预置,而战斗部在导弹内可由伺服机构控制其做轴向或径向转动。导弹在交会前一段时间给出脱靶方位,伺服机构动作,将战斗部装填的破片体对准与目标交会的方位,实现对目标的高效拦截。随动系统的动力来源可用电动机、微型火箭发动机或火工品驱动等技术。随动式定向战斗部的关键技术涉及复杂力学环境下伺服机构对战斗部的方向控制技术、引信技术及引战配合技术和战斗部技术。

1) 端面随动定向战斗部

要满足现代战争的应用需求,需要在导弹探测系统的配合下实现对任意方向的目标探测和瞄准,精确控制战斗部爆炸后的破片飞散方向,实现对目标的高效毁伤。由此提出了一种端面随动定向战斗部技术,其具有侧向攻击低速目标和前向拦截高速目标的能力,作战原理如图 7.31 所示。在导弹探测系统的配合下,当遭遇低速目标时,前向战斗部在可瞄准系统的控制下,使破片飞散方向对准目标脱靶方位,战斗部爆炸之后,破片在目标脱靶位置与目标遭遇,实现侧向攻击的能力;当拦截高速目标时,前向战斗部在可瞄准系统的控制下,使破片飞散方向与弹目相对速度方向平行,破片前向飞散形成拦截面,拦截面内的大密度破片与高速来袭目标碰撞,实现对目标的高效杀伤。

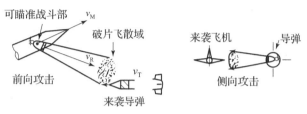

图 7.31 端面随动定向战斗部作战原理

图 7.32 所示为端面随动定向战斗部系统结构,包含前向战斗部和可瞄准系统。前向战斗部包含圆柱形壳体、装药、预制破片等,破片为前向战斗部的杀伤元素,装配在前向战斗部的端部,从而使破片集中、定向飞散成为可能;可瞄准系统包含转盘、固定盘、支架、俯仰转轴和周向转轴等。前向战斗部通过支架安装在转盘上,转盘又通过周向转轴与固定盘连到一起,可瞄准系统通过固定盘固定在导弹内。

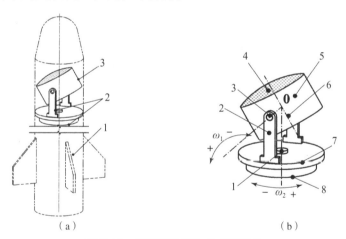

图 7.32 端面随动定向战斗部结构
(a)战斗部在弹体上的安装;
1—导弹;2—可瞄准系统;3—前向战斗部
(b)可瞄准定向战斗部原理结构
1—周向转轴;2—支架;3—俯仰转轴;4—破片;5—战斗部壳体;
6—战斗部中心线;7—转盘;8—固定盘

端面随动定向战斗部中的可瞄准系统包含两个转动自由度,一个为前向战斗部与支架之间通过俯仰转轴形成转动自由度,转动方向以逆时针为正、顺时针为负,图 7.32(b)中以 $\pm\omega_1$ 表示;另一个为转盘与固定盘之间通过周向转轴形成的转动自由度,转动方向以逆时针为正、顺时针为负,图 7.32(b)中以 $\pm\omega_2$ 表示。前向随动式定向战斗部的优点在于可以利用弹目交会速度和破片自身速度的叠加形成对目标的高毁伤。其不足之处在于爆轰能量很难集中于战斗部轴线方向，炸药能量利用率低；由于战斗部通常布置于导弹的中段，故破片飞散会受到前舱的巨大影响，通常需要采用提前抛掉前舱的应对措施。

2）周向随动定向战斗部

图 7.33 所示为一种周向随动定向战斗部结构示意图，战斗部的顶部装配有旋转驱动装置，杀伤元素集中安装在战斗部的一侧。其旋转驱动装置有两种：一种是由电池提供动力的电动机控制战斗部旋转，以实现破片对目标的瞄准；另一种是由动力型火工品控制战斗部的旋转和破片对目标的瞄准。后者是利用火工品燃烧驱动效应，在极短时间内产生很大的驱动力，将战斗部旋转到目标方向上。电动机驱动的随动控制系统达到弹目交会条件下的响应时间很困难，不能满足交会时战斗部控制旋转的指标要求，而利用火工品燃烧驱动，则能够在极短的时间内产生足够大的推力，使战斗部杀伤方向旋转到目标方向上。

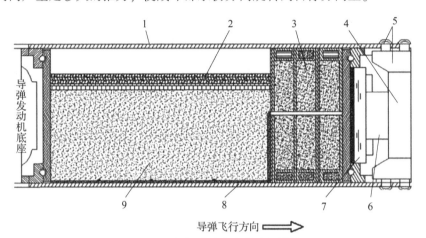

图 7.33　周向随动定向战斗部结构

1—导弹壳体；2—预制破片壳体；3—旋转驱动装置；4—引信；5—目标感应和接收装置；
6—安保机构；7—旋转定位装置；8—传爆、起爆系统；9—炸药装药

除以上介绍的几种定向战斗部结构类型外，还有其他各种类似的结构。实际上，不论具体结构如何，最终都是达到一个目的，即增加目标方向的杀伤元密度或速度增益，甚至把杀伤元全部集中到目标方向去。

从前面介绍的几种典型结构可以看出，定向战斗部结构比制式的周向均强性战斗部要复杂得多，技术问题也较多，涉及战斗部结构设计、起爆系统设计、装药设计、破片飞散状态控制等。

7.3.5　聚焦杀伤战斗部

通过偏心起爆或爆炸可变形等方式，可使破片在周向方向汇聚并指向目标，但是这些方式不能改变破片在战斗部轴向方向的分布状况。而破片沿轴向的分布状况与毁伤能力也密切相关，破片沿战斗部轴向的散布范围与战斗部的结构形式相关，不同结构形式的战斗部破片飞散情况如图 7.34 所示。为了改善破片沿轴向的分布，发展了聚焦杀伤战斗部，即一种使能量在轴向方向汇聚的战斗部。

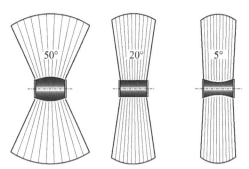

图 7.34 不同结构形式战斗部的破片飞散范围

聚焦杀伤战斗部的组成与预制破片杀伤战斗部基本相同,其主要特点是壳体母线采用了向内凹的结构,通过控制战斗部爆炸后破片所受的驱动力方向,从而控制轴向上不同位置处的破片向某处汇聚,形成破片聚焦带。聚焦带内的破片密度大幅度增加,若聚焦带能命中目标,将大大提高对目标的毁伤能力。聚焦带的宽度、方向以及破片密度与弹体母线的曲率、炸药的起爆方式、起爆位置等因素相关,可根据战斗部的设计要求来确定。聚焦带可以设计为一个或多个,图 7.35 中的战斗部结构有两个弧段,因此可形成两条聚焦带。

对于聚焦型战斗部,虽然聚焦带处破片密度增加了,但破片带的宽度减小了,对目标的命中概率会降低,所以该型战斗部适用于制导精度较高的导弹,并且通过引战配合的最佳设计是使聚焦带命中目标的关键。

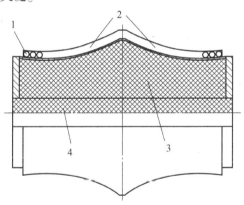

图 7.35 双聚焦战斗部结构
1—预制破片;2—聚焦带;3—炸药;4—起爆装置

破片的飞散方向除了与战斗部结构密切相关外,还和起爆方式有关,通过起爆点的位置变化,可控制破片的飞散方向。其起爆方式可分为中心起爆、偏心起爆、单点起爆、多点起爆及线性起爆等。

7.4 侵爆战斗部

7.4.1 侵爆战斗部概述

侵爆战斗部同时兼具侵彻和爆破功能。最初此类战斗部主要用来对付坦克、水面舰艇等带有装甲防护的目标,因此也称为半穿甲战斗部。随着技术发展及作战需求的变化,此类战斗部在反机场跑道、机库、混凝土工事、深层地下目标等方面得到了广泛的应用。

侵爆战斗部的基本作用原理是首先通过动能侵彻作用穿透几十毫米厚的装甲或几米深的混凝土防护，进入舰体或地下目标内爆炸，犹如在密闭的容器中爆炸，爆炸能量的利用率很高，冲击波超压在刚性结构上的反射增压，将使冲击波超压提高 2~5 倍，进一步增强了破坏效果，获得比外爆式爆破战斗部更大的破坏效果。

侵爆战斗部实质上是内爆式爆破战斗部，其结构和组成与爆破战斗部基本相同，由壳体、装药和引信组成，但侵爆战斗部首先必须经历动能侵彻才能实现对目标的高效毁伤，因此侵爆战斗部具有不同于爆破战斗部的典型特点：

（1）侵爆战斗部壳体较厚，需采用高强度、高韧性的材料，以保证战斗部具有更高的结构强度。

（2）爆破战斗部大多采用触发引信或近炸引信，而侵爆战斗部普遍采用延迟时间引信或通用可编程硬目标引信，可以根据作战需求设定引信作用模式，以发挥战斗部的最佳毁伤效能。

（3）侵爆战斗部对炸药装药的抗过载性能有较高要求，为了防止炸药在侵彻过程中早炸，通常在战斗部主装药前装有惰性装填物或采用高能不敏感炸药。

7.4.2 反舰侵爆战斗部

反舰导弹是现代海战中的主要武器，战斗部既是它的唯一有效载荷，又是直接执行战斗任务的部件。在一定条件下，反舰导弹战斗部的威力和对舰船的毁伤效果与其结构、类型关系很大。现代大型水面舰船大多具有舷侧复合多层防护结构，可有效消化吸收外部反舰导弹爆炸形成的冲击波和高速破片群的攻击，但难以抵御侵爆战斗部穿甲内爆作用模式的攻击。

20 世纪 70 年代，针对现代舰船的目标特性和毁伤需求，发展了用于反舰导弹的侵爆战斗部。法国的"飞鱼"、意大利的"奥托马特"、美国的"捕鲸叉"、俄罗斯的"白蛉"、挪威的"企鹅"等著名的反舰导弹均采用了侵爆战斗部。

侵爆战斗部是对付水面舰船目标较为理想的战斗部类型，针对舰艇目标的多舱室结构，侵爆战斗部采用先穿透舰船装甲，进入舰体后根据引信的设定延迟时间爆炸的内爆作用方式。战斗部在舱室内爆炸，释放的能量几乎能够全部作用于目标，毁伤元素包含爆轰产物、冲击波、冲击波在舱室内多次反射形成的持续时间很长的准静态压力等，冲击波在舰体内壁多次反射，会使冲击波压力增强。由于大、中型军舰均设有隔舱，而这些隔舱可使冲击波的破坏效果减弱，因此，在反舰侵爆型战斗部设计时，可以考虑如何应用壳体形成的破片的毁伤作用，这些毁伤元在舱体内可穿透多层隔舱，使爆轰产物及空气冲击波、辅助战剂载入其他舱内，同样也起到较好的破坏效果。

侵爆战斗部在爆炸之前必须可靠穿过军舰的侧舷钢板和纵隔墙，战斗部在穿过这些障碍物时，必须保持主要部件的功能不受影响、主要是战斗部壳体不能破裂、装药不能早炸。战斗部壳体大多采用较厚的高强度、高韧性合金钢。为了提高穿甲后的爆炸威力，用在反舰武器上的侵爆战斗部一般都采用较大的装药量，目前反舰导弹普遍采用的是中型侵爆型战斗部，其质量为 150~300 kg，装填系数在 20%~40%，适宜打击大、中型驱逐舰。为了提高装填系数，俄罗斯等国的侵爆战斗部壳体改用高强度、高韧性、密度相对较低的钛合金材料，装填系数可提高到 50%，战斗部的毁伤威力显著提高。

影响侵爆型战斗部对舰船毁伤效果的主要因素有战斗部质量、战斗部装药、穿进舰船的深度、战斗部结构类型等。常用的反舰侵爆战斗部的结构有两种，即尖卵形头部结构和平顶形头部结构的战斗部。

1. 尖卵形头部结构

"飞鱼"导弹战斗部、"鸬鹚"导弹战斗部均采用了尖卵形的侵爆战斗部。尖卵形头部结构的特点是：战斗部在穿甲过程中受力状态较好，穿透钢板的厚度大，装填系数较小，有效摧毁目标的范围小，产生跳弹的着角较小，斜撞击时容易跳弹，侵彻稳定性差，因此，头部必须采取防跳弹措施（防滑环或防跳弹爪）。

如图 7.36 所示的"飞鱼"反舰导弹战斗部设置有专门的防跳弹爪。飞鱼导弹战斗部在设计中考虑了导弹在复杂海面情况时对小目标作战，可能不能直接命中目标，这时战斗部将由近炸引信起爆，靠战斗部的外爆作用和壳体形成的自然破片的杀伤作用达到对目标的毁伤。

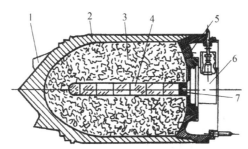

图 7.36　"飞鱼"反舰导弹战斗部
1—防跳弹爪；2—壳体；3—炸药；4—传爆药；5—底部；6—引信；7—起爆药

2. 平顶形头部结构

平顶形头部结构的战斗部如图 7.37 所示，这类战斗部的优点是：装填系数大，可达 45% 左右，有效摧毁目标的范围大；战斗部与目标撞击时稳定性好，具有良好的防跳弹性能。其缺点是战斗部在穿甲过程中受力状态较差。因此，通常在战斗部头部壳体和炸药之间设有惰性材料缓冲垫，缓冲垫的材料成分为与干涸水泥相类似的石膏混合物 65%、蓖麻腊 35%，外加树脂 3%。

在相同质量条件下，如果最大直径相同，平顶形头部战斗部的长度最小，因而它在弹体内所占的空间也最小；装填系数大，在相同质量条件下所装的炸药多，从而可起到更大的破坏作用；不产生跳弹的弹着角范围大，使有效摧毁目标的概率增大。

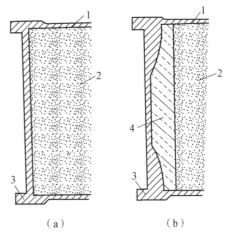

图 7.37　平顶形头部结构的战斗部
(a) 原型；(b) 改进型
1—壳体；2—炸药；3—防跳缘；4—缓冲垫

"捕鲸叉""迦伯列"等反舰导弹均采用了平顶圆柱形侵爆战斗部。

7.4.3　反硬目标侵爆战斗部

硬目标侵彻弹药主要用于打击坚固目标，如机场跑道、飞机掩体、指挥中心、自然山洞，开挖而成的坑道工事、地堡和建筑之中的通信枢纽，隐藏于坑道工事之中的技术兵器、有生力量和重要的后勤物资等。此外，具有一定抗毁伤能力的交通枢纽（如车站、码头和桥梁等）也均属坚固目标。

坚固目标通常可分为地下坚固目标、半地下坚固目标和地上坚固目标。地上坚固目标主要包括地面指挥中心、技术兵器掩体和重要交通枢纽。半地下坚固目标的主体建筑物分地面、地下两部分，其外壳用钢筋混凝土筑成，要害部分在中间，指挥室全在地下。

随着现代化武器的发展，特别是空天超视距打击目标的能力越来越强，大批具有重要战略价值的目标转入地下。这类目标统称为地下深层硬目标，包括地下指挥控制中心、防空掩体设施、武器和各类物资存储设施等具有战略意义的重要军事和政治目标，其大多数都具有复合多层防护结构、深埋、遮弹、偏航等防护性能。

弹药或者战斗部在不同位置起爆对目标的毁伤或破坏方式及程度有较大差异，以如图 7.38 所示建筑物为例，弹药在 A 楼层和 B 楼层之间爆炸，支撑 A 楼层的立柱被破坏，导致楼板 A 塌落至楼板 B 上，塌落至楼板 B 上的这些附加的动态载荷会传递给楼板 B 和支撑楼层 B 的立柱，如果附加载荷足够大，会导致楼板 B 和立柱坍塌。

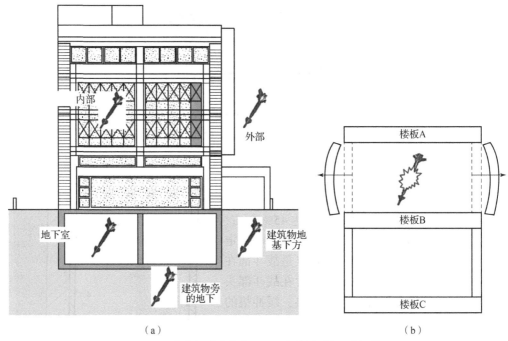

图 7.38 弹药相对建筑物不同位置的起爆及破坏情况
(a) 弹药在目标中的爆炸位置；(b) 目标局部破坏

为有效打击地面或地下硬目标，发展了反硬目标的侵爆战斗部（侵彻战斗部）。打击地下硬目标的弹药通常称为钻地弹。自 20 世纪 80 年代起，美军开始研制专门的常规侵彻战斗部，先后发展了 5 000 lb[①] 级的 BLU - 113（2 268 kg）、BLU - 122 侵彻战斗部，2000 lb 级的 BLU - 109/B（907 kg）、BLU - 116/B 侵彻战斗部，以及 1000 lb 级的基于 MK83 的 BLU - 110 侵彻战斗部。这些战斗部与不同的制导弹药平台配装后，对战场高价值硬目标具备了比较完备的打击能力。海湾战争中，美军使用 GBU - 28/BLU - 113 "掩体破坏者" 取得了良好的战果，其长约为 5.84 m，直径约为 370 mm，侵彻深度可达 6.7 m 厚钢筋混凝土层或 30 m 厚黏土层，其威力引起了各国对钻地武器的关注和跟进研制。

---

① 1 lb = 0.454 kg。

1. 反硬目标侵爆战斗部的结构

反硬目标弹药（钻地弹）主要由载体（携载工具）和侵爆战斗部组成。载体用于运载侵爆战斗部，并使其在末段达到足够的侵彻速度，主要载体有各种导弹（包括空射、舰射、潜射和陆射）、航空炸弹等。按照功能的不同可分为反跑道、反地面掩体和反地下坚固设施3种类型。根据侵彻战斗部（弹头）的不同，又可分为整体动能侵彻战斗部和复合侵彻战斗部。这里主要对整体动能侵彻战斗部进行介绍。

反硬目标侵爆战斗部典型结构如图7.39所示，由壳体、高爆炸药和引信组成。战斗部壳体材料一般为高强度特种钢或重金属合金，头部采用强化处理，多采用杀伤爆破式战斗部装药，使用延时引信或智能引信（如计层引信和可编程引信）。为了增加侵彻深度，战斗部的长径比较大，弹体呈细长状，其长径比通常可达8~12，装药量要比爆破弹少得多；其质量越大、速度越高，侵彻能力越强，但对着角（弹轴与靶板法线夹角）和攻角（弹轴与弹的速度矢量夹角）反应极敏感，特别是着角太大时容易产生弹道偏转或跳弹。战斗部在结构设计上一般有专门的防跳弹措施，但由于载体的携带能力有限，故其战斗部的直径一般不超过500 mm。

图7.39　BLU-116/B侵爆战斗部

反硬目标侵爆战斗部利用高速着靶时的动能，撞击、钻入掩体内部，然后引爆战斗部内的高爆炸药，毁伤目标。如图7.40所示的BLU-109/B就是此类战斗部的典型代表，其弹体结构细长（长约2.5 m，直径约368 mm），壳体采用优质炮管钢（4340合金钢）一次锻造而成，壳体壁厚约为26 mm，装填242.9 kg Tritonal或PBXN-109炸药，采用弹尾引信，壳体材料强度高于MK84，侵彻威力为1.8~2.4 m厚混凝土或12.2~30 m厚泥土。BLU-109/B没有弹头引信，通常采用安装在弹尾部的FMU-143A机电引信，该引信解除保险的时间为5.5~12 s，引信雷管延期时间为60 s，比MK84侵彻能力大幅提高。此外，BLU-109/B还可采用英国多用途炸弹引信、法国FEU80引信、美国FMU-152/B联合可编程引信和FMU-157/B硬目标灵巧引信，当战斗部侵入目标时，引信可判断其侵入的不同介质，在最佳时机起爆战斗部装药。BLU-109/B通常与激光制导组件、GPS/INS制导组件匹配称为制导炸弹，或采用其他制导方式构成导弹。

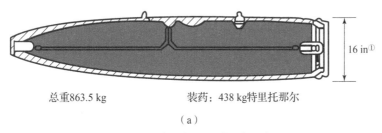

总重863.5 kg　　　　装药：438 kg特里托那尔

16 in[①]

（a）

图7.40　常规与侵彻战斗部比较
(a) MK 84常规战斗部

---

① 1 in = 2.54 cm。

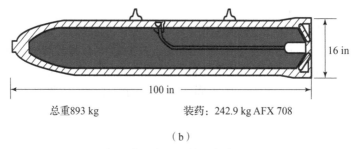

总重893 kg　　　　　　　　装药：242.9 kg AFX 708

(b)

图 7.40　常规与侵彻战斗部比较（续）

(b) BLU-109/B 侵彻战斗部

由于载体携带能力有限，故弹头的体积和质量受到限制，可能会造成这种侵彻战斗部攻击目标时动能不足，影响侵彻深度。目前，提高侵彻战斗部侵彻深度的主要途径有两条，一是选取适当的战斗部长径比，提高对目标单位面积上的压力；二是提高弹头末速度，增大攻击目标时的动能。为了增加末速度，目前已出现了带火箭发动机或其他动力装置的助推型侵彻战斗部，末速度可达 1 200 m/s。

2. 反硬目标侵爆战斗部的关键技术

与普通弹药相比，反硬目标侵爆战斗部之所以具有钻地的特殊功能，是因为它们有着许多技术上的独特之处。

1）弹体设计高强度

钻地弹的作用环境恶劣，要求弹体材料和结构必须具有高强度和高韧性，以保证持续的侵彻能力，以及弹头内电子器件、高能炸药等部件能够在高速侵彻过程中形成的高温、高压等极端环境下仍能正常工作。

2）攻击速度高

如果撞击速度太低，会使侵彻深度过小，甚至无法侵彻到达目标；但撞击速度过高，又可能导致弹头大变形，出现蘑菇弹头效应甚至破裂而使侵彻深度降低，所以撞击速度必须恰到好处。当然，新材料的应用，如自锐性材料的应用，可在一定程度上改善弹头变形问题，也有利于提高攻击速度，达到更大的侵彻深度。目前新材料仍是一个不断探索的领域，而更高速度侵彻和毁伤的机制也有待深入研究。

3）智能化硬目标侵彻引信

深侵彻弹的引信通常采用延时引信或智能引信。延时引信可保证弹头侵彻到目标内部后按预定延时引爆炸药。智能引信，如多级引信，可以实现炸弹触地钻入地下一定深度后，第一级引信引爆炸开一个洞，炸弹循洞继续钻入一定深度，第二级引信引爆再炸开一个洞，依此类推，直至炸弹进入更深的地下找到所要攻击的目标后再引爆主战斗部。

4）高能钝感炸药

钻地弹在侵彻硬目标过程中将受到超过 10^5 g 的强冲击过载作用，对装药的抗大过载安全性能提出了更严格的要求。炸药的低感度、高能量是保证钻地弹使用安全和毁伤高效的前提。

炸药的响应首先表现为材料的力学响应，即产生变形、破坏等现象，炸药内部出现损伤，而损伤区域一般是热点的诱发区域。出现损伤后的非均质含能材料的起爆感度将提高。如果力学响应造成了炸药分子结构的变化，还会影响炸药的爆轰性能。因此，炸药的安全

(定）性是合理设计战斗部结构、充分利用炸药能量的基础。也正因如此，低易损性、不敏感炸药成为钻地弹装药的首选。

7.5　聚能装药战斗部

聚能装药战斗部利用炸药爆炸时的聚能效应压垮药型罩形成高速聚能侵彻体，利用高速侵彻体的高效侵彻能力毁伤目标，如使用小锥角罩、大锥角罩、喇叭罩、郁金香罩、半球罩、球缺罩、多罩组合等结构可形成聚能射流、爆炸成型弹丸、多聚能射流、多爆炸成型弹丸等多种形式的聚能侵彻体。因此，聚能装药战斗部可广泛应用于打击坦克、装甲车辆、舰船、坚固工事、飞机、技术装备等装甲和非装甲目标。

7.5.1　单聚能装药战斗部

单聚能装药战斗部是只在战斗部一个毁伤方向装有一个或多个串列的药型罩，战斗部作用后产生单一或串联的聚能侵彻体，通常沿着战斗部轴向攻击目标。根据药型罩、装药结构及起爆方式的不同，可形成聚能射流、爆炸成型弹丸、杆式聚能侵彻体等不同类型的毁伤元。

聚能射流是最早发现并应用的聚能侵彻体，以低炸高、大穿深为主要特点，广泛应用于反装甲武器系统和石油射孔弹等。目前世界各国仍以聚能射流破甲弹作为主要反坦克弹种，用于正面攻击坦克前装甲。同时，聚能射流也用于地雷，以击毁坦克侧甲和底甲。此外，在反舰艇和反飞行目标方面，聚能射流破甲弹也大有作为。

用于反坦克的聚能战斗部，必须与目标直接碰撞，由触发引信引爆，炸高不大，仅为装药直径或药型罩底径的几倍，作战时由风帽等机构的高度来保证炸高，一般射流方向与战斗部纵轴重合，一个战斗部只产生一股聚能射流。

应用大锥角罩、球缺形药型罩、回转双曲线药型罩，通过改变药型罩的形状和壁厚等结构参数及装药结构可以得到不同特性的爆炸成型弹丸。由于爆炸成型弹丸的诸多优势，使爆炸成型弹丸战斗部得到了快速发展。目前爆炸成型弹丸战斗部多用于灵巧弹药和智能弹药中，如用于末敏弹、末制导炮弹或反坦克武器战斗部上攻击坦克的顶装甲和侧装甲，用于反坦克和反直升机智能雷战斗部上实现区域防御等。

杆式聚能侵彻体（Jetting Projectile Charge，JPC）采用新型起爆传爆系统、装药结构及高密度的重金属合金药型罩，通过改善药型罩的结构形状，产生高速杆式弹丸，既具有射流速度高、侵彻能力强的优势，又具有爆炸成型弹丸药型罩利用率高、直径大、侵彻孔径大、炸高大、破甲稳定性好的优点。

1. 霍特反坦克导弹战斗部

霍特反坦克导弹 HOT-1 和 HOT-2 型采用射流式聚能装药战斗部，爆炸后形成高速射流毁伤坦克目标。其战斗部结构如图 7.41 所示，主要由风帽（壳体的前半部）、战斗部壳体、药型罩、爆炸装药、传爆药柱、引信和底盖等组成。

头部风帽分为外风帽和内风帽两层，内、外风帽用连接调整环固定并与壳体连接，装配后与壳体外表面形成的间隙用整形环填充。外风帽的内层与内风帽是两个电极，构成电引信的碰撞开关。当导弹命中目标时，头部风帽变形，内、外风帽接触，从而接通引信的点火电路，使雷管起爆，并引爆空心装药。

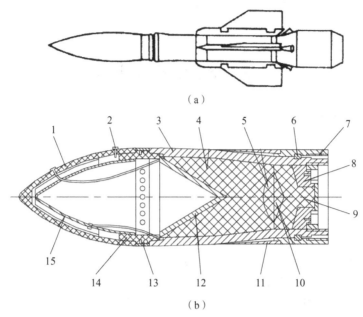

图 7.41 霍特导弹战斗部结构示意图

(a) HOT-1 导弹；(b) 战斗部结构

1—外风帽；2—塞销；3—壳体；4—主药柱；5—主隔板；6—弹性卡环；
7—连接螺环；8—底盖；9—传爆药柱；10—下隔板；11—整流环；
12—药型翼；13—整形环；14—连接调整环；15—内风帽

外风帽是蛋形壳体，外层由塑料热压成型，内层附有一层用黄铜（含铜58%）板冲成的铜壳，且内表面镀银（银层厚5~9 μm）。内风帽同样是蛋形壳体，用黄铜板冲成，其外表面均镀银（银层厚5~9 μm）。

战斗部用螺栓和弹性卡环与弹体连接。战斗部壳体为铝合金铸件，经机械加工成型，内装空心装药。该战斗部质量为 5 kg，直径为 136 mm，炸药质量为 3 kg。主装药采用梯黑混合炸药，其成分为梯恩梯（25%）、黑索今（75%），装药密度为 1.73 g/cm³。隔板后面的辅助装药的成分为梯恩梯（15%）、黑索今（85%），装药密度为 1.76 g/cm³。隔板分前、后两块叠在一起，均用硅橡胶制成。传爆药柱装于战斗部底部。药型罩是用紫铜板经旋压而成的圆锥形罩，罩直径为 132 mm，罩高度为 118 mm，其锥角为 60°，壁厚为 3 mm。

2. 反舰导弹战斗部

反舰导弹战斗部最早是由苏联于 20 世纪 60 年代研制了冥河反舰导弹，1967 年冥河反舰导弹击沉埃特拉号驱逐舰后，引起了世界的广泛关注，反舰导弹自此得到快速发展。1971 年的印巴战争中，冥河取得了 13 发 12 中的战绩。

冥河导弹战斗部结构如图 7.42 所示，战斗部重 500 kg，战斗部装药是梯恩梯、黑索今和铝粉的混合炸药，装药量为 180 kg。药型罩为半球形，其直径为 500 mm，壁厚为 15 mm，材料为低碳钢，直接焊接在战斗部壳体上。采用这种药型罩的原因是使形成的射流短而粗，以便在舰体上形成较大的穿孔（孔径可达药型罩直径的 0.7 倍，穿深为直径的 2 倍），这样海水即可迅速流入舱内。此外，射流也能破坏舰内的武器装备，杀伤人员。

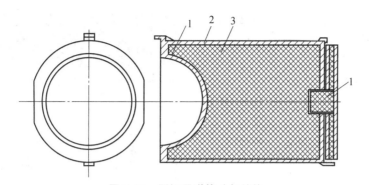

图 7.42 冥河导弹战斗部结构

1—半球形药型罩；2—壳体；3—炸药；4—起爆药

7.5.2 多聚能装药战斗部

1. 多聚能射流战斗部

多聚能射流战斗部主要有两种结构类型：一种是组合式多聚能装药战斗部，它以小聚能战斗部作为基本构件，按照一定的方式组合而成；另一种是整体式多聚能装药战斗部，它在整体的战斗部外壳上镶嵌有若干个交错排列的聚能罩。

整体式多聚能装药战斗部的唯一实例是罗兰特导弹的战斗部，Ⅰ型和Ⅱ型战斗部直径为160 mm，战斗部总质量为 6.5 kg，装药量为 3.5 kg，杀伤半径为 6 m，战斗部呈截锥形，其上分布有 50 个半球形药型罩，共分 5 圈，每圈 10 个，圈与圈之间互相交错，药型罩直径由小端至大端逐圈增大。"罗兰特"导弹战斗部结构如图 7.43 所示。Ⅲ型战斗部质量为 9.1 kg，药型罩数量增加到 84 个，杀伤半径为 8 m。

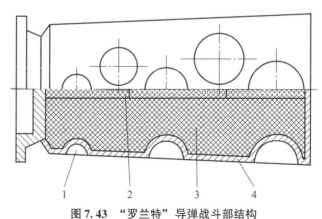

图 7.43 "罗兰特"导弹战斗部结构

1—药型罩；2—传爆管；3—主装药；4—壳体

从轴向观察爆炸后形成的高速粒子流，在空间呈菊花状分布。除了药型罩以外，战斗部壳体也将形成一定的破片，其质量虽然大于射流粒子，但速度较低，破坏能力相对于高速射流而言较低。对付小脱靶量的空中目标，"罗兰特"导弹战斗部比破片式战斗部的毁伤效果要好些，在杀伤半径相同时，这种战斗部质量也可以小些。"罗兰特"导弹战斗部及其作用效果如图 7.44 所示。

图7.44 "罗兰特"导弹战斗部及其作用效果

2. 多爆炸成型弹丸战斗部

多爆炸成型弹丸（MEFP）战斗部的结构与整体式多聚能装药战斗部类似，主要区别是 MEFP 战部采用浅碟形或大锥角药型罩，在爆炸作用下生成的不是射流，而是球状或椭圆状的爆炸成型弹丸。由于 MEFP 战斗部产生的多个爆炸成型弹丸都有一定的质量和速度，而且具有相当的侵彻威力，因此，MEFP 战斗部可以有效地提高对轻型装甲目标的毁伤能力。

药型罩可以放置在战斗部的端面，成为聚焦式 MEFP，也可以放置在战斗部的周围，成为全向飞散大面积覆盖式 MEFP。

德国"鸬鹚"空对舰导弹就应用了 MEFP 战斗部，其战斗部结构如图 7.45 所示，战斗部质量为 160 kg，头部形状为厚壁蛋形，配用延期引信。在战斗部壳体内沿圆周分两层设置了 16 个大锥角药型罩，装药爆炸后可形成速度为 2 000 m/s 的自锻破片，导弹击中军舰后，依靠其动能可击穿 120 mm 的钢板，然后侵入舰舱内 3～4 m 深处爆炸，破坏舰艇的多舱结构。该战斗部爆炸后可以摧毁约 25 个舱体，战斗部对舰艇具有较好的毁伤效果。

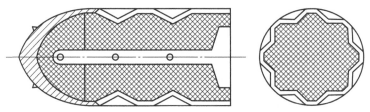

图7.45 "鸬鹚"战斗部结构示意图

3. 片状射流战斗部

片状射流战斗部的药型罩是楔形的，不是轴对称的，其依靠装药爆炸后形成的刀刃形射流切割目标。美国"白星眼"电视制导滑翔炸弹的战斗部采用的就是此类结构，战斗部结构如图 7.46 所示，战斗部直径为 382 mm，在装药的周围有 8 个同样尺寸的楔形药型罩，药型罩焊接在壳体上。

战斗部爆炸后，每个药型罩形成一股片状金属射流（见图 7.47），每股射流的切割长度为 1.7 m，可实现对目标的切割毁伤。另外，在适当的距离范围内还可以利用战斗部的爆破威力，通过两种毁伤效应复合作用，来攻击海上舰艇、地面桥梁，也可用于对付坦克和装甲车辆。根据药型罩参数及楔形装药结构的不同，其可切穿十几到几十毫米的钢甲目标。

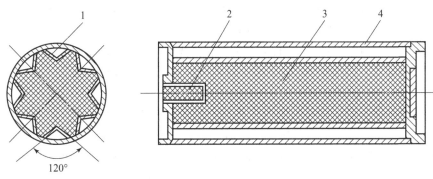

图 7.46 V 形聚能装药战斗部
1—V 形药型罩；2—起爆药；3—炸药；4—壳体

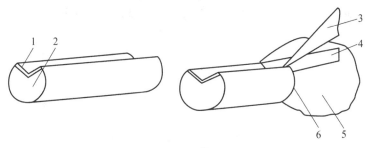

图 7.47 楔形聚能装药爆炸作用原理
1—药型罩；2—装药；3—射流；4—杵体；5—爆轰产物；6—爆轰波阵面

7.5.3 多模战斗部

未来战场要求武器系统能适应信息化、精确化、多功能化的趋势，要求弹药能对付战场中出现的多种目标。多模和综合效应战斗部可使弹药实现一弹多用，适时摧毁战场中出现的各类目标，成为目前战斗部技术发展的一个重要方向。

多模战斗部也称为可选择战斗部（Selectable War-Head），是指根据目标类型而自适应选择不同作用模式的战斗部，毁伤模式的实时可选择是多模战斗部的主要标志。

它通过将弹载传感器探测、识别并分类目标的信息（确定目标是坦克、装甲人员输送车、直升机、人员还是掩体）与攻击信息（如炸高、攻击角、速度等）相结合，通过弹载计算机选择算法，确定最有效的战斗部输出信号，并基于同一成型装药结构，利用不同的起爆模式及爆轰波波形控制技术，形成适应目标特点的毁伤元，从而有效地对付所选定的目标。

其技术核心为多模毁伤元的形成和转换方法，成型装药多模战斗部的多模毁伤元形态一般有 4 种模式：高速聚能射流（JET）、爆炸成型弹丸（EFP）、杆式聚能侵彻体（JPC）和多爆炸成型弹丸（MEFP）。多模战斗部在对付厚重的装甲目标时，可选用 JET 模式；在中远距离对付中厚装甲或混凝土工事目标时，可选用 JPC 模式；在远距离对付装甲目标时，可选用 EFP 模式；在对付轻装甲或集群人员目标时，可选用 MEFP 模式。多模战斗部主要是上述 4 种毁伤元的 2 种或 3 种的组合。

毁伤元的可选择和实时转换是多模战斗部的核心，爆轰波形的控制是多模战斗部的关键。多模战斗部是智能毁伤的基础，是未来灵巧/智能弹药实现最佳毁伤效能的保证。

目前，技术较为成熟的多模战斗部主要分为多模式爆炸成型弹丸（EFP）战斗部和多模式聚能破甲（SC）战斗部两类。多模式 EFP 战斗部一般采用曲率较小或平板状的药型罩，可产生爆炸成型弹丸（EFP）、聚能杆式侵彻体（JPC）和多破片三种毁伤元，具备打击硬目标和软目标的能力。多模式 SC 战斗部一般采用锥形或者半球形药型罩，可产生射流或杆式射流等毁伤元。

多模战斗部最典型的代表是美国洛克希德·马丁公司于 1994 年开始研发的低成本自主攻击子弹药 LOCAAS。该子弹药采用了多模战斗部，根据不同的目标类型，可分别形成飞行稳定的 EFP、JPC 和多破片三种毁伤元，具备在复杂环境中自动搜索、捕获并以最佳方式摧毁时间敏感目标的能力。LOCAAS 的战斗部及其三种毁伤元模式如图 7.48 所示。

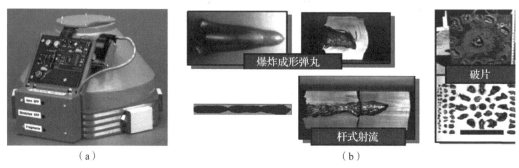

图 7.48 LOCAAS 的战斗部及其三种毁伤元
(a) 多模战斗部；(b) 三种毁伤元

德国 W. Arnold 等人，提出了两种轴向可转换的多模战斗部，即轴向 EFP 和破片可转换战斗部，战斗部结构如图 7.49 所示，在隔栅前方起爆形成 EFP 毁伤元，在装药端面起爆形成破片毁伤元。

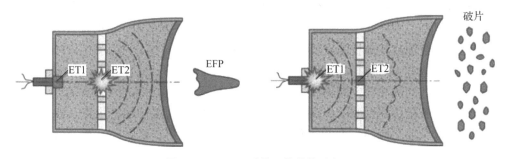

图 7.49 EFP、破片可转换战斗部

7.6 串联战斗部

串联战斗部是将两种或两种以上相同类型或不同类型的单一功能战斗部合理地组合起来而形成的复合战斗部系统，根据不同类型战斗部的终点毁伤特点，使不同形式的串联战斗部发挥出对典型目标最佳的毁伤效果，毁伤威力或毁伤效能得到较大程度的提高。

串联战斗部最初主要应用于对付反应装甲，随着目标类型的发展，逐渐扩展到应用于打击各种硬目标，在反机场跑道、地下工事、深层建筑等硬目标的战斗部中都广泛应用了串联战斗部结构。串联破甲战斗部有多种形式,目前使用较多的包括破—破式、破—爆式、穿—爆式、穿—破式、破—穿式,此外还有多级式、多用途式串联战斗部等。

7.6.1 串联破甲战斗部

1. 传统破—破式串联战斗部

传统破—破式串联战斗部由前、后两级聚能装药构成,通常用于打击带有反应装甲防护的目标。基本结构形式是在主破甲战斗部前面再设置一个直径较小的聚能战斗部,前级小破甲战斗部作用后先引爆反应装甲,为主破甲战斗部的破甲射流扫清障碍。对于低速破甲弹和各种反坦克导弹,采用破—破式串联战斗部,它是打击带有反应装甲防护的坦克等目标的最有效方法之一。典型的破—破式串联战斗部反坦克导弹结构示意图如图 7.50 所示。

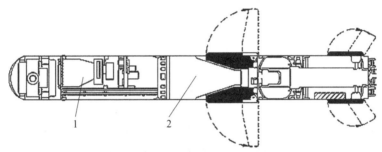

图 7.50 典型的破—破式串联战斗部反坦克导弹结构示意图
1—前级战斗部;2—后级战斗部

当战斗部命中目标时,第一级聚能装药起爆形成聚能射流用于侵彻爆炸反应装甲,引爆其炸药,炸药爆轰使爆炸反应装甲金属板沿其法线方向向外运动和破碎,经过一定延迟时间,待反应装甲飞板及破片飞离弹轴线、爆轰波作用消失后,第二级装药作用形成的主射流在没有干扰的情况下,顺利侵彻主装甲,其典型作用过程如图 7.51 所示。破—破式串联战斗部的作用过程决定了其二级战斗部一般是在较大炸高下完成破甲功能。

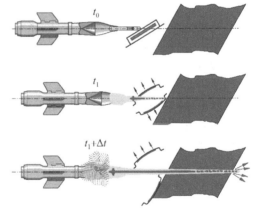

图 7.51 串联战斗部对付反应装甲的作用过程

破—破式串联战斗部是在动态运动过程中完成引爆反应装甲和侵彻靶板,它实质上是一个复杂的弹药系统,两级战斗部既要各自完成对应功能,又要相互密切配合且互不干扰,涉及的关键技术主要有两个方面。

1) 两级装药之间的隔爆技术

若隔爆结构不当,前置装药爆炸后,对二级战斗部会产生破坏作用或者引起殉爆。为了使后级主装药不受前级装药及反应装甲爆炸的影响,通常采用一定的隔爆措施防止主装药殉爆。通常可以采用在两级战斗部之间设置隔爆体的方式实施隔爆,但是对于大炸高下破甲余量不足的战斗部,隔爆体会"吃掉"一部分射流,影响其破甲威力。为了解决上述问题,很多串联战斗部采用了在两级战斗部之间加一个长杆式结构的方案,如图 7.52 所示,长杆式结构可以起到隔爆、炸高控制和结构连接的作用。这种结构能够有效对付一代、二代爆炸反应装甲，故备受欢迎。法、德联合研制的 MILAN2、MILAN2T 和 MILAN3 反坦克导弹，我国红箭 8E 和红箭 9 反坦克导弹，美国的陶 2 和陶 2A 反坦克导弹都采用了这种结构。但是这种长杆式串联战斗部头部结构较长，抗过载能力较弱，一般适用于战斗部结构长度不受限制且速度较低的发射平台上。

图 7.52　MILAN K115T 反坦克导弹的串联战斗部
1—触发机构；2—一级战斗部；3—炸高控制及连接结构；4—二级战斗部

2) 主装药的延时起爆控制技术

主装药的延时起爆控制技术具体是指主装药延时起爆时间及前后级装药间隔距离精确确定的技术，目的是使前置装药引爆反应装甲后，反应装甲的飞板、破片和冲击波不影响主装药对靶板的侵彻。二级战斗部必须在反应装甲的内层和外层飞板飞离射流通道后引爆，并处于主装甲的最佳炸高位置，这主要取决于战斗部的运动速度、姿态和反应装甲爆炸场对弹的干扰时间之间的匹配。若延期时间过短，反应装甲的作用对主射流有干扰，导致破甲威力降低，延时时间过长，弹的姿态变化较大，最佳炸高也不容易保证，同样不利于破甲。

此外，破—破式串联战斗部对装药结构、药型罩材料、加工制造等方面也都有较高的要求。

破—破式串联战斗部的后级战斗装药延时起爆的目的，就是避免反应装甲爆炸过程对主射流的干扰。例如通过延时药或电信号等方式对主装药的延迟时间进行控制，并需在考虑动态运动的条件下对前、后级的装药间隔距离进行精确确定。

如图 7.53 所示的固定式串联战斗部对动态变化的弹目交会条件适应性较差，为了适应不同发射平台和实战中多样化的应用需求，实现隔爆和两级战斗部的起爆最佳匹配控制，有效对付各种反应装甲，解决固定式串联战斗部对动态变化的弹目交会条件适应性较差的问题，发展了多种结构形式的串联战斗部，其中主要包括带距离探测功能、前级伸出式和前级弹出式 3 种结构的破—破式串联战斗部。

带距离探测功能的破—破式串联战斗部是一种比较理想的对付反应装甲的结构。当战斗部飞抵距目标一定距离时，距离探测装置（传感器）对弹目距离进行探测，根据探测结果在适当距离起爆前级战斗部，前级战斗部形成的射流引爆反应装甲；同时探测装置为二级战斗部引信提供精确延时时间，使二级战斗部在适当炸高条件下起爆并毁伤目标。解决弹目距离精确探测是实现上述过程的根本，目前用于精确定距离探测的技术有无线电探测技术、电容式探测定距技术和激光定距技术。图 7.54 所示为带距离探测功能的破—破式串联战斗部结构示意图。

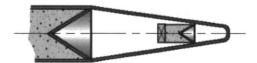

图 7.53　固定长度的破—破式串联战斗部

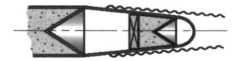

图 7.54　带距离探测功能的破—破式串联战斗部结构示意图

在战斗部长度受限的条件下，可以采用可伸缩技术，可将串联战斗部设计成伸出杆式结构，利用伸出杆来增加战斗部长度，在前置装药引爆反应装甲时，使主装药射流避开爆炸反应装甲的干扰。图 7.55 所示为伸出杆式串联战斗部结构示意图，该结构比较复杂，对结构强度要求较高，在高过载条件下实现起来难度较大。

为了能同时满足战斗部结构长度和适应各种作用条件的要求，发展了弹出式串联战斗部，这是目前最为先进的反爆炸反应装甲的串联战斗部，战斗部结构如图 7.56 所示。其作用原理是，当战斗部飞抵距目标一定距离时，战斗部上的探测装置对弹目距离进行精确探测，并在适当距离处将一级战斗部发射出去，一级战斗部作用引爆反应装甲，同时为二级战斗部引信设置延时时间，使其在理想炸高距离处起爆二级战斗部，对目标进行高效毁伤，其作用过程如图 7.57 所示。这种串联战斗部的特点是两级装药各自完成功能，两级战斗部相互干扰小，二级战斗部不仅能有效避开反应装甲作用场的干扰，也能在最佳炸高下毁伤目标。该结构能够用于各种反爆炸反应装甲的串联战斗部，适应范围大。HOT 3 反坦克导弹战斗部就采用了这种结构。

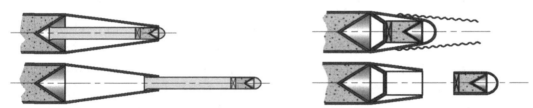

图 7.55 伸出杆式串联战斗部结构示意图　　图 7.56 弹出式串联战斗部结构示意图

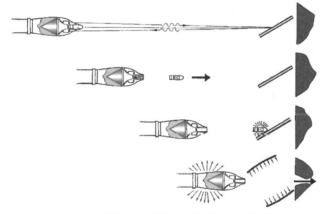

图 7.57 弹出式串联战斗部作用过程示意图

2. 穿—破式串联战斗部

穿—破式串联战斗部使反应装甲只穿不爆，由此省去了等待反应装甲飞板、破片和冲击波作用的时间，缩短了延时时间和炸高，使串联战斗部结构简化、成本降低。

穿—破式串联战斗部的作用原理是利用反应装甲中炸药的低敏感性实现的。通常采用两种方法来避开反应装甲的影响：一种是聚能战斗部的主装药前没有前置装药，安装有专门设计的强化风帽，利用高强度风帽的穿刺作用，当战斗部以一定速度撞击反应装甲时，经过加强设计的战斗部风帽贯穿反应装甲而不使其爆炸，在碰击到主装甲时，引爆战斗部主装药形成射流，射流穿过风帽撞击形成的孔道对主装甲进行侵彻，反应装甲失去干扰射流的作用，无前置装药的穿—破式聚能战斗部结构如图 7.58（a）所示；另一种是在主装药战斗部前面设置一个 EFP 战斗部装药，如图 7.58（b）所示，当战斗部撞击目标时，EFP 战斗部起爆，形成 EFP 击穿但不引爆反应装甲，一定延时后，二级战斗部（主装药）起爆，形成高速射流经过 EFP 击穿的孔洞对反应装甲后面的主装甲进行侵彻。

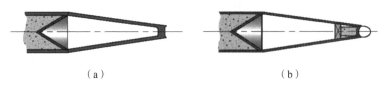

图 7.58 穿—破式战斗部结构示意图

（a）无前置装药的穿—破式聚能战斗部；（b）带前置装药的穿—破式串联战斗部结构

3. 同口径串联战斗部

同口径串联聚能装药战斗部分为逆序起爆与顺序起爆两种方式，其结构示意如图 7.59 所示。当采用如图 7.59（a）所示的结构时，后级装药先起爆，形成的高速射流快速通过前级装药的中心孔道，前级装药在一定延迟时间后起爆形成聚能毁伤元，两个毁伤元对目标进行接力侵彻。逆序起爆方式具有延迟时间短的优势，但也存在一些不足，如前级装药孔道的孔径取决于后级射流的直径，中心孔道大大降低了前级射流的质量，导致后期串联接力侵彻的效果减弱。此外，由于后级射流的杆体较粗，为防止前级装药受到后级杆体的影响，需要设计可靠的杆体截断装置。图 7.59（b）所示为顺序起爆方式的同口径串联聚能装药战斗部，其作用过程为前级装药先起爆形成射流对目标侵彻，为后级射流的侵彻开辟通道，后级装药经过合理的延迟时间起爆形成高速射流对目标接力侵彻。

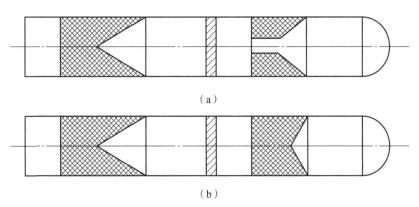

图 7.59 同口径串联战斗部结构示意图

（a）逆序起爆方式；（b）顺序起爆方式

7.6.2 反硬目标串联战斗部

要有效毁伤混凝土工事、地下指挥所等硬目标，侵爆战斗部必须具有足够的着靶速度和适当的着靶姿态。20 世纪 80 年代，美国劳伦斯利弗莫尔国家实验室发展了破—爆式串联战斗部，破—爆式串联战斗部对着靶速度和姿态的要求较低，拓展了武器平台的适应性。

破—爆式串联战斗部由前级聚能装药战斗部、后级随进爆破战斗部、前级引信（或称一级引信)、后级引信(或称二级引信)、壳体、隔爆装置、触发装置、调姿伞等组成。当战斗部在调姿伞作用下以适当姿态到达目标位置时,前级引信在最佳炸高处起爆前级聚能装药,利用聚能装药形成的高速射流侵彻目标(混凝土、岩石、土壤),并在目标上预先形成一个直径较大的孔洞,后级随进战斗部依靠自身动能沿着前级所开的孔道进入目标内部,经过一定延时后,后级引信引爆随进战斗部,在目标内爆炸对目标产生高效毁伤。图7.60所示为一种典型的破—爆式反硬目标串联战斗部结构。

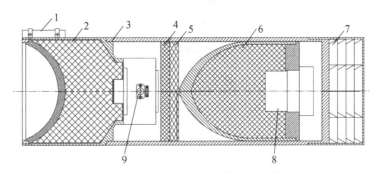

图7.60 破—爆式串联战斗部结构

1—触发装置;2—聚能战斗部;3—壳体;4、5—隔爆装置;
6—二级战斗部;7—调姿伞;8—二级引信;9——级引信

破—爆式串联战斗部可用于毁伤机场跑道、混凝土工事及掩体、砖石建筑物、地下指挥中心等硬目标,该类战斗部对前级战斗部侵彻深度和穿孔直径都有较高的要求。要求前级战斗部必须在达到一定深度的前提下,对目标的破孔孔径尽可能大,后级随进战斗部直径一般略小于前级战斗部,以顺利进入目标内部爆炸实现高效毁伤。破—爆式串联战斗部和动能侵彻型战斗部都可以用于打击机场跑道和混凝土工事等硬目标,与动能侵彻战斗部相比,破—爆式串联战斗部弹道适应性较好,对着靶速度要求低,对弹着角的要求不高,综合毁伤效能较高。

由于串联战斗部巧妙地利用了不同类型战斗部的作用特点,通过合理的设计实现对目标的最佳破坏效果。因此,与单一战斗部相比,在达到相同毁伤效果时,往往战斗部质量可大大减轻。特别是对地下深埋目标、机场跑道、机库等硬目标,串联战斗部更具有独特的优势,因而近几年来受到各国的普遍重视。

1. BROACH 串联战斗部

英国航空航天公司皇家军械部、汤姆森—索恩导弹电子设备公司和防御评估及研究局于20年代90年代联合研制了适合于航空炸弹和空地导弹使用的BROACH串联战斗部,设计目的是能够打击不同的目标。BROACH前级战斗部为聚能装药结构,装填55 kg PBXN-110炸药,随进战斗部为侵彻杀伤弹,战斗部装药质量为91 kg,两级战斗部中间用隔板隔开,防止聚能装药爆炸时危及其后的战斗部。隔板可将聚能装药爆炸能量反射给前部,有助于增强前级战斗部的侵彻能力。在攻击土层/混凝土下的目标时,首先,触发传感器探测目标,当探测到目标后,前级聚能装药战斗部起爆,其产生的金属射流作用于目标,清除目标上方土层并在混凝土中形成穿孔,为随进战斗部开辟通道。与此同时,随进战斗部沿射流侵彻形成的穿孔侵入目标,并在目标内爆炸。BROACH战斗部可侵彻3~6 m厚的混凝土或6~9 m厚的土层,二级战斗部进入目标内爆炸毁伤,其作用原理如图7.61所示。

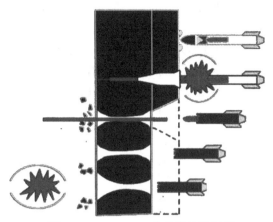

图 7.61 BROACH 战斗部作用原理

布诺奇战斗部的侵彻能力可用于对付战术碉堡、加固的飞机掩体和弹药库、桥梁和机场跑道,其杀爆能力可用于对付机场跑道、地空导弹基地、舰船、港口、工业设施和停放的飞机/车辆等,通常侵彻弹(如美国 BLU-109 侵彻弹)需要从一定高度上投放,使炸弹达到穿透厚而坚固的混凝土层所需的速度,而使用布诺奇战斗部时,飞行员可在距离目标较远的地方,低空将其发射出去攻击上述目标。BROACH 串联战斗部可应用于巡航导弹、制导炸弹等各种空地打击武器平台,美国防区外联合攻击武器 AGM-154C 应用了 BROACH 串联战斗部,如图 7.62 所示。BROACH 战斗部的主要技术参数见表 7.1。

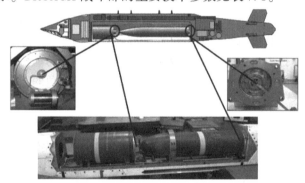

图 7.62 AGM-154C 配用的 BROACH 战斗部

表 7.1 BROACH 战斗部的主要技术参数

诸元	参数值	诸元	参数值
总体质量/kg	450	配用引信	FSU-26/B
直径/mm	450	引信过载性能	—
装药质量/类型	前级战斗部 55 kg(PBXN-110);随进战斗部 91 kg	侵彻威力	3.4~6.1 m 混凝土;6.1~9.1 m 土层(仅前级)

用于空地打击的动能侵彻弹需要从一定高度投放或加装专门的增速系统,使战斗部达到穿透目标所必需的速度,而 BROACH 战斗部不完全依赖动能侵彻目标,受碰撞角和撞击速

度的影响较小，载机可以在距离目标较远的地方，从地空将其发射出去攻击目标。

BROACH 战斗部比同级别的动能战斗部毁伤能量大，如图 7.63 所示。例如，与同等毁伤威力的动能侵彻弹（454 kg 的 MK20 或优化的动能侵彻弹）相比，在对付 1 m 厚、强度为 41.4 MPa 的混凝土目标时，BROACH 战斗部有非常明显的优势，其防跳弹角度达到 70°，而 MK20 炸弹仅为 10°，优化的动能侵彻弹为 40°；BROACH 战斗部在着靶速度为 0.3~1.0Ma、着角为 0°~70°内，均能有效侵彻目标，而优化的动能侵彻弹速度必须大于 0.6~1.0Ma（随着着角增大，速度必须增大），MK20 的速度必须大于 0.6Ma 才能有效侵彻。BROACH 战斗部具有多种毁伤功能和作用模式，打击导弹阵地等目标时，可以同时起爆两级战斗部，对一定区域的各种目标实施综合毁伤，如图 7.64 所示。

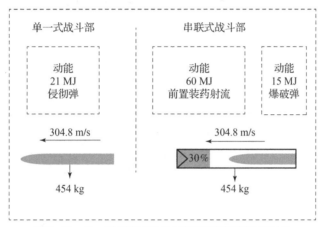

图 7.63　单一动能与 BROACH 理论毁伤能量对比

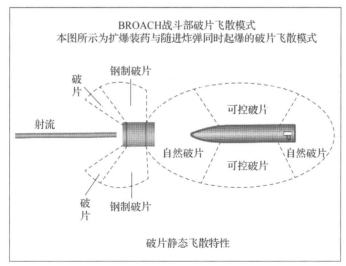

图 7.64　BROACH 两级同爆作用示意图

2. MEPHISTO 串联战斗部

德国于 20 世纪 90 年代研制了 MEPHISTO 串联战斗部，主要用于对付地下目标和地面加固目标，如图 7.65 所示。MEPHISTO 前级战斗部为聚能装药结构，该聚能战斗部具有破片杀伤效应，聚能后级随进战斗部为具有侵彻功能的杀爆战斗部，两级战斗部均采用不敏感炸药,MEPHISTO 串联战斗部前端装有光电近炸引信,当引信探测到目标且处于前级战斗部的适宜炸高范围时,前级聚能战斗部起爆形成射流,侵彻目标开出预置孔道,为后级随进战斗部进入目标内部开辟通路。后级随进战斗部装有可编程多功能智能引信(硬目标灵巧引信),可以设定 3 种不同作用模式:空中起爆、触发起爆和触发延时起爆,以使其根据打击目标的不同选择不同作用模式,发挥战斗部的最佳作战效能。用于打击具有混凝土防护的地下目标时,引信设置为触发延时起爆,战斗部在贯穿沙石、混凝土等多层结构后,在目标内识别到空穴时起爆战斗部。MEPHISTO 串联战斗部主要技术参数见表 7.2。

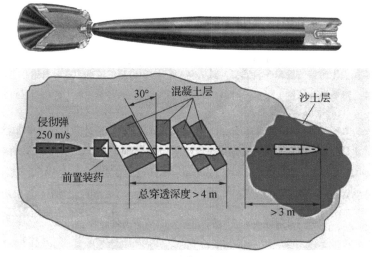

图 7.65 MEPHISTO 串联战斗部总体结构及侵彻能力

表 7.2 MEPHISTO 串联战斗部主要技术参数

诸元	参考值	诸元	参考值
总体质量/kg	500	配用引信	硬目标灵巧引信 PIMPF
随进战斗部/mm	φ240×2300	引信过载性能	轴向 10.0g/10 ms;横向 7.0g/5 ms
装药质量/类型	前级战斗部 56 kg KS33(RDX/AL/PB,67/18/15);随进战斗部 45 kg KS22a(HMX/PB,90/10)	侵彻威力	3.4~6.1 m 混凝土;6.1~9.1 m 土层(仅前级);着速 250 m/s 时可适应 70°着角

德国研制的防区外攻击巡航导弹"金牛座"的三个型号(KEPD 150、KEPD 150-SLM、KEPD 350)应用了 MEPHISTO 串联战斗部,三个型号射程分别为 200 km、270 km、270 km。KEPD 350 巡航导弹总体结构如图 7.66 所示,导弹长 5.1 m,宽 630 mm,高 320 mm,翼展 1.0 m,发射质量为 1 400 kg;采用涡喷发动机,巡航飞行速度 0.8Ma,射程 350 km;导弹中段采用 GPS/INS 复合制导,并利用雷达高度计进行地形跟踪,末段可根据不同型号采用主动雷达或主动雷达加红外构成的双模导引头,雷达高度计确保导弹能够在距离地面 30 m 的高度上巡航飞行,保证导弹从敌方防区外远程投放,对各种目标实施精确打击。

图 7.66　KEPD 350 导弹

7.6.3　三级串联战斗部

破甲弹采用串联装药的目的是对付坦克装甲车辆披挂的反应装甲、提高主装药的破甲威力。为此，国内外学者开展了主装药为串联聚能装药的研究工作。俄罗斯研制的 125 mm 反坦克破甲弹采用了三级串联聚能装药技术，为三级串联的破—破—破式结构，不仅能有效对付反应装甲，而且采用的同口径串联主装药也具有十分优异的破甲性能。125 mm 坦克炮用反坦克三级串联破甲弹结构示意图如图 7.67 所示。

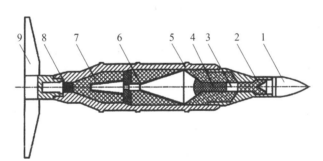

图 7.67　125 mm 坦克炮反坦克三级串联破甲弹结构示意图
1—头部引信开关；2—前置聚能装药；3—前级引信；4—隔爆体；
5—弹体；6—二级聚能装药；7—三级聚能装药；8—后级引信；9—尾翼

该破甲弹采用尾翼稳定式结构，战斗部采用三级串联聚能装药结构。战斗部由前置装药、两级串联主装药、弹体、引信和尾翼等部件组成。引信包括前级引信和后级引信，后级引信装在弹底。当炮弹命中目标时，前级引信开关闭合，前置的第一级聚能装药在前级引信的作用下首先作用，形成高速射流引爆主装甲表面披挂的爆炸反应装甲。后级引信延时一段时间后作用，引爆串联主装药的后置第三级装药，形成的射流穿过第二级聚能装药中心孔道后侵彻目标装甲，最后，第二级聚能装药在第三级装药爆轰作用下延迟一定时间起爆，形成射流与第三级聚能装药射流对装甲目标实施接力侵彻。该破甲弹质量为 19 kg，可由 125 mm 坦克炮发射，对披挂爆炸反应防护装甲的目标具有较好的毁伤效果。

7.7 新型/质毁伤战斗部

7.7.1 活性毁伤增强杀伤战斗部

1. 活性毁伤技术概述

活性毁伤元弹药战斗部技术，是近二十年来发展起来的一项具有颠覆性意义的武器先进终端毁伤技术，开辟了大幅提升武器威力新途径。这项先进毁伤技术的核心创新内涵和重大军事价值在于，打破了现役弹药战斗部主要基于钨、铜、钢等惰性金属材料毁伤元（破片、射流、杆条、弹丸等）打击和毁伤目标并形成威力的传统技术理念，着眼于毁伤材料、毁伤机理、毁伤模式及应用技术的创新突破，创制新一代既有类似惰性金属材料的力学强度，又有类似炸药、火药等传统含能材料的爆炸能量双重属性优势的活性毁伤材料。

由这种活性毁伤材料制备而成的活性毁伤元高速命中目标时，不仅能产生类似惰性金属毁伤元的动能侵彻贯穿毁伤作用，更重要的是，侵入或贯穿目标后还能自行激活爆炸，发挥类似传统含能材料的爆炸毁伤优势，产生结构爆裂毁伤增强效应、引爆增强效应和引燃增强效应。由此创造一种全新的动能与爆炸能双重时序联合毁伤机理和模式，显著增强毁伤目标能力，实现弹药战斗部威力的大幅提升。特别是，这项先进毁伤技术可以广泛推广应用于陆、海、空、天武器平台的各类弹药战斗部，从防空反导反辐射、反舰反潜反装甲，到反硬目标攻坚，已成为推动和支撑高新武器研发的重大核心技术。

活性毁伤材料体系大致可分为氟聚物基、金属间化合物、合金和非晶四大类。氟聚物基活性毁伤材料体系是一类以PTFE（聚四氟乙烯）或THV（四氟乙烯、六氟丙烯和偏二氟乙烯共聚物）粉体为基体，通过加入一定比例的活性金属粉体组分（如Al、Zr、Hf、Ta、Ti、Mg等）为主体所构成的活性体系，其中又以PTFE/Al活性体系最具代表性。采用THV为基体，主要是鉴于除Al粉外，PTFE与其他金属粉体混合均会影响模压成型致密度，往往难以到达理论最大密度的96%以上。氟聚物基活性毁伤材料体系的显著优点是含能量高，在高速碰撞或爆炸载荷等高应变率冲击下会引发爆燃反应，释放出大量的化学能，产生显著的超压和高温效应，局限是强度有所不足。金属间化合物活性毁伤材料体系的优点是抗冲击性能好，不足是材料易碎且含能量较低。高熵合金和非晶材料虽具有强度优势，但自身不具备爆炸能力，且不易制备性能稳定的大尺寸构件。

从活性毁伤体制弹药战斗部技术研究看，关键科学技术问题涉及三个方面：活性毁伤材料技术；活性毁伤材料终点效应表征技术；活性毁伤材料在不同类型弹药战斗部上的应用技术。

对于炸药、火药等传统含能材料，一经点火激活便以稳定的爆速自持地释放出所有的化学能，活性毁伤材料由于受力学强度的制约，故必须在强冲击载荷作用下发生高应变率塑性压缩、变形、剪切和碎裂，才能被激活并引发爆燃反应释放出化学能，而且化学能释放率显著依赖于弹靶碰撞条件，呈现为独特的非自持爆燃化学能释放行为。活性毁伤材料这种独特的非自持化学能释放行为，会对弹靶碰撞引发爆燃超压和毁伤效应表征造成很大困难。

2. 活性破片战斗部毁伤机理

活性破片战斗部装填活性破片，作用于目标既能产生类似金属破片的动能侵彻毁伤，又能发挥类似含能材料的爆炸毁伤，为大幅提升破片战斗部毁伤威力开辟了新途径。在基本不改变传统杀爆类战斗部结构及作用原理的条件下，由活性破片、杆条或壳体替代现役惰性金属破片、杆条或壳体，即构成了活性毁伤元杀伤战斗部的基本结构。

在引信及传爆序列的作用下，战斗部装药被引爆，产生爆轰波稳定传播并导致战斗部装药整体发生稳定爆轰，在炸药爆轰产物及爆轰波的共同驱动作用下，活性破片获得动能及初速，开始高速飞散，并沿一定弹道飞行，飞行至一定距离处与目标遭遇后，高速活性破片首先通过动能侵彻毁伤目标。与此同时，破片与目标碰撞过程中产生高应变率冲击载荷并传入活性破片，当冲击载荷超过一定阈值后，活性破片被激活，经一定弛豫时间后，剧烈爆燃并释放大量化学能，在有限空间内产生爆炸效应，通过动能与爆炸化学能的时序耦合，大幅提升对目标的后效毁伤、结构毁伤、引燃毁伤、引爆毁伤效应，实现战斗部威力的大幅提升。活性破片战斗部毁伤机理如图 7.68 所示。

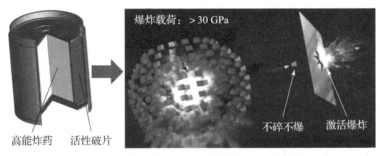

图 7.68　活性毁伤增强杀伤/杀爆战斗部技术原理

要实现毁伤威力的高效发挥，活性毁伤增强杀爆类战斗部设计和研制需解决的两类关键技术难题如下：

（1）活性破片爆炸驱动高初速不碎不爆技术。一方面，活性破片与传统惰性金属破片不同，活性破片强度低，而且材料自身含能，在高能炸药爆炸驱动获得飞散速度和动能过程中，所承受的冲击载荷远高于活性材料自身强度和激活阈值。要实现破片爆炸驱动不碎不爆且不激活反应，需突破活性破片高强度、高含能、高激活阈值等材料和制备关键技术。另一方面，采用传统抗冲击吸能防护技术，虽能有效降低冲击载荷，解决不碎不爆难题，但不可避免会占用相当部分的径向空间，导致战斗部装药量大幅减少，且活性破片飞散、初速会显著降低。如何通过活性破片结构、缓冲吸能结构设计，在不影响战斗部装药量的前提下，对高峰短时爆炸载荷进行转化，实现活性破片爆炸驱动高初速，成为活性破片在杀爆类战斗部上武器化应用的重大技术难题。

（2）活性破片高效侵爆联合毁伤技术。一方面，在战斗部装药高峰短时爆炸载荷驱动下，活性破片不可避免会发生局部结构变形甚至破坏，导致侵彻毁伤能力下降；另一方面，活性破片化学能释放率随碰撞速度减小而显著下降，如何实现活性破片无论是在高速还是低速碰撞目标时均能充分反应、完全释放化学能，显著发挥侵爆联合毁伤优势，成为活性破片应用的又一技术难题。

以上难题对活性破片战斗部设计、实验测试、毁伤威力评估均提出了新的要求，需结合活性破片理化特性、毁伤机理、应用方法、活性破片战斗部综合毁伤效应，提出活性破片战斗部设计方法，建立活性破片战斗部毁伤威力实验测试方法，完善活性毁伤增强破片战斗部威力评估体系。

3. 活性破片战斗关键技术

活性材料理化及冲击激活特性独特，活性破片爆炸驱动过程中必须解决不碎不爆的难题；作用目标先穿后爆，毁伤及释能等终点效应表征复杂，还需实现破片毁伤效应的可控可调；活性破片战斗部动态及静态爆炸条件下，既要表征破片爆炸驱动和激活特性及对不同类型目标终点的毁伤效应，还需提出新方法实现对活性破片战斗部综合毁伤威力的评估。

以上活性材料及破片、终点效应、战斗部威力评估等是活性破片战斗部设计及应用的关键技术。

1）活性材料及破片

活性材料必须同时具备高强度、高阈值、长响应、变密度和高含能5项关键性能，才能满足在战斗部中的应用需求，这就需要掌握材料体系、制备方法与性能调控之间的影响关系。除此之外，高应变率冲击加载下，活性材料动力学响应、激活释能行为、冲击激活机理、能量输出特性等复杂，且当前研究在相关理论模型、材料体系特性及制备工艺对材料理化特性影响机理等方面不够系统深入，以上瓶颈均对活性材料在杀爆战斗部毁伤元方面的应用形成制约。

目标特性不同，毁伤机理不同，对破片性能的要求不同。但活性材料体系多样，如何通过调整破片类型、配方体系、在杀爆战斗部上的应用方式，解决活性破片力学性能与爆炸驱动完整率适配、激活阈值与爆炸驱动安定性匹配、类金属强度与类炸药能量耦合协调、侵彻-爆炸时序作用机理精准调控等技术难题，实现活性破片的可靠爆炸驱动及作用目标时的高效激活爆炸且作用过程可调可控，成为活性材料应用于杀爆战斗部破片毁伤元的关键。

2）终点效应及工程表征

活性破片通过侵爆耦合毁伤作用目标，且机理独特，尤其是目标类型不同，其易损性、毁伤模式、毁伤准则不同，一方面，为相关作用过程及实验表征技术带来了挑战，需建立合理的作用过程描述模型，设计相关终点效应实验；另一方面，侵爆耦合作用对飞机、雷达、油箱、战斗部产生新的毁伤模式，为理论描述及战斗部综合毁伤威力的评估带来挑战。

经多年研究，传统杀爆战斗部惰性破片作用于不同类型目标工程表征体系已较为完善。但对活性破片而言，作用目标时体现出典型力-热-化多效应毁伤、多参量协同影响、变量耦合非线性等特点，在非金属破片单一机械贯穿毁伤模式和相关表征体系的基础上，引入活性破片冲击激活、弛豫、爆炸释能等效应及侵彻爆炸耦合毁伤模式，建立可系统描述其终点毁伤效应及作用过程理论体系，才能为活性破片技术应用及战斗部威力评估提供有力支撑。

2）战斗部设计与威力评估

活性破片在杀爆战斗部上的应用并非简单的替换惰性金属破片，其涉及装药结构、活性破片、防护结构等多个维度的一体化耦合设计。

在装药结构设计方面，战斗部装药、活性破片与防护结构之间相互制约，装药质量、炸药特性直接决定活性破片爆炸驱动初速与适应性，同时对防护结构设计提出要求，破片及防护结构特性同时也对战斗部装药参数产生限制。

在活性破片设计方面，以应用方式、战技指标等为基本依据，强度决定活性破片爆炸驱动结构完整特性，同时影响其含能水平和对目标侵彻的毁伤效应；形状决定破片的装填方式，同时影响其弹道特性；激活阈值及含能量决定破片爆炸驱动的安定性，同时影响其作用目标爆炸毁伤模式及效应，且以上因素同时决定防护结构及装药结构设计。

在防护结构设计方面，防护能力不足，会造成破片爆炸驱动适应性差，防护能力过剩，进而导致战斗部装填比降低，影响破片飞散初速及终点毁伤威力。

在战斗部设计中，需综合装药结构、活性破片、防护结构特性及具体战技指标，明确各结构间的匹配特性，实现战斗部结构的最优化设计及最佳威力发挥。

7.7.2 活性毁伤增强聚能战斗部

1. 活性聚能战斗部作用原理

现役聚能战斗部是利用金属药型罩在聚能装药爆轰作用下形成聚能射流、杆式射流或爆炸成型弹丸等聚能侵彻体打击目标。目前，金属射流破甲能力已达到 8~10 CD 侵彻深度，其不足是对目标造成的破甲孔径较小。爆炸成型弹丸和杆式射流虽可增大侵孔尺寸，但须以牺牲侵彻深度为代价。

传统上，聚能战斗部主要用于打击坦克、轻中型装甲战车、水面战舰和潜艇等装甲类目标。但随着现代战场上对高效打击机场跑道、飞机洞库、大型桥梁、大型水坝、碉堡工事等混凝土/钢筋混凝土类硬目标需求的日趋迫切，聚能战斗部的毁伤机理、毁伤模式和毁伤能力面临新的挑战。从高效毁伤的角度看，打击混凝土/钢筋混凝土类硬目标对战斗部毁伤效能和毁伤模式的要求更重要的是具有强内爆或大开孔毁伤能力，而惰性金属射流难以满足此要求。活性聚能战斗部技术，为聚能弹药战斗部同时获得大侵孔尺寸和大侵彻深度毁伤效应提供了新的技术途径，受到了国外技术先进国家的高度重视，已成为当前高效毁伤技术领域的重要发展方向。

对于活性药型罩在聚能战斗部上的应用，主要是在基本不改变传统聚能战斗部作用原理的前提下，用活性药型罩全部或部分替代现役聚能装药上的金属药型罩，在主装药爆炸驱动的作用下，可使活性药型罩形成既有良好侵彻能力，又能发生爆炸毁伤的活性聚能侵彻体（活性聚能射流活性爆炸成型弹丸和活性杆式射流），其不仅可像传统惰性聚能侵彻体一样侵彻贯穿目标，更重要的是，进入目标内部后可自行发生剧烈爆燃反应，释放大量化学能及气体产物，在目标内部形成很高的超压，实现毁伤模式的跨越提质，使战斗部毁伤威力成倍提升，推动聚能弹药单级化、小型化、高威力和多用途化发展。活性药型罩聚能战斗部作用原理如图 7.69 所示。

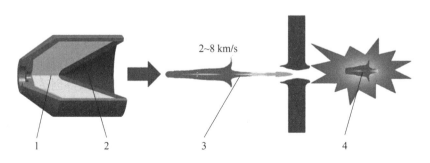

图 7.69 活性药型罩聚能战斗部作用原理

1—高能炸药；2—活性药型罩；3—活性聚能侵彻体；4—穿透或侵入目标适时爆炸

为了实现侵彻与内爆双重机理以高效毁伤目标，活性药型罩聚能装药应具备以下 4 方面的性能。

1) 抗过载能力

活性药型罩在爆炸载荷驱动作用下应能形成性能良好的活性聚能侵彻体，且在碰撞目标靶之前，应尽量使活性聚能侵彻体不发生化学反应，良好的抗过载性能是活性药型罩武器化应用的关键技术。

2) 侵彻能力

活性药型罩材料应具有一定的密度和延展性，所形成的活性聚能侵彻体应尽量具有高密度和高延展性，使之能可靠侵彻一定厚度的目标，这是实现动能侵彻和内爆效应联合毁伤目标的前提。

3) 爆燃毁伤能力

活性聚能侵彻体进入目标内部后应能可靠地发生爆燃化学反应，释放大量化学能，在目标内产生高温气体或爆炸超压等内爆效应，它是活性药型罩所具有毁伤目标的潜能和实现高效毁伤目标的关键。

4) 侵彻爆燃联合毁伤能力

活性药型罩材料应具有一定的激活延时特性，在活性聚能侵彻体成型阶段尽量不发生反应，而侵入目标内适时发生爆燃反应，从而实现动能侵彻和爆燃化学能的双重高效毁伤机理。

2. 活性聚能战斗部毁伤特点

活性药型罩的抗过载能力、驱动适应性、侵彻目标能力与活性药型罩结构、装药结构、装药类型、活性材料密度、延展性、声速紧密相关，爆燃毁伤能力则主要取决于活性材料配方设计及制备工艺。配方设计决定了活性材料的密度、声速、延展性、含能量、气体产物量及能量释放速率、激活延时等特性；制备工艺直接关系到活性材料的静、动态机械力学性能等。然而，活性材料的含能量、气体产物量和反应速率主要决定活性聚能侵彻体的爆燃毁伤威力，激活延时主要影响活性聚能侵彻体的侵彻爆燃联合毁伤能力。

这种活性药型罩聚能装药战斗部用于打击机场跑道、飞机洞库、大型油库油罐、集群装甲、大型桥梁等目标，具有其特有的技术优势，主要体现如下：

(1) 打击机场跑道类目标，适应能力强，毁伤威力大。

打击机场跑道类目标，既能解决现役侵爆型反跑道子弹的威力发挥显著受不同结构强度等级机场跑道和引战配合制约的问题，又能实现对机场跑道的大爆坑、大隆起、大裂纹、大破坏区域毁伤，特别是在大冲量内爆载荷的作用下，可对跑道混凝土面层以下结构层内造成大洞穴毁伤，大幅提高反封锁修复难度，实现对机场跑道的高效毁伤和封锁；也可应用于串联反跑道战斗部前级，实现大开孔，为后级战斗部可靠随进到跑道内部创造条件。

活性药型罩毁伤机场跑道原理如图 7.70 所示。首先，活性药型罩在爆炸作用下形成活性聚能侵彻体，在这一过程中，仅少量活性材料被激活、发生反应，随后活性聚能侵彻体利用头部的速度和动能，开始侵彻机场跑道；活性材料受到侵靶过程中的高温高压作用被二次激活，聚能侵彻体在跑道内部发生剧烈反应，释放大量能量并迅速产生大量气体产物，对跑道进行爆裂式毁伤或产生底部带有空腔的大直径孔洞。

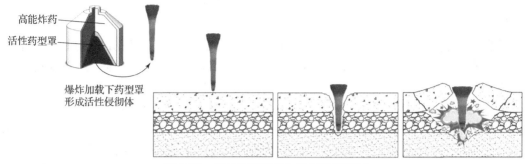

图 7.70　活性药型罩毁伤机场跑道原理

（2）打击机库类目标，开孔大，后效毁伤强。

打击机库类钢筋混凝土目标，应用于两级串联战斗部的前级，可显著增大开孔直径，大幅增大后级随进战斗部的装药量，提高毁伤威力；应用于单级战斗部，可利用活性射流穿靶后的爆炸效应，显著发挥毁伤优势。

（3）打击油库油罐类目标，结构爆裂和引燃能力强。

打击油库油罐类目标，利用动能先穿、化学能后爆毁伤模式，基于活性射流高效动能侵彻—爆炸化学能时序联合作用机理，显著提高对罐壁结构的爆裂穿孔毁伤，实现对油料的高效引燃，大幅增强摧毁油库油罐类目标的能力。

（4）打击舰船/装甲类目标，侵彻能力和后效毁伤强。

活性毁伤聚能技术应用于反坦克导弹和火箭弹串联战斗部前级，对于前级活性聚能战斗部，利用活性射流动能和爆炸化学能联合作用，可显著增强引爆 ERA 的能力，缩小口径，减少装药量，降低隔爆难度；后级活性聚能战斗部，利用活性射流穿透主装甲后的高效内爆作用，产生冲击波、燃烧和高热等效应，大幅增强对内部技术装备和人员的后效毁伤。

活性毁伤聚能技术应用于反坦克破甲弹、末敏弹和地雷，战斗部爆炸形成高速活性射流或活性爆炸成型弹丸，一举穿透坦克顶甲或底甲后进入内部爆炸，产生冲击波、燃烧、热蚀等效应，高效毁伤内部技术装备，杀伤人员，大幅增强反坦克反装甲战车后效毁伤威力。

活性毁伤聚能技术应用于轻型反潜鱼雷，打击单层壳体潜艇时，利用活性聚能战斗部爆炸形成的高速活性爆炸成型弹丸，一举贯穿毁伤潜艇耐压壳体后，进入潜艇内部爆炸，产生冲击波、燃烧、热蚀等效应，高效毁伤内部技术装备，杀伤人员。在打击双层壳体潜艇时，则是利用活性聚能战斗部爆炸形成的大尺寸活性爆炸成型弹丸贯穿非耐压壳体后，进入载水层内爆炸，利用水中压力波、气泡脉动等效应，解体毁伤非耐压壳体，摧毁内部技术装备。

活性毁伤聚能技术应用于反航母子母战斗部，母弹在航母上空一定高程处开舱抛撒活性聚能子弹，子弹命中航母甲板后即刻爆炸形成高速活性爆炸成型弹丸，一举爆裂贯穿飞行甲板，剩余活性爆炸成型弹丸则进入飞行甲板与吊舱甲板之间爆炸，毁伤弹射系统、阻拦系统等技术装备，从而以非致命打击方式高效封锁航母核心战斗力的作战效能。

7.7.3　活性毁伤增强侵彻战斗部

1. 毁伤增强侵彻战斗部技术概述

从毁伤模式和机理角度看，现役侵彻类弹药战斗部基本设计理念均为依靠金属毁伤元动能侵彻机理毁伤目标。由于毁伤机理的局限，大幅制约了弹药战斗部威力的发挥和提升，亟需突破现役惰性金属毁伤元材料和单一动能侵彻毁伤机理的限制,从而实现侵彻类弹药战斗部毁伤威力的大幅提升。

活性毁伤材料使目标毁伤模式从纯动能机械贯穿模式向先穿后爆毁伤模式跨越性提升。活性毁伤增强侵彻战斗部技术为大幅提升现役侵彻战斗部毁伤威力开辟了新途径。按应用方式不同,其基本技术理念可分为两类,一是由活性毁伤材料部分或全部替换现役穿甲/脱壳穿甲类战斗部的重金属杆芯,实现在无引信、无装药情况下显著发挥战斗部穿爆联合毁伤优势;二是由活性毁伤材料部分替代半穿甲/侵爆类战斗部壳体或高能炸药,显著提升战斗部的毁伤威力。

与杀爆类、聚爆类战斗部主要通过炸药爆炸驱动破片或药型罩形成高速金属毁伤元打击目标不同,活性毁伤增强侵彻战斗部主要依靠战斗部自身动能首先高速侵彻目标,在强动载作用下活性毁伤材料发生激活爆炸,从而在动能与爆炸化学能的时序联合作用机理下对目标造成结构爆裂解体毁伤,大幅提升侵彻战斗部的毁伤威力。在对其设计和研制中存在以下两类技术难题:

(1) 活性毁伤材料芯体高效激活爆炸技术。活性毁伤增强侵爆战斗部高速作用目标过程中,活性芯体承受载荷从头部到尾部的显著衰减,导致后部芯体不易激活爆炸,如何实现活性芯体高效激活爆炸,成为武器化应用技术的难题之一。

(2) 高效穿爆联合毁伤一体化结构设计技术。活性毁伤增强侵爆战斗部贯穿不同厚度目标承载时间不同,导致活性芯体激活率显著不同。开展高效穿爆联合毁伤一体化战斗部结构设计,实现既有足够侵彻能力又能适应贯穿不同厚度目标均能显著发挥爆炸毁伤优势,成为武器化应用又一技术难题。

经过多年创新研究和关键技术攻关,活性毁伤增强侵爆弹药在战斗部设计和研制方面取得了重大突破,攻克了武器化应用系列难题,主要应用于以下几方面:半穿甲型侵彻战斗部、脱壳穿甲型侵彻战斗部、攻坚破障型侵彻战斗部。

2. 半穿甲活性毁伤增强侵彻战斗部

穿甲燃烧弹和穿甲爆破弹等传统半穿甲弹是用于打击武装直升机、装甲运兵车、步兵战车等轻型装甲目标的典型弹药。传统半穿甲战斗部为毁伤轻型装甲目标提供了有效手段,但总体来看,由于引信的存在,故增加了战斗部的设计复杂性和工作可靠性,且此类战斗部对弹靶作用条件要求苛刻。活性毁伤增强半穿甲战斗部在传统横向效应增强战斗部的基础上,通过活性毁伤材料全部或部分替换传统惰性芯体,依靠活性毁伤材料冲击激活非自持反应特性,为高效打击轻型装甲目标开辟了新途径。

忽略弹带、风帽等部件后,活性毁伤增强半穿甲战斗部作用目标过程如图 7.71 所示。首先弹体依靠动能对目标进行侵彻,在碰撞应力作用下,高密度壳体与低密度活性芯体发生

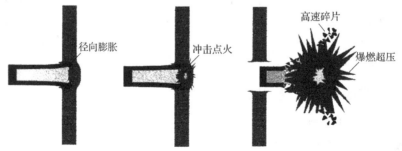

图 7.71 活性毁伤增强半穿甲战斗部作用过程

不同程度的变形膨胀，活性芯体被封闭于战斗部壳体与靶板之间。在强冲击波作用下，弹体前端部分活性材料发生初始激活点火，数微秒后，弹体贯穿靶板，壳体及活性芯体膨胀碎裂，大量活性材料发生爆燃反应，迅速释放大量高温高压气体，在靶后产生高速碎片—超压耦合杀伤场，对靶后有生力量、技术装备、控制系统造成高效后效毁伤。

为实现活性毁伤增强半穿甲战斗部基于动能/爆炸化学能时序联合作用机理，并对目标产生结构爆裂毁伤，设计中，对活性半穿甲战斗部整体结构提出了一定要求。以小口径活性毁伤增强侵彻弹为例，其主要由高强度壳体、活性材料芯体、重金属侵彻增强块、风帽等构成，如图7.72所示。

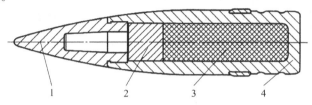

图7.72 小口径活性毁伤增强侵彻弹
1—风帽；2—重金属侵彻增强块；3—活性材料芯体；4—高强度壳体

活性毁伤增强半穿甲战斗部主要用于打击导弹、武装直升机、作战飞机和轻装甲车辆等，发挥其侵爆联合高效毁伤威力的关键：一方面，要求活性毁伤增强半穿甲战斗部具有足够的速度、结构强度和良好的侵彻能力，以实现对轻中型装甲和导弹战斗部壳体的有效贯穿；另一方面，要求活性芯体具有较高的反应率，以实现进入装甲目标或战斗部内部后产生更高效的爆炸毁伤。因此，在战斗部结构设计时要综合考虑壳体、活性材料芯体和侵彻增强结构三者之间的匹配关系，主要涉及活性毁伤材料芯体设计和战斗部结构设计。

在活性毁伤材料芯体设计方面，需在弹体贯穿靶板后，芯体材料激活爆炸释能，产生侵彻扩孔、高温高压及纵火引燃等毁伤效应，实现侵爆联合高效毁伤效应。这就要求活性毁伤芯体材料具有高能量密度、合适的冲击激活值及高释能效率等特性，尤其是在弹体侵彻靶板过程中，碰撞载荷沿芯体轴线方向衰减，因此还需结合碰撞载荷特性对芯体材料激活阈值进行梯度化设计。

在战斗部结构设计方面，主要包括壳体、侵彻增强块、活性芯体等结构设计。从结构功能角度看，壳体、侵彻增强块等结构均是为了提高弹体侵彻能力。但壳体过厚、侵彻增强块过长，均会由于对活性芯体的防护过强而导致芯体爆燃反应率降低而影响毁伤后效；壳体过薄、侵彻增强块过短，则会导致弹体侵彻能力下降，后效毁伤弱。

3. 脱壳穿甲活性毁伤增强侵彻战斗部

小口径脱壳穿甲弹广泛应用于打击目标包括巡航导弹、飞机等空中目标以及步兵战车、武装直升机等轻型装甲目标。其中，小口径脱壳穿甲弹又以其在舰艇末端反导系统中的应用最为典型，即用于拦截成功突破舰艇中远程防空系统封锁的来袭导弹。受制于传统重金属毁伤元单一动能毁伤机理，传统脱壳穿甲型战斗部往往存在穿甲后效不足的问题，从而难以实现对目标防护后结构的有效毁伤。

活性毁伤材料为提升脱壳穿甲型侵彻战斗部毁伤威力开辟了新途径。其基本设计理念为，在原有战斗部结构的基础上，采用活性毁伤材料替代部分重金属弹芯材料。活性毁伤材料在外部高强度载荷，如高速冲击作用下将发生剧烈爆燃反应，释放大量化学能和气体产物。基于活性毁伤材料特有的冲击激活后的延时爆燃特性,脱壳穿甲型活性战斗部可实现在打击目标过程中的动能与化学能的时序联合作用,显著提升其后效毁伤效能,实现从纯动能机械贯穿毁伤到动能/爆炸化学能时序联合作用下的结构爆裂毁伤模式跨越。

典型小口径活性脱壳穿甲弹结构如图 7.73 所示,主要由上弹托、活性弹芯和底弹托组成,其中,活性弹芯主要由重金属穿甲弹芯和活性材料填充构件组成。活性材料填充构件可采用多种形式,可制成芯体填充在重金属弹芯尾部中心位置,也可制成中空圆环加装在重金属弹芯尾部。

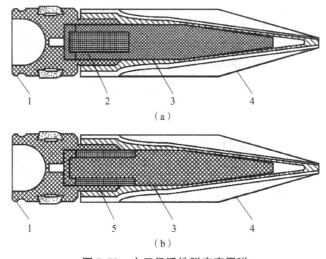

图 7.73 小口径活性脱壳穿甲弹
1—底弹托;2—活性芯体;3—穿甲弹芯;4—上弹托;5—活性环

基于活性毁伤材料特有的冲击激活特性,脱壳穿甲型活性战斗部毁伤机理也因活性材料填充方式的不同而差异显著。以图 7.73 中两种不同活性战斗部侵彻靶板作用过程为例,两者填充方式的差异将给弹丸穿甲与后效毁伤性能带来显著影响。

一方面,填充方式的不同将对弹丸穿甲性能产生显著影响,同时影响侵彻过程中活性材料的激活特性。当采取芯体填充方式时,重金属弹芯中的一部分将被低密度活性材料代替,弹丸侵彻比动能显著下降。采用活性环填充方式时,重金属弹芯中心的实心部分得以保持,此时活性环对弹丸穿甲能力的削弱较小,但由于弹体侧向稀疏波的影响,弹体边缘的活性环将在冲击波加载过后被紧跟其后的侧向稀疏波卸载,导致活性材料内部应力下降,进而导致活性环整体激活率较采用活性芯体时有明显下降。

另一方面,填充方式的不同将给弹丸后效毁伤性能带来显著影响。当采用活性芯体填充方式时,活性芯体可在靶后发生爆燃反应,导致周围包覆金属弹芯材料碎裂产生二次破片,形成内爆燃—外破片的大范围耦合后效毁伤场,从而增强弹丸对靶后有生力量、设备或装药等关键性易损部件的毁伤效应,可显著提升其穿甲后效。当采用活性环装填方式时,由于处于弹芯外侧,未被弹芯材料包覆,因而此时活性材料发生化学反应后仅产生一定范围的爆燃场,由于缺少破片场,故后效毁伤场在杀伤力等方面均将出现一定程度的减弱。

除不同填充方式所导致的性能差异外,如何兼顾穿甲与后效毁伤威力并实现两者的耦合调控,是战斗部设计所面临的另一难题。以氟聚物基活性材料为例,在冲击作用下的材料激活率、弛豫时间等均与冲击载荷特性密切相关。一般来说,随冲击波强度增加,活性材料激活率提高,从材料激活到剧烈爆燃反应所需的弛豫时间减少。因此,在设计活性脱壳穿甲弹丸时，需充分考虑弹芯整体穿甲性能与活性材料激活特性之间的匹配性。

4. 攻坚破障型侵彻战斗部

为实现对建筑物、深层工事、碉堡、机库等钢筋混凝土硬目标打击需求，攻坚破障战斗部的研究一直以来都是各国武器装备研发的重点。根据战斗部作用机理差异，攻坚破障战斗部可主要分为动能侵爆型和串联侵爆型两类。

活性毁伤增强攻坚破障战斗部技术为高效打击和毁伤钢筋混凝土类硬目标开辟了新途径。其基本技术理念为，在传统惰性径向效应增强侵彻战斗部的基础上，由活性毁伤材料芯体全部或部分替代低密度惰性芯体，通过侵彻—爆炸时序联合毁伤机理，显著增强对钢筋混凝土硬目标的毁伤效应。其显著技术优势在于，高强度壳体具有强侵彻能力，能够有效贯穿钢筋混凝土靶板；芯体为活性毁伤材料，在弹靶碰撞强冲击载荷的作用下，激活爆炸，释放大量化学能，一方面可进一步增加侵彻穿孔孔径；另一方面能够提高壳体碎裂破片、抛掷混凝土靶碎块速度及靶后超压，显著增强毁伤后效。

活性毁伤增强攻坚破障战斗部作用钢筋混凝土硬目标时，首先在动能作用下直接侵彻目标结构，然后在强冲击载荷作用下，战斗部内部活性芯体被激活，经短暂弛豫时间后，发生爆燃反应，释放大量化学能，使得与爆燃产物直接接触的靶板区域处于高温、高压、高应变率的动态响应区，且由活性芯体爆燃超压作用区域、靶板厚度及弹靶作用条件共同决定。

在作用城市硬目标、防护工事等较薄钢筋混凝土目标时，战斗部以较高速度贯穿混凝土靶板，活性芯体爆燃主要发生于穿靶末期或靶后，其增强效应主要体现在扩孔增强和破片杀伤增强两方面。对于扩孔增强，爆燃产物持续压缩侵孔出口附近靶板，开孔直径增加；对于破片杀伤增强，活性芯体化学能释放，提高了战斗部壳体碎裂所形成破片的初速，以及破片的杀伤威力。

在作用战场硬目标、碉堡等厚混凝土目标时，战斗部仅依靠动能完全贯穿靶板需要较长时间，活性芯体爆燃主要发生于侵彻中前期，其增强效应主要体现在侵彻增强和碎石抛掷增强两方面。对侵彻增强而言，活性芯体在半密闭侵孔内压缩混凝土介质，通过类爆炸作用，进一步增强战斗部侵彻能力；对碎石抛掷增强而言，侵彻靶板形成的碎石在战斗部冲塞作用下于靶后形成具有一定速度的飞散场，在活性芯体爆燃反应的作用下，碎石飞散角度和飞散速度进一步增加，对靶后目标进行杀伤的后效显著提升。

战斗部主要着眼于壳体设计和活性毁伤材料芯体设计。在壳体设计方面，一是要满足高速侵彻过程中壳体结构的强度要求；二是要实现穿靶后壳体破片杀伤威力要求。除采用高强度金属材料外，还可采用的方式包括壳体环形内刻槽、环形外刻槽、轴向内刻槽、轴向外刻槽等。在活性毁伤材料芯体设计方面，一是结合战斗部结构及弹靶作用载荷特性，对活性材料含能量、激活阈值、弛豫时间等材料力化性能进行设计；二是采用梯度排布或活性毁伤材料环与惰性材料复合的方式，优化侵彻过程中活性芯体的响应特性，提高战斗部的综合毁伤威力。

7.7.4 威力可调战斗部

1. 应用需求

随着战场形势的变化，武器弹药向着精确化和智能化方向发展。精确化包括精确制导和精确毁伤，现有的常规战斗部作用于目标时都是毁伤效能最大化，即将炸药的能量以爆轰的方式完全释放出来，以实现毁伤效能的最大化。但是战场的情况复杂，最大毁伤威力并不一定得到预期的毁伤效果。由此，"毁伤威力可调弹药"这一新概念弹药应运而生。

毁伤威力可调弹药可针对不同的目标和作战环境，选择合适的能量释放方式，并调控输出所需的毁伤能量，实现了同一战斗部在不同目标与作战环境下获得不同的毁伤效果。如图 7.74 所示，在城区作战中，可选择低威力挡来降低附带毁伤，而对于空旷区域的面目标，可选择高威力挡对其进行大面积有效毁伤。这种威力可调战斗部不仅用途广、环境适应能力强，还可以大大提高弹药使用的灵活性与高效性。

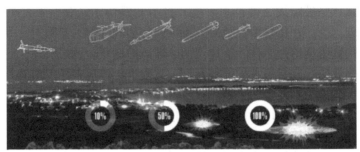

图 7.74 毁伤威力可调弹药针对不同区域目标作用示意图

2. 实现威力可调的技术途径

毁伤威力可调战斗部主要是通过改变炸药的能量输出特性或者改变分配到对应壳体上的装药释能的比例来实现同一战斗部在不同目标与作战环境下获得不同的毁伤效果。

目前，战斗部威力可调实现途径主要有三大类：第一类是分层装药、隔爆层与起爆方式耦合作用，通过同时起爆内、外两层装药实现高威力挡，通过只起爆内层或外层装药实现低威力挡，其结构示意如图 7.75 所示；第二类是利用炸药燃烧转爆轰特性，通过不同的能量激发使主装药发生不同等级的反应，进而释放出不同的能量，如通过不同的点火强度激发主装药，可使主装药实现完全爆轰、部分爆轰和爆燃等模式，从而实现毁伤威力可调，其结构示意如图 7.76 所示；第三类是基于内、外两层装药结构设计，通过内、外层装药全爆轰实现高威力挡，在需要时利用驱动装置将内层装药推离战斗部后起爆外层环形装药实现低威力挡，其结构示意如图 7.77 所示。

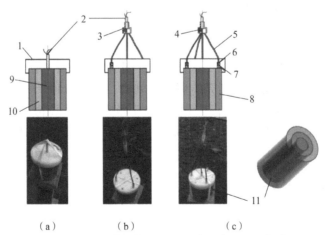

图 7.75 通过复合装药结构与起爆方式耦合实现毁伤威力可调

(a) 单点起爆；(b) 外部三点起爆；(c) 同步起爆

1—引爆传输板；2—雷管；3—连接器；4—传爆药；5—导爆索；6—一级传爆药；
7—二级传爆药；8—含铝炸药；9—中心炸药；10—隔爆材料；11—复合装药

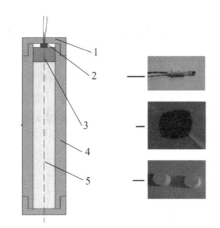

图 7.76　点火强度调控式威力可调战斗部结构

1—端盖；2—雷管；3—黑火药；4—圆柱壳体；5—主装药

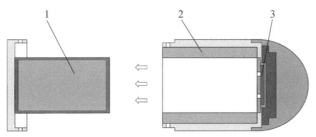

图 7.77　分离装药式威力可调战斗部原理示意图

1—内层装药；2—外层环形装药；3—驱动装置

7.8　弹药战斗部高效毁伤技术发展

弹药战斗部对目标的毁伤目标是武器打击链路的"临门一脚"，具备高效打击，特别是命中即摧毁目标的能力，是陆、海、空、天武器的共性重大需求。毁伤技术高效与否，决定武器终端摧毁目标能力的强弱。高效毁伤技术，特别是先进战斗部技术、先进含能材料技术、先进引信技术等，是支撑、推动和引领高新武器装备研发的重大核心技术。

面对种类繁多、特性迥异的战场目标，世界各国传统毁伤技术历经多年发展，已兼顾防空反导、反辐射、反舰反潜、反装甲、反硬目标攻坚等多种作战需求，成熟应用于各类毁伤弹药。弹药战斗部是毁伤链路的终端系统，提升战斗部威力，特别是命中即摧毁的能力，一直是高效毁伤技术领域的研究重点。传统常规毁伤弹药所搭载的战斗部按有无装填高能炸药，大致分为两大类：一类为爆炸能转化型，如杀爆、聚能、侵爆等战斗部；另一类为动能毁伤型，如穿甲、动能拦截器等战斗部。依据现役传统常规战斗部威力形成的技术特点，世界各国均致力于战斗部威力的提高，其技术途径大致可分为以下 3 个方面：一是提高炸药能量，二是改进战斗部结构设计，三是增强毁伤元对目标的毁伤能力。

在战斗部威力提高的技术途径上，聚焦于毁伤能量水平提升、毁伤能量分配利用方式优化及金属毁伤元威力增强等方面。毁伤技术创新发展，一是受战场目标发展牵引，二是受高新技术发展推动，核心是毁伤能量与目标信息的深度融合，并最终决定战争形态的演化。

传统毁伤技术发展多年,技术日趋成熟,应用愈发广泛,但其面对复杂战场环境时的技术局限不可避免,惰性金属毁伤元的毁伤能力不足问题也日益凸显。除了系统提升现有弹药战斗部及弹药系统的整体性能和作战效能外,还需要不断探索新材料、新结构、新原理。例如,因传统惰性金属毁伤元单一动能毁伤机理的局限,战斗部威力提升亟需从新型毁伤材料、新型毁伤机理和武器化应用上寻求突破。当今世界,常规高效毁伤技术正呈现出传统毁伤技术改进升级愈发成熟、新质毁伤技术研究应用不断深入发展的局面。

习　题

1. 简述导弹与导弹武器系统的组成和功用。
2. 战斗部的作用是什么?
3. 战斗部的类型有哪些?
4. 根据破片生成方式,对比分析不同破片杀伤战斗部的特点。
5. 简述连续杆战斗部的结构组成、作用原理及特点。
6. 串联战斗部有哪些类型和功用?
7. 分析串联破甲战斗部的关键技术。
8. 简述活性毁伤增强战斗部的作用原理。
9. 简述活性毁伤增强战斗部的类型及其特点。

第 8 章
航空炸弹

8.1 航空炸弹概述

8.1.1 航空炸弹的地位与作用

航空弹药是指载机从空中发射或投掷的弹药，包括航空炸弹、航空炮弹、航空导弹和其他用于特殊目的的航空弹药。航空炸弹是指航空兵实施空地打击中，从空中发射或投放的用来破坏和摧毁敌方各类目标，杀伤敌方有生力量的一类弹药。

在现代高新技术战争中，空中火力打击已成为现代战争的一大作战样式，对地面目标实施空中打击已成为战争的首选方案。空中打击不仅指对敌方纵深的指挥控制中心、机场、防空阵地、掩体和桥梁等重要军事目标进行精确打击，还能对集群坦克、装甲车辆、炮兵阵地、地面人员及其他军事设施进行有效的摧毁。由于飞机的速度快、航程远，可以挂载各种航空炸弹，对敌人前沿、战役纵深和战略后方的各种地面、海上、海下目标实施空地打击。航空炸弹是在历次战争中消耗量最大的航空弹药。

各国现役和库存的航空炸弹型号有数百种，以美国和苏联/俄罗斯最多。因此，在常规武器发展中，欧美国家不仅重视航空武器的发展，而且特别重视航空炸弹的发展，特别是精确制导技术和远程打击技术的出现，使空中打击效能成百倍、上千倍地得以提高，使载机的生存能力大为改善。各种新型制导技术和战斗部技术的发展使得航空炸弹不仅可精确地命中远距离的点目标，而且可有效地实施摧毁；不仅可摧毁地面上的各种点目标，而且可有效地摧毁各类面目标；不仅可对目标实施硬杀伤，而且可对目标实施软毁伤和特种作用。因此，航空炸弹已成为现代战争中最为重要的武器之一。

8.1.2 对航空炸弹的要求

1. 基本要求

航空炸弹除应满足弹药的装药安定性、长储性、构造简单、成本低廉、能大量生产等基本要求外，还应满足以下要求：

1) 攻击目标广泛性

航空炸弹需要能够对敌前方和后方的指挥所、通信交通枢纽、飞机场、雷达、火炮和导弹阵地、坦克群、水面舰艇、水下潜艇、工厂、经济中心、政治中心、仓库、地下掩蔽所等任何目标和有生力量进行广泛性的摧毁性打击，对其目标适应性和毁伤威力要求较高，因此，要根据作战应用需求研制不同规格和性能的各类航空炸弹。

2) 与载机具有良好的相容性

航空炸弹的品种、型号应该广泛适用于强击机、轰炸机和歼击轰炸机挂载炸弹的需求,具有作战和训练使用的灵活性。

3) 载机安全,弹道稳定

航空炸弹必须保证挂载飞行及投弹时载机的安全性。航空炸弹在使用过程中必须爆炸在安全作用距离之外,并按照技术要求作用或起爆。炸弹在下落过程中的稳定性是十分重要的,如果炸弹落下时不稳定,炸弹碰击地面时将出现不稳定力矩,严重降低炸弹的侵彻能力,同时使跳弹的可能性增大,危及载机安全;另一方面,弹道不稳将会造成较大的散布。

2. 航空炸弹的弹道性能

航空炸弹下落过程中遭受的空气阻力与其形状、直径和质量密切相关,即使在同样投弹条件下,形状、直径和质量不同也会造成炸弹受空气阻力影响的程度不一样。炸弹从空中落下时,空气阻力影响炸弹运动的性能叫作弹道性能。常用弹道性能的好坏来评价炸弹降落时受到空气阻力影响的大小,弹道性能越好,受空气阻力影响越小;反之,受空气阻力影响越大。弹道系数、炸弹标准下落时间和极限速度是用来表示航空炸弹弹道性能的参数。

1) 弹道系数

弹道系数是反映炸弹空气阻力加速度大小的数值。炸弹在空气中运动时,由于受空气阻力的作用而产生加速度,其表达式为

$$a = \frac{R}{m} = \frac{id^2}{m} \times 10^3 \times \frac{\pi}{8\,000} \rho C_{xon}(Ma) v^2 \tag{8.1}$$

式中,R——空气阻力;

m——炸弹质量;

i——弹形系数;

d——炸弹直径;

ρ——空气密度;

$C_{xon}(Ma)$——标准阻力系数;

v——炸弹速度。

令 $c = \frac{id^2}{m} \times 10^3$,它反映炸弹本身条件与空气阻力加速度的关系,称为弹道系数。弹道系数的大小反映炸弹受空气阻力的影响程度。弹道系数的大小与炸弹的外形、直径和质量有关,炸弹外形流线形好、断面比例大,其弹道系数就小。弹道系数越小,受空气阻力影响越小,弹道性能就越好;反之,受空气阻力影响越大,弹道性能就越差。

2) 炸弹标准下落时间

炸弹标准下落时间是用得最多的一个参数。所谓炸弹的标准下落时间,是指在标准气象条件下(地面气压为 750 mm 水银柱高;地面气温为 +15 ℃;地面大气密度为 1.206 g/cm³;气温递减率为 0.006 5 ℃/m),从海拔 2 000 m 高度,以 40 m/s 的速度水平投弹至炸弹落到地面(海平面)所需要的时间,常用符号 Θ 表示。这个时间越短,说明炸弹受空气阻力的影响越小,弹道性能越好。在真空中,所有炸弹从 2 000 m 高度落下的时间等于 20.197 s,因此,标准下落时间越接近这个数值,弹道性能就越好。航空炸弹的标准下落时间一般都在 20.25 ~ 22.00 s。

炸弹标准下落时间与弹道系数的关系可用下面经验公式表示：

$$\Theta = 20.197 + bc \tag{8.2}$$

式中，b——根据预先求出的炸弹标准下落时间和弹道系数推算出来的系数。

计算表明，当确定炸弹标准下落时间和弹道系数所采用的阻力定律不同时，b 的大小不同。目前，我国使用1970年制定颁发的航空炸弹阻力定律，高阻弹阻力定律选用250-2航爆弹作为标准炸弹，低阻弹阻力定律则选用250-3航爆弹作为标准炸弹。在炸弹标准下落时间不大于25 s的情况下，b 为1.87，即

$$\Theta = 20.197 + 1.87c \tag{8.3}$$

由式（8.3）可以看出，炸弹标准下落时间是弹道系数的单值函数。根据弹道系数的概念，弹形较好的炸弹（头部尖锐，尾部锥角小，表面粗糙度小），其迎风阻力系数小，弹道系数小，则标准下落时间短。

3）极限速度

炸弹在下落过程中，在重力作用下弹速不断增大，同时受到的空气阻力也不断增加，当炸弹所受空气阻力增大到等于它的重力时，炸弹的下落速度就保持不变，此时炸弹的速度称为极限速度，亦即空气阻力等于炸弹重量（空气阻力加速度等于重力加速度）时的炸弹速度。

弹道系数、炸弹标准下落时间和极限速度是从不同的角度反映空气阻力对炸弹的影响程度。弹道系数反映炸弹本身条件与空气阻力的关系，炸弹标准下落时间反映炸弹在标准条件下的落下时间与空气阻力的关系，而极限速度则反映炸弹在下落过程中速度变化快慢情况与空气阻力的关系，它们三者是同一事物的3种表现形式，三者之间有密切联系，可以相互转换。航空炸弹极限速度的大小是炸弹弹道性能好坏的标志之一。常用航空炸弹的弹道系数、炸弹标准下落时间和极限速度的数值情况见表8.1。

表8.1 常用航空炸弹的弹道性能参数

弹道系数	标准下落时间/s	极限速度/($m \cdot s^{-1}$)
0.071	20.25	644
0.379	20.50	330
0.684	20.75	296
0.998	21.00	271
1.300	21.25	244
1.601	21.50	222

8.2 航空炸弹的组成与分类

8.2.1 航空炸弹的结构组成

航空炸弹利用爆炸产生的冲击波、破片和燃烧的高温摧毁各种目标、杀伤有生力量，或

依靠其他特别的效能完成特定的任务。一般来说，航空炸弹由弹体、引信、炸药装药、传爆管、安定器和弹耳（或弹箍）等组成，典型结构如图8.1所示。在实际应用中，航空炸弹的具体类型不同，其构造和作用也有所不同。航空炸弹应满足弹药的装药安定性、长储性、构造简单、成本低廉、能大量生产等基本要求，其主要战术技术要求有：爆炸威力，航空炸弹爆炸时对目标毁伤的能力；安全分离距离，载机投掷后，航空炸弹爆炸时不危害飞机的炸点与飞机间的最小距离；安全性，航空炸弹在轰炸目标或预定时间之外不发生意外作用（或爆炸）的性能；稳定性，航空炸弹在飞行过程中抵御外界干扰、恢复平衡的能力。

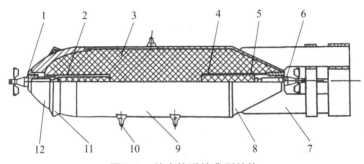

图 8.1 航空炸弹的典型结构

1, 6—引信；2—头部传爆管；3—炸药；4—传爆药柱；5—尾部传爆管；7—安定器；
8—尾锥体；9—弹身；10—弹耳；11—弹道环；12—弹头

1. 弹体

弹体是炸弹的外壳，包括弹头、弹身和弹尾，有的炸弹还装有弹道环等，主要用于装填炸药或其他药剂、固定其他部件以及产生杀伤破片。

(1) 弹头。通常呈卵形，也有截头圆锥形、抛物线形和指数曲线等形状。一般情况下，弹头部分的母线半径为 $0.75d$（d 为弹径），长度为 $(1\sim2)d$。

现代航空炸弹必须适于飞机外挂，所以要求弹头部必须有良好的气动外形，以减少阻力。对于不同类型的炸弹，弹头部要求也不同，弹头的形状与强度决定于炸弹的运动速度、目标性质和炸弹的使用功能。例如，航空半穿甲弹，要求弹头壁厚大、强度高，弹头稍长些，保证炸弹具有较强的侵彻能力。

(2) 弹身：弹身为圆柱形或稍带一点锥度的截头圆锥形，有锥度的弹身不仅可以减小空气阻力，还可以使炸弹的质心前移，从而提高炸弹在弹道上的飞行稳定性，主要用于装填炸药或其他装填物，一般弹身长度为 $(2\sim5)d$。对于各种炸弹来说，由于战术技术要求不同，其弹身构造也不一样。例如航空爆破弹，在满足强度要求的条件下，要尽可能增加装药量，以增强其爆破作用，所以它的弹身常用强度大的钢板卷制而成。对于杀伤弹，主要要求弹身产生大量破片，所以常用具有一定脆性的材料制成，且弹壁较厚。

(3) 弹尾：一般为圆锥形，其长度一般为 $(0.5\sim2)d$。

(4) 弹道环：焊接（或安装）在弹头上的环形箍，其作用是当炸弹的运动速度接近声速时，提高炸弹的稳定性，改善炸弹的弹道性能。弹道环不是在所有情况下都能起到积极作用，在不同的速度范围内影响不同，因此有的炸弹其弹道环做成可拆卸式的，以便根据不同的条件选用。

2. 装药

装药是使炸弹产生各种作用（爆破、杀伤、燃烧、照明、发烟等）的主要能源。不同用途的炸弹,弹体内的装药不同,可以是普通炸药、热核装药、燃烧剂、特种药剂、化学战剂、生物战剂或其他装填物。装药的多少通常用装填系数来表示,它是指装药质量占炸弹总质量的百分比,即

$$\eta = \frac{\omega}{G} \times 100\% \tag{8.4}$$

式中,η——装填系数;

ω——装药质量;

G——炸弹质量。

炸弹对目标的作用,主要是爆破作用、杀伤作用、侵彻作用和燃烧作用等。对于每一种炸弹,通常以一种破坏作用为主,兼顾其他破坏作用。

3. 稳定装置

用以保证炸弹飞行稳定的装置统称为稳定装置,其作用是产生稳定力矩迫使炸弹在弹道起始段产生的摆动衰减,以保证炸弹不翻滚。常用的主要有安定器、可控舵面、陀螺舵以及增程滑翔弹翼等。此外,各类改善弹道性能的弹道环、附加翼面、尾阻盘等也属于稳定装置。

安定器是固定在炸弹尾部的稳定装置,用来保证炸弹在空中沿一定的弹道稳定下落。安定器的形状有箭羽式、圆筒式、方框式、方框圆筒式、双圆筒式和尾阻盘式(见图8.2)。安定器一般由薄钢板制造,与弹体固定连接,为了保证安定器的强度和提高炸弹下落时的稳定性,在各安定片之间有撑杆或撑板,或者在安定片周围加一圆环;也有的炸弹不用安定器,而用稳定伞来保证炸弹在弹道上稳定下落。

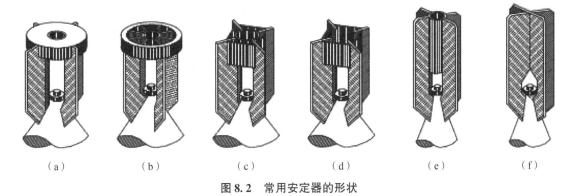

图 8.2 常用安定器的形状

(a) 尾阻盘式;(b) 双圆筒式;(c) 方框圆筒式;(d) 方框式;(e) 圆筒式;(f) 箭羽式

4. 传爆管

传爆管焊接(或螺纹连接)在弹头部,有的在尾锥体内也设置一传爆管,它们的作用是将引信起爆后的能量进一步加强,并传递给装药,使炸弹可靠地爆炸。

5. 弹耳(或弹箍)

弹耳是直接焊接在弹身上或用螺纹连接在弹身上的。弹箍是带有弹耳的箍圈,炸弹就是通过它们悬挂在飞机的挂弹架上。弹体较厚的炸弹,弹耳通常直接焊接或螺接在弹身上;弹体较薄的炸弹,通常将弹耳焊在弹身的加强衬板上或者使用弹箍。

弹耳在炸弹上的安装情况随炸弹圆径不同而异,一般来讲,圆径在 10 kg 以下的炸弹一般

不装弹耳，它们常被装载在母弹箱或固定式弹箱内投放使用；圆径在 50~100 kg 的炸弹，只装有一个弹耳（或弹箍），位于炸弹重心处；250 kg 以上的炸弹使用两个或两个以上的弹耳。

6. 减速装置

低空和超低空投放的减速航空炸弹常常使用减速装置增大飞行阻力，以保证炸弹稳定飞行，常用的有伞式减速装置、火箭制动减速装置和阻力板式减速装置等。

8.2.2 航空炸弹的分类

航空炸弹发展至今，从圆径、结构到种类都有了很大的变化，构成了一个庞大的航空炸弹家族，家族发展大致可分为 3 个阶段：第一阶段，传统的航空炸弹；第二阶段，航空制导炸弹；第三阶段，智能化精确制导炸弹。这里所说的普通航空炸弹即传统的航空炸弹，主要是为了区别制导炸弹而言。

航空炸弹品种繁多，世界各国的分类方法虽然有所不同，但大致可分为下述几种：

(1) 按用途分：按用途不同，可以分为三大类，即主用炸弹、辅助炸弹和特种用途炸弹。主用航空炸弹用于直接毁伤目标，是装备数量最多、使用最多、应用范围最广泛的一类航空炸弹。其作用效率分别以炸弹作用半径、战术毁伤定额、必须命中的平均炸弹数等效率指标表征，使用时，根据目标性质、轰炸条件、要求毁伤程度以及炸弹特性和威力等来选择使用适当功能的弹种和圆径。辅助炸弹是用来帮助进行瞄准轰炸等任务的弹药；特种用途炸弹是用来完成某些特殊任务的弹药。

(2) 按圆径（质量）分：与使用具体数值表示的炮弹口径不同，航空炸弹用圆径表示其名义质量，圆径大小表征其质量级别和威力的差异，同时圆径也表示炸弹的外形大小。而炸弹实际质量可能大于或者小于名义质量，按照公制单位，我国航空炸弹的圆径主要有 0.5 kg、1 kg、2.5 kg、5 kg、10 kg、15 kg、25 kg、50 kg、100 kg、250 kg、500 kg、1 000 kg、1 500 kg、3 000 kg、5 000 kg、9 000 kg 等几种；我国和俄罗斯通常以千克（kg）为单位，美国和英国通常以磅（lb）为单位。在我国的装备体系中，质量小于 100 kg 的称为小圆径炸弹，质量为 250~500 kg 的称为中圆径炸弹，质量大于 1 000 kg 的称为大圆径炸弹。

(3) 按空气阻力高低分：有高阻炸弹、中阻炸弹、低阻炸弹。

(4) 按使用高度限制分：有中、高空炸弹，低空炸弹。

(5) 按弹道是否可控分：有非制导炸弹、制导炸弹。非制导炸弹是指从载机投放的靠惯性自由下落或依靠火箭增程投放的炸弹，其弹道是无法变更的，是由投弹一瞬间的飞机速度、高度等因素所决定的，命中概率较低。制导炸弹是指由载机投放后，利用制导装置能自动导向目标的炸弹。它大大提高了投弹机动性和命中目标精度，增大了对目标的毁伤效率，如激光制导炸弹、电视制导炸弹、红外制导炸弹等。

(6) 按结构分：有整体炸弹、集束炸弹、子母炸弹。整体炸弹是指整个炸弹的各种零部件连接成一个整体，挂弹使用时可将炸弹整体悬挂在载机挂弹架上，投弹后在命中目标之前炸弹始终保持一个整体。集束炸弹是指将多颗相同炸弹通过集束机构将其连接为一体，投弹后，在空中一定高度上集束机构打开，多颗小炸弹分散下落。子母炸弹是将多枚小炸弹装填在一个母弹箱内，由载机携带母弹箱到预定区域投弹，母弹箱离开载机一定时间后，母弹按照预设方式开箱，子炸弹自由散落或靠动力弹射出去分散下落。

(7) 按战斗部装填物分：有普通炸弹、燃料空气炸弹、核炸弹。

8.3 普通航空炸弹

8.3.1 航空爆破炸弹

航空爆破炸弹是主要利用弹体内装填的炸药爆炸后产生的冲击波来摧毁或破坏目标的炸弹，同时也有一定的侵彻作用、燃烧作用和杀伤作用，既可用于机身内舱挂载，也可外挂。炸弹壳体一般用普通钢材制造，装药通常为梯恩梯炸药，现也广泛使用 B 炸药、H6 炸药和其他混合炸药。

由于炸弹是挂在飞机上，可不受发射管和发射筒的限制，特别是外挂炸弹，不受弹舱容积的限制，可以做得较大，因此对目标的破坏能力比一般的爆破榴弹大得多。

航空爆破炸弹在结构上具有以下两个特点：一是质量大，这是其他类型炸弹所无法比拟的，一般在 100 kg 以上，最大可达 20 000 kg，其中以 250～500 kg 最为广泛；二是弹壁薄，装药量大，弹体壁厚和半径之比小于 0.1，装填系数在 0.4 以上，最大可达 0.8 左右（第二次世界大战时约为 0.5）。

航空爆破炸弹的作用能力常用爆坑容积、冲击波比冲量、炸弹作用半径等参量表征。其用途最广，战时消耗量最大，是战备生产的主要品种，可用来毁伤各种工业基地、动力设施、防御工事、军事建筑、交通枢纽、铁路、桥梁、舰船、港口、机场、仓库和技术兵器等军事目标；对付地面目标时常配装瞬发引信；对付需要从内部炸毁或位于土层深处的目标配用延时引信；还可配装时间引信作定时炸弹。

航空爆破炸弹根据使用高度以及挂载方式不同，要求炸弹的空气阻力特性不同，因而其结构外形也就不同。按其外形及其阻力特性可分为高阻爆破炸弹、低阻爆破炸弹和低阻低空爆破炸弹。它们除了外形结构有区别外，内部结构基本相同。

1. 高阻爆破炸弹

高阻爆破炸弹主要是供飞机在弹舱内悬挂使用的。由于飞机弹舱内部空间有限，为了在有限的空间内能悬挂尽可能多的炸弹，必须尽量合理地设计炸弹的尺寸，尤其是炸弹的长度，所以航空高阻爆破炸弹呈现出自己的结构特点：外形短粗，长细比小，头部短而厚，流线形差，阻力系数大。这类炸弹大多数有弹道环，用以在炸弹接近声速飞行时形成局部激波，改善炸弹的弹道性能。虽然高阻爆破炸弹阻力系数大，但投弹之前的航行过程中，炸弹不直接受空气阻力作用，不影响飞机航速。

以 3000 − 1 为例来分析高阻爆破炸弹的结构特点。3000 − 1 型高阻爆破炸弹（简称 3000 − 1 航爆弹）由弹体、安定器、传爆管、弹耳、装药和引信等组成，其结构如图 8.3 所示，其主要战术技术参数见表 8.2。

1) 弹体

弹体包括弹头、圆柱部、尾锥体和弹道环等。弹头由铸钢制成，外形呈卵形，前端中央留有直径 85 mm 的传爆管安装孔，外面焊有弹道环，弹道环外径与圆柱部外径相同。圆柱部用厚度为 20 mm 的钢板制成，外径 820 mm，前、后端分别与弹头和尾锥体焊成整体；尾锥体由厚度为 10 mm 的钢板制成，锥度 26°。弹头部做得比较厚、比较重，这样可以增大炸弹的赤道转动惯量，并使炸弹质心前移，以提高飞行稳定性。

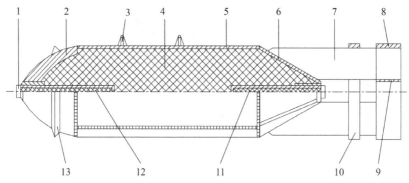

图 8.3 3000-1 型航空高阻爆破炸弹

1—防潮塞;2—弹头;3—弹耳;4—炸药;5—圆柱部;6—尾锥体;7—安定器;8—外圈;
9—内圈;10—加强圈;11—尾部传爆管;12—头部传爆管;13—弹道环

表 8.2 3000-1 型航空高阻爆破炸弹主要诸元

诸元	参数值	诸元	参数值
炸弹质量/kg（不含引信）	2 982	炸弹全长/mm（未装引信）	3 220 ~ 3 333
装填系数	0.47	弹体直径/mm	820
标准下落时间/s（7 000 m 以下）	20.56	质心距弹头端距离/mm	1 235
配用引信	通常配用两枚航引-1 引信,头、尾各一枚	爆炸威力	轰炸高度为 6 000 ~ 8 000 m,飞行速度为 167 ~ 195 m/s,对普通土壤的侵彻深度为 8.7 m,弹坑容积为 1 060 m³

2）弹道环

弹道环的作用是在炸弹飞行速度接近声速时,改善弹道性能。炸弹下落时,通常以正迎角 α（即弹轴线偏于弹道切线之上）飞行,如果没有弹道环,在炸弹速度接近声速时,炸弹上表面气流速度快,首先在弹头附近出现局部超声速气流区和局部激波;而在炸弹下表面气流速度慢,要到接近弹尾部才出现局部超声速气流区和局部激波。因此,在炸弹表面上产生的局部激波相对弹轴是不对称的,偏于弹体的后上方。由于气流通过局部激波后面压力急剧增加,故在弹体表面会受到一定的附加压力,附加压力大部分作用在弹体上部,而且主要作用在质量中心的后面,因而产生一个使炸弹轴线偏离弹道切线方向的附加力矩 ΔM（图 8.4（a）),该力矩使 α 角增大,降低了炸弹的飞行稳定性。

如果在炸弹头部装有弹道环,则当炸弹飞行速度接近声速,气流流过弹道环时,虽然改变方向而形成局部激波,但局部激波面与炸弹纵轴是对称的,激波后弹体所受的附加压力也是对称的,这样就不会产生降低炸弹稳定性的附加力矩,从而改善炸弹的弹道性能,如图 8.4（b）所示。

弹道环不是在各种情况下都能起积极作用的,只有在跨声速情况下才能改善弹道性能。

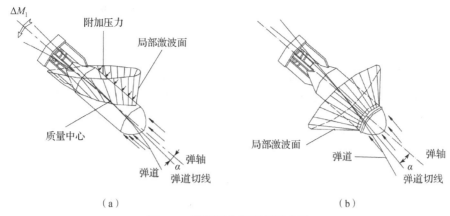

图 8.4 弹道环作用原理示意图
（a）炸弹上的局部激波；（b）弹道环形成的局部激波

当炸弹飞行速度显著超过声速（$Ma > 1.5$）时，会形成头部激波，这时弹头部越钝，对炸弹运动的阻力就越大。在这种情况下，弹道环不但起不到稳定弹道的作用，反而会增大阻力而降低炸弹的弹道性能，破坏稳定性，所以新型高阻炸弹都没有弹道环，并且弹头部都比较尖锐。对于降落速度远小于声速的炸弹，弹道环只会破坏气流的流线、增大头部阻力，造成炸弹运动不稳定，故有的炸弹弹道环做成可拆卸式，以便根据不同条件选择使用。

3）安定器

安定器由厚度为 5.5 mm 的钢板制成，焊在尾锥体上，包括四个翼片、一个外圈、一个内圈和一个加强圈。安定器的作用与炮弹的尾翼相同，是一个稳定装置，用于确保炸弹沿一定的弹道稳定下落，安定器设计不好会影响侵彻能力，增大发生跳弹的可能性，造成较大的地面散布，影响命中精度。

4）传爆管

传爆管包括头部传爆管和尾部传爆管。头部传爆管旋在弹体内，尾部传爆管焊在尾锥体后端。头部和尾部传爆管均由螺套、传爆管壳、连接螺套、止旋螺钉、纸衬筒和传爆药柱等组成。螺套与传爆管壳焊在一起，端面上有 止旋螺钉，螺套内径为 52 mm，其上旋有连接螺套，连接螺套内径为 36 mm，用以安装引信，平时旋有防潮塞；连接螺套外缘有止旋缺口，用止旋螺钉将其固定。头部和尾部传爆管内各装有三节特屈儿传爆药柱，每节质量为 0.167 kg，传爆药柱装在布袋里，塞入传爆管内，被纸衬筒和连接螺套压紧。

5）弹耳

共有两个弹耳，焊在圆柱部上，弹耳内孔高 35 mm，前、后弹耳间距为 480 mm，前弹耳距离弹头端面 1 014 mm。弹耳在使用过程中承受大而集中的载荷，因此它的强度十分重要。

6）装药

弹体注装 1 400 kg TNT 炸药，从弹头螺孔注入。

7）引信

可配用航引-1、航引-2 和航引-7 等引信。

当炸弹被投下后，经 6.5～7.8 s，引信的旋翼解除约束，在气流作用下迅速旋出（但不旋下），引信处于待发状态。当炸弹撞击目标时，头部和尾部的引信同时作用，此时炸弹靠本身动能穿入目标一定深度。引信（航引-1）经0.1 s延期后起爆,引爆传爆管内传爆药柱,进而引爆炸弹。

2. 低阻爆破炸弹

现代高速强击机、歼击机、歼击轰炸机为了增大航程,在机身内加大油箱,需要采用炸弹外挂形式,即将炸弹挂在机身外部或机翼下方。采取外挂形式的炸弹在投弹前的飞行过程中直接遭受空气阻力作用,如果炸弹外形不加改变,仍继续应用高阻炸弹,由于喷气式飞机速度越来越大,阻力明显增加,飞机的机动性及作战半径就会受到显著影响。根据试验,载机在1 224 km/h条件下,外挂250-3型低阻炸弹的阻力值为840 N,外挂250-2型高阻炸弹的阻力值为5 180 N。载机采用低阻炸弹比采用高阻炸弹可增大航程30 km左右。

为了减小外挂炸弹的阻力对高速飞机的影响,航空炸弹须采用低阻气动外形,在保证弹道性能的前提下提高长细比是有效手段之一,高性能航空低阻爆破炸弹长细比在5.0以上。由于外形呈流线形,阻力系数小,故将此类炸弹称为航空低阻爆破炸弹。然而航空低阻爆破炸弹由于外形细长、装药量减少、威力降低,因此在满足载机航程的基础上,应尽量增大装填系数,以提高爆破威力。

图8.5所示为500-3型航空低阻爆破炸弹,该弹由弹体、弹尾部、弹耳、引信和爆控拉杆组成。弹头由伞形头螺和传爆管组成,焊接于弹身头部收口处,伞形头螺为钢铸件,底部点铆有头部传爆管,内装钝化泰安传爆药柱3节,传爆管的口螺与航引-13引信连接,平时旋有防潮塞。弹身由35号无缝钢管制成,壁厚12 mm,弹身部焊有2个吊耳座,每个座上有两个吊耳孔。弹身底部与体接套相连。体接套既是装药弹体的底部,又是与弹尾部的连接件,体接套由铸钢制成焊于弹体底部,其上有两个孔,前者为装药孔,装药后旋有螺盖;后者为底部传爆管螺孔,上旋有尾螺盖。体接套上有定位销,用于安装弹尾部时起定位作用,尾螺和尾螺盖均由圆钢制成,尾螺上焊有尾部传爆管,内装3节钝化泰安传爆药柱,平时旋有尾螺盖起防潮作用。弹体内装梯恩梯炸药218.7 kg,炸弹前端装有石蜡和地蜡的混合剂并加有毡垫,可减少炸弹碰击目标时炸药内部应力,保证装药安定性,防止炸弹早炸。500-3型航空低阻爆破炸弹主要战术技术参数见表8.3。

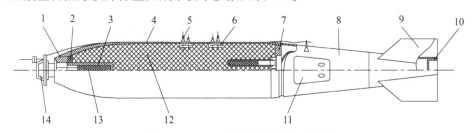

图8.5　500-3型航空低阻爆破炸弹

1—头螺;2—石地蜡;3—传爆管;4—弹体;5—吊耳;6—吊耳座;7—体接套;8—尾锥;
9—尾翼;10—尾锥盖;11—盖板;12—炸药;13—传爆药柱;14—头部引信

表8.3　500-3型航空低阻爆破炸弹主要战术技术参数

诸元	参数值	诸元	参数值
炸弹质量（未装引信）/kg	469	全弹长度/mm	2 865
装药质量/kg	218.7	弹体直径/mm	377

续表

诸元	参数值	诸元	参数值
装填系数/%	46.7	质心距弹头端面距离/mm	1 021
配用引信	航引–13（头部引信）；航引–17（尾部引信)		

500–3 航爆弹头部配用航引–13、尾部配用航引–17 电引信，同时配用两根一次性抽脱式爆控拉杆，长的一根与航引–13 配用，短的一根与航引–17 配用，安装如图 8.6 所示。

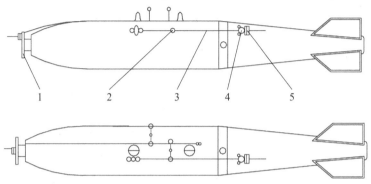

图 8.6　抽脱式爆 1 控拉杆安装示意图
1—螺钉；2—安全夹；3—保险钢条；4—垫圈；5—A 型挂机锁

抽脱式爆控拉杆由 A 型挂机索、安全夹、保险钢条、垫圈和螺钉等组成，如图 8.7 所示。挂弹时，挂机索挂入挂弹架上的爆控挂钩内，并将保险钢条穿入引信顶部固定器的孔内锁定旋翼，实现挂弹前的保险。投弹时，挂机索拉动保险钢条，当拉力超过卡在保险钢条前端的安全夹的抽脱力时，将保险钢条从安全夹内抽出，解除引信的保险。

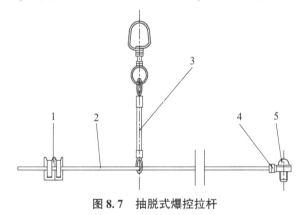

图 8.7　抽脱式爆控拉杆
1—安全夹；2—保险钢条；3—A 型挂机锁；4—垫圈；5—螺钉

3. 低阻低空爆破炸弹

随着现代防空技术的发展，地面对空防御体系日益严密。警戒雷达能够早期发现和预先警报中高空突防的空中目标，地面高射炮、地空导弹密集配置，火力很强。如果作战飞机从中、高空突防，会较长时间暴露在敌人的有效探测和攻击范围之内，这样突防飞机被击毁的概率很高。但是，雷达对目标的探测难易程度与目标所在高度密切相关，地面雷达对高度100 m 以下，沿起伏地形飞行的飞机，发现距离较近。而采用超低空、高速度突防，使雷达难以发现，高射炮也来不及瞄准射击，从而大大提高了飞机的生存率。另外，由于超低空投弹距离目标很近，所以命中率很高。

低空投弹便于突防，为了保证载机的安全，必须注意以下两个问题：

（1）作战飞机在超低空水平投弹时，如果是使用一般的低阻炸弹，容易产生跳弹，可能损伤载机，因而载机的投弹高度必须大于跳弹高度，并且有一个安全距离。

（2）如果使用不减速的爆破炸弹进行超低空水平投弹，在炸弹爆炸时载机来不及脱离危险区，爆炸冲击波和破片可能损伤投弹飞机，如图8.8所示。

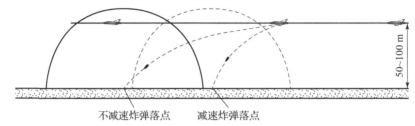

图 8.8 低空投弹时载机和炸弹毁伤区域关系示意图

通常为了使炸弹爆炸冲击波和破片不致损伤载机，必须保证爆炸点与载机之间的最低安全距离。最低安全距离的大小与载机的投弹高度、速度和炸弹的圆径等有关。

为了保证超低空投弹飞机的安全，通常采用降低炸弹落速，以增大落角和安全距离的措施。因此，将这种低空投放的炸弹又称为"减速炸弹"。为了节省军费，故使炸弹弹体通用，既适用于中、高空，也能用于低空。各国普遍采用在普通爆破弹弹体上添加减速装置的方法，使之适用于低空航空炸弹。

目前，航空炸弹减速装置采用的形式主要有机械减速尾翼、板伞复合式减速尾翼、伞式柔性减速装置和火箭减速装置等。

1）250-4型航空低阻低空爆破炸弹

图 8.9 所示为250-4型航空低阻低空爆破炸弹，该弹采用伞式减速装置，其主要战术技术性能见表 8.4。

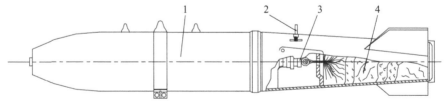

图 8.9 250-4型航空低阻低空爆破炸弹

1—装药弹体；2—保险针；3—伞弹连接器；4—柔性减速伞

表 8.4 250-4型航空低阻低空爆破炸弹主要战术技术性能

诸元	参数值	诸元	参数值
炸弹质量（未装引信）/kg	240	弹径/mm	299
炸药质量/kg	90	质心距弹头端面距离/mm	820
装填系数/%	37.5	投弹高度/m	50~200
全弹长度（未装引信）/mm	2135	配用引信（两枚）	航引-14

250-4型航空低阻低空爆破炸弹尾部装有减速伞,通过伞弹连接器连接减速伞装置和弹体。伞弹连接器的作用:一是载机挂弹飞行时防止减速伞意外张开,影响飞机操纵造成飞行事故;二是载机正常投弹时,使伞和弹体可靠连接,确保炸弹减速下落。伞弹连接器的结构如图8.10所示。

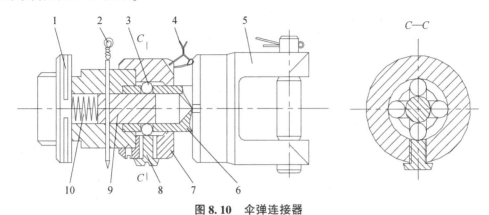

图 8.10 伞弹连接器

1—紧固螺母;2—保险针;3—钢珠;4—牵连钢丝;5—连伞转座;
6—连接套筒;7—连接座;8—螺堵;9—滑柱;10—弹簧

柔性减速伞由主伞和引导伞组成,典型减速伞结构如图8.11所示。主伞用棉丝绸或聚乙烯等制成,呈"十"字形,伞顶连接装有塔形弹簧的引导伞,装配时为压缩状态。当开伞释放时,塔形弹簧伸张,迅速将引导伞弹出,在气流的作用下,引导伞拉直并将主伞拉出。

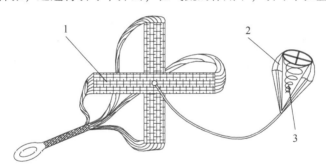

图 8.11 减速伞和引导伞

1—减速伞;2—引导伞;3—塔形弹簧

减速伞有多种结构形式,"十"字伞的优点是阻力大,弹道稳定,结构简单,造价低;其缺点是伞带长,伞衣大,充气时间长,必须有连投间隔,齐投有可能互相缠绕。法国250 kg、500 kg"马特拉"减速炸弹,西班牙BRP-250 kg、BRP-500 kg减速炸弹,以及瑞典120 kg"威尔哥"减速炸弹的减速尾翼都采用这种形式,美国空军军械发展试验中心研制的一种尼龙织物制成的气球降落伞组合式充气减速尾部也属于这一类型。

2)"蛇眼"减速炸弹

美国"蛇眼"减速炸弹是采用"十"字板式机械减速装置的典型代表。如图8.12所示,减速尾翼由4个既可以闭合又可以张开的减速尾翼片、支撑杆、连杆和套筒等组成。飞机挂弹飞行时,减速尾翼片处于闭合状态,炸弹被投下时,4片减速尾翼片张开,在迎面气流阻力的作用下起减速作用。

"蛇眼"减速炸弹是在 MK81/82Mod1 低阻爆破炸弹的弹体上,分别加装 MK14/15Mod1 型机械减速尾翼装置构成的。该系列炸弹的特点是:减速装置结构简单,改装使用方便;减速尾翼片仅在投放时展开,适于高速飞机外挂;根据战术使用要求,可采用减速投放即减速尾翼片展开,也可采用非减速自由投放,即减速尾翼片不展开。"十"字板式机械减速尾翼的缺点是:阻力小、减速效能低,因而安全斜距小;刚性尾翼易受空气动力干扰,使炸弹弹道不稳定,投弹高度和连投间隔均受一定的限制,命中精度低。

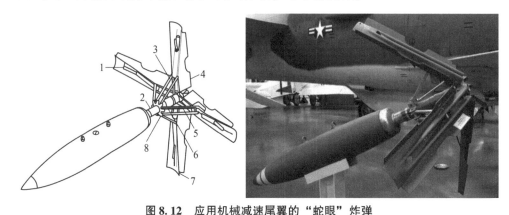

图 8.12 应用机械减速尾翼的"蛇眼"炸弹

1—弹簧;2—支撑杆;3—连杆;4—翼片;5—套筒;6—插塞;7—减速尾翼片;8—轴环

3) MK1 型炸弹

英国 454 kg 的 MK1 型炸弹配用 M-117 型板伞复合减速尾翼。板伞复合式减速尾翼就是在"十"字板式机械减速尾翼的结构上,加装柔性环缝减速伞。飞机挂弹飞行时,减速尾翼片和减速伞处于闭合状态;炸弹投下时减速尾翼片和减速伞张开,在迎面气流作用下,使炸弹减速下落,其工作过程如图 8.13 所示。其优点是开伞充气快,阻力较十字板机械尾翼大,弹道稳定,连投间隔短;缺点是结构复杂,质量大,造价高。

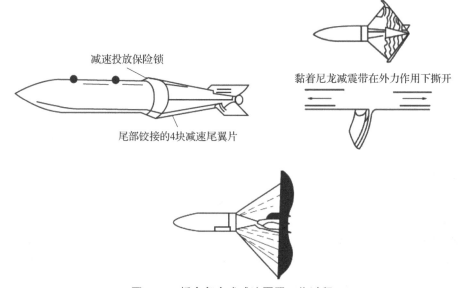

图 8.13 板伞复合式减速尾翼工作过程

4）火箭减速炸弹

法国的混凝土破坏者航空炸弹采用了火箭减速方式，如图 8.14 所示，1967 年的第三次中东战争中以色列曾用它来攻击埃及的机场跑道。它是在法国 STA200 型爆破炸弹尾部装上火箭减速装置而成，特点是：位于炸弹尾部 4 个稳定翼片之间有 4 个逆推力火箭发动机，在投放后点火工作，以抵消水平速度；在尾部减速伞的作用下使炸弹迅速由水平状态转入垂直降落状态，接着位于炸弹尾部的正推力火箭发动机在炸弹转入垂直下落时点火工作，并烧掉减速伞，以增大落速（最大为 160 m/s），提高侵彻能力。这种减速装置对付坚固目标比较有效，但结构复杂，成本高，大规模使用受到限制。

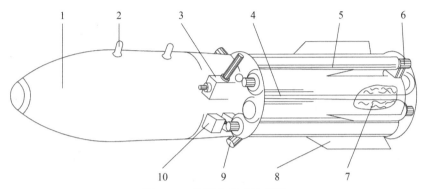

图 8.14　法国火箭减速炸弹

1—弹体；2—吊耳；3—程序控制机构；4—逆推力火箭发动机；5—正推力火箭发动机；
6—喷管；7—减速伞；8—安定器；9—喷管；10—点火电池组

火箭减速炸弹的投放过程（见图 8.15）如下。

（1）飞机在 100 m 高度投弹，经 0.3 s 之后，4 个逆推力火箭发动机点火工作。

（2）经 0.9 s 之后，减速伞开始展开。

（3）在减速伞作用下，炸弹以大约 0.35 r/s 的旋转速度向下转，以增大落角。

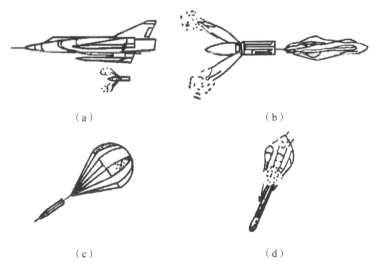

图 8.15　火箭减速炸弹投放过程图

（a）逆推力火箭发动机点火；（b）减速伞展开；（c）炸弹转向；（d）正推力火箭发动机点火

（4）经 4.7 s 之后，4 个正推力火箭发动机点火工作，并烧掉减速伞，以增大落速，提高侵彻能力。

8.3.2 航空杀伤炸弹

航空杀伤炸弹是利用炸弹爆炸产生的大量破片和爆炸冲击波来杀伤敌方有生力量，破坏车辆、火炮、飞机、技术兵器阵地以及轻型装甲等目标的。炸弹主要由弹体、炸药装药、引信、扩爆传爆系统和稳定装置等组成。弹体内通常装填梯恩梯、B 炸药和阿马托等炸药，弹药装填系数一般不超过 20%，航空杀伤炸弹圆径一般在 0.5～100 kg 级，后来也发展了圆径较大的炸弹。

航空杀伤炸弹的弹壁较厚，且多采用脆性材料，可以产生较多破片。有的采用刻槽破片控制技术或预制破片技术等，增加有效杀伤破片数，采用高能炸药提高弹片的飞散速度和杀伤动能，增大杀伤面积。随着子母弹箱集装和撒布技术的发展，小型杀伤炸弹有多种类型，集装于子母弹箱内投放，所产生的破片有的是由弹体上的预制刻槽或缠绕钢丝形成，有的是由钢珠、钢片制成，或内装小箭等形成。炸弹作用效率以战术杀伤定额、有效破片作用半径等来表征，主要用于杀伤暴露的有生力量，破坏汽车、火炮、飞机和各种轻装甲技术装备。其可装瞬发引信或近炸引信，而小型杀伤炸弹又可装震发引信、诡雷引信和时间引信用以建立雷场。航空杀伤炸弹用途广泛，是战备生产的主要品种。

1. 自然破片型航空杀伤弹

100-1 型航空杀伤炸弹是非预控破片型航空杀伤弹，主要由弹体、稳定器、弹箍、装药和引信组成，其结构如图 8.16 所示，主要战术技术性能参数见表 8.5。

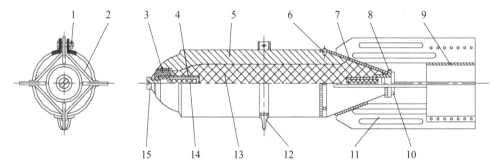

图 8.16　100-1 型航空杀伤炸弹结构

1—螺栓；2—支板；3—连接螺套；4—传爆管壳；5—弹身；6—销钉；7—尾锥体；8—螺套；
9—内圈；10—防潮塞；11—翼片；12—弹耳；13—装药；14—传爆药柱；15—防潮塞

表 8.5　100-1 型航空杀伤炸弹主要战术技术性能参数

诸元	参数值	诸元	参数值
全弹质量（无引信）/kg	99.16	安定器翼展/mm	280
装药质量/kg	10.86	弹头端面至质心距离/mm	344
装填系数/%	11	破片密集杀伤半径/m	59.52
弹长（无引信）/mm	1 047～1 063	3 g 以上破片数/枚	4 729
弹体直径/mm	203	标准下落时间/s	20.93

（1）弹体。100-1型航空杀伤炸弹的弹体包括弹头、弹身、尾锥体和传爆管。弹头呈卵圆形，前端有一直径为85 mm的螺孔，弹身和弹头用刚性铸铁铸成一体，弹身前端有一圈凸起部，起弹道环作用。弹身和弹头部位壳体比较厚，最厚处达40 mm。尾锥体用厚度为3 mm的钢板制成，由于弹身为刚性铸铁，可焊性较差，因此，尾锥体用8个销钉固定。弹体的头、尾各有一个传爆管，头部传爆管由螺套、传爆管壳、连接螺套和传爆药柱组成，螺套和传爆管焊在一起，旋在弹头端面螺孔内，螺孔内径为36 mm，其上旋有连接螺套，连接螺套内径为26 mm，平时旋有防潮塞。尾部传爆管由螺套和传爆管壳组成，焊接在尾锥体后端，螺套内径为36 mm，平时旋有防潮塞。

（2）稳定器。稳定器为方框圆筒式，采用焊接方式与尾锥体连接，它由翼片、支板和内圈焊接在一起，每个翼片上有2个纵向加强槽，4个翼片相互对称且呈"十"字形分布。

（3）弹箍。弹箍由弹耳、箍圈和螺栓组成。弹耳焊接在箍圈上，箍圈用螺栓固定在炸弹质心位置上，弹耳中心线与稳定器的一个翼片对正。

（4）装药。装药为梯萘70/30混合炸药。

（5）引信。100-1型航空杀伤炸弹配用航引-1和航引-3引信，头尾各一枚；或者头部配用航引-3，尾部配用航引-1，或者头、尾均配用航引-1。配用航引-1时，只许装定成瞬发状态。

以头部配用航引-3、尾部配用航引-1为例介绍其工作原理。当炸弹被投下后，经4~6 s，航引-3的旋翼失去控制，在气流作用下迅速旋掉，点火机构处于待发状态；经6.5~7.8 s，航引-1的旋翼解除控制，在气流作用下迅速旋出，航引-1处于待发状态。当炸弹碰击目标时，在目标的反作用力和引信惯性力作用下，头、尾引信点火起爆，头部引信首先引爆传爆药柱，进而引爆炸弹装药，与此同时，尾部引信直接引爆炸弹装药，使整个航空杀伤炸弹爆炸，产生破片，杀伤敌人的有生力量和破坏武器装备。

2. 预制或半预制破片型航空杀伤炸弹

航空杀伤弹主要具有杀伤和爆破综合作用，采用预控破片技术，可以有效控制破片的大小和数量，提高炸弹的杀伤能力，用以杀伤和摧毁敌方阵地上/行军中和集结地域的有生力量、炮兵阵地、导弹发射场、汽车、装甲运输车和轻/中型掩蔽所内的兵器。

图8.17所示为100-2型航空杀伤爆破炸弹，该弹采用壳体内刻槽方式，炸弹由带有刻槽的弹体、装药、弹耳、安定器和引信等组成，其主要战术技术性能参数见表8.6。

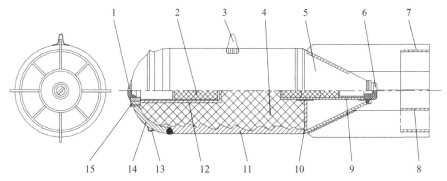

图8.17　100-2航空杀伤爆破炸弹

1，6—防潮塞；2—传爆药柱；3—弹耳；4—炸药；5—尾锥体；7—外圈；8—内圈；
9—尾部传爆管；10—隔板；11—圆柱部；12—头部传爆管；13—弹道环；14—弹头；15—连接螺套

（1）弹体。弹头呈半球形，由厚度为 22 mm 的钢板制成，前端有螺孔，弧面上焊有弹道环，弹道环外径与弹体直径相等。弹身由铸钢制成，内壁铸有 10 条环形锯齿形沟槽；最大壁厚为 28 mm，最小壁厚 18 mm，槽距为 40 mm；其前、后端分别与弹头和尾锥体隔板焊成整体。尾锥体由厚为 2.5 mm 的钢板制成，锥度 26°，前端与尾锥体隔板焊接，尾端与尾部螺套焊接。头尾各有一个传爆管，头部螺套和传爆管壳体焊成一体。头部传爆管内装两节特屈儿药柱，每节为 0.168 kg，药柱装在布袋里，塞入传爆管内，并被衬纸筒压紧。尾部传爆管焊在尾锥体后端，由尾部螺套、传爆管壳和传爆药柱组成。

（2）装药。装梯恩梯炸药，尾锥体内不装药，使质心前移，有利于弹道稳定。

（3）弹耳。有一个弹耳，由 30 钢模锻制成，焊接在炸弹质心处。

（4）安定器。形状为双圆筒式，由厚为 2.5 mm 的钢板制成，焊在尾锥体上，它包括 4 个翼片、4 个支板、1 个内圈和 1 个外圈。

（5）引信。可配用航引 – 1、航引 – 2、航引 – 7、航引 – 8 引信。通常头部配用航引 – 8，尾部不装引信，或头、尾均为航引 – 1 或航引 – 7，并且使用状态相同。

表 8.6　100 – 2 型航空杀伤炸弹主要战术技术参数

诸元	参数值	诸元	参数值
全弹质量（未装引信）/kg	140	破片密集杀伤半径/m	46.7
装药质量/kg	39.8	破片有效杀伤半径/m	53.9
装填系数	0.284	破片飞散平均初速/（m·s^{-1}）	1 168
弹长（未装引信）/mm	1 055 ~ 1 080	4 g 以上破片数	2 867
弹体直径/mm	280	距爆心 10 m 处冲击波超压/Pa	59 290
安定器翼展/mm	307 ~ 311	距爆心 20 m 处冲击波超压/Pa	18 228
弹头端面至质心距离/mm	365	标准下落时间/s	22.29

以头部配用航引 – 8、尾部不配引信为例介绍其工作原理。当炸弹被投下后，经 13 ~ 17 s（引信延时器延时时间和旋翼控制器延期时间之和），旋翼失去控制，在气流作用下迅速旋掉。此时，引信的无线电装置开始工作。当炸弹落到距目标较近时，利用多普勒效应，使引信点火起爆，进而使炸弹在距目标较近的上方爆炸，产生杀伤破片和冲击波，以此来杀伤敌方有生力量和破坏武器装备。

航空杀伤爆破炸弹爆炸时，炸药沿圆柱部表面炸碎弹体，有 65% ~ 90% 的破片在与弹轴成 50°夹角范围内向四面飞散。因此，炸弹的落角和入土深度对能否充分发挥航空杀伤爆破炸弹的效能有重要的影响。

为了使更多的弹片作用于地面目标，各国在杀伤炸弹上增加了减速伞，以增大落角，使弹轴能接近垂直地面，降低落速，并使炸弹不致侵入土壤。苏联在 OΦAB – 100 – 123Y 杀伤爆破炸弹上加装了伸缩杆式起爆机构，炸弹被投下 10 s ± 1 s 以后，从头部伸出约 1.5 m 的长杆，炸弹命中目标时，探杆头部接电片接通引信而起爆，使炸弹在离地面 1.5 m 处爆炸。新型航空杀伤炸弹则在弹头上配用无线电近炸引信、激光近炸引信，其中，无线电近炸引信利用无线电本身发出的无线电波，并接受从目标反射的回波，当炸弹距离目标越来越近时，回波越来越强，以致接近目标（如地面兵器、水面舰艇）到一定距离（5 ~ 10 m），信号达到临界强度时，引信电雷管起爆，引爆炸弹，使炸弹在距离地面 0.5 m 到数米的高度上爆炸，从而增大杀伤效果。为了进一步提高杀伤威力，有些型号航空炸弹应用了预制破片，巴基斯坦基于 MK 系列通用航空杀伤炸弹研制了预制破片航空杀伤炸弹，250 kg 的 MK 82 型装填 48 kg B 炸药和 11 900 颗小钢球，500 kg MK 83 型装填 71 kg B 炸药和 10 780 颗钢球。

8.3.3 航空反跑道炸弹

第二次世界大战后，反航空兵作战成为现代战争的重要需求之一，对航空兵进行打击、压制敌方空军活动成为争夺制空权的重要手段。打击和摧毁敌方机场跑道，进而攻击停放在地面的飞机，阻滞敌方飞机升空作战，对于取得空中优势、夺取制空权至关重要，是反航空兵作战中最有效的战术之一。例如，1967 年中东战争中，以色列飞机挂载反跑道炸弹，同时对埃及十几个军用机场进行突然袭击，首先破坏跑道，使埃及大批飞机不能起飞，然后轰炸扫射将其飞机击毁在地面上，造成几个小时内埃及空军瘫痪，成为经典战例。此后反跑道炸弹引起各国的重视，发展成为一个专门的航空炸弹类型。

1. 反跑道炸弹结构及特点

对于机场跑道、坚固的混凝土工事等目标，利用爆破弹在目标外爆炸产生的毁伤效果较差或者毁伤效率较低，炸弹侵入到目标内适当深度爆炸才能产生合理的破坏深度及破坏范围，获得最佳毁伤效果。要实现这个目标，主要依靠投弹后炸弹在弹道上的加速度来获得足够的动能，高度越高，炸弹在落下过程中受重力加速时间越长，获得的末速度越大，侵彻能力也就越大；反之侵彻能力越小。由于机场跑道宽度一般只有 50~90 m，为了提高命中精度，航空反跑道炸弹要求低空投放、高速度和大着角着靶，但这三者是相互矛盾的，解决这一矛盾的常用措施是：飞机在低空投弹，炸弹投下以后，在飞行弹道上先减速然后增速，减速的目的是使低空投弹的飞机飞离炸弹爆炸点时有足够的安全距离，同时也使炸弹增大落角，以利于侵彻目标，避免跳弹；后增速，可以使炸弹在有限的高度内获得足够的贯穿能力，侵入跑道一定深度处爆炸，形成爆坑，使道面松裂、隆起，使跑道失去使用功能且不易被修复。其减速装置有降落伞式和制动火箭式两类，而采样制动火箭减速系统复杂、成本较高，故后来发展的反跑道炸弹多采用降落伞减速和调整姿态。

航空反跑道炸弹结构与一般炸弹有所不同，除了战斗部、引信装置、安定器等普通航空炸弹的结构组成外，航空反跑道炸弹通常有火箭发动机和带减速伞的伞舱等结构。

航空反跑道炸弹结构与一般炸弹不同，虽然它的基本结构也是由弹体、尾锥部、稳定尾翼、弹耳、传爆管、装药和引信等组成，但具有以下结构特点：

（1）炸弹的弹体壁较厚，弹体一般采用高强度的合金钢材料制造。
（2）弹头形状采用流线形，可以减小空气阻力，提高落速和侵彻能力。
（3）弹头不装引信，只有弹尾部安装引信，以保证弹体强度。
（4）由于弹壁较厚，所以装药量少、装填系数较小。

2. 典型反跑道炸弹

航空反跑道炸弹除可攻击机场跑道外，还可攻击机库、港口、铁路及其他有混凝土保护的目标。这类炸弹的圆径常为几十至数百千克，典型的反跑道航空炸弹有法国的"混凝土破坏者"、迪朗达尔（Durandal）、BAP100，俄罗斯的 BetAB-250、BetAB-500 和 BetAB-500ShP 等，其中，迪朗达尔和 BAP100 是装备数量和国家最多的航空反跑道炸弹。

1) 迪朗达尔反跑道炸弹

迪朗达尔反跑道炸弹是法国在 20 世纪 70 年代中期为满足空军对反机场跑道武器的需求而研制的,最初在进行方案设计时就要求适用于所有北约的能实现低空对地攻击的固定翼飞机挂载,适应投放高度为 61~10 000 m,1986 年发展了可编程引信型(可延期数小时),2005 年开始,玛特拉公司实现了在基型基础上根据客户需求定制。截至 2001 年,全世界 19 个国家共购买了 15 000 发迪朗达尔,其中美国订购 8 000 发。

迪朗达尔反跑道炸弹结构如图 8.18 所示,该弹由圆弧形头部、圆柱形弹体、十字形尾翼、双降落伞减速调姿系统、火箭助推发动机、延期火药式程序控制器、战斗部和引信,以及标准间距为 356 mm 的双弹耳组成,其主要战术技术指标见表 8.7。

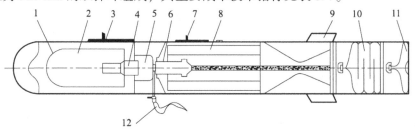

图 8.18 法国迪朗达尔反跑道炸弹

1—战斗部;2—炸药装药;3,7—挂弹箍耳;4—引信;5—烟火程序器;6—点火器;
8—火箭助推发动机;9—尾翼;10—主伞;11—导引伞;12—点火器安全装置

表 8.7 迪朗达尔反跑道炸弹主要战术技术性能

诸元	参数值	诸元	参数值
弹径/mm	223	翼展/mm	430
弹长/mm	2 490	配用引信	触发延期引信(1 s 至数小时)
质量/kg	200	减速装置	降落伞
战斗部质量/kg	100	助推装置	火箭发动机
炸药(梯恩梯)/kg	15	撞击目标速度/Ma	0.79
装填系数	0.08	侵彻爆破威力/m	炸坑深度 2~3;炸坑直径约 5;侵彻混凝土层厚度 0.4
尾翼装置	"十"字形	破坏面积/m^2	150~200

迪朗达尔反跑道炸弹战斗部质量为 100 kg,弹体由高强度锻钢材料制成,内装 15 kg 梯恩梯炸药,炸弹命中目标时的质量为 150 kg,由延期引信经 1 s 至数小时延时引爆。固体火箭助推发动机装药有两种型号,即原型和改进型:原型为 3 根表面钝化径向燃烧双基火药,每根药柱直径为 203 mm,长为 732 mm,装药质量为 21 kg;改进型为 6 根表面钝化径向燃烧火药,每根药柱直径为 63 mm,长为 757 mm,装药质量为 19.5 kg。火箭助推发动机推力为 9 180 N,工作时间为 0.45 s,能将炸弹加速到 260 m/s 的最大速度。程序控制器为延期火药机构,其作用是对炸弹的减速下落和加速侵彻过程进行控制,既使炸弹对目标有最大破坏效果,又能保证载机不受炸弹爆炸的影响。

迪朗达尔反跑道炸弹的投放过程如图 8.19 所示，炸弹从载机投放后，炸弹的后舱盖在迎面气流的作用下飞离并拉出引导伞，使程序控制器工作，程序控制器延时器燃烧终止时，所生成的燃气推开伞箱，致使伞箱和引导伞被抛开，同时拉出主减速伞。主减速伞被打开后，调整炸弹的速度和落角，炸弹以 20 m/s 的速度下降，炸弹的落角被调整到 30°~40°，以保证炸弹的落角远大于其跳弹角。

图 8.19　迪朗达尔反跑道炸弹的投放过程示意图

当延时器燃烧终止时，烟火程序控制器使火箭发动机点火装置解除保险，同时引信也解除保险。在载机远离炸弹达到安全距离时，程序控制器使助推火箭发动机点火工作，并抛掉主减速伞，此时炸弹以火箭提供的速度加炸弹原有的速度运动，保证炸弹以 30°~40° 的落角、200~260 m/s 的落速侵彻混凝土跑道。炸弹侵彻跑道延时 1 s 后起爆（此时已侵彻混凝土厚 400 mm），能造成深 2 m、直径 5 m 的弹坑，形成 150~200 m² 的道面隆起和裂缝破坏区域。如果使用 2~3 架"幻影"飞机，每架带 6~8 枚炸弹，对飞机跑道进行破坏后，可以使一条飞机跑道在一定时间内不能使用。

2) BAP100 反跑道炸弹

BAP100 反跑道炸弹是法国于 20 世纪 70 年代中期为战术攻击飞机执行反航空兵作战、攻击空军基地而研制的一种轻型反跑道炸弹，与口径较大的迪朗达尔配合使用，以满足纵深打击需求，其主要装备于"幻影""美洲虎"等飞机上。如图 8.20 所示，炸弹主要由战斗部、引信、悬挂联锁装置、助推固体火箭发动机、尾翼组件、降落伞、过程控制器、加速度计等组成，弹体细长，外形类似于一根加长的炮管。相比于迪朗达尔，BAP100 的对机载火控系统的要求较低，尺寸和质量都比较小，其使用方式更加灵活，不仅可以单独使用，也可将多枚炸弹组合采用复合挂架集束挂载，以充分利用载机的挂弹能力，满足反跑道攻击所需的投弹量。BAP100 反跑道炸弹主要战术技术性能见表 8.8。

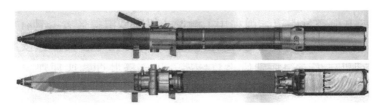

图 8.20　BAP100 反跑道炸弹

表 8.8　BAP100 反跑道炸弹主要战术技术性能

诸元	参数值	诸元	参数值
弹径/mm	100	翼展/mm	110
弹质量/kg	32.5	尾翼装置	"十"字形
弹长/mm	1 780	减速装置	降落伞
装药（梯恩梯）/kg	3.5	引信装置	触发延期引信（0.5 s 至 6 h）
装填系数	0.108	侵彻爆破威力	侵彻 300 mm 厚混凝土层，破坏面积为 40 m²

BAP100 反跑道炸弹打击机场跑道的过程如下：飞机起飞前，战斗人员装定程序控制器，投弹后 0.5 s，即炸弹在载机下方大约 3 m 处，程序控制器使尾部降落伞舱盖打开，曳出降落伞，调整炸弹在空中飞行的姿态，加速度计对炸弹的负加速度进行检测；投弹后 0.75 s，程序控制器使引信解除保险；投弹后 2.25 s，程序控制器使助推火箭发动机进入点火程序；投弹后 4.25 s，发动机点燃，开始工作，同时抛掉降落伞，炸弹以大约 65°的落角加速下降，速度由 25 m/s 增至 230 m/s，使得炸弹以较高的动能侵入目标内部，经预定延时后爆炸毁伤目标，作用可靠度可达 95%。

3）BetAB – 500ShP 航空反跑道炸弹

BetAB – 500ShP 航空反跑道炸弹总体构成及战斗部结构如图 8.21 所示，根据反跑道的作用需求，战斗部头部设计为截头弧形结构，壳体材料为高强度钢，壳体靠近头部的部分弹壁较厚，向后逐渐变薄，内装 107 kg 高能炸药。壳体上焊有两个间距 250 mm 的弹耳，用于飞机挂载。弹体的底部有 3 个杯状筒和衬筒。电源组件、转换机构和引信分别安装在 3 个杯状筒里。炸弹的炸药通过衬筒装填到炸弹壳体内，装药后用垫圈和盖板密封，当炸弹在飞行过程中遭受气动加热时，炸药膨胀的溢流可以流到衬筒内。火箭发动机通过由上、下两个半环构成的固定环与战斗部底部连接，发动机的作用是在减速伞系统脱离后使炸弹加速运动，以获得侵彻跑道等目标所需要的速度。伞舱是由铝合金焊接而成的壳体结构，伞舱尾部外圆面上焊有 4 个相互垂直的稳定翼片，炸弹尾部的伞舱用于安装减速伞系统、"十"字接头、传感器和解脱机构，如图 8.22 所示。减速伞系统由减速伞、连接环和解脱环组成；"十"字接头的主要作用是固定解脱机构；解脱机构的主要作用是实施锁定和释放减速伞系统；传感器的作用是当减速伞完全张开时，拔出保险销，接通引信装置的总电路，解除二级保险。

BetAB – 500ShP 航空反跑道炸弹采用了触发式保险型引信装置，具有两级保险和独立电源，其主要作用是给炸弹起爆和执行机构发送电脉冲指令，使炸弹按照作用过程实施开伞、抛伞、发动机点火，当炸弹碰击目标后发出起爆脉冲，使炸弹经过一定延期时间后爆炸。触发式保险型引信装置主要由引信、电源组件、转换机构、电启动装置、传感器和电缆等组成。

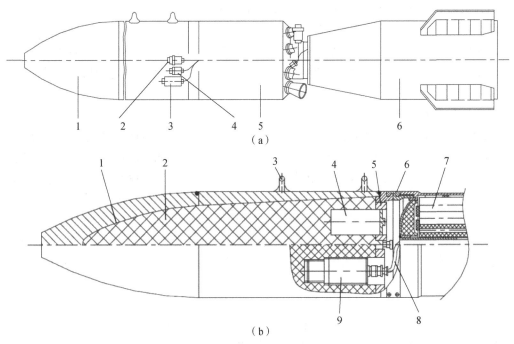

图 8.21 BetAB-500ShP 航空反跑道炸弹总体构成及战斗部结构

(a) 反跑道炸弹总体构成简图;

1—战斗部;2—转换机构;3—引信;4—电源组件;5—发动机;6—伞舱

(b) 战斗部结构示意图

1—壳体;2—炸药;3—弹耳;4—衬筒;5—弹底部;6—固定环;7—发动机;8—电缆;9—引信

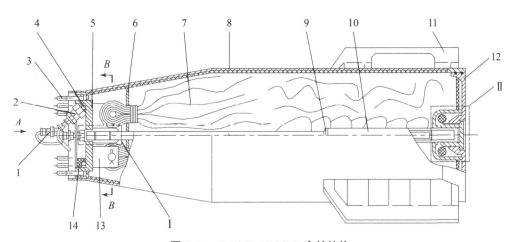

图 8.22 BetAB-500ShP 伞舱结构

1—传感器;2—电起爆管;3—螺钉;4—环形装药;5—碗座;6—纸衬板;7—减速伞系统;
8—壳体;9—衬环;10—导管;11—安定器翼片;12—盖板;13—"十"字接头;14—衬圈

8.3.4 MK 系列通用航空炸弹

美国 MK 系列航空炸弹是通用低阻力炸弹,其设计目标是兼顾爆炸、破片杀伤和侵彻性能,已形成系列产品。该系列包括 113.4 kg(250 lb)级 MK81、227 kg(500 lb)级 MK82、

454 kg（1 000 lb）级 MK83 和 907 kg（2 000 lb）级 MK84，它们服役于美国空军、海军和海军陆战队，并遍布世界的其他多个国家，已成为许多国家炸弹生产的制式产品。到目前为止，美国大部分具有空对地攻击能力的固定翼飞机都挂载和投放过 MK80 系列炸弹。这些炸弹广泛用于对付炮兵阵地、车辆、碉堡、导弹发射装置、早期预警雷达和后勤供给系统等多种目标。

1. 结构与性能特点

MK81～MK84 系列炸弹结构类似，而大小、质量和威力不同。炸弹头部为流线形，而其余部位呈圆柱形。炸弹采用模块化设计，可以根据需要配用不同的头/尾部引信和尾部组件，炸弹头部可安装 M904 系列触发引信和 M20、M20A1 及 MK43 近炸引信，尾部可使用 M905 触发引信、MK346 时间引信、MK344 引信和 MK376 引信（近炸或触发引信），以满足不同作战使用条件下炸弹的作用可靠性，爆炸后能形成冲击波、破片等毁伤元素。空军使用的炸弹涂装为橄榄绿色，海军使用的为灰色。为了适应航空母舰舰载机使用，MK80 系列炸弹有隔热防护层，其目的是当航空母舰起火时能降低反应敏感度，延迟或减小炸弹的反应烈度。

2. 性能改进

多年以来，MK81～MK84 系列炸弹已进行了多次改进。通常从炸药、起爆方式、尾部装置和投放方式上进行改进，采用了不同的炸药装填物和不同的起爆系统；对炸弹的壳体也做了适当的改进，目的是用于反潜和反舰。当装填 PBXN-109 不敏感炸药时，MK82 和 MK83 分别变成 BLU-111/B 和 BLU-110/B。此外，根据炸弹的质量不同，可分别采用 356 mm（MK81、MK82、MK83）和 762 mm（MK84）间距的制式吊耳。

经过气动力改进的新型炸弹称为 MK×AIR，改进后的炸弹增加了尾翼装置，减小了战斗部质量；尾部装置有一个低阻力尾舱，其内装有降落伞和打开尾舱放出降落伞的系索装置。降落伞是用高强度低孔隙尼龙制造的，当炸弹从飞机上投放时，系索解开，尾舱后盖打开，放出尼龙袋减速器，将整个伞包拉出尾舱，空气可从降落伞尾部的 4 个气孔排出。这种武器可以用低阻模式（尾舱在投放后关闭）或高阻模式投放，飞行员可根据任务需要选择低阻或高阻配置。高阻力尾部装置可从尾部展开"降落伞"状的气袋，通过快速减慢炸弹速度，让飞机逃离冲击波作用区域，来保证炸弹的高速、低空打击能力。

2. 使用武器平台

MK81～MK84 系列炸弹既可作为独立炸弹投放使用，也可作为激光制导炸弹或机载空对地导弹携带的战斗部使用。若低空投放，则用机械式减速伞改装成白星眼（Walleye）AGM-62 电视制导炸弹；当加装激光制导组件时，就构成宝石路（Paveway）系列激光制导炸弹；若将弹尾改为 GPS/INS 组合制导尾舱，则变成联合直接攻击弹药（JDAM）。

8.4 燃料空气炸弹

燃料空气弹药（Fuel Air Explosive, FAE）是 20 世纪 60 年代美国首先发展起来的一种新概念弹药。这类弹药装填的不是炸药，而是不含氧或含少量氧的燃料。当战斗部到达目标处后，在爆炸等动载荷的作用下将战斗部装填的燃料向空气中分散形成满足爆轰条件的燃料空气云雾（也叫燃料空气炸药），通过适当方法控制时间、位置和能量等条件使燃料空气云雾达到理想爆轰状态，起爆燃料空气云雾并实现大范围爆轰（也叫体积爆轰），利用大范围爆轰产物的直接作用及由其产生的冲击波作用毁伤目标。上述不同于常规炸药的大范围爆轰过程称为云雾爆轰。

8.4.1 燃料空气弹药概述

燃料空气弹药独特的杀伤、爆破效能使它适用于多种作战行动，可高效毁伤复杂环境和隐蔽条件下的目标、暴露的面（软）目标和易燃易爆目标等；用于打击战壕、工事、掩体等隐蔽设施内的人员和装备；杀伤隐蔽在山洞、山区、丛林中的人员和装备；破坏机场、码头、车站、油库、弹药库等大型目标；攻击舰艇、雷达站、导弹发射系统；在爆炸性障碍物中开辟通路（如排雷）等。燃料空气弹药既可用歼击机、直升机、火箭炮、大口径身管火炮和近程导弹等投射，打击战役战术目标，又可以用中远程弹道导弹、巡航导弹和远程作战飞机投射，打击战略目标。

燃料空气弹药的应用范围较宽、作战效果显著，是一种低成本、高效能的武器，因此备受重视。

与装填常规炸药的爆破弹药相比，燃料空气弹药具有以下显著特点。

1. 装填效率高

由于初始装填的燃料自身不具备爆轰条件，其发生爆轰反应的氧化剂绝大部分源自当地空气中的氧气，因此云雾爆轰反应产生的能量可达数倍 TNT 当量。

2. 爆轰体积大

云雾爆轰是通过炸药爆炸载荷等作用，使燃料在空气中分散，形成燃料空气炸药云雾，其爆轰体积达到燃料装填体积的 10^4 倍。而高能炸药爆轰发生在装药内部，爆轰体积与装药体积相当。

3. 压力衰减缓慢且冲量大

云雾爆轰过程中，爆轰区内部产生爆轰波，爆轰区外部产生冲击波，它们共同构成云雾爆轰压力作用区。云雾爆轰产生的峰值超压随距离衰减缓慢，且云雾爆轰在每一点产生的超压随时间衰减缓慢，具有较大的冲量。无论是峰值超压随距离衰减，还是空间点超压随时间衰减，云雾爆轰与高能炸药爆轰均具有明显的不同之处，如图 8.23 所示。在云雾爆轰条件下，毁伤效果具有明显特点和独特优势，这是任何其他常规武器所无法替代的。

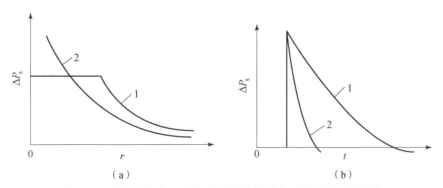

图 8.23 云雾爆轰与高能炸药爆轰的超压衰减曲线比较示意图

1—云雾爆轰；2—高能炸药爆轰

4. 毁伤效应多

云雾爆轰除产生超压毁伤效应外，还会产生热辐射、缺氧、地震波等多种毁伤效应。在云雾爆轰产生大体积爆轰区的同时还会产生大体积高温火球，高温火球的温度高达 10^3 ℃ 量级，持续时间为 10^2 ms 量级。由于云雾爆轰反应会消耗空气中的氧气，故在云雾爆轰区内会产生缺氧，缺氧时间取决于周围空气的扩散过程。云雾爆轰为大体积爆轰过程，在地面上作用时会产生地震波效应，地震波沿地表和地下向外传播。

8.4.2 燃料空气弹药分类

燃料空气弹药根据装填物类型，可分为云爆弹和温压弹两类。

1. 云爆弹

云爆弹是一种以气化燃料在空气中爆炸产生的冲击波超压获得大面积杀伤和破坏效果的弹药，由于这种弹药投放目标区后会先形成云雾，然后再次起爆，形成巨大气浪，爆炸过程中又会消耗大量氧气并造成局部空间缺氧而使人窒息，故又称为"气浪弹"和"窒息弹"。

通过冲击波和超压的作用，云爆弹既能大面积杀伤有生力量，又能摧毁无防护或只有软防护的武器和电子设备，其威力相当于等量 TNT 爆炸威力的 5~10 倍。在杀伤有生力量时，云爆弹主要通过爆轰、燃烧和窒息效应毁伤目标，通过高压对人体肺部及软组织造成重大损伤来杀伤人员，头盔和保护服对这类毁伤几乎没有防护作用。

云爆弹战斗部由装填可燃物质的容器和定时起爆装置构成。根据云雾爆轰控制方式的不同，云爆弹分为两次引爆型和一次引爆型，其装填燃料和云雾爆轰控制结构也有相应的区别。

1) 两次引爆型云爆弹

(1) 作用原理及结构。

云爆弹大多为两次引爆型，其作用过程如图 8.24 所示。一次引信作用引爆燃料分散装药；燃料分散装药爆轰产生的压力载荷打开战斗部壳体，并将燃料抛向空气中；通过与空气作用，燃料发生破碎、剥离、雾化等物理过程，与空气混合形成具有爆轰性能的燃料空气云雾；战斗部壳体形状与强度能够控制燃料空气云雾的形状及浓度分布；在燃料空气云雾达到理想形状和浓度时，二次引信引爆燃料空气云雾，实现云雾爆轰，在云雾区内产生爆轰波，在云雾区外产生冲击波，同时产生热辐射、缺氧、地面振动等效应，实现对目标的有效毁伤。

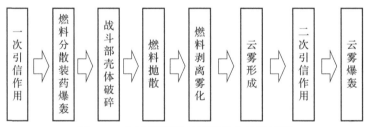

图 8.24 两次引爆型云爆弹终点作用过程

最初为了回避高强度和不对称性弹体条件下云爆弹燃料分散的难题，所设计的云爆弹为子母弹形式，两次引爆型云爆战斗部结构组成如图 8.25 所示，由燃料、分散装药、一次引信、二次引信、壳体等组成。其具体结构还可以分为两种：一种是二次引信靠分散装药抛掷的云爆战斗部；另一种是二次引信抛掷轨迹受控的云爆战斗部。

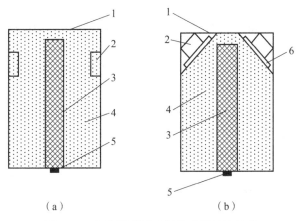

图 8.25 两次引爆型云爆战斗部具体结构

(a) 二次引信靠分散装药抛掷的战斗部结构；(b) 二次引信抛掷轨迹受控的战斗部结构

1—战斗部壳体；2—二次引信；3—分散装药；4—燃料；5—一次引信；6—抛射装置

二次引信靠分散装药抛掷的云爆战斗部结构如图 8.25（a）所示，其装填燃料为环氧乙烷液体燃料；一次引信为触杆定炸高引信，炸高控制在 1 m 左右；二次引信为爆炸抛掷触发引信，焊接在战斗部壳体上，依靠燃料分散装药爆轰载荷抛掷到云雾中；战斗部壳体材料为均匀薄铝合金材料，为了易于燃料分散且不损失弹体轴向强度，在壳体上刻有纵向槽。子弹从母弹抛出后开始下落，在此过程中一次引信解除保险处于待发状态，引信触杆触地引爆燃料分散装药，炸药爆轰载荷作用打开战斗部壳体，随后将燃料抛入空气中，同时将焊接在壳体上的二次引信抛出并启动延迟装置，当燃料与空气混合达到爆轰浓度时，二次引信起爆燃料空气炸药云雾产生爆轰，云雾爆轰产生的爆轰波和向外传播的冲击波等对目标产生毁伤。

这种云爆战斗部结构能够实现二次引爆的云雾爆轰，但是在型号应用中暴露出终点爆轰效率较低的问题。其原因是二次引信焊接在壳体上，爆炸抛掷二次引信导致其飞行轨迹不确定，这就使得二次引信在燃料空气云雾中二次引爆的位置具有随机性，如果二次引信在云雾中起爆就能实现爆轰，如果在云雾外或边界起爆，就会产生不爆或燃烧等现象。为了解决这一问题，国内外学者开展了控制二次引信运动轨迹的研究工作，典型云爆战斗部结构如图 8.25（b）所示，即将二次引信放置在战斗部顶端，依靠位于弹体上的抛射装置将二次引信按一定角度抛出，使引信飞行角度和飞行速度实现可控，抛射火药的点火由一次引信完成，并保证引信脱离轨道后引爆燃料分散装药。该结构有效地解决了终点爆轰率低的问题，使战斗部系统具有更好的终点毁伤效果。

(2) 云爆燃料。

云爆燃料是云爆弹的重要组成部分。云爆燃料本身具有的威力性能（如装填密度、云雾爆轰参数等）和燃料空气炸药云雾的形成性能（如安全性、长储性及原材料来源等）是云爆燃料应用最关键的问题。气体燃料由于装填密度低等特点难以在武器装备上应用，通常二次云爆弹装填的可燃物质为环氧乙烷、甲基乙炔、丙二烯或其混合物、甲烷、丁烷、乙烯和乙炔、过氧化乙酰、二硼烷、硝基甲烷和硝酸丙酯等，在抛撒过程中，这些燃料迅速弥散成雾状小液滴并与周围空气充分混合，形成由挥发性气体、液体或悬浮固体颗粒物组成的气溶胶状云团。

美国发展了以环氧乙烷和环氧丙烷为代表的环氧烃类燃料。美国使用环氧乙烷液体燃料研制出了世界第一个云爆弹产品（CBU-55B 航空云爆弹）并应用于越南战争，产生了特殊的目标毁伤效果，同时对常规武器装备的发展产生了重大影响。随着对云爆弹毁伤性能和长储性需求的增长，对云爆弹装填燃料提出了更高要求，美国也基于环氧丙烷液体燃料发展了一批云爆弹武器型号，并在1991年海湾战争中大量投入使用，取得了很好的战术和战略效果。目前环氧丙烷液体燃料仍是美国云爆弹装填的主体燃料。

苏联结合自己的国情选择液体碳氢化合物作为云爆燃料，主要是石化产品或石化副产品，如戊二烯（C_5H_8）等，其理化性能与美国的环氧丙烷相当，但是来源广泛、价格低廉，用其研制的弹药在苏联阿富汗战争和俄罗斯车臣战争中都投入了使用，取得了预期的效果。

随着云爆弹在战争中作用的突出表现，世界军事大国更加重视云爆弹装备的发展，给云爆燃料研究提出了更高要求。美国、俄罗斯、中国等国家先后开展了含高热值金属粉的云爆燃料的研究工作，这方面研究工作主要有两条技术路线：一是在原有的液体燃料中添加金属粉，形成液—固混合燃料，以达到提高云爆燃料能量的目的；二是开展全固型云爆燃料的研究工作，开发一种全新的云爆燃料，目的是大幅提高云爆弹装填燃料的能量。

2）一次引爆型云爆弹

为了拓展云爆弹的应用范围，提高毁伤威力，从20世纪70年代起，美国、加拿大和俄罗斯等国开始研制新型一次引爆型云爆弹，一次引爆型云爆弹将原来两次引爆过程变为一次引爆过程，即将燃料分散和爆轰过程一次完成。

一次引爆型云爆弹的研究工作主要集中在起爆方法上。目前，一次引爆的实现方式有两种：一是将燃料分散后实现自起爆；二是控制燃料边分散边起爆。

美国、加拿大等国在第一种方式上开展了大量研究工作，研究了化学催化起爆、光化学起爆、燃烧转爆轰起爆等方法。化学催化起爆法即将氟化物等强氧化剂随燃料一起分散，由氟化物与燃料空气混合物反应实现起爆，通过氟化物与燃料空气混合物发生化学反应的诱导时间控制起爆延时时间。光化学法设想通过有足够能量的光照射到燃料空气混合物产生自由基等实现对燃料空气炸药云雾起爆。燃烧转爆轰法是通过燃料分散产生燃烧源（分散装药爆轰产物等）点燃燃料空气炸药云雾，在云雾形成的同时实现从燃烧到爆轰的转变。

苏联在燃烧弹基础上开展了一次引爆型云雾爆轰控制技术研究，保留燃烧弹中抛撒燃烧剂的中心装药，将原来装填的燃烧剂改为一次引爆型云爆燃料，并进一步确定中心装药与云爆燃料间的比例关系，即通过中心装药作用实现云爆燃料的边分散边爆轰的一次引爆过程。该项云雾爆轰控制技术相对简单，较容易实现武器化。

图 8.26 所示为苏联一次引爆型云爆战斗部系统，该战斗部系统对匹配关系要求严格，中心分散起爆炸药是实现边分散边爆轰的关键部件，炸药种类和炸药/燃料的质量比是中心分散起爆炸药设计的关键参数。苏联基于上述一次引爆型云雾爆轰控制技术研究成果，完成了多种武器型号的研制并装备于部队。

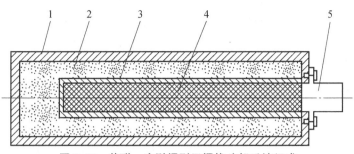

图 8.26 苏联一次引爆型云爆战斗部系统组成

1—壳体；2—一次引爆型云爆燃料；3—中心管；4—中心分散高能装药；5——次引信

在一次引爆型燃料空气弹药发展的同时，一次引爆型云爆燃料也相应地得到了发展。一次引爆型云爆燃料与两次引爆型云爆燃料具有相同之处，也具有明显的不同之处。相同之处在于，两种云爆燃料均需具有高威力性能，同时必须具有较好的分散性能，空气必须参与爆轰反应；不同之处在于，由于在燃料分散的初始阶段空气进入很少，一次引爆型燃料自身要带有一定量的氧化剂，以满足初期云雾爆轰使用。因此，一次引爆型云爆燃料要具有实现边分散边爆轰的感度梯度、氧含量梯度等性能。

2. 温压弹

顾名思义，温压弹（战斗部）就是利用高温和高压造成杀伤效果的弹药，也称为"热压"（Heat and Pressure）武器。它是在云爆弹的基础上发展起来的，因此温压弹与云爆弹具有一些相同点，也有不同之处。相同之处是，温压弹与云爆弹采用同样的燃料空气爆炸原理，都是通过药剂和空气混合生成能够爆炸的云雾。不同之处是，云爆弹多为二次起爆，而温压弹一般采用一次起爆，实现了燃料抛撒、点燃、云雾爆轰一次完成，结构简单，起爆可靠；另一个不同之处在于云爆弹多采用液体或液固云爆燃料，而温压弹现多采用固体炸药，而且爆炸物中含有氧化剂（俄罗斯采用液—固混合燃料），当固体药剂呈颗粒状在空气中散开后，微小炸药颗粒的爆炸力极强。

温压弹主要利用温度和压力效应产生杀伤效果，引爆后会发生剧烈燃烧，大量向四周辐射热量，同时产生冲击波。温压弹产生的高热和冲击波无孔不入，这种独特的杀伤效应是传统弹药（以破片或金属射流作为主要杀伤手段）难以比拟的，它特别适合于杀伤洞穴、地下工事、建筑物等封闭空间内的有生力量。温压弹对洞穴目标的毁伤原理如图 8.27 所示。

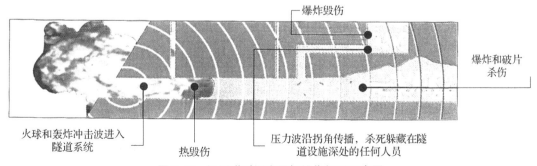

图 8.27 温压弹对洞穴目标毁伤机理示意图

温压弹有温压炸弹、单兵温压弹、温压火箭弹和温压导弹等多种类型。此外，由于温压弹独特的优越性，还有温压型硬目标侵彻弹，用于对深层坚固目标侵彻后毁伤内部空间中的目标。温压弹主要由弹体、装药、引信、稳定装置等组成，具体结构随其种类不同而有所差异。通常，温压弹的投放和爆炸方式有以下 4 种：

（1）垂直投放，在洞穴或地下工事的入口处爆炸。

（2）采用短延时引信（一次或两次触发）的跳弹爆炸，将其投放在目标附近，然后跳向目标爆炸。

（3）采用长延时引信的跳弹爆炸，将其投放在目标附近，然后穿透防护工事门，在洞深处爆炸。

（4）垂直投放，穿透防护工事表层，在洞穴内爆炸。

温压炸药是温压弹有效毁伤目标的重要组成部分，其药剂的配方尤为重要。目前，温压药剂及其弹药技术已经发展了 3 代，典型配方有俄罗斯的液—固相体系和美国的全固相体系两大类。液—固相配方一般采用高能液体燃料与可燃金属粉末混合，其优点是毁伤能量大，配制工艺简单，输出能量易于调整；缺点是装填密度低，环境适应性和抗过载安定性差，弹药寿命也不宜过长等。例如，俄罗斯什米尔温压药剂配方的主成分是硝酸异丙酯/铝粉/镁粉/敏化剂，其炸药爆炸的化学能约是 1.6 倍 TNT 当量，装药毁伤能量约是 3.5 倍 TNT 当量。全固相配方一般采用高含铝的 PBX 炸药技术，其优点是毁伤能量大、装填密度高、抗过载及环境适应性好，弹药寿命长达 20 年以上，具有低易损特性等。

8.4.3　典型的燃料空气炸弹

由于航空炸弹具有经济实用等诸多优点，故美国和俄罗斯等发展了多种应用云爆战斗部的航空炸弹。此外，美国和俄罗斯多种型号的战术导弹都应用了云爆战斗部，如美国 AGM-114N 地狱火导弹、俄罗斯的 KBP 9M131FM 和 9M114F 导弹等。

1. 美国 BLU-73/B 云爆弹

图 8.28 所示为美国于 20 世纪 60 年代末开始试用的 BLU-73/B 云爆弹结构示意图。BLU-73/B 全弹质量为 59 kg，弹体直径为 350 mm，内装液体环氧乙烷 33 kg。该弹爆炸时燃料与空气混合形成直径为 15 m、高度为 2.4 m 的云雾，云雾引爆后可形成 20 MPa 的压力。

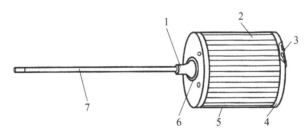

图 8.28　美国 BLU-73/B 云爆弹结构示意图

1—FMU-74/B 引信；2—云爆管；3—减速伞；4—伞箱；5—弹体；6—自炸装置；7—延伸控杆

BLU-73/B 于 1971 年正式装备部队，该弹（共 3 颗）装入 SUU-49/B 战术子母弹箱构成 CBU-55/B 云爆弹。CBU-55/B 云爆弹是供直升机投弹使用的。投弹后，母弹在空中由引信炸开底盖，子弹脱离母弹下落，并借助阻力伞减速，至接近目标时触发爆炸，使液体燃料扩散在空气中形成气化云雾。云雾借助子弹上的云爆管起爆,从而对地面形成超压,杀伤人员、清除雷区和破坏工事等。此外,这种炸弹具有快速耗氧的特点,能够使人因缺氧而窒息。

2. 苏 ОДАБ – 500П 云爆弹

苏联/俄罗斯是最早开展整体式两次引爆型云雾爆轰控制技术的国家,为了克服壳体强度和不对称对燃料分散的影响,采用在壳体内部对称布置用于开壳的炸药药柱的方法,在中心燃料分散装药起爆前先起爆壳体内部开壳炸药,在壳体打开后再分散燃料,使燃料分散不受壳体强度和结构的影响。其典型代表是整体型航空燃料空气炸弹 ОДАБ – 500П,如图 8.30 所示,两次引爆型燃料空气航空炸弹结构如图 8.29 所示,炸弹主要由战斗部、带有减速伞系统的伞舱、解脱机构和引信装置等部分组成,战斗部由弹体、液体燃料、收集器、六个周边装药、中心装药和次级装药等组成。

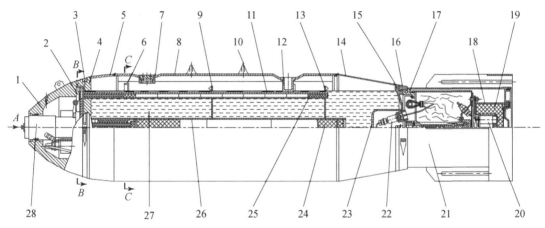

图 8.29 两次引爆燃料空气炸弹

1—头部弹体;2—收集器;3—开口杯;4—前端圆盘;5—拱形体;6,13—内置圆环;7—衬套;
8—圆柱体;9—隔板;10—弹耳;11—周边圆管;12—衬套;14—锥体;15—弹底;
16—开口环;17—伞舱圆环;18—二级装药壳体;19—次级装药;20—二级引信;21—伞舱;
22—传感器;23—杯形体;24—中心装药;25—周边装药;26—中心圆管;27—燃料;28—提前器

弹体包括头部弹体和中部弹体两部分。头部弹体为铸钢件,其外表面为拱形,前面的中央通孔与分段式内腔用于安装和放置引信装置的组件,在弹头部上方的吊耳平面上焊有挡板,挡板上有纵向孔,当炸弹挂上挂弹架时,用于调整电缆,该电缆用于传输来自载机上的电脉冲。中部弹体是由前端圆盘、拱形体、圆柱体、锥体、带有杯形体的弹底、中心圆管、六个周边圆管、电缆管、内置圆环和两个薄板焊接起来的钢质结构。弹体的头部和中部通过开口环紧紧连接在一起。

前端圆盘是弹体的前控制板,用于固定引信装置、收集器和所有的内置圆管,并起到与头部弹体的连接作用。在圆柱体内填放有 3 mm 厚的薄片和 6 mm 厚的嵌入加强筋,在嵌入物上焊有两个吊耳、两个衬套,两个吊耳间距为 250 mm,前面的衬套用于向弹体内灌装燃料;后面衬套用于放进挂弹架上的固定支柱或包装笼里的运输销,以保证炸弹的固定。弹底是弹体结构的承力部件,用于固定连接伞舱,固定连接方法同弹体头部和中部的连接方法。杯形体用来放置传感器和电点火管的插销式接头及电缆。

中心圆管内放置有传爆药、导爆索和 3 块中心装药，周边圆管里安放有导爆索、传爆药和 9 块周边装药。周边装药和中心装药的作用是：爆炸时打开战斗部壳体，将燃料散入空气中，形成由燃料液滴、水蒸气和空气混合成的气溶胶云雾团。电缆管内放置电缆，用于连接头部与吊伞里引信装置之间的电路。内置圆环和薄板的主要作用是保证结构的强度，此外，薄板还可减小炸弹在改变空间位置时液体燃料的晃动。收集器用来安装导爆索和引信装置。炸弹所装燃料为戊二烯。次级装药装在铝合金壳体内，壳体固定在伞舱里。次级装药的作用是引爆云雾团以摧毁目标。

当提前器中抛出的先导体或炸弹遇到目标时，先导体或一级引信的惯性闭合器闭合，使一级引信起爆线路工作，其起爆脉冲经过导爆索和传爆药，起爆周边装药和中心装药。周边装药和中心装药的爆炸会破坏战斗部壳体和抛撒液体燃料，形成由蒸气、细散的燃料质点与空气混合在一起的气溶胶云状雾团，经过 130~200 ms 的延时时间，二级引信作用，引爆次级装药。次级装药位于减速伞伞衣的顶部，此时减速伞已落入气溶胶雾团中，次级装药引爆气溶胶雾团，形成强冲击波摧毁目标。

进入 21 世纪，俄罗斯研制了巨型两次引爆型云爆弹，命名为"炸弹之父"。据报道，俄罗斯研制的"炸弹之父"为整体式结构，利用图-160 战略轰炸机投放，燃料装填质量为 7 800 kg，云雾爆轰等效 TNT 当量 44 000 kg，目标毁伤半径达 300 m。基于一次引爆型云爆燃料和云爆控制技术的研究成果，俄罗斯后续又发展了新型云爆弹药，其中什米尔-2 单兵云爆火箭弹是典型代表，它弥补了两次引爆型云爆弹无法装备小口径、高落速武器的不足。

3. 美国 BLU-82/B

BLU-82/B 是美国 BLU-82 云爆弹的改进型，该弹外形短粗，弹体像大铁桶，其结构与云爆弹 BLU-82 类似，由弹体、引信、稳定伞、含氧化剂的爆炸装药等部分组成。其主要战术技术性能见表 8.9。

表 8.9 美国 BLU-82/B 云爆弹主要战术技术性能

诸元	参数值	诸元	参数值
质量/kg	6 750	装填系数	0.846
长度	5.37 m，探杆长 1.24 m	飞行时间/s	27
直径/m	1.56	撞地速度/($m \cdot s^{-1}$)	103.6
装药类型及质量	硝酸铵、铝粉和聚苯乙烯的稠状混合物（GSX）/5 715 kg	配用引信	M904 头部引信 M905 尾部引信

由于该弹质量太大，没有任何轰炸机的挂弹架能够承受这样大的质量，因此，必须由空军特种作战部队的 C-130 运输机（该机主要执行空投、空降等任务）实施投放。该弹既可用地面雷达制导，也可用飞行瞄准设备制导，投掷前地面雷达控制员和空中领航员为最后的投掷引导目标。由于炸弹效果巨大，故飞机必须在 1 800 m 高度以上投弹。在领航员作出弹道计算和风力修正结果后，C-130 打开舱门，炸弹依靠重力滑下，在飞行过程中靠稳定伞调整飞行姿态并起减速作用。美国 BLU-82/B 具体作战使用过程示意图如图 8.30 所示。

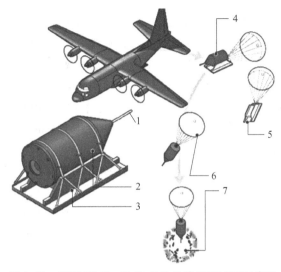

图 8.30　美国 BLU-82/B 具体作战使用过程示意图

1—探杆；2—炸弹；3—托板；4—投放炸弹；5—托板分离；6—降落伞稳定下降；7—起爆炸弹

4. 美国 GBU-43/B

GBU-43/B 是美国空军 20 世纪 90 年代启动研制的一种新型高威力空中引爆炸弹（Massive Ordnance Air Burst，MOAB），被赋予"炸弹之母"的称号，如图 8.31 所示。GBU-43/B 研制过程中采用了部分现有的零部件，组合应用了 BLU-120/B 战斗部 KMU-593/B 制导组件，其主要战术技术性能见表 8.10。

图 8.31　GBU-43/B

表 8.10　GBU-43/B 炸弹主要战术技术参数

诸元	参数值	诸元	参数值
质量/kg	9 842.9	炸高/m	1.8
长度/mm	9 140	射程/km	69
直径/mm	1 038.7	制导方式	GPS/INS 复合制导
战斗部质量/kg	8 482.5	CEP/m	≤13
炸药类型/质量	碳氢化合物液体燃料/8 165 kg	单价/美元	170 000

GBU-43/B 的弹体为长圆柱形，弹体前端是一段长的流线形结构，弹体中部有小展弦比滑翔弹翼，尾部安装有 4 片大型栅格尾翼，每片格栅尾翼分别由 10 片长短不一的金属薄片相互交叉连接成一个整体，然后安装在一个短形金属柜架内。其采用的气动布局和桨叶状栅格尾翼增强了炸弹的滑翔能力，同时使炸弹在飞行过程中的可操作性（精确校正航向）得到加强。GBU-43/B 的战斗部装填 8 165 kg 碳氢化合物液体燃料，可以应用 M904 触发引信、DSU-33 或 FMU-139 近炸引信。其爆炸威力半径达 137 m，可有效毁伤人员、无防护简易工事和指挥控制中心等目标。

GBU-43/B 采用 GPS/INS 制导技术，可全天候投放使用，圆概率误差小于 13 m。该炸弹可由 B-2 隐身轰炸机或 C-130 运输机投放，载机投放后，它可以在制导系统的引导下，通过操纵舵面来改变下落方向，自主地飞向预定的攻击目标。这样就可以在地面防空系统难以攻击的高度投放炸弹，从而避免载机被击中，确保人员和飞机的安全。

5. 美国 BLU-118/B

BLU-118/B 是美军于 2001 年年末研制的一种专门用于打击恐怖分子藏身洞穴和地道的侵彻型温压弹，该弹与 BLU-109/B 侵彻弹相似，只是其中的装填物不同，作战时既可由 F-15E 战斗机单独投放，也可作为 GBU-15、GBU-24、GBU-27、GBU-28、AGM-130、AGM-154C 的战斗部使用；既可以投放到洞穴和地道的入口处然后引爆，也可以垂直贯穿防护层在洞穴和地道内部爆炸。这种威力巨大的新型单一侵彻炸弹安装有激光制导系统，在有限空间中爆炸时的杀伤威力比开阔区域中要高出 50%~100%。

BLU-118/B 温压弹填充的炸药可以选用美国海军研制的一种新型钝感聚合黏结炸药 PBXIH-135、HAS-13 或 BLU-109 炸弹使用的 SFAE（固体燃料空气炸药）。PBXIH-135 温压炸药由奥克托今、聚氨酯橡胶和一定比例的铝粉组成，与标准高能炸药相比，该钝感炸药可在较长时间内释放能量。BLU-118/B 温压弹爆炸后会产生较高的持续爆炸压力，用于杀伤有限空间（如山洞）中的敌人，引爆后洞内氧气被迅速耗尽，爆炸带来的高压冲击波席卷洞穴，彻底杀死洞内人员，同时却不毁坏洞穴和地道。其主要战术技术性能见表 8.11。

表 8.11 BLU-118/B 温压弹主要战术技术性能

诸元	参数值	诸元	参数值
质量/kg	902（814）	装填系数	0.25（或 0.31）
长度/m	2.5	侵彻威力/m	3.4（混凝土层厚）
直径/mm	370	配用引信	FMU-143J/B
壳体厚度/mm	26.97	引信延时时间/ms	120
炸药类型/质量	PBXIH-135 混合炸药/227 kg（或 254 kg）		

8.5 制导航空炸弹

8.5.1 制导航空炸弹概述

制导航空炸弹是指带制导控制系统的航空炸弹,在飞行中根据弹道误差解算形成控制指令,利用控制机构产生气动控制力改变炸弹的运动轨迹,使其按修正弹道或导引规律飞向目标。制导航空炸弹是重要的制导兵器之一,可用于精确打击机场、铁路、公路、大型设施、通信指挥中心、坦克集群、桥梁、工事、车辆、集结部队等目标。制导航空炸弹的应用推动了航空炸弹从数量优势向质量优势的转化,也为有效利用大量库存常规弹药开辟了新途径。纵观近几十年的历次局部战争,制导炸弹等空地制导武器使用量呈现明显上升趋势,制导炸弹的精确打击能力使摧毁目标只需出动少量飞机和空投少量制导炸弹便可取得预期效果,加之可以高空投弹,战斗机能避开致命的火炮射程,从而有效地降低了飞机损失率。制导炸弹因其攻击精度和作战效费比高而成为攻击高价值目标的理想武器,是航空武器装备不可缺少的组成部分。

1. 制导航空炸弹的分类

根据不同的分类原则,制导航空炸弹可以有多种分类方法,根据制导系统进行分类是常用的分类方法之一。

根据制导系统的工作是否与外界发生联系,制导航空炸弹可分为自寻的制导航空炸弹、自主制导航空炸弹和复合制导航空炸弹3种,具体分类详见图8.32。

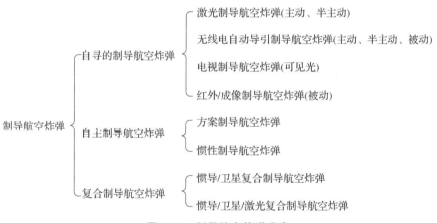

图 8.32 制导航空炸弹分类

目前最常见的制导航空炸弹是采用自动导引系统的自寻的制导航空炸弹,其次是自主制导航空炸弹和复合制导航空炸弹。

2. 制导航空炸弹的组成

制导航空炸弹一般由导引头、控制系统、引信、战斗部系统、气动控制面以及机弹间机械接口和电气接口等组件组成。

制导控制系统根据末制导的需求配装导引头,它由制导系统和控制装置构成。引信用于控制战斗部在相对于目标最有利的位置或时机起爆,以充分发挥其威力。制导炸弹常用的引信主要有触发引信、近炸引信、周炸引信、时间引信和指令引信等。

战斗部是制导航空炸弹的有效载荷，炸弹对于目标的毁伤是由战斗部来完成的，其威力大小直接决定了对目标的毁伤效果。战斗部从结构上分有整体式和子母式两大类型；从功能上分有杀伤、爆破、侵彻爆破、聚能爆破、云爆和软杀伤等类型。特种战斗部还可装有电磁、遮断、干扰、照明或指示目标的物质或装置。

气动控制面组件由翼面组件及舵面组件构成，用于产生飞行所需的气动力。

现代战争中需空军实施攻击的地（海）面目标种类繁多，其运动特性、易损特性、尺寸形状等差别很大。制导炸弹通常只能对地（海）固定目标或低速运动（≤40 km/h）目标实施攻击。通常通过炸弹的命中精度、载机适应性、投弹条件、投弹方式、可靠性、环境适应性等技术指标评价炸弹的性能。

3. 制导航空炸弹的特点

制导航空炸弹是介于普通航空炸弹与战术空地导弹之间的弹种，适合多种飞机挂装和投放，具有不同于普通航空炸弹的独特之处。

(1) 精度高。普通航空炸弹采用直接瞄准、定点投放的方式，命中精度受到投弹高度、速度影响较大，CEP 在几十至几百米；制导炸弹可在一个空域投放，命中精度基本不受投弹高度和速度影响，CEP 可达 10 m 以内，新型制导炸弹的 CEP 可精确到 1 m 左右。

(2) 威力大。与空地导弹相比，制导炸弹战斗部质量占比明显高于空地导弹，在总质量相同的情况下，制导航空炸弹的装药量大，毁伤威力也要大得多。

(3) 可实现防区外发射。普通航空炸弹命中精度受到投弹高度和速度等诸多因素影响，为了实现预期的命中精度，要求载机低空近距离投掷，载机安全受到严重威胁。制导炸弹能够控制和修正弹道误差，提高命中精度，可在较远距离投掷，增程型制导炸弹采用在敌防御火力圈之外发射，实现远距离攻击，提高了载机的生存能力。

(4) 效费比高。制导航空炸弹的价格虽然比普通航空炸弹高得多，但是由于命中精度提高，所以作战的效费比高。一枚制导航空炸弹可以实现几十至上百枚普通航空炸弹的作战效能，可大幅降低飞机的出动架次，使昂贵的载机损失风险急剧降低。

(5) 与空地导弹相比，结构简单、成本低廉，便于改进和改型，使用与保障勤务较之空地导弹要简单得多，使用方便，适于大量装备使用。

由于制导航空炸弹独特的优点，故得到了世界各国的高度重视，广泛应用于现代战争，成为世界上装备规模最大、使用数量最多的精确制导武器。不过，与空地导弹相比，制导航空炸弹飞行速度较低，容易被防空火炮拦截。制导航空炸弹飞行速度通常由发射时的飞机速度决定，一般为 0.8 Ma，空地导弹的速度则可以达到 3 Ma。

制导航空炸弹发展很快，种类繁多，本章仅就其中几种典型的制导航空炸弹加以介绍。

8.5.2 电视制导航空炸弹

电视制导是基于目标与其环境光能的反差来探测目标的。目标与环境的反差越大，制导就越精确。反差大小主要由目标与环境间的吸收和反射特性的差异来决定。采用电视制导时目标图像显示在阴极射线荧光屏上，电视制导方式有陀螺、图像对比和手控 3 种。

电视制导的特点是采用图像制导技术，不需要载机或其他平台提供外部照射源，制导精度和分辨率较高，发射后可管可不管，具有抗微波和红外干扰的能力，成本低。但电视制导炸弹必须在白天天气晴好、能见度高的情况下使用。

美国先后发展了两代电视制导航空炸弹，型号代号为 AGM – 62。第一代是"白星眼Ⅰ"，是 20 世纪 60 年代的产品，由于受炸弹结构和性能上的限制，故使用不方便且射程有限。第二代"增程白星眼Ⅱ"是在第一代基础上的改进，是 20 世纪 70 年代的产品，它具有弹载数据链和机载数据传输设备，可控制炸弹的投放，装有火箭发动机增程装置，增大了弹翼。"增程白星眼Ⅱ"的射程可达 56 km，且圆概率误差为 3~4.5 m。美国 20 世纪 70 年代研制的 GBU – 15 模块化制导炸弹的一个型号也采用了电视制导。

以色列在引进美国电视制导炸弹的基础上研制了"金字塔"电视制导炸弹，其制导精度达到 1 m，于 1989 年开始进入以色列空军服役。

俄罗斯在 20 世纪 80 年代发展了 КАБ – 500КР 和 КАБ – 1500КР 两种电视制导炸弹（见图 8.33），采用陀螺稳定的电视图像导引头实现比例制导，使用时通过机上观瞄设备搜索捕获目标，并交联到导引头，投弹后导引头自动识别和跟踪目标并导引炸弹击毁目标，实现了"发射后不管"。炸弹主要由三轴陀螺稳定电视图像导引头、闭环线性控制燃气舵机、自动驾驶仪、定时逻辑控制单元、涡轮能源组件、战斗部及引信、过渡结构及翼组件构成。КАБ – 500КР 尺寸为 $\phi 350 \text{ mm} \times 3\,050 \text{ mm}$，质量为 580 kg，战斗部为 380 kg 的侵彻战斗部，命中精度为 4~7 m；КАБ – 1500КР 尺寸为 $\phi 580 \times 4\,630 \text{ mm}$，炸弹质量为 1 560 kg，战斗部为 1 220 kg 的侵彻战斗部。

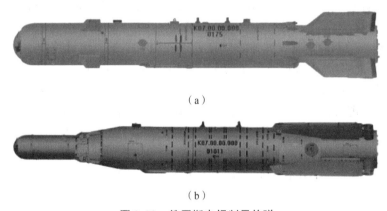

图 8.33 俄罗斯电视制导炸弹
(a) КАБ – 500КР；(b) КАБ – 1500КР

8.5.3 激光制导航空炸弹

激光制导炸弹利用地面或飞机上的激光照射器照射目标，当炸弹投放后，炸弹上的激光导引头接收目标反射的激光束，转换为电信号后输入控制舱的计算机，计算炸弹在飞行中与目标的方向偏差，控制舵机做出相应偏转，引导炸弹准确飞向照射的目标。

20 世纪 60 年代，美国空军在普通航空炸弹上加装激光导引头和气动力组件，改进发展成为激光制导炸弹，极大地提高了航空炸弹在现代常规战争中实施战术空地攻击的效能。

1. 激光制导炸弹的组成

激光制导炸弹的结构基本相同，由激光导引头、控制舱、战斗部（爆破或侵彻弹等）、结合部、引信和安定器等组成，总体结构布局如图 8.34 所示。

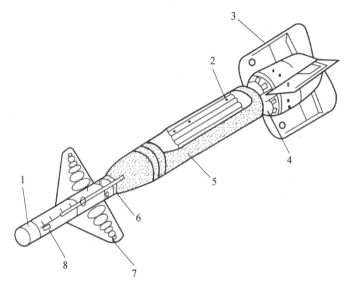

图 8.34 激光制导炸弹的组成

1—导引头；2—吊耳；3—安定器；4—引信；5—战斗部；6—结合部；7—控制翼；8—控制舱

(1) 导引头。导引头是装在炸弹前端的激光寻的器，实际上是一个激光接收机，根据接收到的目标反射的激光信号可计算出炸弹的飞行误差，误差信息经计算机处理后，变成控制信号，传输给执行机构控制舱。

(2) 控制舱。控制舱是制导炸弹的信息处理和执行系统，由计算机、舵机、随动系统回路和电源组成。制导炸弹被投放后先按无控弹道飞行，当炸弹距离目标 2 000 m 左右时，控制舱的燃气发生器点火，舵机开始工作，炸弹进入可控飞行阶段，由导引头传输过来的误差信息经计算机处理后，由控制舱的控制部件、随动系统控制舵机，使炸弹追踪目标。

激光制导炸弹通常使用燃气舵机，由电磁阀、点火器、气缸、阻尼器、舵轴、调压阀和加温装置等构成。电磁阀主要控制对应的气缸压力差，产生转动控制翼偏转的力矩。燃气发生器由缓燃药柱构成，药柱燃气工作时间一般要大于 25 s，这种高压燃气压力约为 7.0×10^5 Pa，它是舵机转动的驱动力。调压阀使燃气发生器的燃气压力保持额定值。阻尼器用于阻止控制翼可能出现的振动。点火器用来点燃缓燃药柱。加温装置用于为药柱加温，使其正常燃烧。

(3) 安定器。安定器的作用与炮弹的尾翼相同，是炸弹的稳定装置，确保炸弹沿一定的弹道稳定飞行。安定器设计不好会影响炸弹着靶时的姿态，进而影响侵彻能力，增大发生跳弹的可能性。

(4) 战斗部。激光制导炸弹的战斗部与普通炸弹相同。

(5) 结合部。结合部是将控制舱与战斗部连接的部件。

(6) 引信。激光制导炸弹一般采用头、尾部两个引信，通常头部配置电引信，尾部配置机械引信。

2. 激光制导的类型

(1) 半主动式激光制导。这种制导方式的制导炸弹本身不带激光照射器，只安装激光能量接收装置，激光光源来自外部，可以设置在地面，也可设置在飞机上。装在炸弹上的激光导引头能够探测和接收地面或飞机上照射到目标后反射的激光能量，并能对目标进行跟踪，从而将炸弹导向目标。目前这种激光制导方式应用最为普遍。

(2) 驾束式激光制导。这种制导方式是飞机瞄准目标后，投放激光制导炸弹。飞机上的激光束同时照射目标和炸弹尾部装置的十字形阵列光探测器，一旦炸弹偏离激光波束，则弹尾部的探测器便能敏感地感知，通过弹上的计算机计算出偏差，然后向执行机构发出修正指令，这样激光束就构成了炸弹跟踪的弹道，使炸弹导向目标。

(3) 主动式激光制导。这种制导方式是将激光目标照射器与激光能量接收装置同时装在制导炸弹上。

2. 激光制导炸弹发展及应用

激光制导炸弹的优点：激光的单色性好，光束的发散角小，使用简便，命中精确度高，圆概率误差可控制在 1~4 m，而普通航空炸弹则为 200 m 左右；模块化制导组件可装在多种标准的航空炸弹上，规模化使用成本低，效费比高。目前，激光制导存在的主要问题是易受气象条件影响，激光容易被云、雾、烟、雨、雪等吸收，导致激光制导航空炸弹不能在复杂气象环境下使用；采用半主动式制导，在炸弹命中目标之前，激光束必须一直照射目标，激光器的载体平台易被敌方发现和遭受反击危险。

在激光制导炸弹的研制发展中，美国、俄罗斯（苏联）、法国等较早发展和装备了自己的系列产品。随着光电子、计算机以及控制技术的发展，激光制导炸弹发展已经历四代。第一代与第二代激光制导航空炸弹都缺乏昼夜全天候远距离低空攻击能力。宝石路 I 型和 II 型为最初的两个型号，而宝石路 III 型（Paveway III）于 20 世纪 80 年代研制（见图 8.35），采用模块化设计，它加装了翼面增大的弹翼，增加了尾翼面积，滑翔距离比较远，拓宽了投放包络（见图 8.36），提高了载机生存能力，通过使用自适应数字自动驾驶仪、大视场和高度敏感的导引头，具备最佳的作战灵活性。与前两型不同，宝石路 III 型的导引头不用在枢轴上转动，控制方式也不同，且射程更远，可从低空投放，具有远距离和全天候作战能力，在 1991 年的"沙漠风暴"和 1999 年的"沙漠之狐"行动中发挥了重要作用。

图 8.35 "宝石路" III 型激光制导炸弹

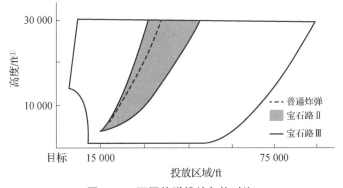

图 8.36 不同炸弹投放包络对比

---

① 1 ft = 30.48 cm。

20 世纪 90 年代以来发展了增强型宝石路Ⅲ型，即在 GBU-27 的基础上加装捷联惯性/卫星（INS/GPS）复合制导装置，成为具有全天候、多目标攻击能力和很高命中精度的制导航空炸弹，可应用于爆破、侵彻等多种战斗部。例如，GBU-28 激光制导炸弹，采用 BLU 系列侵彻爆破战斗部，提高了毁伤硬目标的能力。它的引信是一种可辨识炸弹侵彻过程的智能引信，可确定钻地深度。当炸弹钻到地下掩体时，会自动记录穿过的掩体层数，到达指定掩体层后爆炸，它能钻入地下 6 m 深的加固混凝土目标或侵彻约 30 m 深的土层。图 8.37 所示为 GBU-28 制导炸弹与普通炸弹对硬目标侵彻能力对比及其打击硬目标的作用过程。

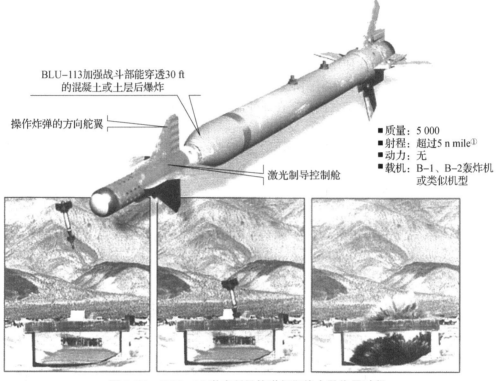

图 8.37　GBU-28 激光制导炸弹侵彻能力及作用过程

美国 20 世纪 90 年代又开发了发射后不用管的宝石路Ⅳ型制导炸弹，可采用激光、第二代 GPS/INS、红外图像/毫米波雷达多模复合制导，命中精度达到 1 m，具有自动搜索、捕获、识别目标和寻的能力，实现了"发射后不管"的全天候工作。宝石路Ⅳ基本型制导炸弹如图 8.38 所示。

我国从 1977 年开始研制第一代激光制导炸弹，并被命名为 7712 激光制导炸弹。雷霆 2（LT-2）型激光制导炸弹是我国研制的第二代激光制导炸弹，它由激光导引头舱、战斗部、尾部控制舱及过渡连接舱等部分组成，采用风标式导引头，制导方式是激光半主动寻的末制导，导引规律采用速度追踪。随着技术发展，我国发展了第三代激光制导炸弹，它们均采用激光半主动末端寻的制导体制，需要激光照射器配合使用，基本型激光制导炸弹的命中精度为 5 m，改进型激光制导炸弹的命中精度可达 3 m。

---

① 1 n mile = 1 852 m。

图 8.38 宝石路Ⅳ基本型制导炸弹

8.5.4 联合直接攻击弹药（JDAM）

美国海、空军于 20 世纪 80 年代末提出了一项旨在探索一条低成本、高精度投放的"先进炸弹"计划。1991 年海湾战争之后，针对第三代激光制导炸弹在战争中暴露出来的各种缺点，美军开始实施"恶劣天气用精确制导弹药"计划，其目的是发展具有昼/夜、全天候、能在高空和低空投放、投射后不管、多目标攻击能力的第四代制导炸弹，JDAM（Joint Direct Attack Munition）遂应运而生。

1. JDAM 结构组成

JDAM 由战斗部、制导舱（INS/GPS 等组件）、尾部舵机、电缆、尾部控制舵面、炸弹尾锥体整流罩、保护夹壳、内置 1760 数据总线接口、悬挂螺栓等组件组成，实质是现役航空炸弹（MK80 系列等型号）上加装不同类型的制导和控制组件、引信等组成的近距无动力精确制导炸弹。JDAM 总体结构组成示意图如图 8.39 所示，其主要特点是取下现役航空炸弹原有的尾翼装置，装上由惯性制导系统（INS）、全球定位系统（GPS）制导接收机和外部控制舵面组成的制导控制部件，形成 JDAM 内部结构的关键部件——GPS/INS 制导控制尾部装置，并在弹身加装稳定弹翼。

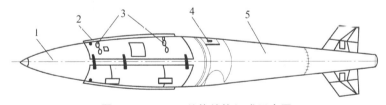

图 8.39 JDAM 总体结构组成示意图

1—MK83 战斗部；2—弹体稳定边条翼片；3—弹耳；4—1760 数据总线接口；5—GPS/INS 制导控制部件

1）制导控制尾部装置

GPS/INS 制导控制尾部装置在外形和尺寸上，与所取代的航空炸弹的稳定装置类似，使得 JDAM 制导炸弹可以适用于原来携带该航空炸弹的作战飞机。GPS/INS 制导控制尾部装置由制导控制部件（GCU）、炸弹尾锥体整流罩、尾部舵机、尾部控制舵面等部件构成。制导控制部件是 JDAM 的核心，包括 GPS 天线、惯性测量装置（IMU）和任务计算机三部分。为防止电磁干扰，各集成电路装在圆锥体内，外部装上锥形保护罩，从而起到保护作用。如图 8.40 所示。

（1）GPS 接收机。两个天线分别装在炸弹尾锥体整流罩前端上部（侧向接收）和尾翼装置后部（后向接收），以便在炸弹离机后的水平飞行段和下落飞行段能及时接收并处理来自卫星及载机的 GPS 信号，将它传输给弹载任务计算机，以便进行制导控制解算。

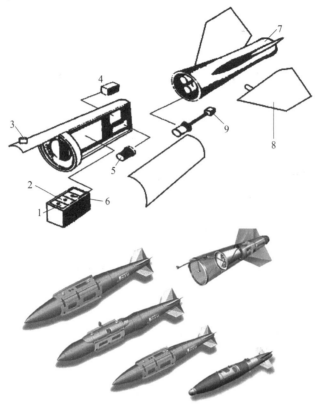

图 8.40　尾翼舱组件及其与各型号战斗部的组合

1—惯性测量装置；2—卫星定位系统；3—控制电缆；4—配电系统；5—电池；6—计算机制导控制装置；
7—GPS 接收机（卫星定位系统天线）；8—控制面；9—舵机

（2）惯性测量装置。由 2 个速度计和 3 个加速度计以及相应电子线路构成，用于测量制导炸弹的飞行信息，并将其传输给任务计算机，供后者解算。同时，在弹载 GPS 接收机出现故障或被干扰、遮挡而无法跟踪卫星时，可使炸弹在其单独制导下攻击预定目标。

（3）任务计算机。根据 GPS 接收机和惯性测量装置提供的炸弹位置、姿态和速度信息，完成全部制导和控制数据的解算，并输出相应信息控制舵面偏转，引导炸弹飞向预定攻击目标。

2）稳定弹翼

JDAM 弹体中部上加装了稳定边条翼片，以增加弹体结构强度、改善炸弹飞行时的气动性能，满足炸弹多目标攻击时的较大过载和立体弹道的要求。对各型 JDAM 制导炸弹来说，稳定边条翼片的结构形式相同，但具体结构与尺寸随弹体直径和长度而有所变化。JDAM 制导炸弹的改进型采用专门设计的稳定弹翼，以增大高空投放时的射程。

各种型号的 JDAM 能在北约不同的战斗机、轰炸机上挂载使用。JDAM 制导炸弹由于采用自主式的 GPS/INS 组合制导，因而具有了昼夜、全天候、防区外、投射后不管、多目标攻击的能力。GPS 技术利用一组地球同步轨道卫星确定地球上任一地点方位，具有较高的精度。INS 是一种自主式导航系统,它利用惯性仪表(陀螺仪和加速度计)测量运动载体在惯性空间中的角运动和线运动,根据载体运动微分方程组实时、精确地解算运动载体的位置、速度和姿态角,具有较好的抗干扰能力,两者互补,以实现炸弹的精确制导。

JDAM 可配用 MK-83、MK-84、BLU-117、BLU-109 和 BLU-119 等多型战斗部,配用 FMU-139A/B、FMU-143A/B 和 FMU-152/B 等多型引信,组合使用不同的导引头,从而形成 GBU-31、GBU-32 和 GBU-38 等 JDAM 系列制导炸弹型号。

2. JDAM 的应用

由于飞机火控系统配置的不同,故 JDAM 有两种基本攻击方式:

(1) 坐标攻击方式。对已知准确坐标位置的目标,在起飞前通过任务规划系统给机上火控系统装定目标的位置参数。飞机到达预定投弹点后,给 JDAM 装定目标参数,在满足投放条件时自动投放 JDAM,然后即可机动退出。JDAM 依靠 INS/GPS 组件飞向预定的坐标,该攻击方式的 CEP 可达 13 m 左右,要求载机装有 GPS 自定位系统和自动投弹系统。

(2) 直接瞄准攻击方式。对未知准确坐标位置的目标,飞机到达预定投弹区后,通过机载探测系统发现、识别目标,确定准确目标位置参数,给 JDAM 装定目标参数,并在满足投放条件时自动投放 JDAM,然后机动退出。JDAM 依靠简易惯导 + GPS 组件飞向预定的坐标,该攻击方式的 CEP 可达 7 m 左右,要求载机装有合成孔径雷达和 GPS 辅助瞄准系统。

其典型应用有美国的 B-2 飞机,配备有合成孔径雷达和 GPS 辅助瞄准系统,将测绘的目标区合成孔径图像与 GPS 辅助瞄准系统相交联,使 B-2 的载机和目标之间的相对定位误差从 30 m 减少到 6 m;GPS 的位置数据和合成孔径雷达得到的目标图像结合在一起,可给武器管理系统使用 JDAM 攻击时装定更精确的瞄准数据,有效地改善 JDAM 的投放精度。

随着作战需求的发展,对 JDAM 进行了改进和提高;应用不同的新型战斗部可以提升毁伤威力和适用目标范围;根据防区外作战需求还对 JDAM 的射程进行了提升,发展了增程 JDAM 型,即 JDAM-ER,如图 8.41 所示。JDAM-ER 是在 JDAM 基础上安装"钻石背"大升阻比弹翼组件,其滑翔距离可达普通 JDAM 的 3 倍(可达 72 km),增加了射程,提高了载机的生存能力,并增加了攻击的突然性。

图 8.41 增程型 JDAM-ER

8.5.5 小直径炸弹

面对作战环境、作战对象、作战需求的巨大变化,空军积极发展新型空地精确制导武器,以满足空地精确打击作战的需求。一方面,主力战斗机在高新技术现代作战环境中必须拥一种更加先进的全天候精确制导武器,以缩短交战循环(搜索、跟踪、识别、目标分配、交战、评估与再打击),不仅能有效摧毁预定范围内的目标,达到致命的攻击效果,且对周围环境产生的附带损伤减小到最低;另一方面,提高采用内埋式弹舱的隐身飞机等新一代空中平台的挂载能力,能在减少出动次数的前提下,提高摧毁地面目标的数目,使空中平台具备革命性的空中攻击能力,加快空战速度,降低摧毁目标成本。因此,小直径炸弹(Small Diameter Bomb,SDB)成为重点发展的空地精确制导武器之一,以用于高效打击指挥控制掩体、防空设施、飞机跑道、导弹阵地、火炮阵地等多种目标。

1. 典型小直径炸弹

随着小型化雷达导引头、小型弹翼(可以延长炸弹飞行时间,增加防区外发射距离)、小型惯性制导/全球定位系统组件以及高效能、低成本小型战斗部技术的发展,小直径炸弹研制的基础日益成熟。按照小尺寸、大威力、多挂载的技术路线,经过多年的开发研制,美军研制并装备的典型产品有 GBU-39/B 和 GBU-53/B。

GBU-39/B 长 1.8 m,直径为 190 mm,重 113 kg,战斗部采用多用途侵彻和高爆/破片战斗部,装填 22.7 kg 不敏感高能炸药,战斗部配用通用可编程硬目标引信 FMU-152/B 或 FMU-155/B,可以在投弹前(而不是必须在装机前)选择引信的工作方式,根据目标类型可设定为延期、触发和空炸作用模式。这样,只需用一种引信就能够执行多种任务。该弹采用高强度和高韧性钢质壳体,以保证弹头内电子器件等装置能够在高速侵彻时形成的高温、高压等极端环境下正常工作,其与 460 kg 的 GBU-32 侵彻航弹相比,长度相同、直径小得多,但侵彻能力却相当,对钢筋混凝土的侵彻深度为 1.83 m。GBU-39/B 采用特殊弹翼和先进舵面(尾翼)设计,即通过菱形背弹翼(也称为钻石背)和格栅舵面配合实现滑翔增程以及精确飞行控制,采用先进的抗干扰全球定位系统辅助惯性制导(AJGPS/INS),圆概率误差为3 m,最大滑翔距离可达 111 km。菱形背弹翼和格栅翼在小直径炸弹上的安装如图 8.42 所示。

图 8.42 采用菱形背弹翼和格栅翼的小直径炸弹
1—格栅翼;2—战斗部;3—菱形背弹翼(展开状态)

GBU-53/B 型 SDB 长 1.76 m,翼展为 1.68 m,弹径为 180 mm,重 93 kg,最大射程为 100 km,尺寸与 GBU-39/B 型 SDB 接近,但质量更轻。GBU-53/B 的气动外形与 GBU-39/B 不同,GBU-53/B 采用了结构简单的两片可折叠的大展弦比平直弹翼,而不是 GBU-39 的钻石背。GBU-53/B 的总体结构如图 8.43 所示。GBU-53/B 在 GBU-39/B 的基础上加装了数据链和导引头,GBU-53/B 的结构包括导引头、全球卫星定位系统辅助的惯性导航系统(GPS/INS)、电子设备舱、聚能—爆破多效应战斗部、热电池、数据链舱、尾翼/伺服舱、弹翼等部分，尾部有针形和刀形天线，分别用于接收 GPS 和数据链的信号。

GBU-53 在弹头部安装的导引头具备被动式红外、半主动激光以及毫米波雷达 3 种制导模式，载机通过数据链可迅速更新炸弹攻击目标位置，可引导炸弹在浓雾、沙尘、暗夜、恶劣气候等可见度为零的情况下，攻击地面和水面上的机动目标。GBU-53/B 还安装了弹出式空气涡轮发电机，可以在飞行中驱动微型发电机为导引头供电，降低了对热电池的供电要求。与 GBU-39/B 一样，GBU-53/B 的主弹翼和尾弹翼在挂载状态都是折叠的，抛投后弹体翻转，弹翼展开。

图 8.43　GBU-53/B 小直径炸弹

2. 小直径炸弹的主要技术特征

与传统的精确制导炸弹相比，小直径炸弹具备不同于传统制导炸弹的技术特征。SDB 具有体积小、质量轻、射程远、精度高、威力大、附带损伤小等突出优点。随着不断发展，新发展的型号具备了网络化作战能力、巡航能力等新技术特征。

1) 体积、质量大幅减小

小型化是 SDB 最重要的特点之一。美军装备的 113 kg 级的 GBU-39/B 和 GBU-53/B，弹长不大于 1.8 m，弹径不大于 190 mm，整体尺寸只有美国空军现役最小炸弹的一半。利用 BRU-61/A 弹架，SDB 几乎能够适用于美国空军所有的飞机平台，包括战斗机、轰炸机和联合无人作战飞机系统等。SDB 的小型化特征大幅提高了作战飞机的载弹能力，特别是有效解决了隐身飞机内埋武器舱对飞机挂载能力的严重限制。SDB 交付使用之后，F-15E 的最大外挂能力达到 20 枚，而 F-22 和 F-35 内埋弹舱的挂载能力从两枚 JDAM 大幅提升到 8 枚 SDB。

2) 威力大、附带损伤小

体积和质量上的大幅减小并没有使 SDB 的威力随之缩减。GBU-39/B 通过采用侵彻和高爆破片战斗部、高强韧性钢制壳体、通用可编程硬目标引信、可调节的攻击姿态和攻击速度等一系列措施来确保炸弹威力。在攻击地面目标时，113 kg 级 GBU-39/B 的侵彻能力达到了 908 kg 级 BLU-109 的水平，爆炸时通过向地下耦合能量，破坏效果达到了相同当量地面爆炸的 10～30 倍。GBU-53/B 则进一步优化了战斗部设计，采用聚能效应、杀伤效应和爆破效应复合的多功能战斗部，具有对重型装甲车辆、各种武器装备和人员等多种目标的高效毁伤能力。与此同时，通过应用新型复合材料壳体，GBU-53/B 在爆炸时将产生纤维碎片而不是金属碎片，从而有效减小附带损伤。

3) 射程大幅提高

通过高效的气动外形设计，SDB 具备了优异的滑翔能力，最大射程大幅提高。GBU-

39/B 在气动外形上采用了独特的折叠式菱形背弹翼和格栅翼设计。

菱形背弹翼平时折叠在炸弹腹下,炸弹投放后则按照指令展开形成菱形滑翔翼,可使弹翼的压力中心位于炸弹重心处,并在高速状态下提供扰动阻力。这种弹翼具有较大的升阻比,提高了炸弹的防区外射程和横向机动能力,飞行过程中可以更精确地校正飞行路线。

格栅翼由一系列薄薄的、相互连接的金属翼面构成,装在一个坚固的矩形框架结构中。格栅翼安装在弹体尾部,平时沿弹体向前折叠,并在炸弹投下之后利用气流作用使弹翼迅速展开,摒弃了复杂而笨重的弹翼展开机构。与普通翼相比,格栅翼下侧的阻力稍大,但升力较大且便于操纵。

SDB 利用了菱形背弹翼和格栅翼技术的相互配合,实现了滑翔增程,滑翔飞行距离可达 100 km 以上。GBU-53/B 则将 GBU-39/B 的菱形背弹翼升级为气动性能更好的刀形翼,炸弹的最大射程进一步提升。

4) 制导体制日益完善

从第一代到第二、第三代产品,SDB 综合运用了 GPS/INS 制导、红外制导、毫米波雷达制导和半主动激光制导等先进技术,制导体制日益完善。GBU-39/B 的制导系统采用了 GPS/INS 体制,并通过应用 GPS 差分技术与抗干扰技术提高系统的制导精度和抗干扰能力。通过先进的 GPS/INS 制导体制,GBU-39/B 能够全天候攻击地面固定目标,有效对抗多种干扰和欺骗,命中精度达到 3 m。GBU-53/B 在保留 GPS/INS 制导的基础上进一步增加了红外、毫米波雷达和半主动激光三模导引头,构成了先进的复合制导体制。通过多种制导方式的相互配合,GBU-53/B 在战场环境适应能力、抗干扰能力、命中精度、可靠性等方面得到了有效提高,并进一步具备了精确打击地面机动目标的能力。

5) 网络化作战能力逐渐凸显

网络化作战是精确制导弹药的发展方向之一。随着双频双路数据链传输系统在 GBU-53/B 上的应用,SDB 的网络化作战能力逐渐凸显。利用双频双路数据链传输系统,GBU-53/B 能够使用 UHF 通信和 Link-16 数据链两种方式连接美军武器数据链网络。在网络的支持下,GBU-53/B 具备了强大的信息交互能力,不仅能够在飞行过程中进行目标数据更新和重新瞄准,在命中目标的瞬间回传毁伤评估信息,也能够在特殊情况下接收终止指令以停止攻击任务。

3. 小直径炸弹的作战运用

SDB 鲜明的技术特点带来了作战运用的持续革新。与传统的精确制导炸弹相比,SDB 在攻击模式、作战样式等方面日益呈现出不同的特点。

SDB 可适用于空军多种飞机平台,主要的投弹方式包括水平投弹、俯冲投弹、俯冲甩投、上仰投弹等。作为一种无动力滑翔炸弹,SDB 的实际射程在很大程度上依赖于投放的高度和速度。为了获得更大的射程以避免载机遭到敌方防空系统的打击,高空、超声速和防区外投放可能成为 SDB 攻击的重要特点。小直径炸弹的典型的弹道如图 8.44 所示,SDB 在投放后,整个攻击过程可以分为初始段(AB)、制导滑翔段(BC)和俯冲攻击段(CD)3 个阶段。

SDB 目前具备的主要作战样式可以归纳为 3 种,即标准攻击、即时攻击和协同攻击。在未来,随着 SDB 的不断发展,将会形成更加丰富多样的作战样式,其作战灵活性将显著提高。

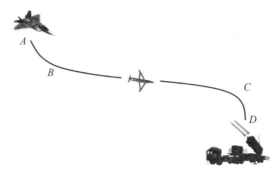

图 8.44　小直径炸弹的典型弹道

1) 标准攻击

标准攻击是一种典型的发射后不管模式，主要用于攻击预先计划的地面固定目标和机动目标，其根据不同的任务需求，标准攻击样式具有相当大的灵活性。载机既可以为携带的 SDB 分别加载不同的目标数据以攻击多个地面目标，也能为不同的 SDB 装定相同的目标数据以实现多个炸弹连续打击同一目标。此外，由于采用了发射后不管的控制模式，故载机在炸弹被投放后能够迅速撤离，从而有效提高了生存能力。

2) 即时攻击

即时攻击一般用于打击近距离和临时出现的地面目标，主要由 GBU-53/B 采用。即时攻击的发起通常需要由载机首先发现目标，然后再投放炸弹。炸弹被投放后，一般不采用 GPS/INS 系统进行制导，而是直接使用红外导引头和毫米波雷达导引头进行目标跟踪，或者通过半主动激光导引头接收目标的激光反射进行制导。

3) 协同攻击

协同攻击是 GBU-53/B 在网络化作战条件下的典型作战样式，其核心是通过数据链传输系统把飞行中的炸弹与指挥控制网络进行链接，以形成"人在回路"的闭环作战样式。在协同攻击中，GBU-53/B 一方面可以通过数据链传输系统获得其他平台提供的目标信息和控制指令，从而实现飞行状态、飞行线路、弹着点等方面的实时精确控制；另一方面则可以在命中瞬间回传毁伤评估信息为后续攻击提供参考。利用协同攻击模式，GBU-53/B 能够由一架空中平台投放，再由空中的其他平台或者地面指挥控制节点进行控制，即在多个平台或节点的协同下完成攻击。

在协同攻击中，GBU-53/B 不仅仅是一枚精确制导炸弹，而且将成为作战网络中具有强大信息交互能力和互操作能力的节点。依托于庞大的作战网络，GBU-53/B 能够在短时间内高效完成搜索、跟踪、识别、目标分配、交战、评估与再打击等一系列动作，大大提高了攻击地面机动目标和时间敏感目标的能力。

4. 地面发射小直径炸弹

通过集成波音公司的 GBU-39B 小直径炸弹和由美国洛马公司及迪尔 GBT 防务公司联合制造的 M270 多管火箭发射系统（MLRS）的 M26 火箭发动机，美国波音和瑞典萨博公司联合研制了新型 227 mm 火箭炮弹药 GLSDB（Ground-Launched Small Diameter Bomb，地面发射小直径炸弹），如图 8.45 所示。

由于安装有"钻石背"（DiamondBack）增程套件，SDB 本身具有 70 km 的滑翔射程，使用 M26 火箭弹发动机作为助推器，GLSDB 射程高达 150 km，这一点远远超过了 GMLRS +

的 70 km 射程，而采购价格却至多与之相当。

GLSDB 利用滑翔技术增加火箭炮的射程，利用 GPS 技术实现低成本精确制导，利用差分全球定位系统（Differential GPS，DGPS）地面控站提供修正后的卫星信号提高命中精度。GLSDB 系统的核心技术是波音研制的一种连接装置，它可以在火箭把炸弹送到特定高度和速度后让炸弹从火箭上分离，之后 SDB 炸弹会自己展开弹翼继续滑翔，然后通过惯性和 GPS 制导方式飞向目标。在发射后，SDB 炸弹的工作模式和所有从飞机上发射的同类武器一样，因此地面的指挥员可以让炸弹攻击 360°范围内的各种目标。这种武器可以选择以高角度或低角度攻击目标，还可以绕过地形障碍，比如攻击在山后面的目标，或者攻击发射车后方的目标，可对目标发动全角度、全方位的攻击，是一种将低成本、长射程和高精度完美结合在一起的精确制导武器。

图 8.45　地面发射小直径炸弹

8.6　航空炸弹的发展

航空炸弹尤其是制导航空炸弹在几次局部战争中的出色表现，使得各个国家都非常重视航空炸弹的发展。

第二次世界大战之后，航空兵已成为对战争发展有重大影响的战略性力量，而空地打击的作战模式对战争的进程和结局具有重要影响。为适应不断发展的应用需求，在原有炸弹功能不断完善的基础上，新原理、新技术的炸弹也不断出现。

8.6.1　增大攻击距离，实现防区外投放

由于地面防区不断扩大以及实现对纵深目标有效打击的需求增加，故对远射程航空炸弹的需求越来越迫切。在现有制导炸弹的基础上，有效扩大投放包络线、增大攻击距离和防区外投放是重要发展方向。发展滑翔翼组件，在弹身中部增加折叠翼，可有效提升不同炸弹的射程，是一种成本较低的增程技术。此外，通过加装火箭发动机或涡轮发动机等动力装置可使航弹的射程大幅提高。

8.6.2　提高制导精度及适应性，实现全天候高精度打击

根据作战环境和全天候精确打击需求，不断开发新的制导技术，使远程航弹具有精确打

击、抗干扰和全天候作战能力已成为航弹发展的重要特点。目前，国外重点研制的末制导技术有红外成像焦平面阵列导引头、合成孔径雷达、激光雷达和毫米波雷达等。

采用红外成像制导、INS/GPS 复合制导等制导体制，可克服激光制导、电视制导易受天气条件影响的缺陷，使制导炸弹能在夜间及不良气象条件下攻击目标。

8.6.3 发展灵巧子弹药，加强对集群装甲目标的精确打击能力

制导炸弹在打击雷达站、指挥中心、桥梁等高价值目标过程中具有独特优势，但是在反坦克和集群装甲等目标方面暴露出缺陷。为充分发挥航空炸弹有效载荷装填量大、快速机动、大范围打击等优势，发展灵巧子弹药，加强从空中高效打击集群装甲目标、炮兵阵地等目标的能力，是航空弹药发展的另一个重要特点。美国研制并装备的 BAT 智能反装甲子弹药、传感器引爆弹药，等大大提高了对集群目标的大范围、精确摧毁能力。

8.6.4 大力发展反硬目标炸弹

为了有效对抗空中打击，现代指挥中心、机库等重要的军事目标和设施的防护能力不断加强，一些重要的目标不仅处于地下，而且增加了很厚的钢筋混凝土结构保护层，一般的炸弹无法将其摧毁，因此发展对硬目标具有强侵彻能力的炸弹是制导航空弹药的一个重要发展方向。其技术措施主要有：使用新材料、新结构提高动能侵彻类弹体强度；利用串联战斗部技术提高侵彻能力；利用火箭助推提高侵彻速度、深度；研发抗高过载的智能引信，适应多种打击模式；应用适宜的制导技术，实现较高命中精度和良好的着靶姿态。

8.6.5 最大程度发挥有效载荷的毁伤作用

由于制导炸弹采用先进的制导技术，故命中精度较非制导弹药大幅提高，为有效杀伤目标提供了有利条件。为实现攻击目标与命中精度、战斗部威力三者的相互协调，提高弹药系统的作战效能，同时降低附带损伤，战斗部小型化成为制导炸弹发展的一个重要特点。集合使用高新技术研制的小直径炸弹，具有体积小、质量轻、飞机的载弹数增加等优势，提高了载机的作战效能。

习 题

1. 对航空炸弹的战术技术要求有哪些？
2. 如何衡量航空炸弹的弹道性能？
3. 分析燃料空气弹药的作用特点。
4. 根据减速航空炸弹应用需求分析其作用原理。
5. 减速航空炸弹减速方式有哪些？各有什么特点？
6. 制导航空炸弹的特点有哪些？
7. 常用制导航空炸弹有哪些类型？
8. 根据应用需求分析反跑道炸弹的特点。

第 9 章
集束弹药

9.1 集束弹药概述

9.1.1 集束弹药的定义

集束弹药是由母弹和子弹组成一体的一种弹药装备,从技术角度来看,集束弹药就是在母弹内(弹箱或弹架)装上(或捆扎)若干子弹药,母弹通过飞行器、火炮、导弹等平台投掷或发射,飞抵目标上方一定高度时母弹开舱(打开),大面积释放子弹药,子弹药碰击目标或在相对目标适当的位置上作用来提高作用效能的一类弹药。

根据发射武器平台(载体)的不同,集束弹药分为炮射集束弹药(子母弹)、航空集束弹药(含机载布撒器)、导弹子母式战斗部等类型;根据作用功能(子弹药类型)不同,集束弹药分为反装甲集束弹药、反混凝土集束弹药、人员杀伤集束弹药、燃烧集束弹药、毒气集束弹药以及布雷集束弹药等各种类型;根据子弹药的作用方式(有无制导)不同,分为普通集束弹药、末敏集束弹药、子弹制导集束弹药。除了针对性的论述,为便于描述和交流,也通常将各类集束弹药称为子母弹。

9.1.2 集束弹药的特点

1. 集束弹药的优点

1) 具有很强的面杀伤性

单发普通弹药的使用可以在其炸点附近形成很大的毁伤作用,但距离炸点越远,毁伤作用越小,因此只能攻击点目标(或毁伤半径范围内的目标)。集束弹药装有许多具有一定毁伤作用的子弹药,作用后这些子弹药会散布在目标区域内,使单发集束弹药的毁伤范围大大增加,以提高杀伤效能,因此集束弹药较普通弹药具有较强的面毁伤、面覆盖能力。一枚母弹根据结构不同可以携带数十枚甚至上百枚子弹药,子弹药抛撒开来之后,可轻而易举地实现面杀伤效果,减小了射击死角。

2) 适合对付远距离大面积内的多个目标

由于集束弹药的面杀伤性特点,使得集束弹药非常适合对付远距离、大面积内的多个目标。集束弹药作用后能对敌方部队集结地、坦克装甲群、指挥中心、机场跑道、飞机洞库、指挥引导和后勤保障等目标进行有效的打击和摧毁。因此,使用集束弹药打击远距离的坦克群和远距离重要地面目标比利用同质量的单个战斗部更具杀伤力。例如,远距离摧毁一辆坦克需发射 1 500 发普通炮弹,用破甲子母弹只需 250 发,而用末敏弹或智能子母弹只需 2~3 发。

2. 集束弹药的不足

1) 作用精度不够

集束弹药虽然具有面杀伤性，但由于其子弹大多是无制导子弹。因此，在目标区域无明确作用目标。虽然依靠子弹药的数量优势使其命中率比普通炸弹有很大提高，但仍然不足以满足战场需要。以坦克为例，由于坦克的装甲防护十分坚固，故只有子炸弹直接命中坦克才可能对其造成杀伤。而普通集束弹药可能出现虽然子炸弹群覆盖了目标区，但是却没有一发直接命中目标坦克的情况，因此作战效果为零。

2) 作用可靠性不高

集束弹药的另一个主要缺点就是未爆率高，对杀伤区域无明确性。在冲突中，集束弹药用于攻击有目标正在机动的区域，目的是投掷爆炸性炸弹以攻击和摧毁敌人，或者投掷功能上类似于地雷的子弹药以阻止或迟滞敌人的移动（区域封锁）。

子弹药种类多样，而且当前大多无自毁、自失效装置，由于一系列原因，往往无法正常发挥功能。例如，作战前的搬运、储藏和投放时的操作不当，或投放到较松软的地面，集束弹药就无法正常引爆，许多子弹药可能不会爆炸。此外，地面情况多种多样，致使部分子弹药不会立即爆炸，再遭触动才可能会爆炸，其杀伤力与一枚反步兵地雷相似。因此，未爆炸的集束弹药会对战后受战争影响国家人民的正常生活造成严重危害。

3. 集束弹药的弹道特点

按照子母弹飞行及作用过程，子母弹弹道主要由一条母弹弹道及由母弹抛出许多子弹形成的集束弹道所组成，如图9.1所示。母弹弹道是人们熟知的炮弹、航空炸弹、火箭弹和导弹的飞行弹道，从每一枚母弹中抛出的子弹，将形成许多互不相同的子弹弹道。比如，在图 9.1 中，OP 为一母弹弹道，PC 为其中的一组子弹弹道。对于不同的子弹（如刚性尾翼的子弹、带降落伞或飘带的柔性尾翼的子弹），会有不同特点的子弹弹道。比如伞弹的弹道将分为若干段来考虑：当伞弹被抛出时，进入伞弹的抛射段；随即伞绳逐渐被拉出，进入拉直段；伞绳拉直以后便进入落伞充气过程，即充气段；降落伞充满气以后，伞弹进入减速段。无论何种子弹弹道，抛射点是抛射弹道的一个重要特征点，也是各种子弹弹道的起始点。

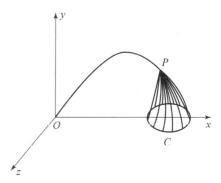

图 9.1 子母弹的弹道过程示意图

子母弹弹道还有另一个重要特点，就是在抛射点母弹有一个开舱、抛射过程伴随产生的动力学问题，它是一个复杂的瞬态过程。对于不同的开舱及抛射方式、方法，应通过相应的抛射动力学模型分别研究，这也是子母弹弹道研究中有待研究解决的一个重要问题，它将为研究解决子母弹开舱、抛射这一关键技术提供理论依据。

9.1.3 母弹开舱与子弹药抛射

典型子母弹通常由母弹弹体、引信、开舱及抛射机构、分离机构和子弹等部分组成。一枚母弹携带有几枚到数百枚不等的子弹，为了使数量众多的子弹发挥最佳毁伤效能，不但要求数量众多的子弹能覆盖一定范围的面积,而且要求子弹具有合理的分布密度,同时尽可能增大子弹发火率,这就需要解决好子母弹的母弹开舱与子弹抛撒技术问题。由于不同的子母战斗部的结构、性能和作用特点各异,故其开舱和抛射的方式也各不相同。这里仅介绍一些目前所采用的开舱、抛射方法。

1. 母弹开舱技术

(1) 剪切螺纹或连接销开舱。基于火炮弹丸的弹径大小及其结构特点,这种开舱方式在火炮弹丸上应用较多。由时间引信在预定时刻启动点火,将抛射药点燃,利用火药气体的压力推动推板使子弹沿母弹轴向运动,将头螺或底螺的螺纹剪断,使弹体头部或底部打开,顺势将子弹抛出。

(2) 雷管起爆,壳体穿晶断裂开舱。这是一种用于一些火箭子母弹的开舱方式,通常是径向放置多个雷管,通过时间引信引爆雷管,在雷管爆炸冲击波的作用下,脆性金属材料制成的头螺壳体产生穿晶断裂,使战斗部头弧部裂开。

(3) 爆炸螺栓开舱。利用螺栓中装药的火药力作为释放力切断连接结构,依靠弹体不同部分的空气动力或减速机构产生的空气动力差作为分离力实现开舱。它可以用于航空炸弹舱段间的分离,也可用于大型导弹战斗部的开舱和火箭弹战斗部的开舱上。

(4) 组合切割索开舱。这种方法广泛应用在火箭弹、航空子母弹及导弹上。根据母弹壳体或蒙皮开裂需求,将应用聚能效应的切割索固定在战斗部壳体内壁上,切割索作用后,按照切割索的布置位置切开战斗部壳体。切割索的周围装有隔爆的衬板,以保护战斗部内的其他零部件不被损坏。

(5) 径向应力波开舱。这种方式是在战斗部中心设置一装填低爆速炸药的中心药管,中心药管起爆后冲击波向外传播,冲击波将子弹向四周推开的同时,使战斗部壳体在径向应力波的作用下裂开而实现开舱。为了开舱可靠和开舱部位规则,一般在战斗部壳体上加工若干个纵向的断裂槽。

在实际应用中,无论是何种开舱方式,均需要满足以下基本要求。

(1) 保证开舱的高可靠性。子母弹结构复杂、携带子弹药数量多、成本较高,因此,不允许由于开舱故障而导致战斗部功能失效。因此,要求配用的引信作用可靠,传火系列及开舱机构性能可靠。在选定结构与材料上,应尽量选用那些技术成熟、性能稳定、长期通过实践考验的方案。

(2) 开舱和抛射动作协调。开舱动作不能影响抛射机构的功能和性能,开舱与子弹抛射要时序匹配、动作协调、相辅相成,保证子弹药的正常抛射。

(3) 不影响子弹的正常使用。开舱过程中保证子弹的结构完整、飞行稳定,子弹引信能可靠解脱保险和保持正常的发火率,不能影响子弹的正常使用。

(4) 具有良好的高、低温性能和长期储存性能。

每种子母弹都要根据具体的母弹和子弹特点设计开舱机构。例如,结构较大的导弹母弹舱段蒙皮可以采用不同的方法打开,以实现母弹开舱,如切割索法、柔爆索法、爆炸螺栓法等。切割索法利用了线性聚能装药结构,如图 9.2 所示,它是把炸药装在聚乙烯塑料或其他材料制成的管状结构内,利用 V 形或半圆形聚能槽的聚能效应实现对导弹蒙皮的切割,其既可周向地切割蒙皮,又可纵向切割。线性聚能装药方法虽然是较好的障碍物排除装置,但它在爆炸时存在反向作用和侧向飞溅,可能会使子弹等部件受到损伤,需要采用特殊的防护技术措施，如在切割索的外面包覆泡沫塑料、泡沫橡胶或实心橡胶等。另外，还要考虑母弹高速飞行时蒙皮受到气动加热对切割索炸药的影响，有时甚至可能提前引爆装药，因此必要时需采取隔热措施。

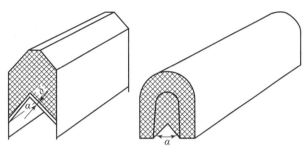

图 9.2　线性聚能装药（切割索）

2. 子弹药抛射技术

子弹药抛射是利用火药能、炸药能或其他能量，使子弹获得必要的速度从母弹内抛出，进而按照子弹弹道飞行。在此过程中，必须保证子弹及其引信的结构完整和功能完好，因此抛射速度将会受到一定的限制。

子弹抛射系统的类型有很多种，根据开舱部位及子弹从母弹弹体中抛出的方向，可分为轴向（前抛或后抛）抛射和侧向抛射。对于炮用弹药这种较小的母弹平台，常采用沿母弹轴向抛射子弹的方式；对于航空炸弹、大型导弹和布撒器等较大的平台，则采用多种方式抛射子弹药；当母弹平台较大、携带子弹数量较多时，为了子弹散布均匀或者符合特定落点散布要求，必要时还可采用二次抛射的方式。

根据抛撒动力和子弹抛出方式的不同，目前常用的抛射方式主要有以下几种。

（1）母弹高速旋转下的离心抛射。对于一切旋转的母弹，不论转速的高低，均能起到使子弹飞散的作用，特别是火炮子母弹弹丸转速高达每分钟数千转，以至于上万转时，均起到主要的甚至全部的抛射作用。

（2）机械式分离抛射。这种抛射方式是在抛撒子弹的过程中，根据子弹本身自有质量，通过导向杆或拨簧等机构的作用，赋予子弹和母弹分离的动力。导向杆机构已经成功地使用在 122 mm 火箭子母弹上。

（3）燃气侧向活塞抛射。燃气活塞式抛撒系统是利用火药燃气推动活塞来抛撒子弹药。这种抛撒方式主要用于抛撒直径较大的子弹，用活塞推动子弹运动，方向性较好，容易实现对子弹飞行方向的控制。如美 MLRS 火箭末端敏感子母战斗部所用的抛射机构，前后相接的一对末敏子弹，在侧向活塞的推动下，垂直轴沿相反方向抛出（互成 180°），每一对子弹的抛射方向都有变化，对整个战斗部而言，子弹向四周各方向均有抛出。

（4）燃气囊抛射。这种抛射结构的子弹药外缘用钢带束住，子弹药内侧配有气囊。当燃气囊充气时，子弹顶紧钢带使其承受拉力，从薄弱点断裂，解除约束。在燃气囊弹力的作用下，子弹药从不同方向以不同的名义速度抛出。使用这种抛射结构的典型产品是英国的 BL755 航空子母炸弹。

（5）子弹气动力抛射。通过改变子弹的气动力参数，使子弹之间空气阻力有差异，以达到使子弹飞散的目的。这种方式已经在国内外的一些产品中使用。例如在某些炮射子母弹上，有意地装入配用两种不同长度飘带的子弹；在航空杀伤子母弹中，采用铝瓦稳定的改制手榴弹制作的小杀伤弹,抛射后靠铝瓦稳定方位的随机性,从而使子弹达到均匀散开的目的。

(6) 中心药管式抛射。战斗部中心部位装有抛射药管,当时间引信作用时,中心装药启动,冲击波既使得母弹壳体沿长度方向裂开,又将子弹向四周抛出。装填 M77 子弹的美国 MLRS 火箭子母弹战斗部是使用这种抛射方式的典型代表,每发火箭携带子弹 644 枚,一般子弹排列不多于两圈,圆柱部外圈排 14 枚、内圈排 7 枚,子弹串之间用聚碳酸酯塑料固定并隔离。

(7) 微机控制程序抛射。该方式应用于大型导弹子母弹或机载布撒器上,由弹载计算机控制开舱与抛射的全过程。子弹按既定程序分期分批以不同的速度抛出,以得到预期的抛撒和散布效果。

无论采用何种抛射方式或者抛射系统,均需满足以下基本要求。

(1) 满足合理的散布范围。根据毁伤目标的要求、战斗部携带子弹的总数量、开舱条件、子弹稳定方式和气象条件等因素,从战术使用上提出合理的子弹散布范围,保证子弹抛出后能覆盖一定大小的面积。

(2) 达到合理的散布密度。在子弹散布范围内,根据子弹作用方式和威力半径等,子弹应尽可能均匀分布或者按照一定分布规律散布,至少不出现明显的子弹堆积或超出子弹威力半径的大间隙。合理的散布规律和密度有利于提高对集群目标的命中概率。

(3) 子弹相互间易于分离。在抛射过程中,要求子弹间能相互顺利分开,不允许出现重叠现象。如果子弹分离不及时会影响子弹飞行过程,则不利于子弹引信解脱保险,将导致子弹失效。

(4) 子弹作用性能不受影响。抛射过程中应避免子弹间的相互碰撞,子弹零部件不得有明显变形、结构损坏,不能出现殉爆现象。此外,还要求子弹引信解脱保险可靠,发火率正常,子弹起爆完全性好。

(5) 抛射系统质量轻,结构简单,战斗部填装系数高。

9.2　炮射子母弹

炮射子母弹是利用火炮发射的弹丸为载体(母弹),母弹内部装填一定数量的子弹,发射后母弹在预定高度开舱抛射子弹,以完成毁伤目标和其他特殊战斗任务的炮弹,一般用于毁伤集群坦克、装甲车辆、技术装备,杀伤有生力量或布雷,主要配用于中、大口径火炮、迫击炮等。

9.2.1　炮射子母弹结构及作用原理

用火炮发射的子母弹一般由时间引信、抛射药、推弹板、母弹弹体、子弹、支筒等组成。抛射药装在母弹头部,并由推力板与子弹隔开,子弹药装填后再装上弹底塞,靠近母弹底部的金属弹带在储存和运输时常用护圈加以保护。弹体是用于装填子弹的容器。时间引信安装在母弹的头部,按预先设定的时间,适时地点燃抛射药。而抛射药置于时间引信的下部,作用后产生一定的燃气压力,将子弹抛离弹体。推弹板是承受推力的零件,通过它传递燃气压力。子弹是肩负毁伤目标的基本作战元件,根据承担任务的不同,其内部构造也有所不同。

使用底排增程的155 mm子母弹结构如图9.3所示。

图 9.3 155 mm 底排子母弹

1. 母弹

为了共用射表，同一平台或系列的子母弹与整体式炮弹常设计为具有相同或相近的质量、质心和转动惯量等特征参数。母弹的外形与普通榴弹基本相同或者接近。为了减小空气阻力、提高射程，母弹的头部常采用尖锐的弧形，弧形结构的头部内腔部分不便于装填子弹，一般用于安装抛射药或保持空置不用。子母弹的这种结构布局会使全弹的质心后移，从而影响弹丸的飞行稳定性，在这种情况下，子母弹可以采取减小全弹长度的方式，以保证子母弹的飞行稳定性，获得良好的射击精度。

为了装填子弹，母弹的内腔与普通榴弹有所不同：

（1）为了尽量多装子弹，一般采取减小弹体壁厚、增大内腔容积的方式。

（2）弹体内腔必须制成圆柱形，以便于将子弹从内腔中推出。

（3）整体式弹体采用底部开口结构，以便于将子弹从底部推出。

采用上述的弹体结构通常会造成弹带部分的强度不足。为了保证发射时的强度要求，在制造过程中，对压制弹带的弹体部位要进行局部热处理，以提高弹体材料的强度。

母弹的弹底材料通常与弹体相同，均用炮弹钢制造，可以用螺纹、螺钉和销钉等方式与弹体连接。采用螺纹连接时，对于右旋膛线的火炮，应采用左旋螺纹，以免发射时引起松动或被旋下。螺纹圈数的多少，取决于连接强度和抛射压力的要求。该连接强度对抛射压力有着很大的影响，螺纹圈数过多，相应的抛射压力也高，在这种情况下子弹将要承受很高的抛射压力，这可能引起子弹变形，从而影响子弹在抛出后的正常作用。如果圈数过少，则难以保证必要的连接强度。一般情况下常采用细牙螺纹，总圈数不超过4圈。采用销钉连接时，其抛射压力较小，虽然可以避免子弹的受压变形，但其连接强度也低。

母弹的引信通常用机械时间引信，其工作时间与全弹道的飞行时间相当。抛射药一般装于塑料筒内，放置于引信下部。当子母弹飞行到目标上空时，引信按装定的时间启动，点燃抛射药。抛射药被点燃后，依靠火药气体的压力推动推力板，破坏弹底的连接，打开弹底，并将子弹推出母弹弹体。为了减小子弹所受的抛射压力，通常在推力板与弹底之间设有支杆（或承力瓦），支杆由无缝钢管制成，作用时将推力板的压力直接传递到弹底。如果弹底与弹体之间采用销钉连接，则因其强度较低，故可以不用支杆。子弹从母弹底部抛出，由于离心力的作用使其离开母弹飞行路线而径向飞散。

2. 子弹

子母弹的子弹是用于直接毁伤目标的独立有效载荷和战斗单元，结合炮弹弹体的结构，子弹必须以尽可能密实的方式装入母弹的弹体内。子弹药在母弹内可以纵向排布，也可以径向排列。

根据作用需求的不同，炮弹子母弹装填的子弹类型多种多样，包括杀伤子弹、反装甲杀伤子弹、反坦克雷和智能子弹等。

杀伤子弹主要用于杀伤有生力量，根据子弹结构特点形成适当的破片毁伤元，子弹从母弹抛出后，通过稳定飘带、尾翼等技术控制子弹稳定、减速和减旋，根据需求应用触发引信或子弹跳空炸等技术控制破片散布，增强杀伤效应。

反装甲杀伤子弹综合利用聚能毁伤元和破片毁伤元毁伤不同目标，利用聚能装药形成金属射流，从顶部打击坦克或各种装甲车辆，同时利用刻槽壳体形成高速破片杀伤周向的有生力量。子弹采用小炸高、敞开结构的形式，通过子弹的总体结构设计，尽量缩短子弹层叠的装配长度，以提高子弹装填数量。

由于子弹药类型及结构差异，故各炮弹子母弹的结构及子弹数量有所不同，几种典型大口径炮弹子母弹参数见表9.1。

表9.1　几种典型大口径炮弹子母弹参数

型号	Israeli M373	US M483A1	US M825A1
母弹口径/mm	203	155	155
子弹类型及数量	M85（120枚）	M42（64枚）/M46（24枚）	楔形白磷弹（116枚）
母弹长度/mm	1 115	899（不含引信）	899（含引信）
质量/kg	94.3	46.5	46.7

9.2.2　杀伤子母弹

M449型杀伤子母弹是第一代改进的常规炮弹，它是配用于M109系列155 mm榴弹炮的药包分装式、携带多枚子弹的炮射子母弹，主要用于对敌有生力量的远距离大面积杀伤。其主要诸元见表9.2。

表9.2　M449型155 mm杀伤子母弹主要诸元

诸元	参数值	诸元	参数值
弹丸质量/kg	43.091	子弹型号	M43A1
弹长/mm	699	子弹数/枚	60
抛射药质量/g	30	炸药类型	A5复合炸药
引信型号	M565或M548、M57	装药质量/g	21.25
最大射程/m	18 100（M198炮） 14 600（M114炮）	母弹初速度/(m·s^{-1})	563（M114火炮）

M449型杀伤子母弹主要由弹体、子弹、引信、抛射药管、推力板、O形密封圈、弹底和弹带等组成，其结构如图9.4所示，母弹内装有60枚M43A1型杀伤子弹，这些子弹共分10层（每层6枚）装填。母弹的外形与普通榴弹相同，但采用底部开口结构。在装配时，子弹从底部装入，然后装上弹底，该弹弹底用3个剪切销与弹体连接，弹体和弹底之间采用密封圈密封。在母弹头部装有机械时间引信，子弹和引信之间装有抛射药。

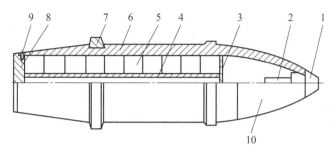

图 9.4　美国 M449 型 155 mm 杀伤子母弹
1—引信；2—抛射药管；3—推力板；4—支筒；5—子弹；
6—弹体；7—弹带；8—弹底；9—销钉（共 3 个）；10—头螺

翼片展开状态的 M43 式子弹如图 9.5 所示，它是一种落地反抛空炸式杀伤子弹，该子弹主要由壳体、稳定翼、球形杀伤弹丸和弹丸抛射装置等组成。子弹壳体的外形为 60°角的尖劈形，6 个子弹刚好构成一个圆饼，排满母弹内腔的一层，这种外形有利于实现子弹的密实装填。每个子弹带有两片稳定翼，折叠状态时包裹于子弹壳体外侧。稳定翼上装有弹簧，子弹抛出后即可展开。钢制球形杀伤弹丸内装填 A5 复合炸药。A5 炸药的主要成分是钝化黑索金，另外加入适量石蜡，其爆速可达 8 100 m/s。在炸药装药中心装有延期起爆雷管。在球形弹丸的下部装有抛射药和抛射点火装置。

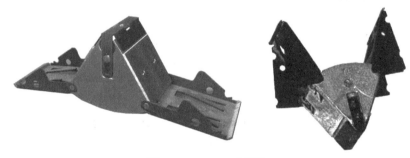

图 9.5　M43A1 式子弹

当母弹飞到目标上空时，时间引信按预定时间作用，点燃抛射药，火药燃烧产生的气体压力推动推力板，剪断弹底的连接销，打开弹底，从而将子弹从弹底抛出。子弹依靠离心力作用偏离母弹弹道而径向飞散。当子弹从母体内抛出后，在翼片弹簧的作用下尾翼片张开，翼片靠弹簧和空气动力的作用使其张开并保持在最大张开位置，使子弹在飞行中保持稳定。同时，子弹反跳抛射装置动作，解除保险，处于待发状态。当子弹着地后，抛射装置中的击针击发火帽，点燃抛射药及延期雷管，将子弹中的球形弹丸向上抛起，随后延期雷管引爆球形弹丸中的 A5 炸药，在距地面 1.2～1.8 m 的高度爆炸，球形弹丸壳体在爆炸作用下产生杀伤破片，从而杀伤敌方有生力量。

9.2.3　反装甲杀伤子母弹

1. M483A1 型反装甲杀伤子母弹

M483A1 是由美国密西西比陆军弹药厂于 20 世纪 60 年代末研制、70 代末装备的一种反装甲杀伤子母弹，用于 M109 系列 155 mm 自行榴弹炮和牵引榴弹炮，能携带多枚 M42 型和

M46 型反装甲杀伤子弹，是远距离、大面积打击装甲集群目标并杀伤有生力量的双用途子母弹，它是新一代子母弹的基础，其结构如图 9.6 所示。该弹由弹体、M577 式机械时间引信、M10 式抛射药、推力板、子弹（M42 和 M46 式）和弹底组成，其主要参数见表 9.3。

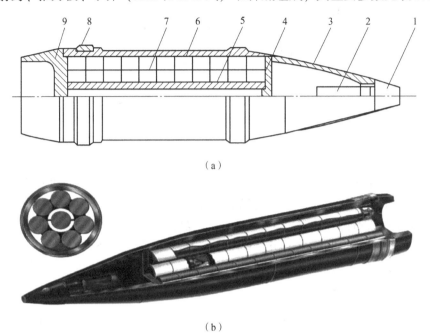

图 9.6 美国 M483A1 型 155 子母弹

（a）M483A1 总体结构组成；（b）子弹在母弹中的装填状态

1—引信；2—抛射药管；3—头螺；4—推力板；5—支筒；6—弹体；
7—子弹（11 层，每层 8 枚）；8—弹带；9—弹底

表 9.3 M483A1 型反装甲杀伤子母弹主要参数

诸元	参数值	诸元	参数值
弹丸质量/kg	46.5	抛射药质量/g	51
弹长（带引信）/mm	937	子弹数量/个	88
弹长（不带引信）/mm	899	子弹装药量（A5）/g	30.5
引信型号	M577	最大射程/m	14 856
初速/（m·s^{-1}）	560		

M483A1 型子母弹与普通榴弹具有相同外形，采用钢制弹体，为调整弹体质量并提高弹体强度，使用高强度玻璃纤维缠绕弹体圆柱部并用树脂黏结。弹带采用的是堆焊弹带，弹底用左旋螺纹与弹体连接，弹体头部装有机械时间引信，弹体头部的弧形结构装有抛射药。弹体内装有 11 层子弹，每层 8 枚，总共 88 枚子弹，其中前部 8 层为 64 枚 M42 型子弹，后部 3 层为 24 枚 M46 型子弹。另外，为防止发射时子弹与弹体产生相对转动，母弹弹体内壁刻有弧形沟槽。

当子母弹飞临目标上空 457 m 高时，M577 型时间引信按预定时间作用，点燃 51 g M10 抛射药，产生的火药气体压力推动推力板和子弹，剪切弹底连接螺纹，同时将子弹从母弹弹

体后部抛出。在离心力和空气阻力的作用下，各枚子弹散开，同时子弹引信解除保险，子弹引信解除保险前后的状态如图 9.7 所示。子弹的尼龙稳定飘带展开，依靠尼龙稳定飘带的作用使子弹保持垂直姿态下落，当子弹命中目标后，子弹上的 M233 惯性触发引信作用，空心装药起爆后压垮药型罩形成射流可侵彻 70 mm 左右的均质装甲，同时子弹壳体破裂成大量破片可杀伤人员。

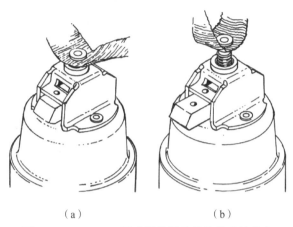

图 9.7　M42/M46 子弹引信解除保险前后的状态

(a) 解保前；(b) 解保后

母弹内装填的 M42 型和 M46 型子弹具有破甲和杀伤两种毁伤作用。M42 型和 M46 型两种子弹的区别在于 M46 型的子弹壳体比 M42 型厚一些，以便位于底层的 M46 型可以承受较大的抛撒载荷。M46 型弹壁上没有刻槽，而在 M42 型子弹的内壁上有预制破片刻槽，两种子弹长度均为 82.55 mm，M42 型质量为 208 g，M46 型质量为 213 g。由于携带多枚子弹药，故 M483A1 型多用途子母弹的杀伤效能大大提高，155 mm M483A1 型子母弹的杀伤效率是 155 mm M107 型杀爆弹的 6.54 倍。

M42 型子弹由子弹弹体、药型罩、成型装药、引信和稳定带等组成，如图 9.8 所示。子弹弹体的前部为一段圆筒，其作用是保持成型装药 19 mm 的有利炸高。药型罩连接于弹体上，以保证炸药密封。子弹引信采用 M223 型或 M337A1 型惯性式机械着发引信。稳定飘带由尼龙制成，在子弹飞散后展开，用来调整子弹飞行速度和姿态，保证子弹飞行稳定。M42 型子弹的主要参数见表 9.4。

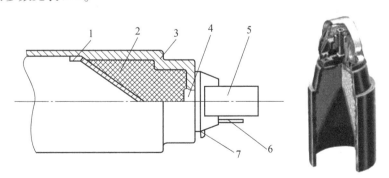

图 9.8　美国 M42 型子弹结构组成

1—药型罩；2—炸药；3—弹体；4—引信；5—折叠起的稳定带；6,7—保险销

表 9.4 M42 型子弹主要参数

诸元	参数值	诸元	参数值
弹径/mm	38.9	药型罩材料	铜
高度/mm	62.5	药型罩锥角/(°)	60
弹丸质量/g	213	药型罩壁厚/mm	1.27
固定炸高/mm	19	破甲深度/mm	63.5~76.2
杀伤面积/m²	1.4		

2. 法国 G1 式 155 mm 反装甲杀伤子母弹

法国 G1 式 155 mm 反装甲杀伤子母弹是法国地面武器工业集团为 155 mm 火炮设计的一种双用途子母弹,配用于 155 F3AM 式、155 GCT 式和 155 TR 式 155 mm 榴弹炮,它是一种能携带多枚反装甲杀伤子弹的炮弹,该弹起到既能反装甲又能杀伤人员的双重作用,总体结构如图 9.9 所示。

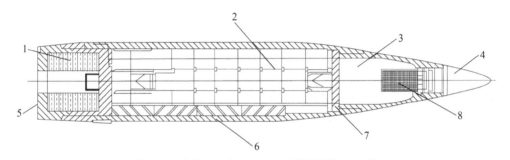

图 9.9 法国 G1 式 155 mm 反装甲杀伤子母弹

1—底排装药;2—子弹;3—弧形部;4—引信;5—底排装置;6—弹体;7—推板;8—抛射装药

该弹母弹由钢弹体、电子时间引信、抛射药、轻合金弹头部、钢弹底和底排装置组成。弹体内装 63 枚子弹,子弹直径为 40 mm。子弹靠母弹引信作用点燃抛射药并经推板从母弹底部抛出。每枚子弹的空心装药爆炸时形成的射流可击穿坦克顶部装甲,产生的破片能有效杀伤人员。单枚子弹的杀伤面积为 100 m²,63 枚子弹的覆盖面积达到 15 000 m²,杀伤威力是普通榴弹的 5 倍,其主要参数见表 9.5。

表 9.5 法国 G1 式 155 mm 反装甲杀伤子母弹的主要参数

诸元	参数值	诸元	参数值
弹径/mm	155	弹体材料	钢
全弹长/mm	900	全弹重/kg	46
膛压/MPa	294	装填物	63 枚反装甲兼杀伤子母弹
最大射程/km	28 (155TR 式 155 mm 榴弹炮)	初速/(m·s^{-1})	808 (155 TR 式 155 mm 榴弹炮,8 号装药)
使用温度范围/℃	-31~+51	威力	子弹可穿透 100 mm 厚的装甲

9.3 航空集束弹药

9.3.1 航空集束弹药概述

航空集束弹药包括集束炸弹、子母炸弹（破甲炸弹、破甲杀伤炸弹）和多功能子弹药等。

航空集束炸弹简称航空炸弹束，即将多枚小炸弹通过集束机构连接为一体，投弹后在空中一定高度上集束机构打开，多枚小炸弹分散下落。

按子炸弹类型可分为航空爆破集束炸弹、航空杀伤集束炸弹、航空燃烧集束炸弹等，圆径一般为 50~250 kg 级。弹束结构简单，可于机舱内挂或外挂集中使用。

航空集束弹药的集束方式有带捆扎式和梁式集束架两类。带捆扎式是沿弹径方向用箍带将数枚子炸弹捆扎在一起，并由保险钢索锁定，弹耳安装在箍带上，投弹后抽脱保险钢索释放箍带，使子炸弹分离。梁式集束架以金属横梁为骨架，架上装有带弹耳的护板和分离用的火药盒，有的用径向带将各子炸弹沿弹轴方向紧固在梁架上，再由保险钢索锁定，也有的用轴向紧固件、支持器等固装在梁架上。当要求投弹后迅速开放时，抽脱保险钢索，打开箍带，子炸弹分离；若要求投弹后延时开放，则装上时间引信点燃火药盒释放紧固件，使子炸弹分离。

由于受结构限制，故子炸弹集束数量比较少，散布面积和密集度都较小，效果不理想，使这种炸弹的发展受到一定限制。它的主要用途是杀伤大面积有生力量，攻击车辆、炮兵阵地等不太坚固的面目标。100-1 航空杀伤弹集束机构及炸弹结构如图 9.10 所示。

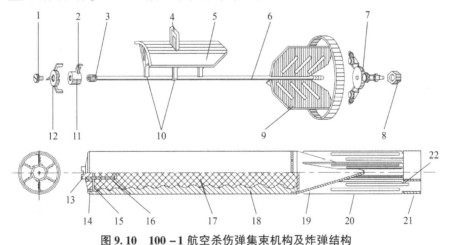

图 9.10 100-1 航空杀伤弹集束机构及炸弹结构

1—防潮塞；2—锁紧片；3—连接套筒；4—弹耳；5—扇形板；6—连接杆；7—夹持器；8—轴向紧固螺帽；9—安定翼片；10—支承板；11—头部套筒；12—保险器；13—防潮塞；14—头螺；15—垫片；16—传爆管；17—炸药；18—弹身；19—尾锥体；20—翼片；21—外圈；22—内圈

航空子母炸弹是将子炸弹集装在一个母弹箱内，使用投弹（雷）箱投放的航空炸弹。各种不同的航空子母炸弹根据母弹箱的口径、箱长、结构的不同，可装子炸弹几十枚至数百枚以上。母弹挂在载机挂弹架上，投弹后，由时间引信或其他延时机构控制母弹箱，母弹箱离开载机一定时间，距目标相应高度时开箱，子炸弹自由散落或靠动力弹射出去分散下落，均匀散布在预计覆盖面积上，可毁伤预定范围内的目标群。

美国研制了一系列战术投弹箱（Tactical Munitions Dispensers，TMD）用作航空子母炸弹的子弹药载体，根据需要可以装填不同类型、不同数量的小炸弹（例如：2 000 枚小型杀伤炸弹，或 200 枚反坦克地雷，或 200 枚反步兵地雷）。弹箱为圆筒形壳体，长 2 000 mm 左右（不同型号有所差异），直径为 300~500 mm。弹箱在目标上空投放后，引爆安装在末端的 3 个加长装药和 2 个环形装药打开弹壳把小型弹药布撒出来。弹箱的总质量根据装填的小型弹药不同可为几十到几百千克。

战术投弹箱可单独使用或供多种型号的航空弹药的战斗部使用，据不完全统计，美国仅 CBU 系列的航空子母弹就有 50 多种（其中包括杀伤炸弹、反装甲炸弹、撒布式地雷、燃烧弹和毒气弹等）。图 9.11 和图 9.12 所示分别为 CBU–89/B 和 CBU–105 航空子母炸弹。

图 9.11　CBU–89/B 航空子母炸弹

图 9.12　CBU–105 航空子母炸弹

9.3.2　航空子母炸弹

1. BL755 式反装甲杀伤子母炸弹

英国 BL755 式反装甲杀伤子母炸弹是专门为攻击低空、高速、大面积轰炸而研制的一种子母炸弹，主要用于攻击坦克、装甲车辆、停放飞机和有生力量等目标。BL755 子母炸弹全弹重 277 kg（见图 9.13），母弹体分为头、身、尾 3 个部分。头部外装引信空解旋翼，内装保险功能装置和带有燃爆药筒的燃烧通道装置，用以开箱并使小炸弹抛出。该子母弹箱空重 127 kg，由轻合金制成，包含 7 个舱段，每个舱内装有 7 组小炸弹，每组 3 枚，用钢带固定，全弹箱共装填 147 颗小炸弹。小炸弹装在各舱室内时，舱壁的限制作用使小炸弹的头部和尾部弹簧被压在弹体上，此时小炸弹的长度为 150 mm。第 1、2 舱逆时针方向错开 17.5°，第 3、4、5 舱在中间位置，第 6、7 舱顺时针方向错开 17.5°，以保证弹射出的小炸弹有良好的方向散布。每个舱室的底部都带有燃气袋，燃气袋与中心燃气通道相接，抛射药柱燃烧产生的气体传到燃气袋后抛出子弹。由于每个弹舱各个燃气接口的内径不等，故燃气袋的充气速度不同，即小炸弹所受的弹射力也就不同，以保证弹射的小炸弹有适当的散布距离。该弹箱上有 3 个弹耳，便于飞机外挂或内挂投放，尾部装有机械式减速尾翼。

BL755 子弹结构如图 9.14 所示，采用聚能装药战斗部，弹体由钢丝绕制而成，子弹前部是带压电传感器的炸高控制装置，子弹不是采用降落伞减速和控制飞行姿态，而是采用尾部不锈钢叉弹出后形成的王冠状的稳定尾翼控制。子弹直径为 68 mm，弹长为 150 mm（在母弹装填时）/356 mm（展开时），弹重为 1.13 kg，装药 228 g。子弹的 3 个部分在母弹内是套在一起的，而在离开母弹下落时展开。子弹与目标接触后空心装药起爆，可穿透 250 mm 装甲，同时使战斗部壳体爆炸产生 2 000 多个破片，有效杀伤半径约为 6 m。

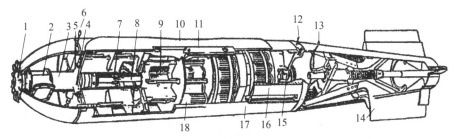

图 9.13 英国 BL755 子母炸弹

1—引信空解旋翼；2—爆炸功能装置；3—烟道与反回烟装置；4—排泄作用筒；5—顶壳作用筒；
6—电接头；7—计量孔；8—燃气分配管；9—燃气袋；10—加强板；11—悬拉架；12—保险解脱拉索；
13—尾翼机械拉索；14—扩张尾翼；15—弹簧电动机；16—上半弹箱体；17—下半弹箱体；18—子炸弹

2. BLG66 式多功能子母炸弹

"贝卢加"BLG66 式子母炸弹是法国用于低空条件下大面积轰炸而研制的一种子母炸弹，如图 9.15 所示，弹箱为流线形，外形类似传统的低阻航空炸弹。母弹尺寸为 $\phi360$ mm × 3 300 mm，质量为 305 kg，每枚母弹体内装有 151 枚子弹（子弹尺寸为 $\phi66$ mm × 153 mm，质量为 1.3 kg）。弹箱头部安装有桨叶驱动的发电机、抛撒子弹的时间顺序程序控制机构、气体分配器和火药装置。圆柱形弹体内有一根中央支管，沿中央支管轴向布置有 19 组小炸弹发射腔，沿中央支管径向每排配置有 8 个小炸弹发射腔，母弹共计装填 152 枚小

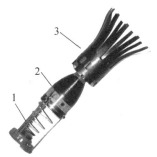

图 9.14 BL755 子炸弹结构
1—伸缩式炸高机构；2—聚能战斗部；
3—稳定翼

炸弹，各自有独立的发射腔。发射腔与弹箱纵轴向尾部成 45°夹角。弹箱尾部有 4 片稳定翼片，尾部整流罩内装有降落伞制动系统。母弹和子弹都采用降落伞制动，母弹从载机上投放后，制动降落伞被拉出，使得母弹制动减速并稳定呈水平飞行，然后按规定的顺序推出子弹，每个子弹由同样的伞制动，保证子弹近似于垂直下降。

BLG66 航空弹箱作战使用条件为：投放高度为 60～120 m，载机飞行速度为 630～1 000 km/h，过载为 8.5 g，使用温度为 -30～+70 ℃。在上述条件下，一个弹箱抛撒子弹的散布面积为 120 m×40 m 或 240 m×40 m。

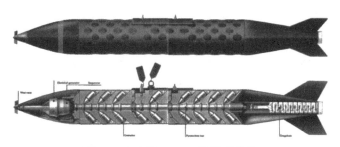

图 9.15 法国 BLG66 子母弹结构

BLG66 母弹配用图 9.16 所示 3 个型号的子弹，图 9.16（a）~图 9.16（c）所示分别为杀伤爆破小炸弹、反装甲小炸弹和封锁用小炸弹，三型子弹可采用相同尺寸及质量，或根据需要进行改进设计。杀伤爆破小炸弹配瞬触发引信，爆炸后产生大量高速破片可击穿 10 m 处的 4 mm 厚钢板，用于打击各种轻型装甲、车辆、停放的飞机、油罐、人员等目标；反装甲小炸

弹在降落伞的作用下垂直下降，从顶部攻击坦克或其他装甲车辆，可穿透 250 mm 的均质装甲；封锁用小炸弹配有延时引信，延期时间可在几小时范围内调节，其杀伤爆破作用与杀伤爆破小炸弹相同，专门用于阻滞敌方的作战行动，用于封锁机场、港口、交通枢纽和发射阵地等目标。

(a) (b) (c)

图 9.16 法国 BLG66 航空子母弹配用的三型子弹药

(a) 杀伤爆破小炸弹；(b) 反装甲小炸弹；(c) 封锁小炸弹

3. 俄罗斯 RBK 系列子母炸弹

RBK 原意为"俄罗斯集束弹箱"，是为攻击机研制的一种具有区域杀伤效应的航空弹药。俄罗斯发展了 250 kg 级和 500 kg 级两个系列，形成了 RBK 系列子母炸弹。母弹通常具有相似的外形，该子母炸弹的母弹弹壁较薄，采用低碳钢制造，弹舱部分为圆柱形，通常在中部有两个弹耳。与老式子母弹相比，这种子母弹外形细长、气动阻力小。另外，弹体头部加装有整流罩，去掉了用于跨声速段飞行的弹道环，适于对地高速攻击机外挂投放。弹尾部通常采用锥形或截锥形，采用环形尾翼，并带有降落伞。弹箱头部安装引信，引信后部为药室或抛射管以装填抛射药，采用可装定引信。引信在空中弹道上按装定的时间启动，引燃抛射药，在火药燃气的压力作用下把携带的小型炸弹推出弹箱。

RBK 系列子母弹箱可以用来装填小型杀伤炸弹、反坦克炸弹、燃烧炸弹，或防步兵和反坦克地雷，从而形成不同的具体型号。图 9.17 所示为装填 AO – 2.5 RTM 小炸弹的 RBK – 500 子母炸弹。弹箱可根据需要装杀伤小炸弹（O – 2.5RT、PTAB – 2.5、PTAB – 10.5、AO – 10、N235 等）、БЕТАБ – M 反跑道子弹药、PTAB – 1M 反坦克小炸弹、SPBE – D 末敏弹等不同类型的子弹药。

图 9.17 俄罗斯 RBK – 500 子母炸弹

装填反坦克小炸弹的航空反坦克子母炸弹总体结构如图 9.18 所示，主要用来对付坦克群、步兵战车、装甲运输车、自行火炮以及其他带装甲的目标。该子母弹由弹体、整流罩、释放机构、操纵器、接线板、安定器、引信、抛射药和子炸弹附件等部分组成。弹体主要由头部、圆柱部、尾锥体、中心管组成。圆柱体上焊有两个弹耳。在头部边缘上，有一与吊耳对正的凹槽，用来引出电缆。在头部表面，有一个中心孔、两个螺纹孔和两个焊接的挂钩，挂钩用于连接释放机构的挂环，两个螺纹孔用来安装接线板。在头部中心孔中安装中心管，中心管后端和安定器相连，前端安装抛射药筒和母弹引信。

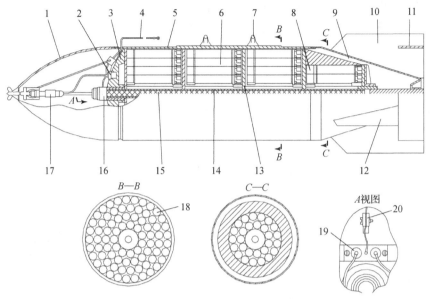

图 9.18 航空反坦克子母炸弹

1—整流罩；2—操纵器；3—头部；4—电缆；5—圆柱部；6—子炸弹；7—弹耳；8—月牙轮；
9—尾锥体；10—主翼片；11—环圈；12—副翼片；13—圆盘；14—中心管；15—抛射药；
16—引信；17—释放机构；18—子炸弹；19—接线板；20—挂钩

该子母弹内装 268 枚破甲型子炸弹，子炸弹由弹体、装药结构、压电引信和安定器等组成，如图 9.19 所示。弹体为无螺纹连接的不可拆卸结构，主要由壳体、锥体和两个法兰盘组成。锥体用以保证破甲的有利炸高，其一端抵在套筒上，另一端与药型罩相连。法兰盘的作用是固定引信和安定器。

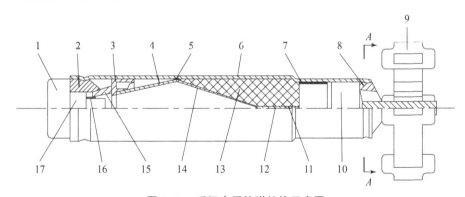

图 9.19 反坦克子炸弹结构示意图

1—上罩；2—法兰盘；3—套筒；4—锥体；5—绝缘体；6—壳体；7—绝缘体；8—法兰盘；
9—安定器；10—下罩；11—弹簧；12—导电杆；13—炸药；14—药型罩；15—弹塞；16—弹簧；17—头部机构

装药结构主要由药型罩、聚能装药组成，其作用是形成高速金属射流，对目标实施破甲作用。压电引信包括头部机构（压电机构）、底部机构（保险执行机构）以及电路连接部

363

件。头部机构由法兰盘固定在弹体上，底部机构被固定在聚能装药和法兰盘之间。头部机构（或称目标传感器）的作用是，当子弹与目标相遇时，将冲击机械能转化为电能。底部机构（或称保险执行机构）用于接收头部机构产生的电能，引爆子炸弹装药。

头部机构和尾部机构的电路连接通过下列结构元件实现。

（1）内部电路：弹簧→锥体→带有导电杆的药型罩→弹簧；

（2）外部线路：罩→法兰盘→外壳→法兰盘→下罩。

在两条线路的可能接触部位用塑料绝缘体绝缘。

安定器为整体结构，由6片钢制弧形翼片组成，该翼片富有弹性，平时卷缩成弹体直径大小，并用底盖罩住，飞行时伸展开，保证子炸弹稳定下落。翼片根部铸成整体，并固定在法兰盘上。

9.4 子母式战斗部

子母式战斗部又称集束式战斗部，当战斗部得到引信的起爆指令后，抛射系统中的抛射药被点燃，子弹以一定的速度和方向飞出，在子弹引信的作用下，子弹爆炸，以冲击波、射流、破片等手段毁伤目标。根据毁伤机理，子母式战斗部的常用子弹有爆破式、破片杀伤式和聚能式等多种类型。

9.4.1 子母式战斗部结构及作用原理

导弹子母式战斗部由子弹药、子弹抛射系统和障碍物排除系统组成。当战斗部得到引信的起爆指令后，抛射系统中的抛射药被点燃，子弹以一定的速度和方向飞出，在子弹引信的作用下，子弹爆炸，形成冲击波或破片等击毁目标。由于子母式战斗部一般都装在舱体内，舱体的蒙皮和构件会影响子弹的正常抛出，因此，需要在子弹抛出前把蒙皮等障碍物排除掉。

1. 子弹药

导弹子母式战斗部的子弹主要有爆破式、破片杀伤式和聚能式三种。按子弹的飞行性能分稳定型和非稳定型两种，采用哪一种形式，主要取决于子弹对目标的破坏形式、子弹的形状和子弹的性能。例如，子弹的壳体要能经受抛射时的冲击力，内爆式子弹还要能经受洞穿目标结构时的冲击。

2. 子弹药抛射系统

子弹抛射系统利用火药或炸药的能量，使子弹获得必要的速度。在此过程中，还必须保证子弹及其引信的全部功能不受到破坏，这样抛射速度将受到很大限制。一般情况下，保证子弹不受破坏的实际安全抛射速度在 200 m/s 以内。一些在常规弹药中适用的子弹抛射系统如离心抛射、导向抛射等，从总体上说不适用于防空导弹的子母式战斗部系统。在防空导弹子母式战斗部中，子弹抛射系统主要有三种：整体式中心装药子弹抛射系统、枪管式抛射系统和膨胀式抛射系统。

3. 子弹药抛射系统

导弹的蒙皮，在某些情况下（如不受力的薄蒙皮）能被抛射气体直接排除，而子弹的抛射速度下降不大。但这种作用并不十分可靠，而且障碍物并非如此单一。因此，子母式战斗部一般都必须配有障碍物排除装置。最常用的障碍物排除装置是线性聚能装药，即切割索。切割索的引爆与子弹抛射药的点火可同时进行，由于前者的反应远远高于后者，因而障碍物的分离不会影响子弹的抛射。

4. 子母式战斗部作用原理及应用

导弹子母式战斗部子母导弹头内一般都有开舱及抛撒控制系统，用来控制子弹药的抛撒，当达到预定位置时，控制系统发出指令，引爆开舱和抛撒装药，完成子弹药抛离母弹的过程。

图 9.20 给出了一种子母式战斗部子弹抛射过程示意图。当战斗部接近目标时，通过引信使安装在支撑梁与蒙皮之间的切割索装药作用，依靠聚能效应将母弹蒙皮切割成大小相等的 4 块，并在爆炸力的作用下抛离母体，完成障碍物的排除。同时，抛撒机构燃气发生器中的装药被点燃，燃气从排气孔逸出，使套在整个中心管上的橡皮管膨胀，从而给子弹一个径向作用力，使之沿径向抛射出去，形成一个较大的散布场。

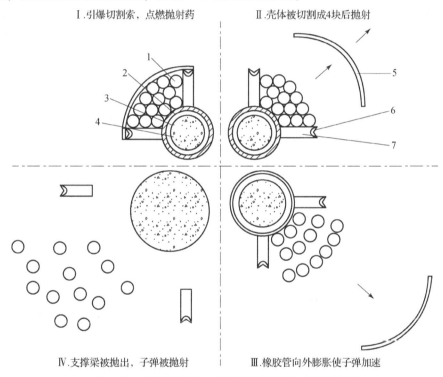

图 9.20 母弹舱段蒙皮被切开抛射子弹过程示意图

1—子弹；2—橡胶管；3—燃气发生器；4—抛射药；5—蒙皮；6—切割装药；7—支撑梁

与质量相同的其他整体结构战斗部相比，子母式战斗部的主要优点是作用范围较大。整体结构战斗部，其破片杀伤作用，特别是冲击波和聚能射流作用，随着爆点至目标距离的增加而迅速衰减，而子母式战斗部中的子弹要抛射一定距离后才爆炸，因而在脱靶量相同时，子弹破片到达目标的实际距离要小得多，破片密度的下降和破片能量的衰减也就小得多。爆破式子弹或聚能式子弹要与目标碰撞或穿入目标后才爆炸，即导引系统的误差将完全由子弹的抛射距离所弥补，因而更有利于摧毁目标。由此可见，脱靶量越大，目标越大，子母式战斗部的优点越能充分发挥。

子母式战斗部结构复杂，因而造价昂贵，一般数倍于其他类型战斗部。另外，每个子弹都需要由子弹引信引爆，因而子弹作用的可靠性也要受到影响，所以子母式战斗部目前在防空导弹中的应用已不多见。

9.4.2 子弹药抛射系统

子弹抛射系统的作用是利用火药或炸药的能量将子弹以一定的方向和速度抛射出去，使子弹获得理想的空间散布，从而可有效提高子弹的作战效能。在此过程中，还必须保证子弹及其引信的全部功能不被破坏。

根据各种抛射方式和战斗部结构，发展了多种抛射系统（抛撒机构），以下是几种典型的抛射系统。

1. 整体式中心装药子弹抛射系统

在此抛射系统中，抛射装药装在位于纵轴的铝管内，球形子弹沿着纵轴逐圈交错排列，装药与子弹间有一定厚度的空气间隙，若间隙小，则子弹的速度就大，但子弹较易受到损坏；反之，若间隙大，则子弹的速度就小，但子弹不易受损。整体式中心装药子弹抛射系统示意图如图9.21所示。

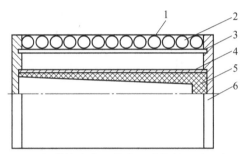

图9.21 整体式中心装药子弹抛射系统示意图

1—蒙皮；2—子弹；3—内衬；4—中心管；5—装药；6—连接件

装药可采用如图9.22所示的不同结构形式，一是沿轴向均匀地装药，子弹获得的速度大致相等；二是沿轴向阶梯形装药，子弹的速度按装药的阶梯数分成几组；三是装药量沿轴向连续变化，子弹的速度沿轴向连续分布。装药可以用火药或低速炸药。采用火药驱动，子弹的速度低，但受到的冲击小；采用炸药驱动，子弹的速度高，但需要合理控制炸药能量及装药结构，避免子弹受到破坏。这种抛射下子弹的加速行程小，因此为了达到足够的抛射速度，需要有很大的加速度。

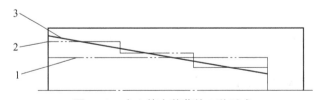

图9.22 中心管中装药的3种形式

1—均匀装药；2—阶梯形装药；3—连续变化装药

2. 枪管式抛射系统

一种枪管式抛射系统如图9.23所示，它是通过引燃装填在每个子弹枪膛内的火药来实现对子弹的抛射的。钢制的枪管是子弹结构的组成部分，位于子弹的中心，与子弹严密配合,抛射火药装于支撑管内。火药点燃后,高压燃气作用于枪管并把子弹推出,径向抛射速度取决于发射药产生的压力、抛射管内膛截面积、子弹的质量及行程长度。由于枪管的长度都较短,故必须使火药快速燃烧以提高压力,即子弹在最大膛压建立之前被锁定,以便于利用抛射管的行程全长充分发挥其优点。

另一种枪管式抛射系统结构如图9.24所示,整个战斗部只有一个共用的火药燃烧室,燃烧室壁装有若干枪管,每个枪管上安装一颗子弹,燃气压力通过各个枪管传送给子弹,把子弹抛射出去。这种结构,子弹获得的速度基本一致。要使子弹具有不同的速度,可使枪管具有不同的口径,同时,子弹与枪管相配的零件也要有不同的尺寸,这将增加结构和工艺复杂性。

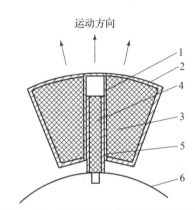

图9.23 单独装药的枪管式抛射系统
1—枪管;2—子弹;3—子弹装药;4—燃烧室;
5—子弹支撑管;6—导弹舱内支架

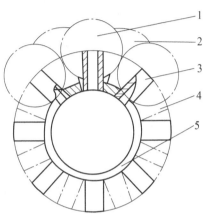

图9.24 共用装药的枪管式抛射系统
1—第一圈子弹;2—第二圈子弹;
3—第一圈枪管;4—第二圈枪管;5—战斗部中心管

3. 膨胀式抛射系统

膨胀式抛射系统是通过抛射药产生的高温高压气体使可膨胀衬套快速膨胀,使其周围的子弹获得一定的抛射速度。膨胀式抛射装置的具体结构模式较多,下面以星形框式和橡胶管式为例进行介绍。

1) 星形框式抛射装置

如图9.25所示,星形框式的可膨胀衬套是星形,它把弹舱和子弹在径向分成若干个间隔(图中为7个),衬套中间为柱形燃烧室,燃烧室壁上有与间隔数相应的排气孔。当母弹到达目标上空预定位置时,由开舱火工品将战斗部舱外壳分离为若干块并抛出,同时燃气发生器中火药燃烧产生燃气,燃气经排气孔向密闭的衬套内腔充气,衬套膨胀并最终把子弹抛射出去。由于衬套膨胀和子弹抛射的过程很快,为了充分利用火药能量,要求从火药的性能和药型上保证火药的快速且完全燃烧,以及在火药气体达到峰值压力前对子弹进行约束。此结构的优点如下:

(1) 各框独立,可调节各框的抛撒时差,从而实现带状分布;
(2) 各框中子战斗部抛撒速度不同,子战斗部在散布范围内分布比较均匀;
(3) 系统质量小,战斗部填装系数大。

2) 橡胶管式抛射装置

该抛射装置利用橡胶管作为膨胀衬套,如图9.26所示,主要由抛射药、燃烧室、橡胶管、支撑梁等组成。燃烧室产生的燃气经小孔排出，使橡胶管逐渐膨胀，最后把子弹和支撑梁推出。

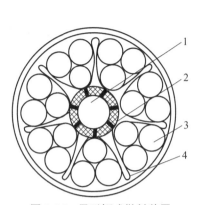

图 9.25 星形框式抛射装置

1—火药；2—带孔燃烧室壁；
3—子弹；4—可膨胀衬套

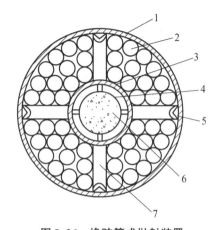

图 9.26 橡胶管式抛射装置

1—蒙皮；2—子弹；3—橡胶膨胀管；
4—燃烧室；5—切割装药；6—抛射药；7—支撑梁

如图 9.27 所示的结构是使子弹获得不同速度的一种方案，可作为参考。子弹用隔板分成 3 段，火药被点燃后，燃气通过膜片和各段的轴向充气孔向中心管充气，并通过各段的径向充气孔向各橡胶膨胀管充气，把子弹抛射出去。各段的轴向充气孔的孔径不同，因而各段的燃气压力不同，子弹的抛射速度也就不同。

橡胶管式抛射装置较星形框式抛射装置简单、工艺性好，但在膨胀过程中很快就破裂，燃气从中泄漏，能量利用率低，子弹抛掷初速较低，一般适用于母弹装填量大、对方向性要求不高的杀伤子弹。使用此装置在高空中抛射子弹时，会形成一个较大的散布场，有较好的杀伤效果。此外，用折叠的不锈钢膨胀管代替橡胶膨胀管也是可行的。

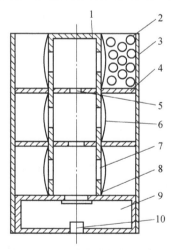

图 9.27 膨胀式抛射系统

1—中心管；2—子弹；3—蒙皮；4—隔板；5—轴向充气孔；6—膨胀管；
7—径向充气孔；8—膜片；9—火药；10—点火药盒

9.5 机载布撒器

机载布撒器属于航空集束弹药的范畴，但其结构及作用原理又不同于传统的航空子母炸弹，故在此单独进行介绍。

机载布撒器是一种专门设计的子弹药布撒武器，是一种空中投放的集束武器系统。现代机载布撒器是一种由作战飞机挂载、远距离投放、可携带多种子弹药或有效载荷、具有自主飞行控制和精确制导能力、高精度、模块化的多用途空对地攻击武器。机载布撒器的作用是将子弹药准确运载至目标区域上空，然后按照一定散布要求抛撒子弹药。新一代机载布撒器普遍具有防区外发射的远程精确打击能力，由载机投放后，利用自动控制系统进行制导飞行，将子弹药准确运送至目标区域上空，在目标区域上空按照预定散布要求抛撒各种子弹药，对敌方的各种目标进行高效打击，可用于高效打击或封锁机场跑道、机库、导弹发射阵地（井）、雷达站、指挥中心、港口、装甲编队以及其他严密防护的高价值目标。

9.5.1 机载布撒器的分类

按照结构和使用方法，机载布撒器可分为非投放型和投放型。

1. 非投放型机载布撒器

非投放型机载布撒器也称掠飞式或系留式布撒器，是机载布撒武器的早期形式。在使用非投放型机载布撒器时，装有子弹药的布撒器挂载于载机上，不投放出去，载机必须飞临目标上空来完成子弹药的布撒过程。英国的 JP233 机载布撒器和德国的 MW-1 机载布撒器是非投放型机载布撒器的典型代表。

JP233 是英国杭廷工程公司于 20 世纪 70 年代中期为英国空军研制的高速、低空投放子弹药的系留式机载布撒器，主要用于打击和封锁机场跑道，于 20 世纪 80 年代中期装备于英国空军的"旋风"、F-111、F-16 等飞机上，如图 9.28 所示。JP233 子母弹箱采用模块化结构，有两种弹箱模块，一种可装载 30 枚 SG357 反跑道子弹药，另一种可装载 215 枚 HB876 区域封锁雷，两种弹箱可根据需要串联组合使用。

图 9.28 挂载于英国"旋风"战斗机的 JP233 机载布撒器

德国的 MW-1 是 20 世纪 80 年代中期完成研制并装备的系留式、多用途、模块化机载布撒器，装备于"旋风"、F-4 飞机上，如图 9.29 所示。MW-1 是一种综合性能较为先进的多功能子弹药布撒器，它整体上呈箱式结构，可以根据作战需求组合挂载的箱体模块数量，可配装多种类型的子弹药，可以根据作战任务与载机条件组合弹箱数量和子弹药的类型及数量，最多可以包含 4 组基本质量为 300 kg 的弹箱，空载质量为 1 200 kg，每个弹箱有 56

根直径为 132 mm 横向开口的子弹药发射管，满载全重可达 4 700 kg，子弹药最大散布区域可达 2 500 m×500 m。

图 9.29　德国 MW–1 布撒器及其携带的子弹药

非投放型机载布撒器投放子弹药时，载机必须飞临目标上空，使其暴露在敌防空体系面前，易遭到防空火力的攻击，降低了载机的生存能力。在海湾战争中，英国的 JP233 机载布撒器取得很好的攻击效果，但在 60 m 高度、飞行速度为 927 km/h 时，载机受地面防空火力的威胁相当严重，据报道，英国损失了 13% 部署在海湾地区的"旋风"战斗机。MW–1 的载机在攻击目标时也必须在低空经过目标上空投弹，MW–1 的体积和质量较大，挂载 MW–1 后载机载荷和阻力增加明显，因此会影响载机型号的选择和飞行性能。

2. 可投放型机载布撒器

临空投放的布撒器使载机直接暴露在敌方防空体系面前，生存能力受到极大威胁。为了减小载机损失、提高其生存能力，发展了可投放型机载布撒器。可投放型机载布撒器在距离目标数千米乃至数百千米处由载机投放，布撒器靠滑翔或动力驱动飞临目标区域。由于在防区外发射，故载机不必飞临目标上空，从而能大幅度提高飞机和机组人员的生存能力。

对于可投放型机载布撒器，按照是否具有动力可以划分为非动力型和动力型，而非动力型又分为高空投放的重力型和具有大弦展翼的滑翔型两种。

1) 非动力型机载布撒器

重力型机载布撒器从高空投放，依靠自身重力下落到一定高度时由抛撒系统撒布子弹药。滑翔型机载布撒器是一个带有大展弦比弹翼和简易控制及伺服系统的滑翔体。载机在距目标一定距离外投放布撒器，其滑翔距离随投放高度的增加而增加，布撒器靠弹翼滑翔飞临目标上空，然后撒布各种功能的子弹药，实施对机场、导弹阵地等目标的毁伤与封锁。

滑翔型机载布撒器的一个典型代表为德国 DWS24，如图 9.30（a）所示。DWS24 是由 MW–1 发展而来的，改变了弹箱截面尺寸和弹箱模块数量，采用与 MW–1 相同的抛撒系统。DWS24 的总长度为 3.5 m，截面宽为 630 mm，高为 320 mm，可装填德国 MW–1 所使用的各型号的子弹药，从载机投放后最远可滑翔 10 km，该布撒器也装备于瑞典空军的"鹰狮"战斗机，相应型号命名为 DWS39，如图 9.30（b）所示。

美国于 20 世纪 80 年代末期开始研制一种采用模块化设计的空地打击武器，称为联合防区外武器 JSOW（Joint Standoff Weapon），代号为 AGM–154，用于替代 AGM–65 Maverick、AGM–123 Skipper、AGM–62A Walleye、MK 20 Rockeye 等空地打击武器，满足空军与海军联合作战的需求，高效打击海上和陆地目标。其由战斗部载荷舱、GPS/INS 组合制导舱和动力舱等模块组成，另外，头部还可加装末端导引头。JSOW 最初的型号没有发动机，其利用光滑的弹体和大展弦比弹翼提供的升力，以增加系统滑翔飞行的距离。JSOW 的低空投放距

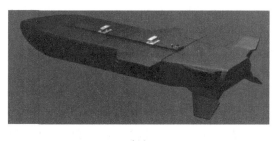

(a)　　　　　　　　　　　　　　　　　(b)

图9.30　DWS24/39 滑翔型机载布撒器

(a) DWS24；(b) DWS39

离为22 km，高空为116 km，其采用了GPS/INS制导系统，可以利用预设的信息攻击目标，也可通过其他探测系统接收目标的最新坐标。JSOW布撒器总体外形如图9.31所示，根据战斗部类型及有无发动机构成不同的型号。AGM-154A和AGM-154B，采用子母式战斗部，AGM-154A装填145颗BLU-97A/B综合效应子弹，AGM-154B内装6枚BLU-108/B传感器引爆子弹药，AGM-154A携带整体式战斗部。

图9.31　JSOW布撒器总体外形

"天雷"是我国自主研发的500 kg级机载布撒武器，如图9.32所示。该布撒器由头舱、战斗部舱、制导控制系统、弹翼组件、电气系统及开舱引信等组成，布撒器设计综合考虑了空气动力特性、制导系统工作特性、模块化结构等各种因素，其头部设计成母线为圆弧的尖拱形，尾部采用截锥形，以减小尾部阻力。在收缩尾部上安装有"×"形尾翼操纵舵面，在气动布局上还设置一对可折叠的滑翔翼置于弹体上方。

"天雷"航空布撒器能够携带反跑道子弹药、云爆子弹药、区域封锁子弹药、近炸杀伤子弹药、智能子弹药等多种子弹药，以用于打击、封锁机场跑道、高速公路、导弹阵地、装甲集群、指挥中心等各种目标，性能可媲美国际上主流的航空布撒器。

图9.32　"天雷"500 kg航空布撒器

可投放非动力型机载布撒器，与非投放型机载布撒器相比，载机不必直接飞临机场目标上空，可以避开机场防空火力的攻击，提高了载机的生存能力。但是，由于其为无动力飞行，故其射程和机动性受到限制，且气动特性也相对要求高些。

2) 动力型机载布撒器

动力型机载布撒器采用火箭或涡轮发动机作为飞行动力，可在远程防区外投放，免受机场防空火力的威胁，大大提高了载机的生存能力。其基本组成是：具有能够完成各类作战任务的有效载荷；可在点目标防御或区域防御之外探测并捕获目标的探测系统和飞行控制系统；可靠的子弹药布撒系统，通过模块化的结构设计，可以在同种规格外形的弹体与控制系统基础上装配不同的发动机和子弹药，组成不同速度、不同射程、不同毁伤效果的武器系统。目前，动力型机载布撒器的典型代表是法国的 APACHE、德国的"金牛座"和美国的联合防区外武器动力型 JSOW‑ER。

APACHE 机载布撒器是一种模块化全自主防区外发射武器，可由 F‑16、"旋风"及"幻影"2000 等飞机投放。如图 9.33 所示，APACHE 由梯形截面弹身和安装在两侧的弹翼组成。弹翼可向后折叠，发射脱离载机后自动张开。APACHE 弹体由制导舱、弹药舱和动力舱组成。其头部为制导舱，在弹道中段采用惯性导航加雷达和高度计修正，后期采用 GPS 修正。中制导主要靠惯性导航系统，需定时地对雷达高度和雷达图像做相关修正；末制导采用普罗米修斯雷达，命中精度为 10 m。制导舱后面是弹药舱，用于反机场时的战斗载荷为 10 枚动能侵彻型 KRISS 反跑道子弹药。发动机舱和燃料舱放在后部，外面是控制尾翼的安定面。为 APACHE AP 提供动力的是一台涡喷发动机，可使其射程达 140 km。1999 年北约空袭南联盟的军事行动中，法国的 APACHE 布撒器大显身手，被行业专家评价其在"战斧"巡航导弹之上。

图 9.33　法国 APACHE 机载布撒器

海湾战争结束后，西方各国尤其是美、英、法、德、意、瑞等国根据实战经验以及未来战争的需求，不遗余力地大力发展反跑道、反深层硬目标、反装甲、反器材、反人员的布撒器，多种型号的布撒器已经研制或装备，很多型号依然在不断发展更新中。目前，布撒器已经形成多种系列，可以根据作战需求配置，并可选用不同的子弹药，以达到高效毁伤效果。

国外主要机载布撒器及相关参数见表 9.6。

表 9.6 国外主要布撒器参数列表

国家/型号		动力装置	射程/km	中制导	末制导	目标
法国 APACHE		涡喷	50~150	惯导+GPS+高度相关	毫米波雷达	机场跑道等地面高价值目标
美国 JSOW	JSOW-A	无	116	GPS/INS	—	地面高价值目标或海上移动目标
	JSOW-B			GPS/INS	—	
	JSOW-C			GPS/INS+Link16数据链	红外成像	
	JSOW-ER	涡喷	463	GPS/INS	—	
美国 JASSM		涡喷	320	惯性/GPS一体化导航	红外成像寻的器和景象匹配	地面加固高价值目标
俄罗斯 AS-18		涡喷	120	惯导+电视制导	—	坚固点或集群目标
英国 CASOM		涡喷	400	INS/GPS+高度相关+地形匹配	红外成像电视数据	高价值目标
德国、瑞典 DWS24/39		无动力	10	惯性导航+GPS	—	装甲、跑道等目标
以色列 MSOV		无动力	100	GPS导航 程序化飞行轨迹	—	点目标
南非 MUPSOW		涡喷	120	捷联惯导+GNSS	TV寻的+人在回路	跑道等地面目标
意大利 SkyShark		无动力 涡喷	25~30；250~300	惯导+GPS+地形匹配	毫米波雷达或红外	跑道固定目标、装甲等

9.5.2 机载布撒器的组成与结构

1. 机载布撒器的系统组成

机载布撒器兼有集束炸弹（或子母炸弹）和巡航导弹的特征，其基本组成包括制导与控制系统、动力系统及弹翼组件、开舱与抛撒系统、战斗部系统、电气系统等。下面分别介绍制导与控制系统、动力系统和开舱与抛撒系统，其有效载荷为多种子弹药，典型结构布局如图 9.34 所示。

图 9.34 机载布撒器系统组成
1—制导舱；2—战斗部舱；3—动力舱

1）制导与控制系统

制导与控制系统的主要功能是测量布撒器相对目标的位置和速度，按预定规律加以计算处理，形成制导指令，通过布撒器飞行控制系统控制布撒器的飞行，使它沿着适当的弹道飞行，直至命中目标。制导与控制系统主要由组合导航系统和飞行控制系统等组成。

组合导航系统一般采用 GPS 加惯性导航，有的也会组合使用末制导，随着对提高打击效能需求的增加，也开始探索末端修正和末制导子弹药在机载布撒器上的应用。捷联惯导 + GPS 的复合制导体制是布撒器采用的典型制导模式。组合导航系统是主要测量装置，能够提供弹体飞行的姿态运动信息和质心运动信息。姿态运动信息包括俯仰、偏航、滚转 3 个方向的姿态角位置和姿态角速度；质心运动信息包括弹体坐标系 3 个方向的线加速度及地面坐标系 3 个方向的质心位置和质心速度。

捷联惯性导航系统不需要接收外部信息，也不向外界发射能量，因此具有隐蔽性好、抗干扰能力强等优点。但是由于陀螺仪与加速度计存在漂移误差，故随着时间的延长，其精度开始逐渐下降。GPS 系统具有良好的抗干扰能力和保密性能，但存在遮蔽问题，动态环境中尤其是高速机动飞行时，多颗卫星可能同时失锁。机载布撒器采用捷联惯导 + GPS 的复合制导体制，可充分发挥两者的优势。

飞行控制系统主要由舵机系统和弹载计算机系统组成。舵机系统是飞行控制系统的执行装置，安装在弹体的尾部，飞行控制系统使用电机驱动舵片偏转，通过空气动力产生所需要的控制力矩，改变弹体的飞行姿态，从而操纵布撒器弹体按预定的弹道飞行。飞行控制系统的核心是弹载计算机，主要完成以下任务：根据组合导航系统提供的信息，按照设定的控制与制导规律，生成舵控指令，驱动舵机工作，操纵布撒器弹体稳定飞行，控制布撒器按照设计的弹道方案飞抵目标区域。

2）动力系统

远程机载布撒器的动力系统一般采用无动力滑翔、火箭发动机助推—滑翔、空气喷气发动机等。根据机载布撒器防区外发射（射程一般大于 50 km）和低空巡航（在雷达盲区内飞行以提高武器的突防概率）的要求，依靠火箭发动机作为动力装置是不经济的，必须在布撒器飞行航段引入推进效率更高的吸气式喷气发动机。常见投放型机载布撒器巡航速度为亚声速，小型化的燃气涡轮发动机，尤其是涡轮风扇发动机，以其独特的性能品质进而成为这类武器系统动力装置的理想入选者。

3）开舱与抛撒装置

目前工程实践中应用的布撒器开舱方式主要有：惯性开舱、剪切螺纹或连接销开舱、雷管起爆壳体断裂开舱、爆炸螺栓开舱、组合切割索式开舱和径向应力波开舱。根据抛撒能源的不同，子弹药的抛撒方式有机械抛撒、化学抛撒和力学抛撒等形式。

布撒器携带的弹载计算机在弹道末段实时计算开舱点，通过定序弹射机构及定时抛撒控制组件，控制子弹药按预定初速和方向抛出，使布撒器内的数十枚乃至数百枚子弹顺序抛出，并在大面积范围内按预先确定的时间间隔起爆，实现"可控有序布撒"，达到合理的抛撒密度和落点形状分布。在实际应用中，应根据被攻击目标的特点、布撒器结构和子弹药的类型，选用适宜的子弹药布撒方式，以达到最佳的攻击效果和效费比。

图 9.35 所示为法国的 APACHE AP 型机载布撒器抛撒子弹药在机场跑道上形成的典型落点分布示意图，通过子弹药在机场跑道的等距间隔线性分布实现对机场的线形切割，在多个机载布撒器的作用下即可实现对整个机场的毁伤与封锁。

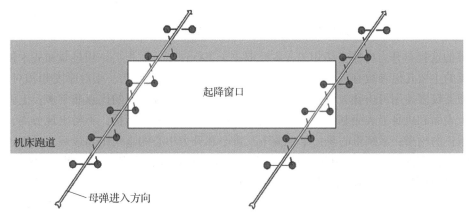

图 9.35　子弹药落点呈线形切割机场跑道模式

2. 机载布撒器的外形结构

目前各国研制的亚声速防区外布撒器的外形特点为：弹体大多采用非圆截面弹体设计，头部由圆头卵形向尖头棱锥形发展，尾翼采用 V 形尾翼，使用大后掠、大展弦比折叠弹翼设计。典型布撒器弹体外形如图 9.36 所示。

图 9.36　典型布撒器弹体外形

这样设计具有较多优点：

（1）非圆形弹体能够产生较大的升力，配合大展弦比的弹翼设计，可以提供更大的升阻比，机动能力和巡航能力更好，有利于提高投放距离。

（2）采用倾斜转弯时，有利于简化控制系统。

（3）非圆形弹体在大部分姿态角范围内，电磁波的反射能力很弱，可降低系统的雷达散射面积，提高隐身能力。

(4) 非圆截面弹身有利于提高弹舱空间利用率，便于弹舱的布局、不同子弹药的装填和子弹药撒布方向的控制。

子弹药在非圆截面弹舱的不同布局如图 9.37 所示。

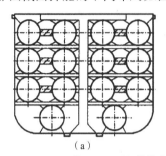
(a)

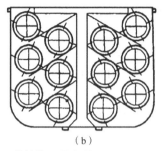
(b)

图 9.37　子弹药在非圆截面弹舱的不同布局

弹翼的选择与升力特性密切相关，主要取决于飞行速度、航程、许用过载和战术使用要求等。弹翼的主要几何参数有展弦比、根梢比、后掠角、翼剖面形状、相对厚度和相对弯度等。常见布撒器较多使用可折叠大展弦比的上弹翼布局设计，这种布局的优点非常多：上弹翼阻力很小，上表面和机身上表面基本平齐，机头上的低压区没有相互干扰，不易出现分离，容易形成高升阻比的构型；系统重心悬吊于机翼下，重心和升力中心的垂线距离最远，可以达到最大的自然滚转稳定性，具有较强的自动恢复的飞行姿态稳定性，有利于提高系统的命中精度。

尾翼/舵面的主要作用是产生稳定力矩和控制力矩，以保证飞行器的稳定和控制。尾翼/舵面的布置形式有"×"形和"+"形。为提高纵向稳定性，可在"×"形基础上再增加两片水平尾翼，成为图 9.38 所示的"*"形的 6 片尾翼形式。为了提高航向和滚转控制能力，"+"形尾翼可采用双上、双下立尾，成为"++"形的 6 片尾翼形式。

图 9.38　布撒器"*"形尾翼

采用非圆截面弹体大展弦比上弹翼之后，机载布撒器的有效载荷装填比可以达到全弹质量的 50%~70%，比一般空射巡航导弹的有效载荷大得多，且易于实现模块化装填、组合化换装，可根据打击任务的不同，选择不同类型的子弹药组合使用，并可同时对不同目标进行高效打击，实现最佳毁伤效能；同时布撒器升阻比可以超过 10，这样在 10 000 m 高空投放时，其滑翔距离可以超过 100 km，这个数字已经超过三代防空导弹的拦截距离，如果配备一个发动机，增加系统的功能，还可进一步提高系统的攻击距离。配备这样的系统之后，载机不用再冒险突破对方的防空火力，在其火力范围外释放布撒器就可以返航，极大地提高了飞机的战场生存能力。

9.5.3 机载布撒器的典型作用过程

机载布撒器的典型作战使用流程由投放前准备、投放控制、稳定下滑及子弹药抛撒攻击等阶段构成。

载机携带布撒器飞抵作战区域边缘（一般在地面中近程防空火力圈外），进入平飞阶段，飞行员启动信息传递对准程序，飞机向布撒器发送组合导航系统传递对准所需信息，组合导航系统完成传递对准；然后载机火控系统对发射条件进行数据解算，如果满足发射条件，则载机下传"准备发射"指令，制导控制系统启动供电系统，并将准备状态信号反馈给载机，载机收到发射反馈信号后完成投放并脱离发射区。

布撒器与载机分离后，制导控制系统接通控制通道，对布撒器初始状态进行控制，以消除初始扰动。

组合导航系统为弹载计算机提供制导控制解算所需的弹体位置、速度、姿态、加速度、角速率等信息。弹载计算机根据组合导航系统提供的信息和制导规律解算飞行弹道，实现制导控制的综合解算处理，输出控制信号并驱动舵机工作，控制布撒器的飞行姿态，使布撒器按设定的弹道飞向目标区域，并在飞行的不同阶段，弹载计算机适时给出翼张、开舱和抛撒等一系列动作指令。

对于无动力滑翔的布撒器来说，布撒器与载机分离后，在预定时刻，主弹翼张开，实现布撒器稳定滑翔的有控飞行。弹载计算机根据布撒器距离目标的相对位置和方向，综合判断后，首先使布撒器转入抛撒弹道，进行实时弹道解算，为子弹药装定所需数据，然后按一定时序开舱、抛撒子弹药。

布撒器作为一种新型空地制导武器，其各项战术技术指标需要满足各种严格的作战环境要求，能够在高对抗环境、天候气象环境、复杂地面环境条件下使用。

9.5.4 机载布撒器子弹药

针对不同的目标，机载布撒武器可以携带不同的子弹药，如反跑道、云爆、反坦克、综合效应、区域封锁、碳纤维、近炸杀伤等各种类型的子弹药，用于高效打击或封锁机场、跑道、机库、导弹发射阵地（井）、雷达站、指挥中心、港口、装甲编队以及其他严密防护的高价值目标。

1. 反跑道子弹药

反跑道子弹药是机载布撒武器携带的最主要弹种，根据作用原理不同可分为串联型反跑道子弹药和动能侵彻型反跑道子弹药。

1）串联型反跑道子弹药

英国的 SG357H 和德国 STABO 是典型的布撒器携带的串联反跑道子弹药。图 9.39 所示为德国 MW-1 携带的 STABO 反跑道子弹药。子弹药主要由炸高控制器、一级前置聚能装药、二级随进爆破弹、一级引信、二级引信、减速伞、外壳等组成。由于串联式反跑道子弹药侵彻跑道时无须弹药整体的高着速，因此对武器平台的依赖性小。

串联反跑道子弹药攻击机场跑道的作用过程如图 9.40 所示，布撒器飞临目标上空，将子弹药按时序抛出，子弹药减速伞张开，经减速调姿后以一定落角和落速碰击跑道，引信在最佳炸高上起爆前级战斗部，在跑道上开出孔道，同时减速伞分离，后级随进爆破弹沿着前级战斗部开出的孔道随进跑道内部预定深度，经一定延期后引爆装药，使跑道产生大面积毁伤。

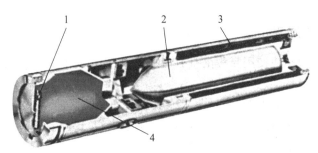

图9.39　德国 MW-1 携带的 STABO 反跑道子弹药
1—炸高传感器；2—随进爆破弹；3—减速伞；4—前置聚能装药

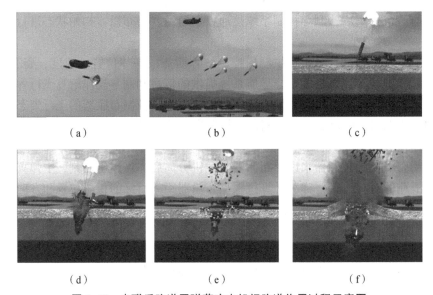

图9.40　串联反跑道子弹药攻击机场跑道作用过程示意图
(a) 子弹抛出，伞张开；(b) 子弹药减速调姿；(c) 子弹药碰击跑道；
(d) 一级开孔；(e) 减速伞分离、二级弹随进；(f) 二级弹爆炸破坏跑道

2) 动能型反跑道子弹药

图9.41 所示为法国 APACHE 布撒器携带的动能侵彻型反跑道子弹药 KRISS，其前部为半穿甲战斗部和装药，后部带有一个火箭发动机及减速稳定伞，在子弹药被抛撒之后，减速伞打开，首先对子弹药进行减速调姿，使子弹药与地面形成一定落角，发动机启动，将子弹药加速到约 400 m/s，子弹药依靠动能侵入机场跑道内部经适当延时起爆战斗部装药，毁伤机场跑道。

图9.41　KRISS 反跑道子弹药

2. 综合效应子弹药

综合效应子弹药是一种多用途子弹,具有穿甲、破片杀伤和燃烧综合效应。图9.42所示为美国CBU-87携带的BLU-97/B综合效应子弹药。当飞机将布撒器投放后,布撒器在目标上空一定高度上,母弹开舱将BLU-97子弹药抛撒出去。在子弹药下落过程中,BLU-97子弹药先打开尾部的囊式降落伞减速,当离开母弹0.45~0.8 s之后,BLU-97子弹药系统解除保险,尾部的充气式降落伞打开并减缓子弹药的下降速度,同时调整子弹药姿态,确保子弹药以最佳角度打击目标,提供最佳毁伤效应。

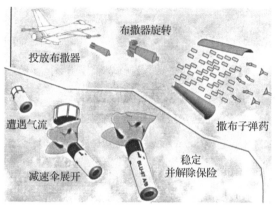

图9.42 美国BLU-97/B子弹药

BLU-97/B综合效应子弹药的结构如图9.43所示,BLU-97/B综合效应子弹药外形为圆柱形,使用钢制壳体,装药使用聚能装药结构;BLU-97/B综合效应子弹药使用触发引信,在头部有一个外伸式导管,控制聚能装药的最佳炸高,在最佳炸高时起爆聚能装药形成聚能射流,可穿透100 mm的装甲;钢制壳体可破裂成大量破片,对人员、轻型车辆、飞机等均有良好的毁伤作用;锆环破裂成众多高温火种,有效引燃目标区域内的汽油、柴油等易燃及可燃物,在目标区域中纵火,从而达到燃烧、穿甲和破片杀伤综合效应。

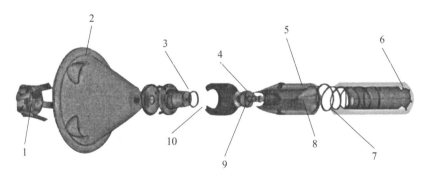

图9.43 美国BLU-97/B子弹药结构示意图

1—多爪支座;2—充气式减速伞;3—引信装置;4—传爆组件;5—预压组件;
6—外伸式导管;7—预压弹簧;8—聚能装药药型罩;9—含锆海绵;10—针刺雷管

3. 区域封锁子弹药

区域封锁子弹药常用于封锁机场跑道、技术兵器阵地等。

区域封锁子弹药能对机场跑道实行封锁,并按预定功能打击进入封锁区域的敌方飞机、装甲车等装备和有生力量,达到延误敌方战机,减缓其兵力集结和部署,使其丧失参战能力,从而为己方赢得时间,掌握战时主动性的目的。

图 9.44 所示为英国 JP233 布撒器携带的 HB876 区域封锁子地雷,其从布撒器侧向弹射,有二级减速装置,可垂直落地并自动扶正;该地雷的引信具有防排和随机自炸功能,自炸时间可预先装定;当用机械或其他方式回收或移动该地雷时,该地雷立即爆炸;在正常情况下它起定时炸弹的作用,每隔一段时间起爆一枚,使维修人员无法接近跑道。HB876 采用自锻破片和预制破片复合战斗部,兼有破坏作业机械和杀伤人员的双重作用。

图 9.44 英国 JP233 布撒器携带的 HB876 区域封锁子地雷

图 9.45 所示为德国 MW-1 布撒器携带的 MUSA 子地雷和 MIFF 反坦克雷。MUSPA 杀伤雷采用降落伞减速着地,其引信具有对起降滑跑的飞机和工程维修机械工作敏感的被动式声传感器和随机起爆系统,用所含的大量小钢珠杀伤目标,杀伤距离大于 100 m,用于阻止飞机起降和地面车辆的开动;MUSA 杀伤雷配用瞬发引信,其余结构同 MUSPA 雷,该雷带伞着地后,一旦定位,立即起爆,即当有车辆从 MIFF 反坦克雷上经过或被移动时起爆,用于毁伤坦克和装甲车辆。这两种弹药的混合使用使得跑道的清理和修复作业变得非常困难。

(a)　　　　　　　　　(b)

图 9.45 MUSA 杀伤子地雷(左)与 MIFF 反坦克雷(右)
(a) MUSA 子地雷;(b) MIFF 反坦克雷

4. 反装甲子弹药

图 9.46 所示为装备于美国 JSOW 布撒武器的 BLU-108 型智能反装甲子弹药。

BLU-108 工作过程如图 9.47 所示,母弹在预定空域(时刻)开舱,通过一次抛撒抛出所装填的 BLU-108,在适当时刻打开减速调姿伞,在伞阻力的作用下实现 BLU-108 速度和姿态调整,在目标区域上空达到垂直姿态。BLU-108 抛掉舱盖,子弹控释机构带动装填的 4 枚 SKEET 子弹由折叠状态转换为展开状态,随后旋转火箭发动机启动,在火箭发动机

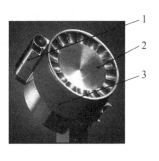

图 9.46　美国 BLU-108 型子弹药

1—敏感器；2—药型罩；3—装药壳体

驱动下 BLU-108 加速旋转，达到最大转速时，切断控释机构与 SKEET 子弹的连接，SKEET 子弹在离心力的作用下被抛出，实现 BLU-108 对子弹的径向二次抛撒。每枚 SKEET 子弹沿径向飞出同时自转，子弹上的探测器不断对地面扫描以探测目标，它的扫描面积可达 2 700 m²，识别目标后引爆战斗部形成爆炸成型弹丸（EFP）击毁目标。

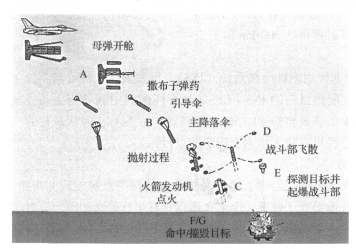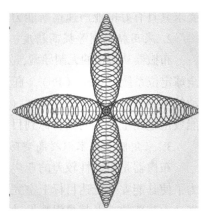

图 9.47　美国 BLU-108 子弹药作战模式示意图及 4 枚子弹药扫描轨迹

如图 9.48 所示的 MK118 型反坦克子弹药重约 600 g，战斗部采用聚能装药结构，装药为 0.18 kg 的 B 炸药，药型罩为紫铜，在击中坦克或者装甲车辆的顶部时，可以产生金属射流来攻击坦克的顶甲，其破甲威力为 190 mm 均质钢装甲、700~800 mm 厚的坚硬土壤或 100~150 mm 厚的花岗岩，可有效地对付硬目标和软目标，如坦克、装甲车辆、油库、弹药库、物资仓库、掩盖工事和火炮阵地等目标。

图 9.48　美国 MK118 型反坦克子弹药

9.5.5　机载布撒器的发展趋势

机载布撒器由于其优良的性能和较高的效费比而成为一种先进的空地打击武器系统。它能够携带各种不同类型的子弹药，有效地摧毁集群坦克、通信系统、防空阵地、指挥掩体、飞机库和飞机跑道、桥梁、公路、集结人员及各种军事器材、防御工事等。特别是在当今海、陆、空立体作战格局下，它的作用日益突出。由于布撒器具有防区外发射以保证载机的安全，采用隐身技术以提高突防能力，采用精确制导以提高命中精度，子弹药类型及布撒方式多样化，采用模块化设计实现武器的标准化、通用化和系列化设计，以及使用维护方便等特点，故已成为赢得未来高新技术条件下局部战争胜利的重要手段，世界军事强国高度重视布撒器的研发和装备。

布撒器正向多用途、防区外发射、强突防、高精度、模块化及其零部件标准化、通用化、系列化并具有携带多种弹头高效打击多种类目标的方向发展。

1. 提高射程，实现远程防区外发射

随着高新技术不断应用于地面防空系统，防空火力日益加强，防区日益扩大，为保证载机安全，须能在防区外投放布撒器，因此布撒器射程发展经历了从最初的临空投放型到近程投放的无动力滑翔型，再发展到中程投放的火箭发动机助推—滑翔型，直至发展到目前的可以远程投放的喷气发动机推进型。对于无动力布撒器，要求其具有好的滑翔能力，在 10 km 高度高亚声速投放时，射程可达 50 km 以上；对于火箭发动机增程的布撒器，也要求其具有好的滑翔能力，经一体化设计，其射程应在 100 km 以上；对于喷气发动机推进的布撒器，要求其具有好的亚声速巡航能力，其射程可达 300 km 以上。

2. 采用精确制导提高精度

布撒器从最初的无制导型，发展到采用惯性导航系统（INS），再发展到惯性导航系统＋全球定位系统（INS＋GPS），直至发展到目前的 INS＋GPS＋地形匹配的中制导与主动或被动的末制导的组合，使其精度（CEP）从最初的 40～50 m 提高到 3 m 左右，即从最初的只能攻击地面上较大的面目标到目前已经可以攻击地面上固定的点目标。

3. 采用隐身技术以提高突防能力

布撒器是机动性较差的亚声速无人驾驶飞行器，很容易被敌方的探测系统发现并击毁。为了使其能安全抵达目标上空完成开舱抛撒子弹药，要求布撒器具有很好的突防能力。对于带动力装置的，尤其是涡喷发动机推进型布撒器，一方面要求其具有很好的低空、超低空巡航特性，另一方面要求布撒器具有很好的隐身特性。

4. 模块化

各国在发展布撒器时都贯穿了模块化结构设计思想。通常采用 3 个模块化舱段组成一个整体布撒器，这 3 个模块通常是前部的制导仪器舱、中部的子弹药舱、尾部的动力装置和执行机构舱。通常可根据不同的射程、目标特性及战斗要求采用不同的模块组合成一个性能不同的完整布撒器，以适应不同的挂载及作战需求，取得最好的作战效果和最佳的效费比。

5. 系列化

机载布撒器发展尤其重视系列化，包括射程系列化、制导系统系列化、动力系统系列化和战斗部系列化。在系列化设计思想下，在基型基础上发展出近程的滑翔型、中程的火箭发动机增程型、远程的涡喷发动机推进型等不同的动力方案，形成几十到几百千米不同的型号，制导方面有惯导、惯导加外部修正、末制导等不同的制导方式；毁伤方面，除单一性能的战斗部外，还有不同质量和毁伤作用的子弹药。

6. 发展新型子弹药，进一步提高布撒武器毁伤效能

大力发展新一代智能子弹药、末制导子弹药、巡飞子弹药等，与机载布撒武器结合，进一步提升布撒武器系统防区外对多种类目标的精确打击及毁伤能力。

习　题

1. 集束弹药有哪些优缺点？
2. 集束弹药的弹道特点是什么？
3. 集束弹药开舱方式有哪些？对开舱的要求是什么？
4. 集束弹药子弹药抛射方式有哪些？对抛射系统的要求是什么？
5. 简述子母式战斗部的结构组成。
6. 机载布撒器有哪些类型？

第 10 章
智能弹药

智能弹药是指具有信息获取、目标识别和毁伤可控能力的弹药，它可以自动搜索、探测、捕获和攻击目标，并对所选定的目标进行最佳毁伤。智能化弹药是传统弹药向智能弹药发展过程中的产物，具备智能弹药的部分特征，主要包括末制导炮弹、制导弹药和灵巧弹药等。

灵巧弹药（Smart Munition）是在外弹道某段上能自身搜索、识别目标，或者自身搜索、识别目标后还能跟踪目标，直至命中和毁伤目标的弹药。灵巧弹药是介于无控弹药和导弹之间的弹药，它包括敏感器引爆弹药（末端敏感弹药）和末制导弹药，而在当前发展阶段更广泛一些，按照该定义，弹道修正弹、制导炸弹、自寻的末制导弹药、末敏弹、广域值守弹药、巡飞弹等均可归类于灵巧弹药范畴。由于其优良的性能及较高的效费比，故得到了迅速发展，已形成一个新的技术及装备领域，与传统弹药、导弹形成鼎立之势。

随着信息化、网络化作战需求以及光、电、磁、计算机、微电子和新材料等高新技术的发展，弹药正在向信息化、智能化、网络化方向迈进。末敏弹、末制导炮弹、高精度的制导炸弹等智能弹药已逐渐产品化并装备部队，同时又涌现出一些新概念的智能弹药，如网络化弹药、仿生弹药等，使弹药已开始具有攻击目标自主化、网络化、战斗部威力可调等智能化特征。智能化弹药能使普通火炮、火箭、航空炸弹等传统弹药在复杂多变的战场环境，以及保持对目标的压制打击能力的条件下，提高打击的"准确度"和作战效能，实现远程、高精度的有效毁伤。

10.1 末 敏 弹

10.1.1 末敏弹概述

在 500 m 射程内有各种轻型反坦克武器，如火箭增程破甲弹、82 无后坐力炮用破甲弹、单兵反坦克火箭筒、82 火箭增程破甲弹等；在 500～5 000 m 射程范围内有各种直瞄式反坦克炮、反坦克导弹等；但在 5 000 m 射程以外，由于距离远，不容易直接瞄准目标发射，要对这个区域的目标实施有效攻击，就得发射大量的无控弹药。传统间瞄武器射程虽远，但精度差，命中概率低，摧毁一个目标需要投入大量弹药和较长时间，这种状况显然不能满足未来高新技术战争的需要。为了使间瞄武器能远距离地攻击敌方静止或行进中的集群装甲目标，人们提出了许多技术方案，使常规的武器系统向灵巧化、智能化和制导化方向发展，末敏弹就是在这种需求下应运而生的。

末敏弹是末端敏感弹药的简称,"末端"指弹道的末端,而"敏感"是指弹药携带的传感器可以探测到目标的存在,进而起爆弹药并毁伤目标。末敏弹大多数采用子母弹结构,母弹内装多枚末敏子弹,母弹仅仅是载体,末敏子弹具有末端敏感目标的功能。末敏弹母弹可以是炮弹、火箭弹、航空炸弹、航空布撒器等,在一次发射(或投射)中可同时攻击多个不同的目标。随载体射程不同,末敏子弹可以实现对远、中、近不同射程上装甲目标的精确打击。

末敏弹武器系统综合应用了爆炸成型弹丸技术、红外和毫米波探测技术以及信号处理技术,形成了一种将先进的敏感器技术和爆炸成型弹丸技术应用于子母弹的新型弹药,把子母弹的面杀伤特点发展到攻击点目标,使之适用于间瞄射击,能有效攻击远距离自行火炮和其他装甲目标,成为一种高效能压制武器,如图10.1所示。末敏弹不需要另外输入信号和外部指示就能寻找目标,实现了"打了后不用管"。它具有以下优点:

(1) 利用远程火炮、火箭炮、机载武器等平台发射,作战距离远。

(2) 借助投放平台的精度以及自身能在150 m左右的范围内搜索目标,因而命中精度高。

(3) 采用爆炸成型战斗部攻击顶装甲,具有很好的毁伤效果。

(4) 效费比很高,用它来摧毁装甲目标的效率要比用普通子母弹提高20倍。

(5) 不需要复杂的检测设备,勤务处理方便。

(6) 不用制导控制,没有精密复杂的制导系统,因而比导弹结构简单、技术难度小、成本低,适宜大量装备部队。

图10.1 末敏弹探测攻击目标过程示意图

末敏弹与末制导炮弹相比,其相同点是都用火炮发射,都可以远距离对付装甲目标。其不同点是末敏弹没有制导系统,对点目标的命中概率比末制导炮弹低,特别是对付运动中的目标。末敏弹与第一代末制导炮弹(如"铜斑蛇""红土地"等)相比,又有其独特的优点:末敏弹以多制多,适于对付集群目标;末敏弹实现了"打了后不用管";末敏弹的技术难度比末制导炮弹小,因为它只需要敏感目标,而不像末制导炮弹那样需要锁定、跟踪直至击中目标;末敏弹的成本只相当于末制导炮弹的1/5~1/4,效费比高。

末敏弹是美国于20世纪70年代发展起来的,随后各军事强国迅速发展,为在远程多管火箭炮、广域地雷、无人驾驶飞行器、机载布撒器及其他载体中使用开辟了广阔的应用前景，是弹药领域的一次飞跃，为陆海空各种载体提供了一种有效的反装甲武器。

10.1.2 末敏弹的构造与作用

1. 末敏弹的系统组成

末敏弹多为子母式结构，即一枚母弹装载若干枚末敏子弹。末敏弹的具体结构随着发射平台、载体及作战用途的不同而不相同。炮射末敏弹、火箭末敏弹、航空炸弹末敏弹、航空布撒器末敏弹不仅母弹（载体）外形、结构及装载的末敏子弹数等有较大差异，而且末敏子弹的构造也各不相同，如末敏子弹的外形、减速减旋装置稳态扫描机构、敏感器等均展现出各自的特色。

以炮射末敏弹为例，末敏弹系统由母弹（弹丸）和发射装药组成，如图 10.2 所示。炮射末敏弹由引信、抛射装置、薄壁弹体、末敏子弹和分离装置组成。其中，母弹（弹丸）由时间引信、弹体、抛射装置、末敏子弹、分离装置等组成；末敏子弹由 EFP 战斗部、复合敏感器系统、减速减旋与稳态扫描平台、中央控制器电源、子弹体等组成。EFP 战斗部由 EFP 战斗部装药、起爆装置、保险机构、自毁机构等组成。中央控制器由火力决策处理器、驱动舱、控制舱等组成。

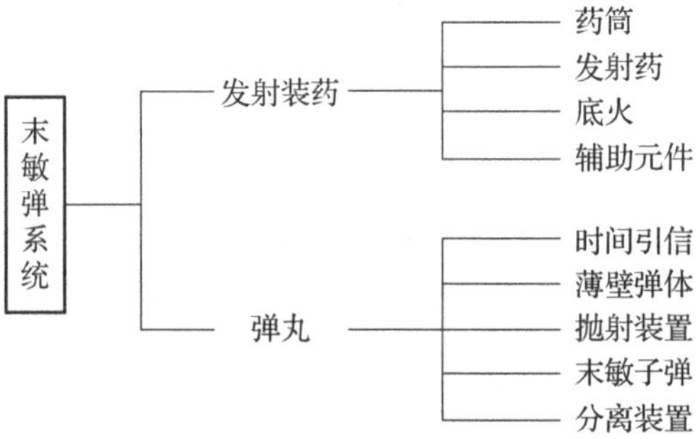

图 10.2 炮射末敏弹系统组成

对于复合敏感器和减速减旋与扫描系统，在各国研制的末敏子弹中不完全相同。如美国“萨达姆”（SADARM）末敏子弹的复合敏感器系统由毫米波雷达、毫米波辐射计、红外成像敏感器、磁力计组成，减速减旋与稳态扫描系统由充压式减速气球、减旋翼和涡环旋转降落伞组成。德国“斯马特”（SMART）末敏弹的复合敏感器系统由毫米波雷达、毫米波辐射计和双色红外探测器组成，减速减旋与稳态扫描系统由阻力伞、3 个减旋翼和旋叶式旋转降落伞组成。法国和瑞典联合研制的“博纳斯”（BONUS）末敏弹的复合敏感器系统为红外/毫米波双模探测器，减速减旋与稳态扫描系统包括 6 片减旋翼和 3 片减速翼组成的减速减旋装置及 2 片非对称斜置双翼组成的稳态扫描装置。

以“斯马特”（SMART）为例介绍炮射末敏弹的结构特点。全备末敏弹由时间引信、抛射药管拱形推板、弹底、弹带以及两枚相同的末敏子弹组成，如图 10.3 所示。全备弹重 47 kg，携带子弹两枚，弹体内径 147 mm，弹体壁厚 3.5 mm。一发炮射末敏弹携带两枚末敏子弹。由于技术上的原因（如保证前后末敏子弹抛出后可靠分离并保证扫描区域不重叠等），装配状态下前末敏子弹与后末敏子弹的质量、弹长等参数有些差别，但在战斗状态即稳态扫描状态下，前后末敏子弹却完全相同。

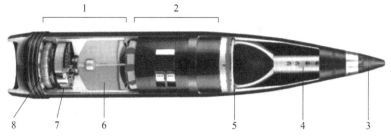

图 10.3 炮射末敏弹结构

1—子弹 1（透视）；2—子弹 2；3—引信；4—抛射药；5—插板；6—高爆装药；7—数据处理单元；8—伞

薄壁弹体结构是该型末敏弹的主要特点之一。采用薄壁弹体的目的在于获得尽可能大的母弹内腔直径，从而尽可能地增大末敏子弹的直径。这样做的好处是：一方面可以减小末敏子弹部/组件小型化的难度；另一方面可以提高战斗部的威力。除此之外，对于主被动毫米波敏感器而言，随着末敏子弹弹径的增大，天线的口径将随之增大，因此敏感器对目标的探测识别性能和定位能力都将得到提高。由于炮射末敏弹发射时的过载与转速分别高达 15 000 g 和 20 000 r/min，因此必须高度重视薄壁弹体的强度问题，设计和制造上应采取相应的技术措施。例如，弹体和弹底材料选取强度较高、韧性较好的合金钢 30CrNiMo8；弹带的加工工艺由传统的刻槽压接环带改为无槽电子束焊接弹带，且一部分在弹体上，一部分在弹底上，材料可以是纯铁也可以是黄铜；末敏子弹在弹体内的固定不再采用内壁刻槽加键的方法，而是用拱形推板和弹底对末敏子弹的压力及弹体内壁和末敏子弹间的摩擦力固定，为此，在母弹弹体内壁和末敏子弹外壁的相关部位有碳化钨涂层，确保发射和飞行过程中母弹弹体和子弹间无相对转动。

"斯马特"末敏子弹主要由子弹弹体、中央控制器、减速减旋装置、稳态扫描装置、红外敏感器、主被动毫米波敏感器、弹载计算机、电源、EFP 战斗部、安全起爆装置等组成，如图 10.4 所示。子弹的冲压式球形减速伞和折叠式减旋翼构成减速减旋装置，旋转伞、减速伞和伞舱后的子弹及弹伞连接装置构成了稳态扫描装置，EFP 战斗部则主要包括子弹壳体、高能炸药和钽药型罩。

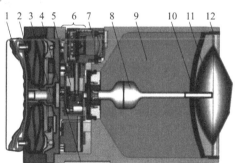

图 10.4 末敏子弹总体结构

1—减速伞；2—旋转伞；3—分离机构；4—减旋翼；5—安全起爆装置；
6—电子模块；7—红外传感器；8—毫米波组件；9—炸药；10—药型罩；11—毫米波天线；12—定位环

末敏子弹从母弹中抛出后，具有较高的速度和转速，且受到较大的扰动。减速减旋装置在稳定子弹运动的同时，将子弹的速度和转速按规定的时间或距离减至有利于旋转伞可靠张开并进入稳态扫描的数值。旋转伞使子弹以稳定的落速和转速下落，并保证子弹纵轴与铅垂方向形成一定的角度对地面进行稳态扫描。红外敏感器、主被动毫米波敏感器、弹载计算机及电源构成复合敏感器,其作用是测量子弹距离地面的高度,搜索、探测并识别目标,确定子弹对目标的瞄准点和起爆时间,发出起爆信号起爆 EFP 战斗部。

1) EFP 战斗部

末敏子弹 EFP 战斗部是末敏弹的重要组成部分,其作用距离与侵彻能力直接决定了末敏弹系统作战效能的优劣。其作用原理是:当毫米波敏感器在一定的空域范围内探测到目标后给中央控制器发出信号,中央控制器给安全起爆装置发出起爆指令,再由起爆装置起爆副药柱,爆轰波经隔板调制产生波形改变,以新的波形作用在药型罩上形成 EFP(速度在 2 000 m/s 以上),从顶部攻击并击毁目标。EFP 战斗部结构如图 10.5 所示。

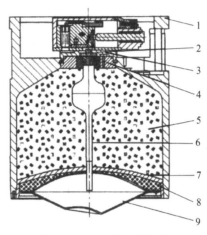

图 10.5　EFP 战斗部结构

1—子弹壳体;2—起爆雷管;3—传爆药;4—起爆药;
5—主装药;6—毫米波组件;7—药型罩;8—衬垫;9—毫米波天线

根据末敏弹上 EFP 战斗部与电子舱之间的相对位置,末敏弹一般可以划分为分置布局和部分敏感器件内嵌的一体化布局两大类。采用红外敏感体制的末敏弹一般采用分置布局。分置布局的电子舱(内含中控器热电池组、敏感器件等)和 EFP 战斗部完全分开,具体结构可进一步细分为串列和并列两种布局方式。

2) 中央控制器

中央控制器是末敏子弹的核心部件,其主要功能是在末敏子弹的弹道飞行过程中,完成时序控制、电源管理、驱动控制、数据采集、信号处理、火力决策以及发出战斗部起爆或自毁指令。由于受体积的限制,故在中央控制器的电路设计中,常采用可靠度高、集成度高、体积小的元器件。末敏子弹的中央控制器主要由 CPU、I/O 驱动电路、CPU 晶振、CPU 复位电路、晶体振荡器、分频电路及电源电路等部分组成。

中央控制器根据总体工作流程提出的供电时序要求、弹上能源节约和安全的原则,采用程控供电方式。它不仅能够保证准确无误的弹上供电时序,而且可以按工作流程要求及时关闭任何一路电源,并使之处于待机状态。这样既提高了弹上能源的利用效率,又满足了弹上的安全性要求。

3) 复合敏感器

复合敏感器系统的功能是在敌我光电对抗条件下和强烈的地物杂波干扰环境中能探测、识别装甲目标。末敏弹要准确地击中目标,首先必须通过探测目标及周围的物理物(如毫米波辐射物或红外辐射物等)来确定目标的存在和方位,因而末敏弹的探测敏感技术十分关键。

为了提高末敏弹对目标的探测性能,克服单一体制敏感器使用的局限性,采用复合敏感器系统是一个好的途径,即将两种或两种以上的敏感体制复合在一起使用,既可集两者的优点,又可互相克服缺点。由于末敏弹自身的特点,在末敏弹中使用的敏感器必须满足体积小、质量小、抗高过载等要求。目前,世界上大多数国家研制的末敏弹均采用3个传感器组合,即主动毫米波雷达、被动毫米波辐射计、双色红外探测等。

4) 减速减旋及稳态扫描平台

减速减旋及稳态扫描平台的作用主要是为末敏子弹药提供稳态扫描环境,即末敏子弹弹体近似匀速铅垂状态下落,而弹轴围绕铅垂线成定角匀速旋转的运动状态,实现稳定的扫描参数,同时保证不漏扫目标。这种运动状态赋予末敏弹敏感器和爆炸成型弹丸一个攻击目标正确和稳定的工作平台,对末敏弹命中及毁伤目标的性能均有直接的影响。

末敏弹经减速减旋后,稳态扫描装置开始工作。初期末敏弹落速、转速继续降低,扫描角变化较大,未达到运动稳定状态,所以地面扫描轨迹杂乱无章。随着空气动力的作用及系统阻尼的影响,末敏弹逐渐以恒定速度下落,转速逐渐达到稳定值,扫描角也不再变化,地面扫描轨迹由杂乱变规则,形成螺旋线,如图10.6所示,末敏弹此时进入稳态扫描阶段。

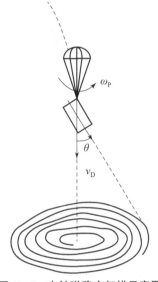

图10.6 末敏弹稳态扫描示意图

减速减旋及稳态扫描平台主要由减速减旋装置和稳态扫描装置组成。减速减旋需要在合适的时间内完成,可以采用减速翼片机构和减速伞(或充气气球)系统两种方式减速。从各国目前的发展情况来看,使子弹形成稳态扫描运动主要有两种技术方式:一种是采用降落伞;一种是采用气动力机构。

2. 典型末敏弹作用过程

炮射末敏弹的整个作用过程经过母弹发射、母弹开舱抛射、末敏子弹分离、旋转伞张开、稳态扫描与目标探测、战斗部起爆攻击等几个阶段,以"萨达姆"(SADARM)炮射末敏弹为例,其作用过程如图10.7所示。

(1) "萨达姆"末敏弹丸由制式155 mm榴弹炮发射,根据攻击目标位置信息,由射表制定射击方位、俯仰等射击诸元和末敏弹母弹开舱时间等引信装定诸元,其他与发射普通无控弹丸相同。

(2) 末敏弹丸经无控弹道飞抵目标上空后,时间引信作用,启动抛射装置,抛射药燃烧,火药气体压力剪断底螺和弹体连接的螺纹,向后抛出子弹串,子弹串中弹簧盒弹开,将前、后两枚子弹轴向分离(不同国家研制的末敏弹分离方式各有不同)。

(3) 子弹抛出后,冲压式空气冲气减速器被冲气,形成扁球形,对子弹起减速、减旋定向和稳定的作用。

(4) 同时,热电池启动工作,当热电池电压达到规定值时开始对电子系统(含微处理器、多模传感器、中央控制器等电器部件)充电启动。

(5) 当子弹以大着角下落并在中央控制器的控制下,毫米波雷达开始1期测距,测定子弹到地面的距离。

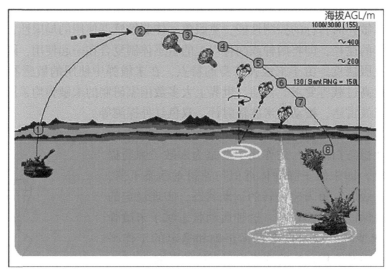

图 10.7 末敏弹的作用过程

1—母弹发射；2—母弹开舱，抛射两枚末敏子弹；3,4—末敏子弹减速减旋；5—末敏子弹抛掉减速伞，释放旋转伞；
6—末敏子弹下落并开始搜索、探测和识别；7—末敏子弹扫描到目标；8—末敏子弹起爆并击中目标

（6）当测定结果达到预定高度（500~800 m）时，在中央控制器的控制下，子弹抛去冲压式空气充气减速器后，涡旋式旋转伞在气动力的作用下展开并开始工作，带动子弹旋转。

（7）在中央控制器的控制下，在子弹圆柱体外侧甩出红外探测器窗口并锁定到位，同时启动"红外焦面阵列（1×8 元探测器）"开始制冷。

（8）旋转伞带动子弹稳态降落过程中，在中央控制器的控制下，毫米波雷达开始第 2 期测距。

（9）在第 2 期测距过程中，中央控制器中火力决策处理器启动"前期措施"，完成对目标探测数据的采集准备工作。此时子弹已进入稳态扫描，但子弹所处高度仍大于 EFP 战斗部的有效作用距离，火力决策处理器根据各传感器提供的数据，调整探测门限，以抑制假目标和外界干扰，获得最大的探测概率。

（10）当子弹下落到一定高度（100~150 m）后，各个传感器在火力决策处理器的统一指令下进行工作扫描，此时子弹已进入了威力有效高度，发火装置解除最后一道保险。

（11）对目标的探测，采用相邻两次扫描后判定的方式，即第一次扫过目标后，向火力决策处理器报告目标和信息；第二次扫过目标时把目标敏感数据与处理器为特定目标设定的特征值进行比较，再做最终判定。

（12）第二次扫描结果，当确定是目标，与此同时还判定目标已进入子弹的威力窗口内时，由火力决策处理器下达指令起爆战斗部，抛射出爆炸成形弹丸（EFP）。

（13）EFP 以大于 2 000 m/s 的高速射向目标，在目标来不及运动的瞬间，命中毁伤目标。

（14）当第二次扫描结果判定为非目标时，可以改换对象，继续探测其他潜在的目标。

（15）如果一直未发现目标，则子弹战斗部将在离地面数米之内自毁。

3. 末敏弹的不足

末敏弹的设计初衷，是用于对付冷战时期的苏军坦克集群，在海湾战争中发挥了一定的

作用。由于末敏子弹药形成有效攻击的目标条件特别复杂，当目标分布不均或者目标密度过大过小时，都会明显影响其打击效能，尤其是对付高机动目标时打击效果特别差。对于数量较少的装甲小组，例如，沿着公路向前沿调动的、间距拉得很大的单列坦克纵队打击效能较差。

末敏弹在整个攻击过程中作战程序颇为复杂，一般要经过减速、一次测距（充电）、二次测距、扫描、确认、攻击等多个程序。其中任何一道程序出现问题都会导致攻击失败，所以末敏弹投放后可靠性较低。

末敏弹自身不带动力装置，自旋依赖空气动力，因此在攻击过程中若遇上强风、降雨等恶劣天气，末敏子弹药所携带的红外探测装置难以确保形成稳定的扫描条件。由于末敏子弹药敏感探测装置是边下降边作周向扫描，其扫描路径在地面上的投影是一条阿基米德螺旋线，因此在山地、皇陵、建筑物密集的城镇，甚至高海拔地区使用末敏弹时，其探测装置会产生很多扫描盲区，这就进一步降低了其命中率。

EFP穿甲深度约为0.8倍战斗部药型罩直径。以M898"萨达姆"155 mm末敏弹为例，其末敏子弹药能击穿约120 mm厚的等效均质钢装甲，这个威力级别可以击穿全世界现役所有未经改装和加强顶部防护的主战坦克炮塔顶部，击穿坦克发动机舱盖，击毁发动机更是不在话下。但是，基于俄乌冲突中的惨痛教训，坦克加强了主战坦克炮塔顶部的防护，具体方法有，在坦克炮塔顶部加装复合装甲或反应装甲，以及在炮塔顶部加焊"遮阳棚"，并在棚顶格栅上固定复合装甲块等。这些防护措施给EFP的侵彻威力提出了新的挑战。

10.1.3 典型末敏弹

美国是最早研究末敏弹的国家，继美国之后，德国、中国、法国、瑞典、俄罗斯等国也相继完成了末敏弹的研制。国外主要末敏弹性能参数见表10.1。

表10.1 国外主要末敏弹性能参数

型号	SADARM	SMART	BONUS	SPBE-D	BLU-108
国家	美国	德国	法国/瑞典	俄罗斯	美国
母弹	155 mm榴弹	155 mm榴弹	155 mm榴弹	航空炸弹	航空炸弹
子弹数/枚	2	2	2	15	10（40SKEET）
子弹尺寸/mm	$\phi 147 \times 204$	$\phi 138 \times 200$	$\phi 138 \times 82$	$\phi 186 \times 280$	$\phi 133 \times 790$
质量/kg	11.77	—	6.5	14.9	29（SKEET：3.4）
子弹落速/$(m \cdot s^{-1})$	17	13	45	15~17	—
扫描速度/$(r \cdot min^{-1})$	7	3	15	6~9	—
敏感体制	主被动毫米波/双色红外/磁力计	主被动毫米波/红外	双波段红外	双波段红外（3~5 μm和8~14 μm）	激光/双波段红外（3~5 μm 和8~14 μm）
威力	152 m处引爆	120 m处引爆	150 m处引爆，可穿透100 mm装甲	165 m处引爆，可穿透70 mm/30°装甲	
药型罩材料	钽	钽	钽	紫铜	铜

1. 美国155 mm"萨达姆"末敏弹

美国1979年开始研制M898式155 mm炮射末敏弹，项目的正式名称叫装甲敏感与毁伤技术弹药，英文缩写为SADARM。到1990年，"萨达姆"的技术发展已处在子弹药部件最后设计与试验阶段，完成了子弹部件试验、155 mm薄壁弹体试验、多管火箭战斗部布撒器试验、子弹两级降落伞试验、复合敏感器试验和爆炸成型弹丸战斗部试验，最终于1997年定型装备。"萨达姆"末敏子弹敏感器的探测距离达150 m，100 m高度时穿甲深度可达135 mm。在2003年伊拉克战争中，美国陆军首次将末敏弹用于实战，取得了一定的作战效果。由于SADARM末敏弹技术复杂，成本也比原计划高出了2~3倍，因此该弹也不再改进。后期，美国ATK公司已和德国GIWS公司签署了一份专门协议，由GIS向ATK公司转让DM702"斯马特"（SMART）末敏弹技术，ATK公司负责在美国生产炮弹、子弹及其他部件，并在美国销售。

2. 德国SMART 155末敏弹

德国SMART 155末敏弹由德国智能弹药系统公司（GIWS）于1989年开始研制，1994年5月成功完成性能演示试验，1999年年底投入小批量生产，主要用于德国PZH2000 155 mm自行火炮。2001年GIWS授权美国ATK（后改为Orbital ATK）公司为美军生产SMART。2015年开始，GIWS开始提供供火炮使用和供火箭弹使用的两种SMART末敏弹。

SMART 155末敏弹应用于如图10.8所示的155 mm的DM702榴弹，DM702内装2枚子弹药，其外形及外弹道特性与DM642式子母弹相同，全弹长（含引信）898 mm，重47.3 kg，与DM642不同的是DM702的弹带较宽，且弹底有弹底塞。DM702可以使用北约各国多种型号的155 mm火炮发射，最大射程为28 km。DM702末敏弹由时间引信、抛射药管、拱形推板、薄壁弹体、弹底、弹带以及两枚基本相同的末敏子弹组成。DM702在弹体结构设计上有其独到之处，其弹体在满足发射强度的前提下采用薄壁结构，弹体壁厚仅为普通炮弹的1/4~1/3，使得弹体内腔空间最大化，EFP战斗部的装药直径和药型罩直径都得到相应增加。同时，药型罩材料使用高密度钽，从而使战斗部的侵彻能力大幅提高（比铜质药型罩提高35%）。DM702末敏弹可

图10.8 DM702榴弹与SMART末敏子弹

配用DM52AI式电子时间引信，可通过编程设定其在目标上空的作用时间，电子时间引信作用后引燃装在弹头尖顶部中的抛射装药，在抛射装药产生的气体压力作用下，推动子弹将弹底塞弹出，随后将子弹药抛射出母弹。

DM702榴弹SMART155末敏弹结构如图10.9所示，其主要由定向稳定装置、传感器引爆系统和战斗部组成。定向稳定装置包含一个阻力伞、3个向外张开的减旋翼和旋转降落伞。子弹的气动特性由阻力伞和减旋翼控制，子弹的旋转运动由旋转降落伞控制。当子弹从母弹抛出后，首先靠阻力降落伞与减旋翼片减速减旋控制其降落速度和转速，当子弹药达到稳定飞行状态时，抛掉阻力降落伞，展开自动旋转降落伞使其达到稳态扫描状态，形成在目标上空的扫描运动。

SMART 采用三模敏感器，传感器引爆系统采用适于火炮发射环境的加固处理电子组件，由双通道红外/毫米波雷达（工作频率为 94 GHz）、被动毫米波辐射计（工作频率为 94 GHz）传感器系统、数字信号处理器和电源组件组成。传感器系统共有 3 个不同的信号通道，从而提高了抗干扰能力，能够可靠接收目标、背景辐射或反射的信号。即使由于环境条件（如大气条件）使敏感器某个通道不能正常工作，它也可以根据其他两通道的信号探测并识别目标。系统电源仅在子弹转速及下降速度降低到某一临界值以下时才启动，以保证处理信号时的供电要求。

图 10.9　SMART 155 末敏弹结构

SMART 末敏弹的结构设计比较巧妙，毫米波雷达和毫米波辐射计共用一个天线，而且天线与 EFP 战斗部的药型罩融为一体。这种结构不仅为天线提供了一个合适的孔径，提高了探测能力，还不需要添加机械旋转装置，较好地利用了空间。SMART 的战斗部用高密度钽作为药型罩的材料，使用了波形控制器，可形成带尾翼的大长径比 EFP。这样，在有限装药口径的条件下，尽可能地提高了 EFP 战斗部的穿透能力，使其在 120 m 处具备较高的装甲侵彻能力，破甲能力也达到了在 30°攻角的情况下击穿 120 mm 厚钢板的水平，与使用铜质药型罩时相比，侵彻体的穿透力提高了 35%。

为了在更远的距离上精确打击轻、重型装甲目标，德国 Diehl BGT 防御公司利用 227 mm 制导多管火箭弹系统（Guided Multiple Launch Rocket System）开发了火箭末敏弹系统。其使用的 SMART 末敏弹与 155 mm 火炮发射的 DM 702 使用的基本相同，每枚火箭装填 4 枚 SMART 末敏弹。多管火箭由美国洛克希德·马丁（Lockheed Martin）公司提供，其火控系统通过与政府合作，授权 Diehl BGT 公司修改设计。

3. 法国/瑞典 BONUS 末敏弹

BONUS 是瑞典博福斯公司和法国地面武器集团联合研制的 155 mm 炮射末敏弹，母弹为 155 mm 底排弹，内装两枚末敏子弹，母弹全弹长为 898 mm（不含引信），质量为 44.6 kg（不含引信），使用 52 倍身管火炮发射时最大射程为 35 km，使用 39 倍身管火炮发射时最大射程为 27 km，是目前射程最远的 155 mm 炮射末敏弹。

BONUS 末敏弹在结构上有其独特的设计，其减速减旋和稳定装置均没有用阻力伞，BONUS 从母弹抛出后，其减速减旋是通过子弹药尾部周向布置的多片卷弧翼实现的，如图 10.10 所示。BONUS 的稳态扫描装置是两片轴向折叠、张开式非对称斜置翼片，在其中一片翼面上又翘起一片更小的弧形阻力片，如图 10.11 所示。

末敏子弹被从母弹抛出、减速减旋后，两片弹翼同时展开使子弹章动旋转下降，翼面展开后，表面流动的气流是非对称的，大翼片上更小的弧形阻力片进一步加剧了这种不对称性，从而带动子弹旋转，使子弹在下降过程中达到相对稳定的状态，实现稳态扫描。在其下降过程中，其弹轴与降落垂线大约呈 30°夹角，同时子弹侧面上的多波段红外敏感器张开到位，这样在子弹下降过程中就对地面形成一个向内螺旋的扫描区域。BONUS 末敏弹实践了一种无伞末敏弹的技术途径，采用翼结构代替伞可以降低对风的敏感性及使扫描更流畅。由于没有采用稳定伞，故子弹的转速和落速较快，减少了被敌方干扰和风力的影响，而且目标特征较低，不易被敌方发现。

图 10.10　BONUS 母弹及子弹

图 10.11　BONUS 末敏弹

BONUS 能像普通炮弹一样在炮位操作，母弹旋转稳定并配有底排装置，母弹射击前，启动第 1 次分离装药的时间引信，在目标区上空 800~2 000 m 高度处，在预置的时间后，引信启动抛射分离装药，抛出两枚子弹，当它们下降时通过旋转制动装置减速减旋（见图 10.12），然后两个翼翅和敏感器打开，稳定飞行阶段开始，即两个翼翅在下降期间稳定子弹，敏感器和战斗部相对下降垂线有一个固定角度，这可使每个子弹以螺线形扫描目标区。这两个子弹都覆盖一个大的搜索区，子弹下降速度为 45 m/s，转速为 15 r/s。其搜索方式通过高度计启动，当弹载激光高度计探测到的高度达到作战高度后，红外传感器才开始工作。大约在距离地面 175 m 的高度上，红外传感器开始工作，搜索扫描阶段开始，扫描角为 30°，扫描区域直径约为 200 m，扫描区域面积约为 32 000 m^2，子弹药以螺旋方式搜索目标。一旦光电组件锁定目标，战斗部起爆形成高速 EFP（2 000 m/s），攻击相对较易损的顶部装甲。它可穿透 100~140 mm 厚的装甲，对装甲后器材和人员进行毁伤。

与 SMART 相比，BONUS 的敏感装置比较简单，它采用红外/毫米波双模探测器。因此，2001 年开始了新一代产品研制，命名为 BONUS Mk Ⅱ，增加了激光传感器（Laser Detection and Ranging），能够描绘目标的轮廓形状，这使得子弹药能探测红外特征较低的目标。

BONUS 末敏子弹因为省去了旋转降落伞机构，故子弹变得更加紧凑，长度只有 82 mm，直径为 138 mm，质量仅为 6.5 kg。由于长度较短，BONUS 母弹（弹丸）最早计划携带 3 枚末敏子弹，后来为了减少母弹抛撒时子弹过多造成相互干扰，最后还是选择了 2 枚子弹，剩下的空间用于安装底排发动机等增程装置，也因此使它成为目前射程最远的炮射末敏弹。

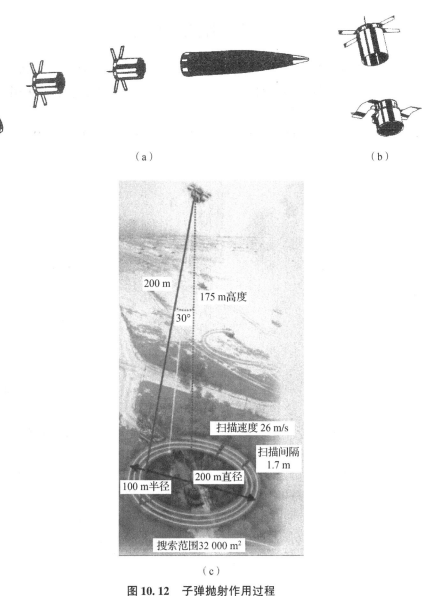

图 10.12　子弹抛射作用过程

(a) 圆柱体抛出和撒开；(b) 子弹被推出，弹翼打开；(c) 子弹药扫描、攻击

4. 国产末敏弹

我国对末敏弹技术的研究工作滞后于美国、德国等发达国家，相关技术研究起步较晚，但发展较快。从"八五"时期开始，相继开展了末敏弹总体技术、毫米波/双色红外复合敏感器技术、稳态扫描技术、EFP战斗部技术、安全引爆技术等关键技术的系统研究。我国的末敏弹技术研究取得了突破性进展，命中概率与国际水平相比提高了25%，相继研制了155 mm 跑射末敏弹、迫击炮末敏弹、火箭弹末敏弹和机载武器末敏弹，构成了体系完善的末敏弹武器装备体系。

10.2 弹道修正弹

对于炮弹,提高其射程、改善射击密集度,是对其研究的重要内容。随着技术的发展,研究人员另辟蹊径:对随机误差影响下的随机弹道进行实时落点预报,并采用简易控制机构对后续弹道进行一次或若干次简易(非闭环控制)修正,以调节飞行弹道靠近理论弹道中心,从而大幅度提高地面密集度。由此,弹道修正弹技术应运而生。图 10.13 所示为一维弹道修正示意图。

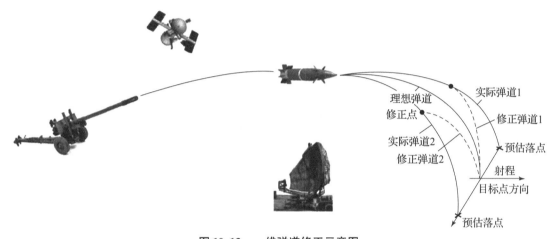

图 10.13　一维弹道修正示意图

弹道修正弹药的弹道可控性介于普通炮弹与制导炮弹之间。弹道修正弹与制导炮弹的区别:前者通过有限次的弹道修正,来修正弹丸飞行误差和因目标机动带来的弹目交会点偏差,以此来提高射击精度;后者则可以通过连续控制来连续地修正弹道,命中率接近100%。导弹结构复杂,价格昂贵,使用成本较高。弹道修正弹与普通制式炮弹相比,普通炮弹出炮口后弹道无法改变,同时在飞行过程中会受到各种随机因素的影响,弹丸离预定弹道会有偏差,最终造成炸点散布。此外,普通炮弹在打击机动目标时,由于弹丸从发射到命中需要时间,因此无法准确地预判出目标的机动位置,导致弹丸炸点偏离目标。弹道修正弹则能够有效地避免上述两种情况的发生,从而大幅提高弹丸的命中精度。

10.2.1　弹道修正弹的构造及作用

弹道修正弹通常是在常规弹丸上加装弹道修正模块改造而成的,它一般由实际外弹道测量系统、弹道信息处理系统、修正执行机构以及原制式弹药部分组成。原制式弹药部分包括发射装药系统、引信、战斗部和稳定部等。外弹道探测系统、弹道信息处理系统、修正执行机构共同构成弹道修正系统。弹道修正系统包括弹上装置和弹下设备两大部分。弹上装置由弹上信号接收和执行部分组成,而弹下设备包括地面或舰上的跟踪测量分系统、弹道解算及发送装置等。弹上信号接收和执行部分由指令接收机、译码器、控制电子线路(或单板机)、修正指令控制器、修正执行机构和电源等组成,用来接收和执行从地面传送来的指令。装在有限空间内的弹上装置要满足简单高效、抗高过载和高动态响应的品质要求。

弹道修正弹常用的布局形式有三种,第一种是气动修正执行机构放置在弹丸头部,弹丸旋转稳定，如图 10.14（a）所示；第二种是气动修正执行机构放在弹丸头部，尾翼稳定，弹丸不旋转或低速旋转，如图 10.14（b）所示；第三种是矢量修正执行机构设置在弹丸质心附近，尾翼稳定，弹丸低速旋转，如图 10.14（c）所示。

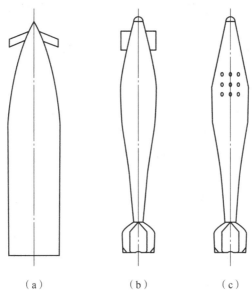

图 10.14　一维弹道修正示意图

1. 实际弹道探测系统

实际弹道探测系统的作用是采用不同的测量技术，测量弹丸实际飞行过程中的位置及姿态信息，为实际弹道或弹着点的解算提供数据。

根据探测方式的不同，实际弹道探测系统可分为半主动探测和全主动探测两种。

（1）半主动探测。使用弹丸外部系统（如火控雷达）获得实际弹道，通常使用地面火控系统雷达，使用陀螺仪确定弹丸滚动角速度、滚动角和俯仰角的，还需要配置炮口速度探测器等设备。

（2）全主动探测。使用弹载全球定位系统（GPS）或惯性导航系统（INS）确定实际弹道，这种探测模式需要具备测速雷达、弹载 GPS 接收机或惯性导航系统（INS）等设备。其中，使用弹载 GPS 接收机的优点是长航时定位精度高，缺点是易受电子干扰，动态跟踪稳定性差，且体积和质量较大；使用惯性导航系统（INS）的优点是短时间定位精度高，体积小，抗电子干扰能力强，缺点是定位误差随时间延长而累加，且初始校准时间较长。

2. 弹道解算系统

弹道解算系统的作用是根据弹道探测系统探测到的弹丸实际飞行弹道和期望弹道进行比较，解算出弹丸弹道相对于期望弹道的偏差量，结合修正执行机构的特性计算出修正参数。

弹道解算系统实际上就是一套专用的计算系统，由专用的计算设备和软件组成。不同技术方案的修正弹弹道解算系统放置的位置不同，有的放置在发射平台，有的放置在弹体内。指令式弹道修正弹的弹道解算由地面火控计算机完成，所以在解算时间和精度上较容易满足要求。而自主式弹道修正弹的解算系统是弹载计算机，由于炮弹空间小，弹载计算机需要微型化和具有抗高过载的能力，为了满足实时处理，还需要计算机对输入的信息能以足够快的速度进行处理,并在所要求的时间内做出反应。

3. 弹道修正执行机构

弹道修正执行机构是弹道修正弹的重要组成部分,其作用是在弹道上为弹丸施加力或力矩,改变弹丸运动方向。弹道修正执行机构主要有两类:一类是脉冲矢量修正机构;另一类是气动修正执行机构。

由于修正弹大多由火炮发射,故安装在弹上的修正执行机构必须满足以下要求:

(1) 所有部件和设备都必须承受发射时的高过载。为此,电子器件要采用灌封处理,易损部件要采取加固、缓冲、减震等措施。

(2) 由于修正弹受到制式火炮体积和尺寸限制,因此弹上的修正设备要尽可能小型化。

(3) 因修正弹采用的是不连续的有限次瞬时固化修正力系原理,所以它的修正执行机构必须能快速启动,要具有良好的动态响应特性。

1) 气动修正执行机构

气动修正执行机构是通过于改变气流方向,从而改变作用在修正弹上的力和力矩的活动面来实施弹道修正的技术,是传统飞行器广泛采用的控制手段之一。除常规的气动舵面外,弹道修正弹还可通过径向活动翼面、阻力环(板)扰流片、活动围裙及用来改变头部外形的风帽等气动力手段来实现对飞行弹道的修正。目前,弹道修正弹常用的气动修正执行机构主要有阻力器、鸭舵和复合修正执行机构等。

气动修正执行机构的优点是可持续提供控制力;缺点是工作效率受飞行速度和高度影响,当飞行速度过高或过低时,工作效率都会下降;机械机构存在的滞后阻尼,响应时间长。

(1) 阻力器。

阻力器的工作原理是在弹道上要求的时刻展开阻力板,使弹丸前锥部的径向面积增大,从而增加弹丸飞行时的空气阻力,对射程进行修正,提高射击精度。阻力器作为修正执行机构的优点是机构设计相对简单,易于实现,易于加工,修正效率高(能使弹丸的阻力系数增大到 5~8 倍);缺点是它只能进行一维修正,只能在射程内向下修正,修正能力有限,修正精度较低。阻力器主要结构形式有环型阻力器、桨型阻力器、花瓣式阻力器、柔性面料伞型阻力器等,典型阻力器的结构形式如图 10.15 所示。

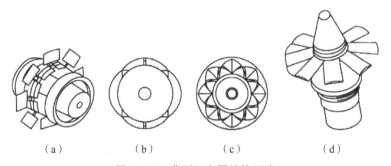

(a)　　　(b)　　　(c)　　　(d)

图 10.15　典型阻力器结构形式

(a) 桨型;(b) 环型;(c) 花瓣式;(d) 柔性面料伞型

环型阻力器是弹道修正弹最早采用的修正执行机构,主要应用在旋转稳定的弹丸上。其工作原理是靠弹丸旋转产生的离心力,在必要时刻使阻力环展开到位,这样弹丸前锥部的径向面积增大,从而增加弹丸的空气阻力,来达到对射程进行修正的目的。

桨型阻力器主要应用在尾翼稳定的非旋转或微旋转弹丸上,靠扭力簧和空气阻力的合力矩使阻力片绕销轴向外展开,并运动到位,增大弹丸前部的阻力面积。

花瓣式阻力器和引信集成在一起,当机构收到张开指令后,阻尼片解锁,弹丸旋转产生的离心力使阻尼片绕销轴转动到位展开。花瓣式阻力器应用于 SAMPRASS 和 SPACIDO 弹道修正引信上,其射程散布由原来的 500 m 分别降低到 60 m 和 95 m,射击精度提高了 85~53 倍。图 10.16 所示为 SPACIDO 弹道修正引信(图中展示了 3 片阻尼片)。

对于阻力器修正控制机构,实际应用中重点要把握以下两个方面:

①小型高效。阻力环机构越小,所占空间越小,对原弹体结构影响也越小,但机构过小,展开的阻力环(外露)面积也小,则增阻有限,影响修正能力。由弹箭气动特性可知,超声速弹箭飞行时其弹头部外形变化对气动阻力影响显著,故通常将阻力环机构置于弹头部某处。

②阻力环张开外形的均匀一致性。阻力环张开后,其外形保持均匀、对称(相对弹几何纵轴,最好全环无缝)非常重要,这不仅可增大增阻效率,最主要的是可以使增加的气动力合力尽可能保持与弹几何纵轴同轴,不会引起弹道上新的误差源。

图 10.16　花瓣式阻力器及其应用

(2)鸭舵修正机构。

鸭舵修正机构主要由舵翼和舵机组成,舵翼的偏转是通过舵机的转动带动传动部件的移动来实现的。鸭舵修正执行机构工作原理是通过弹体姿态控制指令使舵机带动舵面偏转,利用舵面改变弹丸的气动力,从而改变弹体的飞行姿态,并利用弹丸的稳定性改变弹丸的飞行速度,以此实现弹道的修正。

鸭舵在弹体上的位置如图 10.17 所示,有两对鸭舵,水平位置一对、垂直位置一对。鸭舵相对弹体有两个极限位置,即与弹丸轴线的最大夹角为 $\pm\alpha$(图中实线位置处为 $+\alpha$)。鸭舵受舵机控制,可以在图中两个极限位置来回摆动,图中水平鸭舵在正的极限位置(图中实线位置),舵翼产生气动力,方向指向后上方,为升力,因为此力不过质心,所以会产生一个升力矩;在负的极限位置时,气动力方向指向后下方,称为降力,产生降力矩。同理,垂直位置上的一对鸭舵也会产生气动力 F_1,其与水平位置上的力 F 的合力就是鸭舵对弹丸的操纵力。

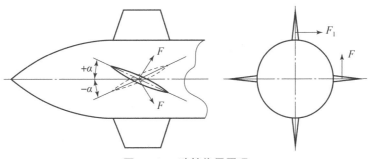

图 10.17　鸭舵作用原理

鸭舵修正方式的优点是修正过程较平稳，修正能力持续时间长，系统安全系数高，修正精度高，控制部件置于弹体前段利于结构设计；缺点是机构复杂，成本高，机械机构存在滞后阻尼，响应时间较长。

对于不滚转弹丸，一对舵翼只能控制一个方向上的偏转，即俯仰或偏转，所以应有一对以上的舵翼。对于滚转弹丸只需一对舵翼即可控制任意方向偏转，但为了提高控制效率，大多采用两对舵翼。翼面沿弹身周向布置，常用的形式有："一"字形一对舵翼、"十"字形两对舵翼和"×"形两对舵翼，如图 10.18 所示。在实际应用中，舵式弹道修正弹普遍都采用有两对舵翼的控制结构。

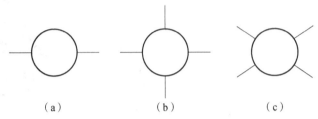

图 10.18 鸭舵布置形式

(a)"一"字形一对舵翼；(b)"十"字形两对舵翼；(c)"×"形两对舵翼

如图 10.19 所示，鸭舵的安装位置有两种基本形式：一种是将鸭舵的伺服机构（即舵机）置于引信内，弹丸发射前舵翼不需要缩进弹体内，发射后，舵翼根据指令进行偏转，依靠空气动力的作用修正弹丸弹道，如图 10.19（a）所示。这种鸭舵安装方式只需要更换原有普通炮弹的引信，利于改造库存非控弹药，但微型化问题技术难度很大，由于空间的限制，舵翼必须做得很小，舵机所提供的驱动力矩小，舵翼的偏转角度也比较小，因而这种形式的鸭舵修正效率比较低，弹丸的机动性能较差。另一种是"剪刀式"鸭舵结构，即将舵机置于弹体前端，弹丸发射前舵翼缩进弹体内，发射后舵翼自动弹出，根据指令进行偏转，修正弹道，如图 10.19（b）所示。这种鸭舵安装方式需要对弹体结构进行适当修改，可以将弹体加长一段，或者减掉一部分战斗部，为舵机腾出安装空间。这种舵机的舵翼面积较大，提供的驱动力矩比较大，能够获得较大的偏转角度，弹丸的机动性能较好。

2）脉冲矢量修正执行机构

脉冲矢量修正执行机构又称力型控制修正机构，是通过在弹丸质心或质心附近呈环状分布的横向喷流机构实现修正的，利用由起爆装置、药柱或燃气发生器生成的气源，经电磁阀等的控制，通过弹体侧壁开口的喷嘴喷射所产生的脉冲式推力矢量来修正弹丸的横向运动，达到修正弹丸弹道方向的目的，在弹丸飞行过程中该装置能进行多次修正。这种修正执行机构的优点是工作环境不受飞行高度及飞行速度的影响，体积和质量小，启动及响应时间短，反应速度快，产生的能量大，结构简单，成本低；缺点是脉冲发动机能量有限，脉冲控制力的大小有限，且不能够连续作用，具有离散性，修正精度相对较低。脉冲发动机在弹上的布置如图 10.20 所示。

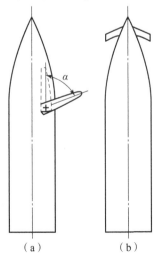

图 10.19 鸭舵安装位置

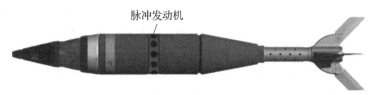

图 10.20　脉冲发动机弹上布置

比较典型的脉冲矢量修正执行机构就是脉冲发动机，这种修正机构可以在距离和方位二维上对弹道进行修正。脉冲发动机通常周向布置在普通炮弹弹体的质心处或质心附近。按脉冲发动机在弹体上布置位置的不同可分为力操纵方式和力矩操纵方式。力操纵方式将脉冲发动机布置在质心处，在弹丸质心处施加控制力，改变弹丸速度方向；力矩操纵方式将脉冲发动机布置在质心前后的一段距离，在控制力作用的同时产生控制力矩，既改变弹丸的速度方向，又改变弹丸的运动姿态（如弹轴与速度方向之间的夹角）。通过控制脉冲发动机的大小、个数、布置位置、转速及脉冲工作时间等调整其修正能力，脉冲发动机在很短时间能改变弹丸运动状态，因此，在要求精度高、高速旋转的弹丸上较难实现。目前，脉冲发动机主要应用于尾翼稳定或旋转速度较低的末端修正弹。

用于弹道修正的脉冲矢量发动机，主要有两种类型：一类是小型固体火箭脉冲矢量发动机；另一类是气体射流脉冲矢量发动机。

3) 复合修正执行机构

复合修正执行机构同时利用了两种或多种上述修正执行机构，如北美 BAE 公司研制的 CCF 修正机构采用阻尼环和同向舵复合修正的方式。CCF 上装有微调减速板、主减速板和旋转减速板 3 种减速板，其中微调减速板在弹道初始阶段适时打开，对弹道进行初步修正；旋转减速板在弹道中段适时打开，应用气动偏流原理进行方向（左、右）修正；而主减速板在弹道末端适时打开，对修正弹射程（前、后）进行修正，使弹丸命中目标。CCF 二维弹道修正引信如图 10.21 所示。

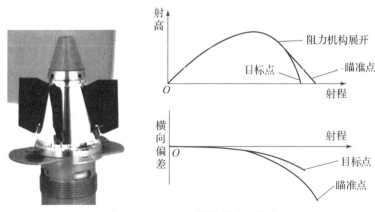

图 10.21　CCF 二维弹道修正引信

2005 年，阿连特技术系统（Alliant Techsystems Inc）公司提出 PGK（Precision Guidance Kit）方案，即利用固定鸭舵的控制来修正弹道。PGK 采用 GPS（Global Positioning System）/IMU（Inertial Measurement Unit）组合测量弹道参数、飞行姿态信息，并利用磁力矩电机控制修正组件减旋、稳定在某滚转位置。

PGK 的结构组成主要包括弹道测量模块、固定鸭舵、控制电机、电机制动控制模块、安全保险装置等。修正组件上固定两对气动舵面，一对偏角大小相同、方向相反，称为差动舵；另一对偏角的大小和方向均相同，产生修正弹道的气动力，称为同向舵。修正引信和弹体通过轴承连接，飞行过程中由获取的卫星信号计算得到位置和速度信号，当需要进行修正时，根据姿态测算组件对当前引信滚转角、角速度进行测量，然后经过计算机对弹道偏差的解算，得出引信相对大地的稳定滚转位置。随着控制信号的输入，减旋装置将修正引信制动，使整体引信固定在一定的滚转角，利用同向舵产生的升力调整飞行轨迹，从而改善落点误差。

使用普通引信的 155 mm 榴弹在 15 km、25 km 和 30 km 射程上对应的误差分别是 95 m、140 m 和 275 m，而使用 PGK 引信的 155 mm 榴弹的误差不超过 25 m，射击精度远高于使用普通引信的同款榴弹。由于其结构简单、技术性能优良，美国已经将其陆续应用于 M107、M795 和 M549A1 等多种型号的 155 mm 榴弹上，并已经出口到北约其他国家。

在 PGK 基础上，美国研制了二维弹道修正迫弹引信（Mortar Guidance Kit，MGK），并于 2011 年 3 月装备驻阿美军投入实战，精度达到 10 m 以内。PGK 是早期二维修正弹的代表，利用固定鸭舵进行修正，为后续的发展建立了系统的模式。如图 10.22 所示。

（a） （b）

图 10.22 二维修正引信及应用

(a) PGK 引信；(b) MGK 和 PGK 引信在弹上的应用

10.2.2 弹道修正弹的作用原理

弹道修正弹通过弹道测量系统探测弹丸的坐标、速度、俯仰角等实时位置与状态信息，获得弹丸的实际飞行弹道，利用弹道信息处理系统将实际飞行弹道与预装的理想弹道进行比对，解算弹道修正参数，根据修正参数通过修正机构修正弹道，使其接近期望弹道，从而实现对目标的精确打击。弹道修正弹工作过程如图 10.23 所示。

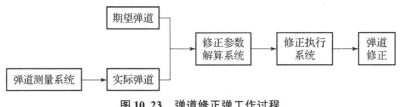

图 10.23 弹道修正弹工作过程

弹道测量通常采用三种方式获取实际弹道数据：

(1) 采用惯性导航系统（INS），包括利用加速度计和陀螺仪进行弹丸姿态、速度及位置信息的测量。

（2）利用全球定位系统（GPS）定位信号进行弹道测量，采用在弹丸内安装 GPS 接收机和天线，在不超过 10~15 s 的时间内成功定位从卫星上获取的三维坐标数据。

（3）采用地面火控系统（FCS）雷达，测出弹丸的位置和速度。

期望弹道的获取有以两种方式：

（1）直接将理想弹道在弹丸发射前预装到弹丸内，主要适宜于固定目标。

（2）根据适时获取的目标信息不断计算更新期望弹道，主要针对高速运动的目标。

弹道修正弹的核心系统主要有期望弹道获取系统、弹道测量系统、修正参数解算系统以及弹道修正执行系统，弹道修正执行系统在弹上，而另外三个系统可以是弹载，也可以在发射平台上，故根据期望弹道获取系统、弹道测量系统及修正参数解算系统放置位置的不同，出现了多种技术方案。

不同方案的修正弹工作原理有所不同。期望弹道获取系统、实际弹道测量系统、修正参数解算系统均在发射平台的弹道修正弹的工作原理如图 10.24 所示。弹丸发射后，火控系统的探测装置—雷达（或激光、电视、红外跟踪等系统）系统继续跟踪目标，不断测出目标飞行参数的变化值，火控计算机根据上述参数的变化，计算目标参数变化后的目标未来点，通过无线电发射机向弹丸发出修正指令信号，位于弹尾部的信号接收装置收到指令信号后，控制相应的燃气发生器喷气，产生的推力对原先的弹道进行修正，该弹的修正速度为 15 m/s，经过 5~6 次修正后，总共可使弹丸横向位移 30~50 m。

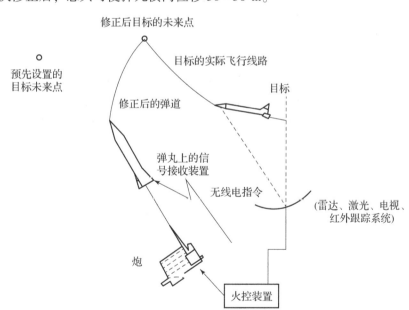

图 10.24 弹道修正弹的工作原理示意图

10.2.3 弹道修正方式

根据弹道测量系统的不同，弹道修正弹可被分为自主式和指令式两种。自主式弹道修正弹将理想弹道获取系统、实际弹道测量系统以及弹道解算系统都装在弹丸内，弹丸发射后不需要与发射平台进行信息传输和交换，可真正实现"打了不管"。指令式弹道修正弹发射后，为了获得理想弹道信息、实际弹道信息、解算后的弹道修正指令信息中的一种或多种，仍然需要与发射平台或其他辅助平台进行信息传输和交换。根据修正方位的不同，弹道修正弹又可分为一维弹道修正弹和二维弹道修正弹。

一维弹道修正又称为纵向距离修正或者射程修正，即利用非直瞄弹丸的纵向散布远大于横向散布的特点，在对飞行弹丸进行纵向距离修正的同时，修正了由于各种原因而造成的飞行弹道的射程误差，使弹丸的纵向密集度得到较大的提高。

一维弹道修正采用增阻原理，即采用"打远修近"的修正模式，其修正原理是：对目标进行射击时，射击点远于目标点，发射后通过弹载 GPS 或者雷达等探测手段获取弹丸飞行速度及位置信息，再利用弹载处理器或者地面火控系统获取真实弹道，并根据真实弹道与理想弹道之间的差值解算得到阻尼器张开的时间，然后在恰当时刻展开阻力片增大阻力，使弹丸纵向飞行距离减少来修正射程。一维弹道修正主要采用增阻型的阻尼机构，采用的主要结构形式有桨型阻力器、D 型环阻力器、花瓣式阻力器和柔性面料伞型阻力器等。

二维弹道修正是对纵向和横向两个方向均进行修正，以修正横向为主，通过改变俯仰力矩和偏航力矩来控制弹丸飞向目标。为了提高控制准确度和降低控制复杂度，通常需要对旋转弹丸进行减旋。二维弹道修正弹的修正原理是：当弹丸发射后，由弹载 GPS 或者雷达等探测手段获取弹丸飞行姿态、速度及位置信息，将此信息传送给弹载处理器或者地面火控系统解算真实弹道，并与事先装定的理想弹道进行比较，再根据两者弹道偏差解算出修正量，控制系统再控制弹上修正机构根据修正量的大小和方向进行有限次的、不连续的动作，从而实现对弹丸在纵向和横向上的修正，使弹丸的密集度得到较大的提高。二维弹道修正主要采用脉冲发动机和鸭舵等执行机构。

二维弹道修正比一维弹道修正最明显的提高在于对横向进行修正，一维弹道修正只提高纵向密集度，而二维弹道修正可提高纵向和横向两个方向的密集度。两种修正方式的效果如图 10.25 所示，纵向大椭圆区是普通榴弹弹着区，横向大椭圆区是经过一维弹道修正即距离修正的弹着区，最里面的椭圆区是经过二维弹道修正即距离和方位修正的弹着区。

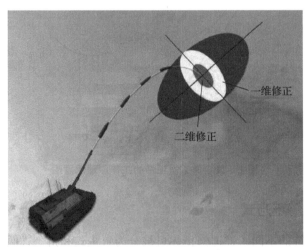

图 10.25　二维弹道修正示意图

10.3 末制导炮弹

10.3.1 末制导炮弹概述

如何提高火炮的打击范围和精度并尽量减少弹药消耗量是适应现代战争作战需求的新课题。常规炮弹的命中误差必然随着射程的增大而增大,为了提高火炮远距离打击的精度,开发远射程制导炮弹就成为必然趋势。高新技术,特别是微电子技术、光电子技术、探测技术、小型化技术、新材料技术(包括信息材料、新型结构材料和功能材料)的发展,则极大地推进了炮用弹药的制导化进程。末制导炮弹就是在这种技术条件下产生、发展起来的。

末制导炮弹是由火炮发射,在接近目标的一段弹道或弹道降弧段上进行制导控制实现精确命中的弹药。末制导炮弹借助现代火炮较高的射击密集度可降低自身搜索目标的难度,并能越过地形障碍命中静止或行进中的坦克、装甲车辆、舰艇以及掩体、工事等目标,它比一般反坦克导弹射程远、射速高,同时又比一般无控炮弹精度好、首发命中率高,可对付静止或运动中的点目标。

末制导炮弹可以采用与普通制式弹丸完全一样的分装式弹药的装填、发射方法,包括使用同样标准的发射药包底火,火炮本身无须改装,在阵地上可根据实际情况,交替灵活地使用这两种弹药。由于只在末段弹道制导,因此它比战术导弹结构简单、成本低,能大幅度地提高武器效能。末制导炮弹使以往只能进行面覆盖的榴弹炮、加农炮、火箭炮和迫击炮等也能对点目标实施远距离精确打击,使火炮成为打击远距离点目标的有效远程武器。因此,它是一种集常规炮弹的初始精度和末制导于一体的"经济型"精确制导弹药,有力地加强了火炮的压制效果和毁伤能力,减少了弹药消耗,适应现代战争对弹药的要求,具有广阔的发展应用前景。

10.3.2 末制导炮弹结构与组成

1. 武器系统的组成与作用

由末制导炮弹、发射装药、通信指挥系统(C3I)、火炮系统、火控系统、激光目标照射器和同步器、通信指挥系统和检测维修设备等共同组成末制导炮弹武器系统。该武器系统的组成和功用简述如下:

(1)火炮,按射击要求装定射击诸元发射末制导炮弹。

(2)火控系统,用来确定原始装定,保证末制导炮弹发射瞬间与激光照射器同步启动,启动的激光照射器不间断地照射目标,利用计算机或借助射表计算原始装订。

(3)激光照射器,观察地形并搜索目标,测量水平角和垂直角,用光学测距方法测量与目标的距离,照射目标。

(4)末制导炮弹,由发射装药和制导弹体组成,装有不同的发射装药便可得到不同的攻击范围。末制导炮弹的弹体可由1~2段或更多段的独立舱段组成,在发射前从包装筒(箱)内取出,通过卡口对接固定。

2. 末制导炮弹结构与组成

末制导炮弹在常规炮弹的基础上增加探测和制导控制装置。末制导炮弹发射药筒（药包）的结构与作用和普通炮弹相同，为保证最大射程和所要求的末段速度，末制导炮弹通常采用增程发动机增加其在弹道上的飞行速度，保证对射程和末段速度的战术要求。不同型号的末制导炮弹结构组成尽管存在各种差异，但就一般而论，主要由以下结构组成。

(1) 弹体结构：由弹身和前、后翼面连接组成的整体。

(2) 制导装置：由导引头部件、整流罩、馈线、电子组件、微处理器、自动驾驶仪、时间程序机构和传感器等组成。

(3) 战斗部：由装药、引信等组成。

(4) 控制及稳定装置：由舵机、热电池、气瓶、减压阀和尾翼等组成。

(5) 动力装置：包括助推发动机、闭气减旋弹带、底座等。

"铜斑蛇"末制导炮弹的结构简如图10.26所示。"铜斑蛇"末制导炮弹采用正常式气动布局，由制导部分、电子设备、战斗部、弹体和控制回路组成，导引头（含电子舱和导引头）在前，战斗部居中，由舵机、冷气源和执行电路等组成的控制舱居后，弹翼和尾舵都采用折叠式，滑动闭气减旋弹带在炮膛内起密闭火药燃气和降低炮弹转速的作用。炮弹出炮口后，先展开尾翼，进入无控段飞行，飞到起控点后，转入滑翔段和末制导段引飞行。制导部分包括激光导引头、陀螺和滚动速率传感器、电子设备（除电子组件外，还有激光编码选取孔和定时开关）；战斗部总质量为22.5 kg，装有炸药6.4 kg，采用空心聚能装药结构，由炸药装药、药型罩、内锥罩、引信等组成；弹体和控制部分包括四片弹翼、四片尾翼和滑动闭气弹带。发射前弹翼和尾翼都折叠在弹体槽内。

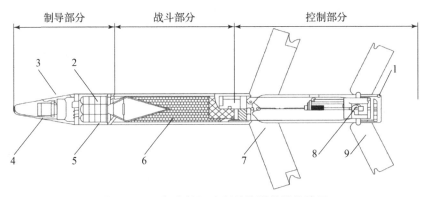

图10.26 "铜斑蛇"末制导炮弹的结构简图

1—滑动闭气减旋弹带；2—滚转速率传感器；3—陀螺；4—寻的导引头；
5—电子舱；6—战斗部；7—舵翼；8—控制执行元件；9—尾翼

为了保证末制导炮弹内各类部件能充分发挥各自的功效，通常会把导引头、自动驾驶仪和电子器件布置在弹体前段，战斗部和引信居中，控制段置后。在末制导炮弹导引头的前部常安置有电子线路组件和风帽。风帽的作用是减少头部波阻，故安装在导引头之前。在末制导炮弹开始搜索、跟踪目标时，为了不影响导引头工作，风帽必须提前脱落。战斗部舱之后是控制舱，主要装有舵机伺服机构。为了增加射程，在战斗部舱和控制舱之间还会安排增程助推器，有时也可将它变为一个独立舱段。由于采用火炮发射，故末制导炮弹发射时，最大过载高达上万个 g，其制导系统需要承受高过载且需满足小型化的要求。对于部分较为"脆弱"的器件及装置，为使其不在发射过程损坏，需要采取专门措施。例如，为了不损坏陀螺转子，采用了负载转移轴承，发射时陀螺暂时"固化"。

10.3.3 末制导炮弹的工作方式

末制导炮弹主要有主动式末制导炮弹系统和半主动式末制导炮弹系统两种工作方式。

1. 主动式末制导炮弹系统的工作方式

主动式末制导炮弹是根据侦察通信指挥系统或 C^3I（意指：指挥、通信、控制、信息）系统提供的目标位置和运动状态检查弹药、装定工作程序和发射诸元、装弹、发射。以榴弹炮发射的正常式布局的末制导炮弹为例，在膛内，炮弹靠发射时的冲击作用激活工作程序用电池，工作程序开始工作，同时滑动闭气弹带密封火药燃气，降低弹体转速；末制导炮弹飞出炮口后，首先张开舵翼，引信解除保险，进入无控段飞行；在接近弹道顶点时，激活弹上热电池、滚转速率传感器和舵机，开始滚转控制，约在 1 s 内停止弹体转动；在飞过弹道顶点后，导引头解锁启动，弹翼张开，进入滑翔飞行；在距攻击目标只有 2~3 km 时，导引头开始搜索、捕获目标，末制导炮弹按导引规律跟踪目标，控制末制导炮弹飞向目标，引爆战斗部，毁伤目标。

"灰背隼"末制导迫击炮弹及其飞行弹道如图 10.27 所示。它装有主动毫米波导引头，能在大多数气象条件下用来探测运动或固定目标。"灰背隼"末制导迫击炮弹的工作过程是：当末制导迫击炮弹飞出炮口后便展开尾翼，战斗部解除保险并弹出舵面，制导系统进入寻的状态。导引头扫描有效作用范围为 300 m × 300 m，在此范围内的任何装甲目标一旦被发现就被锁定，空心装药战斗部能攻击坦克和装甲目标的顶部。

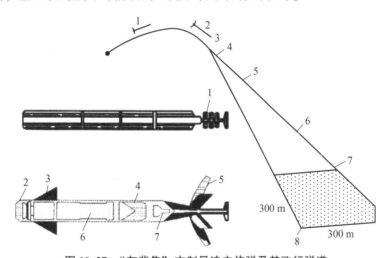

图 10.27 "灰背隼"末制导迫击炮弹及其飞行弹道
（a）末制导迫弹；
1—发射药；2—导引头；3—鸭舵；4—聚能战斗部；5—尾翼；6—弹载电子设备；7—引信
（b）飞行弹道示意图
1—尾翼张开；2—引信解除保险；3—接通导引头；4—弹道转弯；5—展开鸭舵；6—搜索目标；
7—导向目标；8—目标搜索区域

2. 半主动式末制导炮弹系统的工作方式

用激光器指示目标，制导炮弹上的导引头则通过从目标反射回来的激光确定目标的位置，并经控制舵修正其飞行弹道，从而最终将炮弹导向目标。末制导炮弹由于并不携带用于指示目标的激光器，故被称为半主动式。目前指示目标的方法有以下几种：前沿观察员指示目标、无人驾驶飞机指示目标和直升机指示目标。

当激光指示器瞄准目标后给出信号，火炮发射炮弹。在末制导炮弹飞向目标的过程中，激光指示器不断向目标发射激光，弹上激光导引头接收到目标反射回来的激光能量后，制导装置便产生控制指令，并通过舵机使导弹的控制舵偏转，从而改变导弹飞行方向，纠正弹道，引导制导炮弹飞向目标。

"铜斑蛇"末制导炮弹的工作过程如图10.28所示。先由激光指示器照射目标，炮手根据激光指示器编码和目标距离，通过弹上的激光编码选取孔与定时器开关装定激光编码和定时器，然后将炮弹装入炮膛发射，利用弹体向前运动的加速度使弹上惯性开关和电源接通，开始工作，定时器启动并同时释放尾翼。此时，由于作用在尾翼上的加速度负载使尾翼仍收拢在尾翼槽内，弹上的滑动闭气减旋弹带卡入膛线，炮弹与滑动闭气减旋弹带之间做相对滑动，"铜斑蛇"炮弹以20 r/s的出口转速飞出炮口，然后在离心力的作用下打开尾翼，进入无控弹道飞行。当它飞越弹道最高点附近时，定时器将弹翼展开；当"铜斑蛇"末制导炮弹飞近目标约3 km附近时，定时器启动激光导引头开始工作，导引头接收目标反射的激光回波，陀螺测出弹体在飞行中的偏移量，再由传感器将偏移量转换成相应的比例导引指令送给舵机，操纵尾翼，控制"铜斑蛇"的飞行，使其最终准确命中直至毁歼目标。

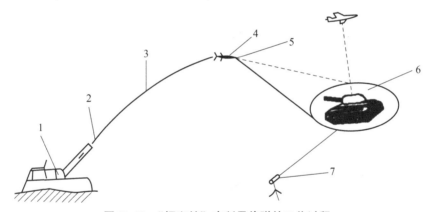

图10.28 "铜斑蛇"末制导炮弹的工作过程

1—自行火炮；2—尾翼展开；3—无控弹道；4—开始末制导；5—探测目标；6—目标区；7—激光指示器

由于末制导炮弹的质量通常大于（或接近）制式无控弹丸，发射初速相对较小（或相近），再加上弹体的增长，又增加了飞行阻力，使其很难满足射程要求，为此常在弹道顶点到制导段之间设计一段惯性制导弹道，又称滑翔增程弹道来提高射程（利用重力补偿来减小弹道的下沉），使降弧段近似抛物线的无控弹道向前平伸成接近直线的下滑弹道达到增程目的。如"铜斑蛇"在射程超过8 km时就设计有惯性制导段来增加射程，由此带来比较低伸的弹道后段，还起到利于末制导炮弹机动的作用；而"红土地"除了设计有惯性制导段弹道外，前面还设计有火箭增程段弹道，以便更进一步满足射程要求。

"铜斑蛇"有两种弹道：一种是惯性弹道，用于较近的射程；另一种是滑翔弹道，用于较远的射程，或用于云层高度低于1 000 m的条件，以便于搜索目标，如图10.29所示。这两种弹道可在发射前选择。在滑翔弹道上，重力使弹道产生的弯曲被升力所抵消，末制导炮弹保持原有姿态飞行，且其姿态是可控的。当遇到低云层时，就采用小角度滑翔弹道。

滑翔弹道的起点与射程有关，该点不一定都在惯性弹道的下降段，若射程近，此点也可以在弹道的上升段。借助于这种"滑翔"能力，使它的射程比惯性弹道的射程要增大30%左右，且进一步提高射程的潜力仍很大。

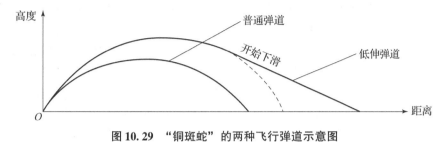

图10.29 "铜斑蛇"的两种飞行弹道示意图

155 mm普通制式弹丸的炮口转速高达250 r/s，这是末制导炮弹制导系统所不能允许的。为消除膛线对炮弹滚动的影响，通常在末制导炮弹的尾部装有一个由聚丙烯材料制成的滑动闭气减旋弹带，使出炮口的转速减至15～20 r/s，成为低速旋转的弹丸。鉴于"铜斑蛇"是三通道控制系统的末制导炮弹，所以它不但要求"铜斑蛇"炮弹在末制导段起控前数秒必须停转，同时还要求它必须能在1 s内使末制导炮弹稳定停转，为此，就要求弹上的控制系统能进行空间定向和滚转姿态稳定控制，使末制导炮弹能平稳进入所要求的滚转姿态稳定飞行阶段；而"红土地"却是利用了弹体的低速旋转特点，因势利导地采用了适合旋转弹特有的、不需设置角稳定通道只用单通道实现对俯仰和偏航两种运动的控制技术，大大简化了弹上的控制设备。

10.3.4 典型的末制导炮弹

20世纪70年代，美国和苏联的陆军分别开始发展应用于大口径火炮的末制导炮弹，此后很快引起英、法、德、瑞典、以色列、中国等国家的重视，也相继开始了末制导炮弹的研制。美国最早研制了155 mm M712"铜斑蛇"激光半主动末制导炮弹，应用于155 mm火炮；俄罗斯在152 mm火炮上发展了152 mm 9K25"红土地"激光半主动末制导炮弹。此外，美国、俄罗斯、以色列等国家也发展了多种型号的激光末制导迫击炮弹。中国研制了155 mm、152 mm、122 mm、105 mm激光末制导榴弹和120 mm激光末制导迫击炮弹。为克服激光半主动制导的缺点，从20世纪80年代开始各国相继发展使用毫米波、红外、GPS/INS制导技术的末制导炮弹，例如，瑞典研制了120 mm Strix红外末制导迫击炮弹，英国研制了81 mm"默林"毫米波末制导迫击炮弹，美国研制了加装GPS/INS制导的155 mm M982末制导炮弹等，法国研制了"Griffin"120 mm红外寻的末制导迫击炮弹，德国研制了"布萨得"120 mm激光半主动/红外或毫米波成像末制导迫击炮弹。

1. 155 mm"神剑"制导炮弹

"神剑"制导炮弹（M982）采用一个低成本的惯性测量装置和一个GPS接收机，GPS接收机从GPS星系中至少4个卫星上获取精确的位置和时间信号，对测量装置进行辅助制导，其先根据这些GPS信号计算自身在三维空间里的位置，精度能达到米级，然后再根据瞄准点的GPS坐标寻的。使用这项技术，使常规炮弹的CEP从336 m减少到小于10 m，且它的CEP与射程无关。

"神剑"制导炮弹通常采取大射角发射，以获得最大射程和最佳弹道，在末端实施机动获得近乎垂直的攻角。10 m CEP 和近乎垂直的攻角使"神剑"准确命中某个建筑，且附带毁伤也能控制在可接受的范围。与常规炮弹相比，一枚"神剑"炮弹效能相当于 150 枚同口径的炮弹，且不会在目标周围的区域造成不可预期的附带毁伤。美军共在伊拉克和阿富汗战场上使用了 1 000 多枚"神剑"炮弹，大多用于反叛作战，特别是在城市作战中它显示出了良好的适用性，至于它是否适用于装备良好的两军高强度对峙还未被验证。

"神剑"制导炮弹在使用中的一个致命弱点是需要对目标的位置进行精确测量，即目标定位误差应小于 10 m。目前，获得目标精确位置的最佳方法是用 GPS 接收机在目标位置测量，这种方法一般仅用于靶场试验，或者在战前对目标位置进行精确测量，很明显在作战中这么做的难度非常大。战场上通常使用目标定位系统精确测量目标的位置，但它提供的目标精度受距离的影响。目标定位系统主要由 GPS 接收机、激光测距仪和方位测量装置组成。目前的 GPS 和测距仪所产生的误差远小于方位测量装置所产生的误差。方位传感器装置（罗盘）所产生的误差与距离呈线性关系，所以距离越远，误差就越大。

早期使用的"神剑"制导炮弹为 Ia – 1 型，后来发展了"神剑"制导炮弹的 Ia – 2 和 Ib 型，Ia – 2 型射程将增加至 40 km，由于装药的增加导致发射时过载增加，从而使可靠性有所下降，仅为 81%；Ib 型最大射程为 45 km（39 倍身管发射）和 50 km（52 倍身管发射）。"神剑"制导炮弹的 Ia 型［见图 10.30（a）］和 Ib 型［见图 10.30（b）］如图 10.30 所示。

2. "红土地"末制导炮弹

"红土地"末制导炮弹是苏联/俄罗斯研制的一种激光末制导炮弹，主要用于对付坦克、装甲车辆、火炮阵地、防空武器、观察所等目标。"红土地"末制导炮弹已经发展了多个型号，是制导榴弹的典型代表，系列型号包括基本型 152 mm 9K25 Krasnopol 末制导榴弹、改进型 152/155 mm Krasnopol – M 末制导榴弹和发展型 155 mm Krasnopol – M2 末制导榴弹。

1）"红土地"末制导炮弹的特点

"红土地"与"铜斑蛇"都是激光半主动末制导炮弹，但是"红土地"有其自己的特点，它采用了全稳式导引头、鸭式气动布局、杀伤爆破战斗部、助推发动机，"红土地"比"铜斑蛇"的质量轻、射程远。

图 10.30 "神剑"制导炮弹

(a) Ia 型；(b) Ib 型

"红土地"采用了与"铜斑蛇"类似的激光接收体制，采用八象限探测器和一套光学系统，形成大小两个探测视场，解决了大视场捕捉小视场的跟踪问题。当自动导引头的激光接收器连续接收到 3 个从目标反射回来的激光脉冲，并确定其与给定的脉冲编码相同时，导引头输出"捕获"信号，使位标器陀螺解锁，其转子开始高速旋转，进入自动导引段。导引头对每一个激光照射脉冲都产生一个控制信号，其大小与光斑中心相对于光电接收器中心的偏移量有关。在控制信号的作用下，导引头修正线圈将产生一个修正力矩，从而使陀螺向目标方向进动，并使误差角趋近于零。在此导引过程中，导引头以一定幅度的电压脉冲向弹丸的驱动装置输出脉冲宽度和光斑相对于光接收器中心位移相关的控制信号，从而由驱动装置操纵弹丸命中目标。"红土地"的导引头采用 4 组激光编码类型，而且是单重频编码，远比"铜斑蛇"所采用的 8 组复杂编码类型简单得多，所以"红土地"比"铜斑蛇"末制导炮弹抵抗人为有源干扰的性能要差。

"红土地"的战斗部在选型的理念上有了新的突破，作了大胆尝试，俄罗斯认为炮兵制导弹药所对付的目标中装甲等硬目标所占的比例约为 30%，而大量的目标则是半硬目标和软目标，故在战斗部类型的选择上应重点发展榴弹战斗部。"红土地"战斗部的装药采用钝黑铝混合炸药，该炸药技术比较成熟，可以发挥其威力大、性能稳定的优势。

因为在战斗部选型上的变化，其可以不受到战斗部必须安装在弹体前部等因素的限制，因此，"红土地"末制导炮弹采用鸭式气动布局，其鸭舵和尾翼呈"＋＋"形式布置，如图 10.31 所示。

图 10.31 "红土地"末制导炮弹

2)"红土地"末制导炮弹的弹道特性及工作过程

"红土地"末制导炮弹可以根据作战需要变化多种弹道，全弹道分为膛内滑行段、无控飞行段、增速飞行段、惯性制导段和末端自动导引段，如图 10.32 所示。在无控飞行段和增速飞行段鸭舵处于折叠状态不张开，由张开的尾翼提供稳定力矩，同时鼻锥部脱离，以便激光导引头接收目标信号。当炮弹飞行至距离目标约 3 km 时，进入末端导引段。

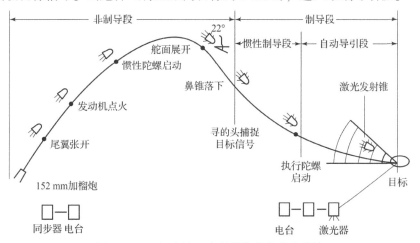

图 10.32 "红土地"末制导炮弹的弹道特性

"红土地"末制导炮弹工作过程如下：

(1) 前方观察员一旦发现目标，瞬即就将目标坐标传递给指挥所，若目标位于射程之内，炮手即可得到目标射击诸元，按正常操作方法装定射击诸元和瞄向目标。

(2) 在炮弹离开炮口 20~30 m 处，4 片稳定翼同时向后展开到位，机电触发引信解除保险，进入无控飞行，靠 4 片稳定翼和 15 r/s 的转速保持末制导榴弹的稳定飞行。

(3) 当炮弹飞至弹道顶点时，机电程序机构便启动控制舱内的惯性姿态陀螺，惯性姿态陀螺将指令信息反馈给引信的点火头，点燃火药，使头锥部与导引头分离。同时鸭舵向前展开到位，炮弹进入惯性飞行阶段，由惯性陀螺提供惯性制导信号，控制舵面自动实施对炮弹的重力补偿，调整飞行姿态，进入滑翔段弹道。

(4) 当飞行到距目标只有 2~3 km 时，弹上激光导引头自动搜索从目标反射回来的激光编码信号，经信号处理和自动识别后将控制信号传输给舵机，进入自动跟踪状态，跟踪并锁定目标。

(5) 在炮弹命中目标之前，控制舵机会给出一个补偿信号，使炮弹上仰后再急速下降，以 35°~45°着角实施击顶攻击。

"红土地"末制导炮弹与"铜斑蛇"末制导榴弹的性能参数对比见表 10.2。

表 10.2 "红土地"末制导炮弹与"铜斑蛇"末制导榴弹的性能参数对比

弹药名称	"红土地" Krasnopol	"红土地 – M" Krasnopol – M	"红土地 – M2" Krasnopol – M2	"铜斑蛇" Copperhead
口径/mm	152	155	155	155
长度/mm	1 300	955	1 200	1 372
全弹质量/kg	50.8	43	54	62.6
战斗部质量/kg	20.5	20	26.5	22.5
装药质量/kg	6.5	6.2	11	6.69
战斗部类型	杀伤/爆破	杀伤/爆破	杀伤/爆破	聚能装药
射程/km	3~20	3~20	3~20	16（滑翔模式）
初速度/(m·s^{-1})	—	700	—	577
发射过载/g	—	—	—	8 100

4) 被动制导式 Strix 末制导迫击炮弹

瑞典 Strix 120 mm 末制导迫击炮弹是一种被动式红外成像制导反坦克迫击炮弹，如图 10.33 所示，可用 120 mm 迫击炮发射，射程为 5~8.5 km；采用的是红外被动寻的方式，在炮弹弹体重心周围安装有径向排列的 12 枚定向火箭；炮弹进入末制导阶段后，红外寻的器接收到目标辐射出的红外信号，导引炮弹飞向目标，通过依次点燃 12 枚定向火箭来修正弹道；未燃尽的定向火箭推进剂还能增加炮弹的杀伤力。

此外，德国的 XM395 制导迫击炮弹以 120 mm Buzzard 为基础，头部加装了半主动激光导引头，弹体侧面装有火箭推进器，中、后部各有 4 片折叠翼和控制翼，全弹重 17.2 kg，最大射程为 15 km，能够在弹道末段进行制导控制，制导精度可达 1~2 m。以色列研制的

120 mm 激光制导迫击炮弹（LGMB）可配合牵引或自行 120 mm 迫击炮以及各种激光指示器使用，是同时为传统战场和城市作战设计的，射程为 10.5 km，圆概率误差为 1~2 m，精度高、附带毁伤小。

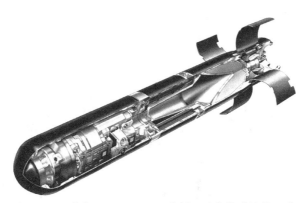

图 10.33　瑞典 Strix 120 mm 末制导迫击炮弹结构组成

10.4　巡飞弹

10.4.1　巡飞弹概述

1. 巡飞弹的特点

巡飞弹（Loitering Munition）是一种由火炮、火箭炮等身管武器发射，或由发射架/筒/箱发射，或由作战飞机、无人机、布撒器投放，发射或投放后形态上由"弹"变"机"续航巡飞，能够自主或人为地完成对敌精确打击、侦察监视、毁伤效果评估等作战任务的一种新型信息化、智能化精确制导弹药。

巡飞弹是先进小型无人机技术和制导弹药技术有机结合的产物，代表了目前精确制导弹药发展的新阶段，具有滞空时间长、打击精准、附带损伤极小、作战使用灵活以及效费比高等特点。与传统精确制导弹药相比，长时间的滞空能力使巡飞弹在对敌防空压制和对时间敏感目标的发现、定位和有选择地精确打击等方面具有明显优势。其巡飞能力对打击时间敏感目标，以及装甲集群、部队集结地、炮群、交通补给线、机场、港口、海军舰队等战略战术目标具有重要作用。自 1994 年美国开始研制"LOCCAS"巡飞弹以来，巡飞弹就在世界弹药及制导武器领域引起了广泛关注，成为智能弹药领域快速发展的新成员。

巡飞弹作为一种新型信息化、智能化弹药，与无人机有本质的不同。巡飞弹依靠现有武器平台或发射筒/箱等快速进入战场，发射或投放后弹机转换，完成从弹到飞行器形态的转换，以一种无人飞行器的形态进行任务巡飞，在目标区需要对地攻击时，巡飞弹通过弹上导引系统导引自身飞向目标实现精确打击。结合巡飞弹所应用的战场环境和自身特点，巡飞弹的自主性主要体现在通过弹载传感器自主获取信息，自身对所获取信息所作出的反应，进行自主飞行控制和打击（或人在回路）。小型巡飞弹的作用过程如图 10.34 所示。

巡飞弹具备介于火炮和导弹之间的远程精确打击能力，其打击距离超出炮弹的射程，但速度不够快、杀伤力不强，不足以打击相对于导弹能够在更远距离上击中的目标。然而，巡飞弹的生产成本比导弹低得多，可以"蜂群"方式作战，且体积小、质量轻，足以为避免被对手发现而进行分散作战的小型部队提供成建制的打击能力。

图 10.34　轻小型巡飞器使用示意图

与常规无控弹药相比，巡飞弹多出一个"巡飞弹道"，滞空时间长、作用范围大，可发现并攻击隐蔽的时间敏感目标。与制导炮弹相比，巡飞弹能根据战场情况变化，自主或遥控改变飞行路线和任务，对目标形成较长时间的威胁，实施"有选择"的精确打击，并能实现弹与弹之间的协同作战。与无人机相比，小型巡飞弹可像常规精确制导弹药一样，具有"快反、强突、机动"等优势，并具备无人机不具有的精准打击能力，可极大地缩短从发现到摧毁目标的时间。炮射巡飞弹在弹道上升阶段的速度很快，因而较前者更容易突防，而且战场响应速度也不是前者所能望其项背的。与巡航导弹相比，炮射巡飞弹不仅初始突防能力更强，而且具备在预定作战地域上空长时间反复搜索目标的能力，这种能力对于摧毁隐蔽目标、运动目标及光学、红外、雷达特征不那么明显的目标特别有利。

2. 巡飞弹的分类

国内外已经发展大小不一、功能多样的多种型号的巡飞弹，可根据发射方式、发射平台和功能的不同进行分类。

（1）机载投放型。巡飞弹作为子弹药，以子母炸弹和布撒器撒布子弹药的方式投放，或者巡飞弹作为独立的个体，由飞机挂载投放。

（2）车载发射型。其包括三种类型，第一种是巡飞弹作为子弹药，利用高过载的加农炮、榴弹炮、坦克炮和舰炮等各类火炮，或低过载的迫击炮、火箭炮、战术导弹等平台，以子母弹撒布子弹药的方式投放；第二种是巡飞弹作为独立的弹药，与其他炮弹一样，由各类火炮发射投放；第三种是使用专门的车载巡飞弹发射装置发射。

投射式巡飞弹，无须对火炮本身做技术改进，仅凭弹药革新就令火炮极限打击距离翻了一番甚至更多，单炮火力覆盖面积是原先的 4 倍有余，其综合军事效益是非常可观的。

（3）单兵便携发射型。利用单兵手抛、专用便携式发射器或榴弹发射器等将巡飞弹发射出去。

无论哪种发射方式，巡飞弹通常都采用折叠弹翼和尾翼，发射后呈弹道飞行，在预定时间和高度上，弹翼和尾翼展开，发动机启动工作，巡飞弹进入巡航弹道飞行阶段，至目标区后进入巡飞弹道，在目标区上方执行各种作战任务。

根据功能的不同，巡飞弹可分为攻击型巡飞弹和侦察型巡飞弹。最初巡飞弹为侦察型巡飞弹，其主要作用是为炮兵校射火炮。随着导引头技术的进步，将一般成像探测器的功能和导引头的功能合二为一，也就是在巡飞段目标的探测、搜索、识别与末段的制导都由导引头来完成，在侦察型巡飞弹基础上发展了攻击型巡飞弹。由于尺寸、质量、成本的限制，很难有一款攻击型巡飞弹兼顾压制和毁伤性能。攻击型巡飞弹正向主战类巡飞弹和压制类巡飞弹方向发展。

(1) 侦察型巡飞弹。通常主要携带光学侦察载荷或电子侦察载荷等设备，在目标区域上方执行搜索、侦察、识别、指示、监控以及毁伤评估等任务，并可把获取的信息通过数据链系统实时传输给己方信息系统。其典型产品有 155 mm 榴弹炮发射的"快看"侦察巡飞弹、155 mm 榴弹炮或 127 mm 舰炮发射的炮射广域侦察弹（WASP）、俄罗斯"旋风"300 mm 火箭弹投放的 R-90 巡飞子弹药等。

(2) 主战类巡飞弹。主战类巡飞弹的导引头在巡飞段作为一般成像探测器探测目标，而当发现可疑目标进入攻击段后，导引头切换到搜索跟踪模式对目标进行精确测量和识别，然后巡飞弹飞抵目标，起爆战斗部毁伤目标。其使用精确打击武器本身寻找打击目标，既减小了从发现目标到发射武器执行打击任务的反应时间，也避免了侦察和作战平台长时间滞留战场面临的危险。主战类巡飞弹的主要型号包括"弹簧刀"巡飞弹和"黛利拉"巡飞弹等。

(3) 压制类巡飞弹。压制类巡飞弹可以巡飞数个小时，装载载荷更丰富，除可装载光电侦察、电子侦察、引战系统外，还可以装载电子干扰载荷。压制类巡飞弹典型型号包括"FASM"巡飞弹、"哈比"巡飞弹、"火影"巡飞弹等

(4) 网络协同类巡飞弹。随着网络化技术的快速发展，实现主战类巡飞弹与压制类巡飞弹之间，侦察类巡飞弹与精打弹之间信息共享，多个巡飞弹组网协同，可共同完成侦查、干扰和打击等复杂任务。

10.4.2 巡飞弹结构与应用

1. 巡飞弹结构组成

巡飞弹主要由弹体外壳及弹翼、动力装置、战斗载荷（战斗部、侦察设备、电子干扰设备等）、导航制导系统、传感与控制系统、数据链通信机构、稳定系统等基本部分组成。

巡飞弹的战斗载荷是其最终完成作战使命的重要部分，侦察型巡飞弹主要携带光电侦察设备；攻击型巡飞弹携带压制干扰载荷或各种战斗部，战斗部形式可以采用多模式战斗部，也可以携带单一种类常规战斗部。

动力推进装置是巡飞弹的关键技术之一，决定巡飞速度和时间。巡飞弹的巡飞时间通常在 15 min 以上，目前研制的巡飞弹一般为 30 min，有的可长达 10 h；巡飞速度可以低至 30 m/s 左右。要保持如此低速长航时的飞行，对动力装置和能源的要求非常严格，其理想动力装置应具有低推力、小型化、噪声小、长航时、质量轻、成本低的特点。常用动力装置主要包括微型喷气动力系统（涡轮喷气发动机、涡扇喷气发动机、脉冲喷气发动机）、活塞发动机动力系统和电动机系统三大类，以及变推力固体火箭发动机等，未来还有可能采用涡轮喷气—火箭组合发动机（ATR）。

2. 巡飞弹涉及的主要关键技术

（1）弹体轻量化及隐身气动布局设计技术。巡飞弹兼具巡飞和打击特性，在总体布局设计上介于无人机和导弹之间，强调隐身。为了提高打击精度，必须充分考虑打击段的稳定性和机动性。同时，巡飞弹因为发射方式因素，多被设计成机翼发射后展开的形式，有的巡飞弹还被设计成打击时收起或抛掉机翼的形式，由此会使巡飞弹的气动特性复杂化，出现特殊的动力学问题，需要考虑多方面因素进行优化。

（2）微小型弹载动力技术。决定巡飞弹的巡飞时间、航程、飞行速度等关键性能指标，理想动力系统应包括小型化、低噪声、低成本、高效率、高空性能好、推力调整范围广等特点。高能量密度的新型锂电池、氢燃料电池等发展潜力巨大。

（3）战斗部技术。其包括常规杀爆战斗部、多模式战斗部和侵彻战斗部等。其中，多模式、多功能战斗部是目前攻击型巡飞弹的关键技术，涉及炸药装药结构设计、起爆系统控制等。

（4）复合制导技术。巡飞弹普遍使用 GPS/惯性导航制导系统进行中段导航。为进一步提高攻击精度，攻击型巡飞弹还装有末制导导引头，如激光半主动、红外成像、激光雷达以及由上述制导方式组合而成的双模/多模导引头。

（5）弹载数据链技术。巡飞弹外形尺寸及体积小，对数据链终端的体积、质量及功率要求苛刻。为确保远距离、高数据信息流、高质量的通信，须研发高功率的数据发送机，并采用图像压缩技术降低对带宽的要求。同时，还需要在信号处理过程中进行加密，确保通信保密。弹载数据链所涉及的关键技术包括中继技术、数据链终端技术、链路网络协议技术和链路安全技术。

（6）对于轻小型巡飞弹，其总体构型与气动布局技术、折叠机翼技术、轻质机体及抗过载发射技术等尤为重要。

3. 巡飞弹的作用过程

目前国内外发展中的巡飞弹，其典型任务剖面如图 10.35 所示，工作过程一般可以分为 5 个阶段：

（1）巡飞弹由装载平台发射。

（2）在飞行中展开弹翼和尾翼，发动机适时开始工作。

（3）巡飞弹按程序控制向目标区域飞行。

（4）到达目标区域上空后，巡飞弹按照一定策略进行巡逻飞行。

（5）巡飞弹按指令完成相应战斗任务。

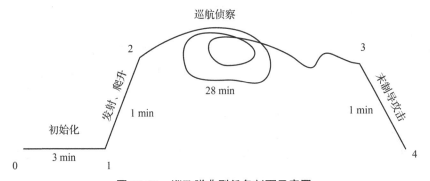

图 10.35　巡飞弹典型任务剖面示意图

其弹道基本特征有以下两种：
(1) 侦察型巡飞弹：上升段+下降段+直飞段+巡飞段。
(2) 攻击型巡飞弹：上升段+下降段+直飞段+巡飞段+攻击段（确认目标后转入）。
巡飞弹在上升段、下降段和直飞段的飞行弹道可与常规弹药或导弹类似。

巡飞搜索路线主要有3种基本模式：蛇形、螺旋形和往复前进形，如图10.36所示。其他更多的搜索路线都可以分解成这3种模式，它们均由直线搜索段和转弯机动段组成，通过规划可以确保巡飞弹探测覆盖整个搜索区域，并且没有两条直线段相交。

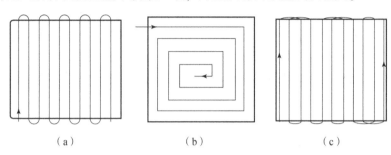

图10.36 巡飞搜索路线3种基本模式
(a) 蛇形；(b) 螺旋形；(c) 往复前进形

4. 巡飞弹典型作战应用

巡飞弹作为融合无人机和制导弹药技术的综合体，其作战方式和应用前景吸引了世界各军事强国的广泛关注。21世纪初期，美国、以色列、中国、英国、法国、德国、意大利、俄罗斯等纷纷展开巡飞弹的研发工作，巡飞弹也迎来了快速发展期，尤其是小型巡飞弹发展更是活跃。小型巡飞弹不仅在集群自主控制技术、弹载数据链技术、小型电动系统技术和战斗部模块化技术等方面得到了快速发展，同时还实现了"人在回路中"的技术应用，这使得巡飞弹侦察系统后方能拥有对作战目标的选择、更换或择机终止攻击目标的能力。在敏捷作战、分布式作战、马赛克战、多域战等一系列新型作战概念牵引下，具有低成本、小型智能化特点的巡飞弹因能够替代部分高价值武器弹药的装备迎来了突破发展期。现结合小型巡飞弹介绍其典型作战应用。

1) 实施情报侦察监视

小型巡飞弹的重要作战应用之一是对战场态势进行实时侦察和监视，相比于以往的战术侦察设备或侦察手段，小型巡飞弹具有一些特殊的优势。小型巡飞弹自身集成了多个光电传感器，这些传感器在目标搜索与稳定跟踪监视方面发挥着重要作用。当巡飞弹工作时多个探测器同时开机，在有效实现大范围的目标搜索、捕获、识别后转入稳定跟踪阶段。

小型巡飞弹因其具备多个传感器集成技术和具有良好的隐蔽性及较长的滞空能力，不仅可以极大地提高侦察效率和成功率，还能够对重要目标或隐蔽目标实施近距离低空抵近侦察。

2) 引导火炮校射打击

使用巡飞弹进行战场侦察、校射，并引导火炮、火箭弹实施"点对点"精准打击，成为巡飞弹作战应用的创新范例。在俄乌冲突中，俄军和乌军使用巡飞弹对敌方战场态势进行抵近侦察，然后通过数据链将侦察信息回传到后方指挥部，火炮部队再根据巡飞弹回传的目标坐标信息不断修正炮击精度，使火炮打击精度差的问题得以有效解决。巡飞弹与火炮的配合使用，不仅弥补了火炮长久以来打击精度差的问题，也证明了巡飞弹在进行战场侦察校射、引导打击、损伤评估、资料记录等方面发挥的重要作用。

3) 对地进行精准打击

小型巡飞弹作为一次性武器装备使用，在对地面人员目标或装备目标进行精确定点打击任务方面具有显著的优势。小型巡飞弹发射升空后，沿预先规划航路飞行至目标附近或上空区域进行游弋待机（对目标实施搜索并做好打击准备），当接收到攻击指令或侦察搜索到预定目标后便高速俯冲，对地面人员、车辆、雷达、火炮、坦克等实施精准打击。由于小型巡飞弹具有体积小、速度慢、滞空时间长、飞行高度低等特点，可较好地达到隐蔽效果，并相对灵活、安全地实施低空、超低空突防，对敌方目标或战场节点实施精准打击，因此，其攻击突然性要高于其他的一般武器。同时，小型巡飞弹装载的高性能制导系统和双向数据链系统，使其在发射后能够结合战场态势及时对航线或攻击指令进行调整，能够极大地提高对时敏目标的打击精度和时效性。

4) 压制防空防御系统

小型巡飞弹结合了制导导弹和无人机的特点，可充分发挥无人机长滞空时间优势，在敌战场关键节点、防空系统以及地面战斗人员上空长时间进行游弋待机，一方面，实施战场态势监控；另一方面，视情况组织自杀攻击。对装备电子侦察导引头和战斗部的反辐射巡飞弹，可实时侦测定位地面雷达、通信等无线辐射源位置坐标，并对这些军事目标造成攻击威胁，不仅可威慑敌防空系统及通信设备的工作状态，迫使其不能做到长时间持续开机，即使敌防空防御系统处于瘫痪状态，还可直接锁定敌方地面雷达、通信节点等目标进行精准打击，以达到彻底摧毁敌防空防御系统的目的。未来在实际作战过程中，利用巡飞弹对敌方防空防御系统及通信网点实施首轮打击，可在有效避免人员伤亡的同时达到预期的作战目的。

10.4.3 典型巡飞弹

1. "弹簧刀"巡飞弹

"弹簧刀"（Switchblade）小型巡飞弹是由美国航空环境公司在炮射无人飞行器的基础上研制的轻型单兵装备，整套武器系统包括巡飞弹、地面控制单元、筒式发射器和单兵背包，主要用于精确打击，可使小规模作战部队在无空地火力支援的情况下打击高价值固定或移动目标。弹上装备有摄像机和通信数据链，能够在飞行过程中实时回传视频信号并显示在地面控制装置上，同时弹上装备有战斗部，能够实现"察打一体"。

美"弹簧刀"系列巡飞弹导引头集成可见光成像和红外成像技术，相比于红外成像导引头，可见光成像导引头还具有分辨率高、对比度高、信噪比高、成本低、目标易辨识等优点。从结构上来看，"弹簧刀"系列巡飞弹红外导引头采用了美军当下最成熟的技术，分析其主要组成部件大致可分为光学感应系统、成像处理系统、红外感应系统、制冷系统、陀螺伺服系统以及信号处理系统等。其中，信号处理系统主要由信号传导电路、控制调节器电路、信息处理主机等核心电子部件组成；光学感应系统主要由整流罩、高清透光镜片和高光敏元件组成。

凭借"挥手"和"重新提交"功能，弹簧刀操作员可以随时中止任务，然后多次与相同或不同的目标交战。经过十多年的发展，"弹簧刀"的基本型编号为"弹簧刀"300，

"弹簧刀"600则是放大、增重的反装甲改进型,专为摧毁运兵车、车辆和小型飞机而设计,并且已经开发多联发射装置,如图10.37所示,能够实现与RQ-20"美洲狮"和RQ-211"大乌鸦"等美无人机协同作战,极大地提升了作战能力。"弹簧刀"巡飞弹主要战术技术参数见表10.3。

图10.37 "弹簧刀"巡飞弹

(a)"弹簧刀"300;(b)"弹簧刀"600

表10.3 "弹簧刀"巡飞弹主要战术技术性能

名称	"弹簧刀"300	"弹簧刀"600
弹长/m	0.495	1.3
翼展/m	0.69	1.8
质量/kg	2.5	22.7
作战半径/km	10	40
续航时间/min	15	40
巡航速度/(km·h^{-1})	101	112
最大速度/(km·h^{-1})	161	185
操作高度(相对地面)/m	150	198
最高升限(相对海平面)/m	4 570	4 570
动力系统	电动发动机	电动发动机
发射方式	筒式发射	筒式发射
战斗部	杀伤战斗部	聚能战斗部
作战对象	人员	装甲目标、车辆等

2. 俄罗斯"柳叶刀"巡飞弹

"柳叶刀"巡飞弹由俄罗斯国防工业公司卡拉什尼科夫公司的子公司扎拉航空公司于2019年开发,目前投入使用的主要有两个版本,即"柳叶刀"1和"柳叶刀"3,两者之间的区别主要在于尺寸和有效载荷。"柳叶刀"1全重5 kg,弹头重约1 kg,头部安装有较小的黑色电视/红外导引头,航程30 km,其威力大致相当于一发60 mm迫击炮弹;"柳叶刀"3全重12 kg，弹头重3 kg，安装一个大型双窗口电视+红外导引头，航程达40 km，其威力大致是一发82 mm迫击炮弹，两者的飞行速度均为80~110 km/h。其弹头可以选用可有效对抗装甲车的聚能装药，也可选用用于对抗人员或轻型车辆的高爆破片弹。

"柳叶刀"弹体由轻质透明塑料制成，雷达反射面积很小，这使得它在飞行中很难被发现。"柳叶刀"弹体前后安装有呈X形布局的各四片弹翼，弹翼呈现出较厚的机翼流线形特征，后弹翼切尖，弹翼后部安装有操控舵面，这很明显是为了增加留空时间，进行持续盘旋待机搜索目标；缺点是加速性不太好，而且携带安装不便，发射前可能需要先安装弹翼。该型巡飞弹尾部安装有蓄电池和电动机，用于驱动两片式螺旋桨推进弹体飞行，使用安放在地面的导轨弹射起飞，这样安静性和隐蔽性都比较好。较小的"柳叶刀"1不足以摧毁重型装甲车辆，但可以有效对抗轻型装甲车或非装甲车辆、人员和牵引榴弹炮。较大的"柳叶刀"3可以摧毁或重创大多数坦克装甲车和自行火炮，它具有高度机动性，当用于从炮塔上方攻击坦克时，由于坦克顶部装甲较薄，它很可能会击穿炮塔，导致其内部发生爆炸。待发状态"柳叶刀"巡飞弹如图10.38所示。

图10.38　待发状态"柳叶刀"巡飞弹

10.5　网络化弹药系统

网络化弹药系统是将多枚弹药通过无线通信进行组网形成一个协同作战的总体，实现弹药间的信息共享，并且可以完成智能探测、目标识别、协同打击与毁伤评估等作战功能的新型弹药系统。相对于传统的各自为战的单体弹药，网络化弹药可以采用同构或异构的方式构成智能协作的集群系统，具有网内信息共享、高效协同作战及一体化察、打、评等多种优势。

根据作战任务和使用时空的不同，网络化弹药系统可以采用空中组网、地面组网、空地组网等方式，相应的有空中网络化弹药、地面网络化弹药以及空地联合网络化弹药等不同的网络化弹药类型。本部分主要介绍地面网络化弹药系统。

10.5.1　网络化弹药系统的组成

典型的地面网络化弹药系统由若干枚弹药节点组成，而弹药节点由无线组网系统、自定位系统、预警与探测系统、决策系统、战斗部等组成，如图10.39所示。

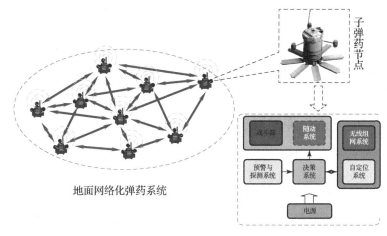

图10.39 地面网络化弹药系统组成

（1）无线组网系统主要由微控制器、通信电路和天线等部件组成，通过通信电路完成节点间无线组网及安全可靠的数据交互。网络化弹药系统的组网工作就是要将这些弹药节点通过无线通信建立联系，明确周围节点的分布情况，形成包含战场上全部弹药节点的网络拓扑结构并周期性进行维护。网络是实现对目标进行组网探测、定位跟踪、协同信号与信息分布式处理的保障条件和物质基础，同时通过无线通信测距可兼容实现弹药群内各弹药节点的相对自定位功能。

（2）自定位系统由自定位模块和天线等部件组成，作用是完成弹药系统内各弹药节点的自定位并给出各节点的相对位置。由于网络化封锁弹药系统可能是远程布撒在特定区域内的，所以各个弹药节点无法事先知道自身位置。而只有知道了各个弹药节点的位置信息，才能利用特定目标定位机制，确定监测到的事件发生的具体位置，以监测到该事件多个装备之间的相互协作，并根据弹药和事件的位置信息做出反应。此外，可以利用弹药节点的位置信息构建网络拓扑图，实时统计网络覆盖情况，对缺口区域及时采取必要的措施。可见，网络化封锁弹药节点的自身定位是系统正常工作的前提。网络化弹药节点的定位方法一般可分为基于测距的相对自定位方法和基于卫星系统的绝对定位方法。

（3）预警与探测系统通过多模传感器完成对目标的探测和识别，可通过低功耗的声、振动等传感器实现对目标的初始探测和预警，其主要目的是节省能源，获得更长的值守时间。采用毫米波探测器等高性能探测器可完成对目标的识别和精确定位，使得弹药节点能够跟踪并完成对目标的精确打击。由于受节点自身硬件资源的限制，单个节点的探测能力有限，主要表现在探测维度、探测灵敏度、探测精度以及值守时长等方面，可采用多个节点同时进行分布式协同探测，减小单个节点对目标探测和定位的误差。大量节点的协同探测、数据共享可实现对目标的较高性能的探测和跟踪。当同时存在多个敌方目标时，多节点协同探测可以更好地实现多目标的区分和跟踪。

（4）决策系统主要完成网络间信息的交互和任务分配等功能，其计算单元一般采用性能较高的处理器，以完成对探测器收集的大量数据信息的快速处理，实现对目标的识别和定位，并结合网络内各个弹药节点的位置信息，选出最佳的弹药节点作为攻击节点，通过无线网络将攻击指令和数据发送到攻击节点,攻击节点适时起爆战斗部完成对目标的攻击和毁伤。

(5) 战斗部一般采用高效定向毁伤战斗部,包括 EFP、MEFP 及多模毁伤战斗部,也可采用周向杀伤战斗部等。采用随动定向战斗部需配有随动系统,随动系统主要由伺服电机或火工驱动单元等部件组成,在弹药探测到目标的位置信息后可以通过随动装置将战斗部转向目标,从而实现定向毁伤。

10.5.2 地面网络化弹药系统作用过程

地面网络化弹药系统可由火炮、火箭弹、机载布撒器等武器平台投放或采用人工方式布撒在阵地前沿或交通要道、机场码头等,自主对目标实行长时值守,自主协同作战。它能自动感知目标类型、探测目标位置,自主进行任务规划和决策,具有长时间阻止敌方机动部队行进和部署,阻止飞机起飞以及其他限制敌方机动的功能。地面网络化封锁弹药系统还可以作为战术侦察单元,将战场信息与其他作战单元共享,提升多样化作战能力。其中弹药节点可采用声、振动、红外、毫米波等多种传感器探测目标,识别目标类型并解算出目标的方位、距离等信息,向其他弹药节点发送相关数据,通过网内决策,执行相应的攻击策略。图 10.40 所示为地面网络化弹药系统作战原理。

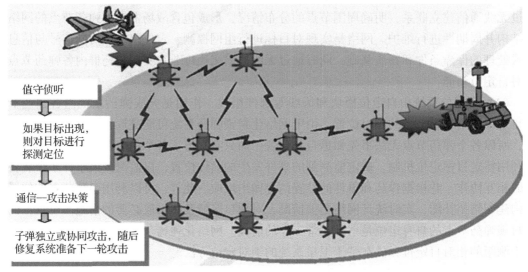

图 10.40 地面网络化弹药系统作战原理

地面网络化弹药的作用过程一般分为 5 个阶段,如图 10.41 所示。

图 10.41 地面网络化弹药的作用过程

1. 组网及自定位

地面网络化弹药在人工或自动布设后开机,首先通过广播、搜索实现节点的入网及组网,并在此过程中测量或获取节点的位置信息,完成节点的自定位。地面网络化弹药也可连接到通信中继,指控中心通过通信中继与地面网络化弹药建立连接,可实时动态获取弹药的网络拓扑信息。

网络化弹药节点可通过基于测距的方法进行相对定位，也可以采用基于卫星系统的方法进行绝对定位。基于测距的定位方法需要先测量节点与节点之间的距离，然后根据测距结果建立坐标系，并在该坐标系下解算其他节点的相对位置坐标。在基于测距的自定位方法中也可引入一定数量的已知绝对坐标的节点作为信标节点（卫星定位），将相对坐标转换为绝对坐标。

2. 低功耗预警值守

组网成功后，网络进入低功耗运行状态，此时弹药节点上仅网络部件和低功耗的预警电路在工作，其他功能模块均处于休眠或断电状态。在节点分布较密的情况下，也可以组织弹药节点进行协同值守，在保证网络值守完整性的情况下，可分配部分值守冗余节点进入深度休眠。

3. 目标探测和识别

当某个节点探测到目标后，该节点向网络中发送预警信号，其他节点接收到预警信号开启探测器，网络化弹药系统根据协同探测策略选取几个节点共同参与目标探测，并将探测信息汇总到主节点，主节点将子节点发送来的探测信息进行信息融合，给出目标的识别、定位和航迹等信息。

4. 协同攻击决策

在协同攻击决策过程中，系统根据探测识别和定位的目标位置信息，结合弹药网络拓扑位置信息，由决策系统选举网络内的弹药节点进行目标运动轨迹跟踪和预测，并在最佳时刻起爆战斗部对目标进行打击。如果多目标同时出现，将通过协同决策分配作战区域，将不同的目标按最优化策略分配给多个弹药节点分别攻击。攻击完成后，网络化封锁弹药系统通过采集封锁区域环境信息，评估攻击的效果，决定是否需要进行二次打击。

5. 毁伤评估及网络更新

在打击完成后，该枚弹药节点被消耗，网络进行信息更新。探测器返回的数据经处理后，判断目标是否已被击毁，如果没有被击毁，则自动决策是否继续对其发动攻击；若目标已被击毁，则网络化弹药在更新网络后转入低功耗预警值守阶段。

地面网络化弹药的攻击决策既可以是网络内的弹药按照设定的策略自动判断完成，也可以是通过远程指挥控制中心的命令控制，即采用人在回路的方式进行控制。指挥控制终端通过无线指挥控制软件显示网络化弹药各子弹的位置、子弹的自身状态、目标类型、目标位置、目标运动轨迹等信息。指挥控制终端可以协同攻击决策，指定某子弹在某个时刻对目标进行打击；也可由远程指挥控制终端手动发送起爆指令或通过终端上的算法计算在最佳预设时机起爆战斗部，完成目标打击任务。指挥控制终端由战场指挥中心和前线机动班组使用，指挥控制设备主要为台式计算机、便携式电子计算机以及便携式手持智能终端。

10.5.3 典型的网络化弹药系统

网络化弹药是在智能地雷、网络技术、传感器技术及数据处理技术等基础上发展起来的。目前，技术比较成熟的有"猛禽"智能警戒系统、自愈雷场和"金帐汗国"协作式弹药系统等。

1. "猛禽"智能警戒系统

"猛禽"智能战斗警戒系统是在"大黄蜂"广域弹药的基础上研制的网络化弹药系统。XM93"大黄蜂"广域弹药是美军专门用于攻击坦克、装甲车辆顶部的一种地面智能弹药，重 13 kg，高 33 cm，内含一枚末端敏感子弹药，并装有 8 条自动复位的支架和传感器阵列，如图 10.42 所示。传感器阵列由 3 个声探测器和 1 个地震探测器组成，用于探测、跟踪和识别目标，最远探测距离达到 650 m。

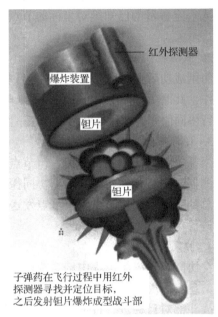

图 10.42 XM93 广域地雷及子弹药起爆并形成 EFP

"大黄蜂"可以手工布设或由地面抛撒布雷车、直升机布设。"大黄蜂"布设到预定位置后，3 个声探测器展开并开始监听目标，同时地震探测器开始工作，待探测到目标后，随动系统控制战斗部旋转并瞄准目标，控制子弹药发射装置处于准确的发射角度，当目标进入 100 m 毁伤半径内时，控制子弹药发射装置作用发射子弹药，子弹药在发射飞行中时，其内置的红外探测器开始工作，并寻找定位目标，待发现目标并确认后，引爆 EFP 战斗部并形成爆炸成型弹丸击毁目标。

在"大黄蜂"基础上研制的"猛禽"智能战斗警戒系统集战斗部、传感器、通信系统于一体，可满足战场监视、侦察、打击、毁伤评估等一系列任务，其具体组成为具有长距离探测能力的声传感器网络、若干个"大黄蜂"广域弹药、具有信息处理和决策能力的网关节点和一个控制站，系统组成如图 10.43 所示。

"猛禽"通过超视距的声传感器探测目标的特征信号，并将信息通过无线网络发送到网关，网关可将信息远距离发送至控制站或者传递给某个"大黄蜂"，从而提高战场的控制能力。由于"猛禽"能够报告自己的位置、状态和提供目标信息，并能够向控制站报告固定目标和运动目标的信息，而且能利用"大黄蜂"攻击目标，所以能减少或避免侦察部队进行连续人工观察的要求，节省兵力并减少前沿部队的伤亡。其可通过较早地获得预警信息，增加了指挥员对战场态势的了解，为间接火力、武装直升机、近距离空中支援等提供目标信息。

2. 自愈雷场

自愈雷场（Self-Healing Minefield，SHM）由可移动的反坦克地雷构成，在一个雷场中，各个弹药节点能够确定自身的相对或者绝对坐标位置，能够与其他弹药组网通信和协同决策，能够自主地与其他弹药协同监控网络中其他地雷的工作状态，一旦有外界或自身原因

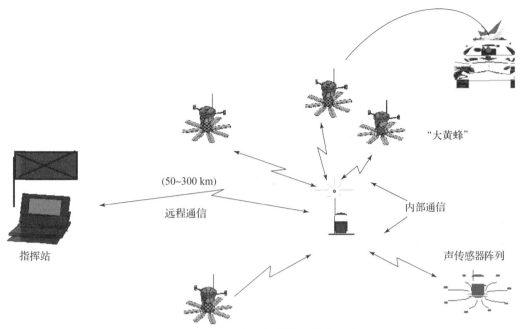

图 10.43 "猛禽"智能战斗警戒系统

引起地雷失效或被排雷设施摧毁,其他地雷能根据网络的最佳途径安排,对相邻的地雷进行调整,实时自主移动,自动填补空出来的位置,形成新的网络分布。这种地雷的移动距离可达 10 m,能从一个地方移动到另一个地方。其工作模式如图 10.44 所示。

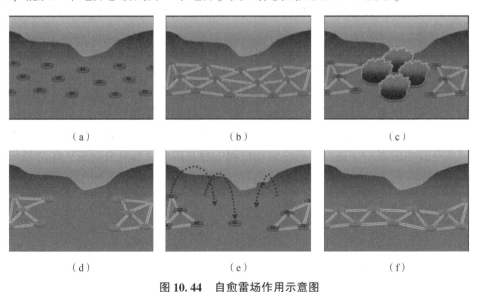

图 10.44 自愈雷场作用示意图
(a) 建立雷场;(b) 建立通信联系;(c) 雷场遭到敌方破坏;
(d) 雷场探测到缺口;(e) 雷场进行自主调整;(f) 雷场恢复封锁能力

自愈是指雷场在无人工参与的情况下可自行修复。当雷场遭到工兵或扫雷车破坏,被成功开辟出无雷通道时,雷场无法正常工作,此时雷场可通过对单枚雷节点的移动操作,即让单枚雷节点移动至无雷区域,自行将无雷通道修补,使雷场正常工作,以阻止敌人的前进,为己方争取时间。

该系统的作用过程可以分为6个步骤：布撒；调整姿态，快速组网；通信定位；攻击目标；自修复；起爆或自毁。

自愈雷场中智能弹药具备以下主要功能：

（1）探测目标，能自主探测发现弹药落点周围的有效目标（针对飞机和有生力量，用超声、红外或其他方法探测）。

（2）毁伤功能，弹药探测到目标后在合适的位置起爆。

（3）运动方向调整功能，运动机构在一定角度内应具有转向功能。

（4）二次规划功能，弹药应能二次弹跳，以重构网络。

（5）自毁与保密功能，在能源消耗将尽时，能够自动引爆，达到对敌方目标的有效破坏和技术自身保密。

（6）威慑与反清除功能，当敌方以任何的接触方式清除时均可立即引爆，达到反清除目的。

10.6 智能集群弹药

10.6.1 集群弹药简述

分布式作战思想已成为指导先进装备发展的重要思想之一，分布式作战核心思想是不再依靠单一高端平台独立完成作战任务，而是将能力分别部署到多个平台上，多个平台通过网络互联及共享信息、资源和能力，形成体系作战共同完成任务，最终以体系优势对抗对手强大的装备作战能力。

智能弹药的出现使高精度面杀伤成为可能，人工智能技术的发展应用，将使智能弹药集群作战成为新的高效打击模式，如图10.45所示。集群弹药是在智能弹药、集群智能发展的基础上形成的一类新型弹药。具体地，集群弹药由多枚智能弹药构成，通过个体弹药的搜索、攻击、干扰、诱骗等基本行为，以自组织模式实现集群智能行为，完成低空对面目标的搜索协同毁伤、压制、对抗等作战任务。集群弹药是集群智能的一种表现形式。然而，受到弹药领域现有技术的限制，集群弹药在实现过程中存在阶段性特征并具有一定的局限性。

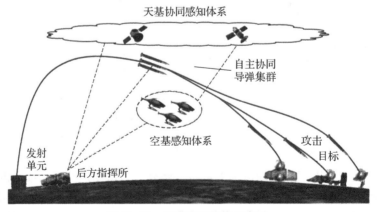

图 10.45 导弹集群作战示意图

从学科和技术角度来讲，集群弹药是多个学科交叉形成的技术体系，主要包含了计算机科学与技术、兵器科学与技术、电子科学与技术、控制科学与工程、系统科学、信息与通信工程等主要学科，其中囊括的重要技术包括人工智能技术、飞行器控制技术、组网与通信技术、末制导技术、毁伤技术等。

10.6.2 集群弹药影响因素

集群弹药是包含众多同构或异构个体的智能集群，其作战任务是影响集群规则制定的强约束，此外，成本与技术约束带来集群规模的限制、个体弹药气动特性影响个体行为控制、传感器的器件精度影响信息获取与传递，以及单体弹药的命中精度和群体效能的折中等，都是影响集群弹药的重要因素。

从作战领域来讲，智能集群弹药可应用于所有军兵种的作战，其基本构成、基本方法和原理、运行框架等没有本质区别，主要区别在于作战目标、运载平台、战场介入方式等。集群弹药的任务目标明确，涵盖搜索侦察、打击毁伤、区域压制、干扰诱骗、集群对抗等，尤其是打击毁伤任务更是弹药的天然职责。具体的任务不同，则相应的集群规则有差异，这是对设计集群行为规则的一种强约束。作战任务与目标以及使命密切相关，这里以三类典型场景为例进行规则分析。

1. 应对时间敏感、分布式集群目标

典型目标包括防空导弹发射阵地等。以"爱国者"发射阵地为例，该类目标在不同时间点状态（位置、目标特征）完全不同，且布置分散（部署面积最大可达 3 km^2）、目标价值差异巨大（雷达、指挥车和发射车补给车等），因此，常规的打击手段很难对该类目标形成高效、全面的打击。集群弹药可通过协同搜索、协同定位、协同打击等手段，在目标区域内实时发现目标，判断打击价值和策略，最终高效毁伤目标。集群弹药的行为更多地从仿生学寻找灵感，结合蚁群、蜂群等生物行为特征制定个体弹药的策略将成为主要研究思路。

2. 应对海面大型目标

这类作战使命同样是紧迫使命，典型目标为航母战斗群，该类目标通常会有立体化、严密的防护措施，同时自身又不易被摧毁。美国典型的航母战斗群都配有"宙斯盾"防御体系，对远、中、近程的导弹打击拦截能力非常强悍，对攻击弹药突防能力要求很高。大规模智能集群弹药可以依靠数量优势进行突防，根据航空母舰的薄弱环节（雷达、指挥塔、甲板跑道）进行点穴攻击，使其失去作战能力。该类集群行为更加强调全方向突防、快速准确饱和攻击，这些策略如何实施将成为主要的难点。

3. 智能集群装备间的对抗

这一作战使命是集群弹药的核心使命，是应对"马赛克战"作战模式的必要手段。随着智能集群装备智能化探测手段、抗干扰能力、打击精度能力的提高，以及规模的增加，传统的电磁干扰、捕获、打击等对抗手段可能无法对其形成有效抵抗，因此，"群对群"是另一种对抗策略。这种对抗不仅要考虑到己方集群行为的控制，还要考虑敌方的智能程度，在这一前提下博弈理论将为此类行为的设计提供基础理论依据。

10.6.3 集群弹药技术发展与验证

为了推进分布式作战概念和一系列无人自主系统技术发展的应用及验证，弥补联合防区外导弹（JASSM）成本高的缺点，美国自 2016 年开始相继推进了"灰狼"和"金帐汗国"（Golden Horde）技术演示验证项目。"灰狼"项目研究旨在设计、研发亚声速空地导弹样弹，验证低成本制造流程和网络化协同弹药打击技术，实现作战高费效比。未来将通过发展低成本可消耗弹药，在强对抗环境下通过集群攻击，或者与其他武器进行网络化协同实施分布式打击，以实现抑制或摧毁敌方一体化防空系统的目的。

"灰狼"项目重点工作是发展、验证模块化开放式体系架构技术，以支持快速技术更新；创新设计技术与制造技术，以降低导弹成本；与军方用户共同论证作战使用概念，对作战方案、战术/技术/程序、支援保障系统与政策等进行定义、评估、完善，以支持装备部队。

2019 年，美国空军因"领域需求不足"，取消了"灰狼"计划，并将资金转移至"金帐汗国"项目中。"金帐汗国"项目是技术演示验证项目，核心理念是发展联网、协同、自主、异构技术，使不同种类的导弹，如小直径炸弹（SDB1、SDB2）、联合空地防区外导弹（AGM-158）、微型空射诱饵（AGM-160）等在发射后能协同规划作战，对抗"一体化防空系统"，实现机载武器自主发射脱离、自主规划航迹、自主攻击目标，并向载机和其他载荷提供信息反馈，开展协同交战，实现更理想的作战效果；或者是向指挥控制节点提供攻击过程中的实时情报及侦察、监视信息。

应用智能集群技术，装备发展不再是只能追求"下一代"先进平台或武器技术，而是创新发展体系技术，如网络化概念下的协同技术，实现体系效能提升。这种将创新技术与成熟技术结合，不仅催生了蜂群式全新作战样式，还能规避研制新型号的技术风险，并以较短的研制周期快速实现精确弹药的协同作战能力。

习　题

1. 简述末敏弹的结构组成。
2. 以炮射末敏弹威力描述其作用过程。
3. 弹道修正弹由哪些结构组成？其作用是什么？
4. 弹道修正弹的修正机构有哪些类型？
5. 末制导炮弹可以应用哪些类型的战斗部？
6. 末敏弹和末制导弹药的作用原理有什么不同？
7. 对比主动式和半主动式末制导炮弹工作过程，并指出其优缺点。

第 11 章
弹药研制与试验

现代战争对弹药功能与性能的要求不断提高，各种新技术集中应用于新型弹药，使得弹药的组件增加，结构越来越复杂，现代弹药不再是简单构造的组合，已经成为名副其实的高新技术系统。传统的设计与研制方法不再满足现代弹药发展需求，需要以"系统"思想为指导，应用系统优化、计算机辅助设计和模拟仿真等一系列现代设计方法，将顶层规划、总体统筹、全寿命周期、全局服务的系统工程理念与方法纳入弹药系统的设计与研制过程中，解决复杂的弹药系统工程问题。

11.1 弹药工程研制的过程

11.1.1 战术技术要求

弹药是武器系统的核心，是完成作战任务的有效载荷和最终手段。弹药工程研究涉及弹药从投射到终点毁伤过程中所发生现象的本质、弹药组成部分的工作原理、弹药的设计理论与方法，因此，弹药在武器系统设计中具有决定性作用。从研究和工程应用的角度，弹药必须在安全可靠和最佳人机使用状态下，能够以最低的成本和最高的效益全面完成战术技术指标体系的各项要求，任何一种弹药，都必须具有一定的战术技术性能和技术特性，即战术技术要求。因此，把弹药产品的设计、论证、研制、生产、储存、维护、使用、试验以及效应研究和性能评价的全部技术任务，概括为弹药工程的对象领域，把产品研制、生产、验收、使用的全部性能数据和要求的总和，集中归纳为战术技术指标，作为设计、生产、试验和使用部门的工作依据。

战术技术指标是各个方面技术与性能协调的指标，指标之间是有联系的完整体系，该体系一般由下列各类数据构成：

（1）技术性能指标：包括尺寸、质量、威力和毁伤要求、弹道性能、射击精度、毁伤概率、可靠性指标等。

（2）使用性能指标：包括能长期储存、储存安定性指标、储存期限、使用方便、操作简单、人机勤务指标、可靠性指标及目标特性和毁伤要求等。

（3）安全性指标：涉及勤务处理安全、发射时的安全和弹道过程安全，例如运输、跌落、不同环境条件指标。

（4）经济性指标：包括工艺、成本、原材料来源以及适于大量生产和产品质量保证的要求等。

以上各类指标应尽可能定量化，以便于考核评价。

11.1.2 弹药的研制过程

弹药的研制过程是将用户提出的使用需求转化为系统性能参数和优化的系统技术状态描述，进而通过弹药设计转化为工程产品的过程。弹药设计不是一个单纯的设计过程，而是一个涉及论证、设计和试验的过程，这个过程包括调查研究、分析论证、理论与仿真计算、试验验证和试制等，其中不乏反复迭代的过程，因此这是一个不断发展、完善的理论与实践相互结合与迭代的过程，最后输出的是包含所有系统要素的技术状态描述、一组准备生产的文件和图纸，从而产生出一个技术上合理、经济性好、研制周期短、作战效能高、可生产、可使用、可保障、能够升级换代的高性能产品系统。在这个复杂系统工作过程中，技术过程和管理过程并行且贯穿于弹药系统全寿命周期。一般说来，弹药系统的全寿命周期分为方案（概念）探索、方案设计、全面研制、生产与部署、使用运行和更新替换六个阶段。

弹药的整个研制过程可分为两个阶段：预先研究阶段和型号研制阶段。预先研究是指在装备需求牵引下，通过相关科技推进，为型号研制提供所需的配套理论和技术储备。型号研制是在预先研究的基础上，综合运用预先研究成果和其他技术成果，将已有技术成果进行应用推进，完成技术成果的物化和产品化，形成新的弹药装备产品。

根据研究目的和内容不同，预先研究分为应用基础研究、应用研究和先期技术开发三个阶段。预先研究具有研究范围广、内容多和探索性强等特点，预先研究的不确定因素较多，风险较大，在预先研究过程中应正确认识和应对风险，抓住机遇，一旦获得技术突破，就会为新一代弹药或新概念弹药的诞生奠定技术基础。弹药型号研制通常分为论证阶段、方案阶段、工程研制阶段和设计定型阶段等几个阶段，研制过程必须遵守顺序逻辑，每个阶段的工作达到规定要求且通过评审批复后，才能转入下一阶段工作。

任何弹药产品必须全面满足各个方面的性能要求，而许多要求在技术保证措施上存在矛盾，故有必要尽可能透彻了解弹药的作用机制，即具有相当的技术复杂性。按制造弹药的生命周期，一般弹药研制的基本过程包括以下几个阶段：

(1) 新原理、新结构的设想。根据作战使用需求，结合成熟技术、最新科学技术及生产工艺的发展情况，提出新原理、新结构弹药设计思想，使该弹药在性能上超越现有弹药。

(2) 预研和战术技术论证阶段。本阶段的任务是研究研制产品指标的综合联系，确定在技术可行性条件下所能达到的最高使用性能。一种新的弹药设计方案的提出，在技术上需要采用一些新的原理或先进的措施，才能超越现有弹药的性能。因此，总是有一些关键性的技术问题需要解决，预研阶段就是从技术上探索解决这些问题的阶段。一种新的弹药设想，在战术上是否具有优越性、它的有效性到底如何、对于各项战术技术指标应作如何规定才算合理，这些问题都应经过战术技术论证给予回答。预研工作由研制弹药的单位、受委托的科研单位或高等院校进行；战术技术论证则由军方和研制单位共同进行。

(3) 可行性验证阶段。本阶段包括技术原型的设计与实验，研究技术储备和生产储备，明确主要技术途径，选择可能的实用型方案。

(4) 方案设计阶段。本阶段对实用方案进行初步设计，确定所设计弹药的主要特点、主要性能、主要参数及总体结构，必要时进行全面性能对比，以确定最佳选择。该阶段结束时应提出弹药的方案总图和总体设计说明书。

(5) 技术设计阶段。本阶段进行精确设计、全面性能计算，完成样弹图纸，即分别进行各部件的具体结构设计,直到提出每个零件的加工图、每个部件的装配图、全弹的总装图及一切有关技术资料。在技术设计中,需要进行实验室试验和靶场试验,如弹药模型的风洞气动力试验、弹体结构强度和作用威力试验等。

(6) 工程设计验证阶段。本阶段研制工程样弹,即在对各个分系统进行试验验证的基础上,完成系统集成,对样弹进行射击与试验考核,通过试验对样弹的内弹道与外弹道性能、终点效应、强度和安全性做出细致的考核,试验后对试验结果进行详尽的分析,根据发现的问题对设计进行修正,并再次进行试制和试验。这样经过几次反复优化之后,使设计弹药的性能全面满足战术技术指标要求。

(7) 工厂设计定型。本阶段对设计结果进行以战术指标为依据的全面考核。

(8) 国家靶场设计定型试验。本阶段将试制批产品送往国家靶场进行试验鉴定,由部队按实战条件进行全面技术战术性能验证,确定定型图纸。

(9) 生产与部署阶段。需要经历工艺设计、试生产、批生产与生产定型等环节。

①要根据定型方案和图纸进行弹药系统生产所必需的工艺设计,完成生产工艺流程设计,精心组织产品生产线。

②进行小批量试生产,由此建立各种功能部件的生产基准和合理的批量生产工艺流程。作战部队对小批量生产的产品进行试验,熟悉弹药系统的操作和使用流程,并对弹药系统的性能和操作等提出意见。

③在对弹药系统进行工程试验和使用试验的基础上,对弹药系统的生产工艺和流程进行生产定型,固化生产状态。

在此基础上,按照部队订货需求进行大批量生产。装备部门根据战备和军事需求、部队的技术保障和作战任务,对弹药部署使用做出安排,确保新型弹药转化为部队战斗力。

(10) 使用运行阶段。在弹药的实际试验和使用过程中,不断评估弹药系统的效能和性能,开发弹药系统的作战使用方式,考核和评价弹药在真实作战环境条件下,系统性能与技术指标的差异,提出修正和改进的方法;加强弹药系统检测、保养和维护,使其保持良好的装备状态和技术状态。

(11) 更新替换阶段。做好弹药系统的更新替换计划,一是有计划地检测和替换短板部件(如储存寿命较低的电子元器件、电池等),从而延长弹药系统的使用寿命;二是做好淘汰弹药的处置和替换,并根据弹药使用结果和应用需求提出新的弹药研制建议。

以上过程既反映了弹药研制的基本过程,也反映了研制工作的实施方法。上述各工作阶段要解决的突出技术课题不同,本章仅就工程技术方法的原则作概要介绍。

11.2 弹药设计技术和方法

弹药设计是弹药系统研制过程的关键环节,对弹药(武器)系统的效能、性能、费用和周期等起着决定性作用。现代弹药设计属于工程设计的范畴,是一个综合设计、系统设计问题,需要充分运用现代设计理论与方法。

就弹药工程任务的性质,即工程问题的提出和解决方式而言,弹药设计工程方法大概分为两类:根据作战目标和效果要求,求得满足基本要求的最经济有效的设计结果;或根据武器系统规定或分配的弹药总体参数,求得总体参数约束条件下的最优性能设计结果。前者称之为设计的正面问题，后者称之为设计的反面问题。

一般情况下，弹药正面设计，选择弹重作为目标函数，在保证射程和效率要求的约束条件下，以弹重最小为最优方案。之所以选择弹重作为目标函数，是因为弹重集中反映经济性和使用性要求，故弹重最小也就是设计结果的经济性和使用性最佳的反映。

弹药的反面设计，一般选择毁伤效率为目标函数，在总体参数（如质量和体积）允许的范围内，以效率最大为最优方案。这里之所以选取效率为目标函数，是因为效率越高的产品其性能越优。

弹药设计包括总体设计、弹道设计、气动设计、威力设计和结构设计等，进行弹药结构和方案设计通常还要考虑威力、结构强度、装药安定性、飞行性能等因素，而这些因素与结构本身之间没有存在解析解的数学模型，需综合运用现代设计方法开展工作，总体上分为分析法和试验法两大类。

11.2.1 经验设计法

由于早期对弹药作用机制的认识不够充分，且设计计算能力受技术发展水平的限制，故主要根据经验进行设计、初选结构参数，通过大量试验进行调整，直到达到满意的设计结果为止。这种方法又称为"画加打"，即通过画图、加工、"打靶"试验的反复循环修正的方法。该方法周期长、费用高。

11.2.2 半经验设计法

经过大量的弹药设计与试验，结合相关数学模型的研究和简化，可以建立相应的经验公式，这些经验公式的特点是简单并且可以快速求得计算结果。基于经验公式的弹药设计方法称为半经验设计法。与经验设计方法相比，该方法周期较短、费用较低。

所用的经验公式是由简化的模型结合试验数据建立，有的经验公式是将大量的试验数据通过量纲分析、回归、最小二乘法和 DFP 法获得的。经验公式有一定的适用范围与局限性，推广使用需要进行试验验证与修正。

11.2.3 数值仿真辅助设计法

弹药作用的过程是强冲击载荷作用下瞬态、高应力、高应变率和大变形的复杂动力学过程，其性态十分复杂，不易简化描述，因此无法进行快速的分析和求解。

随着计算机技术和软件技术的发展，软件数值仿真技术已经发展成熟。数值仿真技术可以通俗地理解为计算机"打靶"，即使用高性能计算机和专用仿真设计软件，通过改变设计因素显示设计效果，由直观判断来选择设计参数和修改方案。用计算机"打靶"取代实物打靶，这种方法不但可以求得最终结果，而且可以对试验中某些无法观测的过程参量进行实时观测（例如，弹药爆炸过程中任意部位的应力、温度、速度、位移等随时间的变化情况）。

数值仿真计算是建立在直接离散求解连续介质力学守恒方程基础之上的，它可以对侵彻及爆炸过程中弹体和目标的变形与破坏、动应力的分布与发展等物理细节做出描述，有助于人们认识试验中观察到的各种现象，并用来验证人们所提出的各种假设，还可以对整体系统进行全面分析，找出各种参量影响的大小，选择不同参数进行计算，以扩展试验数据，这对于试验研究和理论分析都具有重要的意义。

相对于传统的弹药设计方法，采用数值仿真软件进行弹药设计有以下优点：可以快速优选出相对较合理的设计方案，有针对性地进行试验验证，从而缩短研制周期，节约研制费用；可以快速排查故障发生的原因，避免走更多弯路；可以指导方案改进设计的方向，为优化设计提供参考。

图 11.1 所示为预制破片战斗部有限元模型及破片驱动仿真结果。

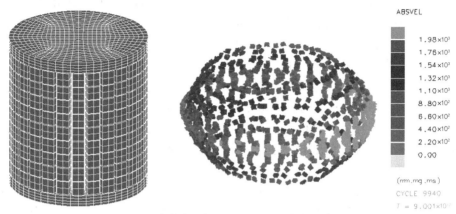

图 11.1　预制破片战斗部有限元模型及破片驱动仿真结果

图 11.2 所示为聚能射流侵彻靶板数值仿真。

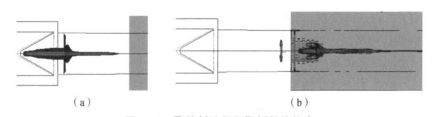

图 11.2　聚能射流侵彻靶板数值仿真
(a) 射流形成；(b) 射流侵彻靶板

11.2.4　专家系统辅助设计法

弹药设计过程是一个集分析、创造和综合等多思维方式为一体的过程，也是一个不断累积经验和修正已有知识的过程。专家在设计一种新型弹药时，经常要选择几种同类相近口径的典型弹药，并根据这些弹药的特点和已掌握的弹药设计通用知识得出一些能指导新弹药设计所需的知识，这主要是处理特殊知识（实例）和一般知识（专家知识）的过程。领域专家在获取知识的过程中处理特殊和一般关系的常用方法是演绎、类比和归纳。

专家辅助设计软件的典型代表有 SPLIT-X 和 PRODAS。PRODAS 是一款专门用于各种类型的弹丸、火箭弹、导弹设计的集成软件系统，设计人员能够创建一个弹的工程模型，计算其质量特性，评估其气动特性和稳定特性等，所有计算均可在个人电脑上几个小时以内完成，对方案设计提供支撑，从而极大地节省时间和费用。

11.3 弹药数值仿真方法

11.3.1 有限元仿真基本原理

目前的弹药仿真技术主要基于有限差分法和有限元法，而有限元法应用更为普遍。有限元法是将连续体理想化为有限个单元集合而成，单元之间仅在有限个节点上相连接，亦即用有限个单元的集合来代替原来具有无限个自由度的连续体。单元之间通过节点连接，并承受一定载荷，组成有限单元集合体，建立整个物体的平衡方程，实现对整体结构的综合分析。

有限元法把复杂的整体结构离散到有限个单元，再把理想化的假定和力学控制方程施加于结构内部的每一个单元，然后通过单元分析组装得到结构总刚度方程，再通过边界条件和其他约束解得结构总反应。总结构内部每个单元的反应可以随后通过总反应的一一映射得到，这样就可以避免直接建立复杂结构的力学和数学模型。在进行单元分析和单元内部反应分析时，形函数插值（Shape Function Interpolation）和高斯数值积分（Gaussian Quadrature）被用来近似表达单元内部任意一点的反应，这就是有限元数值近似的重要体现。一般来说，形函数阶数越高，近似精度也就越高，但其要求的单元控制点数量和高斯积分点数量也更多。另外单元划分的越精细，其近似结果也就更加精确。但是以上两种提高有限元精度方法的代价就是计算量几何倍数增加。

求解非线性动力学问题最常用的单元类型有拉格朗日网格、欧拉网格、任意的拉格朗日—欧拉（ALE）自适应网格、无网格拉格朗日 SPH 粒子等。

（1）拉格朗日网格是一种常用的网格类型，也是有限元分析中最常见的网格类型之一，其使用基于拉格朗日插值多项式有限元形状函数，这些多项式用于逼近模型中每个单元的解。拉格朗日网格适用于各种问题和几何形状，并且能够提供较高的精度。然而，当出现大变形、接触、破裂等情况时，拉格朗日网格可能需要进行不断的重网格操作来保持网格质量。

（2）欧拉网格是另一种常见的网格类型，它在流体动力学和气动学等领域中得到广泛应用。与拉格朗日网格不同，欧拉网格是固定在空间中的网格，计算时材料在网格内流动而网格的节点位置在求解过程中不会改变。欧拉网格描述了流体或气体在空间中的运动，适用于模拟大变形和复杂流动的问题。欧拉网格可以更好地处理自由表面、边界移动和流体结构相互作用等复杂物理现象。

（3）任意的拉格朗日—欧拉（ALE）自适应网格划分结合了纯拉格朗日分析和欧拉分析的特点，能根据更新的频率和扫描次数自动调整计算过程中的网格，平滑单元，解决大变形情况下单元扭曲造成的结果失真或不收敛问题；允许网格独立于材料移动，即使在发生大变形或材料损失的情况下，也可以在整个分析过程中保持高质量的网格。ALE 自适应网格划分不会改变网格的拓扑关系（单元和连通性），但在极端变形时保持高质量网格的能力存在一些限制。纯欧拉分析支持单个单元中有多种材料和空隙，可以有效处理涉及极端变形的分析。

（4）SPH 方法是计算力学领域新兴的一种无网格拉格朗日算法。SPH 方法基于插值原理，通过利用该估算式将一个偏微分方程转化为积分形式，积分方程在数值上通过一系列离散的质点（粒子）的总和来逼近。在 SPH 方法中，所有质点的整体运动都可以被看作是流体运动，构成流体动力学方程组的动量守恒、质量守恒、能量守恒方程都容易用力学和热力学语言来描述。由于计算中不需要网格，避免了大变形问题中网格重构、网格畸变等问题，使其计算精度不受结构变形程度的影响。这使得该方法在解决非线性动力学问题方面迅速发展，尤其是近几年来，成为高速碰撞、靶板贯穿，连续体结构的解体和断裂，固体的层裂和脆性断裂等问题数值模拟中的一种有吸引力和发展前景的新方法。

11.3.2 有限元仿真基本过程

有限元问题分析流程如图 11.3 所示。

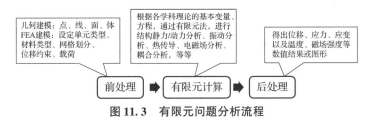

图 11.3 有限元问题分析流程

有限元数值仿真的过程一般简单分为前处理、有限元求解计算和后处理三步，其中前处理又包括建立几何模型、划分网格和参数设置。首先根据物理模型进行适当的简化，得到仿真用的几何模型；其次根据几何模型对仿真对象进行网格划分，得到有限元网格模型；然后进行参数设置，对边界条件、材料参数、状态方程及其他仿真参数进行设定得到仿真模型。有限元仿真计算通过选定的求解器对仿真模型进行有限元求解计算，必要时还需要在仿真过程中调整参数。求解计算是数值模拟的核心工作，将载荷简化到节点上，通过计算刚度矩阵和节点载荷、求解微分方程和代数方程，得到节点位移、速度、单元应力应变等结果。后处理是通过后处理软件观察仿真结果并取出所需的数据，如应力、应变、速度、位移等参数，对计算结果进行整理输出，以云图、动画、曲线等形式呈现，还可以对于结果数据进行组合、叠加、生成计算报告，等等，供使用者对所求出的结果进行分析和评价。

11.3.3 前处理软件

有限元数值仿真前处理包含几何建模和有限元建模（包含网格划分及参数设置）。几何建模使用 CAD 软件。

CAD 是使用计算机进行辅助设计和建模的工具的统称，一款合格的 CAD 软件要具备强大的图像编辑功能、交互式操作界面和丰富的插件资源等，不仅要能快捷地实现二维绘图，还要精确、快速地创建三维模型并进行渲染。常用的 CAD 工程建模软件有 UG（Unigraphics NX）、CATIA、SolidWorks、Creo Parametric（原 Pro/E）等。

在弹药毁伤技术领域，数值模拟前处理通常建立的是结构计算网格（FEA）模型。网格划分作为数值模拟前处理工作的重中之重，其与计算目标的匹配程度、划分质量的好坏，直接决定了后期计算的质量。一般来说，数值模拟工作中大多数的时间都花费在有限元模型的建立、修改和网格划分上，所以采用功能强大、使用方便灵活，并能够与众多 CAD 软件和有限元求解器进行数据交换的网格划分工具，对于提高数值模拟工作的质量和效率具有十分重要的意义。图 11.4 所示为一组几何模型与其网格划分的对比。

图 11.4 一组几何模型与其网格划分的对比

用于有限元网格划分的软件很多，常见的主要有 HyperMesh、TrueGrid、MSC Patran、ICEM、Ansys、Cubit、LS – PrePost 等。

（1）HyperMesh 软件最著名的特点是它所具有的强大的有限元网格划分前处理功能和为用户提供的高度交互式可视化环境。与其他的有限元前处理器相比，其图形用户界面易于学习。凭借强大的几何处理能力和先进完善的网格划分功能模块（见图 11.5），HyperMesh 可以对复杂几何特征进行清理、简化与剖分，并使网格具有很好的适应性和可定制性，其划分效率和质量也十分出色。

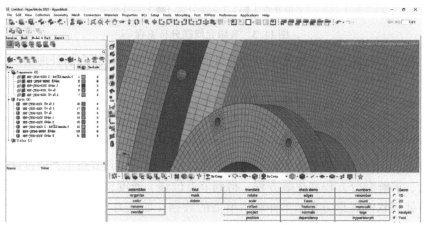

图 11.5 HyperMesh 用户界面和下方功能模块

（2）TrueGrid 以其优秀的工业级映射网格划分功能、参数化网格划分特性，以及命令流结合 GUI 两种操作方式的便利性（见图 11.6），在仿真前处理网格划分工具中占有极其重要的地

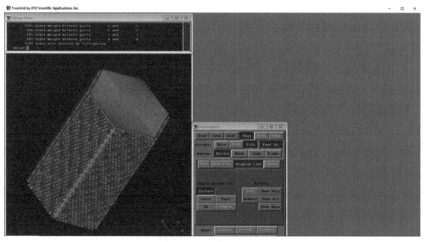

图 11.6 TrueGrid 界面和命令流划分过程

位。TrueGrid 用于生成多块体、结构化的优质网格模型,并提供了许多有用的工具来辅助生成高质量的网格,例如多线性插值、无限插值、椭圆过渡工具等,通过特殊的投影方法将块体结构的网格划分投射到一个或者多个表面上,实现网格模型的建立,这种投影方法消除了繁重的手工划分操作的不便,而且只需要修改命令流即可快速完成对不同几何参数下多种工况网格模型的修改,大幅减少了时间成本,所以在弹药毁伤领域得到比较广泛的应用。

11.3.4 常用有限元仿真软件及仿真范例

目前弹药研究领域常用的动力学数值仿真软件主要有 LS – DYNA、MSC Nastran/Dytran、Abquas、Cosmos、AUTODYN 等。在弹药研究领域,数值模拟也是必不可少的研究手段,特别是求解计算和后处理过程,需要依赖嵌有能够解决特定问题求解器的软件。

LS – DYNA 程序系列最初是 1976 年在美国 Lawrence Livermore National Lab 由 J. O. Hallquist 博士主持开发完成的,后经 1979—1988 年版的功能扩充和改进,成为国际著名的非线性动力分析软件,在武器结构设计、终点弹道、军用材料研制等方面得到了广泛的应用。经过多年的发展,LS – DYNA 成为一款显式为主、隐式为辅的主流非线性动力分析有限元软件,是显式动力学软件的鼻祖和理论先导,能够模拟真实世界中的复杂问题,在很多领域得到广泛的应用。图 11.7 所示为模拟爆炸冲击对钢筋混凝土建筑结构的影响。

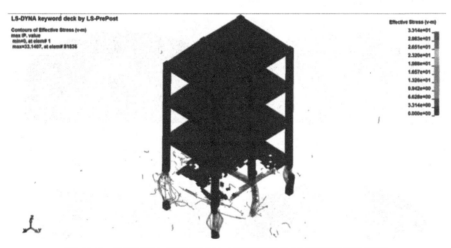

图 11.7 LSDYNA 模拟爆炸冲击对钢筋混凝土建筑结构的影响

Abaqus 最早的产品为 Abaqus/Standard,是一个通用分析模块,能够求解广泛的线性和非线性问题,包括结构的静态、动态、热和电响应等,对于同时发生作用的几何、材料和接触非线性采用自动增量技术处理。Abaqus 拥有 CAE 工业领域最为广泛的材料模型,可以模拟绝大部分工程材料的线性和非线性行为。1991 年推出了 Abaqus/Explicit,利用对时间变化的显式积分实现了对动力学方程的求解,该模块适合分析如冲击和爆炸这样短暂、瞬时的动态事件,但模拟效果相比 AUTODYN 和 LS – DYNA 而言仍有不足。图 11.8 所示为 Abaqus 模拟冲击载荷对螺栓的影响。

AUTODYN 于 1986 推出 AUTODYN – 2D 版本,于 1991 年推出 AUTODYN – 3D 三维版本,该软件从诞生之日起,就与军工行业的研发密不可分,成为国际爆炸力学、高速冲击领域著名数值模拟软件,也是宇航器、战斗部等工程问题的设计辅助工具。AUTODYN 目前的

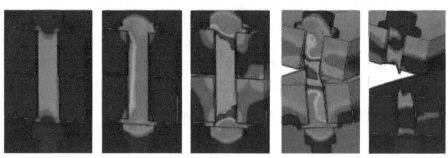

图 11.8　Abaqus 模拟冲击载荷对螺栓的影响

主要应用,如有限差分及有限元技术解决固体、流体和气体动力学方面的问题,特别是对于爆炸的模拟要优于 LS-DYNA。AUTODYN 采用高精度的欧拉 FCT、Grodnov 多物质算法,可以精确模型爆轰波的压力值,以及射流的速度梯度,在爆破、射流等方面有巨大的优势,在国防、石油和天然气、航空、核能、汽车、机械制造等领域都有广泛应用。在国防领域的研究方向有:冲击/侵彻、装甲和反装甲设计、战斗部设计及优化、内弹道气体冲击波、动能装置、成型装药、水下爆炸及冲击波对结构的影响、气体爆轰、材料的响应等。图 11.9 所示为 AUTODYN 模拟 TNT 在混凝土中的爆破过程。

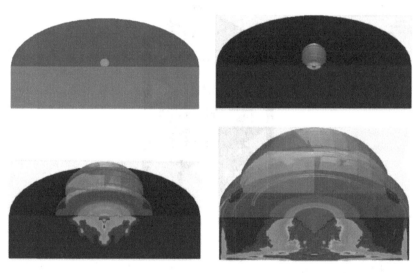

图 11.9　AUTODYN 模拟 TNT 在混凝土中爆破过程

1988 年,MSC 在 DYNA3D 框架下开发了 MSC Dyna 并于 1990 年发布了第一个版本。1993 年 MSC 公司结合荷兰 PISCES INTERNATIONAL 公司开发的高级流体动力学和流体—结构相互作用仿真软件 PICSES,发布了 MSC Dytran 的第一个商业版本,其将拉格朗日和欧拉算法优势互补,成为第一个能够模拟复杂流固耦合问题、高度非线性、瞬态动力响应的大型商用软件,适合于模拟国防军工领域常见的爆炸、穿甲等流固耦合问题,在国防、航空航天、核安全、石化等领域有广泛应用,并 2003 年将 LS-DYNA 程序完全集成入 MSC Dytran。图 11.10 所示为 MSC Dytran 有限元数值仿真潜艇水下爆炸的范例。

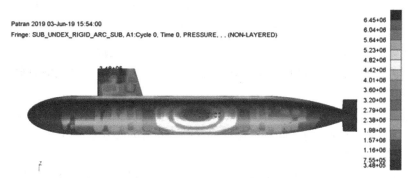

图 11.10　MSC Dytran 有限元数值仿真潜艇水下爆炸的范例

11.4　弹药试验类型与特点

由于弹药作业过程的复杂性和特殊性，设计理论尚不够完善，存在各种随机因素的不确定性，以及加工制造难免存在误差等，弹药的研制过程中必然会存在各种问题。而且，弹药系统技术及产品具有与一般工程产品不同的诸多特殊性，其原理、结构及性能必须通过试验进行验证和考核。通过试验可以及早发现问题和消除风险，验证关键技术和改进方案，为建模与仿真提供验证数据，辅助采办与决策，支持使用规程的制定，在试验中发现问题，从而对总体结构、技术方案、生产工艺等方面进行改进，使其达到战术技术指标要求。

弹药试验是弹药设计、生产、使用、储存、检查等各环节中用以确定产品性能、研究基本规律的重要手段。为达到弹药试验的不同目的，必须根据弹药试验的特点，应用科学原理正确地选择试验方法，全面地采集试验信息，综合地处理数据，根据试验结果作出结论。因此，弹药试验涉及一系列理论知识和具体的技术问题，是一门综合性很强的专门技术。正确地处理上述理论和实际问题，不但关系到试验本身的技术价值，而且具有重要的经济意义，是从事弹药技术工作人员必备的知识和能力。

11.4.1　弹药试验的类型与目的

在弹药的全寿命周期过程中，弹药设计、工程研制、定型、生产、验收、储存和使用等阶段都要作一系列试验。试验目的不同，实施的试验种类和方法也不相同。根据试验的性质、试验考核的内容、弹药工程研制阶段等分为不同类型的试验。各种试验的项目有些可能相同，但试验的目的和意义却不相同，而目的不同，有关试验设计、信息处理与使用的方法就会有所不同。

1. 按照试验性质分类

按照试验性质或目的的不同，通常分为科研试验、鉴定试验、定型试验、作战使用试验、批抽检试验、验收试验和射表编制试验等。

1）科研试验

科研试验主要是由研制单位在研制过程中组织和实施的部件、单机或系统试验，是对所设计的方案或产品能否实现预期目标或实现预期目标的程度进行的试验，试验对象可以是原理样机、实际产品或产品模型。科研试验的主要目的是对弹药研制过程中所采用的新原理、新结构、新材料、新工艺和新方案等进行试验，用于验证设计方案、工艺方案、材料与器件的作用性能、适配性和成熟性等，检验战术技术性能与工艺质量，了解和验证实现预期目标的程度、影响达标的因素及其影响规律、发现存在的问题，为改进提高提供依据。试验的方式包括：实验室试验、仿真试验、部件试验、分系统试验、系统试验、各种规格的靶场试验等。

2）定型试验

定型试验由国家军工产品定型委员会组织，由具备相应资质及级别的试验基地和试验部队具体实施。根据研究阶段的不同，定型试验又分为设计定型试验和生产定型试验两类。

（1）设计定型试验。

设计定型试验是一种国家级鉴定试验，是对新研制产品是否达到批复的战术技术性能指标和部队使用要求而进行的一项十分严格、全面系统的试验考核，是消除研制技术风险和进行系统全面验收的重要环节，其试验结果将作为能否通过设计定型的重要依据。

设计定型试验一般包括试验基地（国家或军队认可的）试验和部队使用试验。试验基地试验主要考核战术技术性能，部队使用试验主要考核产品的作战使用性能和适用性。一般先进行试验基地试验，再进行部队使用试验。

（2）生产定型试验。

生产定型试验是针对通过设计定型的产品在成批生产之前进行的一种试验，主要目的是考核产品的生产工艺、生产质量是否满足设计要求。进行生产定型试验的产品应当从小批量生产的产品中抽取。

3）批抽检试验

批抽检试验主要针对以下两类产品进行：

（1）对通过设计定型的批量生产产品，根据试验评定产品是否满足规定要求，完成批抽检试验后，该批次产品可以装备部队使用。

（2）对于经长期储存的产品，通过成批抽检试验检验其性能是否符合规定要求，抽验产品在储存过程中性能变化的情况，暴露产品在储存使用中可能出现的问题，以便及时提出改进设计、生产等方面的意见。

在工业研究部门，往往采用加速试验来研究产品的长期储存性能，其目的是给产品设计提供依据。

4）验收试验

验收试验是采购方对于直接采购的产品，为检验其是否满足采购合同和相关要求进行的试验。

5）作战使用试验

作战使用试验是为了检验和评价弹药产品的战术性能、战术效能和使用适用性，在接近真实使用环境和条件下，由使用该产品的典型部队人员在一定的战术编制规模下开展的一类试验。作战使用试验通常结合部队训练或演习进行。

6）射表编制试验

射表编制试验是为编制射表而开展的一类专门试验，主要用于给瞄准装置与火控系统的设计、改进或作战使用编制射表。

7）鉴定试验

鉴定试验又分为性能鉴定试验和生产鉴定试验。

（1）性能鉴定试验。

性能鉴定试验是为考核已经定型或装备的产品保持原定战术技术指标的程度而进行的试验，其一般由订货方或使用方提出鉴定任务，由试验基地编制试验计划并组织实施。

（2）生产鉴定试验。

生产鉴定试验是为考核产品（部件、组件、分系统和系统）技术要求达标程度进行的试验，根据达标程度给出鉴定意见。试验方案由总设计师制定，并征得订货方同意后组织实施。其通常需根据生产鉴定试验结果决定能否转入产品定型试验。

对于已定型产品，如果其结构、生产工艺、材料等方面发生重大变化，产品进行转厂生产或恢复生产，为检验其原定战术技术指标的满足程度和改进效果，都必须进行鉴定试验。

2. 按工程研制阶段分类

按照弹药系统的不同工程阶段，可分为研制试验、生产试验和使用试验三类。

（1）研制试验包括从设计开始到产品正式投产之前进行的所有试验，研制试验的主要目的是通过试验验证设计思想和设计方案的正确性、合理性，确定部件、分系统、系统和样机是否满足预定的战术技术指标要求，为改进设计提供依据。

（2）生产试验是为考核批量生产的产品达标程度而开展的试验，目的是检验批量生产产品的性能、质量是否满足规定的技术验收要求。

（3）使用试验是部队为了考察弹药战术技术性能、培训战士熟练掌握武器装备操作、充分发挥弹药（武器）效能、发展新战法而进行的模拟或实弹试验。

上述各种试验一般都采用实验室试验和靶场试验的方式进行。相比之下，实验室试验是基础，随着物理和数学模拟理论与技术的发展，实验室试验更趋重要和完善。靶场试验以至于部队使用试验往往具有综合考核和最后确认产品性能的作用，因此不但不能完全替代，而且在弹药试验工作中具有重要的地位。

无论在任何阶段、采用何种方式和属于何种性质的试验，测试技术都是试验技术的核心。测试技术的科学性和先进性直接关系到试验结论的可靠性。

11.4.2 弹药试验的特点与要求

综上所述，弹药试验的目的在于确定产品性能、研究基本规律（其中许多是不可能完全依靠理论分析与计算解决的）。弹药产品性能及其基本规律主要是关于弹药的技术性能和使用性能（包括安全性和储存性），因此对弹药技术性能与使用性能参数进行全面测试，是弹药试验的基本内容。而弹药是在爆炸瞬时一次性作用的，所以有关弹药基本性能的各种参数一般具有瞬时性、综合性、随机性和一次性（即不能重复试验），这就是弹药试验的特点。

弹药试验本身是一项严谨的技术科学，其涉及一系列理论问题和测试技术问题，从试验设计、试验方案与计划制订、测试方法、试验结果的判读、数据处理等都必须在试验大纲和技术条件中明确规定。一项充分组织的试验，甚至要对试验结果作出初步预测并规定相应的技术措施。必须认识到，没有严格论证与组织的试验，显然存在盲目性，而盲目试验非但不能得出明确的结论，达到试验目的，而且难以保证安全，在经济上也是一种浪费。

对弹药试验工作提出的共性要求如下：

（1）具有尽可能的真实性，试验条件应与被试产品的战斗使用条件尽可能吻合。例如：弹药发射、飞行及特别遭遇段的条件，包括目标性质、攻击目标的条件和现场环境条件等。

（2）试验系统尽可能完善，能够保证对被试产品的有关性能作出结论性或至少是比较性的评定。

（3）试验方法、设施简单，保证试验结果的确实性和可靠性，并规定修正试验结果和数据处理的客观方法。

（4）试验方法经济，尽可能减少弹药、物资、器材和时间的消耗。

（5）除了要求试验真实、鲜明、简单、经济以外，还必须根据弹药试验的特点提出试验操作安全的要求。

对于各种不同类型的试验，还可能提出不同的具体要求，不过上述五项是共同的和基本的要求。

在叙述试验设计原理、信息采集与处理、试验结果评价时，将主要依据试验性质的不同而不同，研究性试验主要是因素分析、相似理论、正交设计和方差分析，由回归分析寻求基本规律；而检验性试验主要是抽样方案设计、试验结果的误差分析，由统计推断法确定检验批的待检性能。

11.4.3 试验的基本程序

弹药试验的科学性强，试验本身的技术安全性要求严格，为了安全可靠而又经济地达到试验目的，弹药试验必须按照一定的程序组织实施。试验的任务性质、内容要求不同，试验实施的具体过程和步骤可能有所不同，但试验实施的基本程序相同，一般包括试验设计、试验实施和试验结果分析三个方面。

1. 试验设计

试验设计是进行试验的首要环节，主要进行试验实施系统的构建和试验实施方案的制定。计划主要内容包括试验目的、试验时间、试验地点、项目、指标和数量、所需仪器设备、测试方法和测试精度要求、试验对象的状态、装备保障、环境条件和其他必须加以控制的可能影响试验结果的因素，以上通称为试验的技术条件。不同类型的试验，其设计内容也不同。

2. 编制试验大纲

编制试验大纲的依据是试验设计，试验大纲的项目包括试验名称、试验原理、试验环境、现场设置、试验程序、实施方法与仪器设备、数据获取和评判规则，对数据的有效性和有效数字等具体技术问题也必须作出明确规定。

3. 制定试验实施计划

制定试验实施计划的依据是已批准的试验大纲和试验设计，其主要内容有试验目的、试验时间、试验地点、试验组织与分工、试验方法及程序、试验器材、安防技术学习、防范事故措施等。

4. 试验的组织实施

依据试验大纲和试验实施计划，指定试验负责人，确定参加试验人员及各自职责，落实试验时间和地点、参试品及陪试品的运输、需要的仪器设备、装备和经费，确定试验安全负责人并指定安全技术措施，按照试验大纲与实施计划中的试验方法和程序开展试验。

5. 试验数据处理

试验数据处理和误差分析是弹药试验的重要环节，它是以试验全过程中观察记录的现象和测量的数据为依据，使用合理的数据处理方法和误差分析理论，对试验数据进行处理和分析后得出结论，明确试验目的达到的程度。

6. 编写试验报告

试验报告是对试验进行的说明、归纳、总结和分析，是弹药试验成果的全面总结，一般应包括试验目的、试验时间、试验地点、试验条件说明、试验内容、试验设计与试验方法、试验品状态、仪器选配与设置、试验现象分析、试验数据处理方法、试验结果及误差分析、试验结论及建议。

11.5 常用弹药试验

由于影响因素很多，仅依靠理论公式来分析计算弹药的作用与性能是不够的，因而必须进行各种试验来检查弹药的性能和质量。弹药系统越来越复杂，武器装备研制过程中越来越强调实战化考核，对弹药性能进行试验考核与验证的重要性也越来越突出。因此，要充分认识弹药试验的重要性和必要性，结合研制需求，制定科学合理的试验方案，运用现代科学技术和手段进行全面试验验证。

常见的靶场试验项目主要有以下几项：

（1）发射强度试验；
（2）装药安定性试验；
（3）射击密集度和最大射程试验；
（4）飞行稳定性和飞行正确性试验；
（5）杀伤威力试验（如壳体破碎性试验、破片速度分布试验、破片空间分布试验等）；
（6）爆破威力试验；
（7）穿甲威力试验；
（8）破甲威力试验；
（9）特种弹的作用性能试验（烟幕、照明等）；
（10）其他有关作用和性能的试验项目。

本部分主要介绍与弹药威力相关的部分弹药性能试验。

11.5.1 杀伤效应试验

弹药战斗部的杀伤效应与破片质量与数量、质量分布、空间分布、初速度及速度衰减特性等密切相关，杀伤效应相关的试验内容包括破片尺寸、破片数量、破片空间分布、破片初速与速度衰减、综合杀伤威力等。

1. 壳体破碎性试验

破碎性试验亦称破片质量分布试验，它主要用来评定和研究榴弹破片的数量、破片质量分布规律、破片形状和尺寸等。壳体破碎性试验是评定杀伤威力、计算杀伤面积所不可缺少的重要的试验内容之一。为了保证破片的回收率，以真实反映战斗部爆炸后弹体形成的破片情况，通常把被试验弹丸放置在一个具有一定尺寸的容器中，周围放置使破片减速的介质（如砂子）。当弹丸爆炸后，破片穿过减速介质，速度逐渐衰减至零。目前世界各国常用的减速介质有三种：木屑（锯末）、砂子和水。试验后回收所有破片，称重并统计得到破片的质量分布。砂箱法破碎型试验装置如图 11.11 所示,表 11.1 所示为某 30 mm 弹丸破碎性试验结果(破片质量分布统计)。

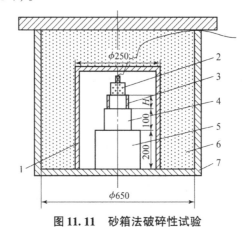

图 11.11 砂箱法破碎性试验

1—纸筒;2—药柱;3—炸高筒;4—钢锭;5—垫铁;6—细砂;7—铁桶

表 11.1 破碎性试验结果

质量级别	示意图	破片数 n	破片质量合计	百分比/%
6.0~12.0		5	43.3	15.0
5.0~6.0		4	21.3	7.4
4.0~5.0		5	21.3	7.4
3.0~4.0		9	30.7	10.6
2.5~3.0		6	13.3	5.7
2.0~2.5		5	10.8	3.7
1.5~2.0		13	22.4	7.8
1.0~1.5		32	38.0	13.2
0.5~1.0		55	39.2	13.5
0~0.5		589	45.4	13.5

2. 破片空间分布试验

由于弹丸的几何形状不是球对称体,加上弹丸结构上的固有特点(如炸药形状、装填和起爆方式等不同),以及弹壳厚薄不均匀等因素的影响,使弹丸破片在空间上的分布不是理想的均匀状态。为了评估弹丸破片的杀伤作用,必须知道弹丸破片的空间飞散分布规律,以便为改进弹丸结构和提高杀伤威力提供试验数据。目前国内外普遍采用长方形靶或球形靶试验方法来测量榴弹破片的空间分布。

1) 球形 - 试验

如图 11.12 所示,假定球面中心安置一弹丸,弹丸爆炸后破片向四周飞散并穿过球面,根据球面上破片的穿孔数可求得破片在各个方位上的分布密度（单位球面角内的分布密度），该分布密度与破片初速、破片数量、质量分布等因素共同决定了弹丸的杀伤威力。为了确定球面上各处的位置，用经纬线将球面上划成许多区域，两条经线夹成的区域称为球瓣，两条纬线夹成区域称为球带，球瓣与球带分别用经角 ψ 和纬角 Φ 表示。由于弹丸是轴对称体，所以破片的飞散是轴对称性，因此只要研究了破片在球瓣上的分布情况，就知道了破片在整个球面上的分布。工程上实现球面制作比较困难，因此，在实际使用中通常将靶制作成半圆柱形，然后把球瓣投影到圆柱面上，并在靶上画出各球带对应的投影区域。

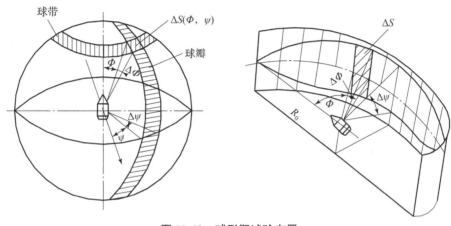

图 11.12 球形靶试验布置

2) 长方形靶试验

试验靶的高度和宽度都取决于战斗部的尺寸和类型，通常靶高为 2.4 m，被试弹丸与靶板的距离可根据炸药量来确定，近似与炸药量的 1/3 次方成正比。试验靶布置如图 11.13 所示，图中的反跳阻拦器是为了拦截破片由于击中地面而反跳到试验靶上的装置。

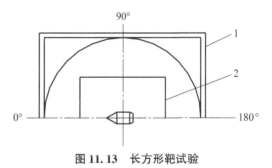

图 11.13 长方形靶试验
1—试验靶；2—反跳阻拦器

为测量从弹头至弹尾 180° 范围内每 5° 区间的破片空间分布情况，将试验靶相应划分成 37 个区域，将靶上的标记安排在 2.5°、7.5°、12.5°、…、182.5°、187.5° 各位置上，其中对应战斗部头部和底部的两块试验靶上每 5° 所分成的区域为环形，战斗部正面对应的为矩形，如图 11.14 所示。根据靶上各区域的划分方法，由各区对应的球面面积和试验靶上各区的破片数即可求出该区球面上破片的球面密度。

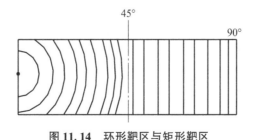

图 11.14 环形靶区与矩形靶区

3. 破片杀伤半径试验

密集杀伤半径，是指弹丸在静止（落角90°，落速0）状态下爆炸后，平均一个人形靶上有一块破片击穿25 mm松木靶的圆周半径，人形靶大小按照高1.5 m、宽0.5 m的立姿计算。通常使用扇形靶试验法测定密集杀伤半径。扇形靶试验法适用于杀伤弹、杀伤爆破弹丸或火箭弹战斗部静爆后破片的杀伤半径和杀伤面积试验。

扇形靶使用干燥的三等松木板（或强度相当的其他木材），板厚度为25 mm，长度不小于1.5 m。扇形靶试验需在宽广、平坦的地面上进行，靶板分别布置在同一圆心、不同半径的圆周上，共设置六个圆心角为60°的扇形靶面，每块扇形靶的扇面弧长为所处圆周的1/6，靶板距圆心（炸点）的距离分别为10 m、20 m、30 m、40 m、50 m和60 m，按照这种布局的称为大扇形靶，用于测试直径大于或等于76 mm的弹丸或战斗部。对于口径在76 mm以下的弹丸或战斗部，为了节省材料，则采用靶板分布角为30°的扇形靶面，每块扇形靶的扇面弧长为所处圆周的1/12，靶板距圆心（炸点）的距离分别为4 m、8 m、12 m、16 m、20 m和24 m，这种布局的称为小扇形靶。扇形靶的高度为3 m，各块木板间的缝隙不大于3 mm，靶板应牢固地嵌钉在靶架的立柱、边框上，靶架设计制作应牢固，能承受起爆时的冲击波。扇形靶的底边均应在同一水平线上，由此计算靶板高度，在靶板的1/2高度处划一水平中心线，以此作为弹丸的安装基准，使其与被测弹丸（战斗部）的质心位置等高。每块靶面划分1.5 m×0.5 m的标准靶板分区标志线，并对标准靶板编号。扇形靶试验布置如图11.15所示。

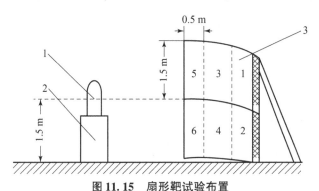

图11.15 扇形靶试验布置
1—弹丸质心；2—支架；3—扇形靶

试验结果的处理基于以下假设：整个圆周上破片是均匀分布的；破片沿着直线运动轨迹飞行至扇形靶；在不同距离的扇形靶间的破片数量符合线性分布规律。

为了试验数据的可靠，根据弹丸口径的不同，要进行一定数量的有效爆炸试验（爆炸不完全的不记入有效发数量）。弹丸（战斗部）爆炸5 min后开始检查靶板，检查靶板后将靶面击坏处加以标记，统计每个扇形靶上击穿靶板的破片数量和卡入靶板的破片数量，计入专门表格。根据每发爆炸结果，根据全部各发试验编制一份各扇形靶上的击穿破片（杀伤破片）数量、卡入破片数量和有效破片数量的表格，并求出各自的平均结果。有效破片数量为击穿破片数量与卡入破片数量一半的合计。根据统计数据绘制1/6或1/12圆周上击穿破片和有效破片数量与爆点距离的关系曲线，纵坐标轴表示破片数量（1 mm代表2块破片），横坐标表示每个扇形靶距离爆点的距离（1 mm代表0.2 m）

根据密集杀伤半径的定义，在密集杀伤半径对应圆周上的破片数量，等于标准靶板的数量。假设对应距离的1/6圆周、高度为3 m的松木靶板上破片数量为N块，则整个圆周同样高度的靶板上破片数量为 $6N$ 块,而对于设置同样圆周、高度为 1.5 m 的松木靶板上破片数量为 $3N$ 块。

设密集杀伤半径为 R_0,在高度 1.5 m 的 $2\pi R_0$ 圆周上排列的标准人形靶数量为 $4\pi R_0$(因标准人形靶的宽度为 0.5 m),根据密集杀伤半径的定义,在 1.5 m 高的圆周上的穿透破片数为 $6N_0/2 = 3N_0$,N_0 为 R_0 对应的 1/6 圆周上(圆心角 60°)有效破片数,则有

$$4\pi R_0 = 3N_0 \tag{11.1}$$

$$N_0 = \frac{4\pi}{3} R_0 = 4.18 R_0 \tag{11.2}$$

用图形表示,就是在 $N-R$ 曲线图上,过坐标原点作斜率为 $4K\pi/3$ 的直线,即 $N_0 = 4K\pi R_0/3$,与有效破片曲线相交,交点横坐标即为密集杀伤半径。K 值是与坐标系纵轴、横轴单位长度示值比例有关的系数,K = 横轴单位长度示值/纵轴单位长度示值,图 11.16 中横轴 1 mm 代表 0.2 m,纵轴 1 mm 代表 2 块破片,则 K 取值为 0.1,直线 $N_0 = 4K\pi R_0/3$ 的斜率为 $\tan\alpha = 0.418$。

4. 破片速度测量

破片速度测量一般在破碎性试验之后进行。破片速度测量通常采用定距测时法,基本原理是在破片的飞行路径上适当距离处,设置多道测速靶,当破片穿过测速靶时,数据采集系统或瞬态测时仪器记录破片通过对应靶的时刻,从而根据靶的间距计算平均速度,再用回归法求得破片初速和衰减系数。根据测速靶的特点,测速方法可分为接触式和非接触式测量两种方法。接触式测量法有铝箔靶法、梳状靶法、网靶法等,非接触式测量法有线圈靶法、天幕靶法、光幕靶法等。

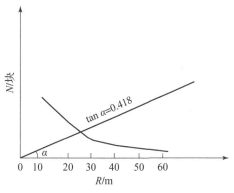

图 11.16 密集杀伤半径计算图

无论采用什么类型的测速靶,测速靶尺寸均应满足接收破片的要求,测速靶应无滞后地输出破片中靶信号,测速靶架应保证承受爆炸时的冲击波作用。测速靶的布置通常是在以起爆点为圆心的三个不同半径的圆周上分别布置 2~5 个测速靶点,各圆周上靶点安置前后互不遮挡,如图 11.17 所示。

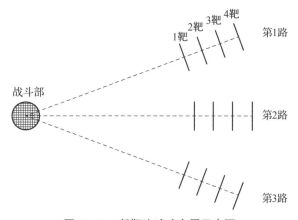

图 11.17 断靶法试验布置示意图

各个测速靶所在圆周距爆点的距离要根据被测试弹丸(战斗部)的口径确定,见表 11.2。

表 11.2 弹丸口径与测速靶距离关系　　　　　　　　　　　　　　　　　mm

弹径	R_1	R_2	R_3
≥76	4	6	8
76～100	6	8	10
>100	8	10	12

测速靶可采用断靶或通靶。断靶是网靶的一种,通常采用直径为 0.1～0.2 mm 的金属丝(例如铜丝)制作,相邻两金属丝间距小于破片平均尺寸。断靶触发前保持通路状态,被破片击中后,金属丝被切断,断靶转换为断路状态,状态转换信号经信号转换装置传送至测时仪,由此记录破片到达该测速靶的时刻。断靶距离战斗部的最小距离应保证:破片应先于冲击波达到断靶;破片应先于战斗部蒙皮或壳体形成的小碎片到达断靶。

5. 榴弹综合威力试验

除了必须逐一开展的单项试验外,可以开展杀伤威力综合试验以降低试验成本,该方法能够将破片的质量分布、空间分布以及速度分布三个试验综合在同一个试验中完成,试验布置如图 11.18 所示。被试验弹丸被悬吊在空中,弹丸轴线平行于地面,由两个垂直于地面的靶和一个平行于地面的靶构成长方形靶测量破片的空间分布。垂直于地面的两个靶可分别测量 0°～45°和 135°～180°范围内的破片分布。平行于地面的靶为一个长方形水池,以水作为破片减速介质,水池内放置破片回收网,用于回收破片。平行于地面的靶区对应 45°～135°球心角范围,每 10°为一个球带区,对应 9 个球带区,可同时测得该范围内的破片空间分布和质量分布。

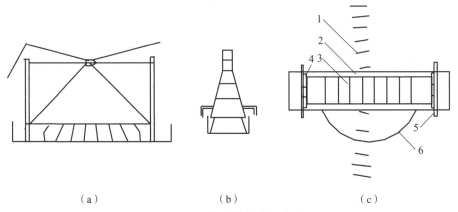

(a) (b) (c)

图 11.18 榴弹综合威力试验

(a) 主视图;(b) 侧视图;(c) 俯视图

1—弹片初速测试靶;2—地面水池;3—地面球带靶网;4—立式球带靶;
5—立式球带靶转轴;6—弹片初速分布测试靶

11.5.2 爆破威力试验

爆破威力试验用于杀伤、杀伤爆破弹丸或战斗部爆破作用测试，通常用弹丸爆炸后弹坑容积的大小来评定爆破威力。试验应在无雨、雪条件下进行。弹坑容积与土壤性质、弹头埋入深度相关，试验时选择的地面应为天然沉积、均匀、平坦、开阔的地面，进行对比试验时，试验场地不应有明显差异。用取土器垂直于地面钻孔取土，形成的孔径大于弹径 10 mm，保证将弹丸顺利放入；孔的深度不大于弹丸长度，一般取孔的深度为弹丸的最有利侵彻深度；孔的轴线倾角不得大于 2°。试验时弹丸使用改装静爆试验用引信，将弹丸（或战斗部）及弹体托架用绳捆扎牢固，用绳吊起，弹头向下放入预先准备好的孔底。爆破威力试验布置如图 11.19 所示。

弹丸起爆后，清除弹坑中的松土，直到暴露出压碎区为止，从爆坑底部到地平面分层测量各层的坑深和对应的截面直径。分层测量坑深时，一般参照爆坑深度确定层数，当坑深大于 2 m 时，层数取 6~8 层；当坑深不大于 2 m 时，层数取为 5 层。测量弹坑不同深度处的直径（见图 11.20），并按式（11.3）计算弹坑容积：

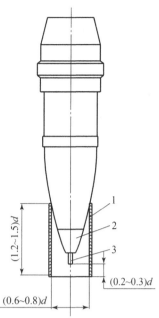

图 11.19 爆破威力试验布置
1—弹体托架；2—引信；3—雷管

$$\left.\begin{aligned} V_i &= \frac{\pi}{3}(h_i - h_{i-1})(R_i^2 + R_{i-1}^2 + R_i R_{i-1}) \\ V &= \sum_{i=1}^{n} V_i \end{aligned}\right\} \qquad (11.3)$$

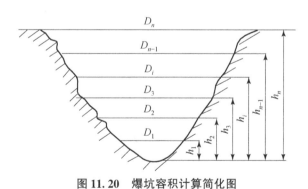

图 11.20 爆坑容积计算简化图

11.5.3 穿甲效应试验

穿甲弹威力试验用于评定穿甲弹对目标靶的穿甲能力，通常按照穿甲弹产品图纸加工产品并按照靶场试验技术条件要求进行射击试验。

在穿甲弹各项威力试验中都需要测定弹丸着速，而着速的选择与试验目的有关。对于一定的弹靶系统，着速不同则穿透概率不同。对穿透概率为 50% 与 90% 的弹道着速记为 v_{50} 和 v_{90}，以其大小比较不同穿甲弹的穿甲威力。我国称 v_{50} 为临界速度，对 v_{90} 则采用近似定义的术语——极限穿透速度 v_j。

极限速度法适用于穿甲弹的穿甲试验，试验应在良好气象条件下进行，使用的火炮（坦克炮）为勘用级以上，身管应在1/2寿命周期内，发射穿甲弹的炮位设置水泥或装甲掩体，射击靶道应平整、通视性好，炮口前20 m内应有宽度至少为10 m的水泥地面。靶架可采用立式或仰式，并应稳定放置或固定在有坚实基础的地面上，稳定放置时，在射线方向应有限制位移的装置。靶板应符合产品图样或规范的规定，靶板应放置在距离炮口1.5~3个章动波长范围内且攻角接近零度的位置上，在靶板后修筑土墙或土堆作为收弹设施。可以采用天幕靶测时仪测速系统或采用通断靶测速系统，被试弹丸应该为同一批加工的产品，发射药药量为减装药。对于脱壳穿甲弹，一般还应在距靶板中心1.5 m处立一个与射击线相垂直、厚度小于1 mm的纸板，以检查弹丸章动角。

对于普通穿甲弹，按照式（11.4）初步估计极限穿透速度；对于脱壳穿甲弹，按照式（11.5）初步估计极限穿透速度：

$$v_j = K \frac{d^{0.75}}{m^{0.5}} \frac{b^{0.7}}{\cos\alpha} \tag{11.4}$$

$$v_j = K \frac{(d - 0.03163)^{0.5} b^K}{m^{0.5}} \frac{b^z}{(\cos\alpha)^n} \tag{11.5}$$

式中，v_j——极限穿透速度（m/s）；

K——穿甲系数，对于式（11.4），$K = 1850 \sim 2650$，对于式（11.5），$K = 2800 \sim 2920$；

d——飞行弹丸直径（dm）；

b——靶板厚度（dm）；

m——飞行弹丸质量（kg）；

α——靶板法向角（°）；

z, n——随 α 变化的指数。

极限穿透速度的测定：在穿甲过渡带上，一般以 v_{90} 表示极限穿透速度，由临界速度试验法测出 v_{50} 和概率分布标准差 σ，根据极限穿透速度与临界穿透速度的关系式即可推出 v_{90}。就试验条件而言，临界速度试验与极限穿透速度试验的试验条件基本相同。其实验装置如图11.15所示。

鉴选极限穿透速度的测试过程如下：根据式（11.4）或式（11.5）估算极限穿透速度值（或经验值），确定发射药量进行第一发射击。

（1）若第一发射击时弹丸穿透靶板，且弹孔接近弹径，则应减少发射药量，减速1%~3%进行第二发射击，若第二发不能穿透，且第一发与第二发着速之差不超过第一发着速的3%，则以第一发或第二发的着速进行1~2发验证试验。验证试验后，若透与不透的速度差仍不超过3%，则其中最低的穿透着速为该弹丸的极限穿透速度。

（2）若第二发射击又穿透靶板，则继续降低着速（使着速比第一发降低1%~3%）进行下一发射击，直至同上述情况相似，确定出弹丸极限穿透速度。

若第一发未穿透靶板，则增加发射药量，提高着速（使着速比第一发提高1%~3%）进行下一发射击，直到确定出弹丸极限穿透速度。若靶板背面未见环状裂纹的凸起，则下一发着速比前一发提高4%~10%。

一般以极限穿透速度再增加25~40 m/s速度进行穿甲试验，每发弹均应测速，每发射击后，对穿孔按横、纵向分别测量最小孔径、弹坑深度和背面凸起高度，并记录靶板背面破坏情况。

临界速度法用于脱壳穿甲弹、实心穿甲弹的穿甲试验。试验基本要求与极限穿透速度法相同，试验时按照式（11.6）进行临界速度估算：

$$v_{50估} = v_j - 1.28 v_d \tag{11.6}$$

式中，$v_{50估}$——临界速度估计值（m/s）；

v_j——极限穿透速度（m/s）；

v_d——速度步长（m/s）。

按照式（11.6）计算或根据经验确定一个尽可能满足或着速接近临界速度的发射药量，进行第一发射击，然后根据穿透与否调整发射药量，以增减速度。若第一发穿透靶板，则速度降低一个步长；若不穿透，则增加一个步长，直至获得临界速度。临界速度 v_{50} 按照式（11.7）计算。试验时，速度步长不大于 20 m/s，穿透与不穿透的速度差不大于 20 m/s，穿透与不穿透的发数不少于 2 发。

$$v_{50} = \frac{1}{2}(v_{bmax} + v_{bmin}) \tag{11.7}$$

式中，v_{50}——临界速度（m/s）；

v_{bmax}——不穿透的最大着速（m/s）；

v_{bmin}——穿透的最小着速（m/s）。

如图 11.21 所示的试验布局为某种穿甲弹速度测试方法，当发射弹丸后，杆式穿甲弹弹托被捕获器挡住，弹丸穿过测速靶Ⅰ和Ⅱ时，可测得弹丸飞行速度，以此速度作为弹丸着靶速度。弹丸继续飞行，穿过同步靶时产生一个同步脉冲信号输送给脉冲激光器，经一定延时，当弹丸快要碰靶时，激光器瞬间发出 20~30 个高亮度序列脉冲激光（脉冲激光的最小时间间隔可达 8 μs），照亮穿靶后弹丸的运动过程，经过信号处理测量靶后弹体剩余速度。

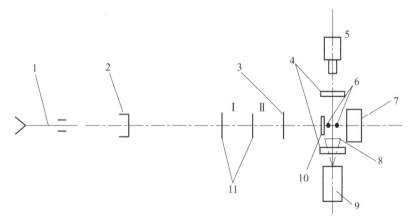

图 11.21 穿甲弹穿靶测速实验

1—火炮；2—捕获器；3—同步靶；4—防弹玻璃；5—转镜照相机；
6—细杆；7—受弹器；8—电容纸；9—激光器；10—靶板；11—测速靶

11.5.4 破甲试验

破甲弹或聚能装药战斗部研制过程所进行的试验，一般分为两大类：一类是研制阶段所进行的破甲参数试验，如利用射流速度分布测定、射流破甲深度与时间（$L-t$）曲线测定、破甲速度与时间（$u-t$）曲线测定、射流（杵体）与 EFP 形态 X 光摄影等试验来考核成型装药结构设计是否合理正确；另一类是弹药样品或成品装药性能试验，如利用静破甲试验、动破甲试验、旋转破甲试验、破甲后效试验等来考核整体性能是否最终满足战技指标要求。

1. 射流速度试验

中小锥角罩破甲弹爆炸后，一般会形成头部速度高、尾部速度低、有速度梯度存在并按一定规律分布的高速射流，射流各微元的速度互不相同，计算或测定射流速度分布，亦即确定某时刻射流各微元的速度沿射流轴线方向分布规律（$v-z$）图，或确定各个时刻射流不同微元在空间分布情况（$t-z$）图。

在弹靶已确定的条件下，射流的侵彻效果（侵彻深度和各断面孔径）取决于射流的速度分布和质量分布。侵彻深度在一定的弹靶关系条件下主要取决于射流的速度分布，因为速度梯度的存在，射流在运行过程中不断被拉伸变细，甚至发生颈缩或断裂，射流的伸长与断裂直接影响射流的侵彻能力。因此，从研究射流的侵彻能力来讲，必须了解射流沿其长度的速度分布情况。对射流形成过程进行实验研究或理论计算的目的就是把装药及药型罩结构与射流速度分布、质量分布联系起来，为优化设计提供参考和依据。

射流速度试验适用于破甲弹（或破甲战斗部）射流头部速度、射流速度分布和射流对不同介质侵彻速度的测定。射流速度分布的测定方法主要有拉断法和截割法，采用的仪器主要有脉冲 X 光摄影机、扫描高速摄影机、多通道测时仪等。对于射流速度分布的测定，采用截割法所测数据较准确，但工作量较大，需消耗一定量的弹药和靶材；采用拉断法可减少试验量，节省物资消耗，但必须具备价格昂贵的脉冲 X 光摄影设备。目前国内仍以截割法测定射流速度分布为主。

拉断法试验布置如图 11.22 所示，利用脉冲 X 光摄影机对射流拉断后的状态进行拍摄（每发弹至少要拍两张不同时刻的 X 光照片），找出对应断裂射流颗粒测定其空间位置 z_{b1}，z_{b2}，z_{b3}，…，并根据距离差 Δz 和拍摄的时间差 Δt，即可求各颗粒的速度值 v_j，从而得到 $v_j - z$ 坐标系中某时刻的速度分布曲线。

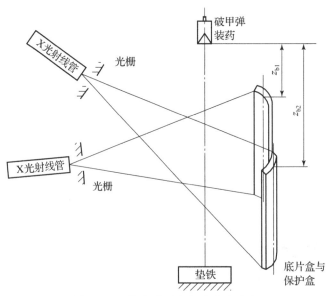

图 11.22　拉断法测定射流速度分布

采用截割法测定射流速度的分布，就是让射流穿过一定厚度的靶板，消耗掉一段射流，剩余射流穿出靶后继续在空气中运动，测定出剩余射流的头部速度，然后找出剩余射流头部在未穿靶时原射流中的位置。改变靶板厚度，消耗不同长度的射流，便可得到射流速度沿长度方向的分布。此法基于以下假设：

（1）射流微元在运动中速度不变；
（2）射流破甲后对后续射流无影响；
（3）射流微元之间互不作用，不做能量交换；
（4）射流保持连续，不发生断裂。

图 11.23 所示为一种利用计时仪截割法测定射流速度分布的试验方案。

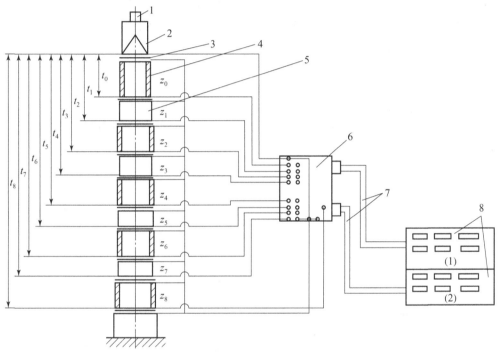

图 11.23 计时仪截割法测定射流速度分布
1—雷管；2—装药；3—信号靶；4—支筒；5—钢块；6—接线盒；7—电缆；8—六通道测时仪

采用六通道（10^{-6} s）计时仪两台，靶块之间用圆筒隔开，每个靶块上、下均布设信号靶（通靶），靶块的厚度从上至下由大变小，最后一块为垫铁。靶块数量和支撑筒个数按装药口径而定，原则上要求测速点至少 5 个以上。

其测定原理：引爆装药，当射流头部到达罩口时，穿过启动靶使计时仪各通道同时启动开始计时。此时设 $t=0$、射流长度 $z=0$，当射流通过圆筒到达第一个靶块上端面时，计时仪第一通道停止，计时 t_0。通过计时 t_0 和筒长 z_0，可得射流头部速度 $v_0 = z_0/t_0$（第一个计时圆筒 $z_0/2$ 位置的速度）。射流穿过第一靶块，消耗一截头部射流，后面射流到达第一靶块下端面时，计时仪第二通道停止，计时 t_1。假设后面射流通过第一靶块时，速度不受影响，即不消耗能量，则后面射流端部到达第二靶块上端面时，计时仪第三通道停止，计时 t_2，此时可得此射流端部速度 $v_1 = z_2/(t_2 - t_1)$（第二圆筒 $z_2/2$ 位置的速度）。此射流侵彻第二靶块，又消耗一截射流，后面射流通过第二靶块时，计时仪第四通道停止计时，同理可测得第二次剩余射流端部速度。以此类推可测得穿过第三、第四、……靶块剩余射流端部速度。

射流头部速度是衡量射流性能的重要技术指标，类似计时仪截割法，采用图 11.25 所示的方法，将启动靶和停止靶与计时仪连接，记录射流通过两个计时靶的时刻，即可测量射流的头部速度，射流头部速度也可通过 X 光摄影法进行测定。

利用多块介质靶代替图 11.24 中的靶距定位筒，变为图 11.25 所示的测试方法，即可测定射流侵彻靶板过程中的侵彻速度。

2. 静破甲试验

对某一破甲弹（或聚能战斗部）的威力研究，除可用数值计算、工程计算求解外，还要用静破甲和动破甲试验进行验证。

静破甲试验就是在非射击且聚能战斗部在一定炸高条件下，以静态爆炸测定破甲威力的试验，用以确定破甲弹各组成部分及其参数变化对破甲威力性能的影响。"静态"是指被试件在爆炸瞬间无轴向动能。

典型静破甲试验的试验布置如图 11.26 所示，试验用靶由钢锭和钢垫板两部分组成，钢锭用于直接测定被试弹的破甲能力，一般由热轧钢或方钢锯切而成。为保证射流在钢锭内运动，防止钢锭破裂，通常选用的钢锭直径或边长不小于药型罩口部内径的 1.5 倍。根据破甲深度的要求，钢锭可以由一块或多块组合而成，各钢锭的端面应平整且与轴线垂直，无毛刺，同一批试验使用的钢锭应一致。钢垫板位于钢锭和地面之间，用于放置钢锭。

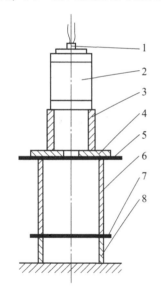

图 11.24　射流头部速度测试

1—雷管；2—被试弹；3—炸高筒；
4—垫圈；5—启动靶；6—靶距定位筒；
7—停止靶；8—支撑筒

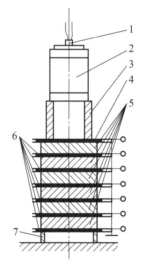

图 11.25　射流侵彻速度测试

1—雷管；2—被试弹；3—炸高筒；
4—启动靶；5—介质靶；
6—停止靶；7—支撑筒

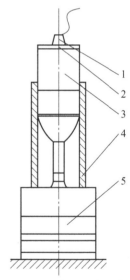

图 11.26　典型静破甲试验

1—雷管；2—引信；3—弹丸；
4—木盒支架；5—钢锭靶

被试弹一般采用半备弹丸（无弹尾部）或战斗部（无引信），将被试弹置于钢锭上端面，被试弹轴线与钢锭轴线应基本重合。当需要炸高或被试弹在钢锭上不稳定时，可使用炸高筒或支架。起爆系统包括改装引信、雷管和起爆器。改装引信采用被试弹配用的引信的传爆机构（由导引传爆药、传爆药及壳体等零部件组成），通常先将改装引信放入被试弹引信室内，再将雷管装入引信壳内。

本部分讨论的 $L—t$、$u—L$ 曲线测定量是在静破甲试验条件下,观测射流各微元侵彻能力和射流参数与靶板材料对侵彻过程的影响,从中得出破甲弹结构参数设计是否合理与正确,为改进破甲弹结构参数设计提供依据。可见,$L—t$、$u—L$ 曲线测定是破甲弹威力研究中不可缺少的测试项目。

$L—t$、$u—t$ 曲线的测定原理与计时仪截割法测定射流速度分布原理相似,是在叠合的靶块之间夹以信号靶,通过射流使信号靶接通并输出脉冲信号。

记录脉冲信号常用的设备有两套:一套是高频记忆示波器,当射流依次接通各个开关靶时,脉冲信号依次输入示波器,同时以标准信号作时标,记录波形并测量出射流到达各靶块的时间,对照各靶块的厚度即可作出 $L-t$ 曲线;另一套是多通道计时仪,当射流穿过第一信号开关靶时,同时启动计时仪各个通道,随着射流顺次穿过二、三、四、……各个开关靶,计时仪各通道顺序停止,求得射流顺次达到各靶块的时间 t_1、t_2、t_3、…,对应各靶块厚度即可作出 $L-t$ 曲线。通过射流到达每个靶块的时间,可求得射流穿过各个靶块的时间 $\Delta t = t_i - t_{i-1}$。对照各个靶块的厚度,求得射流通过每个靶块的平均速度 u,即求得 $u-L$ 曲线。

所设靶块的总厚度是依据破甲弹静破威力指标而定,靶块设置从上到下逐渐减薄。靶块之间的信号开关靶可用马粪纸与铜箔叠合制成,也可用两面覆铜的酚醛板制成。为了使信号开关动作灵敏,信号靶的绝缘材料不能太厚。

采用计时仪测定 $L-t$ 曲线和 $u-L$ 曲线的布局如图 11.27 所示。

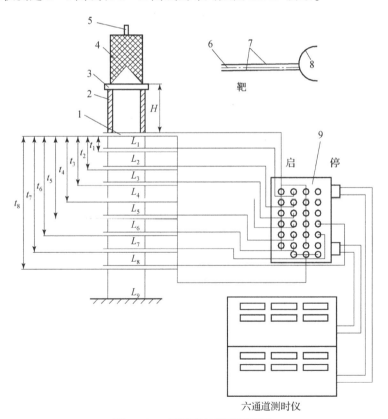

图 11.27　计时仪法静破甲试验

1—靶;2—圆筒;3—三合板;4—被试弹;5—雷管;6—马粪纸;7—铜(铝)箔;8—引线;9—接线盒

3. 动破甲试验

动破甲试验适用于破甲弹（或破甲战斗部）在规定射击条件下，对靶板的破甲能力试验，以弹丸处于实战要求状态来考核射流对靶板的穿深和穿深稳定性是否满足威力指标。试验用靶由靶架和靶板两部分组成，靶架可以采用仰式或立式，靶架应牢固地固定在水平地基上，靶板应紧固在靶架上。试验弹采用全备弹。

动破甲试验是评定破甲威力的重要途径，除实弹射击外，针对各类破甲战斗部，也可以利用钢丝绳或火箭撬装置进行模拟动破甲试验。

4. 破甲后效试验

聚能射流侵彻过程完成后，靶板后的破坏程度与射流贯穿过程中所生成的破片数成正比，这些破片有靶板的破片、弹丸的残块，以及穿过靶板的金属杵体等。射流对装甲的后效毁伤作用主要是高速和超高速金属质点射流的贯穿作用以及金属破片（如铝破片）的气化作用。研究认为，剩余射流与装甲产生的二次破片，在内部杀伤乘员和引燃爆炸物，起杀伤破坏作用。气化效应是在有限空间内产生冲击波，以起到杀伤作用。最终评定破甲弹毁伤装甲目标能力的指标，不仅仅是金属射流能否穿透规定的装甲板本身，更重要的是它对装甲车辆内部乘员和设施的毁伤能力。因此，要进行专门的破甲后效试验，或选以适当有效的考核方法与动破甲试验相结合进行综合性的动破甲试验。

破甲后效试验用于破甲弹（或破甲战斗部）在规定条件下射击时，后效性能的试验。常用的破甲后效检验方法有模拟坦克目标法和后效靶法。

1）模拟坦克目标法

模拟坦克目标法一般只在专门的破甲后效综合试验或专项试验时采用。由于实际坦克车辆装甲大多不是规则的，材质也不均匀，故贯穿坦克装甲不同于贯穿理想的靶板，仅对坦克车辆的毁伤程度与金属射流贯穿的位置这点有关。采用模拟坦克目标进行试验，较为真实。

模拟坦克通常采用报废坦克，为模拟新坦克目标，可按新坦克的实际情况附加一些防弹裙板等装甲板。试验时，模拟坦克固定不动，但发动机应尽量保持工作状态。发动机通过外部软管向内供燃料。当没有废旧坦克时，有时也采用与坦克的装甲钢板焊成的坦克内仓大致相同的钢仓，钢仓上的前装甲钢板材料应与动破甲试验用靶板相同，仓内各乘员位置上按试验目的装上与乘员等高的模拟物（或为试验动物，或由肥皂、明胶等与人体组织相似物质制作的假人，或用干松材料制成的模拟人形物）。

2）后效靶法

后效靶法是国内外常用的能与动破甲试验相结合进行模拟检验的方法，也为穿甲后效试验所采用，即利用主靶后面设置的多层薄靶测定剩余射流和二次破片的侵彻厚度及其空间分布情况，以相对比较破甲后效作用。

试验中剩余射流的侵彻作用，主要是看主剩余射流的作用，离散射流作用甚微。试验方法是在主靶（同于动破甲试验用靶）后面一定距离处开始设置一系列叠合的或等间距排放的软钢板，作为检验后效性能的试验用后效靶。射击后，通过各层后效靶上的穿孔和击痕检测主剩余射流、穿过主靶的杵体和二次破片的穿透层厚度，以及破片数目和飞散区，测定它们的空间分布。

靶架采用仰式，靶板由主靶板和后效靶板组成，主靶板的厚度、材质及其他技术要求应符合被试弹产品图样要求；后效靶的材料为 Q235A，厚度为 10 mm，层数参照被试弹产品图样的规定设置，宽度应根据试验情况具体确定。

5. 射流与 EFP 形态试验

虽然理论计算和数值仿真技术不断完善，但到目前为止很大程度上还依赖于试验来最后验证 EFP 的形态，进而用于指导和改进设计。由于射流或 EFP 的速度较高，为了测试其形态，可以采用脉冲 X 射线摄影法。脉冲 X 射线摄影原理与医学 X 光透视相似，它是利用一束强度足够大、持续时间足够短的 X 射线通过被摄物，由于被摄物各部位密度的不同，吸收 X 射线的程度不一，则使被摄物后面的底片感光不一，从而获得被摄物各部的阴影像。

脉冲 X 光摄影装置主要由高压脉冲电源、闪光 X 射线管、触发同步记录系统及成像系统等几部分组成。

脉冲 X 射线摄影机是一种只能拍摄单幅照片的仪器。就研究对象来说，一般只获得单幅照片是不够的，因为它不能获得现象与时间的变化关系，所以必须获得随时间变化的多幅照片。一般获得多幅照片最简单的方法是把多台脉冲 X 光射线摄影机组合起来，按所需的时间间隔顺序动作拍摄，其实验布置如图 11.28 所示。

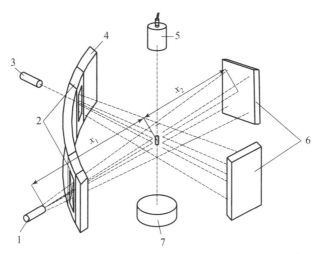

图 11.28 脉冲 X 光摄影试验布置

1—X 射线管 Ⅰ；2—光栅；3—X 射线管 Ⅱ；4—防护墙；5—弹丸；6—底片盒与保护盒；7—EFP 垫铁回收箱

X 射线摄影布局的关键是要求两台 X 射线机摄像头，X 射线中点线与摄影对象（射流、杆流、EFP）侵彻体运动轨迹垂直交汇，底片盒面垂直 X 射线中点线。因此，必须在以侵彻体运动轨迹线为圆心的同心圆边上布置 X 射线机摄像头；摄像头视同心圆半径大小不同而采用不同的布设角度，多以 30°、45°、60°布设；侵彻体从上往下垂直运动，成型装药用绳索吊装一定的高度；根据拍摄对象成像特性，预估拍摄影像大小和不同拍摄时间；底片盒距侵彻体运动中心线距离视防护安全而定，原则上距离越小越好。侵彻体运动中心线距摄像头 X 射线出光口、距底片盒的距离直接影响图像放大倍数及图像的几何模糊度误差等，需精心设计与布局。

此外，根据拍摄对象成像尺寸（主要是长度）可将 X 射线机摄像头布设不同高度，以便于获得理想的侵彻体全面图像。

为了防护便捷和减少防护成本，X 射线摄影试验所用成型装药基本上是不带壳的裸装药，最多加装非金属的塑料壳体。

图 11.29 展示了试验回收、X 光拍摄和仿真计算得到的 EFP 形态。

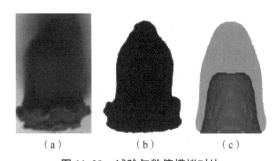

(a)   (b)   (c)

图 11.29   试验与数值模拟对比

(a) 试验回收 EFP；(b) X 光摄影结果；(c) 数值模拟计算结果

图 11.30 所示为 X 光拍摄的射流成型过程及其形态。

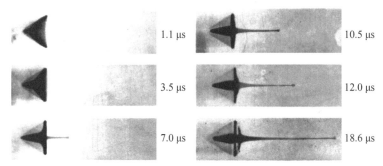

图 11.30   射流成型过程及其形态的 X 光摄影照片

习　题

1. 弹药研制过程分为哪些阶段？
2. 常用的弹药设计方法有哪些？
3. 弹药试验的作用是什么？
4. 弹药试验有哪些类型？
5. 杀伤战斗部试验中如何测量破片速度？

参 考 文 献

[1] 孟宪昌,等. 弹箭结构与作用 [M]. 北京:兵器工业出版社,1989.
[2] 于骐,等. 弹药学 [M]. 北京:国防工业出版社,1987.
[3] 姜春兰,邢郁丽,周明德,等. 弹药学 [M]. 北京:兵器工业出版社,2000.
[4] 田棣华,马宝华,范宁军. 兵器科学技术总论 [M]. 北京:北京理工大学出版社,2003.
[5] 王儒策. 弹药工程 [M]. 北京:北京理工大学出版社,2002.
[6] 尹建平,王志军. 弹药学(第三版)[M]. 北京:北京理工大学出版社,2017.
[7] 现代弹箭系统概论编写组. 现代弹箭系统概论 [M]. 北京:兵器工业出版社,2007
[8] 张志鸿,周申生. 防空导弹引信与战斗部配合效率和战斗部设计 [M]. 北京:宇航出版社,1994.
[9] 钱建平. 火箭复合增程弹总体理论及其应用研究 [D]. 南京:南京理工大学,2002.
[10] 张相炎. 现代火炮技术概论 [M]. 北京:国防工业出版社,2015.
[11] 张相炎. 武器发射系统设计理论 [M]. 北京:国防工业出版社,2015.
[12] 方向. 武器弹药系统工程与设计 [M]. 北京:国防工业出版社,2012.
[13] 钱建平. 弹药系统工程 [M]. 北京:电子工业出版社,2014.
[14] 石秀华. 水下武器系统概论 [M]. 西安:西北工业大学出版社,2014.
[15] 叶迎华. 火工品技术 [M]. 北京:国防工业出版社,2014.
[16] 夏建才. 火工品制造 [M]. 北京:北京理工大学出版社,2009.
[17] 曹柏桢. 飞航导弹战斗部与引信 [M]. 北京:宇航出版社,1995.
[18] 张合,李豪杰. 引信机构学 [M]. 北京:北京理工大学出版社,2014.
[19] 马宝华. 引信构造与作用 [M]. 北京:国防工业出版社,1983.
[20] 李向东. 弹药概论 [M]. 北京:国防工业出版社,2017.
[21] 黄正祥,祖旭东,贾鑫. 终点效应 [M]. 北京:科学出版社,2021.
[22] 黄正祥. 聚能装药理论与实践 [M]. 北京:北京理工大学出版社,2014.
[23] 李向东,杜忠华. 目标易损性 [M]. 北京:北京理工大学出版社,2013.
[24] 金泽渊,詹彩琴. 火炸药与装药概论 [M]. 北京:兵器工业出版社,1988.
[25] 欧育湘. 炸药学 [M]. 北京:北京理工大学出版社,2014.
[26] 王树山. 终点效应学 [M]. 北京:科学出版社,2019.
[27] 王海福. 活性毁伤增强聚能战斗部技术 [M]. 北京:北京理工大学出版社,2020.
[28] 金志明. 高速推进内弹道学 [M]. 北京:国防工业出版社,2001.

[29] 钱林方,陈光宋,侯保林. 火炮弹道学[M]. 北京:北京理工大学出版社,2023.

[30] 韩子鹏. 弹箭外弹道学[M]. 北京:北京理工大学出版社,2014.

[31] 北京工业学院八系《爆炸及其作用》编写组. 爆炸及其作用[M]. 北京:国防工业出版社,1979.

[32] 张宝平,张庆明,黄风雷. 爆轰物理学[M]. 北京:兵器工业出版社,2001.

[33] 曹红松,张亚,高跃飞. 兵器概论[M]. 北京:兵器工业出版社,2001.

[34] 何益艳,高欣宝. 外军集束弹药技术手册[M]. 北京:国防工业出版社,2016.

[35] 朱福亚. 火箭弹构造与作用[M]. 北京:国防工业出版社,2005.

[36] 周长省. 火箭弹设计理论[M]. 北京:北京理工大学出版社,2014.

[37] 杨绍卿,等. 火箭弹散布和稳定性理论[M]. 北京:国防工业出版社,1979.

[38] 蒋浩征. 火箭战斗部设计原理[M]. 北京:国防工业出版社,1982.

[39] 杨绍卿,等. 灵巧弹药工程[M]. 北京:国防工业出版社,2010.

[40] 苗昊春,杨栓虎,袁军. 智能化弹药[M]. 北京:国防工业出版社,2014.

[41] 王在成,姜春兰,李明. 反机场弹药及其发展[J]. 飞航导弹,2010(3):42-47.

[42] MurphrM. J. Performance analysis of two-stage munitions [C]. 8th international symposiumon Ballistics, Orlando, Florida, USA, 1984:23-29.

[43] 谭多望. 高速杆式弹丸的成形机理和设计技术[D]. 绵阳:中国工程物理研究院,2005.

[44] W. P. Walters, J. A. Zukas. Fundamentals of shaped charges [M]. New York John Wiley & Sons Inc,1989.

[45] Kennedy DR. History of the shaped charge effect (the first 100 years) [R]. ADA 220095,1990.

[46] Robinson AC. Multistage liners for shaped charge jets [R]. Sand 85-2300,1985.

[47] Baker EL. Development of Tungsten shaped charge liners producing high ductility jets [C]. 16th International Symposium on Ballistics, San Francisco CAUSA,1996.

[48] 桂毓林,于川,刘仓理,等. 带尾翼的爆炸成形弹丸三维数值模拟[J]. 爆轰波与冲击波,2003(4):313-318.

[49] 江厚满. 爆炸成型弹丸优化设计及相关问题研究[D]. 长沙:国防科学技术大学,1999.

[50] 曹兵. EFP成形机理及关键技术研究[D]. 南京:南京航空航天大学,2001.

[51] 郭美芳. 国外弹药技术发展研究[R]. 北京:中国-兵器工业第210研究所,1999.

[52] 黄正祥. 聚能杆式侵彻体成型机理研究[D]. 南京:南京理工大学,2003.

[53] 王辉. 聚能装药侵彻混凝土介质效应研究[D]. 北京:北京理工大学,1997.

[54] 王志军. 机载布撒器弹药系统效能与总体技术研究[D]. 北京:北京理工大学,1998.

[55] 沃尔特斯. 成型装药原理及其应用[M]. 王树魁,译. 北京:兵器工业出版社,1992:55-62.

[56] 卢芳云,蒋邦海,等. 武器战斗部投射与毁伤[M]. 北京:科学出版社,2013.

[57] 卢芳云,李翔宇,林玉亮. 战斗部结构与原理[M]. 北京:科学出版社,2009.

[58] 李文彬,王晓鸣,李伟兵,等. 成型装药多模战斗部设计原理[M]. 北京:国防工

业出版社，2016.

[59] 尹建平. 多爆炸成型弹丸战斗部技术 [M]. 北京：国防工业出版社，2012.
[60] 韩晓明，高峰. 导弹战斗部原理及应用 [M]. 西安：西北工业大学出版社，2012.
[61]《空军装备系列丛书》编审委员会. 机载武器 [M]. 北京：航空工业出版社，2008.
[62] 午新民，王中华. 国外机载武器战斗部手册 [M]. 北京：兵器工业出版社，2005.
[63] 匡兴华. 高新技术武器装备与应用 [M]. 北京：解放军出版社，2011.
[64] 孙连山，梁学明. 航空武器发展史 [M]. 北京：航空工业出版社，2004.
[65] 沈如松. 导弹武器系统概论 [M]. 北京：国防工业出版社，2010.
[66] 王凤英，刘天生. 毁伤理论与技术 [M]. 北京：北京理工大学出版社，2009.
[67] 中国兵工学会. 2010—2011 兵器科学技术学科发展报告 [M]. 北京：中国科学技术出版社，2011.
[68] 中国兵工学会. 2012—2013 兵器科学技术学科发展报告 [M]. 北京：中国科学技术出版社，2013.
[69] 中国兵工学会. 2012—2013 兵器科学技术学科发展报告（含能材料）[M]. 北京：中国科学技术出版社，2013.
[70] 中国兵工学会. 2014—2015 兵器科学技术学科发展报告（装甲兵器技术）[M]. 北京：中国科学技术出版社，2015.
[71]《世界制导兵器手册》编辑部. 世界制导兵器手册 [M]. 北京：兵器工业出版社，1996.
[72]《炮弹及弹药》编委会. 炮弹及弹药 [M]. 北京：航空工业出版社，2010.
[73] 刘怡忻，等. 子母弹射击效力与使用分析 [M]. 北京：兵器工业出版社，1992.
[74] 杨启仁. 子母弹飞行动力学 [M]. 北京：国防工业出版社，1999.
[75] 宋振铎，反坦克制导兵器论证与试验 [M]. 北京：国防工业出版社，2003.
[76] 张亚. 弹药可靠性技术与管理 [M]. 北京：兵器工业出版社，2001.
[77] 李景云. 弹丸作用原理 [M]. 北京：国防工业出版社，1963.
[78] 魏惠芝. 弹丸设计理论 [M]. 北京：国防工业出版社，1985.
[79] 付伟，红外干扰弹的工作原理 [J]. 电光与控制，2001 (1)：36 – 42.
[80] 赵玉清，牛小敏，王小波，等. 智能子弹药发展现状与趋势 [J]. 制导与引信，2012，33 (4)：13 – 19.
[81] 夏彬，周亮. 弹道修正弹及弹道修正关键技术分析 [J]. 国防科技，2013，34 (3)：27 – 34.
[82] 魏波. 小口径榴弹一维修正技术研究 [D]. 太原：中北大学，2015.
[83] 杨伟苓. 网络化封锁弹药系统总体技术研究 [D]. 北京：北京理工大学，2011.
[84] 黄正平. 爆炸与冲击电测技术 [M]. 北京：北京理工大学出版社，2006.
[85] 翁佩英，任国民，于骐. 弹药靶场试验 [M]. 北京：兵器工业出版社，1995.
[86] 白春华，梁慧敏，李建平，等. 云雾爆轰 [M]. 北京：科学出版社，2012.
[87] 杨绍卿. 论武器装备的新领域 [J]. 中国工程科学，2009，11 (10)：4 – 7.
[88] 严平，谭波，等. 战斗部及其毁伤原理 [M]. 北京：国防工业出版社，2020.
[89] 韦爱勇，等. 常规弹药 [M]. 北京：国防工业出版社，2019.
[90] 黄正祥，等. 弹药设计概论 [M]. 北京：国防工业出版社，2017.

[91] 曹兵，郭锐，杜忠华. 弹药设计理论［M］. 北京：北京理工大学出版社，2016.

[92] 周起槐，任务正. 火药物理化学性能［M］. 北京：国防工业出版社，1983.

[93] 李世中. 引信概论［M］. 北京：北京理工大学出版社，2017.

[94] 金韶化，松全才. 炸药理论［M］. 北京：西北工业大学出版社，2010.

[95] 何卫东，等. 火炸药应用技术论［M］. 北京：国防工业出版社，2020.

[96] 崔庆忠，刘德润，徐军培. 高能炸药与装药设计［M］. 北京：国防工业出版社，2016.

[97] 王泽山，何卫东，徐复铭. 火炮发射装药设计原理与技术［M］. 北京：北京理工大学出版社，2014.

[98] 吴护林. 炮弹增程技术的发展［J］. 四川兵工学报，2005（3）：3-6.

[99] 崔平. 现代炮弹增程技术综述［J］. 四川兵工学报，2006（3）：17-19.

[100] 钱伟长. 穿甲力学［M］. 北京：国防工业出版社，1982.

[101] 陈海华，张先锋，刘闯，等. 高熵合金冲击变形行为研究进展［J］. 爆炸与冲击，2021，41（04）：30-53.

[102] 汪德武，任柯融，江增荣，等. 活性材料冲击释能行为研究进展［J］. 爆炸与冲击，2021，41（03）：86-102.

[103] 蓝肖颖. 含能破片毁伤效应研究现状［J］. 飞航导弹，2020（11）：90-94.

[104] 王璐瑶，蒋建伟，李梅. 钨锆铪合金活性破片对间隔靶耦合毁伤特性［J］. 兵工学报，2020，41（S2）：144-148.

[105] 李建国，黄瑞瑞，张倩，等. 高熵合金的力学性能及变形行为研究进展［J］. 力学学报，2020，52（02）：333-359.

[106] 王晓鹏，孔凡涛. 高熵合金及其他高熵材料研究新进展［J］. 航空材料学报，2019，39（06）：1-19.

[107] 李鑫，梁争峰，刘扬，等. 空中目标燃油舱引燃特性研究进展［J］. 飞航导弹，2019（06）：69-74.

[108] 耿铁强. Ni-Al含能结构材料的制备及性能研究［D］. 沈阳：沈阳理工大学，2019.

[109] 吕昭平，雷智锋，黄海龙，等. 高熵合金的变形行为及强韧化［J］. 金属学报，2018，54（11）：1553-1566.

[110] 任柯融. Al/Ni基含能结构材料冲击释能行为实验与数值模拟研究［D］. 长沙：国防科技大学，2018.

[111] 陈鹏，袁宝慧，陈进，等. 金属/氟聚物反应材料研究进展［J］. 飞航导弹，2018（10）：95-98+84.

[112] 石永相，李文钊. 活性材料的发展及应用［J］. 飞航导弹，2017（02）：93-96.

[113] 林庆章. 高速动能导弹发动机壳体用含能材料研究［D］. 长沙：国防科学技术大学，2016.

[114] 樊自建. 横向效应增强弹丸侵彻及破碎机理研究［D］. 长沙：国防科学技术大学，2016.

[115] 刘润滋. 含能复合药型罩的技术研究［D］. 太原：中北大学，2016.

[116] 肖艳文. 活性破片侵彻引发爆炸效应及毁伤机理研究 [D]. 北京：北京理工大学，2016.

[117] 江自生. 亚稳态分子间复合物 Al/Bi_2O_3 的制备及性能研究 [D]. 北京：北京理工大学，2016.

[118] 洪晓文. 爆轰驱动含能定向战斗部结构及毁伤威力研究 [D]. 沈阳：沈阳理工大学，2016.

[119] 张晶晶. 新型金属铝/氟聚物含能材料制备及其结构性能研究 [D]. 北京：北京理工大学，2015.

[120] 伊建亚. 串联战斗部前级聚能装药技术研究 [D]. 太原：中北大学，2015.

[121] 殷艺峰. 活性材料增强侵彻体终点侵爆效应研究 [D]. 北京：北京理工大学，2015.

[122] 宋勇，潘名伟，冉秀忠，等. 活性破片的研究进展及应用前景 [C]. 第六届含能材料与钝感弹药技术学术研讨会，2014.

[123] 孟燕刚，金学科，陆盼盼等. 活性材料增强 PELE 杀伤效应 [J]. 科技导报，2014，32（9）：31 – 35.

[124] 杨益，郑颖，王坤. 高密度活性材料及其毁伤效应进展研究 [J]. 兵器材料科学与工程，2013，36（4）：81 – 85.

[125] 乔良. 多功能含能结构材料冲击反应与细观特性关联机制研究 [D]. 南京：南京理工大学，2013.

[126] 于盈. 某仿生弹药气动特性分析及飞行过程数值模拟 [D]. 南京：南京理工大学，2015.

[127] 刘方，肖玉杰，代平，等. 仿生弹药时代的新浪潮 [J]. 舰船电子工程，2014，34（07）：26 – 28，33.

[128] 袁明. 基于生物蠕动机理的弹药转运技术研究 [D]. 哈尔滨：哈尔滨工程大学，2016.

[129] 张龙. 基于生物蠕动特性的弹药输送系统设计及机理研究 [D]. 哈尔滨：哈尔滨工程大学，2015.

[130] 喻俊志. 高机动仿生机器鱼设计与控制技术 [M]. 武汉：华中科技大学出版社，2018.

[131] 张春林. 仿生机械学 [M]. 北京：机械工业出版社，2018.

[132] 郭美芳，彭翠枝. 巡飞弹：一种巡弋待机的新型弹药 [J]. 现代军事，2006（4）：49 – 52.

[133] 庞艳珂，韩磊，张民权，等. 攻击型巡飞弹技术现状及发展研究 [J]. 兵工学报，2010，31（s2）：149 – 152.

[134] 彭翠枝，郭美芳，樊琳，等. 巡飞弹用动力装置与技术发展初探 [J]. 飞航导弹，2011（10）：84 – 88.

[135] 张建生. 国外巡飞弹发展概述. 飞航导弹 [J]. 2015（6）：19 – 26.

[136] 李佳，王昊宇，房玉军. 侦察巡飞弹发展及关键技术分析 [J]. 飞航导弹，2015（2）：16 – 20.

[137] 柏席峰. 美国大兵手中又一把小利刃——"弹簧刀"巡飞弹 [J]. 兵器知识，2012

(8)：51-54.

[138] 刘菲,李杰,王海福. 巡飞弹导航技术及其发展研究 [J]. 飞航导弹,2013 (12)：67-70.

[139] 杨艺. 空中主宰者——国外陆军巡飞弹发展 [J]. 现代兵器,2007 (8)：22-2.

[140] 黄瑞,高敏,陈建辉. 轻小型巡飞弹及其关键技术浅析 [J]. 飞航导弹,2015 (12)：16-19+24.

[141] GJB 3197—98. 炮弹试验方法 [S]. 国防科学技术委员会,1998.

[142] GJB 2425—95 常规兵器战斗部威力试验方法 [S]. 国防科学技术委员会,1995.

[143] 殷希梅,王占操,张运兵,等. 地面区域封锁弹药综述 [J]. 兵工自动化,2014,33 (07)：79-82.

[144] 李健. 防区外机载布撒器总体设计关键技术研究 [D]. 西安：西北工业大学,2003.

[145] 万文乾,孙百连,史俊超,等. 固态一次起爆FAE水中爆炸性能研究 [J]. 火工品,2013 (05)：32-35.

[146] 李媛媛,南海. 国外温压武器及其应用研究状况 [J]. 飞航导弹,2013 (09)：54-58.

[147] 阚金玲. 液固复合云爆剂的爆炸和毁伤特性研究 [D]. 南京：南京理工大学,2008.

[148] 郭美芳,阎向前. 从燃料空气弹到温压弹 [J]. 现代军事,2002 (3)：21-23.

[149] 周晓峰,杨建军,王志勇. 美国小直径炸弹的发展概述和作战运用研究 [J]. 飞航导弹,2015 (2)：47-50.

[150] 朱丽华. 备受关注的美国小直径炸弹 [J]. 现代军事,2005 (9)：45-46.

[151] 国力. 详解杰达姆精确制导炸弹 [J]. 现代军事,2003 (7)：28-30.

[152] 于阳. 详解JDAM [J]. 舰载武器. 2006 (2)：63-69.

[153] 冯云松,郭宇翔. 雷达箔条的战术应用及发展趋势 [J]. 飞航导弹,2012 (12)：54-57+61.

[154] 宋扬,刘赵云. 电磁脉冲武器技术浅析 [J]. 飞航导弹,2009 (2)：24-29.

[155] 侯民胜,秦海潮. 高功率微波（HPM）武器 [J]. 空间电子技术,2008 (2)：17-22.

[156] 郑高谦. 高能微波电磁脉冲武器 [J]. 现代电子技术,2003 (10)：4-6.

[157] 赵鸿燕. 国外高功率微波武器发展研究 [J]. 飞航导弹,2018 (5)：21-28.

[158] 方有培,汪立萍,赵霜. 信息侦察弹的国外发展及其设计构想 [J]. 航天电子对抗,2004 (04)：13-15+19.

[159] 方艳艳,柴金华. 美俄激光末制导炮弹的对比分析 [J]. 制导与引信,2004 (03)：12-18.

[160] 张敬修,陶声祥,陈栋. 两种末制导炮弹控制方式比较分析 [J]. 火力与指挥控制,2009,34 (04)：73-75.

[161] 李向东,郭锐,陈雄. 智能弹药原理与构造 [M]. 北京：国防工业出版社,2016.

[162] 王海福,郑元枫,余庆波. 活性毁伤材料终点效应 [M]. 北京：北京理工大学出版社,2020.

[163] 罗会彬. 深水炸弹技术 [M]. 北京：国防工业出版社,2016.

[164] 楚一权. 装填可释放化学能材料的PELE的研究 [D]. 南京：南京理工大学,2009.

[165] 安宣谊. 环形装药爆炸驱动机理及威力特性研究 [D]. 北京：北京理工大学，2021.

[166] 臧晓京，蒋琪. 威力可调的常规战斗部 [J]. 飞航导弹，2011 (4)：90 – 91 + 97.

[167] 张博. 基于 DDT 的威力可控战斗部机理研究 [D]. 南京：南京理工大学，2012.

[168] 冯吉奎. 爆炸驱动亚毫米级金属颗粒群试验与数值模拟研究 [D]. 北京：北京理工大学，2019.

[169] 张渝. 串联 EFP 对于披挂反应装甲的坦克顶甲侵彻性能研究 [D]. 太原：中北大学，2021.

[170] Xu L Z, Wang J B, Wang X D, et al. Opening behavior of PELE perforation on reinforcedconcrete target – ScienceDirect [J]. Defence Technology, 2020, 17 (3)：898 – 911.

[171] 蒋建伟，张谋，门建兵，等. PELE 弹侵彻过程壳体膨胀破裂的数值模拟 [J]. 计算力学学报，2009 (4)：6.

[172] 尹建平，王志军，魏继允. 装填材料密度对侵彻膨胀弹终点效应的影响 [J]. 中北大学学报（自然科学版），2011，032 (006)：671 – 675.

[173] 朱建生，赵国志，杜忠华，等. 着靶速度对 PELE 横向效应的影响 [J]. 力学与实践，2007 (05)：12 – 16.

[174] Xu L Z, Wang J B, Wang X D, et al. Opening behavior of PELE perforation on reinforced concrete target – ScienceDirect [J]. Defence Technology, 2020.

[175] 胡云超. 某型横向效应增强弹研制方案及分析 [D]. 秦皇岛：燕山大学，2017.

[176] 朱建生. 横向效应增强型侵彻体作用机理研究 [D]. 南京：南京理工大学，2008.

[177] 张洪成. PELE 对低空目标毁伤性能研究 [D]. 太原：中北大学，2013.

[178] 李干. 不同材料对 PELE 毁伤性能的影响 [D]. 太原：中北大学，2017.

[179] 陈浦. PELE 弹丸破碎及横向扩孔效应研究 [D]. 长沙：国防科学技术大学，2014.

[180] Paulus G, Sehirm V. Impact behavior of projectiles Perforating thin target Plates [J]. International Journal of Impact Engineering, 2006 (33)：566 – 579.

[181] Kesberg G, Sehirm V, Kerk St. The Future Ammunition Concept [C]. 21st International Symposium on Ballistics, Adelaide, Australia, 2004：1134 – 1144.

[182] Lei M A, Wang H F, Yu Q B, et al. Fragmentation behavior of large – caliber PELE impacting RHA plate at low velocity [J]. Defence Technology, 2019, 15 (6)：11.

[183] 程鑫铁. 地面网络化弹药总体技术研究 [D]. 北京：北京理工大学. 2015.

[184] 刘瀚文. 地面网络化封锁弹药网络协议及自定位技术研究 [D]. 北京：北京理工大学. 2015.

[185] 孙宝亮. 地面网络化弹药协同技术研究 [D]. 北京：北京理工大学. 2016.

[186] 李超. 弹壳材料局部激冷改善破片性能的研究 [D]. 沈阳：沈阳理工大学. 2013.

[187] 刘桂峰. 激光加工壳体破片形成及杀伤威力研究 [D]. 南京：南京理工大学，2015.

[188] 邱浩，蒋建伟，门建兵，等. 基于细观建模的电子束预控弹体破裂机理数值研究 [J]. 爆炸与冲击，2021，41 (7)：84 – 95.

[189] 李超. 激光和等离子弧加工弹体材料脆性带的对比 [J]. 成都工业学院学报，2013，16 (1)：22 – 24.

[190] 马少杰, 查冰婷. 引信工程基础 [M]. 北京: 电子工业出版社, 2021.

[191] 袁军堂, 张相炎. 武器装备概论 [M]. 北京: 国防工业出版社, 2011.

[192] 祖旭东, 黄正祥. 弹药毁伤技术 [M]. 北京: 兵器工业出版社, 2021.

[193] 胡云超. 某型横向效应增强弹研制方案及分析 [D]. 秦皇岛: 燕山大学, 2017.

[194] 丁亮亮. PELE 弹活性内芯配方与弹体结构设计及毁伤机理研究 [D]. 北京: 国防科技大学大学, 2019.

[195] 樊自建. 横向效应增强弹丸侵彻及破碎机理研究 [D]. 北京: 国防科技大学大学, 2016.

[196] 漠北. M829A4 穿甲弹的来龙去脉 [J]. 坦克装甲车辆, 2020 (23): 59-63.

[197] 曹贺全. 装甲防护技术研究 [M]. 北京: 北京理工大学出版社, 2019.

[198] 王海福. 2023 活性毁伤材料及其应用技术研究进展 [J]. 中国科学, 2023, 53 (9): 1434-1448.

[199] 目光. 导弹作战概论 [M]. 北京: 北京理工大学出版社, 2020.

[200] 王海福. 活性毁伤增强侵彻战斗部技术 [M]. 北京: 北京理工大学出版社, 2020.

[201] 蒋红磊, 陈友龙. 飞行的"卡拉什尼科夫"——俄罗斯"柳叶刀"巡飞弹 [J]. 坦克专家车辆, 2024 (01): 26-30.

[202] 蒋红磊, 陈友龙. 美国加快导弹集群作战能力发展的分析与影响 [J]. 战术导弹技术, 2020 (04): 189-192.

[203] 李杰, 李娟, 刘畅, 李兵. 集群弹药智能组群理论与方法 [M]. 北京: 北京理工大学出版社, 2023.

[204] 张明星, 黄晓霞. 国外远程制导火箭弹技术现状与趋势 [J]. 四川兵工学报, 2013, 34 (07): 59-62.

[205] 陈永超, 高欣宝, 李天鹏, 等. 远程制导火箭弹发展现状及关键技术 [J]. 飞航导弹, 2016 (09): 71-74.

[206] 杨树兴. 陆军多管火箭武器的发展与思考 [J]. 兵工学报, 2016, 37 (07): 1299-1305.

[207] 高敏, 李超旺, 方丹. 常规弹药智能化改造 [M]. 北京: 北京理工大学出版社, 2021.